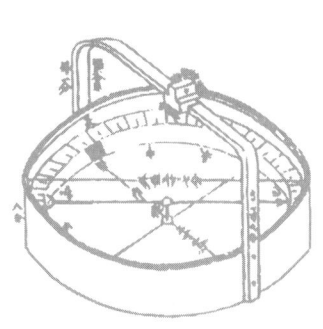

佐藤健一【監修】
山司勝紀
西田知己【編集】

和算の事典

朝倉書店

算 額

数学の問題を板に記して神社仏閣に奉納した絵馬．江戸時代初期に発生し全国に広がった．

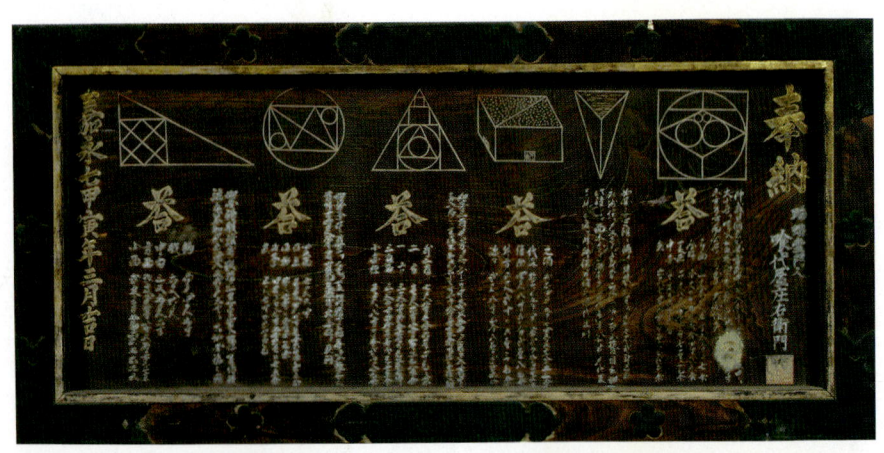

三重県上野市菅原天神の算額（提供：朝日新聞社．図 **7.2.4**）

岡山県岡山市惣爪八幡宮の算額（提供：朝日新聞社．図 **7.2.8**）

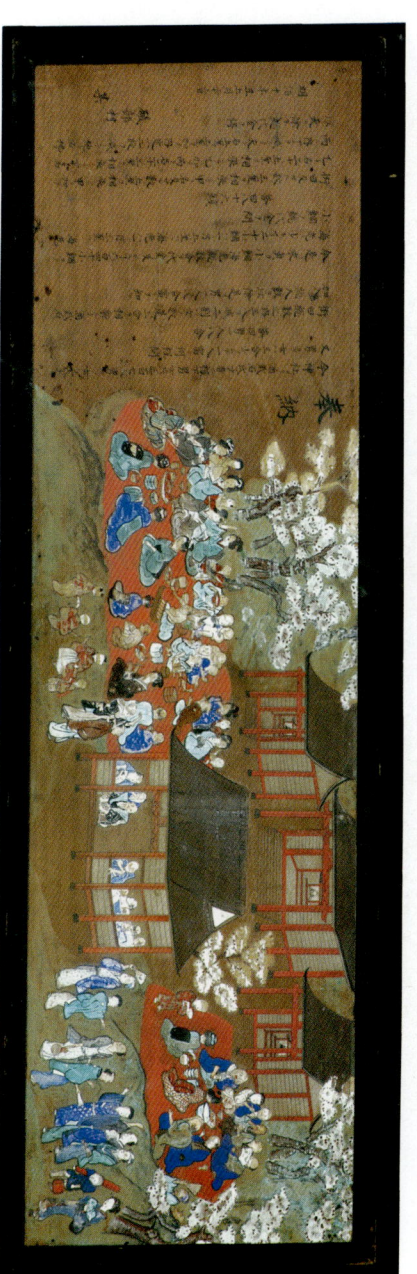

長野県下高井郡水穂神社の算額（提供：朝日新聞社．図 7.2.11）

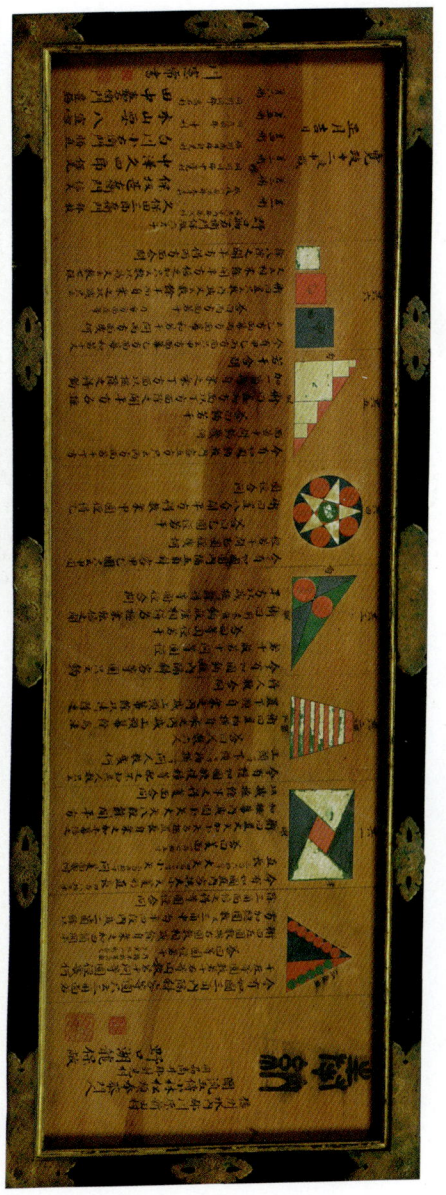

福井県鯖江市石部神社の算額（提供：朝日新聞社．図 7.2.14）

はじめに

現代の科学は、その多くが明治時代になってから欧米から伝わったものである。しかし、当時の日本の科学を比較するとかなり高度なものであった。それどころか、今日本には少ないものもある。しかし、日本人は昔より目をかけていないことが有史以来、日本は外国からと噂によっては世界有数の文明国である中国があり、絶えず影響を受けることが出来た。しかし、日本に直接影響を受けるだけの条件が整っていない時、独自に様々なものを生み出している。明治時代には電気化学では機械的に発展の先端をいっていないことを意識して受け入れていく世界の頂点に達してくるにつれ、程度が相当な様子を取り入れる。江戸時代の算額などという種度を加えて維持といえる数学（和算）がそうしたレベルまで達しているのである。この和算も明治時代の学校教育から消えたこともあり、今では数学として、あまり知られなくなっている。しかし、最近、文化としての和算が少しずつ見直されるようになっている。古いものには古いために数学とは違う面もあり、寺子屋の教科書とも呼ぶ本もあり、教員の中にも理解者が現れ始めた。

日本の十九世紀前期の数学者という、江戸時代の関孝和が第一の開業和なの祖300年の行事が催された。日本各地で行われた。どこも盛況であった。

和算についての付書も書いたことがある。それだけ数も多くなっているのだが、和算はあまり大変なことから、一般的なものが多い。これらの本を正しく読んだのかに『和算の事典』は主ぬに、書いたにも最高の和算好きをなるべく穏健に添え、朝春番の校正によって出来た。

2009年10月

佐藤 健一

(執筆順)

西田知己…上野大学立関護座・運営女子大学立関護座講師
深川英俊…名城大学非常勤講師
米光 丁…和算研究家
樋口達雄…埼玉県立中央図書館長
吉山青翔…四日市大学教授
中川庚三…山梨直線毛絲寺研究会会長
岡崎栄方…和算研究家
中村春夫…中村エス・ファイナンス事務所長
小寺 裕…奥東大学寺院中等教育学校教諭
藤井康生…近畿直立尼崎東高等学校主幹教諭
小関時…掛水直立ろ川端等学校教諭
真井 力…愛媛直草田等学校教諭
川瀬正臣…継名市立呂貝等学校教諭
小松彦三郎…東京大学名誉教授
竹之内 脩…和算研究所問護運営…大阪国際大学名誉教授
王 寿 艶…東北大学名誉教授
田辺美和枝…電力女子学院教諭
清水布夫…和算研究所理事
杉本敏夫…奥日本女子大学教授
谷 克昊…秋算教育研究所
佐恩有司…岩手県和算研究会会長
大竹茂雄…福島県和算研究会名誉会長

【編集者】
佐藤健一…和算研究所理事長

【翻訳】
山司勝紀…和算研究所理事
西田知己…上野大学立関護座・運営女子大学立関護座講師

【圖版】
佐藤健一…和算研究所理事長

目　次

1　和算の成り立ち ………………………………………………………………………………………佐藤健一　…… 2

2　生活算術としての和算 ……………………………………………………………………… 13
　2.1　計算規具：算木，そろばん …………………………………………大竹茂雄　…… 14
　2.2　生活のための数学 ……………………………………………………………… 29
　　2.2.1　金銭に関する計算算法 ……………………大竹茂雄 … 29
　　2.2.2　売買に関する計算 … 大竹茂雄 … 33
　　2.2.3　土地の測量 … 奈置有恒 … 37
　　2.2.4　農業に関する計算 … 奈置有恒 … 48

3　和算の計算法 ……………………………………………………………………………… 57
　3.1　そろばんによる開平・開立 ………………………………………… 奈置有恒　…… 58
　3.2　円周率 ……………………………………………………………… 杉本敏夫　…… 63
　3.3　天元術 …………………………………………………………… 清水克彦　…… 69
　3.4　翦管術 …………………………………………………………… 清水克彦　…… 82
　3.5　招差術――互除，逐差，天約，鳳約，剰約 …… 杉本敏夫　…… 86
　3.6　綴じ術 ………………………………………………………… 田辺寿美枝　…… 92
　3.7　驚骨術 ………………………………………………………… 田辺寿美枝　…… 97
　3.8　交式術 ………………………………………………………… 佐藤健一　…… 104
　3.9　零約術 ……………………………………………………………… 王　青翔　…… 110
　3.10　累約術 ……………………………………………………………… 王　青翔　…… 116
　3.11　截約術 ……………………………………………………………… かたよし催　…… 122
　3.12　算木図表之法・交式斜乗 ……………………… 小松彦之輔　…… 126
　3.13　円理 ………………………………………………………………… かたよし催　…… 137
　3.14　極円 ………………………………………………………………… 川瀬正臣　…… 142
　3.15　互乗術，逐約術，断連術 ……………………… 道井　均　…… 150
　3.16　捩花術 ……………………………………………………………… 佐藤健一　…… 157
　3.17　測量術 ………………………………………………………… 小沢健一　…… 161
　3.18　遺衷術 ……………………………………………………………… 藤井康生　…… 166
　3.19　継衷 ………………………………………………………………… 小寺裕　…… 172

3.20 継絶 ………………… 中村幸四 … 176			
3.21 劣術・俗数術 ………………… 中村幸四 … 182			
3.22 算変法 ……………………………… 小寺 裕 … 189			
3.23 角術 ……………………………… 藤井康生 … 192			
3.24 方陣 ……………………………… 岡部篤行 … 202			
3.25 算 額 ……………………………… 小寺裕 淳 … 217			

4 和算のひろがり ……………………… 大竹茂雄 … 223

4.1 遊歴算家	224
4.2 塵 劫 記	242
4.3 免許状	250

5 和算と諸科学 ……………………………………………… 263

5.1 和算と暦 ……………………………………… 藤井康生 … 264		
5.2 和算と測量 ………………………………………… 中山茂三 … 279		
5.3 和算と土木 ………………………………………… 中山茂三 … 295		
5.4 和算と外国数学との関係 ………………………… 森山星貴 … 312		

6 和算と近世文化——和算の大衆娯 楽口承的 ……… 331

6.1 継子立て…334		6.17 見立て…375		
6.2 ねずみ算…338		6.18 ねずみ算…378		
6.3 目付字…341		6.19 絹盗人算…382		
6.4 盗人隠し…347		6.20 虫食い算…385		
6.5 油分け算…349		6.21 石灰俵算…388		
6.6 俵積算…351		6.22 からす算…392		
6.7 瓶の重ね…354		6.23 小町算…394		
6.8 ましとり遊び…356		6.24 鹿に巻る算…396		
6.9 牛馬算…358		6.25 鶴亀算…398		
6.10 父の母の子…361		6.26 ほ々算し算…400		
6.11 元の十返し…363		6.27 薪車の俵…402		
6.12 十人兄…364		6.28 薪車の輪…404		
6.13 縫石拾い…366		6.29 入子算…406		
6.14 積ち分かせ…368		6.30 橋渡溝…408		
6.15 薬算…371		6.31 ねずみ算…411		
6.16 薬御算…372				

7 和算の二大風景 ………………………………………………………… 413

7.1 護摩檀木・末子 …………………………………………………… 414
7.2 賽銭箱奉納 …………………………………… 淀川芳樹 …… 432

8 和算家と和算書 100 …………………………………………………… 451

8.1 江戸時代初期 ……………………………………… 西田知己 …… 452
8.2 関孝和・建部賢弘 ………………………………… 西田知己 …… 482
8.3 江戸時代中後期 ……………………………… 西田知己・小寺 裕 …… 496

和算書年表 …………………………………………………………………… 517

索 引 ………………………………………………………………………… 525

江戸時代、初算書は通俗的な生活数学の書物として、数多く多くの書算が出版されるので普及する。一方庶民の専門職を職業は様子をし、必要な人を探しているために持ちが広がる。その例を挙げると、棟木・石を作る、「」のように、付けられた日本は『」
にした。
また、人々を書物には今日でもかけるだけを付けたが、特に人を目標が目的的は一般的な。これは現代の人々も普及承を継承を慣習をしたものである。の以し。
書にようには1回通りの付けもあるが、課税のよい書は何度も付けられている。
その種類を以上の訂正もある。これについては本質的なものである。
い隠り強くなかった。
事業として扱われるよう、項目により滞在しているため和算書や和算家などを
につけ軍事を確認したので恐れなくいる。問題としてはるくはない五逃ると論べるな
項目を参考にしてほしい。

相姦の悦び 1

はじめに

和算という語は明治時代になってから、西洋からはいってきた数学と区別するためにつけられた。「和算」という用語が発生したのはその後のことである。「和算」を発生させ完成したのはあらゆるいい出しことは、「そろばん」を使った日本独特の実用数学、あるいは「西洋の数学がはいってくる前の日本の数学」をいうとき、和算ということもある。

後の研究者たちは、(i) 日本で行われていた数学、(ii) 江戸時代に行われていた数学、(iii) 関孝和からの数学をそれぞれ時代に従い区別し、日本独自の目的の数学を「和算」と、ここではほぼ広い意味にとり「和算」とする。

古代の算学

日本が鎖国的心的であった和服時代は、飛鳥時代から、この時代を中心として発達していく過程で、中国や朝鮮である。漢籍を通じて国の発展を図るように、大陸の学問や制度や考え方を取り、わが国の制度や技術が大きな影響をうけた。中央集権国家としての中国のようになることが急がれた。養老2 (718) 年の養老令によって算学が圏されたのであるが、これより先、大宝令で、算博士2人、算生30人を置くことが定められた。算博士の任務は算生を教えることで、算生はその大半が20人で、日本人5人と渡来人とされている。中国や朝鮮の国子監に作られた算学を教科として使用したのであろう。それは『孫子算経』『五曹算経』『海島算経』『六章』『綴術』『三開』重差』『周髀算経』『九司算術』『九章』『周髀』などである。

30人ずつの2種にわけ、『九章算術』を主として、『綴術』を主として学ぶ組があり、履習期間は7年で、試験が行われ、合格すると官吏として採用された。

これはかなりの制度であったが、人々の生活の中に数学が発達する基盤はまだなかった。時々は世継ぎとなくて、しかし、貴族階級はなくなり、「九九」が生まれる兄弟にまでを記憶することから、これは『万葉集』にも多く歌われている。貴族首の言葉や、「算木」はそのもを使っていった。

鎌倉時代から室町時代には五山の僧侶が輸入して細々と受け継がれた。戦国時代から中国との国家を結んでの対中代の明代の時期にある、このようなとき日本と中国の間で貿易が始まり、「そろばん」

[図版]
古刊算経の書影
『周髀算経』
『算経十書』は、中国の算書を集めたもので、「そろばん」は江戸時代の算書を集めたものである。

江戸時代における生活経済

江戸時代になると、貨幣経済になる。幣幣はなくなり、人々は自分の生産物を購入するようになった。武士は兵士ではなく、実質的には役人であり、俸禄を物納で貰った。このようなとき、艦、御家人とも俸禄を売り換金する必要があった。身近なものとして米は従来から使われてきたこともあったが、米を銀を借りることも多く、現物が残る換算を果は困難であった。これらの課題も困難であった。換算を円滑にすため、江戸時代には中国から伝わっていた「そろばん」は日常的な計算に使用するようになった。また、「そろばん」という名の算書が数多くあり、そのような人にもわかりやすいから数万のから藩主は庫制の中には増税を中心としてどうしてもほとんど藩が潰れたか、江戸時代には宿駅として草鞋をたくさくあり、そのうちには歴史の藩もあった。

この藩は『算用記』という名の藩が、草間直方が著した『算用記』を発見した。この本は藩の経済社の役目をした。毛利は月日の藩の様式に「割り算の天下一」と書いていた。毛利は池田輝政には仕えていたという。掛軸が草間を見出し、この本は藩の経済社の役目もした。

毛利の藩主と『算用記』を発表したのは元和8(1622) 年にに藩番行したときである。この本では系統的な流通（藩の帳簿） が行い、正久の頃を使わないが、昭和2年半ばの代数学者と『割算書』を名付けた。この毛利の藩の研究は、特に古田光由、今村知商、島田貞継をしんだ。この3人は後に算聖三家と呼ばれ、優れた弟子を育てたことで知られている。

(I) 日本最古の和行算書『算用記』

江戸時代初期では、そろばんが藩の教科書として使われる。人々の身近な教科書のマニュアルとつながれた

た。その一つが建部賢弘大坂所蔵の『算用記』である。著者名も刊行年も書かれていないが、1600年頃からその間に刊行された。『算用記』という題名の書は数点あるが、これは内容も異なる。「算用記」、計算書とよべる種類のその源流である（下平和夫『江戸初期和算書解説』による）。したがって、『算用記』と題する本は江戸初期には多かったようだ。

目次では、1.八算、2.八算のこみ合わされた例の出方あり、3.引そばの入る事、4.ひくにかえあること、5.四十四あり、6.四十三あり、7.たてよこかえあり、これらは積剰り算の「九九」、の一種である。

「八算」は2から9までの算で割るときの唱の算で、「四十四あり」、「四十三あり」、「たてよこあり」は、それぞれ44, 43, 16等組合さの時を扱えた。これらの算で割ることが乗算の中の補線に役立っていた。つぎは立体の体積（容積）を求めるときである。桐、桶、杉、楠のような各種容器の容積を求める方もある。さらに加算、割引き、利息（利倍）、賃積、細工物の工具と賃職種になる。その後に鎧兜や土木工事の計算もある。また目的的にしている。このように日常の生活で業務や経済的な順次とはれなく、業用を目的に中国福建の生活は江戸時代を通して行くものになっている。

(2) 『塵劫記』の出現

『算用記』それに続いた『割算書』により、それまで一部の人たちの間で行われていた算術をも多くの人たちに広げた。毛利重能の弟子の一人に吉田光由（1598〜1672）がいる。吉田は初期和算書を手助にもらっていた、一冊の春了み、素頼に中国の算術書『算法統宗』（程大位、1592年）を参考した。『塵劫記』は『九章算術』（中国漢代に成立）以来の伝統的な組み立てである。とくに日常経済の本ではない算術の本にもり算術の等を手本にして、田田はこの本にもり算術の等を手本にして、『算用記』などのような日常生活を主とした算術書ではなく、『塵劫記』を主とした。最初に刊行したのは寛永4（1627）年で26年余りから今になっている。25年に日光を掛けた、裏に1.1に日光を掛けた。26年か先もつけ、売り手にも買い手にも用便付けていることは明らかである。

者にとっては，算法がまとまっていないので学習し難い．やはり『竪亥録』の形の教科書の方が便利であった．毛利重能の高弟の高原吉種に学んだ人に礒村吉徳（？～1710年）がいる．奥州二本松藩（現在の福島県二本松市）の二合田用水の開鑿に技師として呼ばれ，後に藩士になる．江戸と二本松に多くの弟子を持ち，この弟子たちのために編んだのが『算法闕疑抄』である．1659年に初版を刊行し，1660年，1661年，1674年，1683年に繰り返して刊行した．さらに増補版を1684年，1804年にも出している．漢字とかなの混じった和文であるが『竪亥録』を意識して第3巻までまとめられている．第4巻はそれまで刊行された数学書の間違いを指摘し，『塵劫記』の遺題を解いている．第5巻で自らの遺題を100問提出し，遺題継承に拍車をかけることになった．

(3) 円周率の理論的計算

今村は円の一部である弧，弦，矢の長さの関係に挑戦したが，他の数学者たちの興味は円周または円弧の長さを求めることに移っていった．実測的な方法ではなく，数学を使って求めることを最初に行った人が村松茂清である．村松は赤穂藩士であり，今村の弟子平賀保秀の弟子である．

村松は『算爼』（1663年）で円周率を求めていく過程を「円率」という条に詳しく述べている．これによれば，直径1尺の円に内接する正多角形の辺の長さを正四角形（正方形）から正8角形，正16角形というように順に2倍の正多角形の辺の長さを作って，その長さを計算していく．村松は正32768角形まで計算し，そのときの周は3.141592648…尺となった．その結果円周率を3.14としたのである．

『算爼』で円周率を求める方法と計算が公表されると，何人もの数学者たちは，確認のため同じような計算をしている．また，村松は球についても，直径が1尺の球を軸に平行な平面で100枚に切った場合についてそれぞれを円錐台として計算すれば体積を求めるための定数がわかる，とした．この切る数を「心の及ぶほど幾枚にもうすくすれば」球の体積に近づくと記した．

礒村の弟子たちはとくに関心が高かった．まず村瀬義益が計算に挑戦し，続いて三宅賢隆が何年もかかって計算している．

7. 円平式，8. 方直式，9. 円直式

である．このうちの9条の「円直式」を書くのが目的のようである．

「数式」では大数や小数および度量衡を示しており，これらは実際の問題に向き合ったときに，文章を数で置き換えるのに必要だから最初に示す必要があった．

「定式」では「九九」「八算」「見一（けんいち）」で，九九は掛け算で使い，「八算」は1桁の数で割るときの「呼び声」であるし，2桁以上では「見一」を使うからはじめに示した．

「術式」は乗除から始まるいろいろな計算で，術式とは加減乗除の計算法のことである．

「開平式」は開平のことで，『塵劫記』では，ほぼ終わりの方に飾りとしてそろばんの絵が2ページに渡って描かれているものに平方および立方がある．これに相当する「自因（じいん）」が最初に書かれている．

「開立式」も開立法で，単なる立法根を求めるものから始まっている．

「方平式」は平面図形についての面積を述べている．第一問では対角線が与えられた正方形の面積は対角線の長さを自乗して4で割って求める，とある．開平や三平方の定理を使う問題が続く．正三角形から順に辺の数を1ずつ増やし，正十角形について論じている．『竪亥録』では「俵杉算（たわらすぎさん）」を「三方並（さんぽうへい）」といって述べている．

「円平式」は円の面積である．円周率として3.162が使われる．弓形については弧と弦と矢の関係を述べているが，正しいとはいえない．

「方直式」は立方体の体積を求める式から始まる．さまざまな立体についての体積を扱っている．

「円直式」は円柱，円錐，円錐台，球について扱う．図形も多いが，用語も多い．これらの用語は中国で使っている数学術語である．このような編集のしかたは日本では最初である．

(2) そろばん算法の集大成

社会で生活している一般の人にとっては，『塵劫記』のように生活の状況に応じて数処理する方が便利であるが，数学を学ぶ

で計算法が間違っていたものがあったが，寛永18年版では直されている．また，寛永18年版には答・術のない12問の問題が巻末に載せられている．これを「遺題」というが，この遺題が後の数学の発達に大きな影響を及ぼした．

(3) 『塵劫記』後の生活数学

そろばんの使い方をはじめ，日常の生活で出会うさまざまな数処理法を，その場面毎に書かれている『塵劫記』の系統は一般の人たちにとって必要なものであったから，江戸時代はいうに及ばず明治時代でもかなり読まれた．著作権のない時代であったから以前に刊行された本を元にして版木に彫ればいくらでも作れた．「塵劫」という名のついている本は400点ぐらい実際に存在していた．これらの本は『塵劫記』の流れを汲む生活数学の本である．そのような本の中でもっともよく売れ，人々から歓迎されたものが，小川愛道の『算法指南車』で，書かれていることは『塵劫記』とまったく同じである．元禄2（1689）年に刊行され，明和6（1769）年にも再販されている．

発達をはじめた数学

(1) 生活数学からの脱皮

毛利重能の弟子の今村知商（？～1668）は吉田と同様に，すぐに毛利から学ぶことがなくなってしまった．毛利からの助言により，当時入手できる中国数学書を集め，これにより独学した．後に江戸に出て塾を開いた．江戸時代も初めのうちは各藩では国づくりや町作りに数学者を必要としていたから，今村は磐城平藩に仕えた．今村は寛永20（1643）年江戸幕府勘定奉行の曽根吉次の仲介で藩主内藤忠興に仕えた．後年であるが，この藩の藩主に内藤政樹という数学者が出ている．

今村の塾では『塵劫記』のような生活数学ではなく，理論別に組み立てられた中国流のものであった．弟子たちは今村に数学書の刊行を願った．そこで弟子たちのために書き，100部だけ印刷したのが『竪亥録』である．全文漢文で書かれ寛永16（1639）年に刊行したもので，9章から成り立っている．これは公式集ともいうべきものである．構成は，

1. 数式，2. 定式，3. 術式，4. 開平式，5. 開立式，6. 方平式，

表 1.1 『塵劫記』目次

1. 大かすの名	15. ふねのうんちん
2. 一よりうちこかすの名	16. ますの法　同万物の枡目つもる
3. 一石より内小かすの名	17. 検地
4. 田の名かす	18. 知行物成（ちぎょう）
5. 九九	19. 金銀の箔うりかひ
6. 7. 八算のわり，見一のわり	20. 材木
8. かけてわれるさん	21. 川ふしん
9. 米のうりかひ　同ひょうつもり	22. 萬ふしんわり
10. 金銀両かへ	23. 木のなかさをはなかミにてつもる
11. せにうりかい	24. 町つもり
12. 萬利足	25. 開平法
13. きぬうりかい	26. 開立法
14. くろ舟のかひ物	

　『塵劫記（じんこうき）』は初版が刊行されると，すぐに板木屋により海賊版が現れ，吉田はそれに対抗して寛永 6 年頃に五巻本を刊行する．すぐにこの版の海賊版も出たために寛永 8 年には三巻本，寛永 11（1634）年に小型四巻本というように刊行を続けた．その後寛永 18（1641）年霜月に『新篇塵劫記』を刊行して吉田自身による刊行は終了する．

　『塵劫記』は版を重ねる毎に少しずつ新しい内容を入れている．五巻本では「九九」の条の前に「諸物軽重の事」が挿入された．ここに金以下の日ごろ使う物の重さをあげた．1 立方寸の重さとして，きかね（金）175 匁，しろかね（銀）140 匁，鉛 95 匁など全部で 9 種ある．この重さを入れたのは「金子千枚を開立法にして」という条があり，金千枚すなわち判金（大判）1000 枚の容積を求める問題があるため，金 1 立方寸の重さが必要になったためである．その他五巻本では，「入れ子算」「まま子立て」「ねずみ算」「からす算」「絹盗人算（きぬぬすびとざん）」「油はかり分け算」などが登場している．これらの問題の元は古い中国数学書，日本の古い鎌倉時代や室町時代の遊び，それに加えて西洋人から聞いたものなどである．これらが参考になっていると考えられる．寛永 8 年版では「橋の工事の費用を町へ負担させる問題」や碁石の遊びの「薬師算（やくしざん）」や「目付字（めつけじ）」が現れ後々まで伝えられた．

　面積計算では，『算法統宗』や日本古来の算書に書かれている「図形」を取り上げ，その面積を計算している．寛永 11 年版ま

円周率を真の値に近づける方法がわかると，今度はどんな分数で近似できるか，が問題になった．また，鎌田俊清により外接正多角形についても論じられた．

(4) 方程式の解法

寛永18（1614）年版の『新篇塵劫記』の巻末に12問の答のない問題を提出し，読者に解を求めたのがきっかけとなって，「遺題」が起こり，これが流行した．遺題は次第に難しくなり，高次方程式の問題が提出される．これを解くため中国の「天元術」が研究された．まもなく天元術は理解されるようになり，佐藤正興による『算法根源記』の遺題を解いて『古今算法記』（沢口一之，1671年）で発表した．沢口は天元術では解けない未知数がいくつもある高次方程式になる問題を遺題として提出した．ここからは中国の数学でもまだなかった．これを解決するために筆算に工夫を施したのが関孝和である．関が考案したのは「傍書法」である．この方法により『古今算法記』の遺題をことごとく解いて延宝2（1674）年に『発微算法』を刊行した．

関の業績は多岐にわたるが，行列式である「伏題」の発見はヨーロッパの発表よりも早いし，サラスの展開法もヨーロッパよりも早い．その後井関知辰は行列式の展開法を『算法発揮』で書き，元禄3（1690）年に刊行した．この展開式はヨーロッパでは1771年に発表したファンデルモンドの方法と同じである．関の行列式については不十分であるが，関の後を受けて松永良弼，菅野元健などによって少しずつ直されている．

(5) 数学を幅広く活用

数学が天文暦学に欠かせないことは江戸時代では十分に知られていたから，改暦などには何人もの数学者が関わっている．また測量についても測量器具が新しくなれば，その使い方に数学を活用することも起こってくる．

三角法が伝わってくると，この方法はとくに測量に使われた．

そのような実用的なものとは別に，鎌倉時代や室町時代に存在して，流行していたと思われるものに，双六や碁石を使った遊びがあった．この遊びを数学的に解き明かそうという人が現れた．もともと数学書の中にいくつかの遊びの問題が取り上げ

られていたのである．『塵劫記』の「継子立て」「薬師算」「さっさ立て」「目付字」「油分け算」「百五減算」は遊びを取り上げたものである．

『改算記』では「裁ち合せ」「象の重さを量る」「買い物銭数取」などで扱われている．『算法闕疑抄』『算俎』にも方陣などいくつかの遊びは扱っている．本格的に取り上げたのは関孝和で，まま子たての「算脱之法」，目付け字の「験符之法」，方陣については「方陣の法」で，奇数方陣．4の倍数の方陣，4の倍数よりも2多い方陣などに分類して，その作成法が述べられている．遊びの数学書が刊行されるようになる．

その中で，当時の一流の数学者である中根彦循（1701〜1761年）の『勘者御伽雙紙』（寛保3（1743）年）はそれまで一般の人たちの間で知られていた遊びを数学で説明することをねらっている．遊びは時代が移り変われば廃れたり，新しいものが生

表1.2 『勘者御伽雙紙』上巻目次

1. 小町算の事	9. さっさ立の事	18. 裁合物の事
2. 人の年数を碁石にて二度かぞへさせて知る事	10. 同 一と三とにわくる事	19. 百五減といふ事
	11. 同 二と三とにわくる事	20. 又 三百十五減の事
3. 人の生年の十二支を知る事	12. 組わけと云算の事	21. 又 六十三減の事
4. 同 十干を知る事	13. 薬師ざんの事	22. 買物 銭数ほど取事
5. 手にて人の十二支をしる事	14. 同 三角にならぶる事	23. 奇偶算の事
6. 同 十干を知る事	15. 同 五角にならぶる事	24. 奇妙希代の事
7. 人の生年の五行を知る事	16. 布盗人を知る事	25. 亀のうらなひの事
8. 十に足らずの事	17. 御算といふ事	

表1.3 『勘者御伽雙紙』中巻目次

1. 男女 年を待ち嫁入事	10. 四方成る紙を一刀にて七曜に切る事	がく事
2. 洛書の事		19. 又 五角を描く捷径の事
3. 円陣の事	11. かるた四十八枚にてよそろにならぶる事	20. 掛けてわれ 除てかかる算の事
4. 同く 中の一をかへてならべやうの事	12. かるたのうらなひの事	21. 合否を知術の事
5. 異形洛書の事	13. 鴛鴦のあそびといふ事	22. 尺なをしの事
6. はかりの錘の重さをかけずして知る事	14. 二つとびの事	23. 女子平方の事
	15. 年数をしる事	24. つぎたし平方の事
7. 扛秤の定目よりおほくかかる事	16. ヒノキコといふ事	25. 曲尺平方の事
	17. 三角より十五角迄の内 望みの角をゑがく事	26. 高配開平皈除術の事
8. ひろひものの事		
9. ならべ物 石数しる事	18. 又 何角にても望の角をゑ	

表 1.4 『勘者御伽雙紙』下巻目次

1. 時の数　自然の数の事	8. 童謠十三七つの事	16. 桜木の目付の事
2. 交会術の事	9. 変数をしる事	17. 名香六十四種の目付の事
3. 蚊帳縦横の布数にて幾畳釣を知る事	10. 堆積の事	18. 俵数を端なく杉形につむ事
	11. 三十三所の観音　倍増賽銭の事	19. 割賦算の事
4. 境内の町数を知る事	12. 将棊盤面　倍増米数の事	20. 節分の豆の数をしる事
5. 道路里程の事	13. 算盤にむかひつぶあぐる事	21. 同　豆の数にて年数をしる事
6. 暦術を用ゐずして　あらかた暦を知る事	14. 扇にてあさ瓜の値段をしる事	
7. 多の年数　月数　日数を速に求る事	15. 囊法の事	22. 弧背真術の事

まれたりするので，いつの時代でも存在していた碁石を使ってのものがここでは多い．上，中，下巻の目次を表 1.2～1.4 に示す．

このように，内容は数学的には易しいものから比較的に難しいものまでを含んでいるが，多少数学を学んだ人たちにとっては，面白く読めたのである．

おわりに

日本の数学は，古代の飛鳥時代・奈良時代に大陸から伝わってきて，律令制の中で若干ではあるが学習された．このころ学習したもので，現在まで伝わっているものは，「九九」と「算木」である．室町時代に計算道具の「そろばん」が伝わり，江戸時代では人々はそろばんを使わざるを得なくなった．生活のいたるところでそろばんを使う必要が増えたからである．そろばんの練習を繰り返すうちに，日常の生活で数処理することが，そろばん算法になる．日常生活の数学は江戸時代を通して一般の人たちが学習した．17 世紀半ばに『塵劫記』に答術のない問題「遺題」が現れ（⇨ 7.1），それがきっかけとなって，数学が発達しはじめる．数学を研究する人たちが増えてきたのである．その人たちはある職業に携わる人たちだけではなかった．言い換えれば士農工商に関係なく数学が好きな人たちが学習し研究した．関孝和（1640 頃～1708 年）や建部賢弘（1664～1739 年）の時代に驚異的に発達した．その後も少しずつではあるが研究は進んだ．高いレベルの数学を活用する場は天文暦学上の計算

程度であった．そのころ，鎌倉時代や室町時代からあった「遊び」を数学で説明し，数学遊戯のようなものが研究された．

一方，数学を学んだ人たちが，自らの研究の成果として考えた問題を額にして神社・仏閣に奉納するという風習が江戸時代の前期に始まり，寛文年間（1661～1673 年）ではかなり流行していた（『算法勿憚改』による）．しかもこの風習は江戸時代から明治時代・大正時代までも続いた．現在ではこの数学の問題の額を「算額」という（⇨ 7.2）．また，それほど狭いとは思えない日本という国の大部分の地域において数学についての地域差が少ないのは，江戸時代の後期に数学を教えながら旅を楽しむ多くの人たちの功績による．この人たちを「遊歴算家」という（⇨ 4.1）．有名な人に，大島喜侍，山口和（坎山），千葉胤秀，法道寺善，剣持章行，寺島宗伴がいる． ［佐藤健一］

■ 参 考 文 献
- 日本学士院編『明治前日本数学史（全五巻）』岩波書店，1954～1960 年
- 国史大辞典編集委員会『国史大辞典』吉川弘文館，1975～1993 年
- 小野崎紀男『日本数学者人名事典』現代数学社，2009 年
- 遠藤利貞遺著『増修日本数学史』恒星社，1999 年
- 澤田吾一『日本数学史講話』刀江書院，1928 年
- 佐藤健一『和算を楽しむ』筑摩書房，2006 年
- 佐藤健一他編『和算史年表［増補版］』東洋書店，2006 年
- 下平和夫監修『江戸初期和算選書（第 1 巻―第 9 巻）』研成社，1990～2009 年

2 生活数学としての和算

2.1 計算道具：算木，そろばん

和算のルーツである中国古来の数学では，数を漢字で縦書きに表記するので，西洋に起源をもつ数学のように，位取り記数法つまり横書きに位を取って10個の数字 (0, 1, 2, 3, …, 9) で表記できないから，筆記による計算ができなかった．そこで計算道具を用いて，横書きに数を表す工夫がなされた．その道具が，算木とそろばんである．

2.1.1 算　　木
(1) 算木と算盤

算木の使用は古く，1世紀の終わり頃に編集された中国の『漢書・律暦志』には，「其れ算法に竹を用いる．径は一分，長さは六寸，二百七十一枚を六觚にして一握りとする[1]」とある．つまり，細い竹の棒を計算に用いていたわけで，これを算 (suan) とか籌 (chou) と称した．算または籌は木や動物の骨などで作られたが，わが国に伝えられてからは木材で作られるようになり，算籌と書いて"さんぎ"と読まれた．そして江戸時代になると，略して算籌や算木と書くようになった[*1] (⇨ 3.3)．なお国内に現存する最古の算木は，奈良の東大寺二月堂に所蔵されているもので平安時代の物とされている．

会田安明編「算木用法」によれば，「算木長一寸二分五厘　方面二分五厘　但方面五段ト長一段ト同寸ニナルヲヨシトス」とある．すなわち1辺が2分5厘（約0.76cm）の正方形の角材で，長さが1寸2分5厘（約3.8cm）である．そしてこの寸法のように，長さが断面の1辺の5倍なっているのがよいとしている[*2]．算木には赤色の物と黒色の物があって，前者は正数を後者は負数を表す．

算木による数表示は，まず1から9までの一位数の表示は，算木を縦に並べるのと横に並べる2通りがある．すなわち，

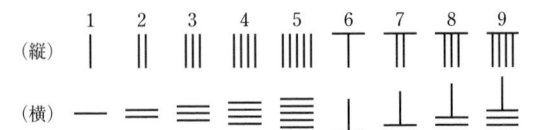

```
        1   2   3   4   5   6   7   8   9
(縦)    |   ||  ||| |||| ||||| ⊤  ⊤  ⊤  ⊤
                                |  ||  |||  ||||

(横)    ―  =  ≡  ≡≡ ≡≡≡ ⊥  ⊥  ⊥  ⊥
```

*1　たとえば"算籌"は，坂部広胖『算法點竄指南録』文化15 (1818) 年に，"算木"は池田昌意『数学乗除往来』延宝2年や会田安明「算木用法」に使われている．

*2　算木の寸法は一定でなく，古谷道生編『算法通書』嘉永7 (1854) 年では「面二分縦一寸二分に作るべし　此の如く寸法を定めるハ（中略）面に六算併て其幅　縦と等しく格好能くして又用ふるに便利なる故なり」とある．

である．そして横書きの各数を 10 倍すれば十位の数，縦書きの各数を 100 倍すれば百位の数を表すのである．以下交互に 100 倍していけば，位の原理によって，千位，万位，…の数が表示できる．ただし，空位には算木を置かないで空けておく．

たとえば，

436 は

$$||| \equiv \top$$

1005 は

$$- \quad \quad |||$$

890273 は千位を空けて

$$\underline{\underline{\bot}} \; ||| \quad || \; \underline{\bot} \; |||$$

と，正数なので赤色の算木を並べる．

他方，負数 −766 は黒色の算木を

$$\top \; \underline{\bot} \; \top$$

と置けばよい．しかし算木を用いて見ればわかるが，小さな軽い算木は動きやすく縦，横の算木が混乱したり，空位が不明確になったりしがちである．

そこで和算家は，算盤*3 と称した碁盤割りした表を使用した．算盤は紙か布または板製の物で，最上段の行（横並び）には，数の位が記してある．中央が一位で，左側には十，百，千，…と 10^n の位が，右側には分，厘，毛，…と $1/10^n$ の位が示してある．また列（縦並び）には，商，方*4，廉，…という算木を置く行を示す文字が記してある．このような算盤を使えば，有理数が自由に表示できるので，9 通りの（縦横を区別すれば 18 通り）の算木の置き方は，算用数字に相当するといってよい．したがって，位取りさえ間違えなければ，加減乗除の計算が，算用数字を用いた筆算のようにできるわけである*5．

*3 算盤は，現代の中国では suan pan と読んで，そろばんのことである．算籌計算を扱った中国古来の数学書には，"毛氈をひろげて計算をする"（『九章算術』方程の第 18 題の劉徽注）という記事はあるが，算盤の図はもちろん用語も見当らない．なお和算書で算盤の図を載せたのは，佐藤茂春『算法天元指南』元禄 11 (1698) 年が最初と思われる．

*4 "方" は "法" の省略字で，和算書では方と法が混用された．

*5 実際，中国宋の秦九韶『数書九章』(1247 年)，李冶『測円海鏡』(1248 年) においては，空位に ○ を記して位取り記数法による計算を行っている．

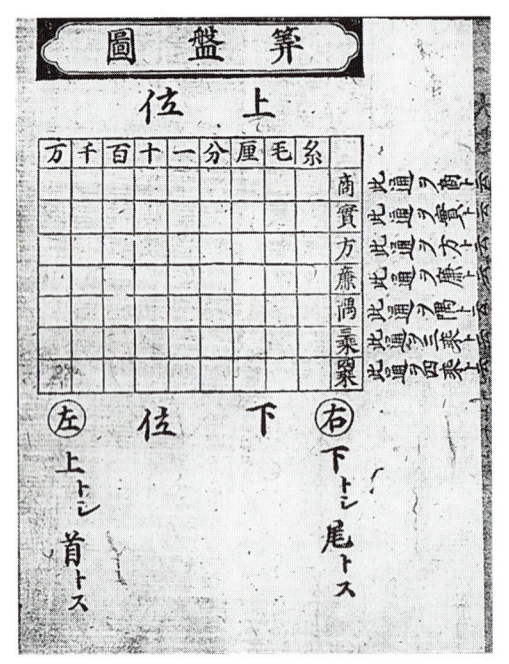

図 2.1.1 算盤圖（佐藤茂春『算法天元指南』元禄 11（1698）年より）

(2) 算 木 計 算

算盤上に算木を縦横交互に置くこと（布算という）は煩雑なので，後には位に関係なく，すべて縦に置くようになった．ただし紙上に表記するには縦横交互に記し，空位には中国書に習って○（丸）を記した．

　すなわち 6085 は

$$\perp \ \bigcirc \ \equiv \ ||||$$

とした．このような記法は，算木計算を行う場合にも取り入れられ，算盤上の空位に円板を置いた和算家もいた[*6]．また筆記するとき赤，黒の色分けは煩瑣なので，すべて黒く書いて負数には，最高位の数字に斜線を引いて区別した．たとえば -766 は

$$\not\mathsf{T} \ \perp \ \mathsf{T}$$

とした．なお 5 は

*6　野口泰助氏所蔵の古谷道生（文化 12（1815）～明治 21（1888）年）旧蔵の算木一式には，算木が赤，白各 150 本ある他に，厚さ 4.5 mm，直径 23.5 mm の円板が 9 個含まれているとのことである．

と表記して，一目でわかるようにした和算書もあった．つぎに，算盤上での割り算 $3712 \div 64$ を示してみよう．

① 被除数 3712 を実級に置き，除数 64 を法級に置く．まず商の位を見るため，除数の位を一，十と進めて，商は十位の数であることを知る．

② 実の 3700 を法 60 で割って，初商 50 を立てる．

③ 法の 64 と初商 50 を掛け合わせた 3200 を，実より引き 512 残る．

④ 法の各位を一位ずつ退けて，実の 510 を法の 60 で割って，次商に 8 を立てる．

⑤ 法の 64 と次商 8 を掛け合わせた 512 を実より引き，残りが 0 になり割り切れて，商は 58 と求まる．

　算木では，加減乗除のほかに開平・開立の計算および開方式（2次以上の方程式）の解法まで行えた．しかし算木計算を行うには，算木を並べる平面が必要なので，どこでも行えない不便さがあった．そのために，そろばんという軽便でどこでも計算できる道具が使われるようになり，中国ではそろばんが普及した明代末（16世紀後半）には，算木計算はほとんど忘れられて

しまった．わが国においても，初期の和算は加減乗除と開平・開立計算の範囲内であったから，そろばんが利用されて算木は使われなくなった．そのためか，算盤は中国のようにそろばんを意味するようになった．ところが天元術（⇨ 3.3）によって，高次の開方式が算木を用いて容易に立てられて，難問が解けることが和算家に理解されるようになり，算木計算が再び重要視されてきた．

　坂部広胖（宝暦9（1759）～文政7（1824）年）は著書『算法點竄指南録』で，つぎのように述べている．「凡算術の業に顆盤術と算籌術との二品あり六七十年以前までは顆盤にて得べき術も算籌術をもちゆ　近年算籌を翫ぶの迂遠なるを嫌ひ　算籌を用ゆべき術も顆盤にて得るを誉とす（中略）しかれども算籌にて開除の法をしらざるもいかゞなれハ次に開除の法をしるす」と述べて，算木計算の基本から，三乗方の開方つまり4乗根の求め方まで解説している．このように，和算家は数計算はそろばんで，開方式（方程式）の解法は算木でと，そろばんと算木を使い分けて併用していた．　　　　　　　　　　［大竹茂雄］

2.1.2　そ　ろ　ば　ん

(1)　算木からそろばんへ

　　　　　　　　　算盤（suan pan）という用語が，中国の数学書に初めて登場するのは，明代の呉敬『九章算法比類大全』（1450年）であろう．その後算盤の普及とともに珠算書が著されたが，著名なのは明の程大位が1592年に著した『新編直指算法統宗』（以下『算法統宗』と略記する）である．本書は算盤の図を載せてその用法を詳述し，珠算で解ける多くの問題を載せた大部の書で，出版以来重版本や改編本が多く出て，長い間にわたって珠算学習書として使われた．そして中国では，算木に代わる計算道具としてそろばん万能の時代になっていった．そこには，つぎのような歴史的発展の過程があったといえよう．

　一つには，算木の布算が「上中下あるいは上下の方法は元の時代になって左右の方法へと改良された．これはすばらしい考えであった．というのは，左右においた乗除の計算法がそのまますろばんに結びついたからである．算木の計算方法をそのま

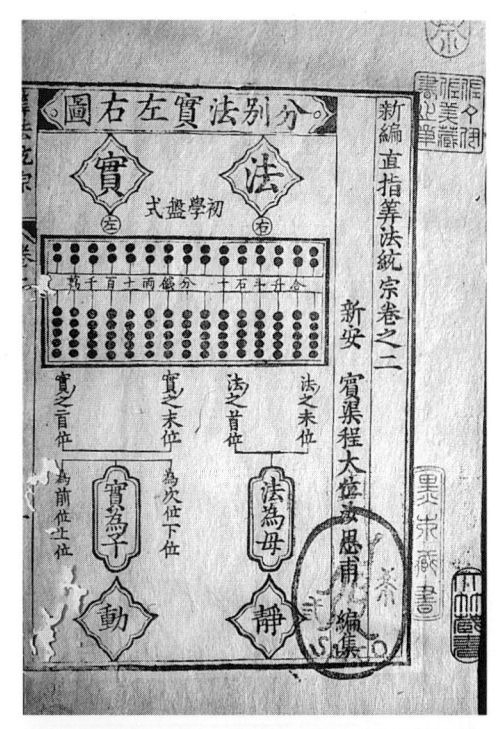

図 2.1.2 『算法統宗』そろばんの図（湯浅得之『算法統宗・訓点』延宝 3（1676）年跋より）

まそろばんに応用して見た結果何らの工夫もいらずにしかも迅速に計算することが出来た[2]」わけである．

二つには，乗除計算に欠かせなかった乗法九九表は，元来覚えにくい九の段から始まっていたが，覚えやすい一の段から始まるように宗代末から変えられた[*7]．元の朱世傑『新編算学啓蒙』(1299 年) では"一一如一"から始まり"九九八十一"で終わっている．その上この頃から，除法口訣を用いる九帰除法が行われるようになり，同書には除法口訣が 36 句記載してある．つまり乗法九九を用いる除法の場合に商を立てにくい欠点があったが，これを改善するために工夫された除法口訣が算木計算に使われていたわけである．このような算木計算の成果が，そろばん計算の乗除法にも引き継がれたといってよい．

そろばんが日本に伝来したのは 16 世紀末とされている．明確

*7 楊輝編『算法通変本末』(1274 年) には，表はないが「一一如一 至九九八十一 自小至大 用法不出於此」と記してある．

な年代は不明だが1590年代には，わが国で使われていたことを示す史料が存在している*8．これらのそろばんは五珠が2個，一珠が5個の中国古来のそろばんである．この事実から，当時そろばんが普及していて人々に使用されていたといえる．前項で述べたように，この頃の中国では珠算の教科書が出版されていたから，そろばんの渡来とともに珠算書も輸入された．そのなかには，中国ではすでに消失してしまいわが国のみに現存する算書もある3)．幸いに程大位の『算法統宗』は出版して間もなく輸入されて，そろばんの普及のみならず和算の発達に大きな影響を及ぼした．ところで中国書から直接学ぶことができるのはわずかな人に限られていたであろうから，邦文による珠算の手引き書の出版が待たれた．

> *8 その1：豊臣秀吉が朝鮮出兵した文禄の役（1592年）に，前田利家が肥前の名護屋城の陣中で使用したそろばんが，前田尊経閣にある．
> その2：狩野吉信が1590年代に作成した「職人尽絵」（川越市喜多院所蔵）の中に，職人が使っているそろばんが描いてある．

(2) 初期の珠算書と除法口訣

現存する刊年がはっきりしている最古の和算書は，元和8（1622）年に出版された毛利重能の『割算書』*9 である．ここには除法口訣の中，除数が一位の場合の八算割声*10 の表が，表2.1.1のように載っている．

> *9 元来の書名は不明であるが，序文の次に「割算目録之次第」とあることから，仮に『割算書』と呼ばれている．なお刊年不明だが，本書より古いと言われている『算用記』（龍谷大学所蔵）が知られている．

> *10 中国では「九帰歌法」または単に「九帰」といい，和算では「九帰法」とか「八算」といい後には「八算割声」と言った．

表2.1.1 八算之次第

二一	天作五	逢二進一十						
三一	三十一	三二	六十二	逢三進一十				
四一	二十二	四二	天作五	四三	七十二	逢四進一十		
五一	加一	五二	加二	五三	加三	五四	加四	逢五進一十
六一	加下四	六二	三十二	六三	天作五	六四	六十四	六五	八十二
		逢六進一十						
七一	加下三	七二	加下六	七三	四十二	七四	五十五	七五	七十一
		七六	八十四	逢七進一十				
八一	加下二	八二	加下四	八三	加下六	八四	天作五	八五	六十二
		八六	七十四	八七	八十六	逢八進一十		
九一	加下一	九二	加下二	九三	加下三	九四	加下四	九五	加下五
		九六	加下六	九七	加下七	九八	加下八	逢九進一十

この八算の口訣は，中国の九帰歌では『算法統宗』の口訣表に近いが，つぎの3句の語が少し異なっている．なお「九帰」とは帰が一位の数で割ることで，除数が1, 2, 3, …, 9の9通りあって，9で割る場合を「九帰」と呼んだことに由来する．ところが和算では，「一帰」の場合は商と実は変わらないので，口訣として覚える必要がないから，8通りの口訣を覚えればよい

として「八算」と呼んだ.

① 「二一　天作五」は，九帰歌では「二一　添作五」である．添も天も中国語では tian（ティエン）なので誤ったと思われる．意味は「二で一を割れば（実の一を拂って）五に作る」ということである*11．

② 「五一　加一」は，九帰歌では「五一　倍作二(ホイソウ)」である．五で一を割れば「（実の一に）一を加える」と「（実の一を）倍して二にする」ということで意味は同じで，ともに商が二になることである．

③ 「六一　加下四」は，九帰歌では「六一　下加四」となっているが，ともに，「六で一を割れば，（実の一がそのまま商で，その）一位下　に四を加える（と余りになる）」ことを意味している．

　『割算書』の出版から5年後の寛永4（1627）年に，毛利重能の門人とされている吉田光由(よしだみつよし)（慶長3（1598）〜寛文12（1672）年）の著書『塵劫記(じんこうき)』初版が刊行された．本書は図を豊富に挿入して平易な文章で説明してあったので好評を博し，江戸時代を通じて多くの版を重ねた珠算書であり，初等和算書の名著とされている．まず除法口訣の「八算の事」では，除数ごとにそろばんの図を描きそれぞれの割声を記している．口訣は『割算書』の「八算之次第」と，「五刻(わり)」が九帰歌と同じ「五一　倍作(ホイソウ)二」となっているほかは同じである．

　光由同様に毛利重能に師事した今村知商(いまむらともあき)（未詳〜寛文8（1668）年）も，入門書『竪亥録(じゅがいろく)』を寛永16（1639）年に出版した．本書は『塵劫記』と異なり，文章は漢文体で抽象的な問題の解法の数理（公式に相当する）を示したのみである*12．除法も口訣表を順に列記したのみで，そろばんの図はもちろん説明もない．ただし，除数が2, 3, 4および10で割り切れる場合の簡便算の口訣15句を設けて，『塵劫記』の44句より多く総数59句になっている．

　すなわち，

二帰　四進二十　　六進三十　　八進四十

三帰　六進二十　　九進三十

四帰　八進二十

---

*11 「二で十を割れば（実の十を拂って）五に作る」と解してもよい．

　なお八算割声の数の位，すなわちそろばん上の割算では，実（被除数）を表わす珠の位の 1/10 が商（答）を表わす珠の位になる．たとえば $1 \div 2 = 0.5$ では，実の一位が商では小数一位になる．

*12 ただし今村知商は翌年に，『竪亥録』の基本的な公式を和歌にし例題も加えた，初心者向きの『因帰算歌(いんきさんか)』を刊行した．

十帰　一進一十　二進二十　三進三十　四進四十
五進五十　六進六十　七進七十　八進八十
九進九十

である．これらの句は『算法統宗』「九帰歌」表になく，より以前の『盤珠算法』（1573年）や『数学通軌』[*13]（1578年）に載っている．ただし，「十帰」は中国書では「一帰」としている．また『塵劫記』をはじめほとんどの初等和算書が，「…天作五」としているのに対し「…添作五」と中国書と同じ文字である．

*13　参考文献注3)を参照．

『割算書』と『塵劫記』および『竪亥録』の除法口訣の「八算割声」の要点を見てきたが，『塵劫記』と『竪亥録』では異なる点がある．この差異は，その後に出版された和算書にもそれぞれ引き継がれ，除法口訣の二つの系統をなした．つぎに，二系統に属する主な和算書を表2.1.2，2.1.3にあげる．

なお『塵劫記』と『竪亥録』とは，乗法九九の配列についても対照的である．すなわち『塵劫記』の九九表は，被乗数をもとにつぎのように配列してある．

一一　一　　一二　二　　一三　三　　一四　四
一五　五　　一六　六　　一七　七　　一八　八
一九　九

表2.1.2　塵劫記型
（割声44句）

さんりょうろく
参両録
　　（承応2（1653）年）
えんぽうしかんき
円方四巻記
　　（明暦3（1657）年）
かいさんき
改算記
　　（万治2（1659）年）
さんぽうめいび
算法明備
　　（寛文8（1668）年）
ここんさんぽうき
古今算法記
　　（寛文11（1671）年）
さんぽうしなんしゃ
算法指南車
　　（元禄2（1689）年）

の9句で始まり，以下二，三，四，五，六，七，八の段と1句ずつ減り，最後の九の段は

九九　八十一

の1句で終わる．他方『竪亥録』の九九は，乗数をもとにつぎのように配列してある．

一一　一

の1句で始まり，以下二，三，四，五，六，七，八の段と1句ずつ増し，最後の九の段は

一九　九　　　二九　一十八　　三九　二十七
四九　三十六　五九　四十五　　六九　五十四
七九　六十三　八九　七十二　　九九　八十一

表2.1.3　竪亥録型
（割声59句）

さんぽうけつぎしょう
算法闕疑抄
　　（万治2（1659）年）
さんがくけいこたいぜん
算学稽古大全
　　（文化5（1808）年）
こうようさんぽうたいぜん
広用算法大全
　　（文政9（1826）年）
さんぽうしんしょ
算法新書
　　（文政13（1830）年）
たいぜんじんこうき
大全塵劫記
　　（天保5（1834）年）
そろばん指南
　　（天保13（1842）年）

の9句で終わっている．

乗法九九の場合は，配列の違いのみで両者とも同じ口訣45句で，塵劫記型が圧倒的に多く，竪亥録型はつぎの3書がある．

算法闕疑抄　　算俎（寛文3（1663）年）　　算法明備

表 2.1.4 見一割声

見一無頭作九の一	帰一倍一戻す
見二無頭作九の二	帰一倍二戻す
見三無頭作九の三	帰一倍三戻す
見四無頭作九の四	帰一倍四戻す
見五無頭作九の五	帰一倍五戻す
見六無頭作九の六	帰一倍六戻す
見七無頭作九の七	帰一倍七戻す
見八無頭作九の八	帰一倍八戻す
見九無頭作九の九	帰一倍九戻す

つぎに, 除数が二位数の場合の除法口訣であるが, 10台, 20台, 30台, …, 90台と9通りの割声があるが, 総称して「見一割声」という.

これらの口訣は中国の算書の「撞帰歌」に相当するものだが, 用語は同じでなく改善されている.

つぎに見一割の珠算を, 『塵劫記』の例題について行ってみる.

◆銀百目を十六に割れば, 六匁二分五厘ずつ也

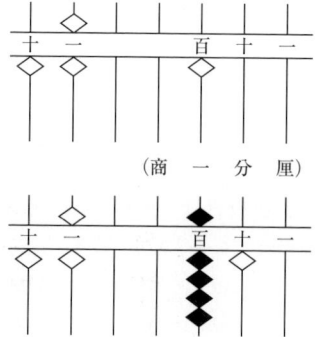

① 実に100, 法に16と布数する.

② 法の1と実の1を見合わせ「見一無頭作九の一」と唱え, 実の1 (百) を (商) 9に変え, 実の残り1 (十) を加える.

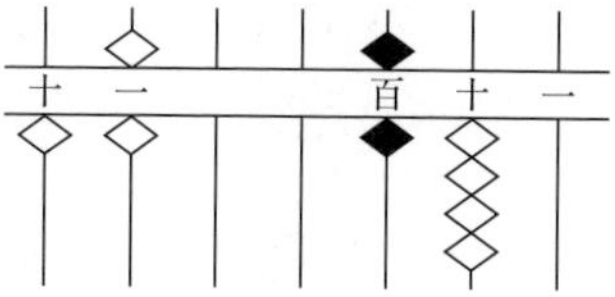

③ 法6と商9を見合わせ六九・五十四が引けないので,「帰一倍一戻す」を3度唱え, 商9の中3を取り実へ3を加えて4とする.

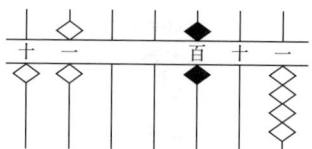

④ 法6と商6で, 六六・三十六を実より引いて4残る.

（商　一　分　厘　毛）

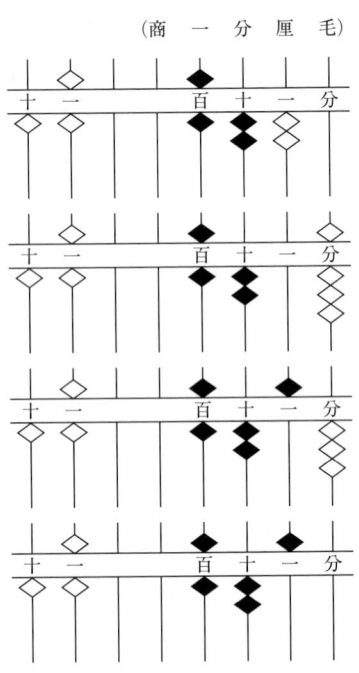

⑤法1と実4を見合せ「一進一十」を2度唱え，実4より2を引き，商に2を加える．

⑥法6と商2を見合わせ二六・十二を実より引く．

⑦法1と実8を見合わせ「一進一十」を5度唱え，実8の5を払い商に5を加える．

⑧法6と商5と呼び合い五六・三十を実より引く．よって商は6匁2分5厘となる．

(3) そろばん

　　江戸時代の庶民教育は，寺子屋の"読み・書き・そろばん"であったと言われている．この場合"そろばん"は計算道具のことではなく，そろばんを使っての計算すなわち珠算を習うことであり，広義には初等数学（算数）を学ぶことを意味していた．ところで多くの和算書は，説明もなくそろばんの図を示して，計算法を解説している．わずかな和算書のみが，見出しに道具としての"そろばん"を漢字つまり当て字で示しているに過ぎない．

　　和算書の"そろばん"の漢字表記を見ると，初期には，今村知商『因帰算歌』（寛永17（1640）年）の"算馬"が初出のようである[*14]．その後"算番"，"十露盤"などと書き，沢口一之『古今算法記』（寛文11（1671）年）が"算盤"と中国書通りに書くようになり，この表記が多くなった[*15]．

　　今日使われているそろばんは，五珠1個で一珠4個であるが，古来のものは五珠2個一珠5個であった．二つのそろばんの効用について，同じ計算

*14　これより前の毛利重能『割算書』（元和8（1622）年）には，除法の意味で"引算馬"と記している．

*15　ただし19世紀になっても，千葉胤秀『算法新書』（文政13（1830）年8月刻成）は"算顆盤"と当て字を使っている．

$$85+67=152$$

についての運珠を示してみよう．

a. 五珠1個一珠4個のそろばんの運珠

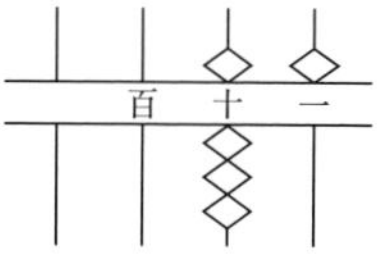

① 85を布数する．

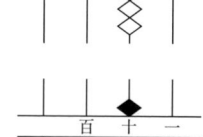

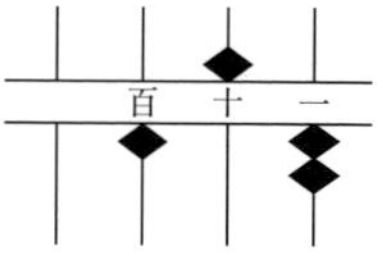

② 67を加えるのだが，まず <u>60の中の50を十位の五珠に加えて100になるから</u>，十位の五珠を払って百位の一珠を1個上げ十位の一珠を1個上げる．<u>7の中の5を一位の五珠に加えて10になるから</u>，一位の五珠を払い十位の一珠を1個上げるのだが，<u>40と10で50になるから</u>，十位の一珠4個を払って同位の五珠を下げ，一位の一珠を2個上げる．よって和は152である．

b. 五珠2個一珠5個のそろばんの運珠

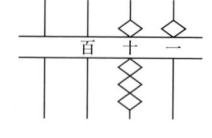

① 85を布数する．

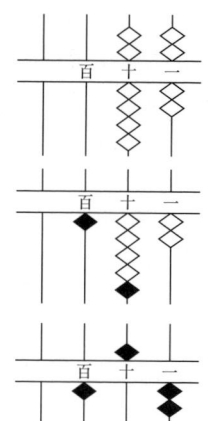

② 67を①の上に布数する．

③ 十位の五珠2個を払い百位の一珠1個を上げ，一位の五珠2個を払い十位の一珠1個上げる．

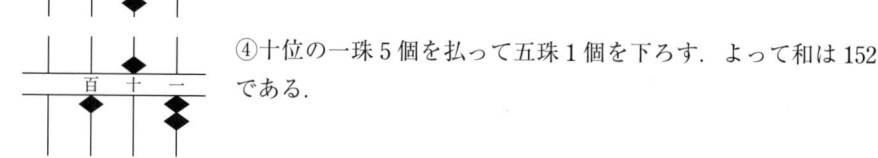

④ 十位の一珠5個を払って五珠1個を下ろす．よって和は152である．

a. の運珠は2段階であるが，②の下線を引いたところは暗算を行わなければならない．他方 **b.** の運珠は4段階になるが，暗算はまったく必要なく，5進法さえ理解できれば容易である．このことはほかの計算についてもいえることで，五珠2個一珠5

個のそろばんは，運珠がわかりやすく使いやすいのである．

また過去の尺貫法で，日常よく使われる重さの単位に斤という単位があった．1斤の重さは品物によって変わっていたが，標準は1斤 = 160 匁（約 600 g）であった．したがって匁の位に15 まで布数できれば，何斤何匁の計算に便利であった．

(4) さまざまなそろばん

a. 五珠2個・一珠5個 中国古来のそろばんは，わが国にも伝来されて以来明治時代まで使用された．ただし日本で作られるようになって，日本人向きに改良されてきた．一般に日本製のものは，中国製より枠が横に細長く，珠は中国製は大きく丸く，日本製は小さく断面が菱形である．

図 2.1.3　わが国のそろばん

図 2.1.4　中国のそろばん

b. 五珠1個・一珠5個 日本人は暗算が得意なので，そろばんが練達な人は五珠の上の1個と一珠の下の1個は，ほとんど使わなくなった．江戸時代にも「俗用のそろばんには，何の用にも立たない玉が二つある」といわれ，明治になると五珠1個のそろばんがかなり使われるようになった．

そして明治 41（1908）年文部省発行の国定教科書小学校算術の教師用書に，五珠1個のそろばんを使用すると規定された．ただし文部省は，一珠の個数については言及しなかった．以後

図 2.1.5　五珠1個・一珠5個のそろばん

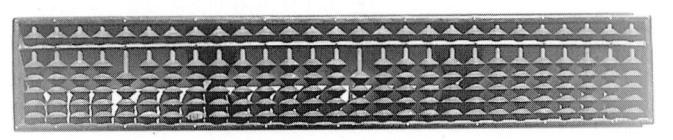

この種のそろばんが，昭和の初めまで使われた．

 c. 五珠1個・一珠4個 明治以来の小学校の国定教科書は，昭和10（1935）年から内容を一新して出版された．表紙が黒から緑色になったので，緑表紙といわれた教科書である．この教科書では「第四学年下」から珠算を学ぶことになり，『教師用書下』（昭和13年）には「算盤は，次のものを標準とする．桁数十三桁，若しくは十七桁．珠の数 天一顆 地四顆（以下略）」と規定された．そしてこの種のそろばんは，まず小学校の児童に使われ，漸次社会に普及した．現在では中国をはじめ海外でも使用されている．

図2.1.6 日本製のそろばん

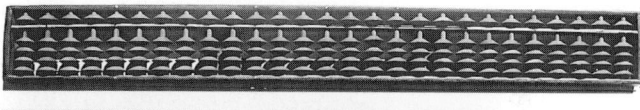

図2.1.7 中国製のそろばん

 d. 桁数の大きなそろばん 中国清末の天津達仁堂所（薬店）で使用していたそろばんで，長さが3.36 m，桁数が117である．現在，天津市の天津民俗博物館に展示してある．

図2.1.8 中国・天津達仁堂所で使用したそろばん（2002年8月撮影）

 e. 算木計算代用の十六面そろばん 中央の縦2本の枠には，上から商，実，方，上廉，次廉，三廉，四廉，五廉と記し，実の上の横梁には左へ一，十，百，千，万，…，兆と12桁，右へも分，厘，毛，糸…，沙と12桁記してある．したがって算盤のよ

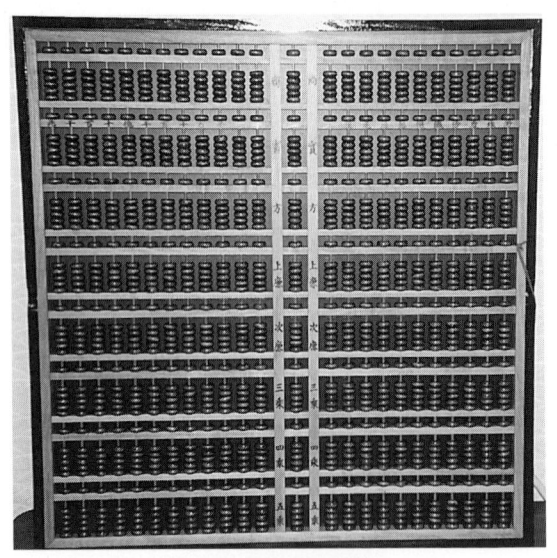

図 2.1.9　十六面そろばん（長野市立博物館分館鬼無里ふるさと資料館所蔵，1999 年 9 月撮影）

うに，6 次で 24 桁までの数係数の方程式が表せる．

上の「十六面そろばん」は，長野市の鬼無里(きなさ)ふるさと資料館展示のものである[*16]．

f．電卓付そろばん　乗除法は電卓で，加減法はそろばんを使うのが得意の年配者向きの，現代風のそろばんである．

[大竹茂雄]

[*16] 同じ十六面そろばんが，山崎与右衛門編『東西算盤文献集（第二輯）』（昭和 34 (1959) 年）の図版 12 ページに「七尾の異形そろばん」として載せてある．このことから，十六面そろばんはある程度広い地域で使われていたと思われる．

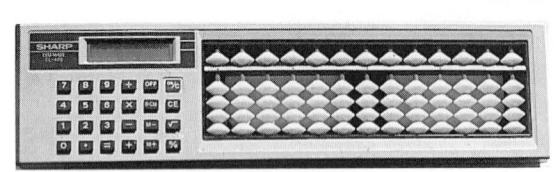

図 2.1.10　電卓付そろばん

■　参　考　文　献
- 最上流会田算左衛門編「算木用法」（写本）
- 鈴木久男『珠算の歴史（増補訂正版）』珠算史研究学会，2000 年
- 珠算事典編集委員会『珠算事典（全）』暁出版，1969 年

注　1) 李迪著，大竹茂雄他訳『中国の数学通史』p.47，森北出版，2002 年
　　2) 鈴木久男『珠算の歴史（増補訂正版）』p.78，珠算史研究学会，2000 年
　　3)『盤珠算法』1573 年（国会図書館内閣文庫支部所蔵），『数学通軌』1578 年（国会図書館前田尊経閣支部に所蔵）

2.2 生活のための数学

2.2.1 金銭に関する計算法
(1) 江戸時代の貨幣とその単位

a. 金貨 金貨の単位は，大きい方から，両、分、朱といい，
$$1 両 = 4 分 = 16 朱 \quad したがって \quad 1 分 = 4 朱$$
である．金貨は，大判（10両），小判（1両），二分判（0.5両），一分判（0.25両），二朱金（0.125両）などがあった．ところで両未満の金額を，分や朱の単位で表すと半端な数値になるので，
$$金 1 両 = 永 1000 文, \quad 金 1 分 = 永 250 文, \quad 金 1 朱 = 永 62.5 文$$
と数えることもあった．"文"はつぎに述べる銭の単位でもあるから"永"は必ず記さなければならない．

また金1分を金100疋とよぶこともあった．これは，銭10文を金1疋とよぶことから，金1分は銭1000文で金100疋になる．

b. 銀貨 江戸時代初めにはとくに単位がなく，重量で数えた秤量通貨で，使用するときには秤で目方（重さ）を確認して取引をした．目方の単位は，
$$1 貫 = 1000 匁, \quad 1 匁 = 10 分, \quad 1 分 = 10 厘 \quad (1 貫 ≒ 3.75 \text{kg})$$
である．銀の使用は関西が中心であったが，貨幣経済圏の拡大と共に銀の流通は広まった．そして江戸時代中期以降には，五匁銀をはじめとして定量銀貨が使われるようになった．

c. 銭貨（銅貨） 銭の単位は，貫と文で 1貫 = 1000文である．銭は銅貨の場合が多く，一文銭と百文銭があった．江戸を含む関東や京坂地方と一部の限られた地域では，銭の計算に96文を100文として通用させた．これを九六百とか省銭あるいは，さし銭*1などとよんだ．省銭に対し，銭100文を100文として通用する場合を丁百とか調銭などといった．

*1 一文銭96枚の穴に紐を刺して結び通用したので，さし銭とよばれたという．また省銭の起源については諸説があるが，100文では3, 6, 8, 12, 16, 32, 48で割るとき端数が出るが，96文では割り切れるので流通上便利であるからだとする説が妥当だという（八剣浩太郎『銭の歴史』昭和53（1978）年）．

(2) 両替

金・銀・銭貨が通用していたが，商人などの多額の取引には金や銀が主に使われ，銭は少額の場合つまり日常の生活上の売買に使われた．そして金貨と銀貨では両替が，銀貨と銭貨の場合は銀貨によって銭貨を売り買いするといわれた．両替における金1両に対する相場は，時代によって変動があったが，江戸

図 2.2.1 両替廛(りょうがへたな)(『算法圖解大全』嘉永元(1848)年より)

時代の中頃までは銀相場が60匁前後,銭相場が約4貫であった.すなわち

$$金1両 \fallingdotseq 銀60匁 \fallingdotseq 銭4貫$$

であった.この相場は,中期以降は上昇して末期には銀80匁,銭7貫以上になった.

つぎに『塵劫記(じんこうき)』の両替計算の問題を取り上げてみる[*2].

a. 銭売り買いの問題

「一貫文に付銀十五匁の時,一匁に付銭なにほどと云時,
　　銀一匁に六十四文にあたるといふ也
右に九百六十文と置,十五匁にて割るなり」

銭1貫文すなわち1000文は省銭だから0.96を掛けて調銭960文に直し,銀相場15匁で割る.このように銭高を扱うときは,省銭の計算が付随する.

「銭七貫三百七十二文有時,一貫に付十八匁にして,右の銭の銀なにほどといふ時に,
　　銀百三十二匁七分五厘といふ
法に,銭を右に置,まづ七十二文に目を出(いだし)て置時,七十五文に成,これに十八匁を掛ける也」

銭の百文未満は調銭だから,72文÷0.96=75文と省銭に直すことを"目を出て"といった.

b. 金両替の問題

「金二十五匁有時,判金(はんきん)のさうば銀五百二十八匁替にして,右

*2 『塵劫記』には多くの版があって内容が異なるところがあるが,後世の版の内容を決めたのは寛永20(1643)年版といわれているので,同版の大矢真一校注・岩波文庫本によった.ただし引用に際しては,適宜仮名を漢字にかえた.

の金に銀なにほどぞといふ時に，
　　銀三百目といふ
　判金一枚の重目四十四匁あり，相場五百二十八匁を四十四で割れば，金一匁に付銀十二匁づゝにあたる，これを右の金二十五匁に掛くれば，銀三百目としる也」
　問題の中の"判金"は大判のことで金44匁であるから，銀528匁を44匁で割れば金1匁の銀相場12匁が求まる．これに金25匁を掛ければ銀300匁となる．この計算の式は
$$（銀528匁÷金44匁）×金25匁$$
であるが，『塵劫記』には「右，これは皆初心なる人はかくのごとく割るなり，これは事によりてあわぬ，あしき算也」と注意し，その例として
$$（銀500匁÷金44匁）×金7.48匁＝銀11.36363\cdots匁×7.48匁$$
$$＝銀84.99995\cdots匁$$
を示し，この場合は
$$(500×7.48)÷44＝3740÷44＝85$$
と，掛け算を先にしてから割算を行うのが，「よき算也」と述べている．このように金を銀に両替するときには44で割る計算を必要とするので，"金四十四割"という除法口訣があった．なお重さの単位「匁」は，十位未満の端数がない場合は「目」と称した．

「銀二百目ある時，判金のそうば五百目替にして，右の銀に金なにほどぞといふ時に，
　　金十七匁六分なりといふ
　先銀二百目を右に置て，これに四十四匁を掛くれば八八と成，是をさうば五百目をもって割れば，金十七匁六分としるゝ也」
　銀1匁についての金相場は，金44匁÷銀500匁　であるから，銀200匁の金は
$$銀200匁×（金44匁÷銀500匁）＝(200×金44匁)÷500$$
$$＝金8800匁÷500＝金17.6匁$$
となる．

(3) 利　息　計　算

a.　単利計算　期間1年で単利計算による．

- 元銀と利率から利息を求める，
- 元銀と利率から元利合計を求める，
- 元利合計と利率から元銀を求める，
- 元利合計と利率から利息を求める，

問題を取り上げてみる．

「銀六貫八百五十目貸し申候時，一割五分にして，右の銀に利なにほどといふ時，

　　　利一貫二十七匁五分といふ

まず六貫八百五十目と右に置，一割五分を掛ける也」

銀 6.85 貫 × 0.15 = 銀 1.0275 貫　である．

「銀四貫三百目貸し申候時に，一割二分にして，本利ともに合(あはせて) なにほどぞといふ

　　　本利 合(あはせて) 四貫八百十六匁といふ

先四貫三百目を右に置，左に十一匁二分(割(おき))と置，これを右へ掛くれば，本利共に四貫八百十六匁と成申候」

本利は元利合計のことで，元利計算の式は次のようになる．

　　　銀 4.3 貫 × (1 + 0.12) = 銀 4.3 貫 × 1.12 = 銀 4.816 貫．

「銀本利共に 合(あはせて) 三貫目有，二割にして，此本はなに程ぞといふ時に，

　　　本銀二貫五百目といふ

まづ三貫目と右に置，左に十二とおきて，右の三貫目を十二で割れば，二貫五百目と成なり」

本（元）銀 ×(1 + 0.2) = 銀 3 貫　より

本銀 = 銀 3 貫 ÷ 1.2 = 銀 2.5 貫　となる．

「銀本利共に 合(あはせて) 七貫目有，二割にして此利ばかりはなにほどぞいふ時に，

　　　利銀一貫百六十六匁六合六分六毛といふ

先七貫目と右に置，これに二割を掛くれば十四に成，これを左の十二で割れば利銀としるゝなり」

本銀 × 1.2 = 本利銀 7 貫より　本銀 = 本利銀 7 貫 ÷ 1.2　だから，

　　　利銀 = 本銀 × 0.2 = (本利銀 7 貫 ÷ 1.2) × 0.2
　　　　　　 = (本利銀 7 貫 × 0.2) ÷ 1.2 ≒ 1.166666．

b. 複利計算　複利計算であるが，『塵劫記(じんこうき)』の問題は月ごと

の複利計算が多いので*3,『算学稽古大全』(文化 5 (1808) 年初刻) の問題をあげてみる.

「元銀壱貫五百目を年壱割の利にして三年の元利を問利に利を加ふ

　　　　答　日　壱巻九百九拾六匁五分

術日　壱割に一を加へ一一と成る.壱貫五百にかけ壱年の元利壱貫六百五拾匁なり.是に一一をかけ二年の元利壱貫八百拾五匁と成.又これに一一をかけて三年の元利と成なり」

次の式に示すように,1年ごとに元利合計を計算した.

$$元利 = 元銀\ 1.5\ 貫(1+0.1)^3 = 元銀\ 1.5\ 貫 \times 1.1^3$$
$$= [\{(元銀\ 1.5\ 貫 \times 1.1) \times 1.1\} \times 1.1]$$
$$= \{(元利銀\ 1.65\ 貫 \times 1.1) \times 1.1\}$$
$$= 元利銀\ 1.815\ 貫 \times 1.1 = 銀\ 1.9965\ 貫.$$

［大竹茂雄］

*3 『塵劫記』岩波文庫本の校注者大矢真一は「室町まで複利は法令で禁じられていた.複利がはじめられたのは,本書よりそんなに古い時期ではない.本書の複利の問題がすべて非現実的なのは,無理に作った問題だからであろう」と述べている.

2.2.2　売買に関する計算

品物を売買するときには,品物によって計量の基準が異なる.その基準は大きく分けて,度 (長さ)・量 (体積)・衡 (重さ) である.それぞれについて,主な売買計算問題を取り上げてみる.

(1) 体積 (容積) による売買

体積を量る単位は,石,斗,升,合等で,10 合 = 1 升,10 升 = 1 斗,10 斗 = 1 石である.日常の売買でよく使われたのは升で,約 1.8 リットルである.また,石以上を計量するときは俵,樽などの単位も使われた.

「米壱石の代銀四拾七匁五分にして,三斗四升の代銀を問

　　　答曰　拾六匁壱分五厘

術　日　米三斗四升と置,壱石の代銀四拾七匁五分をかけて,三斗四升の代銀なり」[1]

米 0.34 石 × 銀 47.5 匁 / 石 = 銀 16.15 匁である.

「米五斗四合の代銀弐拾三匁九分四厘なり.壱石の代銀を問

　　　答曰　四拾七匁五分

術曰,銀廿三匁九分四厘を実に置,五斗四合にて割,一石の代銀なり」[1]

銀 23.94 匁÷米 5.04 斗＝銀 4.75 匁／斗＝銀 47.5 匁／石．
「五斗壱升四合入十五俵あり，壱石の代銀四拾八匁四分にして，代銀を問

　　　答曰　三百七拾三匁壱分六厘四毛
　術曰　五斗壱升四合に十五俵をかけて，七石七斗壱升と成る，これに壱石の代銀四拾八匁四分をかけ代銀也」[1)]
　（米 0.514 石／俵×15 俵）×銀 48.4 匁／石
　　　　　　　　＝米 7.71 石×銀 48.4 匁／石＝銀 373.164 匁．
「塩一俵之代銭六百五拾四文にして，壱升之代銭何程と問

　　　　　　　　　　　　　　　　但し壱俵三斗五升入
　　　答　壱升之代銭拾八文
　術曰　一俵之代銭六百五拾四文を置．百文以上定法九分六厘を懸，調　銭六百三拾文と成．壱俵之入三斗五升を以て割一升之代銭を得る」[2)]
　1 俵の代銭 654 文は省銭だから，調銭に直し 600 文×0.96＝576 文より 630 文になる．是を 1 俵の容積 3 斗 5 升で割れば，630 文／俵÷35 升／俵＝18 文／升　となる．

(2) 重さ（目方）による売買

　重さを計る単位は主に貫・匁で，1 貫＝1000 匁≒3.75 kg である．他に茶・たばこ・薬など軽量な物の売買には，それぞれに手頃な重さを 1 斤とする単位が使われた．ところで現代では，日用品の売買における計量は重さであるが，江戸時代では体積による計量が多かった．当時は重さを量るに竿秤が使われていて，枡で体積を量るより手間がかかったからであろう．
「多葉粉一斤懸目百六拾目にして，今多葉粉七拾二貫八百目也．斤数何程と問

　　　答　斤数四百五拾五斤
　術曰　多葉粉七十二貫八百目を置．一斤之懸目百六十目にて割，斤数を得る」[2)]
　72800 匁÷160 匁／斤＝455 斤　である．懸目は計量した重さのこと．また「匁」は 10 匁未満の端数がない場合は「目」といった．
「多葉粉壱斤之代銭三百十六文にして，多葉粉九拾匁之代銭何程と問但し一斤之懸目百六十目

　　　　答　銭百七拾五文

　　術曰　壱斤之代銭三百拾六文を置，百文以上定法九分六厘を
　　懸，調銭三百〇四文と成，是へ多葉粉九十目を懸，壱斤之懸
　　目百六十目にて割り，調銭百七拾壱文と成，百文以上定法九
　　分六厘を以て割，代銭を得る」[2)]

　省銭 316 文 = 調銭（300 文 × 0.96 + 16 文）= 調銭 304 文より
調銭 304 文 / 斤 ×（90 匁 ÷ 160 匁 / 斤）=（調銭 304 文 / 斤 × 90
匁）÷ 160 匁 / 斤 = 調銭 27360 文・匁 / 斤 ÷ 160 匁 / 斤 = 調銭 171
文 = 省銭（100 + 4 + 71）文 = 省銭 175 文.

　「茶壱斤ニ付二百五十目斤代銀三匁弐分也，銀拾六匁八分に何斤
と問

　　　　答曰　五斤弐分半二分半の目方ハ六十二匁五分也
　　術曰　拾六匁八分を三匁弐分にて割也，但し弐分半の目方を
　　しるは，壱斤の目方二百五十目を弐分半許にかける也」[3)]

　銀 16.8 匁 ÷ 銀 3.2 匁 / 斤 = 5.25 斤
　　　　　　　　　　 = 5 斤 + 0.25 斤 × 250 匁 / 斤 = 5 斤 + 62.5 匁.

　「茶拾弐貫目あり．是を枡にてはかれば壱石八斗有．壱斤ニは
何升有と問

　　　　答曰　壱斤分三升七合五勺
　　術曰　拾弐貫目を壱斤の目方弐百五拾目にて割ば，四拾八斤
　　也，是を法にして壱石八斗をわるなり」[3)]

　本問では，前問の 250 匁/斤が前提になっている．まず貫目あ
たりの石数を求め，1 斤の重さ 250 匁を掛ければよいが，除法
は最後に行う工夫をする．

　　（1.8 石 ÷ 12 貫）× 0.25 貫 / 斤 = 1.8 石 ×（0.25 貫 / 斤 ÷ 12 貫）

　　　$= 1.8 \text{石} \times \dfrac{0.25^{貫/斤}}{12 \text{貫}} = 1.8 \text{石} \times \dfrac{1}{\dfrac{12 \text{貫}}{0.25^{貫/斤}}} = 1.8 \text{石} \times \dfrac{1}{48 \text{斤}}$

　　　= 1.8 石 ÷ 48 斤 = 0.0375 石 / 斤 = 3 升 7 合 5 勺 / 斤．

(3)　長さによる売買

　　　　長さの単位は丈・尺・寸で，10 寸 = 1 尺，10 尺 = 1 丈であ
る．その他に反物類では反，木材などの建築土木材料や土地な
どを計るには間という尺度があるが，その長さは一定していな
い．また一尺の長さも反物類を計るのは鯨尺（または反物尺）

といい,材木などを計るには曲尺(かねじゃく)という物差しを用いた.両者の関係は,鯨尺 = 1.25 曲尺 ≒ 37.8 cm である.

「絹(きぬ)壱反但し長二丈七尺之代銀三拾二匁四分にして,今絹一丈四尺五寸之代銀何程と問

　　　答,銀拾七匁四分
術曰　有絹(ありきぬ)一丈四尺五寸を置,銀三十二匁四分を懸(かけ),一反の長(たんながさ)二丈七尺にて割代銀を得る」[2)]

（銀 32.4 匁 ÷ 27 尺）× 14.5 尺 =（14.5 尺 × 銀 32.4 匁）
　　　　÷ 27 尺 = 銀 469.8 尺・匁 ÷ 27 尺 = 銀 17.4 匁.

「羅紗(らしゃ)壱坪(つぼ)但し壱尺四方之代銀拾三匁にして,今羅紗(らしゃ)幅九寸長二尺之代銀何程と問

　　　答　銀弐拾三匁四分
術曰　長(ながさ)二尺を置幅(はば)九寸を懸,壱坪八分と成,是(これ)へ壱坪(つぼ)代銀十三匁を懸,代銀を得る」[2)]

(2 尺 × 0.9 尺) × 銀 13 匁 / 坪 = 1.8 坪 × 13 匁 / 坪 = 23.4 匁
　　　　　　　　　= 23 匁 4 分.

「木綿(もめん)壱反長弐丈七尺の内,九尺五寸買時,代四匁弐分弐厘〇六也,壱反の代銀何程と問

　　　答曰　壱反代拾弐匁
術ニ曰　四匁弐分弐厘〇六を実(じつ)に置(おき),是に弐丈七尺をかけ,九五にて割也」[3)]

（銀 4.2206 匁 ÷ 9.5 尺）× 27 尺 =（銀 4.2206 匁 × 27 尺）÷ 9.5 尺
　　= 銀 113.9562 匁・尺 ÷ 9.5 尺 = 銀 11.995…匁 ≒ 銀 12 匁.

「金一両に檜(ひのき)壱本五分替にして,今檜(ひのき)幅(かべ)二尺六寸,厚(あつさ)一尺八寸,長(ながさ)二間半之代金何程と問但し一尺角(かく)長二間を壱本とす

　　　　　　　　　　　　　　両替銀六十目

　　　答　金三両三分弐朱,銀壱匁五分
術曰　幅(はば)二尺六寸を置,厚(あつさ)一尺八寸を懸,亦長(ながさ)二間半を懸,是を半して尺〆五本八分五厘と成,金一両之檜(ひのき)一本五分を以て割,金三両永九百文と成,此永之内八百七拾五文引,金三分二朱とし,残り永弐拾五文へ両替銀六十目を懸代金を得る」[2)]

まず檜の体積を求めると,1 間 = 6 尺として

　　　幅 2.6 尺 × 厚 1.8 尺 × 長 15 尺 = 70.2 立方尺.

1 本の体積 1 尺 × 1 尺 × 12 尺 = 12 立方尺で割ると,

70.2 立方尺 ÷ 12 立方尺 / 本 = 5.85 本.

是を，金 1 両の本数 1.5 本で割ると，代金が求まる．

5.85 本 ÷ 1.5 本 / 両 = 3.9 両 = 3 両 + 永 900 文．

永 900 文 = 750 文 + 125 文 + 25 文 = 金 3 分 + 金 2 朱 + 永 25 文．

永 25 文を，銀相場 60 匁で両替すると，

永 25 文 = 銀 60 匁 × 永（25 文 ÷ 1000 文）= 銀 1.5 匁．

よって代金は，金 3 両 3 分 2 朱と銀 1 匁 5 分．　　［大竹茂雄］

■ 参 考 文 献　●三上隆三『江戸の貨幣物語』東洋経済新報社，1996 年
(2.2.1，2.2.2 項)　●佐藤健一編『江戸の寺子屋入門 − 算術を中心として』研成社，1996 年

　　　　注　1）松岡能一『算學稽古大全』文化 5（1808）年
　　　　　　2）小樽謙（山本賀前）『大全塵劫記』天保 5（1834）年
　　　　　　3）『増補算法圖解大全』嘉永元（1848）年

2.2.3 土地の測量

(1) 検 地

豊臣・徳川政権下，農民の田畑を一区画ごとに間竿（けんざお）（土地の広さを測るために用いた竹または木の竿）や間縄（けんなわ）（一間ごとに目盛りをつけた測量用の縄）などを用いて測量し，面積・品位・石高（こくだか）を定める検地（けんち）が行われた．検地によって得られた結果を記した帳簿を検地帳といった．これには各農民の一筆ごとの土地を調査して，田畑，家の区別，上・中・下の土地の品位，石高および面積が記録されてあり，領主が検地によって作成して，それを村に交付したのである．

a. 検地の方法　一筆ごとの検地は，土地の四隅に竹（これを細見竹（さいみだけ）という）を立て，中間点にも竹（これを梵天竹（ぼんてんだけ）という）を立てる．梵天竹を縄で結び交点を十字に固定し計測する．ただし土地は必ずしも長方形でないので，図 2.2.2 のようにさまざまな「見込竹（みこみだけ）」が行われた．図において A, B, C, D は細見竹，E, F, G, H は梵天竹である．図 2.2.2 の A は測量すべき土地の外側，B は内側に立てるなどして見込・見捨を考慮して面積ができるだけ正しく測量できるようにした．田畑にはいろいろな形があるが図 2.2.3 を参照されたい．

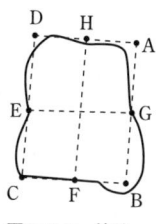

図 2.2.2　検地

b. 土地の面積を計算する方法　長さの計測には，竿や縄が

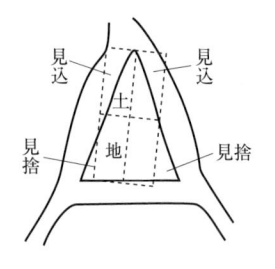

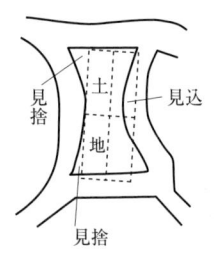

図2.2.3 さまざまな形の田畑の検地

表2.2.1 縄だるみの数値(「徳川幕府県治要略」より)

計測値	引
5間まで	そのまま
6～10間	5寸引
11～20間	2尺引
21～30間	5尺引
31～40間	9尺引
41～50間	1丈2尺引

用いられたが，張った縄のたるみにより実際より大きい値が出てくることを防ぐため，計測値を修正した．これを「縄だるみ」というが，その割合はとくに規定はなく，検地奉行の裁量に任された．一般に行われた数値は表2.2.1のとおりである．

「縄だるみ」のほかにも，検地がしだいにきびしくなっていく弊を恐れ，当初はゆるやかにするとの主旨から実測値に余裕を与え軽減した「縄心」，畔巾を1尺として，その左右1尺ずつを控除した「畔際尺」，高畔，小土手など陰になる減収をあらかじめ控除した蔭引，屋敷の四方に余地を与える「四壁引（四方引）」などがあった．

面積の計算方法は現在とほぼ同じであるが，円形のものについては，特殊な定数を用いて計算している．
①円周の長さから面積を求める法：

$$(円周)^2 \div 12.64 = 円の面積$$

とした．この12.64は円周率πを3.16としたとき，3.16×4の値である．

$$円の面積 = (半径)^2 \times \pi = \left(\frac{円周}{2\pi}\right)^2 \times \pi = \frac{(円周)^2}{4\pi}$$
$$= (円周)^2 \div 12.64$$

である（江戸時代初期，円周率は3.16が多く用いられていた）．
②円の直径から円の面積を計算する法：

$$円の面積 = (直径)^2 \times 0.79$$

を用いた．この 0.79 は円周率を 3.16 として，3.16÷4 の値である．すなわち，

$$円の面積 = (半径)^2 \times \pi = \left(\frac{直径}{2}\right)^2 \times \pi = (直径)^2 \times \frac{\pi}{4}$$
$$= (直径)^2 \times 0.79$$

である（江戸時代後期になると円周率は 3.1416 が使われた）．

検地には廻り検地という方法もあった．これは田畑どうしの位置関係を明確にし，地籍図を作るための測量である．方位と距離を測って進んでいく導線法で初めの目じるしの杭から始めて，最後には，ここに戻ってくるので廻り検地とよんだ．磁針方位の単位は「分」で十二支の一支を 20 等分した一つで 1.5 度にあたる．

c. 測量するときの道具　物指は長さを測る器具，器械の総称であるが，形状，構造から直尺，曲尺，挟み尺，たたみ

検地の図（『徳川幕府県治要略』より）

間竿（『量地指南』より）

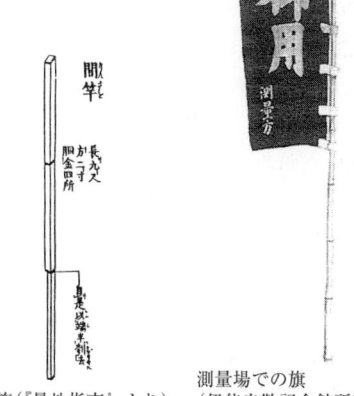

測量場での旗
（伊能忠敬記念館所蔵）

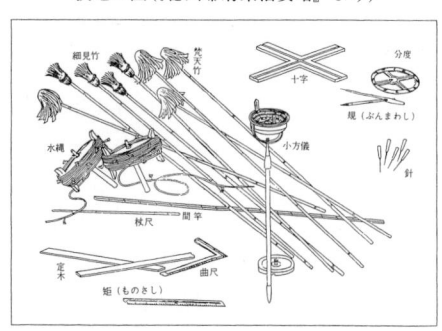

検地要具（『徳川幕府県治要略』より）

図 2.2.4　『図解 単位の歴史辞典』（柏書房）より

尺，巻尺，回転尺などがあった．
　伊能忠敬は，両端を丸くして内法を1尺とし，60本を連ねた10間もののたたみ尺を作って用いていたし，回転尺として量程車というものを使っていた．これは人の引く箱車で，車と歯車装置からできており，歯車に記された数字が箱の小さな窓に現れ，10万間まで測ることができるものである．

①直尺：竹，木，骨，金属などの板または棒に目盛りをつけたもの．または両端間を基準の長さにしたものをいう．

②曲尺：長短二つの尺を直角に組み合わせ，長い尺の裏に表の尺の$\sqrt{2}$倍の目盛りをつけた建築用の定規である．

③挟み尺：物を挟んで測れるように直角に固定した尺とすべる尺をつけたもの．

④たたみ尺：携行用として，折りたためる物指をたたみ尺という．単位長さの針金を鎖のようにつないで，束にした測量用の物指を連尺という．

⑤巻尺：巻いて納められる物指で，測量，建築用のものである．材料もさまざまで，布，竹，金属などが用いられる．単位長さごとに標識をつけ巻枠に納めたものは古代から用いられ，これを間縄とよんでいる．水田などで用いられるものは水縄ともよばれた．長さは普通60間ほどで，材料には一般に麻が用いられ，三本よりにして蝋や漆を塗り耐水性をもたせた．

⑥回転尺：車の回転数から長さや距離を求めるものでヨーロッパや中国では昔からあったようである．わが国には間車といって，一周一間の心棒を二人で押すものがあった．伊能忠敬が使用したのは量程車といわれるものであった．

(2) 文献に見る測量方法

　物の長さや木の高さ，2地点間の距離などを測る方法は古代からいろいろあったが，江戸時代以降，記録として残っているものを述べる．

　a.　『算用記』（1600年頃のもの．著者不明）　この本の最後に「町つもりミたてやう」という文があるのでまず原文を記す（「町つもり」とは測量のことである）．

　「たとへは，むかうに一丈の木を立是まてなむ　町あると見たつるは，二尺の定木をもって，ひちをハなし，我が目と手との

間二尺のへて，扱むかうなる一ちゃうの木を，かねにてため合せ，たとへは一ふ半とミ合るにをいては，右の一丈のこえをミたてる一ふ半のこえにてハるなり　然は六六六のこえあり，又此六六六のこえに目と手との間二尺のこえをかけ合るなり，然ハ八千三百三十三尺有，けんになをせハ二百二十二間，是を六十六間，一町になをせは三町三段あまりあり，又むかうにミつる正なきときんハ，人を五尺とミてつもるなり　又むかふに或はたかき山か，又つきにても有，其かさをミ立るには其たつき（立木）の本より間を打，或は五十間あらハ三百尺となをし，さてむかうのたかさをかねにてためあはせ，たとへは五寸あらは右の三百しゃくのこえにて三五の十五とかけあはせ，さて十五を二わる也．しかれはむかかい（むかい）の高さ七ちゃう五尺あり，右の二とおりのためやうかくのことしといへとも，かねにてため合する事せむ也．あるいは一寸を百にハり，一ふを十にハりて一と分ほとちかひても大にちかうなり，又ため合る時目よりてをさしのふる事二尺出すに一ふ二分のへ（延）ちちみあれは，これも大きにちかうなり．又二にわり，二かくると云は目より，てを二尺のへてミるによって二のこえあり」

要約すれば，最初は離れたところにある高さ一丈の木までの距離を求める方法で，目と手にもった定木までの長さを二尺とし，その定木の上で向うにある一丈の木を測る．たとえば一丈の木が手にもった定木の上では一分半であったとする．目と木との距離を x とすると，図2.2.5 より

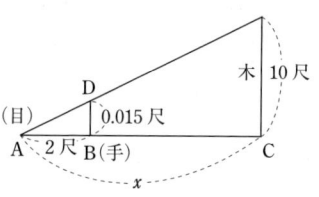

$$10 : x = 0.015 : 2$$

$$\therefore\ x = \frac{10 \times 2}{0.015}\ 尺$$

図 2.2.5

これを二度に分けて計算して

$$\frac{10}{0.015} = 666.6\cdots, \qquad 666.6 \times 2 \fallingdotseq 1333$$

としている．これを間になおせば，1333÷6 = 222 間，さらに 1 町は 66 間なので，町になおして 222÷66 = 3 町 3 段あまりにな

る.

　また，向うに一丈の木のように見立てるものがないときは，人を5尺として測ることもできる．また立っている木の高さを測る場合にも，木の根本から五十間離れたところで定木の上で立っている木の立さを測る．もし五寸であったとすれば，五十間は三百尺であるから $300 \times 0.5 \div 2 = 75$ 尺となる．

　この問題は『割算書』(元和 8 (1622) 年版：寛永 4 (1627) 年版，毛利重能著) にも出ている．また『塵劫記』(寛永 4 (1627) 年，吉田光由著) にも類題がのっている．

b. 『塵劫記』(寛永 4 (1627) 年，吉田光由著) 『塵劫記』に木の高さを測ること，距離を測ることが問題としてのっている．

　第 23 条：木の高さを測る (木のながさをはながみにてつもる事)

　問 (現代語訳)：はながみを二つに折って直角二等辺三角形を作る．図 2.2.6 のように角に小石をぶら下げる．斜辺の延長に木の頂点がくるように移動し，そうなった地点から木の根元までの長さを測ったら 7 間であった．目の高さを半間としたとき，木の高さを求めよ．

　答：木の高さは 7 間半である．

　第 24 条：測量 (町つもりの事)

　問 (現代語訳)：遠くに人が立っている．そこで図 2.2.7 のように口に糸をくわえ，左手で糸の他の端をもつ．このとき遠くに立っている人までの距離を求めよ．ただし糸の端を左手指先から垂直に出ている物指の部分で人の身長は 8 厘で，目との延長上の人の身長が一致している．口から指先までの糸の長さが 2 尺 1 寸 7 分であった．また遠くにいる人の身長はおよそ 5 尺とする．

　答：3 町 28 間 2 尺 1 寸 7 分

図 2.2.6 「たち木の長さをつもる事」(『塵劫記』より)

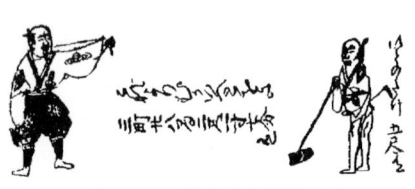

図 2.2.7 『塵劫記』(和算研究所編) より

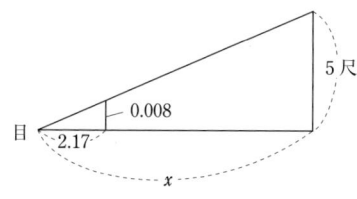

図 2.2.8

図 2.2.8 において，

$$x : 5 = 2.17 : 0.008$$

$$\therefore \quad x = \frac{5 \times 2.17}{0.008} = 1356.25 \text{ 尺}$$

この当時1間＝6尺5寸であるから1356.25尺＝208.65間．また1町＝60間なので208.65間＝3.16町となり答と一致しないが，原書では2.17×3≒6.5を1間としているので0.008も3倍して図2.2.9のように考えて比例式を立てると

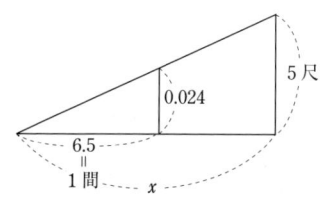

図 2.2.9

$$x : 5 = 6.5 : 0.024$$

これより

$$x = \frac{5 \times 6.5}{0.024} = 1354.1666\cdots$$

この小数部分0.166…を1寸7分，整数部分の1354尺＝6.5×208＋2より，208間と2尺，また208＝3×60＋28であるから3町28間，したがって，3町28間2尺1寸7分となり答と一致する．

『塵劫記』の検地の項にはいろいろな形の田の面積を求める問題が27問もあるが，最後の問題を取り上げてみたい．

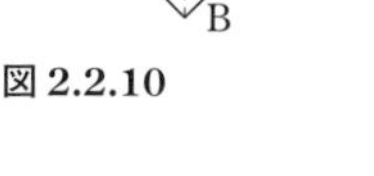

図 2.2.10 のような矢羽根形の田がある．その面積を求めよ．

答：1反7畝3歩

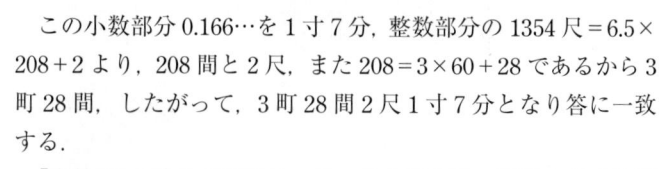

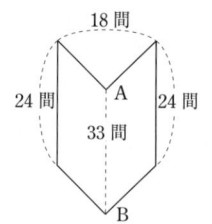

図 2.2.10

これはABで切断して二つの台形を作って求めている．

すなわち，面積は $(33+24) \times 18 \div 2 = 513$．$513 = 30 \times 17 + 3$ であるから，1反7畝3歩となる．

測量に使われる長さの単位は尺であるが，江戸時代，尺の原器にあたるものはなく，関東では享保尺，関西では又四郎尺

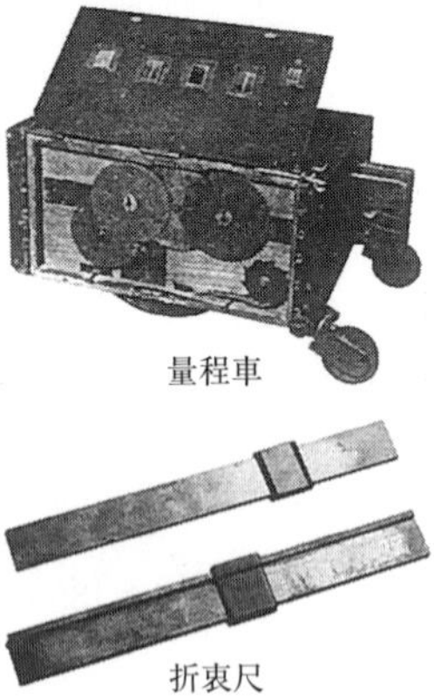

が使用されていて，長さに約四厘の差があった．当時の一尺には多少長短があり一定ではなかったので統一しようとして享保2（1717）年に八代将軍吉宗が定めたのが享保尺である．しかし関西では又四郎尺が使用されていたので，伊能忠敬は日本地図作成のための測量にあたって東西の尺度を揃えるために両尺度を折衷した新しい尺を作って用いた．これを「折衷尺」または「量地尺」といい，忠敬が使用した折衷尺の原器は伊能忠敬記念館に保管されている．

わが国は明治18（1885）年，メートル法条約に加入し，メートル原器を受領しているが，1メートルは，折衷尺の3尺3寸3分3厘余に相当したので，こののち政府は折衷尺の長さを改め，1メートルを3尺3寸とした．したがって現在の1尺は忠敬が使用した折衷尺の1尺より少し長いわけである．さて，直線部分の測量は鉄鎖や間棹で測れるが，曲線部分では方角を測る必要がある．方角を測るには，羅針（小方位盤）

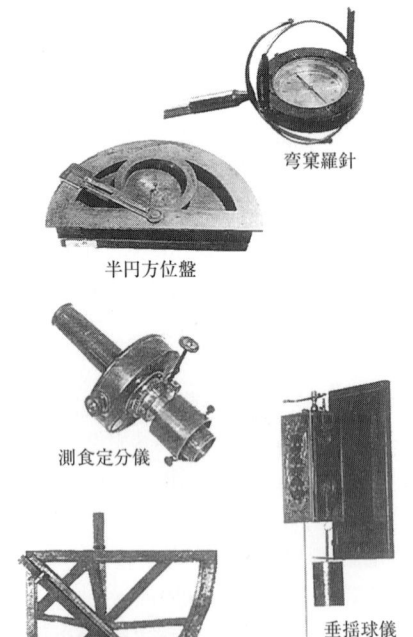

図2.2.11 量程車と折衷尺（伊能忠敬記念館所蔵）

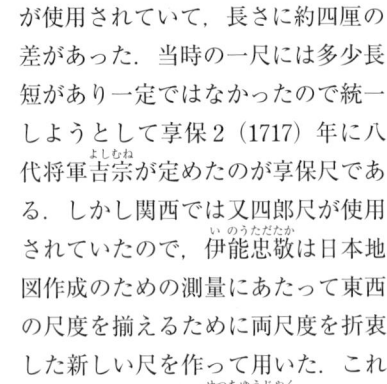

量程車
折衷尺
弯窠羅針
半円方位盤
測食定分儀
垂揺球儀
象眼儀

図2.2.12 さまざまな測量器具（伊能忠敬記念館所蔵）

を用いた．磁針の周囲に360度の目盛りと十二支を示す目盛り（一支は30度）が記されている．また土地に勾配がある場合には，小象限儀で勾配の度数を測り，余弦（cosine）を乗じて平面距離に換算した．三角関数表は，江戸中期以降使用されている．伊能忠敬は，この表も利用しており，さらに緯度を測定するための象限儀もあった．しかしクロノメーターはなかったので忠敬作成の地図では経度は不正確である．

c. 算法地方大成　つぎに『算法地方大成』（天保8（1837）年，秋田義一編）から測量のときに使われた量地測器の図と測量の方法について述べる．

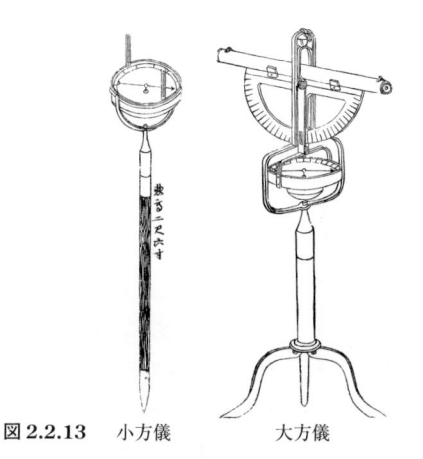

図2.2.13　小方儀　大方儀

①小方儀：平地の広狭行程の測量に用いる．その用法は「其地より望む所の方位を求む．先づ小方儀を其地へ突立て子の方の十字を向見当とし午の方の十字を前見当として望む所の目的を見通し的中するときは止て磁針の指す方位を記す．すなわち望む所目的の方位とす」とある．方位角を測る器械である．
②大方儀：方位角と高低角を一つの器械で同時に測れるものの大形のもので，現在の経緯儀（セオドライト）にあたる．

「大方儀は，遠近高低広狭を量るに用う．其用法小方儀の如く方位を求む．先づ平地へ大方儀を置き望遠鏡の上の割見当より目的を窺い，大低を探りて後，望遠鏡の管より目的を見通し的中するときは止て磁針の指す方位を記す．すなわち望む所の目的の方位とす．高低を量るときは，大方儀を其地へ置き，目的を見通し高低の度を求む」とある．
③曲尺：鉄でできており，長短2本の物指を直角に組み合わせた主として建築用に使われる尺度兼定規である．曲尺の最大の特徴は長いほうの物指の裏に表の尺度の$\sqrt{2}$倍の目盛が刻んであることである．これを「裏目」または「角目」という．角目といったのは一辺の長さが1尺の正方形の対角線の長さである

曲尺

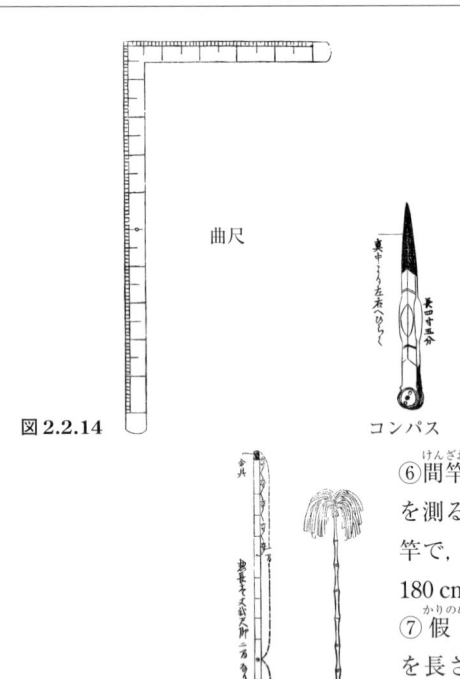

図 2.2.14

コンパス

④渾発（コンパス）：現在のコンパスとほぼ同じで，縮図を画くときなどに用いられた．

『算法地方大成』には，「以上の測器はすべて真鍮をもって制す」とある．

⑤水縄巻：「水縄は蚕の生糸にて太さ琴糸程に三つよりによりて用う」とある．水田などの測量に用いられた．

⑥間竿：検地を行うとき土地の広さを測るために用いた．竹または木の竿で，長さは二間（一間は六尺，約180 cm）であった．

⑦假標：「假標は，廻り三寸程の竹を長さ一丈三・四尺くらいに切り，紅染め又は白の布を長さ一尺四寸幅一寸程に截ち，塵払いのように付けるなり」と説明している．この假標は耕地の地界などにめあて（目的）にすべきものがないときに立てて測る．

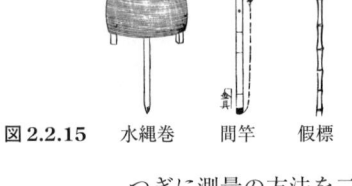

図 2.2.15　水縄巻　間竿　假標

つぎに測量の方法を二三述べる．

①距離 AC を求める法：図 2.2.16 において，Aと目的Cまでの距離を測るには，Aに大方儀を置き，別にB地まで水縄を張り，大方儀で角αと角βを測る．これを縮図に画いて，AとCの間の距離を求めた．

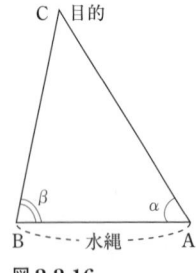

図 2.2.16

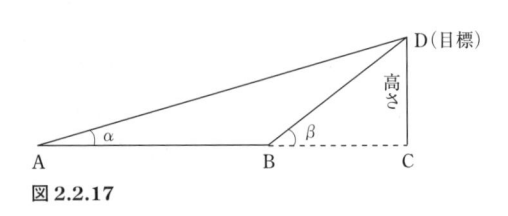

図 2.2.17

②高さを求める法：Aと高さの異なる目標Dとの距離と高さCDを求めるには，2地点A，Bに水縄を張って，その長さを測る．つぎにAから目標までの高度（角度α）とBから目標までの高度（角度β）を測り，縮図を画いて，高さCDと距離ADを求めた．

以上は『算法地方大成』に紹介されている方法であるが，この時代すでに三角関数はわが国に入ってきているので，正接（tan）を使って求める法も知られていた．

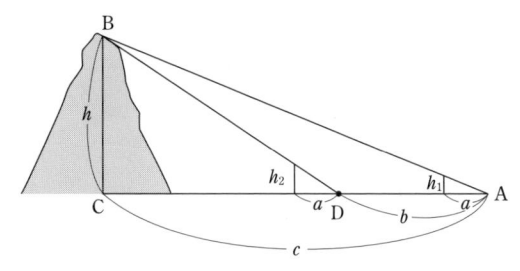

図 2.2.18

③比例式を使って高さなどを求める法（進退法）：A地点から山の高さBCとAから山までの距離cを求めるには，図2.2.18のように，長さaの物指を地面に平行に置き，まずAから山の頂きを見たときのh_1を測る．つぎにD地点まで移動し（移動距離b），再び山の頂きBを見たときのh_2を測ると，三角形の相似から

$$a : h_1 = c : h \text{（山の高さ）}, \quad a : h_2 = c - b : h$$

が成り立つ．
ゆえに

$$c = \frac{ah}{h_1} = \frac{a}{h_1} \cdot \frac{h_2(c-b)}{a} = \frac{h_2}{h_1}(c-b)$$
$$\therefore\ ch_1 = h_2 c - h_2 b$$

したがって，以下のようになる．

$$c = \frac{h_2 b}{h_2 - h_1}, \quad h = \frac{ch_1}{a} = \frac{h_1}{a} \cdot \frac{h_2 b}{h_2 - h_1} = \frac{b}{a} \cdot \frac{h_1 h_2}{h_2 - h_1}$$

この方法も実際に使われていた．

前述したもの以外で『算法地方大成』に画かれている測量器具を図2.2.19に紹介する． ［安富有恒］

半円の図

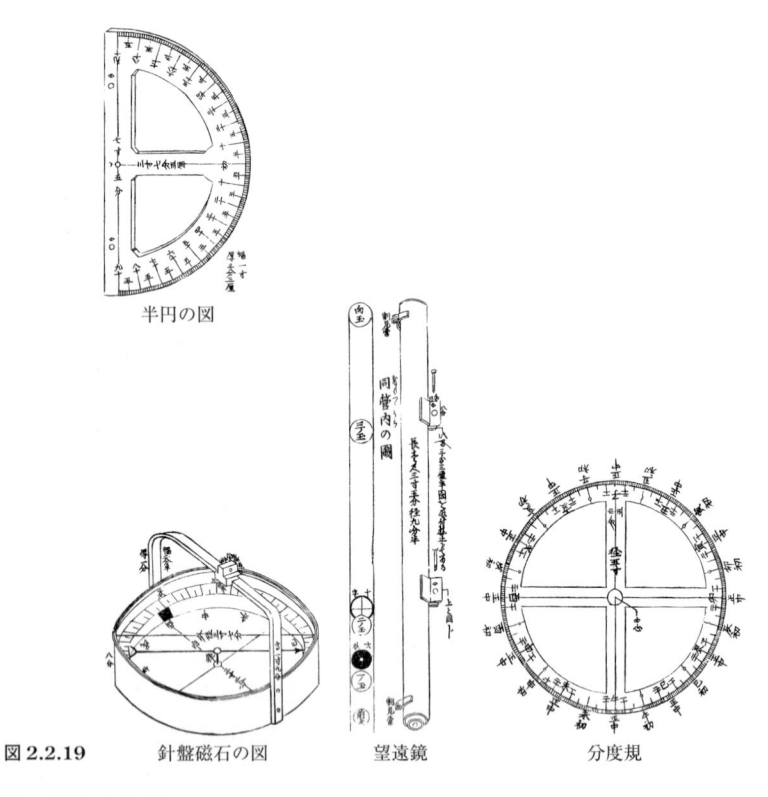

図 2.2.19　　　　針盤磁石の図　　　望遠鏡　　　　分度規

2.2.4　農業に関する計算
(1) 年　　貢

　　　　　年貢とは税として領主に納めるものである．租税，取箇(とりか)，成(なり)箇(か)，物成(ものなり)ともいわれた．また秋に納める年貢を秋糧(しゅうりょう)といい，夏に納める夏税，すなわち畑年貢などがあった．

　　　　　大化の頃（645〜649 年），唐の制度租庸調の法にならってわが国でも租税の法を定めたが，この法は後に廃止されている．平安時代の令義解(りょうのぎげ)に「たて 12 歩，横 30 歩の広さの土地を段，十段を町」と記している．さらに「一段（反）から稲 50 束，これを搗いて 1 束の稲から米 5 升を得る．1 町からは稲 500 束が得られる」とある．1 反からは米 2 石 5 斗が見こまれるが，このうち 1 斗 1 升を年貢として納めた．したがって年貢率は 4 分 4 厘である．

租庸調は古い時代の言葉で租は年貢，庸は夫役，調は年貢のほかに布帛（絹・木綿）を納めることである．

その後，文武天皇の時代（697～706年）になると，租税の法も定まった．

平安時代（794年）から明治初（1868）年まで，農民が荘園領主や，封建領主に毎年納めた基本的な税は，律令制のもとでは，租庸調，雑徭という税目があり，年貢という税目はなかったが，この律令制収取体系の解体とともに年貢という税目が出てきたようである．

*1 公用に使役するため人夫として徴発すること，またはその労役．

雑徭は律令制の徭役労働[*1]の一つ．諸国で道路堤防，官舎の建設，修理などのために成年男子に課した一人あたり毎年60日以内の無償労働の義務．

荘園領主にとっては年貢は公事または雑事の夫役とともに重要な得分であり，年貢は田については米，畑については麦，大豆などの現物が徴収され，このため名を単位として検注を行い，検注帳，名寄帳が用意してあった．名とは平安時代以降，中世を通じて公領・荘園の賦課単位のことで，開墾・買得あるいは領主の手による編成などの種々の原因で成立した一定規模の田地に，年貢・課役などの納入責任者の名を冠して，その権利を表明したものである．武士勢力が次第に荘園勢力を圧倒していく過程でこの制度は少しずつ変化した．

鎌倉時代（1185年）になると行政者が四分，農民が六分取る，いわゆる四公六民の法が始まったと思われる．鎌倉時代の地頭の収取体系，室町時代以後の守護大名の収取体系はなお荘園領主の収取体系に寄生しつつ，これを侵食していく形をとった．

守護大名とは，室町後期（1477頃～1573年），一国ないし数カ国を領して大名化した守護（鎌倉・室町幕府の職名）のことである．

戦国時代に入ると，多くの守護が没落し，新興のいわゆる戦国大名にとって代られた．

さて，年貢を運搬途上で抑留したり，領家と地頭との間で土地そのもの，もしくはそこからの収益を折半する契約をしたり，荘園もしくは国衙領の領主に請料と称する一定額の年貢を条件として地頭が在地支配を強化する地頭請所の契約をしたり，

南北朝内乱期の幕府の命令で一年を限って兵粮調達のため荘園年貢の半分を守護や有力武士に収取させた半済の制度を永続化させたりしたのは，そうした荘園年貢の横領の諸形態と考えられる．半済制度とは荘園の年貢を折半し，半分を守護側に引き渡すことで，これは南北朝時代に軍費調達のために始められた制度で，後には土地の折半に進み，武家の荘園侵略の手段となった．

すでに領国を単独で完全に所領を支配した戦国大名は守護大名と違って領内の検地を施行し，これにもとづいて独自の収取体系を作り旧来の名主から独立した脇百姓層（名主または本百姓より低い階層の農民）を年貢の負担者とし，時には現物でなく貨幣による課税を行った．当時，中国の永楽銭が普及していたため，その単位である貫文によって土地の評価と課税が行われた．これを貫高制といった．

豊臣秀吉はこの傾向を太閤検地*2を通じて石高制として確立し，江戸時代の収取体系の基礎を作ったのである．秀吉の時代には税が三分の一，農民が三分の二をとるようになり，四公六民は少し緩んできた．また五公五民になった発端は，はっきりしないが享保（1716年頃）年代に五公五民の法が定まったようである．

江戸時代には年貢は検地によって石高をつけられた．田，畑，屋敷，その他の土地に賦課された基本的租税のことで，本途物成，本年貢などともいい，山林，原野，商工業に対して課する小物成や貨幣や夫役で課せられる諸役とともに村を基準として個々の農民に賦課された年貢の算定には反別（面積）に斗代もしくは石盛とよぶ標準収量を乗じ，これに免とよぶ賦課率を乗ずるのが普通で，これを厘取法といい，ほかに反別に，じかに割りつける反取法もあった．また免は元来その年の豊凶により検査を行って決定するものであったが，便宜上これを一定額にした場合もあり，前者を検見法，後者を定免法といった．

田は米，畑は金納または金穀併納のこともあり，本年貢には口米，口永，欠米，込米などの付加税がつくのが常であった．年貢は村ごとの郷蔵で収納され，収納については，割付帳，勘定帳，その他くわしい帳簿が村役人によって記された．

*2 豊臣秀吉が行った検地で，天正10（1582）年から慶長3（1598）年まで全国に施行．6尺3寸竿，1反300歩，田畑，上・中・下，下々四等級の石盛，京枡使用など統一した基準を用いた．この検地によって石高制が確立し，封建領主の土地所有と小農民の土地保有とが全国的に確立した．

明治の初期，明治政府は当初，江戸時代の年貢徴収法を受けついだが，明治6（1873）年の地租改正によって新制度に移行した．その後，年貢は地主に対して納める小作料の意味に転化した．

ここで年貢に関係したいくつかの用語を説明する．

①口米（くちまい）：米の収穫高に応じて物成すなわち税の額が決まり，さらに物成高によって地方行政のための諸費用にあてる税のこと．江戸時代，関東での口米は3斗5升入1俵の米から1升を納めた．これは米1石につき2升8合5勺7才にあたる．関西では米1石につき口米3升を納めた．東北地方では米1石につき3升，5升，6升といろいろであった．甲州は4升5合4勺余，中国以西は口米3升と記されている．他の国についてもそれぞれ領主が割当てた分を納めた．

②夫米（ぶまい）：人夫として夫役に出るかわりに支払う米のことである．

③口永（くちえい）：金納の本租の付加税で銀または銭で納めるもの．銀で納めるものを口銀，銭で納めるのを口銭といった．関東，関西諸国とも本永1貫文に口永30文を納めさせた．口永の永は輸入銅貨永楽銭に由来し，その通用が禁止され，和銭が四分の一の価値で通用するようになっても金1両を永1貫と称した．

④欠米（かんまい）：租税米を運搬する途中で生ずる腐化，ぬれ米などによる不足米を補う名目で賦課された付加税で，米1石につき欠米3升を割当てた．

⑤込米（こみまい）：年貢米の減量を補うため，欠米のほかに普通1俵につき1升を余分に納めさせた米のことで合米（あわせまい）ともいう．

⑥石盛（こくもり）：田1反歩（300坪）から取れる米の量を盛あるいは斗代（だいしろ）といった．江戸時代，田畑の反あたりの収穫高を示す数で，検地のとき，田畑を上，中，下，下々の四等級に分け，上四を基準として定めた各等級の反あたりの収穫高を1斗で除して求める．たとえば1坪から取れる稲を刈って，それから籾1升が出れば，300坪では籾が3石取れる．これを五分摺にすれば米1石5斗になる．これを十五の盛といった．すなわち，盛十五とは上田1反歩から米1石5斗，盛十三とは，中田1反歩から米1石3斗，盛十一とは，下田1反歩から米1石1斗取れるこ

とをいう．

つぎに四公六民年貢について説明する．盛十五の場合，田1反歩から米1石5斗の収穫があるが，籾は3石である．このうち1斗の籾は翌年の1反分の種籾とする．また，1反に人足30人が必要として1人籾2合5勺ずつ与えるので7升5合，さらに肥やし代，農具代として4斗2升5合，合計で籾6斗が必要になる．そこで1反歩から取れる籾3石のうちから諸費用として6斗を引いて余り2石4斗，これを五分摺にして米1石2斗，この半分の米6斗が1反歩の年貢ということになる．結局1反から取れる米1石5斗のうち6斗年貢にとられるから，年貢4農民6分ということになる．これを四公六民の年貢という．ちなみに宮城県史の記録によれば，寛永18（1641）年では，伊達藩の年貢率は3割5分6厘であった．これが物納で，このほかに貨幣納もあったと記されている．

つぎに収穫と税の問題を『塵劫記』初版本から取り上げることにする．第18条の知行物成の事から7問を紹介する．

問題1 2反7畝の田がある．1反につき1石5斗の収穫があるものとすれば，全部でいくらの収穫か．

　答　$2.7 \times 1.5 = 4.05$ より4石5升である．

問題2 米の収穫高が35200石で税が6割5分であるとすれば，この税はいくらか．

　答　$35200 \times 0.65 = 22880$ より22880石の税

問題3 米の収穫高が35200石で，この税が22880石であったとすれば，1石あたりの税の割合は何ほどか．

　答　$22880 \div 35200 = 0.65$ より税の割合は6割5分である．

問題4 収穫高35200石の税が22880石とすると，為政者にとっていくらの損といえるか．

　答　$35200 - 22880 = 12320$，$12320 \div 35200 = 0.35$ より3割5分の損といえる．

問題5 税が6割5分として，それが22880石であった．このときの収穫高はいくらか．

　答　$22880 \div 0.65 = 35200$ より収穫高は35200石である．

問題6 税高が22880石であるとき，1石につき口米2升，夫米6升納めるとき，口米と夫米あわせていくらか．

2.2 生活のための数学

答　22880 × (2 + 6) = 183040 升より 1830 石 4 斗である．

問題 7　税高が 22880 石あるとき，口米，夫米，本米の合計はいくらか．

答　税 1 石につき，口米 2 升，夫米 6 升として計算すると，22880 × 1.08 = 24710.4 より，24710 石 4 斗である．

また，『算法地方大成』にも年貢の問題がある．

問題 1　収穫高 550 石で免 3 割 5 分のとき，取米 (米の年貢) は何ほどか．

答　550 × 0.35 = 192 石 5 斗である．

問題 2　収穫高が 350 石で，この取米が 127 石 1 斗である．免は何ほどか．

答　127.1 ÷ 350 = 0.36314… より免は 3 割 6 分 3 厘 1 毛余である．ただし小数点以下毛位までとし，以下は切り捨てか，5 以上は切り上げて 1 毛とする．

問題 3　畑永 5 貫 825 文のとき収穫高はいくらか．ただし 1 貫文で 5 石の高とする．

答　5825 : 1000 = 収穫高 : 5，収穫高 = $\dfrac{5825 \times 5}{1000}$ = 29.125 より，29 石 1 斗 2 升 5 合である．

問題 4　年貢米を 120 頭の馬に積んで 9 里の道を運送した．1 里について 1 頭の賃銭は 16 文である．全部の賃銭はいくらか．

答　16 × 9 × 120 = 17280 文．これは調銭であるので 100 文以上は省銭になおすために 0.96 で割る．17280 文のうち 17200 文を省銭になおす．17200 = 0.96 × 17900 + 16 であるから，17900 + 16 + 80 = 17900 + 96．96 文は 100 文とみなすので，17900 + 100 = 18 貫文となる．

調銭と省銭について：調銭とは 100 文を 100 文とする勘定で「丁百」ともいわれた．省銭とは 96 文を 100 文とする勘定で銭 96 文をサシにくくって「百文サシ」といって百文として通用させる慣行があった．これを「九六の百」といった．

調銭を省銭になおす法：たとえば，460 文 (調銭) を省銭にするには，100 文以上の 400 文を 0.96 で割る．400 ÷ 0.96 = 400 余り 16 であるから 400 + 16 = 416 文．これに 100 文未満の 60 文

を加えて 416 + 60 = 476 文（460 ÷ 0.96 = 400 余り 76 文より 400 + 76 = 476 文でもよい）．

省銭を調銭になおす法：たとえば 476 文を調銭にするには，100 文以上の 400 文に 0.96 をかける．400 × 0.96 = 384．これに 100 文未満の 76 文を加える．384 + 76 = 460 文（調銭）．

江戸時代，物の値段がたとえば 123 文とあれば 100 文は省銭で 23 文は調銭である．

問題 5 ある村の田は，上田が 2 町 3 反 5 畝，石盛十五，中田が 15 町 2 反 3 畝 15 歩，石盛十三，下田が 3 町 4 反 2 畝 21 歩，石盛十一である．このとき，おのおのの収穫高と村全体の収穫高を求めよ．

 答 上田の収穫高 35 石 2 斗 5 升
   中田の収穫高 198 石 5 升 5 合
   下田の収穫高 37 石 6 斗 9 升 7 合
   村全体の収穫高 271 石 2 合

上田は石盛十五であるから，1 反から米 1 石 5 斗が取れる．したがって，23.5（反）× 1.5（石）= 35 石 2 斗 5 升．

中田は石盛十三であるから，1 反から米 1 石 3 斗が取れる．15 歩は 0.5 畝であるから 152.35（反）× 1.3（石）= 198 石 5 升 5 合．

下田は石盛十一であるから，1 反から米 1 石 1 斗が取れる．21 歩は 0.7 畝であるから 34.27（反）× 1.1（石）= 37 石 6 斗 9 升 7 合．したがって村全体の収穫高は，35.25 + 198.055 + 37.697 = 271 石 2 合．

(2) 普請の計算

領地内に橋をかける，灌漑用の水路を作る，堤を築く，溜池を作るなどの場合，農民の力を借りるため，あらかじめ何人の人手が必要であるかを計算しておいて，そのつど，農民に通達した．『算法地方大成』から問題を取り上げる．

問題 1 堤の長さ 300 間，馬踏（ばふみ）9 尺，底 2 丈 7 尺，高さ 8 尺のとき，この堤の土坪を求めよ．

 答 堤の切り口は図 2.2.20 のように台形であるので，

$$切り口の面積 = \frac{(馬踏 + 底) \times 高さ}{2} = \frac{1}{2}(9 + 27) \times 8$$
$$= 144 \text{ 平方尺}$$

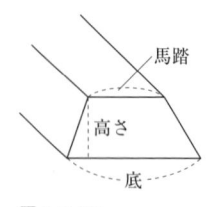

図 2.2.20

300 間 = 300 × 6 = 1800 尺であるから

$$堤の土坪 = \frac{144 \times 1800}{36} = 7200 坪$$

現在は 1800 × 144 = 259200 立方尺．36 で割っているのは 1 間 = 6 尺なので，6 尺 × 6 尺で割って坪数を出している．当時は面積も体積も同じ坪で表している．

問題 2 長さ 30 間，高さ 5 尺の柵を作る．この柵の面積，必要な竹の本数，人足の数を求めよ．ただし，柵 1 坪に竹 15 本が必要で，人足は 1 人 5 坪を作るとして，計算せよ．

答 面積 = $30 \times \dfrac{5}{6}$ = 25 坪（1 間四方が 1 坪）

竹の本数 = 25 × 15 = 375 本

人足の数 = 25 ÷ 5 = 5 人

問題 3 堤の切れた所を補修する．長さは 20 間である．土嚢で補修するが，1 間につき土嚢 3 袋が必要で，高さは土嚢 6 袋分，幅も土嚢 6 袋分を要する．また土嚢 3 袋につき，縄が一房必要である．このとき補修に必要な土嚢の数と縄の房数を求めよ．

答 幅と高さにそれぞれ土嚢 6 袋が必要なので，1 間につき土嚢は 3 × 6 × 6 = 108 袋必要である．したがって 20 間では

$$108 \times 20 = 2160 袋$$

縄は

$$2160 \div 3 = 720 房．$$

問題 4 長さ 3 間半，九寸角の木材がある．この尺〆(しゃくじめ)を求めよ．

尺〆は木材の体積の単位で，一尺角（方一尺）2 間材の体積，すなわち 12 立方尺の体積をいう（これを 1 本とよぶ）．ただ地方により 13 立方尺（関東など）や 14 立方尺（関西など）の材をいうこともある．

答 九寸角の木材の切り口は 0.9^2 平方尺．3 間半 = 3.5 × 6 = 21 尺であるから，$0.9^2 \times 21 \div 12 = 1.4175$ より，尺〆は 1 本 4 分 2 厘である．

問題 5 長さ 9 尺，幅 1 尺 2 寸，厚さ 2 寸 5 分の板の尺〆を求めよ．

答 9 × 1.2 × 0.25 ÷ 12 = 0.225 より末位を切り上げて，尺〆は

2分3厘である．

問題6 長さ5間，直径1尺7寸の蛇籠(じゃかご)を35本作りたい．この石坪と籠を作る竹の本数，人足の数を求めよ．ただし，この蛇籠1本に竹15本を使う．また籠作りは1人で6間分を作るとする．

答 坪数（体積）は $1.7^2 \times 0.79 \times 30 \times 35 \div 6^3 = 11.098\cdots$ より，石坪は11坪1合．

必要な竹の本数は $15 \times 35 = 525$ 本．

籠作り人足は $35 \times 5 \div 6 = 29.166\cdots$ より，小数第2位を四捨五入して29人2分としている． ［安富有恒］

■ **参考文献**
(2.2.3，2.2.4項)

1) 秋田十七郎義一編『算法地方大成』天保8（1837）年
2) 渡辺一郎『伊能測量隊まかり通る』NTT出版，1997年
3) 東京地学協会『伊能図に学ぶ』朝倉書店，1998年
4) 松崎利雄『江戸時代の測量術』総合科学出版，1981年
5) 『大日本百科事典（ジャポニカ）』小学館，1971年
6) 大矢真一校注『塵劫記』岩波文庫，1998年
7) 和算研究所編『塵劫記』2000年
8) 佐藤健一訳・校注『塵劫記』初版本，研成社，2006年
9) 佐藤健一校注『江戸初期和算選書「算用記」』研成社，1990年
10) 小泉袈裟勝編『図解　単位の歴史辞典』柏書房，1989年
11) 平山諦『和算の歴史　その本質と発展』筑摩書房，2007年
12) 平山諦『数学史研究　通巻121号　論説　わが国初期の測量術』，1989年
13) 『広辞苑』岩波書店，1955年
14) 『宮城県史』，1957年

3 和算の計算法

3.1 そろばんによる開平・開立

ある数 A が,他の数 X の n 乗に等しいとき,A から X を求める計算を「開法」という.

この場合,A を X の n 乗巾(じょうべき),X を A の n 乗根(じょうこん)という.

平方数から平方根を求める計算を開平(かいへい),立方数から立方根を求める計算を開立(かいりゅう)という.

学習指導要領(平成20(2008)年告示)では中学校第3学年の数学で「平方根」を学習することになっている.

また,現在全国珠算教育連盟が施行する珠算段位検定試験には「開法」として開平・開立が出題される.そのため段位検定試験合格を目ざす学習者は,開平・開立の問題の解き方を図で考えたりなどしてそろばんで計算している.

開法にはつぎのような種類がある.

① 素数次開法:n が素数 (2, 3, 5, 7, …) のもの.n が2の場合が開平,3の場合が開立,5の場合は五次開法という.

② 合成数次開法:n が合成数 (4, 6, 9, …) のもの.これらの根の算出は,一つの n ごとに独立した計算法もあるが,開平または開立の組合せや繰返しで行うこともできる.たとえば四次開法は開平2回の繰返し,六次開法は開平と開立の組合せで行う.

そのほかに,長方形の面積から各辺の長さを出す「帯縦開平(たいじゅうかいへい)」や異なる辺の直方体の体積からそれぞれの辺の長さを計算する「帯縦開立(たいじゅうかいりゅう)」もある.和算では,当時それらの計算を始めは算木で,やがてそろばんで計算をしていた.『塵劫記(じんこうき)』ではそろばん4挺を縦に並べて開平・開立を計算する方法が図示されている.

3.1.1 開 平

(1) 開平の計算方法

根が2桁の場合は $(a+b)^2 = a^2 + 2ab + b^2$ の公式により,まず平方数 $(a+b)^2$ をそろばんの盤面に置き,つぎの順序で計算を始める.

① 答え(根)の桁数を見る(定位)
② 初根 a を見つける   ③ a^2 を引く

a の求め方は，ほとんどの算法が同じであるが，次根 b の求め方には，倍根法，半九九法およびそれらの別法など何種類かがある．ここでは倍根法と半九九法を示す．

(2) 定位と初根の見つけ方

各位の最小の根と最大の根の平方数は次のようになる．

$$1^2 = 1 \qquad 9^2 = 81$$
$$10^2 = 100 \qquad 99^2 = 9{,}801$$
$$100^2 = 10{,}000 \quad 999^2 = 998{,}001$$

ゆえに平方数を2桁ずつ区分すれば，根の桁数が決まり，それにもっとも近い平方九九から初根 a を見つけることができる．

① $\sqrt{1156}$ の場合：1の位から2桁ずつ区分すると二つの群になるから根は2桁で，11にもっとも近い平方九九は，$3^2 = 9$ であるから，初根は3である．

② $\sqrt{576}$ の場合：1の位から2桁ずつ区分すると二つの群になるから根は2桁で，5にもっとも近い平方九九は $2^2 = 4$ であるから，初根は2である．

(3) 倍根法による計算

この方法は筆算でする計算と同じ方法で，歴史的にはたいへん古く，中国の「九章算術」や「孫子算経」などにも出ており，当時はそろばん以前の計算具の「算木」で行われていた．

《例題》 1156の平方根を求めなさい．

	そろばんの桁	ABCDEF	
①		1,156	第1群11を見て初根は3
		31,156	B桁に初根3を立てる
②		30,256	3^2 を第1群11から引く
	6	30,256	初根の2倍を左側に置く
③			残数256を倍根の6で割
	6	34,016	り次根4を得る
④			4^2 を引く
	6	34,000	根 34

初根が4以下の場合はB桁に，5以上の場合はA桁に初根を立てる．

(4) 半九九法による計算

この方法は平方九九の答を半分にした「半九九」を使って計

算する方法である．この九九を暗記しておくとスムーズに計算することができる．

わが国の算書では『算元記』明暦3（1657）年，藤岡茂元）に初出．

```
┌─── 半九九 ─────────────────────────┐
│  一一が 0.5    二二が 2     三三が 4.5  │
│  四四が 8     五五 12.5    六六 18    │
│  七七 24.5    八八 32     九九 40.5   │
└──────────────────────────────┘
```

《例題》 4096 の平方根を求めなさい（図3.1.1）．

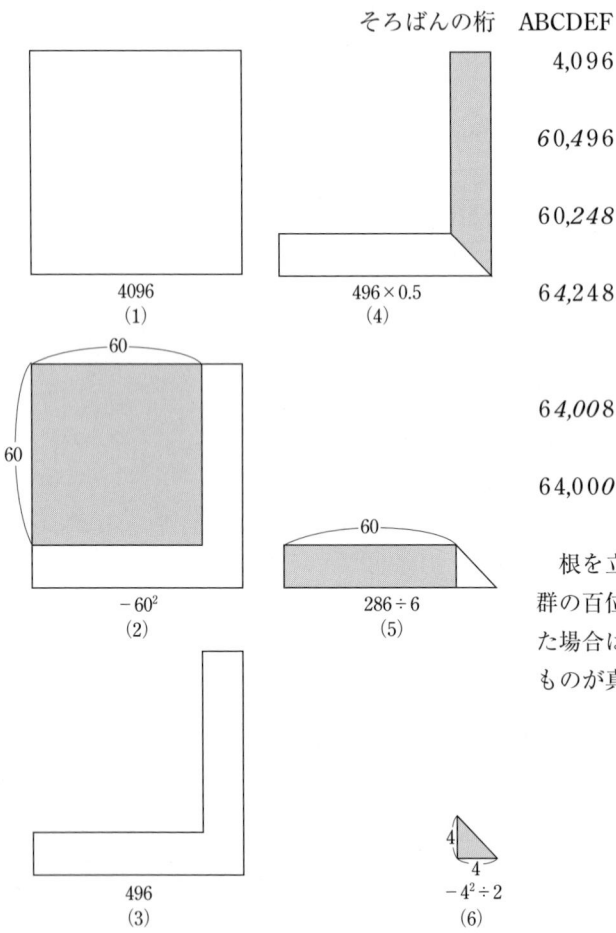

そろばんの桁 ABCDEF	
4,096	第1群40を見て初根は6
60,496	B桁に初根6を立てて6^2を引く
60,248	残数496に0.5を掛ける
64,248	248を初根6で割って次根4を得る
64,008	初根と次根の積を引く
64,000	4^2を半九九で引く
	根 64

根を立てる術は，それぞれの群の百位である．また余りが出た場合は，その余りを2倍したものが真の余りである．

図3.1.1 半九九法による計算の図

3.1.2 開　　立
(1) 開立の計算方法

根が2桁の場合は$(a+b)^3 = a^3 + 3a^2b + 3ab^2 + b^3$の公式により，まず立方数をそろばんの盤面に置き，そこからa^3を引いてからbを見つけて計算を進めていく．初根であるaの求め方はどの算法も同じであるが，次根bの求め方には3根法，定数法など何種類かある．ここでは3根法によるものを示す．

歴史的には開平と同じくらい古く，計算方法は開平より種類が多い．

(2) 定位と初根の見つけ方

立方数を3桁ずつ区分して，根の桁数が決まり，それにもっとも近い立方九九から初根を見つけることができる．

初根が3以下の場合は，第1群の万の桁に，4以上の場合は十万の桁に答えを立てる．

(3) 3根法による計算

立方九九を使う計算であるから，この九九を暗記しておくとスムーズに計算することができる．

```
―― 立方九九 ――
一一が1       二二が8       三三が27
四四 64       五五 125      六六 216
七七 343      八八 512      九九 729
```

《例題》 373248の立方根を求めなさい．

	そろばんの桁　ABCDEFGHI	
①	_3 7_3 2 4 8	第1群 373を見て初根は7，A桁に7を置いて7^3を引く
	7 0 0 0 3 0 2 4 8	
②	21　　7 0 0 0 3 0 2 4 8	初根7の3倍をそろばんの左側に置き3根とする
③		残数30248を3根21で初根の次4桁目（E桁）に答えが立つまで割る
	21　　7 0 1 4 4 0 0 0 8	
④		144を初根7で割り，次根2を得る
	21　　7 2 1 4 4 0 0 0 8	

⑤　21　　　　　7 21 4 40 0 0 8
　　　　　　－ 1 4 (2×7)　　　初根と次根の積を引く
　　　　　　－　4 (2²)　　　　次根2乗を引く
　　　　　　－　8 (2³)　　　　　次根の3乗を引く
　　　　　　　　　　　　　　　　　　　根　72

注意：④が終わったときに残数があった場合は，それは3根で割った商の一部であるから，3根の12で掛け戻す．その例題を下記に示す．

《例題》　103823 の立方根を求めなさい．

① 　　　　　　　4 00 0 39 8 23
② 　12　　　　　4 00 0 39 8 23
③ 　12　　　　　4 03 3 10 1 03
④ 　12　　　　　4 70 0 20 1 03
　　この場合の残数2に12を掛け戻す．
⑤ 　12　　　　　4 70 0 00 3 43
　　　　　　　　　　　　　　根　47

［谷　賢治］

■　参　考　文　献
- 文部省『中学校学習指導要領』平成 20 年
- 吉田稔，飯島忠編集代表『話題源数学』東京法令出版，1989 年
- 日本大学珠算研究会『珠算褌記（第五集）』1961 年
- 山崎與右衛門，戸谷清一，鈴木久男『珠算算法の歴史』森北出版，1958 年
- 全国珠算教育連盟『珠算教育ハンドブック　珠算開法』暁出版，1980 年

3.2 円 周 率

 和算では,円周を周,直径を径という.そこで円周率を「周の径への比率」という意味で「周径率」ともいう.以下では記述を簡単にするために,径を1と仮定する.

 聖書に「円周は直径の3倍になる」という記述があるが,あまりに粗雑である.古代中国では1世紀にすでに3.14があり,5世紀には祖沖之の精密な研究があり,3.1415926, $\frac{20}{7}$, $\frac{355}{113}$ などが得られていた.しかし,和算の初期には祖の研究は伝わらず,3.2とか3.16などが用いられた.少なくとも3より大きい値という認識はあった.中国3世紀の劉徽は,3は円の内接正六角形(一辺 $\frac{1}{2}$ の正三角形六つから成る)の周にすぎない,と批判した.幼児でも,円周は正六角形の外側に膨んでいることは理解できる.和算の初期には,$\sqrt{10} = 3.1622\cdots$(縮めて3.16)も用いられたが,その根拠は曖昧である.西洋では,1748年にオイラーが $περιφερεια$(周)の頭文字 $π$ を用いて以来,$π$ が使われる.

 和算で精密な $π$ の計算方法を確立したのは,村松茂清(慶長(1608)~元禄8(1695)年)の『算俎』(寛文3(1663)年)である.詳しく紹介しよう.

 それと同時に,円の外接正多角形による $π$ の上からの近似値も求める.古代のアルキメデス(前3世紀)の計算を紹介し,$π$ を上と下から挟んで,理論的に一定範囲内に閉じこめる.

 図3.2.1は村松の図の向きを変え,簡略化し,円の内接正 n 角形の半辺 $BC = \frac{a}{2}$ から,正 $2n$ 角形の1辺 $BA = a'$ を求める.$OA = OB = \frac{1}{2}$ は半径.BからOAに垂線を下し,垂足をC.$BC = \frac{a}{2}$ を内接 n 角形の半辺とする.和算ではその2倍 a を弦という.

$$f = \sqrt{\left(\frac{1}{2}\right)^2 - \left(\frac{a}{2}\right)^2} = \frac{1}{2}\sqrt{1-a^2}$$ を半

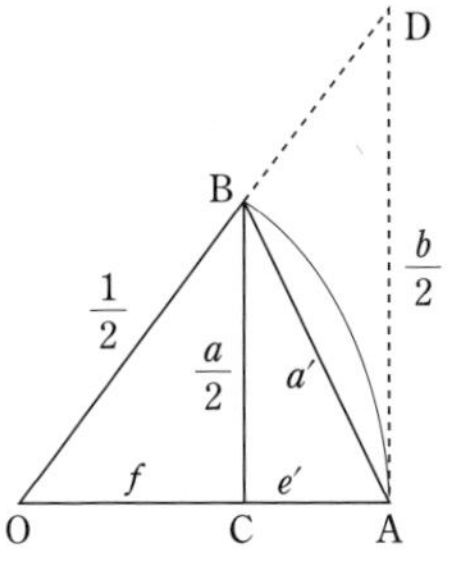

図 3.2.1

径 $OA = \frac{1}{2}$ から減じた

$$e' = \frac{1}{2} - f = \frac{1}{2}(1 - \sqrt{1-a^2}) \qquad (1)$$

を矢または勾という．矢 e' は次弦 a' と同じ正 $2n$ 角形に属する．直角三角形（勾股弦）の関係から，正 $2n$ 角形の弦 $BA = a'$ は

$$a' = \sqrt{\left(\frac{a}{2}\right)^2 + e'^2} = \sqrt{\frac{1}{2} - \frac{1}{2}\sqrt{1-a^2}} = \sqrt{e'} \qquad (2)$$

となり，これが基本公式である（関の原式を整理した）．

出発図形を正方形とし，$a = \frac{\sqrt{2}}{2} = 0.70716\cdots$ から出発し（見本として桁数を短縮），内周は $4a = 2\sqrt{2} = 2.82842\cdots$ から

$$e' = \frac{1}{2}\left(1 - \sqrt{1 - \frac{1}{2}}\right) = 0.14644\cdots, \quad a' = \sqrt{e'} = 0.38268\cdots$$

となり，a' の 8 倍が内周 $3.06146\cdots$ となる．村松は内接正 2^{15} 角形の周 $3.14159\ 26\underline{487\ 77}\cdots$ を得た．下線部は π よりの不足．

外周の計算（村松は計算しない）は，図 3.2.1 に D 点を付加し，半外弦 $DA = \frac{b}{2}$ を出発する．実は半外弦は半内弦 $BC = \frac{a}{2}$ の $\left(\frac{1}{2}\right)/f$ 倍となる．正方形を出発し，外弦 1，外周 4 を得る．二倍角の内弦 a' から二倍角の外弦 b' を求めよう．

図 3.2.2 で，A の対心点を E，内弦 $BA = a'$ の中点を I とし，

$$EB = g = \sqrt{1 - a'^2} = \sqrt{1 - e'} \qquad (3)$$

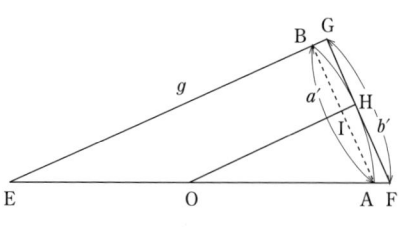

と置く．既知の内弦 $BA = a'$ に，正 $2n$ 角形の外弦 $GF = b'$ が対応する．GF の中点 H は OI の延長と円周との交点であるから，$\triangle EBA \infty \triangle OIA \infty \triangle OHF$ で，三辺の間に $g : \frac{g}{2} : \frac{1}{2} = a' : \frac{a'}{2} : \frac{b'}{2}$ が成立し，

図 3.2.2

$$b' = \frac{a'}{g} = \sqrt{\frac{e'}{1-e'}} \qquad (4)$$

なる基本公式を得る．数値では，上記の $e' = 0.14644\cdots$ を用い，

外接正八角形の外弦 $b' = \sqrt{0.17157} = 0.41421\cdots$〔$\sqrt{2}-1$〕を得,径 1 の前提のもと,外周は 8 倍して,3.31370…となる.

三角法(弧度法)では,正八角形の内弦 $a' = \sin\frac{\pi}{8} = 0.38268\cdots$,外弦 $b' = \tan\frac{\pi}{8} = 0.41421\cdots$ を得る.上記と比較せよ.

関孝和(寛永 17（1640）頃～宝永 5（1708）年）は『括要算法』(正徳 2（1712）年）の「求円周率術」で,村松の方法を踏襲し,内接正 2^{17} 角形にいたり,3.14159 26532 88992 7759 強を得た（強は後述）.同書には,内接正方形から上記まで,各勾 e',弦 a',周（弦の 2^n 倍）の一覧表が載っている.

(1) 関の計算の復元（原著）

筆者は『解読・関孝和――天才の思考過程』（海鳴社,2008年）の 1 号・2 号論文（初出 1980 年）に,関の各段階の値は,いったい有効数字何桁の値を用いたかを復元し,関が小数 24 または 23 桁の勾の値を用いたことを突き止めた.筆者の研究は,小堀憲『18 世紀の数学』（1979 年）による関が行った計算の紹介に,2 種類の誤りがあるのを見つけたことから始まる.数値を短縮して,誤りの要点を紹介しよう.

1.「たとえば 4 桁の数 0.1464 を開平すれば,2 桁の数 0.38 までしか求まらない(数値は短縮).」これは実際計算をしない人の錯覚である.実は $\sqrt{0.1464} = 0.3826$ まで求まる.$0.38^2 = 0.1444$ はもとに戻らず,$0.3826^2 = 0.14638\cdots$ なら四捨五入してもとに戻る.小堀説ならば小数点下 16 桁の数に開平を繰り返せば,→ 8 → 4 → 2 → 1 桁になってしまうので,小堀説は誤りである.

2. 関は末位の数字に「弱,微弱,微強,強」の文字（畸零表現）を付した.末位の次桁～次々桁の数値が掘り起こせるのに,小堀はそれを無視した.末位の数字が N のとき,通常の四捨五入の「強・弱」を精密化し,続く数値を

$0.5 \leq$ 弱 $< 0.9 \leq$ 微弱 $< N <$ 微強 $\leq 0.1 <$ 強 < 0.5

と分類する.たとえば $0.19501 \leq 0.1951$ 微強 < 0.1951 だから,その 16 倍は $3.12016 \leq 0.1951$ 微強 $\times 16 < 3.1216$ が推測される.関の正十六角形の内周の桁数を縮めて例とした.実際の値は 3.12144…だから,筆者の復元法は有効な復元手段といえる.

(2) 逆向きの復元（原著）

　　　　　筆者は上記論文で，関の正十六角形の内周 3.12144 51522 58052 2856 弱を与件とし，同角形の弦，勾のみならず，正八角形の勾，弦，周を復元する方法を示した．論文では全段階で実行したが，ここでは復元の一例として示す．16 で割ると正十六角形の弦 a' は 0.19509 03220 16128 26784 6875 と…26784 9375 の間にあり，関の…2678 強と合致する．公式 (2) を逆に辿れば $e' = a'^2 = 0.03806$ 02337 44356 62193 35 と…62193 63 の間にある．関の求めた十六角形の勾…6219 強と合致する．公式 (1) を逆に辿れば，$\sqrt{1-a^2} = 1 - 2e'$, $a^2 = 1 - (1-2e')^2$. 上で得た e' の両端の値を用いて計算すれば，内接正八角形の勾は 0.14644 66094 06726 23779 75 と…23780 11 の間にある．関は勾を…2378 微弱と述べたから，…23779 9 に近い値を用いたことが掘り起こせた．この逆向きの復元は，過去の数学者の実際計算の実情（とくにそろばんによる計算の桁数と，計算の誤謬）を知るのに有効である．コンピュータによる検算は肌理が粗く，計算過程に隠れている情報の見落としを冒しがちである．

　　　　　関はこうして内接正 2^{17} 角形の周 3.14159 26532 88992 7759 に到達した（下線部は π からの不足）．彼はさらに増約術（3.5 節を参照）を用いて，一挙に精度を高めた．

(3) 建部による計算の改良

　　　　　建部賢弘（寛文 9 (1669)～元文 4 (1739) 年）は，『円理弧背術』（不明）において，師の方法を改良した．

　　　　　関は途中の各段階で，一々内接周を求めた．これは①村松の方法の有効性を確かめるためと，②一段階ごとの周の変化を見て，回を追うごとにある値に近づくのを確かめるためだろう．現代では，π の値を多数桁知っている．村松や関は，π の小数十桁程度の値しか自信をもてなかった．あらかじめ精密な π の値を知る私たちは，自作のプログラムのバグ検出のため，π の値と照合する．しかし村松や関は，自己の結果以外に照合の相手がない．関は 3.5 節の増約術により，控え目に「定周 3.14159 26535 9 微弱」と述べた．この値は，…26535 8979…を …26535 9 微弱と，畸零表現したものである．

　　　　　建部は計算に自信をもつので，途中で一々弦 a' を求め，2^n 倍

して内周に直す必要がない．そこで，各段階で公式 (2) によって一々弦 a' を計算しない．つぎの段階では平方数 e' を用いる．こうして建部は，途中の各段階の開平を一回にとどめ，弦を 2^n 倍する周の計算もやめ，計算量を飛躍的に減らした．

建部はさらに増約術を用いて「綴術算経」(享保 7 (1722) 年) に，小数 41 桁に畸零を付して，

3.14159 26535 89793 23846 26433 83279 50288 41971 2 強

を載せた．

建部はまた，ごく短い矢に対応するごく短い弧長を求める方法を確立した．詳細は 3.13 節にゆずり，要点を記す．

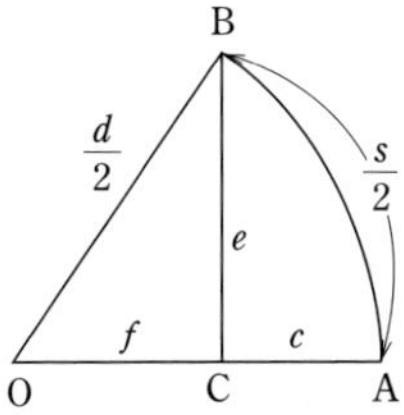

建部は一般の直径 d の公式を述べた．図 3.2.3 で，$OA = OB = \dfrac{d}{2}$, $OC = f = \dfrac{d}{2} - c$, $BC = e = \sqrt{\left(\dfrac{d}{2}\right)^2 - f^2} = \sqrt{dc - c^2}$ とすれば，今日の関数記号（弧度法）で $\widehat{BA} = \dfrac{s}{2} = \dfrac{d}{2}\arcsin\left(\dfrac{2e}{d}\right)$ を求める級数（式 (5)) を得た．分母の $n!$ は階乗の記号．

図 3.2.3

$$\left(\dfrac{s}{2}\right)^2 = cd + \dfrac{2\cdot 2^2}{4!}cd\left(\dfrac{c}{d}\right) + \dfrac{2\cdot 2^2\cdot 4^2}{6!}cd\left(\dfrac{c}{d}\right)^2$$
$$+ \dfrac{2\cdot 2^2\cdot 4^2\cdot 6^2}{8!}cd\left(\dfrac{c}{d}\right)^3 + \dfrac{2\cdot 2^2\cdot 4^2\cdot 6^2\cdot 8^2}{10!}cd\left(\dfrac{c}{d}\right)^4 + \cdots \quad (5)$$

試しに $d = 2$, $c = 0.4$ とすれば，五項の和は 0.85976 1… となる．逆正弦関数では，$f = 0.6$, $e = 0.8$, $\arcsin 0.8 = 0.92729\ 5\cdots = \dfrac{s}{2}$, $\left(\dfrac{s}{2}\right)^2 = 0.85987\ 6\cdots$ だから，級数五項の和では不足する．同じ d で矢 $c = 0.2$ と置けば，公式 (5) による五項の和は 0.41409 03619… となる．逆正弦関数では，$f = 0.8$, $e = 0.6$, $\arcsin 0.6 = 0.64350\ 11087\cdots = \dfrac{s}{2}$, $\left(\dfrac{s}{2}\right)^2 = 0.41409\ 36770\cdots$ だから，公式 (5) はよい近似値を与えることがわかる．なお，$e = 0.8$ と $e = 0.6$ の組合わせは，特別な場合であって，0.92729 5… + 0.64350 1… = 1.57079 6… = $\pi/2$ となる．

建部が「綴術算経」で述べた意見は，傾聴に値する．その意

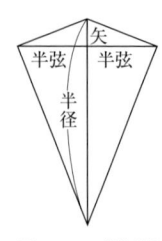

図3.2.4 『算爼』より（矢，半弦，半径は筆者改変）

を筆者なりに敷衍してみよう．「関先生のように半円に近い弧長を求めれば，真の値は隠れる．私のように，ごく短い弧長ならば，真の値に迫れる．そのわけは，半円に近ければ，横糸（弦）の変化に応ずる円弧の曲がり方が急だからだ．端のほうの短い円弧は，縦糸（矢）の変化に応ずる変化が緩やかだからだ．それ故，極めて短い矢についての公式を探すのがよい．」

よこ・たてが逆なような気がするが，村松以来，図3.2.4が用いられたので，原文のままでよい．

(4) 角術によるπの不等式とπの精密計算

　　関は『括要算法』の「角術」において，円の内接・外接正十六角形を論じた．内辺1に対応する半径y（角中径）は約2.563という．直径1の円に換算すれば，内周$\frac{16}{2} \times \frac{1}{2.563} = 3.121\cdots$を得る．外辺1に対応する半径$z$（平中径）は約2.541という．同様にして，外周$\frac{16}{2} \times \frac{1}{2.541} = 3.148\cdots$を得る．これを見れば，不等式 $3.121 < \pi < 3.148$が成立する．

　　角術によれば，角中径の逆数$x = \frac{1}{y}$は，方程式

$$x^8 - 8x^6 + 20x^4 - 16x^2 + 2 = 0 \tag{6}$$

を満たす，という．これをホーナー法（関の開方算式）を用いて解けば，$x = 0.39018\ 06440\ 32$を得る．そこで$c = 1 - \sqrt{1 - \left(\frac{x}{2}\right)^2} = 0.01921\ 47195\ 97$は，直径$d = 2$の円の矢に相当するから，公式(5)によって円弧$s$を求めれば，$s = 0.39269\ 90817$を得る．$s$は直径2の円に対応するから$\frac{16}{2}$倍して，精密な$\pi = 3.14159\ 26536$が得られる． ［杉本敏夫］

3.3 天元術

天元術は，算木（⇨ 2.1.1）を用いる代数である．例をあげると，多元の連立方程式で解ける問題や，一元高次方程式に帰結する問題を解く計算法である．

3.3.1 算木と算盤

算木は，連立方程式や高次方程式の近似解を単純な作業の繰り返しで求めることができる計算機で，奈良時代以前に中国より入っていたようである．

算木は，初めの頃は，「算」または「籌」とよばれた棒（四角柱）で後に算木とよばれるようになった[*1]．

算木は，それのみで使われることもあるが，ほとんどの場合算盤の上で用いられた．

算木は，赤く塗られた正の数を表す算木と，黒く塗られた負の数を表す算木の2種類を用いた．

*1 易に使われる棒（これも「さんぎ」とよばれることがあるが，このさんぎは，2進法で3桁ずつを2組用いて，掛（か:「け」ではなく「か」とよぶ）の分類に用いる）．

3.3.2 算木の置き方

算木1本は1を，2本は2を表すという使い方をするが，6本以上になると，1本を横にして上に置くという使い方をする．

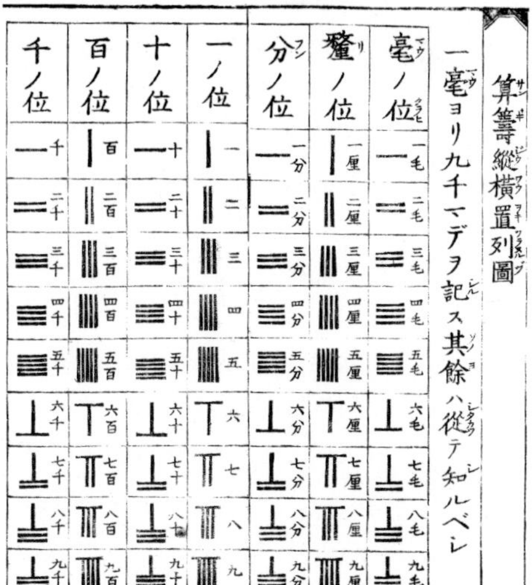

図 3.3.1 算木の置き方（影印は『改正天元指南』より）正式には，一の位を基準にし，位が移るごとに縦横と置き換えて位を見やすくしている．

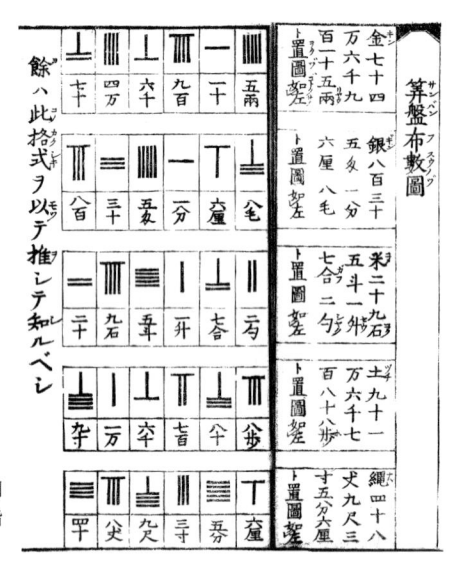

図 3.3.2 置数の例
（影印は『改正天元指南』より）

金 746915 両

銀 835 匁 168

米 29 石 5 斗 1 升 7 合 2 勺

土 916788 歩（ホ：坪）

縄 48 丈 9 尺 3 寸 5 分 6 厘

3.3.3 算盤の図

　算盤は，布や紙に方眼を描き，横方向に桁（位）を表し，縦方向は，行ごとに級とよばれるわくを表した．

　たとえば，「天元術」では，最上の行は桁を表し，次の行は商級とよび答を書く行とし，その下の行は実級とよび高次方程式の定数項の行となり，その下の行は方級とよび未知数の1次の係数の項を表す行とし，その下の行は廉級とよび未知数の2次の係数を表す行とした．

　この様式を使えば，何十次方程式でも計算できたわけである．

3.3.4 算木による掛け算例

　木綿76疋あり1疋に付き8匁2分5厘宛（づつ）にして此代銀何程と問[*2]．
　実級と方級を使い以下の手順で計算する．

*2　出題は，『改正天元指南』（藤田貞資，寛政7（1795）年）を用いた．

3.3 天元術

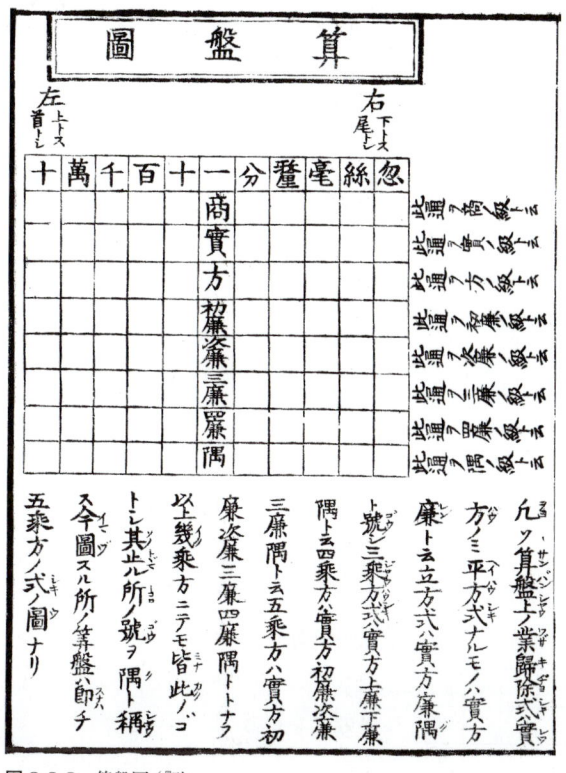

図 3.3.3 算盤図(『改正天元指南』より)

：桁を表示
：商級は答を表示
：実級は定数項
：方級は1次の係数
：廉級は2次の係数

　以下順次高次の項の係数を置く

：被乗数76疋を実級に置
：乗数の銀8匁2分5厘を方級に置

：被乗数の位を一桁上げて，乗数に合わせる

：被乗数を乗数の最後の桁まで退ける

70疋×8匁2分5厘の答を実に置

百	十	一	分	厘	位
𝍤	⊥		⊥	丅	実
	𝍦	‖	𝍧		方

：70×8匁の560を実に置

百	十	一	分	厘	位
𝍤	⊥	𝍣	⊥	丅	実
	𝍦	‖	𝍧		方

：70×2分の14を実に置（加る）

百	十	一	分	厘	位
𝍤	⊥	丅	𝍣	丅	実
	𝍦	‖	𝍧		方

：70×5厘の3.5を実に置
　このとき被乗数の70を取り去る

6疋×8匁2分5厘の計算に入るために被乗数を1桁退ける

百	十	一	分	厘	位
𝍤	⊥	丅	𝍣	丅	実
		𝍣	=	𝍣	方

：被乗数を1桁退く

同様に6疋×8匁2分5厘を計算し，以下の結果を得る

百	十	一	分	厘	位
丅	=	丅			実
		𝍣	=	𝍣	方

：答627を得る

3.3.5　算木による割り算例

米7万8千石を325人に割渡しては一人前何程ずつと問．
これは78000÷325の計算になる．

万	千	百	十	一	桁
					商
𝍤	⊥				実
		𝍧	=	𝍣	方

実級に7万8千石と置く
方級に325人と置く

万	千	百	十	一	桁
					商
𝍤	⊥				実
		𝍧	=	𝍣	方

実級の7万と方級の3百を見て，2桁
位を進める（百倍）
3桁進めると実級を越えてしまう

方級を2桁進めたので，初商は，百の位に立つ

万	千	百	十	一	桁
			‖		商
丅		⊥			実
		‖‖	=	‖‖‖	方

実7と方の3より初商2を立てる

万	千	百	十	一	桁
			‖		商
		∣	≡		実
		≡	‖	‖‖‖	方

①初商2百×方3百の6万実より引く
②商2百×方20の4千実より引く
③商2百×方5の千実より引く
　次商の計算のため，方を1罫退ける

方の3と実の13から次商4を知る

万	千	百	十	一	桁
			‖	‖‖‖‖	商
					実
		≡	‖	‖‖‖	方

①次商40を商級に立てる
②次商40×方3百の1万2千実から引く
③商40×方20の8百実から引く
④商40×方5の2百実から引く

実尽きて，商に答240石を得る．

3.3.6　算木による高次方程式を解く例

　　積4万2千8百7拾5歩あり，6面同数（直方体）にして，其の方面（1辺）何間に成と問．

　この問題は，方面をxとすると，$x^3-42875=0$を解けという問題である．

　この式を，算盤に置くと以下のようになる．

万	千	百	十	一	位
					商
‖‖‖	=	丅	⊥	‖‖‖‖	実
					方
					廉
				∣	隅

商は答の級
実に定数項−42875を置
方　1次の項の係数はないので空
廉　2次の項の係数もないので空
隅　3次の項の係数は1

　初商の位置を探すために方廉隅を進退する．
　算木の進退とは，算木を上位の位に移（進）したり下位の位に下げ（退）たりすることをいう．

進：1 罫進めるとは，方は 1 桁，廉は 2 桁，隅は 3 桁ずつ位を上げること．

退：1 罫退くとは，方は 1 桁，廉は 2 桁，隅は 3 桁ずつ位を低い方に下げること．

級に従い，1 罫に進退する桁は決まっている．1 次の係数は 1 桁，2 次の係数は 2 桁，3 次の係数は 3 桁，…となっている．

隅は，3 次の係数なので，3 桁ずつ進めると，1 罫進めて千の位，2 罫進めると百万の位になり実の桁を越えてしまうので，1 罫進めて，商は，十の位から始まることがわかる．

万	千	百	十	一	位
			三		商
Ｉ	三	Ⅲ	⊥	川	実
	上二				方
		三			廉
			一		隅

②初商を 3 と立てる
⑤初商 3×方 9 を実に置
④初商 3×廉 3 を方に置
③初商 3×隅 1 を廉に置（加える）
①1 罫進めて千の位に移る

丸数字の順に計算を進める．⑤の計算で，−42+27 となり，実の残り −15875 となる．

次の計算に入る前に，係数を整える．
①初商 3×隅 1 を廉に置　廉 6 と成
②初商 3×廉 6 を方に置　方 27 と成
③初商 3×隅 1 を廉に置　廉 9 と成

算木による高次方程式の 1 つの解を求める計算は，（商の値）×（隅）を廉に，（商の値）×（廉）をその上の級の（方）へと加え実にいたるまで加える．次商計算のためには，この繰返しを方まで行い，つぎに廉まで行い，この単純な繰返しによって，計算を進めるのである．

次商計算の前に，方から隅までを 1 罫退く．

3.3 天元術

万	千	百	十	一	位
			〢		商
丨	〣	Ⅲ	⊥	〤	実
	〢	⊥			方
			〦		廉
				丨	隅

方を1罫（1桁）退ける
廉を1罫（2桁）退ける
隅を1罫（3桁）退ける

実の上位15と方の2（約3）を見て次商を5と見当する．

万	千	百	十	一	位
			〢	〤	商
丨	〣	Ⅲ	⊥	〤	実
丨	〣	Ⅲ	⊥	〤	方
			〦	〤	廉
				丨	隅

① 次商5を一の位に立てる

④ 次商5×方3175を実に置
③ 次商5×廉95を方に　方3175
② 次商5×隅1を廉に置　廉95

④までの計算で，実尽きて商35を得る．

万	千	百	十	一	位
			〢	〤	商
					実
	〣	丨	⊥	〤	方
			〦	〤	廉
				丨	隅

　この方法は，ホーナーの方法と同じものであるが，算木による高次方程式の開方計算は，中国では13世紀に完成している．

3.3.7 算木による連立方程式の解法例

＊3　出題は，『古今算法記』（沢口一之，寛文11（1671）年）より．ここでは，二元連立方程式を扱ったが，同書の中では，三元連立方程式も扱っている．

　米3石麦2石二口代銀合せ151匁，米1石麦5石二口代銀合せ137匁である．米・麦1石の値段各々何程ぞと問[*3]．米1石がx匁，麦1石がy匁とすると

$$3x + 2y = 151$$
$$x + 5y = 137$$

を解くことになる．

問題を舛目に算木で以下のように表す．

　　　　　　　条件 2　　　　　　条件 1
米　　｜　　　　　　｜｜｜｜
麦　　｜｜｜　　　　　｜｜
銀　｜ ≡ 丁　　　｜ ｜｜｜ ｜

米の量に目を付け，（条件 2）×3 を作る

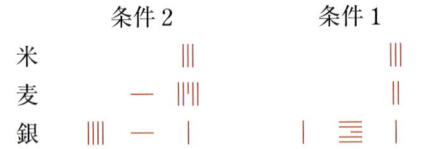

　　　　　　　条件 2　　　　　　条件 1
米　　｜｜｜　　　　　｜｜｜
麦　　一 ｜｜｜　　　　｜｜
銀　｜｜｜ 一 ｜　　　｜ ≡ ｜

（条件 2）×3 から条件 1 を引いて，米を消去する

米
麦　　一 ｜｜｜　　麦 13 石が残る
銀　｜｜ ⊥ ○　　銀 260 匁が残る

残った銀 260 匁を残った麦 13 石で割れば，麦 1 石 20 目ずつと知る．

つぎに麦 5 石に 1 石の値段 20 目を掛けて 100 目となり，これを 137 匁から引いた餘 37 匁が米 1 石の値段である（条件 2 の式を利用している）．

3.3.8　天　元　術

　　天元法術：天元術は，一元高次方程式に帰結する問題を解くことが，おもな目的であるが，算木の計算に習熟してくると，しだいに，問題を解くための最後の一元高次方程式を立てることが主題となってくる．この，最後の式を作る過程を天元法術で説明している（図 3.3.4）．
　　術　日：術文ともよばれるが，最後の一元高次方程式を作る文章である．算額などにあがっているものは，この術文を解答として掲げているものが多い．
　　和解術日：術文を作るための基礎法則の使い方を説明している．
　　図解：術文を作るもとの原理を図で説明したもの．
　　以下は，図 3.3.4 の解説である．
　　いま図のような 直（長方形）有り，積（せき：面積）15 歩

3.3 天元術　　　　　　　　　77

*4 只云(第1条件),
又云(第2条件), 別云
(第3条件)

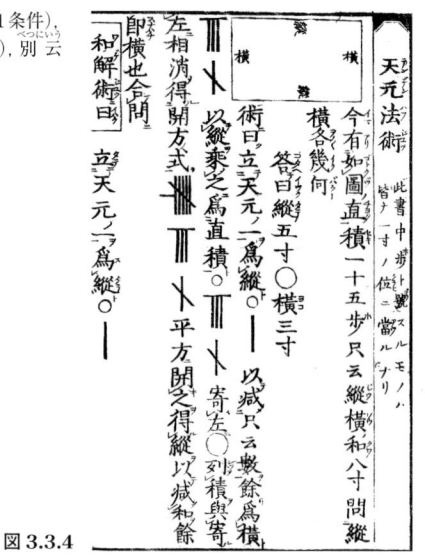

図3.3.4

(ホ) 只云*4 (第1条件) 縦横の和8寸縦横各々幾何と問.

答曰(こたえていわく) 縦5寸 ○ 横3寸

術曰 天元の一を立て縦とする (縦を x とする).

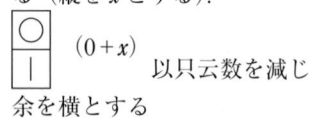

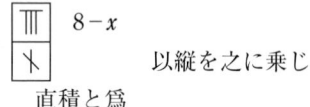

○　　(0 + x)
|

以只云数を減じ余を横とする

Ⅲ　　8 − x
卜

以縦を之に乗じ直積と為

卜 : −1を表す.書物の中では,負の数は,最後の桁に斜線を入れて表現した.

○　　(0 + 8x − x^2)
Ⅲ
卜

寄左 (左に置いておく)

積を列し,左に寄 と相消 (等号で繋ぎ移行する) して 開方式を得る.

一｜Ⅲ卜　　(−15 + 8x − x^2 = 0)

平方に之を開き縦を得　$x = 5$ が縦

以和を減じて余　即ち横也　合問

この術文を算盤の上に算木を置いて書いてみると,以下になる (表3.3.1).

以上の術文は,以下の和解術曰で説明されている.

和解術曰

天元の一を立てて縦とする.

○　太極の下に一算を立てる (算盤上は,実の級を空にして方
|　の級に｜を置く事) を天元の一という,最後に縦寸を得て開方式を得る,開方式を開くと,縦寸を得.このように,求めようとするところを天元の一に立てれば,意の如く之を求める妙術である.

表 3.3.1

〇	𝍣	𝍣	〇	一	𝍤	一	𝍥	商		
								実	−15	定数項
		⚹		𝍣			𝍣	方	8	1次の係数
				⚹			⚹	廉	−1	2次の係数
縦とする	縦横の和	和引く縦=横	縦を置き横に掛ける	縦×横=面積		直積（面積）を置く	寄左相消して得た式			

以って只云数を減じ餘りを横と爲す．

𝍣　以ってとは，今得た縦の式を以ってということである．只
⚹　云数とは，縦横の和8寸をいうなり．条件文の全体をいわずに，頭の2文字を持って記す．

縦横和	縦式
𝍣	〇

前に得た縦の式と和8寸とを左右両式に置いて，右行の縦の式を以って左行の和8寸の内を相減（そうげん）すれば，即ちの此　如（かくのごとく）

𝍣
⚹　となり，横の式と成る．

　　　縦を以って之に乗じ直積（ちょくせき）

〇
𝍣　となる．直積とは，縦横相乗ずる数をいい，長方形の面積
⚹　である．

横式	縦式
𝍣	〇
⚹	

縦の式と，横の式と左右両式に置いて，右行を以って左行へ相乗（そうじょう）すれば即ち此如く

〇
𝍣　直積となる．
⚹

3.3 天元術

相乗の説明（解説のため，2式の積の説明を挿入する．この説明は，本来和解の文中にはなく，独立して，事前に詳しく説明されているものである）．

左行	右行
〒	○
⼈	│

右行二級は空位と｜の正
左行二級は〒の正と｜の負である

相乗するときは，右行を各々下へ下げて左行の下の級に留まるなり．

左行	右行
〒	
⼈	○
	│

こうしてから右行を左行に掛ける．

結果

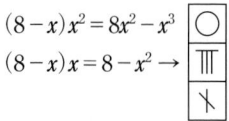

	左行	右行
	〒	
② ○	⼈	○
① ⼈		│

$(8-x)x^2 = 8x^2 - x^3$　○
$(8-x)x = 8 - x^2$　→　〒
　　　　　　　　　　⼈

①右行の｜×左行の⼈で⼈を置
②右行の○×左行の⼈で○を置*5

*5 左行の⼈の掛け算が終わったので②の○を置くときに左行の⼈を取り去り○を置くのであるが，見やすさのため結果の列を別に設けている．

次に下げた右行をもとに戻し左行〒の掛け算をする．

最終結果　　　結果　　左行　　右行
○　　　　　　○④　　〒　　　○
〒　　　　　　○　〒③　　　　│
⼈　　　　　　⼈

③右行｜×左行〒で〒を置く（このときすでに有数に加える）
④右行○×左行〒で○を加える

左寄（きによせる）とは，得た直積の式を左の方へ寄せ置くことをいう．
列積（せきをれっする）と寄左と相消，開方式を得る．

一
〒
⼈

得られた開方式

列するとは，備え置くことである．この積は，問題の中の本

3 和算の計算法

開方式	
	商
一 〢	実
〣	方
〤	廉

寄左
虚積
○
〣
〤

相消
本積
一 〢

積 15 歩のことである．相消の数は，左に寄せたる物と等しきものを求めて相消するなり．

開方の式とは，則相消して得る所の式を云うなり．

左に寄せたる虚積（計算で求めた積）の式と本積（問題でい

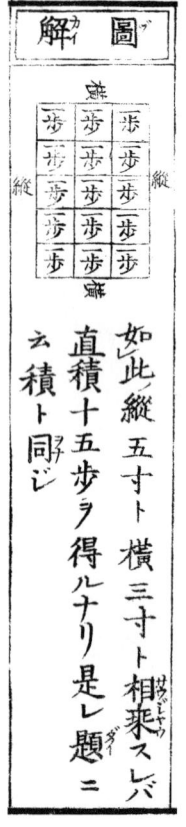

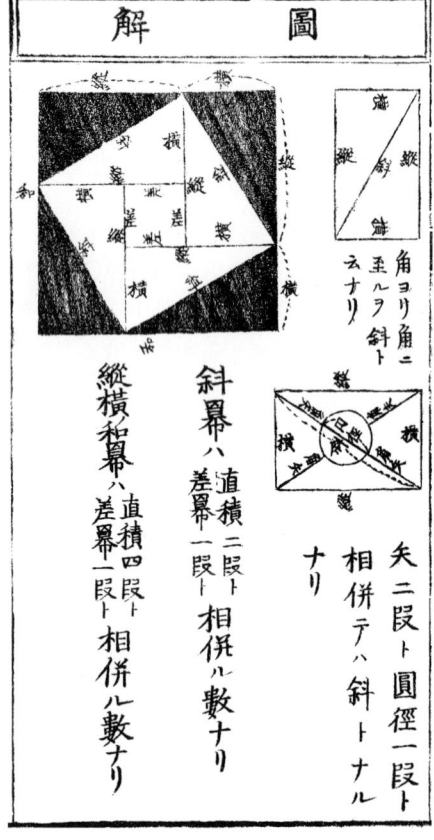

図 3.3.5

図 3.3.6

われている積) 15 歩とを左右両式に置いて右行をもって左行と相消すれば，すなわち如此開方式を得る．

　この問題につけられた図を示す（図 3.3.5）．

　高次方程式の解は，複数あることを知っていたが，基本的に，具体的な問題のため，正の数になるものを計算していたので，この時代では，例題なども工夫を凝らした後が見受けられる（図 3.3.6 は図解の参考に付けた）． 　　　　　　　　　　　　［清水布夫］

3.4 點竄術

　　點竄術(てんざんじゅつ)は，筆算による代数である．

　　天元術では，最終的に一元の高次方程式に帰着させなければいけないのだが，問題が複雑になると，算盤と算木を使っただけでは，困難になってくる．その複雑な式変形を紙上で書き表す展開を始めたのは，関孝和(せきたかかず)である．

　　最終式を導き出す過程を表現することを「演段(えんだん)」ということから，筆算の代数を，はじめは，「演段術(えんだんじゅつ)」といった．それが，いつしか「帰原整法(きげんせいほう)」となり，最後に「點竄術」とよばれるにいたった．點竄とはもともと添削といった意味で，式を削ったり加えたりする作業は，文章の添削に合通ずるということであろう．

　　點竄術の特徴は，未知数がいくつあってもよいということである．これが発展し，文字だけを使った式になっていくのであるが，點竄術が発展していく時期には，文字式を駆使して，最終的には，天元術で解ける一元高次方程式の形に導くことが主であった．

3.4.1 傍書の例

　　一算を命じて：一算とは，｜を書きその傍らに未知数を表すことである．

　　｜甲とは，未知数を「甲」として，表すことである．

　　一算の右は分子にあたる数値または文字を表す．左には分母に当たる数値または文字を表す．

　　乙｜甲とは，甲÷乙のことである．表 3.4.1 に傍書の例を挙げる．

3.4.2 點竄術による解法例

　　図 3.4.1，図 3.4.2 は，『算法點竄指南録』巻之一と巻之五のものを用いている．

　　これは，対になっていて，まず問題と答があり，つぎにそれらを解くための基本知識と，點竄術の説明があり，最後に點竄術による解法の説明が載っている．

3.4 點竄術

表3.4.1 傍書例

傍書	意味
|✣	正算
	斜線が偶数あるものは正の数
✣✣	負算
	斜線が奇数あるものは負の数
|甲	一算を立て甲と命ず
	(甲を|甲と表す)
|甲|乙 または |甲|乙	甲 + 乙
|甲|甲 または |二甲 ||甲	甲 + 甲で 2×甲と同じ
⊣乙	12×乙
⊬乙 ✣二乙	−12×乙
|二乙 または |二乙ヶ	12×乙
|○ヶ○一	0.01で1厘
|甲|乙 |甲✣乙	甲 − 乙
|甲乙差	甲乙の差
|甲甲 または |甲巾	何れも 甲×甲 甲巾 甲自乗
|甲乙差|甲乙和	(甲 + 乙) ÷ (|甲 − 乙|) | |絶対値は多 − 少
|甲再	甲の3乗
|甲三	甲の4乗
|甲巾 |乙巾 ||甲乙	(甲 + 乙)² = 甲² + 乙² + 2甲乙

円内に図3.4.1の如く大円小円各2個が入っている．外円の直径が7寸で大円の直径が3寸，小円の直径はいくらか．

答：小円の直径　2寸8分

計算法：外円の直径を置　外円と大円の直径の差を4掛けて28実とする．外大円の直径の和を以って割2.8（二ケ八）小円径とす，とある．

では，なぜこの術文が導き出されたのか術解を見る（図

84　　　3　和算の計算法

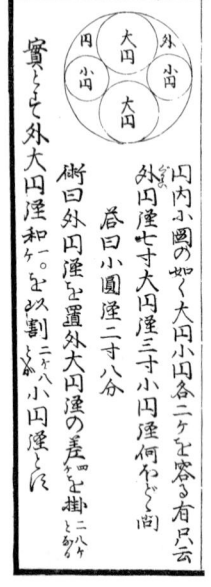

図 3.4.1

図 3.4.2

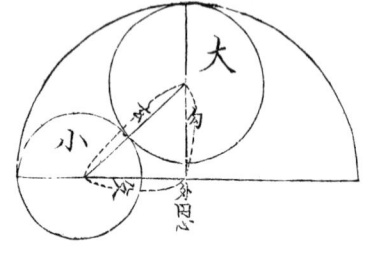

図 3.4.3

3.4.2).

1 行目

一算を立, 小径とす.

小：求める小円径の直径

和算書の図解はよくできている．この図解をそのまま式にしていけばよい．

2 行目

$\dfrac{外}{2} - \dfrac{大}{2}$ ハ勾也　　$\dfrac{外}{2} - \dfrac{小}{2}$ ハ受也

3 行目

$\dfrac{外}{2} + \dfrac{大}{2}$ ハ玄也

3.4 點竄術

4行目

玄を置き是を掛合せる. $\left(\dfrac{大}{2}+\dfrac{小}{2}\right)^2$ となるから

$\dfrac{大巾}{4}+\dfrac{小巾}{4}+\dfrac{2大小}{4}$ ハ 玄巾（玄^2）也 左に寄せる.

5行目

勾巾亠巾相併

6行目

$\dfrac{外巾}{4}+\dfrac{大巾}{4}+\dfrac{2外大}{4}+\dfrac{外巾}{4}+\dfrac{小巾}{4}-\dfrac{2外小}{4}$ ハ 玄巾 也 相消数とす.

7行目

左に寄せた式と相消して

$\dfrac{外巾}{4}-\dfrac{2外大}{4}+\dfrac{外巾}{4}-\dfrac{2外小}{4}-\dfrac{2大小}{4}=0$ 寄左相消する.

$\dfrac{2外巾}{4}-\dfrac{2外大}{4}-\dfrac{2外小}{4}-\dfrac{2大小}{4}=0$ 整理すると,

外巾 − 外大 − 外小 − 大小 空数（＝0）

外（外 − 大）−（外 + 大）小 = 0

8行目

小径を得る式

実	− 外大	外巾
方	− 大	− 外

方を以って実を割

$\dfrac{(外-大)外}{外+大}$ ハ 小径 也

ゆえに本術の如し.　　　　　　　　　　　　　　　　　　　　　　　　［清水布夫］

3.5 諸約術——互約, 逐約, 斉約, 遍約, 増約

関孝和の『括要算法』(正徳2 (1712) 年) の「諸約之法」は, 上記のほかに損約, 零約, 遍通, 剰一, 翦管術を含む. 零約, 剰一, 翦管術などは, 3.10, 3.6, 3.7節を参照. 互約から遍約までと遍通は, 今日の初等整数論に含まれ, 増約と損約は級数論の初歩である. 中算 (中国数学) はこれらを扱ったが, 和算では関以前に組織的な研究はなかった.

筆者は, 初等整数論の起源の一つは, 天文暦法にあったと考える. 一昼夜は季節により変わるが, 太陽の南中時を規準に, 「一日」が定まる. 季節変化を含む「一年」は, 同じ季節 (星座) から定めて, 365.2422 日となる. 単純化して帯分数 $365\frac{1}{4}$ 日と考えれば, 四年に一度閏年を置くことでひとまず解決する. それ以上の精密化は, かなり面倒な考案が必要になる.

もっと困難なのは, 月の満ち欠けから決まる月周期 29.530588 日である. 平年 365 日を 12 で割って 1 カ月とするとき, 日周期と月周期のずれの調整が, 古来から暦法のアキレス腱であった. 中算ではそれぞれの周期を分数で表すのが主流であるから, 小数と分数の双互変換が困難な問題の一つとなる. 年始と新月の一致する太古の年を求めようとする「上元積年」の問題は, さらに困難であった. その裏側には最小公倍数が絡まる.

筆者はもう一つの起源として, 関の「求円周率術」(3.2節) をあげたい. 関は π の精密な値を求めた後, その近似分数を考えた. $\frac{22}{7}$ や $\frac{355}{113}$ などは周知である. そのほかに $\frac{63}{20}, \frac{79}{25}, \frac{157}{50}$ など, 奇妙な分数がある. おそらく $\frac{315}{100}, \frac{316}{100}, \frac{314}{100}$ などの分子・分母を約分したのであろう. 最大公約数と絡まる.

互約などの説明に先立って, 今日の初等整数論と関の用語の食い違いを整理しておく. 整数 a の約数を考えるとき, 関 (一般に和算) は, a それ自身と 1 を含めない. 整数 a の倍数には, 関は a それ自身を含めない. 重要な違いは, 今日では二数 a, b について互いに素, もしくは因子無縁という概念が基本的である. 関の場合は, 言外に互いに因子無縁を仮定しているときと,

3.5 諸約術——互約, 逐約, 斉約, 遍約, 増約

因子有縁の場合の区別が曖昧である．数値例によって説明するのだから，「意自ずと明らか」の立場なのであろう．

関の用語が今日の用語とまったく違うときは，前者をそのまま使えばよい．困るのは同じ言葉を違う意味に使う場合である．その典型は「約数」であり，関の原文と読み下だし文を並べて説明しようとすれば混乱する．そこで筆者は（　）内に関の用いた意味を添えて，「約数」（構成数）と表すことにした．

さて，関は普通，互除法とよばれる算法を「互減」とよび，既知のことのように扱う．これは二数 a, b から最大公約数を見つける算法であり，西洋ではエウクレイデス（ユークリッド）の『原論』（前四世紀）にも載り，中算でも『九章算術』（前三〜前二世紀）に「約分術」として載っている．

例として 324 と 62 を互減する．イタリックで示した数 5 を乗数とよび，324 と 62 のうち小さいほうの 62 に数 5 を掛けて引く．以下

$$324 - 5 \times 62 = 14 \qquad a - p \cdot b = c$$
$$62 - 4 \times 14 = 6 \qquad b - q \cdot c = d$$
$$14 - 2 \times 6 = 2 \qquad c - r \cdot d = e$$
$$6 - 3 \times 2 = 0 \qquad d - s \cdot e = 0$$

のように計算を進める．本質は 324, 62, 14, 6, 2 という数の系列が重要である．乗数はイタリックの数 5, 4, 2, 3 という系列である．互除法では，右辺が = 0 となる直前の行の右辺の 2（= e）が目標であった．この 2 こそ，初めの 324 と 62 とを互ニ減メテ得ル数，すなわち最大公約数の 2 である．

この算法の結果，最大公約数が = 1 となる場合がとくに重要である．たとえば，162 と 31 の場合は，

$$162 - 5 \times 31 = 7 \qquad a' - p \cdot b' = c'$$
$$31 - 4 \times 7 = 3 \qquad b' - q \cdot c' = d'$$
$$7 - 2 \times 3 = 1 \qquad c' - r \cdot d' = 1$$
$$3 - 3 \times 1 = 0 \qquad d' - s \cdot 1 = 0 \qquad [d' = s]$$

今度は 162, 31, 7, 3, 1 なる系列が得られ，乗数は 5, 4, 2, 3 の系列となる．今回は，右辺が = 0 となる直前の行の右辺が 1 になっている．この第二の例のように最大公約数が 1 になる場合が，162 と 31 が互いに素（因子無縁）となる条件である．

関は二つの数 a と b との最大公約数を「等数」という聞きなれない言葉でよんだ．なお，不定方程式

$$ax - by = 1$$

が解 x, y をもつための条件は，a と b が互いに素である（等数が 1 である）ことであるが，これは 3.6 節を参照せよ．

(1) 互　　約

　　二つの整数 a, b から，それぞれの約数 a', b' を求めて，a' と b' が互いに素であり，しかも $a' \times b'$ がもとの数の最小公倍数となるような数の組，関のいわゆる「約数」を求める．関はここで，今日とはまったく異なる意味で「約数」という言葉を用いる．強いて名づければ構成数とでもいうべきか．前述のように「約数」（構成数）と表記することにする．実例を見よう．

　〔例一〕 6 と 8．第一法は 6 と 8 を互減して等数（最大公約数）2 を求め，6 を 2 で約して 3 とする．つぎに 3 と 8 を互減すれば等数は 1 になる．そこで 3 と 8 が求めるべき「約数」（構成数）である．

　　第二法は，6 と 8 から互減して等数 2 を得るまでは同じ．8 を 2 で約して 4 を得る．$4 \times 2 = 8$，$6 \div 2 = 3$ を得て，8 と 3 が「約数」（構成数）となる．第一法を振り返れば，等数 1 を求めてから，$3 \times 1 = 3$，$8 \div 1 = 8$ の計算を実行していた，と考えられる．

　〔例二〕 30 と 54．第一法は 30 と 54 から等数 6 を求める．30 を 6 で約して 5 とすれば，5 と 54 の等数は 1 であるから，5 と 54 が「約数」（構成数）となる．

　　第二法は，等数 6 が得られてから，54 を 6 で約して 9 を得る（30 と 9 は互いに素でないから）．30 と 9 について，$30 \div 3 = 10$，$9 \times 3 = 27$ を求めれば，今度は 10 と 27 の等数が 1 となるから，10 と 27 が「約数」（構成数）となる．

　　例一では，どちらの方法でも同じ「約数」（構成数）が得られた．例二では，5 と 54 の組，または 10 と 27 の組という二種類の答が得られて，異和感が残る．しかし，素因数分解を知る私たちにとっては，$30 = 2 \times 3 \times 5$，$54 = 2 \times 3^3$ なることを知る．したがって因数の二つの組への分属が生じるのは，因数 2 を 3^3 に掛けるのか，因数 2 を 5 に掛けるのか，の違いにすぎない．

　　加藤平左エ門（『和算ノ研究　整数論』1964 年）は，中算の

3.5 諸約術——互約，逐約，斉約，遍約，増約

秦九韶『数書九章』(1247年)の「大衍九一術」は直接わが国に伝わらず，暦書を通じて伝わった可能性を指摘した．秦の考え方によれば，上記の不定方程式が解をもつための前提として，a と b をあらかじめ互約しておくことが必要である．

(2) 逐　　約

三つ以上の整数について，つぎつぎに互約をほどこしていき，「約数」(構成数)を求める．関の例題：三数 105, 112, 126 を逐約して 5, 16, 63 を得る．今日の目で見れば，$105=3\cdot 5\cdot 7$, $112=2^4\cdot 7$, $126=2\cdot 3^2\cdot 7$ だから，四つの因数の三数への振り分け方の違いに過ぎない．7, 16, 45 も答えとなる．

(3) 斉　　約

数個の整数 $a, b, c, \cdots$ の最小公倍数(後の和算家は約積と名づけた)を求める．関の例題：6, 14, 15, 25 の場合．6 と 14 の等数(最大公約数)2 を除いた積 42 を作り，15 との等数 3 を除いた積 210 を作り，25 との等数 5 を除いた積 1050 を答とした．ここでも素因数分解の考えがないので，順々に計算を進める．

(4) 遍　　約

数個の整数 $a, b, c, \cdots$ を，その等数(最大公約数)で約す．関の例題：48, 72, 108, 128. 関は，48 と 72 の互減から等数 24 を，24 と 108 の互減から等数 12 を，12 と 128 の互減から等数 4 を得，この 4 でもとの四つの数を割って 12, 18, 27, 32 を得る，という迂遠な方法をとった．

(5) 遍　　通

二つの分数を通分する．関の例：$\dfrac{5}{6}$ と $\dfrac{3}{8}$ の場合．双方の分母 6 と 8 を斉約して(最小公倍数を求めて)，24 を得て，$\dfrac{20}{24}$ と $\dfrac{9}{24}$ を得る．

関孝和の後に，何人かの和算家が整理した．剣持章行『算法約術新編』(元治 1 (1864)年)などが，その代表である．

(6) 増約術

実質的に無限等比級数の和を求める．初項 1, 公比 $r=0.25$ ならば，試しに初めの数項の和を計算し，1, 1.25, 1.3125, 1.328125,

1.33203125, 1.3330078125 を得るので，極数（極限の和）が $\frac{4}{3}$ になると予想される．関はおそらくこうした経験を積み重ねたのであろう．一般化して，初項 a，増分（比率）r なら，極数 $= a + ar + ar^2 + ar^3 + \cdots = \dfrac{a}{1-r}$ という公式を得た，と思われる．

(7) 損　約　術

$a - ar - ar^2 - ar^3 - \cdots$ なる無限等比級数の極数は，$2a - (a + ar + ar^2 + ar^3 + \cdots) = 2a - \dfrac{a}{1-r} = \dfrac{a(1-2r)}{1-r}$ となる．関は正しく，$r \geqq \dfrac{1}{2}$ ならば極数は求まらない，と指摘した．現代の私たちは，実際計算においては負数も含めた増約術だけで済む．

(8) 関による増約術の適用例

筆者は，増約術の効果的な応用が関自身によって，円周率 (3.2 項) の計算で用いられた，と考える．いま記述を短縮するために，π の値の共通部分を $p = 3.14159\ 26$ とおく．また 0 が n 個続くことを 0^n と略記する．関は計算の結果，

　　内接正 2^{15} 角形の周　　$a = p + 0.0^7 487\ 76985\ 6708$,
　　内接正 2^{16} 角形の周　　$b = p + 0.0^7 523\ 86591\ 3571$,
　　内接正 2^{17} 角形の周　　$c = p + 0.0^7 532\ 88992\ 7759$

を求めた．$u = b - a = 0.0^8 36\ 09605\ 6863$, $v = c - b = 0.0^9 9\ 02401\ 4188$ を求め，さらに比を取ると $\dfrac{v}{u} = 0.24999\ 9999\cdots = \dfrac{1}{4.00000\ 001\cdots}$ となる．関は鋭い直観によって，「これに続く周は，$b + v + \dfrac{1}{4}v + \dfrac{1}{16}v + \cdots$ となる」と予想したであろう．これは筆者の想像である．こうして関の π の近似公式：

$$b + \dfrac{v}{1 - 1/4} \fallingdotseq b + \dfrac{v}{1 - v/u} = b + \dfrac{u \cdot v}{u - v}$$

が得られた．彼の得た u や v の値を用いれば，

　　　　$\pi \fallingdotseq 3.14159\ 26535\ 89793\ 2\underline{476}$　　（下線部が超過）

が得られた．関の内接正 2^{15}, 2^{16}, 2^{17} 角形の周は，すでに超過が含まれていたので，結果は超過になった．この間のいきさつは，京都大学数理解析研究所講究録 1625，『数学史の研究』，2009

年, 180〜191 頁の拙論「関孝和の円周率の微増と限界」を参照. 関が控え目に述べた結論は, 本書 3.2 節を参照していただきたい.

(9) 増約術の応用 (原著)

筆者は上に述べた考え方が, 実はもっと辺数の少ない正 2^n 角形の値に適用できることを見出した. もとになる数値は, 関の「求円周率術」の一覧表を用いる. 円の内接正 2^{12}, 2^{13}, 2^{14} 角形の周から, 3.14159 26535 89793 <u>099</u>, 正 2^9, 2^{10}, 2^{11} 角形から, 3.14159 26535 <u>921</u>, 正 2^6, 2^7, 2^8 角形から, 3.14159 26<u>631</u> を得る. 第一は下線部が不足値, 第二, 第三は下線部が超過値. 最後の例は, 筆者の予想を超えた精密な値であって, 関の増約術の威力ともいえよう. 関自身はおそらく, これを試みなかったであろう.

(10) 損約術の応用 (原著)

関自身は円の外接正 2^n 角形を考えなかったから, 以下の内容は本稿が初出である. 上述のように, 負数を含めて計算すれば, 損約術は使わず, 増約術だけで十分である. 3.2 節で引用した筆者の論文には, 円の外接正 2^n 角形の周の値を載せた. p は前記のように $p = 3.14159\ 26$ とおいて,

外接正 2^{15} 角形の周 $a = p + 0.0^7632\ 15408\ 4162$,
外接正 2^{16} 角形の周 $b = p + 0.0^7559\ 96197\ 0262$,
外接正 2^{17} 角形の周 $c = p + 0.0^7541\ 91394\ 1849$

である. 大きいほうから小さいほうを引き, $u = a - b$, $v = b - c$ とおき, 比を取ると, $\dfrac{v}{u} = \dfrac{1}{4.0^7 1374}$ となり, $r \doteqdot \dfrac{1}{4}$ と考えられる. そこで実際の値から

$$b - \frac{u \cdot v}{u - v} = b - \frac{0.0^6 130292532286}{54.144085487} = b - 0.0^8 240640378564$$
$$= 3.14159\ 26535\ 89793\ 2\underline{406} \text{ (下線部は超過)}$$

を得る. 予想を超えた精密な値が得られた.

なお, π のもっと精密な値は, 3.2 節の (3) で引用した, 建部賢弘が求めた値を参照せよ.

[杉本敏夫]

3.6 剰 一 術

「剰一術(じょういちじゅつ)」とは，2元1次不定方程式（ディオファントス方程式）

$$Ax - By = 1, \text{ ただし}, A, B \text{ は自然数の定数}, (A, B) = 1 \quad (1)$$

の解法，「術」のことである．和算ではとくに $A<B$ と限定し，しかも「x の最小の正の整数解」を求め，「Ax の値」を答えることをもっぱらとしていた．y の値は求めない．

関孝和(せきたかかず)が延宝8（1680）～天和3（1683）年に書いたものをもとに，関の没後の正徳2（1712）年，関流の門弟，荒木村英(あらきむらひで)，大高由昌(たかよしまさ)によって編集，出版された『括要算法(かつようさんぽう)』の中に不定方程式（1）およびその解法が記(しる)されている「剰一」，「剰一術」とよび，詳しく解説している．「剰一」とは「一を剰(あま)す」という意味で用いられたものと思われる．

『括要算法』は関流の伝本の中核となった書であり，その亨巻(こう)（第2巻）は前編，後編の2編からなっている．前編は「諸約の法」と名づけられ，「互約，逐約，斉約，遍約，増約，損約，零約，遍通，剰一」の約法九項目の解説からなっている．その最後に紹介されているのが「剰一術」である．続く後編は「翦管(せんかん)術(じゅつ)」（剰余方程式の解法，⇨ 3.7）であり，前編の中でもとくに「剰一術」は後編の「翦管術」のための重要な道具立てとなっている．

「翦管」という剰余方程式の名称は中国，南宋の『楊輝算法(ようきさんぽう)』（1274～1275年，楊輝）から引用したものと考えられる．しかし，「剰一」という用語は中国の算書には見あたらない．『孫子(そんし)算経(さんけい)』をはじめ『楊輝算法』，『算法統宗(さんぽうとうそう)』（1592年，程大位）など，日本に伝わったと認められている中国の算書は，剰余方程式を扱っているものの，問題と答そして簡略な解法が述べられているだけで，解法の核心である不定方程式（1）の解説はない．不定方程式（1）の解法を述べている中国の算書は秦九韶(しんきゅうしょう)の『数書九章(すうしょきゅうしょう)』（1247年）である．秦九韶は不定方程式（1）の解法を「大衍(だいえん)求一術(きゅういちじゅつ)」とよんでいた．衍（余り）が一となる数を求める術という意と考えられる．『数書九章』は日本に伝来した形跡が認められていない．

関以後，和算家たちの間に「剰一術」はよく知られるようになり，おおいに活用された．不定方程式（1）の右辺が－1である方程式の解法は，「歉一術（けんいち）」，「朒一術（じくいち）」などとよばれるようにもなった．本質的には「剰一術」と同様の方法であった．

以下『括要算法』より，「剰一」の問題2題を紹介する．

3.6.1 『括要算法』「剰一」第1問

第1問の原文は，「今有以左一十九累加之得数，以右二十七累減之，剰一，問左総数幾何．答曰左総数一百九十」とあり（図3.6.1），読み下すと「今，左19を累（かさ）ね加えて得た数がある．この数から右27を累ね減じて一を剰（あま）す，左総数は幾何か．答は左総数190」となる．

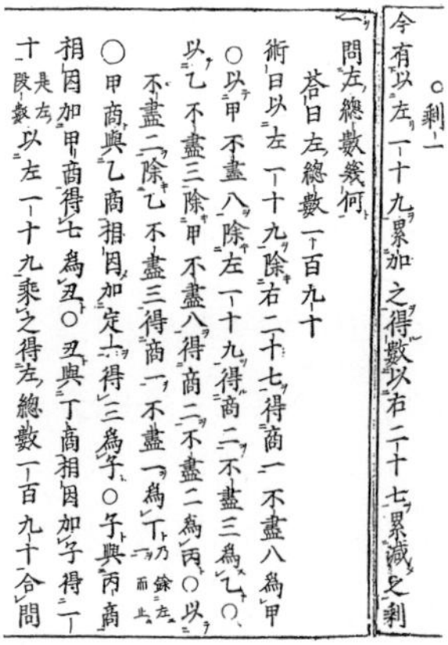
○剰一
今有以左一十九累加之得數以右二十七累減之剰
一問左總數幾何
答曰左總數一百九十
術曰以左一十九除右二十七得商一不盡八為甲
○以甲不盡八除左一十九得商二不盡三為乙○
以乙不盡三除甲不盡八得商二不盡二為丙○以
不盡二除乙不盡三得商一不盡一為丁乃餘左而止
○甲商與乙商相因加定一得三為子○子與丙商
相因加甲商得七為丑○丑與丁商相因加子得一
十是左段數以左一十九乗之得左總數一百九十合問

図 3.6.1　『括要算法』亨巻

不定方程式「$19x-27y=1$」の $19x$（左総数）がいくつかと問う問題で，「左総数 $19x=190$」と答えている．また，累ね加えた回数 x を左段数，累ね減じた回数 y を右段数とよんでいる．

続く「術文」では，以下のような解法を述べている．

まず，はじめに除法

$$\overset{\text{右数}}{27} \div \overset{\text{左数}}{19} = 1 \cdots 8$$

を「甲」，その商1を甲商，余り8を甲不尽（ふじん）と名づける．和算では，尽きせぬものという意味で剰余のことを「不尽」とよんだ．

さらに，続く除法

$$\overset{\text{左数}}{19} \div \overset{\text{甲不尽}}{8} = 2 \cdots 3$$

を「乙」，その商2を乙商，余り3を乙不尽と名づける．

以下，「(甲不尽)÷(乙不尽)」を「丙」，「(乙不尽)÷(丙不尽)」を「丁」と名づけ，互除計算を続ける．はじめの除法「甲」を右，つぎの「乙」を左とし，以下順次交互に奇数回目の除法を右，偶数回目の除法を左とよび，左（偶数回目）で余り1となった「丁」で止める．この除法の流れを表にすると以下のようになる．

左 19	右 27		
	$27 \div 19 = 1 \cdots 8$	→(甲)	甲商1, 甲不尽8
$19 \div 8 = 2 \cdots 3$		→(乙)	乙商2, 乙不尽3
	$8 \div 3 = 2 \cdots 2$	→(丙)	丙商2, 丙不尽2
$3 \div 2 = 1 \cdots 1$		→(丁)	丁商1, 丁不尽1

さらに，(甲商)×(乙商)+1=3→子
(子)×(丙商)+(甲商)=7→丑
とおくと
$$\text{左段数}\, x = (\text{丑}) \times (\text{丁商}) + (\text{子}) = 10 \qquad (2)$$
となり，したがって「左総数$19x=190$」と求まるとしている．

式 (2) にいたる過程について若干補足する．

甲，乙，丙，丁の計算から，以下四つの関係式が得られる．

$$\begin{cases} (\overset{8}{\text{甲不尽}}) = (\overset{27}{\text{右数}}) - (\overset{19}{\text{左数}}) \cdot (\overset{1}{\text{甲商}}) \\ (\overset{3}{\text{乙不尽}}) = (\overset{19}{\text{左数}}) - (\overset{8}{\text{甲不尽}}) \cdot (\overset{2}{\text{乙商}}) \\ (\overset{2}{\text{丙不尽}}) = (\overset{8}{\text{甲不尽}}) - (\overset{3}{\text{乙不尽}}) \cdot (\overset{2}{\text{丙商}}) \\ (\overset{1}{\text{丁不尽}}) = (\overset{3}{\text{乙不尽}}) - (\overset{2}{\text{丙不尽}}) \cdot (\overset{1}{\text{丁商}}) \end{cases}$$

これらの式を逆にたどり順次代入し，丁不尽1を表せば，

$(\overset{1}{\text{丁不尽}}) =$
$\underbrace{\overset{19}{\text{左数}} \cdot (\overset{7}{\text{丑}} \cdot \text{丁商} + \overset{3}{\text{子}})}_{\text{左段数}\, x} - \underbrace{\overset{27}{\text{右数}} \cdot \{\overset{2}{\text{乙商}} + (1 + \overset{2}{\text{乙商}} \cdot \overset{2}{\text{丙商}}) \cdot \overset{1}{\text{丁商}}\}}_{\text{右段数}\, y}$

となることから，式 (2)「左段数$x=$(丑)×(丁商)+(子)」を得る．

この「剰一術」，すなわち1次不定方程式

$Ax - By = 1$, ただし，A, B は自然数の定数，$(A, B) = 1$ （1）

の解法を一般化して考えてみよう．

$B \div A$ から始め，第 n 回目の除法の商を q_n，余りを r_n とする．

$$\begin{aligned} B \div A &= q_1 \quad \text{余り}\, r_1 \to r_1 = B - Aq_1 \\ A \div r_1 &= q_2 \quad \text{余り}\, r_2 \to r_2 = A - r_1 q_2 \\ r_1 \div r_2 &= q_3 \quad \text{余り}\, r_3 \to r_3 = r_1 - r_2 q_3 \\ &\vdots \qquad\qquad\qquad\quad \vdots \\ r_{n-2} \div r_{n-1} &= q_n \quad \text{余り}\, r_n \to r_n = r_{n-2} - r_{n-1} q_n \end{aligned}$$

と順次除法を続けると，A, B が互いに素であるので，最後には，剰余 r_n は A, B の最大公約数 1 となる．この $r_n = 1$ となったところから，それまでの関係式を逆にたどれば，$1 (= r_n)$ を初めの数 A, B（および，$q_1 \cdots q_n$）を用いて表すことができる．このようにして，不定方程式（1）の解を得，「左総数 Ax」を答としている．「剰一術」の本質は「ユークリッドの互除法」そのものであった．和算では，分数記号にあたる表現はなかったが，実質的には連分数展開にあたる考察にいたっていたものとみることができる．

特筆すべき点は，術文に「左止め」とあり，右左交互に互除計算を進め，左（偶数回目）の余りが 1 になったところで止める．もし，右（奇数回目）の計算で余り 1 となった場合には，もう 1 回計算を続け，あくまでも左（偶数回目）の余りが 1 になったところで止める．このように左右にこだわったのは，答が負の数になることを避けるため編み出された手続きであった．

和算ではあくまでも「最小の正の整数解」を求めることを目的としていた．計算の過程では負の数を扱っていたが，答の対象としては捉えていなかった．

3.6.2 『括要算法』「剰一」第 2 問

第 2 問は，左数 $A = 179$, 右数 $B = 74$, すなわち，「$179x - 74y = 1$」を解く問題である．左数 $A >$ 右数 B なので，まずはじめに $A \div B$ の余り 31 を左数と置き換えてから計算を始め，以下の表のように進めている．

左 $179 \rightarrow 31$	右 74	$A = 179 \rightarrow 31$, $B = 74$
	$74 \div 31 = 2 \cdots 12$	（甲）$q_1 = 2$, $r_1 = 12$
$31 \div 12 = 2 \cdots 7$		（乙）$q_2 = 2$, $r_2 = 7$
	$12 \div 7 = 1 \cdots 5$	（丙）$q_3 = 1$, $r_3 = 5$
$7 \div 5 = 1 \cdots 2$		（丁）$q_4 = 1$, $r_4 = 2$
	$5 \div 2 = 2 \cdots 1$	（戊）$q_5 = 2$, $r_5 = 1$
$2 \div 1 = 1 \cdots 1$		（己）$q_6 = 1$, $r_6 = 1$

戊のところで余り 1 となっているが，止めずにもう 1 回計算を

続け，己の余り1，すなわち，左側で計算を止める．先に述べたとおり，答が負の数となるのを避けるための手続きである．以下第1問と同様に子，丑，寅，卯，辰と順次計算式に名前をつけ，代入計算を繰り返し，「$x=43$」を得，「左総数 $179x=7697$」を答としている．　　　　　　　　　　　　　　　　　　　　［田辺寿美枝］

3.7 翦管術

「翦管術」とは，連立1次合同式（以下，剰余方程式とよぶ）
$$x \equiv r_1 \pmod{m_1}, \cdots, x \equiv r_n \pmod{m_n}$$
の解法のことをいう．剰余方程式は中国の古算書『孫子算経』（400年頃，著者不詳）の中に「物不知其総数」としてある1題がはじまりとみられ，暦学上の必要により中国では古くから剰余方程式の解法が確立し，伝承されていた．『孫子算経』の後，『数書九章』（1247年，秦九韶）では「大衍総数術」として，南宋の『楊輝算法』（1274～1275年，楊輝）の「續古摘奇算法」（1275年）では「翦管術」，俗名「秦王暗點兵猶覆射之術」として5題，『算法統宗』（1592年，程大位）では「物不知其総数」，「韓信點兵」として3題など，さまざまな名称とともに剰余方程式が伝えられていた．現在「中国剰余定理」（Chinese remainder theorem）と称されることもあるが，中国では「孫子定理」とよばれている．日本においても『孫子算経』の伝来とともに，古く奈良時代から「剰余方程式」は知られていた．時代を下り江戸時代になって『塵劫記』（寛永4（1627）年，吉田光由）に「百五減算」として紹介されて以降，広く一般に親しまれるようになった．関孝和は，中国から伝来し，庶民の遊戯的問題としても親しまれていた剰余方程式を一般化し，抽象数学としての理論にまで高めた．その解法は『括要算法』（正徳2（1712）年）および『大成算経』（天和3（1683）～宝永7（1710）年，建部賢明，賢弘兄弟との共著）に著されている．

3.7.1 中国伝来の剰余方程式の解法

剰余方程式（以下，r_i，m_i は正の整数とする．）
$$x \equiv r_i \pmod{m_i}, \quad i=1, \cdots, n, \quad \text{ただし}\ (m_i, m_j)=1 \ (i \neq j) \quad (1)$$
についての中国の算書に伝わる解法を以下に述べる[*1]．

まず $i=1,2,\cdots,n$ それぞれについて，不定方程式
$$\frac{M}{m_i}x - m_i y = 1, \quad \text{ただし}\ M = m_1 \cdot m_2 \cdot \cdots \cdot m_n \quad (2)$$
を解き，$\frac{M}{m_i}x = x_i$ とする．この x_i は，

---

*1 整数 $m_1, m_2, \cdots, m_n$ の最大公約数を $(m_1, m_2, \cdots, m_n)$，最小公倍数を $\{m_1, m_2, \cdots, m_n\}$ と表す．

$$x_i \equiv 1 \pmod{m_i}, \quad x_i \equiv 0 \pmod{m_j} \quad (i \neq j) \tag{3}$$

を満たすので，剰余類 $x \equiv \sum_{i=1}^{n} r_i x_i \pmod{M}$ が剰余方程式（1）の解であるが，これら条件を満たす x のうち正の最小数一つのみを答としている．

3.7.2 関孝和の「翦管術」

関孝和は『括要算法』亨巻の前編「諸約の法」を道具立てとして，後編「翦管術解」で9題の剰余方程式とその解法を示している．平易な数値ながら，それぞれに特色のある9題であり，しかも『孫子算経』（400年頃）に始まる中国の剰余方程式

$$x \equiv r_i \pmod{m_i}, \quad i = 1, \cdots n, \quad \text{ただし} \ (m_i, m_j) = 1 \ (i \neq j) \tag{1}$$

では，「x の係数は 1」「法 m_i, m_j は互いに素」と限られていたのに対して，

$$a_i x \equiv r_i \pmod{m_i}, \quad i = 1, \cdots, n \tag{1'}$$

と，すなわち，「x の係数を正の整数 a_i」，「法は必ずしも互いに素でない」問題へと一般化している（図 3.7.1）．

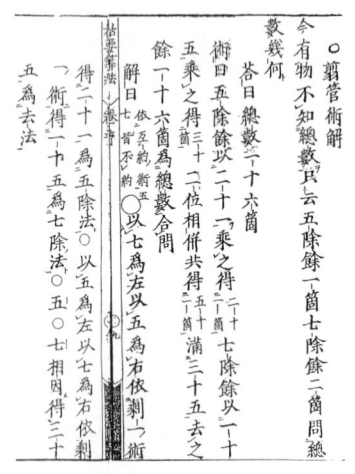

図 3.7.1 『括要算法』「翦管術解」第 1 問

第1問から第5問は $a_i = 1$，第6問から第9問は $a_i \neq 1$．さらに，奇数番の問題は法が互いに素，$(m_i, m_j) = 1$ であり，偶数番の問題は $(m_i, m_j) \neq 1$，法が互いに素でない問題となっている．

その『括要算法』の「翦管術解」9題の中から2題，第3問と第6問を現代の数式記法を用いて紹介する．

3.7.3 『括要算法』翦管術解第3問

第3問の原文は「今有物不知総数，只云，三除余二箇，五除余一箇，七除余五箇，問総数幾何．答曰，総数二十六箇」とある（図3.7.2）．

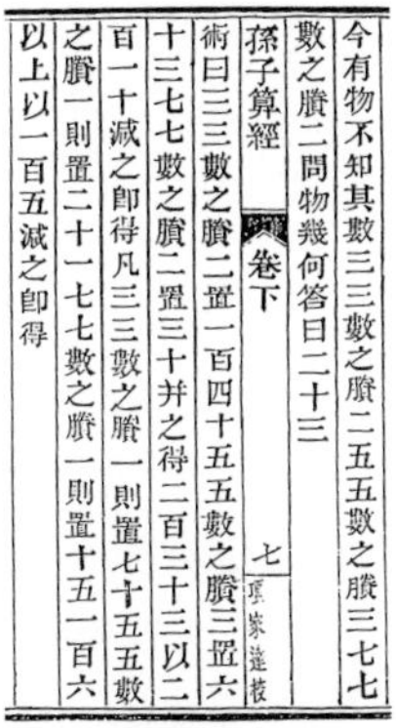
今有物不知其數三三數之賸二五五數之賸三七七
數之賸二問物幾何答曰二十三
孫子算經　卷下　七
術曰三三數之賸二置一百四十五五數之賸三置六
十三七七數之賸二置三十并之得二百三十三以二
百一十減之即得凡三三數之賸一則置七十五五數
之賸一則置二十一七七數之賸一則置十五一百六
以上以一百五減之即得

図3.7.2 『孫子算経』（400年頃，著者不詳）

合同式を用いて表せば

$x \equiv 2 \pmod 3, x \equiv 1 \pmod 5, x \equiv 5 \pmod 7$，答 $x = 26$

となる．続く「術文」では，この剰余方程式を

$2 \times \underline{70} + 1 \times \underline{21} + 5 \times \underline{15} = 236,\ 236 - 105 - 105 = 26 \cdots$ 答

と解いている．

ここで，アンダーラインのキーナンバー $\underline{70}$，$\underline{21}$，$\underline{15}$ は，それぞれ，

剰余方程式 $x_1 \equiv 1 \pmod 3$，$x_1 \equiv 0 \pmod 5$，$x_1 \equiv 0 \pmod 7$ を満たす最小の正の整数 $\underline{70}$

剰余方程式 $x_2 \equiv 0 \pmod 3$，$x_2 \equiv 1 \pmod 5$，$x_2 \equiv 0 \pmod 7$ を満たす最小の正の整数 $\underline{21}$，

剰余方程式 $x_3 \equiv 0 \pmod 3$，$x_3 \equiv 0 \pmod 5$，$x_3 \equiv 1 \pmod 7$ を満たす最小の正の整数 $\underline{15}$

となっている．したがって，

$\underline{70}$ は3で割って1余り，7と5それぞれで割り切れる数，

$\underline{21}$ は5で割って1余り，7と3それぞれで割り切れる数，

$\underline{15}$ は7で割って1余り，5と3それぞれで割り切れる数，

となっている．これらキーナンバー $\underline{70}$，$\underline{21}$，$\underline{15}$ の性質から，

$$
\begin{aligned}
236 = 2 \times \underline{70} + 1 \times \underline{21} + 5 \times \underline{15} &\equiv 2 \pmod 3 \\
&\equiv 1 \pmod 5 \\
&\equiv 5 \pmod 7
\end{aligned}
$$

であるので，236は問題の条件に合う数のうちの一つであり，一般解は $x \equiv 236 \pmod{105}$ とわかる．ここで法105は3，5，7の最小公倍数である．和算では条件に合う正の最小数だけを答

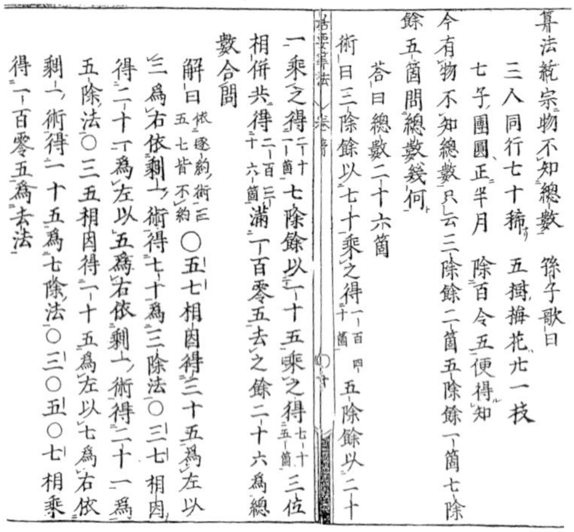
算法統宗物不知總數　孫子歌曰
三人同行七十稀　五樹梅花廿一枝
七子團圓正半月　除百令五便得知
今有物不知總數只云三除餘二箇五除餘一箇七除
餘五箇問總數幾何
答曰總數二十六箇
術曰三除餘以七十乘之得一百四十箇五除餘以二十
一乘之得二十一箇七除餘以一十五乘之得七十五箇三位
相併共得二百三十六箇滿一百零五去之餘二十六為總
數合問
解曰依互約術巨五七皆不約○五七相因得三十五為左以
三為右依剰一術得七十為三除法○三七相因
得二十一為左以五為右依剰一術得二十一為
五除法○三五相因得一十五為左以七為右依
剰一術得一十五為七除法○三○五○七相乘
得一百零五為去法

図 3.7.3　『括要算法』「翦管術解」第 3 問

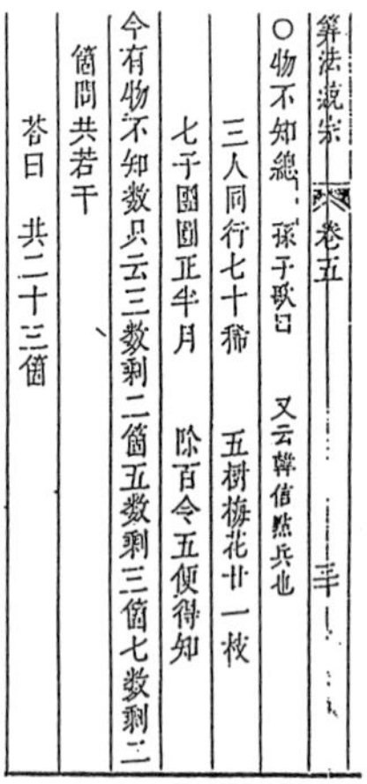
算法統宗　巻五
○物不知總　孫子歌曰　又云韓信點兵也
三人同行七十稀　五樹梅花廿一枝
七子團圓正半月　除百令五便得知
今有物不知数只云三数剰二箇五数剰三箇七数剰二
箇問共若干
答曰　共二十三箇

図 3.7.4　『算法統宗』
（1592 年　程大位）

えるのが常（つね）であったため，236 から 3，5，7 の最小公倍数 105 を 2 回引いた「26」だけを答としている．

『塵劫記』で紹介された「百五減算」とは，この第 3 問と同様の 3，5，7 で割った余りから解く問題に限定して名づけられたもので，最後に 3，5，7 の最小公倍数 105 を引くことに由来している．その後，法が互いに素である，平易な剰余方程式の問題とその簡略な解法は「翦管術」として数多くの和算書で扱われた．たとえば『勘者御伽雙紙（かんじゃおとぎぞうし）』（寛保 3（1743）年，中根彦循（なかねげんじゅん））では 5, 7, 9 で割った余りから解く問題を「三百十五減」，7 および 9 で割った余りから解く問題を「六十三減」と名づけ紹介している．平易な問題における「翦管術解」の基本は，『孫子算経』にはじまる中国伝来の解法と同じものである（図 3.7.3）．

この第 3 問の問題文の直前には，『算法統宗』の書名とともに「孫子歌曰」として七言絶句，

三人同行七十稀　五樹梅花廿一枝
七子團圓正半月　除百令五便得知

が紹介されている（図 3.7.4）．剰余方程式（1）で $n=3, m_1=3, m_2=5, m_3=7$ の場合，式（3）を満たすキーナンバー x_i（$i=1, 2, 3$）は $x_1=\underline{70}, x_2=\underline{21}, x_3=\underline{15}$（半月）であること，さらに $\{m_1,$

$m_2, m_3\} = 105$ となることを覚えやすく歌に込めたものである.

また,「術文」の中ではこれらアンダーラインのキーナンバー, $x_1 = \underline{70}$ を「三除法」, $x_2 = \underline{21}$ を「五除法」, $x_3 = \underline{15}$ を「七除法」とよび, さらに $\{m_1, m_2, m_3\} = 35$ を「去法」と名づけている. 一般に不定方程式 (3) を解いたキーナンバー x_i を「m_i 除法」, 法 $m_i (i = 1, \cdots, n)$ の最小公倍数 $\{m_1, m_2, \cdots, m_n\}$ を「去法」とよんでいた.

「術文」に続く「解文」ではキーナンバー, 三除法 $x_1 = \underline{70}$, 五除法 $x_1 = \underline{21}$, 七除法 $x_2 = \underline{15}$ の求め方が述べられている.

三除法は, 不定方程式 $\overset{5 \times 7}{35}x - 3y = 1$ を「剰一術」を用いて解き, 左段数 $x = 2$ から左総数 $35x = \underline{70}$ (三除法) を得る.

五除法は, 不定方程式 $\overset{3 \times 7}{21}x - 5y = 1$ を「剰一術」を用いて解き, 左段数 $x = 1$ から左総数 $21x = \underline{21}$ (五除法) を得る.

七除法は, 不定方程式 $\overset{3 \times 5}{15}x - 7y = 1$ を「剰一術」を用いて解き, 左段数 $x = 1$ から左総数 $15x = \underline{15}$ (七除法) を得る.

3.7.4 『括要算法』翦管術解第6問

第6問の原文は「今有物不知総数. 只云, 三十五乗四十二除余三十五箇. 四十四乗三十二除余二十八箇. 四十五乗五十除余三十五箇. 問総数幾何. 答曰, 総数一十三箇.」とある. 合同式を用いて表せば

$$35x \equiv 35 \pmod{42}, \quad 44x \equiv 28 \pmod{32}, \quad 45x \equiv 35 \pmod{50}$$
$$\text{答} \quad x = 13 \qquad (4)$$

となる.

この問題の注目すべき点は,「$a_i \neq 1$」であること, そしてさらに,「法 $m_1 = 42$, $m_2 = 32$, $m_3 = 50$ が互いに素でない」ことである. 問題文の後の「解文」では, 3本の合同式それぞれを約して,

$$5x \equiv 5 \pmod{6}, \quad 11x \equiv 7 \pmod{8}, \quad 9x \equiv 7 \pmod{10} \qquad (5)$$

とし, さらに法 $[6, 8, 10]$ を $[3, 8, 5]$ と逐約[*2]し,

$$5x \equiv 5 \pmod{3}, \quad 11x \equiv 7 \pmod{8}, \quad 9x \equiv 7 \pmod{5} \qquad (6)$$

とした後, 以下第3問と同様の手続きで解いている. すなわち, 第6問の初めに与えられた剰余方程式 (4) を (5) に, そして

*2 互いに素でない3つ以上の正の整数の組について, その組の最小公倍数を変えずに, 各2数が互いに素となるように約すこと. [例] (105, 112, 126) を逐約すると (5, 16, 63) となる. 逐約の結果は一意ではない. もとの数が2つの場合は互約とよんだ. 互約, 逐約は『括要算法』亨巻の前編で解説されている.

さらに法を逐約し（6）にと置き換えて解いている．

　一般に，不定方程式 $Ax - By = 1$ を解くためには，A, B（剰余方程式における各合同式の法）が互いに素でなければならない．「翦管術解」第6問の法は互いに素ではない．したがって逐約して得た互いに素である新しい法に置き換えて解いている．

　しかし，法 $[m_1, m_2, m_3]$ が互いに素でない剰余方程式（5）とその法を逐約して得た新たな法 $[m'_1, m'_2, m'_3]$ に置き換えた剰余方程式（6）は一般には同値といえない．

$$\begin{cases} a_1 x \equiv r_1 \pmod{m_1} \\ a_2 x \equiv r_2 \pmod{m_2} \\ a_3 x \equiv r_3 \pmod{m_3} \end{cases} \quad (7) \qquad \begin{cases} a_1 r_2 \equiv r_1 \pmod{m'_1} \\ a_2 r_3 \equiv r_2 \pmod{m'_2} \\ a_3 r_1 \equiv r_3 \pmod{m'_3} \end{cases} \quad (8)$$

剰余方程式（7）と（8）が同値であるための条件は，

$$\begin{cases} a_1 r_2 \equiv a_2 r_1 \pmod{(m_1, m_2)} \\ a_2 r_3 \equiv a_3 r_2 \pmod{(m_2, m_3)} \\ a_3 r_1 \equiv a_1 r_3 \pmod{(m_3, m_1)} \end{cases} \quad (9)$$

であり，剰余方程式（7）が解をもつための必要十分条件もまた式（9）である．さらに，そのとき，解は法の最小公倍数 $|m_1, m_2, m_3|$ において一意である．『括要算法』に取り上げられている剰余方程式9題のうち，偶数番の4題は法が互いに素でない問題であるが，それら4題はみなことごとく条件（9）を満たしているものである．しかし，条件（9）に関する言及はない．

3.7.5　和算の「翦管術」の特徴

　和算の「翦管術」は中国伝来の解法と同様，「最小の正の整数解」を求めることを目的としていた．たとえば，『塵劫記』における「百五減算」という名称は，剰余類を視野に収めているものともうかがえるが，無限個ある解全体を答とはしていない．

　次に関孝和にはじまる和算の「翦管術」の独創性として特筆すべき点は，日本に伝来したと確認されている中国の算書の剰余方程式を一般化したこと，および1次不定方程式の解法，剰一術を詳しく述べている点にある．すなわち，「法 $m_1, m_2, \cdots, m_n$ が互いに素」でありかつ「x の係数 a_i は1」と限られていた問題を「法が互いに素でない」問題および「x の係数 a_i が1で

ない」問題へと一般化し，その解法を系統立てて示したことである．

日本に伝来した中国の算書の中で，和算の「翦管術」に影響があったと確認されているものは『楊輝算法』と『算法統宗』である．『楊輝算法』は関孝和が写本したとされるものの写しが残っており（図 3.7.5），関が『括要算法』の中で「翦管術」と題したことも，『楊輝算法』からの引用と考えられる．また『算法統宗』は『括要算法』の中に書名とともにその剰余方程式が紹介されており，当時の和算家たちはこの 2 冊の算書を読み，少なからず示唆を受けていたものと考えられる．しかし，これらの算書には「翦管術」の核心となる「剰一術」の解説はない．一方，日本に伝来した形跡のない『数書九章』では法が互いに素でない問題を扱い，「剰一術」は「大衍求一術」，「翦管術」は「大衍総数術」という名称で 1 次不定方程式および剰余方程式の解法が詳しく語られている．

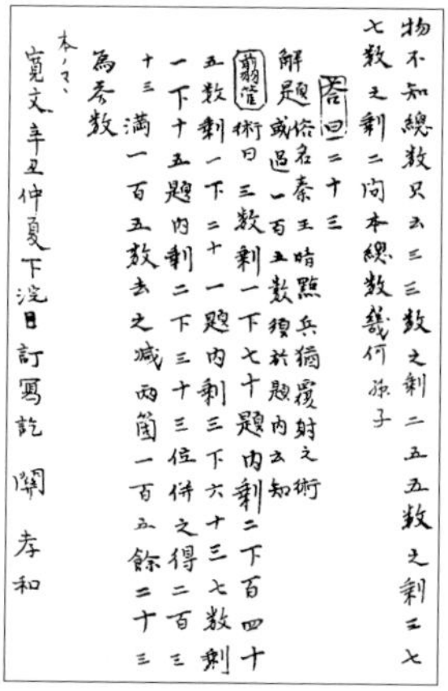
物不知總数只云三三数之剰二五五数之剰三七
七数之剰二問本總数幾何　孫子
答曰二十三
解題俗名秦王暗點兵猶覆射之術
或邑一百五数摂於題内云知
翦管術曰三数剰一下七十題内剰二下百四十
五数剰一下二十一題内剰三下六十三七数剰
一下十五題内剰二下三十三位併之得二百三
十三満一百五数去之減兩箇一百五餘二十三
為答数
本ノマヽ
寛文辛丑仲夏下浣日訂寫訖　關孝和

図 3.7.5　『楊輝算法』
関孝和写本版の奥付

日本においては，『括要算法』以前の寛文 12（1672）年に星野実宣（ほしのさねのぶ）が著した『股勾弦鈔（ここうげんしょう）』に 1 題，法が互いに素でない問題「$x \equiv 5 \pmod{6}$，$x \equiv 7 \pmod{8}$，$x \equiv 5 \pmod{10}$」が紹介されている．ただし，「答 95」だけが書かれ，解法は示されていない．

「互約・逐約」→「剰一術」→「翦管術」という系統立てられた，整然とした美しい流れの中で，剰余方程式の一般的な解法を明らかに示したのは関孝和であった．　［田辺寿美枝］

3.8 交会術

　めぐり合うことを問題にしたものを「交会術」というが，その形は大きく3通り——番所勤務の問題（A），旅人算（B），円周上を廻る問題（C）——である．そのような問題の最初は寛文3（1663）年に刊行された村松茂清の『算俎』に現れた．形式AとBの問題である．村松は赤穂藩士で，江戸詰めであったから江戸に多くの弟子をもち，当時名のある数学者として知られていた．村松の業績の一つに円周率の理論的な計算がある．円に内接する正多角形の辺の長さを正方形から順に倍々にして正32768角形まで計算し，『算俎』巻之四で公表した．これは多くの数学者に影響を与えた．『算俎』には番所勤務の問題と京と江戸の間の旅人算が記されている（実際の問題については後述する）．一般庶民用の数学書にもこの問題は引き継がれている．たとえば村瀬義益の『算法勿憚改』の「遅速飛脚」などである．刊本ではないが，日本最初の数学遊戯の本といわれる田中由真の「雑集求笑算法」には「番組会合日数」「牛馬追北及」「京江戸飛脚行遇」などの問題がある．

　番所勤務の問題は最小公倍数の問題なので，一般の庶民にはしばらく扱われなかった．関孝和により「方陣」や「継子立て」など室町時代や鎌倉時代の遊戯を数学で考えるようになる．「目付け字」や「源氏香」などや「交会術」にも関心が移る．

　交会術の問題は元禄15（1702）年に刊行された中村政栄の『算法天元樵談集』の遺題にその発端がある．『算法天元樵談集』には9問の遺題がある．ここには交会術の問題はないが，『算法天元樵談集』の遺題を解いて公表した『下学算法』には交会術の問題を遺題として提出した．正徳5（1715）年に穂積伊助が表した書である．『下学算法』の遺題は享保4（1719）年に青山利永の『中学算法』に答術が記された．青山利永は関孝和の弟子である．青山も交会術の遺題を提出した．青山の遺題は多くの人の目にとまった．元文3（1738）年，中尾齋政が『算学便蒙』で，中根彦循が『竿頭算法』で解いて公表した．翌年の元文4（1739）年入江脩敬が『探玄算法』で解いて公表している．注目すべきは中根彦循の師でもある奇才来久留島義太の

「算梯」の巻之四に「交会」として述べている．この後では形式 A，B，C すべてを取り上げ，これを「交会術」としてまとめた中根彦循の『勘者御伽雙紙』で，寛保 3 (1743) 年刊行である．会田安明（延享 4 (1747)～文化 14 (1817) 年）の「算法交会術」も書かれた．年は不明だが，この少し後のものであろう．

以上述べた算書に書かれている問題を刊行年順に述べる．

(1) 『算俎』

寛文 3 (1663) 年に村松茂清によって書かれた．全部で 5 巻から成り立っている．基礎的な第 1 巻から巻を追うごとに少しずつむずかしい問題を扱う編集方針がとられている．その第 3 巻の「積直」に形式 B の旅人算がある．

> 今京ヨリ下ル者毎日七里半宛歩ム　又江戸ヨリ登ル者毎日十二里半宛歩ム　同日ニ京江戸ヲ出テ　道延百二十里ヲ用テ幾里宛ヲ歩来会スト問
> 　　答日　下ル者四十五里　登者七十五里
> 術日　七里半ト十二里半ト合テ二十里　以 $\llcorner$ 之百二十里ヲ除き六日ヲ得ル　是法也　七里半ト十二里半ト両位ニ置テ以 $\llcorner$ 法ヲ乗 $\llcorner$ 之合 $\llcorner$ 答ニ

京都から江戸に向かう人の速さは 1 日に 7 里半（1 里は約 4 km）で，江戸から京都に向かう人の速さは 1 日に 12 里半で，両者は同じ日に出発した．京都江戸の距離を 120 里として，両者が出会うまで，それぞれどれほど歩いたか，という問題である．ここからの計算は省略する．

もう一つの例は，第 4 巻の「差分」にある．番所勤務の問題である．

> 今有ニ番所ニ只云老人ハ十二番目　若人ハ十番ニ勤ル　今日相番ノ老若又幾日已後ニ相番ト問
> 　　答日　六十日
> 術日　十ト十二ヲ置ニ両位ヲ互ニ減 $\llcorner$ 之得ニ等数ヲ為 $\llcorner$ 法ト也
> 上ニ十二番　下ニ十番ヲ置テ法以テ両位ヲ除ク　上ニ若人ノ六周リ　下ニ老人ノ五周ヲ得ル　又上位ニ十二番ヲ乗テ六十日ヲ得ル　下位十二番ヲ乗テ六十日得也

番所という交代で勤務する所に，今日老若二人の番人が勤めた．老人は12日ごと，若人は10日ごとに勤務するという．次にこの二人が一緒に勤務するのは何日後か，という問題になる．12と10の最小公倍数を求める．

```
 10    12
- 2   -10
───    ──
  8     2
- 2
───
  6
- 2
───
  4
- 2
───
  2
```

その求め方は10と12を置いて，図のように大きいほうから小さい方を互いに引いて2という等しい数が得られた．この2が10と12の最大公約数で，最小公倍数は10と12を掛けて等数の2で割ればよい．

(2) 『算法勿憚改』

延宝元（1673）年に村瀬義益が『算法勿憚改(さんぽうふつだんかい)』を刊行した．「過(あやま)っては改(あらた)めるのに憚(はばか)ること勿(なか)れ」の意味で題名をつけた．巻之二に「遅速飛脚」がある．問題だけをあげる．

> 京より田舎迄百三拾里有　京より下る飛脚一日ニ三拾里宛歩む　但　三日先達而出ル　田舎より上る飛脚ハ一日ニ拾八里宛行ク　今朝立テ　何時にて行逢と問
> 　答云　五時歩テ行逢也

一時は2時間とし，飛脚の1日に歩く時間は6時（12時間）である．

(3) 『下 学 算 法』

正徳5（1715）年に穂積伊助が『下学算法(かがくさんぽう)』を刊行した．穂積は関西で活躍したが，中西正好(なかにしまさよし)の弟子で，自分では中西新流を名乗っている．ここにある遺題で「交会術」は以下のとおりである．問題の出題者は井関知辰である．

> 周天三百六十五度四分度之一也　今有ニ甲乙丙丁戊ノ五星ー共ニ会ニ于同度ニ其運旋スルコト也　如ニ環ノ無ニ端　只云五星一日之行各不斎甲星ハ二十八度一十六分度之十三ナリ　乙星ハ一十九度四分度之一ナリ　丙星ハ一十三度一十二分度之五ナリ　丁星ハ一十一度七分度之一戊星ハ二度九分度之七ナリ幾日而再会スルヤ

天の円周は$365\frac{1}{4}$度である．甲，乙，丙，丁，戊の五つの星があって，この円周を同時に回る．ただし，1日に甲星は$28\frac{13}{16}$

度, 乙星は $19\frac{1}{4}$ 度, 丙星は $13\frac{5}{12}$ 度, 丁星は $11\frac{1}{7}$ 度, 戊星は $2\frac{7}{9}$ 度である. 次に五つの星が再会するのは何日後か, という問題である. この遺題は『中学算法』によって解かれた.

(4) 『中　学　算　法』

享保4 (1719) 年に青山利永が『中学算法(ちゅうがくさんぽう)』を著した. 『下学算法』の遺題11問の答術を述べ, 自らも12問の遺題をつけた. 青山は関孝和の弟子で, 新たな遺題は同門の荒木村英(あらきむらひで)の弟子および青山の作である. まず最初に『下学算法』の答術をあげる.

> 答曰　三十六万八千一百七十三日而再=会于同度=
> 術曰置=各分母=依=遍通術=得=同分母=通分
> 内子得数以=周天数=為=日数=也

これは再会までの日数を x とし, 甲, 乙, 丙, 丁, 戊それぞれの運行の度と再会までの日数を並べる.

$$28\frac{13}{16}x, 19\frac{1}{4}x, 13\frac{5}{12}x, 11\frac{1}{7}x, 2\frac{7}{9}x, 365\frac{1}{4}x$$

これを通分し, x で割ると

$$\frac{461}{16}, \frac{77}{4}, \frac{161}{12}, \frac{78}{7}, \frac{25}{9}, \frac{1461}{4}$$

分母の最小公倍数1008を掛けると,

29043, 19404, 13524, 11232, 2800, 368172

となり, 再会日数は368172日となる.

つぎに, 『中学算法』の遺題の中にある交会術の問題をあげる.

> 今如レ図大円地周=百星=　小円地周=十三里=　有=牛馬=
> 牛旋=大円周=九日而一周過=三里=　馬旋=小円
> 周=日三匝不レ及=五里九分里之五=　今牛馬有=大小円
> 交処=共此=頭又径=幾日=到于=此交処=矣

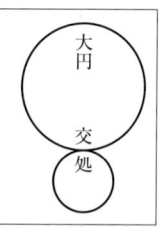

これは図のように, 周の長さが100里の大円と周の長さが13里の小円が1カ所で交わっている. 大円周を牛が9日歩くと1周

と3里，馬は小円周1日で3周に$5\frac{5}{9}$里足りない．

　いま牛馬が交処から同時に出発すると，何日後に交処のところで一緒になるか，という問題である．この遺題は『算学便蒙』で元文3（1738）年に答術が乗り，同じ年に『竿頭算法』で答術が示された．翌年には『探玄算法』でも答術が出で，年は不明であるが，会田安明の「算法交会術」も知られている．

(5) 『竿頭算法』　　この書は中根彦循（げんじゅん）が著した．『中学算法』の遺題12問の答術と25問からなる遺題からできている．遺題の作成者は中根の友人である松永良弼（まつながよしすけ），および中根自身に加え，中根の弟子9人である．しかし，交会術の問題はない．『中学算法』の遺題の答術は以下のとおりである．

```
答曰　再会スルコト一万一千七百日
術曰　列ニ小円周ヲ三ニシテ之ヲ是三距数也内減シ不及ノ五厘九分之王ヲ餘通レ分ヲ内シ子ヲ得ル　三百〇一里　名ク甲ト列シ大円周ヲ加ヘ過三里ヲ得ル一百〇三里　名ク乙ト以テ分母ノ九ト與ニ日数ノ九ヲ及ヒ大円周ト與ニ小円周ヲ依テ齊約ノ術ニ得ル一万一千七百與ニ甲乙ヲ等級一ト互ニ相減又得等数一ヲ以テ除キ一万一千七百ヲ得数命シテ日ニ為ス答数ト
```

牛が1日に歩む距離は$\frac{103}{9}$里，馬は1日に$\frac{301}{9}$里，そこで再会するまでの日数をxとし，牛が大円を回る回数，馬が小円を回る回数，日数を並べて

$$\frac{\frac{103}{9}x}{100},\quad \frac{\frac{301}{9}x}{13},\quad x$$

これを整頓して，

$$\frac{103}{900}x,\quad \frac{301}{117}x,\quad x$$

900と117の等数（最大公約数）は9だから900と117の最小公倍数は$900\times 117\div 9=11700$．したがって, 1339, 3913, 11700. これより11700日になる．

(6) 『勘者御伽雙紙』　　『勘者御伽雙紙』は『竿頭算法』と同じ中根彦循によって著さ

れた.

この本は数学者あるいは数学愛好家たちばかりを対象として書かれたものではなく，一般の庶民を対象として書かれた．その中に交会術が記された．そのためにこの本により「交会術」がよく知られるようになった．五つの問題があり，説明がある．第1問は形式Aの番所勤務の問題，第2問が形式Bの江戸京間の旅人算，第3問が牛馬についての旅人算，第4問が円周上を牛馬が歩く問題，第5問が円周上を羊鹿牛が巡る問題になっている． ［佐藤健一］

■ 参 考 文 献
- 佐藤健一『算俎―現代訳と解説』研成社，1987年
- 加藤平左エ門『和算の研究　整数論』日本学術振興会，1964年

3.9 零約術

円周率や2の平方根などのように，小数表示をすると無限に続いてしまうものがある．このとき和算家は，適当な桁まで書いて「有奇(ゆうき)」と書き添えている．とくに，しばしば用いられる円周率などは，この表し方は美しくないという感覚があったようで，分数の形で近似しておこうという考えがあった．なるべく簡単な覚えやすい分数が好まれたのは当然で，円周率では，$\frac{22}{7}$ とか $\frac{355}{113}$ などがよく知られた例である．このような，なるべく簡単な分数を求める方法を，「零約術(れいやくじゅつ)」という[1,2,4]．

3.9.1 連分数による近似

現代ならば，小数表示を分数表示で近似するには，連分数を利用するのが当然である．たとえば，円周率 $\pi = 3.14159265\cdots$ は連分数展開すると $\pi = [3; 7, 15, 1, 292, 1, 1, 1, 2, \cdots]$ となるので部分（近似）分数を求めると

$$\frac{3}{1}, \frac{22}{7}, \frac{333}{106}, \frac{355}{113}, \frac{103{,}992}{33{,}102}, \cdots$$

となる[1,5,6]．
また，$\sqrt{2} = [1; \dot{2}]$ で部分分数は

$$1, \frac{3}{2}, \frac{7}{5}, \frac{17}{12}, \frac{41}{29}, \frac{99}{70}, \frac{239}{169}, \frac{577}{408}, \cdots$$

である．和算家は π の小数表示は，世界的にも当時，もっとも詳しく知っていたといってよいが，これをいかにして分数表示に直すかを考究した．上述の連分数法以前に考えられた独創的な和算家の思考経路を追ってみよう．

まず，関孝和(せきたかかず)（寛永17(1640)頃〜宝永5(1708)年）の方法[4]を述べよう．π の値は小数点以下十分知っているものとする．上述の $\frac{22}{7}$ や $\frac{355}{113}$ を得るのを目標としたようである．$\frac{3}{1} < \pi, \frac{4}{1} > \pi$ から始めて分母子どうしを加える．

$$\frac{3+4}{1+1} = \frac{7}{2} = 3.5 > \pi, \quad \frac{7+3}{2+1} = \frac{10}{3} > \pi$$

このように得られた数が π より大きいうちは,分母に 1,分子に 3 を加えて,π より小さい分数が得られたら,分母に 1,分子に 4 を加える.すなわち,続けると

$$\frac{10+3}{3+1}=\frac{13}{4},\ \frac{13+3}{4+1}=\frac{16}{5},\ \frac{16+3}{5+1}=\frac{19}{6},\ \frac{19+3}{6+1}=\frac{22}{7}$$

はいずれも π より大で,つぎの $\frac{22+3}{7+1}=\frac{25}{8}<\pi$ となる.したがって,分母に 1,分子に 4 を加え,$\frac{25+4}{8+1}=\frac{29}{9}>\pi$,以下同様にして,$\frac{29+3}{9+1}=\frac{32}{10}>\pi$,…このようにして $\frac{355}{113}$ に達する.

この方法はその後,安井祐之[7],会田安明(延享 4(1747)～文化 14(1817)年)[8]らによって改良された.彼は π より小さい近似分数を少率,大きいのを多率と名づけた.それぞれを少,多と略す.

$\frac{3}{1}$(少)と $\frac{4}{1}$(多)から出発して,$\frac{3+4}{1+1}=\frac{7}{2}$(多),これとすぐ前の少率 $\frac{3}{1}$ とから $\frac{3+7}{1+2}=\frac{10}{3}$(多),同様にして $\frac{3+10}{1+3}=\frac{13}{4},\ \frac{16}{5},\ \frac{19}{6},\ \frac{22}{7}$ が得られ,いずれも多率である.そのつぎは $\frac{3+22}{1+7}=\frac{25}{8}$(少)となる.今度は,そのすぐ前の多率 $\frac{22}{7}$ とから $\frac{22+25}{7+8}=\frac{47}{15}$(少),同様に少率が続いて,つぎに多率が得られるのは $\frac{22+333}{7+106}=\frac{355}{113}$ となる.

関孝和は一つの多率が得られたら,最初の少率 $\frac{3}{1}$ までさかのぼって操作をしているので,進行が遅く,第 114 番目に $\frac{355}{113}$ を得たが,安井,会田の改良では第 24 番目になっている.しかし,連分数法では第 4 番目に得られるから格段の差がある.連分数の有利さが諒解されるが,ここで,連分数利用と同じ結果を得る零約術として,田中由真(慶安 4(1651)～享保 4(1719)年)のすぐれた手法がある.これは西欧で見られない独創的なものである[9].これをみよう.

3.9.2 荷重平均的近似

実数 $\omega > 0$ が与えられたとき，これを近似していく分数をつぎつぎに求めるという一般論を構成していこう．

$a_0 = [\omega]$（ガウスの記号，すなわち ω の整数部）とし，$b_0 = a_0 + 1$．かつ，ω_1, Ω_1 を

$$\omega = a_0 + \omega_1 = b_0 - \Omega_1$$

となるように定義する．$\omega_1 = \omega - [\omega] \geq 0$, $\Omega_1 = 1 - \omega_1 > 0$ である．

$$p_0 = a_0, \quad q_0 = 1, \quad P_0 = b_0, \quad Q_0 = 1$$

と置く．ここで $\omega_1 \geq \Omega_1$ と $\omega_1 < \Omega_1$ の二つの場合に分けて，前者のときは

$$a_1 = \left[\frac{\omega_1}{\Omega_1}\right] (\geq 1), \qquad b_1 = a_1 + 1$$

とし ω_2, Ω_2 を，

$$\frac{\omega_1}{\Omega_1} = a_1 + \frac{\omega_2}{\Omega_1} = b_1 - \frac{\Omega_2}{\Omega_1}$$

によって定義する．$0 \leq \omega_2 < \Omega_1$, $\Omega_2 = \Omega_1 - \omega_2$ である．そして

$$\begin{cases} p_1 = a_1 P_0 + p_0 \\ q_1 = a_1 Q_0 + q_0 \end{cases} \quad \begin{cases} P_1 = b_1 P_0 + p_0 \\ Q_1 = b_1 Q_0 + q_0 \end{cases} \tag{1}$$

と置くと，二つの分数 $\dfrac{p_1}{q_1}$, $\dfrac{P_1}{Q_1}$ は，いずれも $a_0 = \dfrac{p_0}{q_0}$ と $b_0 = \dfrac{P_0}{Q_0}$ の間の数であることは容易にわかる．すなわち，この式 (1) はつぎのような感覚の数と見てよい．ω は $\dfrac{p_0}{q_0}$ より $\dfrac{P_0}{Q_0}$ のほうに近いので，つぎの近似分数 $\dfrac{p_1}{q_1}$ は $\dfrac{p_0}{q_0}$ より $\dfrac{P_0}{Q_0}$ のほうに近いはずである．すなわち分子 p_1 でいえば，P_0 のほうに a_1 ないし b_1 倍の荷重がかかるべきである．

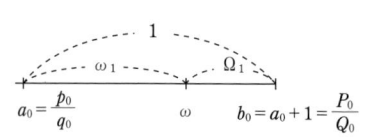

また $\omega_1 < \Omega_1$ の場合も，同様の考察で，

$$a_1' = \left[\frac{\Omega_1}{\omega_1}\right] (\geq 1), \qquad b_1' = a_1' + 1$$

とおき，ω_2', Ω_2' を

$$\frac{\Omega_1}{\omega_1} = a_1' + \frac{\omega_2'}{\omega_1} = b_1' - \frac{\Omega_2'}{\omega_1}$$

で定める．$0 \leq \omega_2' < \omega_1$, $\Omega_2' = \omega_1 - \omega_2' > 0$ である．そして，

$$\begin{cases} p'_1 = a'_1 p_0 + P_0 \\ q'_1 = a'_1 q_0 + Q_0 \end{cases} \begin{cases} P'_1 = b'_1 p_0 + P_0 \\ Q'_1 = b'_1 q_0 + Q_0 \end{cases}$$

と置く．これは前の場合と反対の荷重のかかり方とも解釈できる．

以上が第1段階，つぎには，それぞれを ω_2 と Ω_2 の大小，ω'_2 と Ω'_2 の大小で，また二つずつの場合分けをして進行するのである．そして，$\dfrac{p_n}{q_n}$，$\dfrac{P_n}{Q_n}$ と ω との大小関係なども調べて，ω への収束性もわかるから，これらが ω の近似分数である．

円周率 π の計算に適用してみると，
$$\pi = 3(a_0) + 0.1415\,9265(\omega_1)$$
$$= 4(b_0) - 0.8584\,0735(\Omega_1)$$

$\dfrac{p_0}{q_0} = \dfrac{3}{1}$, $\dfrac{P_0}{Q_0} = \dfrac{4}{1}$　そして $\omega_1 < \Omega_1$ だから

$$\dfrac{\Omega_1}{\omega_1} = \dfrac{0.8584\,0735}{0.1415\,9265} = 6(a_1) + \dfrac{0.0088\,5145}{0.1415\,9265}$$
$$= 7(b_1) - \dfrac{0.1327\,4120}{0.1415\,9265}$$

$$\dfrac{p_1}{q_1} = \dfrac{a_1 p_0 + P_0}{a_1 q_0 + Q_0} = \dfrac{6 \times 3 + 4}{6 \times 1 + 1} = \dfrac{22}{7},$$
$$\dfrac{P_1}{Q_1} = \dfrac{b_1 p_0 + P_0}{b_1 q_0 + Q_0} = \dfrac{7 \times 3 + 4}{7 \times 1 + 1} = \dfrac{25}{8}$$

つぎは，$\omega_2 < \Omega_2$ となっているので $a_2 = \left[\dfrac{\Omega_2}{\omega_2}\right]$ を計算していく．

$\dfrac{p_2}{q_2} = \dfrac{333}{106}$, $\dfrac{P_2}{Q_2} = \dfrac{355}{113}$ が得られる．

これは連分数法とほとんど変わらない手数と結果であり，発想も自然なものと認められる．田中由真は，関孝和とほとんど同時代の和算家であるが，この時代すでに連分数論に匹敵するアルゴリズムを創出しているといえる．

3.9.3　綴術による近似

一つの課題の答となる数値を求めるとき，小数値を求めないで，初めから分数の形で求めるという方法も，広い意味では一つの零約術と考えられよう．これは，和算では，「綴術」[8] と称されていることが多い．たとえば，無限級数の部分和や，分数

の数列を漸化式などで定義していくことなどである．一つの例は平方根 $\sqrt{A}$ の計算で，

$$a_{n+1} = \frac{1}{2}\left(a_n + \frac{A}{a_n}\right) \quad (n=1, 2, \cdots, a_1 \text{は任意}) \quad (2)$$

とするものがある．これはギリシャ時代から知られていたともいわれるが，微積分ならニュートンの $f(x)=x^2-A=0$ の解を求める方法，$a_{n+1}=a_n-\dfrac{f(a_n)}{f'(a_n)}$ を書き直したものである．会田安明は，逆にこれを利用して，平方根のテイラー展開に相当する級数を導いている[8]．たとえば，$A=2$，$a_1=1$ とすると式 (2) から

$$a_2 = \frac{1}{2}\left(1+\frac{2}{1}\right) = \frac{3}{2}, \quad a_3 = \frac{1}{2}\left(\frac{3}{2}+\frac{2\times 2}{3}\right) = \frac{17}{12},$$

$$a_4 = \frac{1}{2}\left(\frac{17}{12}+\frac{2\times 12}{17}\right) = \frac{577}{408} \ (=1.4142\ 1568\cdots)$$

$$a_5 = \frac{1}{2}\left(\frac{577}{408}+\frac{2\times 408}{577}\right) = \frac{665,857}{470,832} \ (=1.4142\ 1356\ 237\cdots)$$

となり，最初に述べた連分数近似より近似度が格段に速いが，適当な桁数のものがとばされてしまっているという面もある．

また，会田安明[8]や，川井久徳（明和3（1766）〜天保6（1835）年）[10]では，

$$a_{n+1} = 2a_n^2-1, \quad b_{n+1} = 2a_nb_n \quad (n=1, 2, \cdots)$$

とすると，分数 $\dfrac{a_n}{b_n}$ の極限は $\dfrac{\sqrt{a_1^2-1}}{b_1}$ であることを述べている．$a_1=3$，$b_1=2$ とすると，この極限は $\sqrt{2}$ だから，これによる近似分数としては

$$\frac{a_2}{b_2}=\frac{17}{12}, \quad \frac{a_3}{b_3}=\frac{577}{408}, \quad \frac{a_4}{b_4}=\frac{665,857}{470,832}$$

が得られる．ほかの類似の漸化式もある[3]．

また，たとえば円周率としてはウォリス（Wallis）の公式も石黒信基が算額にしている[11]．

$$\lim_{n\to\infty} 2\left(\frac{2\cdot 4\cdot 6\cdots(2n)}{3\cdot 5\cdot 7\cdots(2n+1)}\right)^2 (2n+1) = \pi$$

しかし，これからは零約術といえるような π の近似分数は得られない．なお，この公式は和算書には解義が見あたらない．おそらく舶来の算書からの写しであろう．　　　　　　　［土倉　保］

■ 参 考 文 献
1) 林鶴一「零約術ト我国ニ於ケル連分数論の発達」『東北数学雑誌』第 6・7 巻, 1915 年；『和算研究集録』（上巻）に再録
2) 藤原松三郎「和算史の研究X, 田中由真の業績」『東北数学雑誌』第 49 巻, 頁 90-105, 1943 年；『東洋数学史への招待』東北大学出版会, 2007 年に再掲
3) 伊藤朋幸, 土倉保「自然数の開平とペル方程式」『数学史の研究』, 数理解析研究所講究録, 1317, 2003 年, 頁 145-161
4) 関孝和遺編, 荒木村英検閲, 大高由昌校訂『括要算法』1709 年, 元亨利貞 4 巻のうち亨巻の中に零約の語がある
5) 建部賢弘他「大成算経」巻 6 の中に連分数の理論があり, 部分（近似）分数の公式も含む. 連分数の起原といわれる同「綴術算経」（1722 年）では兄賢明の発見とされている（文献 3) の頁 395 参照）
6) 戸板保佑「関算前伝, 第 11 零約術, 第 12 零約本術解」写本, 宮城県図書館蔵
7) 安井祐之「円玉略解」1754 年
8) 会田安明「算法零約術」,「算法綴術」写本, 東北大学蔵
9) 田中由真「算学紛解」巻 8 の中第 5 巻に「奇収約之術」とある. これから抜萃された「奇収約」には「零約也」と添書あり. 写本, 東北大学蔵
10) 川井久徳『開式新法』1805 年
11) 斎藤宜義『数理神篇』下, 1860 年の中にウォリスの公式あり

3.10 累約術

　建部賢弘の「大成算経附録」の中に，累約という項目があり，享保 13 (1728) 年に中根元圭 (寛文 2 (1662) ～享保 18 (1733)) がこれを刪定して，「累約拾遺」を著した[3]．「累約術」というのは，もともとは暦学上からの問題の解法といわれる．たとえば，カレンダーを見ると，冬至，小寒，大寒，立春，啓蟄，…という二十四節気の日付が年によりぶれることがあるが，これを確定する計算法や，閏の計算もそうである．

　まず，問題を現代流に述べておこう[5]．

　実数 a, b, c, α, β が与えられ，$a>0$, $b>0$ とする．2元1次の不定不等式

$$\alpha < ax - by + c < \beta \qquad (1)$$

を満たす自然数 x, y を求めよ．

　すなわち，座標平面でいえば，平行2直線

$$y = \frac{a}{b}x + \frac{c-\alpha}{b}, \qquad y = \frac{a}{b}x + \frac{c-\beta}{b}$$

に挟まれる帯状領域内の正の整数座標をもつ格子点 (x, y) を求めるということであるが，座標の概念のまだ生まれない以前であるから，このような記述はされていない．

　和算家は数値の単位を，金額に置きかえて述べていることが多く，$a>0$ を累益，$b>0$ を累損，すなわち何回得をし，何回損をしたかということであり，その回数 x を益段，y を損段という．c を原数，または元数といい，正負によって原益または原損という．α を汎底，β を汎極，$\beta - \alpha$ を許限という．和算特有の用語である．

　この理論を初めて現代流に解説したのは，藤原松三郎[1,2] で，式 (1) から $\frac{b}{a} - \frac{x}{y}$ の形が出てくるので，もし $\frac{b}{a}$ が無理数なら，これと有理数 $\frac{x}{y}$ の差を評価することになる．すなわち，ディオファントス近似問題の形である．そしてともに連分数論の利用が基本的手法となっているので，和算のほうが 100 年以上早くから扱ったといわれ，和算の評価を高めた課題の一つである．実際，この解法のアルゴリズムは巧妙なもので，藤原も

賞讃を惜しまない独創性の満ちあふれたものである．

不等式 (1) を中根元圭は，x, y が自然数という条件などを考慮して，次のような形に直した．

$$|ax - by + c| \leq \gamma \qquad (2)$$

ここに，$a > 0$，$b > 0$，$\gamma > 0$ でさらに $b \geq c$ とすることができる．これを満たす自然数のペア (x, y) を求めるのである．建部賢弘が用いた方式は和算家の力量が示される構成と高い評価を得ているものである．概略を述べると，まず式 (2) に対して連分数の計算をする．すなわち，次のように自然数（または 0）の列，$a_1, a_2, \cdots$ と，剰余の列，$r_1, r_2, \cdots$ を求める．

$$\frac{b}{a} = a_1 + \frac{r_1}{a}, \quad \frac{a}{r_1} = a_2 + \frac{r_2}{r_1}, \quad \frac{r_1}{r_2} = a_3 + \frac{r_3}{r_2}, \cdots$$

この連分数の部分（近似）分数を $\frac{p_n}{q_n}$ とすると，連分数論で知られた公式がある．すなわち，

$$p_n = a_n p_{n-1} + p_{n-2}, \quad q_n = a_n q_{n-1} + q_{n-2} \qquad (n = 1, 2, \cdots)$$

ただし $p_1 = a_1$，$p_0 = 1$，$p_{-1} = 0$，$q_1 = 1$，$q_0 = 0$，$q_{-1} = 1$．

$$r_n = (-1)^n (ap_n - bq_n) \qquad (n = 1, 2, \cdots, r_0 = a)$$

つぎに，$\{r_n\}$ 進法とでもいうべき展開をする．$b_1, b_2, \cdots$ は，0 または自然数の列で，$s_1, s_2, \cdots$ は剰余である：

$$\frac{b-c}{a} = b_1 + \frac{s_1}{a} = b_1' - \frac{s_1'}{a} \qquad (b_1' = b_1 + 1, \ s_1' = a - s_1)$$

$$\frac{s_1'}{r_1} = b_2 + \frac{s_2}{r_1} = b_2' - \frac{s_2'}{r_1} \qquad (b_2' = b_2 + 1, \ s_2' = r_1 - s_2)$$

$$\cdots \qquad \cdots \qquad \cdots$$

$$\frac{s_{n-1}'}{r_{n-1}} = b_n + \frac{s_n}{r_{n-1}} = b_n' - \frac{s_n'}{r_{n-1}} \qquad (b_n' = b_n + 1, \ s_n' = r_{n-1} - s_n)$$

$$(n = 1, 2, \cdots, s_0' = b - c)$$

これらから帰納的に次の公式が得られる $(n = 2, 3, \cdots)$．

$$s_n = (-1)^n (au_n - bv_n + c), \quad s_n' = (-1)^{n+1} (au_n' - bv_n' + c)$$

$$\begin{cases} u_n = u_{n-1}' + b_n p_{n-1} \\ v_n = v_{n-1}' + b_n q_{n-1} \end{cases} \begin{cases} u_n' = u_{n-1}' + b_n' p_{n-1} = u_n + p_{n-1} \\ v_n' = v_{n-1}' + b_n' q_{n-1} = v_n + q_{n-1} \end{cases}$$

ただし，$u_1 = b_1$，$v_1 = 1$，$u_1' = b_1'$，$v_1' = 1$．

ここで，u_n, v_n, u_n', v_n' はいずれも自然数だから，もし $|s_n| < \gamma$ となる n が見出されれば上の s_n の式から $(x, y) = (u_n, v_n)$ と

して式 (2) が成立することがわかる. s'_n についても同様である.

和算書では上記の $a_1, a_2, \cdots, r_1, r_2, \cdots$ の計算で各値の名称に甲, 乙, 丙などの十干の名を用いているので, この一連の計算を干営または幹営といっており, $b_1, b_2, \cdots, s_1, s_2, \cdots$ の計算には, 子, 丑, 寅などの十二支名を用いているので, 支営または枝営といっている. すなわち, $a_1, a_2, \cdots$ を甲商, $r_1, r_2, \cdots$ を甲不尽, 乙不尽, $\cdots$ といい, $b_1, b_2, \cdots$ を子盈商, 丑盈商, $\cdots$, $b'_1, b'_2, \cdots$ を子朒商, 丑朒商, $\cdots$ といっている. また, s_1, s'_1 を子弱不尽, 子強不尽, s_2, s'_2 を丑強不尽, 丑弱不尽と強弱が交互につけられる. x は益段, y は損段といい, これらを求める $u_1, u'_1, u_2, u'_2, \cdots$ の計算は益段の計算であり, $v_1, v'_1, v_2, v'_2, \cdots$ は損段である. 盈, 朒, 強, 弱は, プラス・マイナスの感覚のあるところに和算家がよく用いる用語である.

中根元圭の例題を一つ取り上げて説明する[3]. この例は, 数値もそのままで他の後世の和算書にも採用されているものである. 原文は単位が銭だが, 円に直しておく.

元金 240.02 円があるとき, 毎日 75.36 円を加えていき, 合計が 501.63 円または, これをこえたら, この金額を貯金箱にいれて別にする. このとき, 手許に残っている金額が 1 円未満になるのは何日目か.

これは, 不等式

$$0 \leq 240.02 + 75.36x - 501.63y < 1 \qquad (3)$$

を満たす自然数 x, y を求めることである.

全体を 100 倍して, x, y の係数の最大公約数 3 で割ると, 式 (3) は

$$-\frac{24002}{3} \leq 2512x - 16721y < -\frac{23902}{3}$$

と書き直せる. 中央辺は整数だから, 両端辺も整数に調整できる. すなわち

$$-8000 \leq 2512x - 16721y \leq -7968 \qquad (4)$$

または

$$|2512x - 16721y + 7984| \leq 16 \qquad (5)$$

と変形できる. これは式 (2) の形である.

3.10 累約術

$$a = 2512, \quad b = 16721, \quad c = 7984, \quad \gamma = 16$$

である．これについて前述の干営・支営を施せば次の表が得られる．

n	a_n	r_n	b_n	s_n	s_n'	p_n	q_n	u_n	u_n'	v_n	v_n'
1	6	1649	3	1201	1311	6	1	3	4	1	1
2	1	863	0	1311	338	7	1	4	10	1	2
3	1	786	0	338	525	13	2	10	17	2	3
4	1	77	0	525	261	20	3	17	30	3	5
5	10	16	3	30	47	213	32	90	110	14	17
6	4	13	2	15	1	827	131	536	749	81	113
7	1	3	0	1	12	1085	163	749	1621	113	244
8	4	1	4	0	3	5212	783	5961	7046	896	1059
9	3	0									

この表から s_n, s_n' の値が $\gamma = 16$ 以下のものを求めると，

$$s_6, \; s_6', \; s_7, \; s_7', \; s_8, \; s_8'$$

で，$s_6 = au_6 - bv_6 + c = 15$ から $x = u_6 = 536$, $y = v_6 = 81$ が式 (5) を満たす最小解である．s_6' と s_7 からは $(x, y) = (749, 113)$ で同じもの，s_7' から $(u_7', v_7') = (1621, 244)$，$s_8$ から $(u_8, v_8) = (5961, 896)$，s_8' からは $(7046, 1059)$ が得られる．

上述の解のほかにも s_n, s_n' の一方と r_n を組み合わせて別の解が得られることがある．このことを注意しておこう．

$$(-1)^n s_n = au_n - bv_n + c$$
$$(-1)^m r_m = ap_m - bq_m$$

だから，h を正または負の整数として

$$(-1)^n s_n + h(-1)^m r_m = a(u_n + hp_m) - b(v_n + hq_m) + c$$

を作るとき，左辺は上の表からすぐ計算できるが，もしそれが限界 γ 以内なら，右辺の括弧をペアとした $(u_n + hp_m, v_n + hq_m)$ もまた解になっているわけである．このことは中根元圭の原著[3]では $m = n - 1$ のときは述べられている．さらに別の m の値に対しても考えられるし，別の r_n を加えてもよい．さらにまた，a, b がこの例のように整数なら，任意の数 k について $a(kb) - b(ka) = 0$ だから，(x_0, y_0) が式 (5) を満たしているなら $(x_0 + kb, y_0 + ka)$ もまた式 (5) を満たす解になっていることもわかる．

中根元圭は，初益日を求めるのが第一目標であったようで，

それは最小解 x を求めることである．そして続いて，逓逢日，すなわち他の解を求めようとしている．

　最初に述べた干営・支営による計算は，係数 a, b, c が無理数であっても用いられる理論であるが，実際に例題として提示されているのはどれも有限小数または整数である．したがって何倍かしておけばよいから，皆整数とした問題に述べかえられる．この点に注目して，会田安明（延享4（1747）～文化14（1817）年）は自著[4]で中根の例題をそのまま紹介したあとで，ここで取り上げた例題については，原解を取らないで，歎一術（⇨3.6）という和算の既知であった方法を用いて解を与えている．中根元圭以後，関流では累約術はほとんど扱われていないが，ライバルともいえる最上流の会田安明が取り上げているのは意外の感がある．この解を見ておこう．不等式 (4) を解けばよいが，これは $2512x - 16721y$ の値が

$$-8000, -7999, \cdots, -7969, -7968 \qquad (6)$$

のいずれかの値になるような自然数 x, y のペアを求めることといってよい．まず，係数の 2512 と 16721 は互いに素であるから，和算でもよく知られていた整数論の定理から

$$2512x - 16721y = -1$$

を満たす自然数がある．その求め方は歎一術または胸一術ともいわれている（⇨3.6）が，通常は連分数論で扱われているものである．その計算によれば，$x_0 = 11509, y_0 = 1729$ が一つの解である．

$$2512x_0 - 16721y_0 = -1 \qquad (7)$$

いま式 (6) の33個ある値の一つを A とする．

$$2512x - 16721y = A \qquad (8)$$

を解くのである．式 (7)$\times A +$ 式 (8) を作ると

$$2512(x_0 A + x) = 16721(y_0 A + y) \qquad (9)$$

とまとめられ，2512 と 16721 が互いに素だから $y_0 A + y$ は 2512 で割り切れる．すなわち

$$y_0 A + y = 2512k \qquad (k \text{ は整数})$$

これを式 (9) に代入して 2512 で約せば

$$x_0 A + x = 16721k$$

が得られる．ゆえに

$$\begin{cases} x = 16721k - 11509A \\ y = 2512k - 1729A \end{cases}$$

によってすべての解が得られる．たとえば，$A = -7969$ のとき，x, y の最小の正解は，$k = -5485$ のときで $x = 536, y = 81$．これは前に求めた s_8 の場合である．しかし，これら33組の不定方程式の解全部を求めて，最小解，すなわち初益日が求められるという点では手間がかかるといえるかもしれない．しかし，当時としては，より初等的な扱いによっても解が得られることを会田は示したかったものともいえよう．

建部，中根の干営・支営のアルゴリズムが高く評価される反面，この会田の別解はあまり評判がよくない[4] のは残念な気もする．ディオファントス問題は無理数を意識したもので，解析的取扱いが主であるが，累約術はむしろ整数論的な課題として扱われているものである． [土倉 保]

■ 参 考 文 献

1) 藤原松三郎「和算史の研究Ⅱ，建部賢弘の累約術」『東北数学雑誌』第46巻，頁135-144，1940年；『東洋数学史への招待』東北大学出版会，2007年に再録
2) 加藤平左エ門『和算ノ整数論』1944年（台湾）；『和算の研究』丸善，1964年に再掲
3) 中根元圭「累約術―附拾遺」（写本，岡本文庫写304），「累乗累約新術」（写本，林集書740），『関算前伝119，累乗累約新術』（写本，宮城県図書館）；会田安明「算法諸約術，上中下」（写本，林集書1191）；坂部広畔『算法點竄指南録』15巻中の第7巻，1815年；建部賢弘，中根元圭「関算後伝，55大成算経附録」建部賢弘著，中根元圭删定「58累約術」（宮城県図書館蔵）
4) 日本学士院日本科学史刊行会『明治前日本数学史』4巻，565頁，1979年
5) 土倉保「田中由真の「奇収約之術」について」，和算研究所紀要，No. 8，2008年，頁15-22

3.11 整 数 術

3.11.1 整 数 術

　　　　　　　　和算の中で,「整数術」という決まったジャンルのものはない.いろいろな和算家が研究していくなかで,図形を構成していく要素がすべて整数であるようなものを調べ,それをまとめて整数術として総合しているのである.
　　　　　　　　以下で不尽,あるいは奇というのは,小数点以下の端数のことである.

3.11.2 勾股弦整数

　　　　　　勾股弦(直角三角形)の3辺が整数なるものを求める.
　① $x = m^2 - n^2$,　$y = 2mn$,　$z = m^2 + n^2$
　　　　　3, 4, 5;　　6, 8, 10;　…;　5, 12, 13;　　125, 300, 325
　　　　　「大成算経巻十」求勾股弦整数;「久氏遺稿」玄一尺の勾股を求む;松永良弼『算法集成』;坂部広胖『算法點竄指南録』;藤田貞資「無有奇草」,剣持章行『算法約術新編』;和田寧「勾股整数」;会田安明「別約術」等々.
　② 公式 $x = 2n(n+1)$,　$y = 2n+1$,　$z = 2n(n+1)$ によって,つぎつぎの値を得る.
　　　　　坂部広胖『算法點竄指南録』
　③ 一組の x,y,z から,$u = x+y+z$ とし,$x_1 = 2u-y$,$y_1 = 2u-x$,$z_1 = 2u+z$ によって,つぎの組を作る.
　　　　　松永良弼「勾股弦無不尽之法」

3.11.3 三斜積整数

　　　　　　三角形の3辺 a,b,c と,その面積 S が整数であるもの.ただし,勾股弦,圭(二等辺三角形)は除く.
　① 任意の整数の組 m,n,m_1,n_1 から,$m_2 = mn_1 + m_1y$,$n_2 = mm_1 - nn_1$ を作り,
　　　$a = n(m_1n_2 + m_2n_1)$,　　$b = n_1(m_2n + mn_2)$,　　$c = n_2(mn_1 + m_1n)$
とする.このとき,$S = mm_1m_2nn_1n_2$.
　　　　　松永良弼「三斜積数無不尽之法」
　② $b = a+1$,$c = b+1$ であるもの

3, 4, 5 ;　　13, 14, 15 ;　　51, 52, 53 ;　　193, 194, 195

これらは，順に，a_i, b_i, c_i とするとき，
$a_{i+1} = 4a_i + 2 - a_{i-1}$,　　$b_{i+1} = 4b_i - b_{i-1}$,　　$c_{i+1} = 4c_i - 2 - c_{i-1}$
として作っていくことができる.

中根元圭（建部賢弘の「不休綴術」の中；「大成算経続録」の中）；有馬頼徸『拾璣算法』

③　勾股弦整数の2つをとって，直角の辺を合わせるように貼り合わせれば，三斜および積が整数のものができる.

菊池長良『算法整数起源抄』

3.11.4　方　内　三　斜

方（正方形）の中に三斜（三角形）を入れ，三角形の各辺および正方形の辺を整数にする.

整数 m, n から，勾股弦整数の方法で，天勾股弦を作る（図3.11.1）.

天勾股弦　　$m^2 - n^2$, $2mn$, $m^2 + n^2$

つぎに，$M = 2n + m$ とし，これと n とで，地勾股弦を作る.

地勾股弦　　$2Mn$, $M^2 - n^2$, $M^2 + n^2$

つぎに，$N = 2m - n$ とし，これと m とで，人勾股弦を作る.

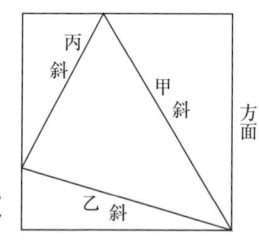

図3.11.1　方面 = 1080, 甲斜 = 1272, 乙斜 = 1125, 丙斜 = 867

人勾股弦　　$N^2 - m^2$, $2mN$, $m^2 + N^2$

そして，方面，甲斜，乙斜，丙斜をつぎによって作る.

方面 =（地股）（人股）= $(M^2 - n^2) \cdot 2mN$

甲斜 =（地弦）（人股）= $(M^2 + n^2) \cdot 2mN$

乙斜 =（地股）（人弦）= $(M^2 - n^2)(m^2 + N^2)$

丙斜 = $\sqrt{(\text{地股})^2 + (\text{人股}) \cdot (\text{天勾} + \text{天股})}$
　　　= $\sqrt{(M^2 - n^2)^2 + 4m^2 N^2 \ (m^2 - n^2 + 2mn)}$

（安島直円遺稿「不朽算法」，菊池長良『算法整数起源抄』）.

3.11.5　円 中 無 不 尽

図3.11.2のように，円O内に三円A, B, Cを描き，これらの円の直径 r, r_a, r_b, r_c を整数にする.

$a = BC$, $b = CA$, $c = AB$ とし，

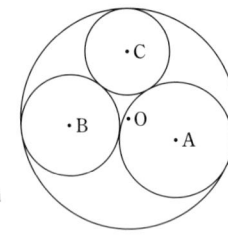

図 3.11.2　$r=168$, $r_1=88$, $r_2=77$, $r_3=66$

$$s=\frac{1}{2}(a+b+c), \quad s_a=\frac{1}{2}(-a+b+c),$$
$$s_b=\frac{1}{2}(a-b+c), \quad s_c=\frac{1}{2}(a+b-c)$$

とすれば，
$$\triangle \text{ABC の面積 } S=\sqrt{ss_as_bs_c}$$

これら a, b, c, S が整数であるようにとる（三斜積整数）．

$$u=s_as_bs_c/2, \quad v=(s_as_b+s_bs_c+s_cs_a)/2$$

とすれば，
$$r=u, \quad r_a=s_av, \quad r_b=s_bv, \quad r_c=s_cv$$

（「久氏遺稿」）

3.11.6　方　　台

方台（上下の面が正方形の正四角錐台）の各辺，高さ，ならびに斜めの対角線が整数であるようにする（図 3.11.3）．

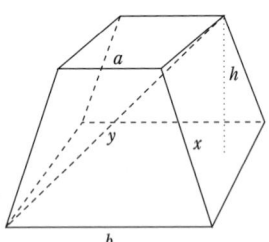

a（上面 1 辺）$=2(m^2+2mn-n^2)$,
b（下面 1 辺）$=2(m^2+n^2)$,
h（高さ）$=m^2-2mn-n^2$
x（外の斜めの辺）$=m^2-2mn+3n^2$,
y（斜めの対角線）$=3m^2+2mn+n^2$

図 3.11.3

藤田定資『無有奇草』

3.11.7　球内無不尽

大球内に，図 3.11.4 のように，甲球 1 個と乙球 3 個を入れ，各球径を整数であるようにする．

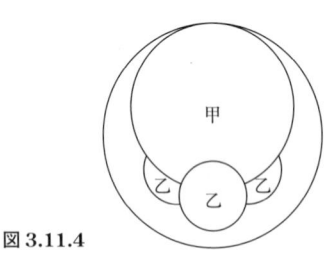

m を任意の整数とする．

乙球径 $=3m(m+1)$,
甲球径 $=m(3m^2+3m+1)$,
大球径 $=(m+1)(3m^2+3m+1)$

図 3.11.4

有馬頼徸『拾璣算法』，菊池長良『算法整数起源抄』

3.11.8 まとめ

　　　　　上には，整数術と考えられるものについて，いくつか例を示した．

　　　　久留島義太（？〜宝暦 7（1757）年）の「久氏遺稿」
　　　　有馬頼徸『拾璣算法』（明和 3（1766）年）
　　　　安島直円「六円無有奇」（天明 6（1786）年）
　　　　安島直円遺稿「不朽算法」（寛政 11（1799）年）
　　　　安島直円編「算法考艸」
　　　　藤田貞資（享保 19（1734）〜文化 4（1807）年）「無有奇草」
　　　　御粥安本（寛政 6（1794）〜文久 2（1862）年）編『算法浅問抄』
　　　　菊池長良『算法整数起源抄』（弘化 2（1845）年）

などに，数多くの例を見ることができる．とくに，『算法整数起源抄』には，まとまった形でいろいろな例が述べられている．

〔竹之内　脩〕

■ 参 考 文 献　　本節は，加藤平左衛門『和算の研究　整数論』日本学術振興会，1964 年によった．

3.12 解伏題之法・交式斜乗

山路主住（宝永元（1704）～安永元（1772）年）によって組織化された関流の数学では，関孝和（寛永 17（1640)頃～宝永 5（1708）年）の著作のうち「解見題之法」「解隠題之法」「解伏題之法」からなる『三部抄』がとりわけ重要視され，これらの本を習得してゆく段階に応じて,「見題免許」「隠題免許」「伏題免許」という免許状が授けられた．

ここで「見題」というのは加減乗除の四則だけを用いて解ける問題,「隠題」は一元代数方程式を用いて解ける問題，そして「伏題」は未知数が複数ある連立代数方程式を用いて初めて解ける問題を意味した．ただし,「解見題之法」の中には，一元代数方程式の解法である「開方術」を使って解いている問題も入っており，関たちが与えた定義はもう少し曖昧である．これは答に根号を含む数値が入る場合で，このような数に対する記号や四則が確立していなかったため，毎回もとにもどって改めて方程式を立て，これを解く他なかったことに由来する．

3.12.1 「解伏題之法」の問題

「解伏題之法」は出版されず，手書きの写しがあるだけであ

解伏題之法 凡六篇
關孝和編
眞虚第一
隨眞術之所得而逐求虚術也
假如有勾股只云勾爲實平方開之得數與
弦和 若干 又云勾股和 若干 問勾
眞術得勾
只云數 有 股 有 勾 有
虚術見勾開方數
依只云數股勾得前式 依勾得後式
一
假如有三斜積 若干 只云大斜再自乘數與中
斜再自乘數相併共 若干 又云中斜再自乘數
與小斜再自乘數相併共 若干 問大斜
眞術得大斜
積 有 中斜再自乘數 有 小斜再自乘數 有
大斜 有
虚術見中斜
依積小斜再自乘數大斜得前式 依中斜再自乘數得後式
積 有 小斜再自乘數 有 大斜 有 中斜 有
虚術見小斜

図 3.12.1 「解伏題之法」第一丁

る．末尾に天和癸亥（1683 年）重陽日重訂書とある．この第 1 章「真虚」には伏題の例が三つ書かれているが，ほとんど解説がない．これでは何をしようとしているのかわからないので，同じ問題を扱っている『大成算経』巻之十七「全題解」に従って読んでみる．これらの本は，いわゆる白文で書かれており，句読点，返り点，送り仮名などが一切ない．つぎは冒頭に与えられている問題であるが，句読点が全然なくては読みにくいので，適当に補った．漢字もできるだけ常用漢字に置き換えてある．すぐ後に読み下し文を置き，その後で現代文に訳すので原文は読み飛ばしてもらって差し支えない．小さい活字の部分は実際は割注といって，半分の大きさの字で 2 行にわたって書かれている（図 3.12.1）．

仮如有勾股．只云，勾為実，平方開之，得数与弦和若干．又云，勾股和若干．問勾．

真術得勾術中難得股．輒難得相消之理故皆擬真数起虚術而求仮式二条．

只云数有，勾有，股有．

虚術曰，立天元一為勾開方数 [0|1]．自之，為勾 [0|0|1]，寄左．列勾，与寄左相消，得式 [−1勾|0|1]．又列開方数，以減只云数，余為弦 [1只|−1]．自之，為弦冪 [1只巾|−2只|1]，寄左．列勾，自之，加入股冪，亦為弦冪 [1勾巾 1股巾]，与寄左相消，得式

依積大斜中斜得前式依小斜再自乗數得後式
假如有甲乙丙丁戊平方各一只云甲乙積
差若干乙丙積差若干丙丁積差若干丁戊積差若干
又云甲乙丙丁戊方面和若干問甲方面
眞術得甲方面
乙積有丙積有丁積有戊積有乙丙丁戊
方面和有
虛術見乙方面依丙積丁積戊積乙丙丁戊方面和得前式〇依乙積得後式
丙積有丁積有戊積有丙丁戊方面和有
二
虛術見丙方面依丁積戊積丙丁戊方面和得前式依丙積得後式
丁積有戊積有丁戊方面和有
虛術見丁方面依戊積丁戊方面和得前式依丁積得後式
右各虛術逐以次前虛術擬眞術也
兩式第二附略省約縮
得眞虛之後求兩式也
假如有方臺積若干只云上下差與高和若干又

図 3.12.2 「解伏題之法」第二丁

$\boxed{1\text{只巾}} - 1\text{勾巾} - 1\text{股巾} \boxed{-2\text{只}} \boxed{1}$.

　たとへば，勾股あり．只云ふ，勾を実となし，平方にこれを開きて得たる数と弦の和若干．又云ふ，勾股の和若干．勾を問ふ．

　真術は勾を得．術中股を得難し．ただちに相消の理を得難き故に，皆真数となぞらへて虚術を起して仮りの式二条を求む．

　只云数有り．勾有り．股有り．

　虚術いはく，天元の一を立て勾の開方数 $\boxed{0}\boxed{1}$ となす．これを自して勾 $\boxed{0}\boxed{0}\boxed{1}$ となし，左に寄す．勾を列し，寄左と相消し，式 $\boxed{-1\text{勾}}\boxed{0}\boxed{1}$ を得．また，開方数を列し，以って只云数を減じたる余りは弦 $\boxed{1\text{只}}\boxed{-1}$ をなす．これを自し弦冪 $\boxed{1\text{只巾}}\boxed{-2\text{只}}\boxed{1}$ となし，左に寄す．勾を列し，これを自して股冪を加入したるは，また弦冪 $\boxed{1\text{勾巾}1\text{股巾}}$ をなし，寄左と相消して式 $\boxed{1\text{只巾}-1\text{勾巾}-1\text{股巾}}\boxed{-2\text{只}}\boxed{1}$ を得.

　「仮如」は「かりにもし…ならば」という仮定法を表す決まり文句である．江戸時代の数学，和算では「たとへば」と振り仮名をする習わしであった．「勾股」は直角三角形の直角を挟む短辺と長辺，あるいは直角三角形そのものを表す．残る斜辺を「弦」といい，「勾股弦の法」，すなわち三平方の定理は中国および和算での基本法則であった．「只云」「又云」は第2，第3の仮定を述べるときに用いる．「実」は算盤上に算木を並べて行う方程式の解法に際し方程式の定数項を置く列を意味する．$-$実$+X^2=0$ の解は実の平方根である．したがって，つぎが与えられた問題となる：

　直角三角形があって，その短辺の平方根と斜辺の和が只云数に等しく，短辺と長辺の和が又云数に等しいとする．このとき，短辺を求めよ．

　これを方程式を用いて解くのであるが，只云数，又云数を既知数とする二つの方程式のほかに三平方の定理が加わって合計三つの方程式が立つ．

　宋元代の数学では未知数を「天元の一」とよび，問題文から未知数の整式となる量を計算し，いったん左に寄せておく．現代でいえば方程式の左辺である．つぎに，問題文からまた同じ量を別の整式で表して，左に寄せた整式から引算して整式$=0$

という形の方程式を導く．これを「相消」といった．

この中国の伝統では整式も方程式も区別することなく，定数項の係数を算木の配列で表したものを一番上の列に，その下の列には1次の係数，つぎには2次の係数，…，そして最後の列には最高次の係数を表す算木を並べて表現した．ここでは，算木が表す数字をアラビア数字に置き換え，各列を枠で囲んで左から右に配列した．

真術というのは問題の勾を未知数（Xとしよう）とする方程式を意味する．この問題ではこれに対し直接数係数の方程式を導くことはむずかしい．勾股和は又云数であるから，股が数としてわかっていれば簡単であるが，そうでないために問題がむずかしくなっている．割注の後半では，勾も股も真数，すなわちすでに知られた数を文字で表したものとして，虚術，すなわちまた別の未知数Yに関する方程式を二つ求めると述べている．つぎの行はこの虚術の中で真数とみなす変数を列挙したものである．問題の趣旨からいえば股ではなくて又云数を選ぶべきであろうが，それでは後の計算が複雑になる．

虚術の天元の一を立て，$0+1Y$，勾の平方根とする．これを自乗すれば$0+0Y+1Y^2$が勾となる．これを左に寄せる．勾を［既知数としてそれだけを定数項に］おいた式を作り，左に寄せた式から引算して方程式-1勾$+0Y+1Y^2=0$を得る．

関たちは-1を表す算木の右に小さく勾を書き添えることによって$-1\times$勾を表した．これを傍書法という．勾の自乗は勾冪という．これによっていくつもの文字の整式を表すことができるようになった．算木の右に傍書するときは「冪」を「巾」と略記することが多い．

また，［勾の］平方根を未知数として式を立て，只云数を定数項とする式から引き算した余り1只$-1Y$は弦となる．これを自乗して弦冪1只巾-2只$Y+1Y^2$とし，左に寄せる．勾を式に立て，自乗して股冪を加えたものも弦冪1勾巾$+1$股巾となり，左に寄せた式と相消して方程式1只巾-1勾巾-1股巾-2只$Y+1Y^2=0$を得る．現代の記法で書けば，第1，第2の方程式はそれぞれ

$$-勾+Y^2=0 \tag{1}$$

$$只^2 - 勾^2 - 股^2 - 2 只 Y + Y^2 = 0 \qquad (2)$$

である．これから未知数 Y を含まない X だけの方程式を得ることができれば「開方術」によって勾 X の値を計算することができる．

一般に二つの代数方程式から共通の未知数 Y を消去するとは，この二つの方程式をともに満たす解があるための条件を Y を含まない係数に関する方程式として求めることである．「解伏題之法」はこの消去法を世界最初に確立した書物であるが，ここではまだこの問題に対しこれ以上の説明はない．

次が第 2 問である．

仮如有三斜，積若干．只云，大斜再自乗数与中斜再自乗数相併共若干．又云，中斜再自乗数与小斜再自乗数相併共若干．問大斜．

三角形が与えられているとして，その面積 c と，大，中，小の辺の長さをそれぞれ X, Y, Z としたとき，$X^3 + Y^3 = a$ および $Y^3 + Z^3 = b$ の値を知って，X を求めよという問題である．

ここでは三角形の面積に関するヘロンの公式

$$16c^2 = 2X^2Y^2 + 2Y^2Z^2 + 2Z^2X^2 - X^4 - Y^4 - Z^4 \qquad (3)$$

が暗黙のうちに了解されている．以上三つの方程式から Y, Z を消去すれば，X に関する方程式が得られるのであるが，ここでは 2 度消去しなければならないというだけで詳しい説明はない．

紙数の関係で省略するもう一問を加えた第 1～3 問と同様な問題は，関が 1674 年に出版した『発微算法』で扱われており，同じようにして解けるために，これ以上の説明は必要ないと判断したのかもしれない．第 2 章「両式」にある次の第 4 問で初めて解法の説明を行っている．

仮如有方台，積若干．只云，上下差与高和若干．又云，下方冪与高冪相併共若干．問上方．

ここでは，本来の既知数である体積および又云数のほかに，本来の未知数である上方 X, および下方 Z と高の和 = 上下差与高和 + X も既知数であるとし，天元の一として補助の未知数 Y = 高を立て，つぎの二つの方程式を導いている：

| -3 積 | 1 和巾 + 1 和・上方 + 1 上方巾 | -2 和 -1 上方 | 1 |

$\boxed{1\,\text{和巾}-1\,\text{又云}}\,\boxed{-2\,\text{和}}\,\boxed{2}$.

ここで，和というのは下方と高の和である．方台，すなわち正方形を底とする錐を底と平行な平面で切った図形の体積の公式

$$(X^2 + XZ + Z^2)\frac{Y}{3} \tag{4}$$

も用いられている．

3.12.2 「解伏題之法」の消去法

関が「解伏題之法」で与えた消去の方法は，一般に

$$f(Y) = a_0 + a_1 Y + \cdots + a_n Y^n = 0 \tag{5}$$
$$g(Y) = b_0 + b_1 Y + \cdots + b_m Y^m = 0 \tag{6}$$

が二つの方程式であるとき，もしこれらに共通の解があるならば，その解はこれらの方程式の1次結合で表される方程式

$$r(Y) = p(Y)f(Y) + q(Y)g(Y) = 0 \tag{7}$$

の解にもなっていなければならないという原理にもとづく．整式 $p(Y)$，$q(Y)$ をうまく選んで $r(Y)$ を定数項しかないようにすることができれば，その定数項が零に等しいという条件は式 (5)，(6) に共通の解があるための必要条件になる．

関はこれを二段構えで実行する．一般性を失うことなく $n \geq m$，$a_n \neq 0$，$b_m \neq 0$ としてよい．$n > m$ の場合はベズーが1764年に発表した方法と多少異なり，関は $b_n = b_{n-1} = \cdots = b_{m+1} = 0$ として式 (6) も n 次式として扱う．最高次の Y^n の係数から消去するため，はじめに，$b_n f(Y) - a_n g(Y)$ によって第1の換式

$$c_{10} + c_{11} Y + \cdots + c_{1,n-1} Y^{n-1} = 0 \tag{8_1}$$

を作る．同様に，$(8_1) \times Y$ に $b_{n-1} f(Y) - a_{n-1} g(Y)$ を加え，第2の換式

$$c_{20} + c_{21} Y + \cdots + c_{2,n-1} Y^{n-1} = 0 \tag{8_2}$$

を作る．意外なことに Y^n の項は現れない．以下同様に続けて，n 番目までの換式

$$c_{n0} + c_{n1} Y + \cdots + c_{n,n-1} Y^{n-1} = 0 \tag{8_n}$$

を作る．これで第一段階は終わる．

これを第1問の方程式 (1)，(2) に適用すれば，まず式 (1) から式 (2) を引いた第1換式は

$$-\text{勾} - \text{只}^2 + \text{勾}^2 + \text{股}^2 + 2\,\text{只}\,Y = 0. \tag{9}$$

つぎに，式 (9) に Y を掛けた式に式 (1) の -2 只倍を加え，第2換式

$$2 只勾 + (-勾 - 只^2 + 勾^2 + 股^2)Y = 0 \qquad (10)$$

を得る．この二つの1次方程式から再び換式を作れば Y を消去した方程式

$$(-勾 - 只^2 + 勾^2 + 股^2)^2 - 4 只^2 勾 = 0 \qquad (11)$$

が得られる．この左辺は式 (9), (10) の係数を成分とする行列式に等しいことに注意する．

関は，任意の次数 n の方程式系に対しても，ここで世界最初に行列式を導入して，一挙に $Y, Y^2, \cdots, Y^{n-1}$ を消去することに成功した．上の2次の行列式は『九章算術』にもたびたび現れ，「維乗」とよばれている．また，『九章算術』には行列表示を用いて連立1次方程式を解く方法が与えられており，日本の数学者にとって数を行列に並べたものは決してなじみのないものではなかったことを注意しておく．

1次の行列式は

$$|d| = d$$

で定義し，$n-1$ 次の行列式がわかっているとき，n 次の行列式を

$$\begin{vmatrix} d_1 & c_{11} & \cdots & c_{1,n-1} \\ d_2 & c_{21} & \cdots & c_{2,n-1} \\ & \cdots & & \\ & \cdots & & \\ d_n & c_{n1} & \cdots & c_{n,n-1} \end{vmatrix} = d_1 \begin{vmatrix} c_{21} & \cdots & c_{2,n-1} \\ c_{31} & \cdots & c_{3,n-1} \\ & \cdots & \\ c_{n1} & \cdots & c_{n,n-1} \end{vmatrix} - d_2 \begin{vmatrix} c_{11} & \cdots & c_{1,n-1} \\ c_{31} & \cdots & c_{3,n-1} \\ & \cdots & \\ c_{n1} & \cdots & c_{n,n-1} \end{vmatrix}$$

$$+ \cdots + (-1)^{n-1} d_n \begin{vmatrix} c_{11} & \cdots & c_{1,n-1} \\ c_{21} & \cdots & c_{2,n-1} \\ & \cdots & \\ c_{n-1,1} & \cdots & c_{n-1,n-1} \end{vmatrix} \qquad (12)$$

で定義する．このように定義すれば行列式が最初の列ベクトル (d_i) に関して線形であることは明らかである．この定義によれば，どの列ベクトルも，あるときはそれが最初の列ベクトルであったのであるから，行列式はどの列ベクトルに関しても線形であることがわかる．ここで，$(-1)^{i-1}$ を掛けた $n-1$ 次の小行列式を d_i の余因子という．

とくに (d_i) として方程式 (8_i) の左辺を代入すれば，得られる行列式は，定数項として (d_i) に (c_{i0}) を代入した行列式，Y^j の係数として (d_i) に (c_{ij}) を代入した行列式をもつ Y の整式 $=0$ となる．ここで，$j\neq 0$ の場合，後の行列式は同じ成分をもつ二つの列ベクトルをもつ行列式であり，このような行列式は 0 に等しい．これは，隣り合う二つの列を交換したとき，行列式が符号を変え -1 倍されることに帰着できる．さらにまた，上の行列式の定義で (d_i) と (c_{i1}) を交換したとき符号を変えることに帰着できるが，これは，もう一段右辺の小行列式の定義に戻って，計算すればすぐに確かめられる．

「解伏題之法」の第 5 章「生尅(せいこく)」では，$n=2,3,4$ の場合について，実際に任意の整式

$$d_i(Y) = c_{i0} + c_{i1}Y + \cdots + c_{ij}Y^j + \cdots + c_{i,n-1}Y^{n-1} \tag{13}$$

を上の定義式 (12) に代入して，得られた行列式が

$$\begin{vmatrix} c_{10} & c_{11} & \cdots & c_{1,n-1} \\ c_{20} & c_{21} & \cdots & c_{2,n-1} \\ & & \cdots & \\ & & \cdots & \\ c_{n0} & c_{n1} & \cdots & c_{n,n-1} \end{vmatrix} = 0 \tag{14}$$

の左辺に等しい定数になることを確認している．けっきょく，式 (14) が連立方程式 (5), (6) から Y を消去した結果になる．もとの方程式 (5), (6) の係数が Y 以外の変数の整式であるとき，換式の係数も式 (14) の左辺も同様にこれらの変数の整式になる．

「伏題」とは補助の未知数を導入しなければ方程式が容易に得られない問題を意味し，「解伏題之法」はまさしく補助の未知数をつぎつぎに消去することによって伏題を解く一般的な方法を与えた本であったのである．

3.12.3　交式斜乗法

ここで筆を止めておけば，この本は，おそらく未知数消去の理論を世界最初に，しかももっとも簡潔に展開した名著として高く評価されたであろう．しかし，末尾に蛇足を付け加えたために，いまにいたるも「もっと関自身の数学に踏み入って，そ

斜乗

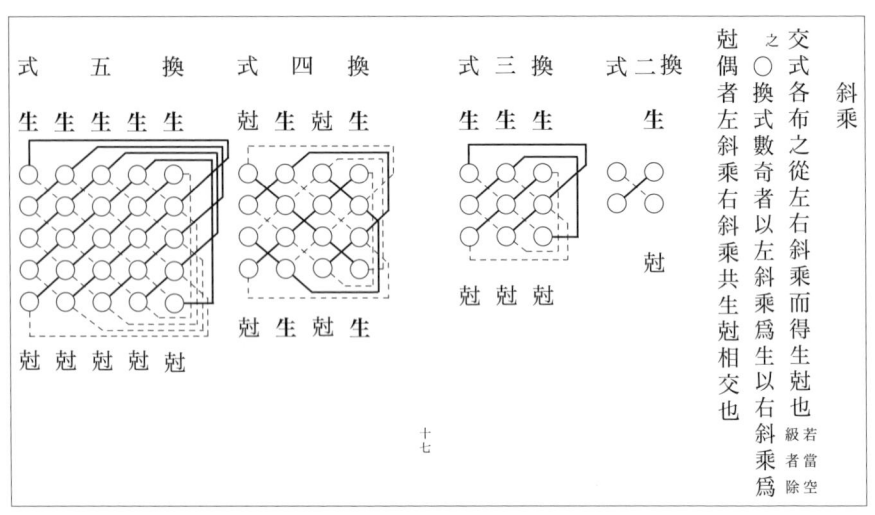

交式各布之從左右斜乗而得生尅也
之換式數奇者以左斜乗爲生以右斜乗爲 級若當除空
尅偶者左斜乗右斜乗共生尅相交也

換二式

換三式

換四式

換五式

十七

図 3.12.3　生尅

の姿を白日のもとに晒さなければならない」などという酷い言葉をあびせられることになってしまった.

　原因は式 (12) で定義される行列式の計算が簡単でないことにある. $n=2, 3$ の場合にはそれぞれ維乗, サラスの方法として知られるように, 主対角線に平行な積には + の符号, 反対角線に平行な積には − をつけて足し合わせればよい. 関はこの二つを「生, 尅」という名前で区別している (図 3.12.3). $n=4$ の場合の自身の計算から, この場合ですら, 主対角線に平行な積すべてが「生」ではなく「生, 尅」が交代すること, 同様に反対角線に平行な積の「生, 尅」も交代することを知った. これで全部で 24 項あるうち 8 項の「生, 尅」は決まったわけであるが, 残りの 16 項もこれを二つの 8 項の組に分けると, それぞれは定数項は動かさず, 残りの 3 列を偶置換によって並び代えたうえで主対角線または反対角線に平行な積に対し始めの行列に対するものと同じ「生, 尅」を与えればよいことを発見した. すなわち, 四つの方程式系

$$\begin{cases} D+ \ CY+ \ BY^2+ \ AY^3=0 \\ H+ \ GY+ \ FY^2+ \ EY^3=0 \\ L+ \ KY+ \ JY^2+ \ IY^3=0 \\ P+ \ OY+ \ NY^2+ \ MY^3=0 \end{cases} \quad (15)$$

を意味する行列

$$\begin{pmatrix} D & C & B & A \\ H & G & F & E \\ L & K & J & I \\ P & O & N & M \end{pmatrix} \quad (16)$$

の場合，このほかに

$$\begin{pmatrix} D & B & A & C \\ H & F & E & G \\ L & J & I & K \\ P & N & M & O \end{pmatrix}, \begin{pmatrix} D & A & C & B \\ H & E & G & F \\ L & I & K & J \\ P & M & O & N \end{pmatrix} \quad (17)$$

に対しても，主対角線または反対角線に平行な積を作り，これをそれぞれ左斜乗および右斜乗とよんだ．左右が反対のように思われるかもしれないが，これは式 (16) が江戸時代の表示を左に直角だけ回転したものになっているためである．そのうえで式 (16) に対するものと同じ「生，尅」を与えて，すべての項を足し合わせれば行列式の展開が得られる．式 (16) から式 (17) を得る操作を「交式」といい，このようにして行列式を計算する方法を「交式斜乗法」と名づけた．

これは式 (15) から Y を消去する方法として決して悪いものではない．関の失敗は，同じ方法が n が 5 以上の場合にも適用できると早合点してしまったことにある．$n=4$ の場合には定数項 D, H, L, P のおのおのから出発する左斜乗と右斜乗は異符号をもつ．そのためにこの方法は成功するのであるが，$n=5$ の場合には，すべてが「生」になってしまい，うまくゆかない．このことは後の和算家菅野元健，石黒信由も気づき，ともに寛政 10 (1798) 年に公表している．それ以前には「交式」に誤りがあるのではないかと疑われ，松永良弼 (正徳 3 (1715) 年) らが間違った訂正を発表していた．

他方，行列式を使った消去の理論は関西に在住した和算家田中由真 (慶安 4 (1651)～享保 4 (1719)) らによっても独自に研究され，田中の写本「算学紛解」(元禄 3 (1690) 年頃) および井関知辰の刊本『算法発揮』(元禄 3 (1690) 年) によってその内容を知ることができる．関の理論とのおもな違いは行列式の定義として式 (12) ではなく，これを転置させ，第 1 行の d_1, c_{11}, $\cdots$, $c_{1,n-1}$ に余因子を掛けた形で展開したものを採用してい

ることである．行列式は成分を転置させても値が変わらないから，このようにしても正しい答は得られる．しかし，なぜこのように計算した結果がもとの二つの方程式から共通の未知数を消去した結果を与えるのか，根拠はわからなくなってしまった．

　関孝和は弟子の建部賢弘（寛文 4 (1664)〜元文 4 (1739) 年），賢明（寛文元 (1661)〜享保元 (1716) 年）とともに 1683 年から 1711 年までの 28 年間を費やして 20 巻の大著「大成算経」を著し，消去の理論を駆使して，デカルト (1637 年) が提唱した線分の幾何学を世界最初に実行に移すなどした．しかし，行列式の定義ではなぜか関西のものを採用している．

[小松彦三郎]

■ 参 考 文 献

1) 後藤武史，小松彦三郎「17 世紀日本と 18-19 世紀西洋の行列式，終結式及び判別式」,「数学史の研究」『数理解析研究所講究録』**1392**, 117-129, 2004.
2) 小松彦三郎『解伏題之法』山路主住本の復元と『関孝和全集』との比較, 同上, 225-245.

＊ここに書いたことは 2002 年に東京理科大学理学研究科博士課程学生であった後藤武史と連名で日本科学史学会の機関誌『科学史研究』に送った論文[1]の要約である．この論文は掲載不可の判定で返されてきた．その判定の根拠として送られてきた「審査結果」はとうてい納得できるものでなく，これに対する反論とともに，同じ巻の数理解析研究所講究録に印刷公表してある．

3.13 円　　理

3.13.1　求　弧　背　術

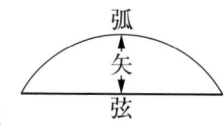

図 3.13.1 は，円弧とその両端を結ぶ弦，そして円弧の中点と弦の中点を結ぶ線分，矢という，を描いたものである．この円の直径と矢の長さを与えて，円弧の長さを求めることを問題にする．

円の直径は d，矢の長さ c，弦の長さ a，円弧の長さ s とする．

今村知商『竪亥録』（寛永 16 (1639) 年）

$$s = \sqrt{\left(d + \frac{c}{2}\right) \times 4c}$$

関孝和『括要算法』（正徳 2 (1711) 年）

$$1{,}276{,}900\, d^2(d-c)^5 s^2 = 5{,}107{,}600\, cd^6 - 23{,}835{,}413\, c^2 d^5 \\ + 43{,}470{,}240\, c^3 d^4 \\ - 37{,}997{,}429\, c^4 d^3 + 15{,}047{,}062\, c^5 d^2 - 1{,}501{,}025\, c^6 d + 281{,}290\, c^7$$

これは，$\dfrac{c}{d} = 0.1,\ 0.2,\ 0.3,\ 0.4,\ 0.45,\ 0.5$ のとき正しい値を与える．

建部賢弘『研幾算法』（天和 3 (1683) 年）

$$s^2 = \frac{1}{4{,}596{,}840\, d^3} \times \\ (5{,}599{,}232\, c^5 - 715{,}920\, c^4 d + 4{,}081{,}524\, c^3 d^2 + 6{,}021{,}104\, c^2 d^3 \\ + 18{,}393{,}267\, cd^4 - 81\, d^5)$$

これは，$\dfrac{c}{d} = 0.02,\ 0.1,\ 0.2,\ 0.25,\ 0.36,\ 0.5$ のとき正しい値を与える．

これらは，初期のまだ正しい計算式ができる前に作られた近似式である．

3.13.2　円 理 弧 背 術

直径 1 の円で，矢の長さ c が 0.0001，弦の長さ a である弧の長さを s とする．

建部賢弘「綴術算経」（享保 7 (1722) 年）で与えられたもの．

$$\left(\frac{s}{2}\right)^2 = c\left(1 + \frac{2^2}{3\cdot 4}c + \frac{2^2\cdot 4^2}{3\cdot 4\cdot 5\cdot 6}c^2 + \frac{2^2\cdot 4^2\cdot 6^2}{3\cdot 4\cdot 5\cdot 6\cdot 7\cdot 8}c^3 + \cdots\right)$$

$c = 0.00001$ のときの $\left(\dfrac{s}{2}\right)^2$ の値を求め，表 3.13.1 のように，これから順次

$$x_0 = c, \quad x_1 = \frac{1}{3}cx_0, \quad x_2 = \frac{8}{15}cx_1, \quad x_3 = \frac{9}{14}cx_2, \cdots$$

を計算していく．

表 3.13.1

$\left(\dfrac{s}{2}\right)^2$		0.00001 00000 33333 35111 11225 39690 66667 28234 77694 79595 874 強
x_0	c	0.00001
y_1		0.00000 00000 33333 35111 11225 39690 66667 28234 77694 79595 875 強
x_1	$\dfrac{1}{3}cx_0$	0.00000 00000 33333 33333 33333 33333 33333 33333 33333 33333 333 強
y_2		0.00000 00000 00000 01777 77892 06357 33333 94901 44361 46262 542 強
x_2	$\dfrac{8}{15}cx_1$	0.00000 00000 00000 01777 77777 77777 77777 77777 77777 77777 778 強
y_3		0.00000 00000 00000 00000 00114 28579 55556 17123 66583 68484 764 強
x_3	$\dfrac{9}{14}cx_2$	0.00000 00000 00000 00000 00114 28571 42857 14285 71428 57142 857 強
y_4		0.00000 00000 00000 00000 00000 00008 12699 02837 95155 11341 907 強
x_4	$\dfrac{32}{45}cx_3$	0.00000 00000 00000 00000 00000 00008 12698 41269 84126 98412 698 強
y_5		0.00000 00000 00000 00000 00000 00000 00000 61568 11028 12929 209 弱
x_5	$\dfrac{25}{33}cx_4$	0.00000 00000 00000 00000 00000 00000 00000 61568 06156 80615 681 弱
y_6		0.00000 00000 00000 00000 00000 00000 00000 00000 04871 32313 528 強
x_6	$\dfrac{72}{91}cx_5$	0.00000 00000 00000 00000 00000 00000 00000 00000 04871 31915 703 強

すなわち，

$$\left(\frac{s}{2}\right)^2 = x_0 + x_1 + x_2 + \cdots$$
$$= c + \frac{1}{3}c^2 + \frac{8}{15}\frac{1}{3}c^3 + \frac{9}{14}\frac{8}{15}\frac{1}{3}c^4 + \cdots$$

3.13 円理

$$= c + \frac{2^2}{3 \cdot 4} c^2 + \frac{2^2 \cdot 4^2}{3 \cdot 4 \cdot 5 \cdot 6} c^3 + \frac{2^2 \cdot 4^2 \cdot 6^2}{3 \cdot 4 \cdot 5 \cdot 6 \cdot 7 \cdot 8} c^4 + \cdots$$

「円理乾坤之巻」(文化2 (1805) 年) (本多利明に伝わる写本. もとの作者は不明. 建部賢弘か) において, 展開式

$$\left(\frac{s}{2}\right)^2 = c \left(1 + \frac{2^2}{3 \cdot 4} c + \frac{2^2 \cdot 4^2}{3 \cdot 4 \cdot 5 \cdot 6} c^2 + \frac{2^2 \cdot 4^2 \cdot 6^2}{3 \cdot 4 \cdot 5 \cdot 6 \cdot 7 \cdot 8} c^3 + \cdots \right)$$

が, 次の形で求められている.

直径は1とし, 与えられた弧に対する矢を c, その弧を半分半分にしていったものに対する矢を, つぎつぎ $c_1, c_2, c_3, \cdots$ とする. そうすると,

$$c_1 = \frac{1}{2}(1 - \sqrt{1-c}), \quad c_2 = \frac{1}{2}(1 - \sqrt{1-c_1}), \quad c_3 = \frac{1}{2}(1 - \sqrt{1-c_2}), \cdots$$

$$2^{2n} c_{2n} \rightarrow \left(\frac{s}{2}\right)^2$$

ここで, $x^2 = 1 - c$ の解を求める天元術の手法により, 次の展開式を作る.

$$\sqrt{1-c} = 1 - \frac{1}{2} c - \frac{1}{2^2 \cdot 2} c^2 - \frac{3}{2^3 \cdot 2 \cdot 3} c^3 - \frac{3 \cdot 5}{2^4 \cdot 2 \cdot 3 \cdot 4} c^4$$
$$- \frac{3 \cdot 5 \cdot 7}{2^5 \cdot 2 \cdot 3 \cdot 4 \cdot 5} c^5 + \cdots$$

そして, この操作をつぎつぎ $\sqrt{1-c_1}, \sqrt{1-c_2}, \sqrt{1-c_3}, \cdots$ に対して行い, 極限操作を経て, 上の $\left(\frac{s}{2}\right)^2$ の展開式にいたっている.

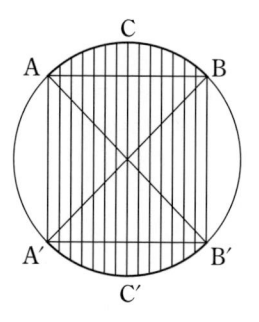

安島直円「弧背術解」(宝暦10 (1760) 年頃) による方法.

安島は, 弧の長さを求めるのに, 図 3.13.2 のように, 弧 ACB に対して, 弧 ACB と中心に関して対称な円弧 A′C′B′ を上下にもつ図の図形の面積甲を, この部分を縦に分割して和を求めた. そして, それが次の式で与えられることを得た.

図 3.13.2

$$甲 = a - \frac{1}{6} a^3 - \frac{1}{40} a^5 - \frac{3}{336} a^7 - \frac{15}{3456} a^9 - \cdots$$

a は弦 AB の長さ.

そして，中の四角の部分の面積の半分 $\frac{1}{2}a\sqrt{1-a^2}$ を引いて2で割って，それが中心と弧の両端を結ぶ二つの線分と円弧でできる三角形の形の部分の面積 $\frac{1}{2}$ であることから，

$$s = a + \frac{1^2}{3!}a^3 + \frac{1^2 \cdot 3^2}{5!}a^5 + \frac{1^2 \cdot 3^2 \cdot 5^2}{7!}a^7 + \cdots$$

を導いた．

鎌田俊清「平円周率起源」(享保7 (1722) 年),「宅間流円理」(享保7 (1722) 年), 松永良弼「方円算経」(元文4 (1739) 年), 有馬頼徸『拾璣算法』(明和6 (1769) 年) により得られたもの

$$s = 2\sqrt{c} = \left(1 + \frac{1}{3!}c + \frac{3^2}{5!}c^2 + \frac{3^2 \cdot 5^2}{7!}c^3 + \cdots\right)$$

$$c = \frac{s^2}{4}\left(1 - \frac{2}{4!}s^2 + \frac{2}{6!}s^4 - \frac{2}{7!}s^6 + \cdots\right)$$

$$a = s\left(1 - \frac{1}{3!}s^2 + \frac{1}{5!}s^4 - \frac{1}{7!}s^6 + \cdots\right)$$

$$s = a\left(1 + \frac{2}{3}c + \frac{2 \cdot 4}{3 \cdot 5}c^2 + \frac{2 \cdot 4 \cdot 6}{3 \cdot 5 \cdot 7}c^3 \cdots\right)$$

$$s = a + \frac{1^2}{3!}a^3 + \frac{1^2 \cdot 3^2}{5!}a^5 + \frac{1^2 \cdot 3^2 \cdot 5^2}{7!}a^7 + \cdots$$

3.13.3　円　周　率　($\Rightarrow$ 3.2)

円弧の長さを与える級数から，つぎの円周率の計算のための級数展開の公式が得られた．

建部賢弘（享保7 (1722) 年）

$$\pi^2 = 8\left(1 + \frac{(1!)^2 \cdot 2^2}{4!} + \frac{(2!)^2 \cdot 2^3}{6!} + \frac{(3!)^2 \cdot 2^4}{8!} + \cdots\right)$$

松永良弼（元禄6 (1693)？～延享元 (1744) 年）

$$\pi = 3\left(1 + \frac{1^2}{2^2 \cdot 3!} + \frac{1^2 \cdot 3^2}{2^4 \cdot 5!} + \frac{1^2 \cdot 3^2 \cdot 5^2}{2^6 \cdot 7!} + \cdots\right)$$

安島直円（享保17 (1732)？～寛政10 (1798) 年）

$$\frac{\pi}{4} = 1 - \frac{1}{2 \cdot 1! \cdot 3} - \frac{1}{2^2 \cdot 2! \cdot 5} - \frac{1 \cdot 3}{2^3 \cdot 3! \cdot 7} - \frac{1 \cdot 3 \cdot 5}{2^4 \cdot 4! \cdot 9} - \cdots$$

3.13.4　円　理

このような展開式を得る手法は，他の諸量，諸関数に対してもいろいろ研究された．それらを総称して円理といっている．

3.13 円　理

日下 誠(くさかまこと)による「円理豁術(えんりかつじゅつ)」「円理諸表」では，いろいろな積分を級数展開で求めている（文政年間（1818～1830）？年）．

p, q が自然数のとき，

$$\int_0^1 x^p(1-x)^q dx = \frac{p!q!}{(p+q+1)!}$$

を示し，次いで

$$\int_0^1 x^p \sqrt{1-x}\, dx = \frac{1}{p+1} - \frac{1}{2}\frac{1}{p+2} - \frac{1}{8}\frac{1}{p+3} - \frac{3}{48}\frac{1}{p+4} - \frac{15}{384}\frac{1}{p+5} - \cdots$$

において，$p = 0, 1, 2, \cdots$ としてこの和を求め，

$$\frac{2}{3},\ \frac{4}{15},\ \frac{2 \cdot 8}{105},\ \frac{2 \cdot 48}{945},\ \cdots$$

を得ている．

［竹之内　脩］

3.14 楕　　円

「楕円」という言葉が和算家の間で使われ出したのはヨーロッパの暦学や数学が中国を経由して輸入された『暦算全書』と『数理精蘊』に「楕円」という語が使われており，それが和算家に普及した幕末からである．

江戸初期の和算書には楕円を意味する語として「平飯櫃（平卵）」，「立飯櫃（立卵）」，「平葉形」などが使われているが，『万葉集』巻五には「筑前国怡土郡深江村子負の原に，海に臨める丘の上に，二つの石あり．大きなるは，長さ一尺二寸六分，囲み一尺八寸六分重さ十八斤五両，少きは，長さ一尺一寸，囲み一尺八寸，重さ十六斤十両，並に皆楕円く，状鶏子のごとし．」とあり，「楕円」を「楕円体（鶏卵）」として表現している．

関孝和（寛永 17（1640）頃～宝永 5（1708）年）が著した「求積」や天和・貞享年間（1681～1688）に著作したと考えられている「解見題之法」に「側円」という語が使われてからは，関流和算家によって全国に広まり，幕末にいたっても多くの和算家はこの名称を使用している．

また，関孝和が楕円（側円）の定義を「円柱または円錐の斜截面」としたことから，和算には「焦点」に関する研究がほとんどなされていない．

3.14.1 礒村吉徳の楕円周の求め方

わが国で初めて楕円について研究したのは礒村吉徳（？～宝永 7（1710）年）である．礒村は自著『算法闕疑抄』（万治 2（1659）年）に「円錐台の斜截面（楕円）の周を求める」問題を「遺題第 45 問」

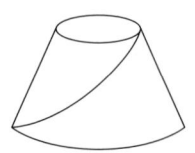

今指渡上にて百二十間，下にて二百五十間，高二十五間有る円台を折違に切申時，切口の廻何程と問

として出題し，解法を『頭書算法闕疑抄』（貞享元（1684）年）に示した．

3.14 楕　　円　　　　　　　　　　143

礒村の計算法は図 3.14.1 において，HO を矢，AA′，BB′ をそれぞれ円闕弦とする二つの弓形の弧，すなわち楕円弧 FAH と楕円弧 HBF をそれぞれ円弧 AHA′ と円弧 BHB′ とみなし

$$\text{楕円周} = \text{円弧 AHA′} + \text{円弧 BHB′} = AA′ + BB′$$
$$= 2(AB - BO) + 2BO = 2AB = 2 \times \text{長径}$$

を楕円周として求めている．

図 3.14.1

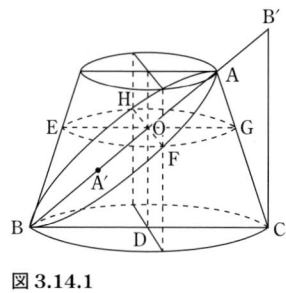

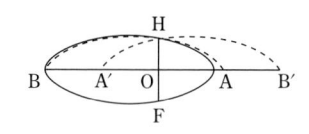

図 3.14.2

3.14.2　関孝和の楕円積および楕円周の求め方

関孝和の「求積」には以下の楕円の面積を求める問題がある．

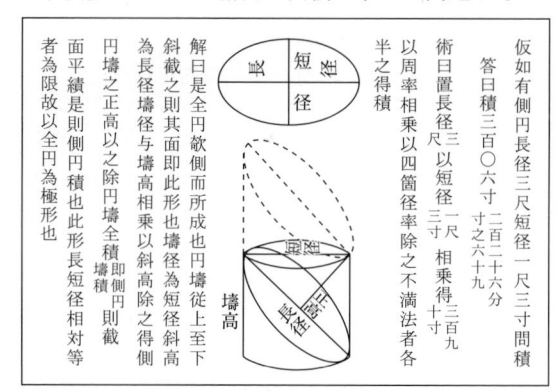

仮如有側円長径三尺短径一尺三寸問積
答曰積三百〇六寸二百二十六分之六十九
術曰置長径三尺以短径一尺三寸相乗得三百九十寸以周率相乗以四箇径率除之不満法者各半之得積

長径　短径

解曰是全円斜側而所成也円壔従上至下斜截之則其面即此形也円壔径為短径斜高為長径壔径与壔高相乗以斜高除之得側円壔之正高以之除円壔全積即側円壔面積也此形長短径相対等者為限故以全円為極形也

壔高　正高　斜高

この解法は図 3.14.3 において，円柱の斜截面（楕円面）の AB を長径 = a，円柱の直径 AC を短径 = b，円柱と同体積の楕円柱 ABCE の CD を正高 = k とすると

$$\text{正高}: k = \frac{bh}{a}$$

円柱の体積 = 楕円柱の体積：$V = \dfrac{\pi b^2 h}{4}$ より

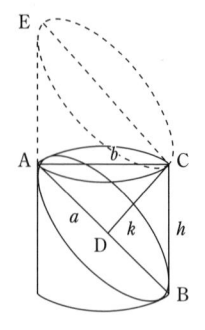

図 3.14.3 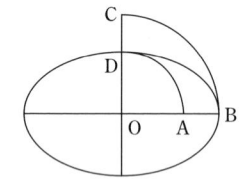　　　　　図 3.14.4 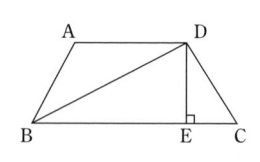　　　　　図 3.14.5

$$楕円の面積：S = \frac{V}{k} = \frac{\pi}{4}ab$$

となる．この解法は「解見題之法」にも所載されている．

　また関は「解見題之法」で「楕円周」の求め方を近似公式で示している．関の近似公式は楕円の長径を a, 短径を b, 周を l とすると

$$l = \sqrt{\pi^2 ab + 4(a-b)^2}$$

になるというものである．

　この公式は図 3.14.4 のように，楕円内に長径 a および短径 b を直径とする円を描くと

$$弧\,BC = \frac{\pi}{4}a, \quad 弧\,AD = \frac{\pi}{4}b,$$
$$AB = DC = \frac{a-b}{2}$$

これらを図 3.14.5 の △BDE と △CDE より導き出した等脚台形の対角線に関する公式

$$BD^2 = AD \times BC + DC^2$$

にあてはめると

$$(弧\,BD)^2 = \frac{\pi^2}{16}ab + \frac{1}{4}(a-b)^2$$
$$\therefore\ l = 4 \times (弧\,BD) = \sqrt{\pi^2 ab + 4(a-b)^2}$$

となり，関の公式と一致する．

3.14.3　無限級数による楕円周の求め方

　会田安明（延享 4（1747）～文化 14（1817）年）は自著「算法側円集」で，長径を等分した点を通り，短径に平行な弦を引き，

3.14 楕　　円

楕円との交点を結んでできる内接多角形の周を求めるという方法で楕円周を求めている.

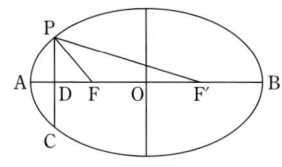

図3.14.6

このとき，長径 $=a$，短径 $=b$，矢 $=c$ とすると

$$PF + PF' = a \tag{1}$$
$$FF' = \sqrt{a^2 - b^2} \tag{2}$$
$$DF = \frac{1}{2}\left(a - 2c - \sqrt{a^2 - b^2}\right) \tag{3}$$
$$PF'^2 = PF^2 + FF'^2 + 2FF' \cdot DF \tag{4}$$

式 (1)，(2)，(3)→式 (4) より

$$PD^2 = \frac{b^2}{a^2}(a-c)c$$

なる式を用いて

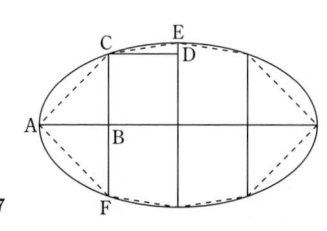

図3.14.7

$$BC^2 = \frac{b^2}{a^2}(a-c)c$$
$$AC = \sqrt{c^2 + \frac{b^2}{a^2}(a-c)c}$$
$$ED = \frac{1}{2}b - \sqrt{\frac{b^2}{a^2}(a-c)c}$$
$$CE = \sqrt{CD^2 + ED^2}$$
$$\vdots \qquad \vdots$$

したがって，楕円周 $= AC + CE + \cdots$ として求めている.
具体的には長径5寸，短径3寸の楕円の長径を4，8，16，32，64，128 等分したときの内接多角形の周を計算し,

　　　4 等分 12.2808559 寸，　　8 等分 12.5569079 寸
　　16 等分 12.6805695 寸，　32 等分 12.73154063 寸
　　64 等分 12.750396656 寸
　　128 等分 12.759165985639652408652972 寸

（小数点以下 24 桁）を算出している.

和田 寧（天明 7（1787）〜天保 11（1840）年）は自著「円理順逆小成」の中で楕円周の求め方を，図のように，接線から切り取られる線分の和の極限として以下の数式を得ている.

$$楕円周 = \pi \cdot 長径\left(1 - \frac{1}{2^2}率 - \frac{1 \cdot 3}{8^2}率^2 - \frac{3 \cdot 15}{48^2}率^3 - \frac{15 \cdot 105}{384^2}率^4 - \cdots\right)$$

ただし，率 $= 1 - \dfrac{短径^2}{長径^2}$ とする．ここで，$\pi \times 長径 = 原数$ とし，
率$_1 = \dfrac{1}{4}$ 率

$$\dfrac{1}{4}(原数) \times 率 = \dfrac{1}{1^2}(原数) \times 率_1 = 一差$$

$$\dfrac{3}{4}(原数) \times 率_1{}^2 = \dfrac{1 \cdot 3}{2^2}(一差) \times 率_1 = 二差$$

$$\dfrac{3 \cdot 15}{2^2 \cdot 9}(一差) \times 率_1{}^2 = \dfrac{3 \cdot 5}{3^2}(二差) \times 率_1 = 三差$$

$$\dfrac{3 \cdot 5 \cdot 35}{3^2 \cdot 16}(二差) \times 率_1{}^2 = \dfrac{5 \cdot 7}{4^2}(三差) \times 率_1 = 四差$$

$$\vdots \qquad\qquad \vdots \qquad\qquad \vdots$$

とすると

$$楕円周 = \pi \cdot 長径 - \dfrac{1}{1^2}(原)率_1 - \dfrac{1 \cdot 3}{2^2}(一差)率_1 - \dfrac{3 \cdot 5}{3^2}(二差)率_1$$
$$- \dfrac{5 \cdot 7}{4^2}(三差)率_1 - \cdots$$

となる．また上式は 楕円周 $= l$，長径 $= a$，短径 $= b$，率 $= d = 1 - \dfrac{a^2}{b^2}$ とすると

$$l = \dfrac{\pi}{4} \cdot 4 \cdot a \left(1 - \dfrac{1}{2^2}d - \dfrac{1 \cdot 3}{8^2}d^2 - \dfrac{3 \cdot 15}{48^2}d^3 - \dfrac{15 \cdot 105}{384^2}d^4 - \cdots\right)$$
$$= \pi a \left(1 - \dfrac{1}{2^2}d - \dfrac{1^2 \cdot 3}{2^2 \cdot 4^2}d^2 - \dfrac{1^2 \cdot 3^2 \cdot 5}{2^2 \cdot 4^2 \cdot 6^2}d^3 - \dfrac{1^2 \cdot 3^2 \cdot 5^2 \cdot 7}{2^2 \cdot 4^2 \cdot 6^2 \cdot 8^2}d^4 - \cdots\right)$$

さらに $\dfrac{1}{4}d = k$ とおくと

$$l = \pi a \left(1 - \dfrac{1}{1^2}k - \dfrac{1^2 \cdot 3}{1^2 \cdot 2^2}k^2 - \dfrac{1^2 \cdot 3^2 \cdot 5}{1^2 \cdot 2^2 \cdot 3^2}k^3 - \dfrac{1^2 \cdot 3^2 \cdot 5^2 \cdot 7}{1^2 \cdot 2^2 \cdot 3^2 \cdot 4^2}k^4 - \cdots\right)$$

と書き表すこともできる．

3.14.4 楕円体の体積と表面積の求め方

和算では長径を a，短径を b とする楕円は円を軸の方向に $\dfrac{b}{a}$ に縮小したもの，楕円体（長立円）は球を同様に伸縮したものと考え

$$楕円体の体積（長立円積）= V = \dfrac{4}{3}\pi \left(\dfrac{1}{2}a\right)^3 \times \dfrac{b}{a} = \dfrac{1}{6}\pi a^2 b$$

としている.

表面積(冪積)は楕円周と同様に無限級数で
$$表面積 = \pi ab\left(1 - \frac{1}{2\cdot 3}率 - \frac{1}{5\cdot 8}率^2 - \frac{3}{7\cdot 48}率^3 - \frac{15}{9\cdot 384}率^4 - \cdots\right)$$
を得ている.ここで,$率 = 1 - \frac{短径^2}{長径^2}$,$\pi ab = 原数$,$\frac{1}{2\cdot 3}(原数)$

率 = 一差としている.

$\frac{3}{4\cdot 5}(一差)率 = 二差$,$\frac{3\cdot 5}{6\cdot 7}(二差) = 三差$,…とすると

$$表面積 = \pi ab - \frac{1}{2\cdot 3}(原数)率 - \frac{3}{4\cdot 5}(一差)率$$
$$- \frac{3\cdot 5}{6\cdot 7}(二差)率 - \frac{5\cdot 7}{8\cdot 9}(三差)率 - \cdots$$

となる.

左図の問題は武田真元閣『真元算法』(弘化2 (1845))年に「楕円の面積と周を求める」問題として集録されている.

和算家の作問に対するユニークな発想を伺いみることができる.

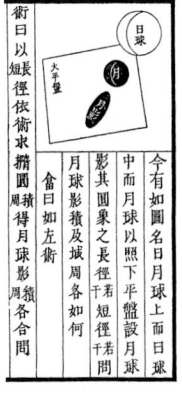

図 3.14.8

3.14.5 算額に見る楕円

文化・文政年間(1804~1830)になると全国各地の神社・仏閣に算額が数多く掲げられるようになった.

つぎに示す楕円の問題は文化元(1804)年に総州参谷郷尾高宇之助頼之によって江戸愛宕本地堂に掲額されたものである.

なお,総州参谷郷は上総国埴生郡三谷村で,現在の千葉県長生郡である.また,師匠の八木林平質は藤田貞資の門人であ

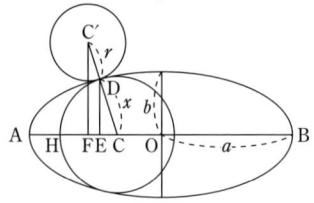

図 3.14.9

この算額は文化 4（1807）年に刊行された『続神壁算法』（藤田貞資閲・藤田嘉言編）に集録されている．

天保 5（1834）年に刊行された村田恒光編『算法側円詳解』にはこの算額の解法が所載されている．

この問題の解法は，図 3.14.6 において，長谷川弘閲・山本賀前編『算法助術』（天保 12（1841）年）の公式 99 番

$$P = a^2 + b^2 + r^2 - \text{FO}^2 - \text{C}'\text{F}^2 \tag{5}$$
$$Q = -a^2b^2 - a^2r^2 - b^2r^2 + b^2 \cdot \text{FO}^2 + a^2 \cdot \text{C}'\text{F}^2 \tag{6}$$
$$3b^4r^2 + 2b^2rPx - Qx^2 = 0 \tag{7}$$

を用いて，図 3.14.10 より

$$\text{FO} = r, \quad \text{C}'\text{F}^2 = (a-r)^2 - r^2 = a^2 - 2ar$$

を式 (5)，(6) に代入すると

$$P = b^2 + 2ar \tag{8}$$
$$-Q = a^2(b^2 + r^2 - a^2 + 2ar) \tag{9}$$

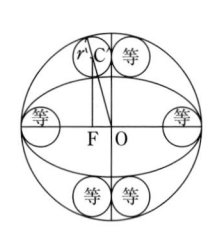

図 3.14.10

となる．また式 (7) に式 (8)，(9) を代入すると

$$3b^4r^2 + 2b^2r(b^2 + 2ar)x + a^2(b^2 + r^2 - a^2 + 2ar)x^2 = 0$$

となる．ここで，$x = 2r$ と $b^2 = ar$ を代入すると

$$3a^2r^4 + 2ar^2 \cdot 6ar^2 + a^2(r^2 - a^2 + 3ar) \cdot 4r^2 = 0$$
$$\therefore \quad 19r^2 + 12ar - 4a^2 = 0$$
$$\therefore \quad r = \frac{(4\sqrt{7} - 6)a}{19} = \frac{(\sqrt{7} - 1.5)a}{4.75}$$

分子を有理化して $a = 19.9$ を代入すると

$$r = \frac{a}{\sqrt{7} + 1.5} = \frac{19.9}{\sqrt{7} + 1.5} = 4.8009496\cdots = 4 寸 8 分有奇$$

となり，術文と一致する．

3.14.6 楕円規

弘化2 (1845) 年に刊行された『真元算法』には楕円を書く道具として「楕円規」の図（図3.14.11）と

> 右のごとく，まんなかの此柱は上下の穴の中に締りよく廻らすべし．鯨はつよからず弱からざる様にして，其先，前に糸を付て，其糸，真中の柱を通るやうにして，筆を廻らす時は自然と側円の形ち本来るなり．是，只，其一端を記

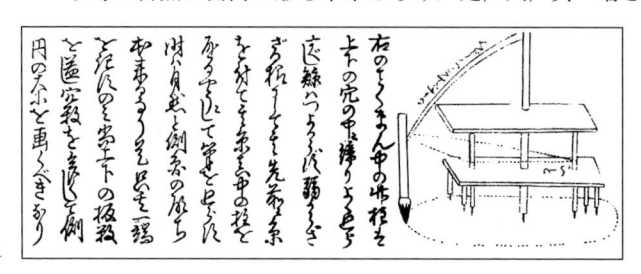

図 3.14.11

> すのみ．尚，上下の板数を益し，穴数を多くして，側円の大小を画くべきなり．

と説明が記されている．

この道具は2枚の平行板を用い，筆の上部と平行板の中心部を突き抜けた棒とを鯨の骨で作った弓で固定し，さらに筆の上層部と2枚の平行板の間を糸で結んで描くようになっている．実際に使用する場合は穂先にキャップを取り付けたり，筆に添え木をして，筆圧を一定にする必要がある． 　　　　［川瀬正臣］

■ 参 考 文 献
- 礒村吉徳『算法闕疑抄』1959年
- 礒村吉徳『頭書算法闕疑抄』1684年
- 長谷川善左衛門弘閲，山本安之進賀前編『算法助術』1841年
- 村田恒光編『算法側円詳解』1834年
- 武田主計正真元閲，武田篤之丞源多則撰，安達数馬藤原利賢編，玉田庄兵衛橘秀行訂，友田猶太郎源直温授『真元算法』1845年
- 平山諦，下平和夫，広瀬秀雄編（関孝和全集刊行会）『関孝和全集　全』大阪教育図書，1974年
- 加藤平左衛門『和算の研究　雑論Ⅰ』日本学術振興会，1954年
- 遠藤利貞遺著『増修日本数学史』恒星社，1960年
- 日本学士院日本科学史刊行会編『明治前　日本数学史』（新訂版）野間科学医学研究資料館，1979年
- 小島憲之，木下正俊，佐竹昭広校注・訳『日本古典文学全集　万葉集　二』小学館，1972年

3.15 互対術，変数術，断連術

3.15.1 互　対　術

順列と組合せの問題が現れたのは田中佳政『数学端記』(享保2 (1717) 年) であるといわれている．田中佳政は山野唯五郎ともいう (参考文献 1，第 2 巻 p. 58，131，第 3 巻 p. 237)．

建部賢弘「不休綴術」享保 7 (1722) 年) には図 3.15.1 のように 21 種の薬材から 3 種を取り出すには何方 (通り) あるかという問題である．

仮如有二薬材二十一積一互取二三種一為二一方一問二為レ方幾何。
答曰、一千三百三十方。
術曰、置二原薬材数一減二去二一余為二限数一。置二限数一加レ三限数乗レ之加レ二変限数乗レ之六而一得二為レ方数一也。

図 3.15.1　「不休綴術」より

術文 (計算方法) は

$$21-2=19 \text{ (限数)}$$

$$\frac{1}{6}\{(19+3)\times 19+2\}\times 19=1330 \text{ 方}$$

としている．

すなわち，限数を n とすると

$$\frac{1}{6}\{(n+3)n+2\}n\left(=\frac{1}{6}n(n+1)(n+2)={}_{n+2}C_3\right)$$

として，$n=19$ のとき答が得られる．

用語「互対」が出ているのは松永良弼「集彙算法」(年紀不明) (参考文献 2，pp. 313〜321) につぎの問題 (図 3.15.2) がある．

今有二総数六個一、互対二三個一、問二積幾何一。
答曰、二十対
術曰、置二総数一減二三個一余以二総数一相乗得数加二二個一似二総数一相二—乗之一得数以レ六約レ之得レ積合レ問

図 3.15.2
「集彙算法」より

問題は「6 個から 3 個を取る組合せの総数 (対) を求めよ．答 20 対」である．術文では「n 個から 3 個を取る組合せの総数を求める方法」(互対三個) を示している．計算しやすいように式を表している．

互対三個は

$$\frac{\{(n-3)n+2\}n}{6}\left(=\frac{n(n-1)(n-2)}{1\cdot 2\cdot 3}={}_nC_3\right)$$

である．以下同様にして「互対術演段」として互対四個は

$$\frac{[\{(n-6)n+11\}n-6]n}{24}\left(=\frac{n(n-1)(n-2)(n-3)}{1\cdot 2\cdot 3\cdot 4}={}_nC_4\right)$$

互対五個は

$$\frac{([\{(n-10)n+35\}n-50]n+24)n}{120}$$
$$\left(=\frac{n(n-1)(n-2)(n-3)(n-4)}{1\cdot 2\cdot 3\cdot 4\cdot 5}={}_nC_5\right)$$

などを得て，一般法則として求めている．

順列と組合せについては，始めは「互対術」といい，のちには「変数術」というようになる．

ここで順列と組合せの研究論文は林鶴一「和算ニ於ケル錯列解析ニ就テ」(『東北数学雑誌』第33巻,1931年) (参考文献3, pp. 93〜132) があり，くわしい解説がされている．また，加藤平左エ門『和算ノ研究・雑論 I』(参考文献4, pp. 161〜214) にもくわしく解説されている．

3.15.2 変 数 術

有馬頼徸『拾璣算法』[5] (明和6 (1769) 年) 巻之二の中に変数13問がある．その中の第5問には

「分母が360で分子が整数1から359まで変化するとき，既約分数が何個あるか．答96個」について久留島義太[6] (未詳〜宝暦7 (1757) 年) は「久氏遺稿」の中でつぎのように述べている (参考文献6, p. 84, 85)．

一般に N の約数 $a, b, c, \cdots$ とすれば

$$N\times \frac{(a-1)(b-1)(c-1)\cdots}{a\cdot b\cdot c\cdots}=N\left(1-\frac{1}{a}\right)\left(1-\frac{1}{b}\right)\left(1-\frac{1}{c}\right)\cdots$$

は N 以下の N と素になる整数の個数を与える．これを $\varphi(N)$ と表せば，オイラー関数 (宝暦10 (1760) 年) である (オイラー関数は久留島義太の発見とされている)．この問題の解答は，$360=2^3\cdot 3^2\cdot 5^1$ であるから

$$360\left(1-\frac{1}{2}\right)\left(1-\frac{1}{3}\right)\left(1-\frac{1}{5}\right)=96$$

である．

つぎに第7問には

「2次式から101次方程式までに素数次の代数方程式は何個あるか．答26個」(このうち3次，5次，7次などの方程式は，1回開法 (解法) しかできないが，4次，6次などの方程式は2

回．これらを平方，立方に2回以上開くことができる．2回以上開くことのできないものを単乗式といっているが，この単乗式はいくつあるかということである）．

術文では

$101 \cdots$原数，$\sqrt{101} \fallingdotseq 10$，10以下の素数2，3，5，7である．割った余りは捨てると

$$\frac{101}{2} - 1 = 49, \ \frac{101}{3} - 1 = 32, \ \frac{101}{5} - 1 = 19, \ \frac{101}{7} - 1 = 13$$

$49 + 32 + 19 + 13 = 113$ （一差）

つぎに素数二つずつの積で101を割ると

$$\frac{101}{2 \cdot 3} = 16, \ \frac{101}{2 \cdot 5} = 10, \ \frac{101}{2 \cdot 7} = 7, \ \frac{101}{3 \cdot 5} = 6, \ \frac{101}{3 \cdot 7} = 4, \ \frac{101}{5 \cdot 7} = 2$$

$16 + 10 + 7 + 6 + 4 + 2 = 45$ （二差）

つぎに素数三つずつの積で101を割ると

$$\frac{101}{2 \cdot 3 \cdot 5} = 3, \ \frac{101}{2 \cdot 3 \cdot 7} = 2, \ \frac{101}{2 \cdot 5 \cdot 7} = 1, \ \frac{101}{3 \cdot 5 \cdot 7} = 0$$

$3 + 2 + 1 + 0 = 6$ （三差）

よって

原数 − （一差） + （二差） − （三差） = $101 - 113 + 45 - 6 = 27$

この中に1次方程式が入っているが，これは帰除式で開方式とはいわないので

$27 - 1 = 26$ 個　　（答）

一般には，2より素数Nまで素数が何個あるかはつぎのようにして求める．

$2 = p_1, p_2, p_3, \cdots, p_r < \sqrt{N}$

$$N - \sum \left[\frac{N}{p_1}\right] + \sum \left[\frac{N}{p_1 p_2}\right] - \sum \left[\frac{N}{p_1 p_2 p_3}\right] + \cdots + (-1)^{n-1} r - 1$$

ただし，記号 [ ] は分数の整数部分を表す．

この公式はルジャンドル（1798年）が発見しているが，すでに久留島が求めている．有馬が独自に求めたのかは明らかではない．

また，『拾璣算法』の研究には会田安明編「算法変数術・拾璣題」（参考文献7，p.97）がある．

つぎに「連籌変数術」とよばれるものは算木の並べ方を研究する分野である．たとえば3本の算木での数の表し方はつぎの

ように7とおりある.

||| (3), ∏ (7), ⊣ (12), ⊤ (16), ⊨ (21), ⊣| (61), |⊢| (111).

このことについては安島直円(あじまなおのぶ)「連籌変数術」(天明5 (1785) 年)(参考文献 8, pp. 503~508, 参考文献 4, pp. 193~200).

変数の問題についての他の書物をいくつか紹介する(参考文献 4, pp. 200~214).

a. 壺中隠者(こちゅういんじゃ)(千葉桃三(ちばとうぞう))『家算法少女(さんぽうしょうじょ)』(安永4 (1775) 年)には上之巻・愚問十條第二と下之巻第五の2問が遺題として提出されており答術はない.

b. 藤田貞資(ふじたさだすけ)『精要算法(せいようさんぽう)』(天明元 (1781) 年)には2例題がある.

c. 村井中漸(むらいちゅうぜん)『算法童子問(さんぽうどうじもん)』(天明元 (1781) 年)では組合せの計算法を示している.

$$\text{圭垜} \quad \frac{(n+1)n}{2} \left(= \frac{n(n+1)}{1 \cdot 2} = {}_{n+1}C_2 \right)$$

$$\text{三角垜} \quad \frac{\{(n+3)n+2\}n}{6} \left(= \frac{n(n+1)(n+2)}{1 \cdot 2 \cdot 3} = {}_{n+2}C_3 \right)$$

$$\text{再乗衰垜} \quad \frac{[\{(n+6)n+11\}n+6]n}{24}$$

$$\left(= \frac{n(n+1)(n+2)(n+3)}{1 \cdot 2 \cdot 3 \cdot 4} = {}_{n+3}C_4 \right)$$

$$\text{三乗衰垜} \quad \frac{([\{(n+10)n+35\}n+50]n+24)n}{120}$$

$$\left(= \frac{n(n+1)(n+2)(n+3)(n+4)}{1 \cdot 2 \cdot 3 \cdot 4 \cdot 5} = {}_{n+4}C_5 \right)$$

……

これらのことは関孝和(せきたかかず)の『括要算法』巻元・「垜積術解」で詳しく論じている.

d. 坂部広胖(さかべこうはん)『算法點竄指南録(さんぽうてんざんしなんろく)』(文化12 (1815) 年)の第百五十二, 第百五十三, 第百五十四の3問は順列と組合せの問題で, これらの中に重複を許す組合せの数の関係式 ${}_nH_r = {}_{n+r-1}C_r$ や公式 ${}_nC_r = \dfrac{n(n-1)\cdots(n-r+1)}{r!}$ を歩索術によって導き出している.

e. 千葉胤秀(ちばたねひで)『算法新書(さんぽうしんしょ)』(文政13 (1830) 年)ではb.と同じ問題が出ている. 第2問には10個からx個を取る組合せが

210で，さらに10個から$x+1$個を取る組合せが252のときのxを求める．答 $x=4$．

最初に
$$_nP_r = n(n-1)\cdots(n-r+1)$$
を得ている．

第2問の解答が大変であり
$$_nC_r = \frac{n(n-1)\cdots(n-r+1)}{r!}$$
を得ている．

　f. 剣持章行『算法開蘊』(嘉永元 (1848) 年) の巻之三・変数では『點竄指南録』の第百五十二，第百五十三などを取り上げている．

3.15.3　断　連　術

変数術の問題の中に源氏香の問題が出ている．有馬頼徸『拾璣算法』[5] (明和6 (1769) 年) 巻之二の中に変数13問の最後の第13問に源氏香が取り上げられている．源氏香とは，主人が5種類の相異なる香木を1種あたり5包作り，この中から任意に5包を取り出して焚き，その香りで同種のものがあれば焚いた順番でそれを客が当てる香道 (一定の作法のもとに香木を焚いてその良さを味わう芸道) がある．たとえば4種の香で3番目と5番目が同じであると思えば，〽と紙に書くか，あるいは図3.15.3 から「乙女」と書いて主人に渡す．源氏物語は54帖 (桐壷から夢の浮橋まで) あるが，52局 (52とおりのこと) しかないので最初と最後は除いている．

この法則はn局をp_nとすると
$$p_{n+1} = \sum_{i=0}^{n} {}_nC_i\, p_i$$

ただし，$p_0 = p_1 = 1$ とする．
$$p_2 = \sum_{i=0}^{1} {}_1C_i\, p_i = {}_1C_0\, p_0 + {}_1C_1\, p_1 = p_0 + p_1 = 2$$
$$p_3 = \sum_{i=0}^{2} {}_2C_i\, p_i = {}_2C_0\, p_0 + {}_2C_1\, p_1 + {}_2C_2\, p_2 = p_0 + 2p_1 + p_2 = 5$$

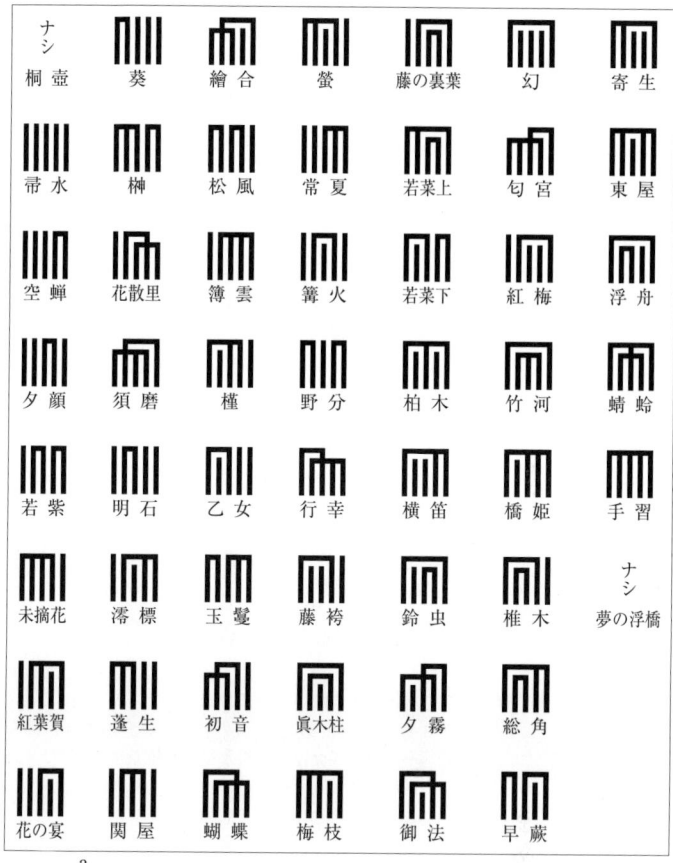

図3.15.3 源氏香

$$p_4 = \sum_{i=0}^{3} {}_3C_i\, p_i = {}_3C_0\, p_0 + {}_3C_1\, p_1 + {}_3C_2\, p_2 + {}_3C_3\, p_3 = p_0 + 3p_1 + 3p_2 + p_3 = 15$$

$$p_5 = \sum_{i=0}^{4} {}_4C_i\, p_i = {}_4C_0\, p_0 + {}_4C_1\, p_1 + {}_4C_2\, p_2 + {}_4C_3\, p_3 + {}_4C_4\, p_4$$

$$= p_0 + 4p_1 + 6p_2 + 4p_3 + p_4 = 52 \text{（源氏香）}$$

同様にして，$p_6 = 203$，$p_7 = 877$，$p_8 = 4140$，$p_9 = 21147$，$p_{10} = 115975$，$p_{11} = 678570$，…が得られる．

この第13問は「香図が678570局のときは何種類か．答11種」である．上のように順次計算して求める．

この n 局を求める方法で石黒信由『算学鉤致』[9]（文政2(1819)年）ではつぎのように求めている．

$p_1 = 1$

$p_2 = 2 = 1 + 1$

$p_3 = 5 = 1 + 3 + 1$, $3(= 1 + 1 \times 2)$

$p_4 = 15 = 1 + 7 + 6 + 1$, $7(= 1 + 3 \times 2)$, $6(= 3 + 1 \times 3)$

$p_5 = 52 = 1 + 15 + 25 + 10 + 1$, $15(= 1 + 7 \times 2)$, $25(= 7 + 6 \times 3)$, $10(= 6 + 1 \times 4)$

$p_6 = 203 = 1 + 31 + 90 + 65 + 15 + 1$
$31(= 1 + 15 \times 2)$, $90(= 15 + 25 \times 3)$, $65(= 25 + 10 \times 4)$, $15(= 10 + 1 \times 5)$

$p_7 = 877 = 1 + 63 + 301 + 350 + 140 + 140 + 21 + 1$
$63(= 1 + 31 \times 2)$, $301(= 31 + 90 \times 3)$, $350(= 90 + 65 \times 4)$, $140(= 65 + 15 \times 5)$, $21(= 15 + 1 \times 6)$

以下同様に計算をしている．

また，松永良弼「断連総術」(享保11 (1726) 年) (参考文献 2) pp. 69〜76) や「算法全経 (廉術)」(年紀不明) (参考文献 2) pp. 275〜288) の十種香第六と断連 (俗謂之香図) 第七では源氏香の一般化を述べている． ［直井　功］

■ 参 考 文 献

1) 日本学士院編『明治前日本数学史・全5巻』岩波書店，第1巻1954年，第2巻1956年，第3巻1957年，第4巻1959年，第5巻1960年
2) 平山諦，内藤淳編『松永良弼』東京法令出版，1987年
3) 林博士遺著刊行会『林鶴一博士・和算研究集録』東京開成館，1937年
4) 加藤平左エ門『和算ノ研究・雑論Ⅰ』日本学術振興会，1954年
5) 藤井康生，米光丁『拾璣算法―現代解と解説―』解説 pp.64〜83，プリントショップたばた，1999年
6) 加藤平左エ門『偉大なる和算家・久留島義太の業績 (解説)』槙書店，1972年
7) 平山諦，松岡元久編『会田算左衛門安明』富士短期大学出版，1966年
8) 平山諦，松岡元久編『安島直円全集』富士短期大学出版，1983年
9) 早苗藤作編『算学鉤致・付算学訓蒙』高樹会，1960年

3.16 招差法

招差法とは関数 $y=a_1x+a_2x^2+a_3+\cdots$ について，x が $x_1, x_2, x_3 \cdots$ に対する y が $y_1, y_2, y_3 \cdots$ であるとき，a_1, a_2, a_3 を求める方法をいう．

中国の暦法により作られたものだが，日本に伝わってから整頓された．

日本では関孝和の没後に弟子の荒木村英が関の遺稿をまとめて『括要算法』として正徳2（1712）年に出版した．この本の元の巻（第1巻に相当する）「垜積総術」の第二に「招差法」があり，これが招差法という語の最初である．

ここでは，関数 $y=a_1x+a_2x^2$ で，$x=1$ のとき $y=3$ で，$x=2$ のとき $y=10$ であるとき，係数を求めることが述べられている．

現代では，$\begin{cases} a_1+a_2=3 \\ 2a_1+4a_2=10 \end{cases}$ よりこの連立方程式を解くと，$a_1=1$，$a_2=2$ が得られる．このようにして未定係数は決まる．日本ではこのように連立方程式により係数を求める方法を「方程招差法」といった．関孝和のものは「累裁招差法」といってつぎのようなものである．

$$y=a_1x+a_2x^2+a_3x^3+\cdots$$

において，変数の値を $x_1, x_2, x_3, \cdots$ とし，変数の値とはいわずに「限数」という．この限数の値に対応する y の値を $y_1, y_2, y_3, \cdots$ とする．この値を「段数」という．係数 $a_1, a_2, a_3, \cdots$ をそれぞれ定差，平差，立差，三乗差，四乗差，…という．

$a_1, a_2, a_3, \cdots$ を「差」といい，この差を求めることから，「差を招く」という．このことから，「招差法」なる名前ができた．また，$\dfrac{y_1}{x_1}$，$\dfrac{y_2}{x_2}$，$\dfrac{y_3}{x_3}$ などを定積という．$\dfrac{y_1}{x_1}$ を1段の定積，$\dfrac{y_2}{x_2}$ は2段の定積，$\dfrac{y_3}{x_3}$ は3段の定積などという．一般的に i 段で考えれば，$\dfrac{y_i}{x_i}$ は i 段の定積である．限数について $x_{i+1}-x_i$ を平積法．定積について $\dfrac{y_{i+1}}{x_{i+1}}-\dfrac{y_i}{x_i}$ を平積実とする．実を法で割って

$$\dfrac{\dfrac{y_{i+1}}{x_{i+1}}-\dfrac{y_i}{x_i}}{x_{i+1}-x_i}$$

を平積という．この平積が等しくなると，y は x の2

次式であるとする．このときの等しい値が a_2 で平差である．また（定積）−（限数）×（平差）が a_1 とする．これは $y = a_1 x + a_2 x^2$ であるから $a_1 = \dfrac{y}{x} - a_2 x$ より明らかである．実際の『括要算法』の問題について計算する．

仮如ハ一段限数七　元積六百三十七　二段限数十一　元積九百五十七者

$\begin{cases} x_1 = 7 \\ y_1 = 637 \end{cases}$　$\begin{cases} x_2 = 11 \\ y_2 = 957 \end{cases}$ であるときの係数を求める．

$$\frac{637}{7} = 91, \quad \frac{957}{11} = 87, \quad \frac{87 - 91}{11 - 7} = -1$$

限数	元積	定積	平積
7	637	91	−1
11	957	87	

$$91 - 7 \times (-1) = 98$$

限数	定積	（定積）−（限数）×（平差）
7	91	$91 - 7 \times (-1) = 98$
11	87	$87 - 11 \times (-1) = 98$

98 が等しくなったので，$a_1 = 98$，以上より $y = 98x - x^2$．

仮如ハ一段限数一十　元積四千八百八十四万一千
　　二段限数二十　元積九千二百五十七万六千
　　三段限数三十　元積一億三千一百〇一万九千
　　四段限数四十　元積一億六千三百九十八万四千
　　五段限数五十　元積一億九千一百二十八万五千ハ者

$\begin{cases} x_1 = 10 \\ y_1 = 48841000 \end{cases}$　$\begin{cases} x_2 = 20 \\ y_2 = 92576000 \end{cases}$　$\begin{cases} x_3 = 30 \\ y_3 = 131019000 \end{cases}$

$\begin{cases} x_4 = 40 \\ y_4 = 163984000 \end{cases}$　$\begin{cases} x_5 = 50 \\ y_5 = 191285000 \end{cases}$

$$\frac{48841000}{10} = 4884100, \quad \frac{92576000}{20} = 4628800$$

$$\frac{4628800 - 4884100}{20 - 10} = -25530 \quad (x_1 = 10 \text{ の平積})$$

$$\frac{131019000}{30} = 4367300$$

3.16 招 差 法

$$\frac{4367300-4628800}{30-20} = -26150 \quad (x_2 = 20 \text{ の平積})$$

$$\frac{163984000}{40} = 4099600$$

$$\frac{4099600-4367300}{40-30} = -26770 \quad (x_3 = 30 \text{ の平積})$$

$$\frac{191285000}{50} = 3825700$$

$$\frac{3825700-4099600}{50-40} = -27390 \quad (x_4 = 40 \text{ の平積})$$

平積が異なるため，次の立積を計算する．これは平積を求めるとき，定積の増減を限数の差で割って求めたように，平積の増減を限数の差で割って立積とする．

$$\frac{-26150+25530}{30-10} = -31 \quad (x_1 = 30 \text{ の立積})$$

$$\frac{-26770+26150}{40-20} = -31 \quad (x_2 = 20 \text{ の立積})$$

$$\frac{-27390+26770}{50-30} = -31 \quad (x_3 = 30 \text{ の立積})$$

以上によって表をつくる．

限数	元積	平積	立積
10	48841000	−25530	−31
20	92576000	−26150	−31
30	131019000	−26770	−31
40	163984000	−27390	
50	191285000		

立積が等しくなったので，3次の関数になる．
$y = a_1 x + a_2 x^2 + a_3 x^3$ の $a_3 = -31$ が定まった．
次に，(定積) − (立積) × (限数)^2 を定積として扱う．

$$4884100 + 31 \times 10^2 = 4887200$$
$$4628800 + 31 \times 20^2 = 4641200$$
$$4367300 + 31 \times 30^2 = 4395200$$
$$4099600 + 31 \times 40^2 = 4149200$$
$$3825700 + 31 \times 50^2 = 3903200$$
$$4641200 - 4887200 = -246000$$
$$4395200 - 4641200 = -246000$$

$$4149200 - 4395200 = -246000$$
$$3903200 - 4149200 = -246000$$

これらを平積法 10 で割り平積を求める．平積はいずれも -24600 なので，平差 $a_2 = -24600$ になる．

限数	定積	平積実	平積法	平積
10	4887200	-246000	10	-24600
20	4641200	-246000	10	-24600
30	4395200	-246000	10	-24600
40	4149200	-246000	10	-24600
50	3903200			

次に（定積）-（限数）×（平差）を計算する．
$$4887200 - 10(-24600) = 5133200$$
$$4641200 - 20(-24600) = 5133200$$
$$4395200 - 30(-24600) = 5133200$$
$$4149200 - 40(-24600) = 5133200$$

となり，みな等しいので，定差 $a_1 = 5133200$ となる．

これより $y = 5133200x - 24600x^2 - 31x^3$ になる．

招差法は上記のように，関孝和による「累裁招差法」が起こり，それ以降関数式の係数を求める方法が研究された．

のち，有馬頼徸により「渾沌招差法」，さらに会田安明により招差法は整理された．会田は 10 種の招差に分けた．その名前のみ記す．

1. 累裁招差法，2. 方程招差法，3. 渾沌招差法，4. 直差法あるいは找差法，5. 反復招差法，6. 分合招差法，7. 極差法，8. 拾璣招差法，9. 無題，10. 混交招差法

これらのうち 4. は『拾璣算法』や『算法学海』で使われていた語であり，找差法は竿頭算法や明玄算法で使われていた語である．このように使う人により異なる語が使われていた．

[佐藤健一]

■ 参 考 文 献
- 平山諦，下平和夫，広瀬秀雄編（関孝和全集刊行会）『関孝和全集　全』大阪教育図書，1974 年
- 藤井康生，米光　丁『拾璣算法（現代解と解説）』，1999 年
- 三上義夫『日本の数学史』東海書房，1947 年
- 加藤平左エ門『和算の研究　雑論 I』日本学術振興会，1954 年

3.17 測　量　術

3.17.1 測量術という名称

　　　　　　　　　中国では古くから，天をはかることに「測る」を用い，地をはかることに「量る」を用いた．この二つを合わせた「測天量地」の略語が「測量」という言葉になった．一方，「測量」の語は，江戸時代，天文観測に対して使われることが多く，幕府の天文観測所も「測量所」とよばれていた．

　　　　　　　今日の意味での「測量」という語は，江戸時代には「町見術」「量地術」「規矩術」「測量術」などと，いろいろな名前でよばれていた．これらの語は，「遠近，広狭，高低，浅深」を測る術を意味した．

　　　　　「遠近」は自分のいる所から目標物までの距離を，「広狭」は自分から離れている2地点間の距離を，「高低・浅深」は山の高さや谷の深さなどを意味している．

　　　　　また，「町見」とは，「町」を測る方法を意味する．町の語は，長さの単位（丁とも書き109.09 m）や面積の単位（9917 m^2）として併用された．「規矩」の語の規はコンパス，矩は定規とか曲尺を意味する．また，それらの道具名から，幾何学的な図形を描く術の意味や世の規範という意味にも使われた．

3.17.2 測量術の発達

(1) 江戸時代以前

　　　　　　　人類が誕生し，自然に働きかけ，自分たちに都合よいものを作ろうと考えたときから，計測という行為や方法も誕生した．農耕文化の弥生時代になると，田畑や用水の造成などで測量の萌芽的行為や生産物交換の必要性から，長さ，重さ，広さなどの計測のために物指や秤，基準の尺度が必要となった．共同体が成立してくるにつれ重要性は増し，統一の範囲が広がった．つぎの古墳時代になると地方豪族による国家が生まれ，古墳の築造や灌漑用水確保のための池溝の整備など大規模開発や土木工事が盛んに行われた．そのため長さなどの共通の単位（度量衡）や道のり・地図も必要となり，大陸からもち込まれた道具や知識・技術が活用され，測量がなされたのであろう．飛鳥時

図3.17.1 橘寺・畝割塚

代の仏像の建立や大寺院建設についても同様である．

　大化元（645）年の大化の改新によって班田収授の法が制定され，条里制が定められた．それを支える田図や田籍の作成のために，測量術が必要とされた．そこから逆算すると遅くとも6世紀の中頃には，中国の測量技術が遣隋使や遣唐使によってわが国に伝えられていた，と推定できる．実際，正倉院に残されている東大寺開田地図（天平宝字元（757）年）（福井県文書館（http://www.archives.pref.fukui.jp/）デジタル歴史情報，図説　福井県史．11．絵図の語る荘園を参照）などによって事情を推測できる．

　さらに，奈良・橘寺に残されている畝割塚（図3.17.1）は，新規開田のための面積基準と伝えられ，統一的な度量衡が定められていたことを物語る．こうした知識や技術は，古代律令国家の大学寮で教授されていた．算学が講義科目にあり，中国の算経九書が利用されていた．測量術は，検地・航海・砲術そして城郭建設などに応用され，貨幣経済を支える鉱山開発の土木技術としても用いられ，発展していったのであろう．

(2)　江戸時代初期の測量術

　寛永4（1627）年に吉田光由によって著された『塵劫記』は，江戸時代でもっとも読まれた和算書である．当時の社会生活に

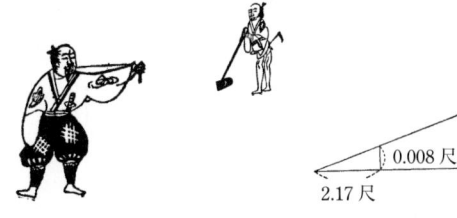

図 3.17.2 『塵劫記』(吉田光由)より　　左の説明図

かかわる数学的知識や問題およびそろばんの計算法が扱われている．そろばんは開平法・開立法まで取り上げられている．

その中で，「町つもりの事」として次の問題がある（図 3.17.2）．物指や糸を道具に用いている．

身長が 5 尺（150 cm）の中央の人までの距離を求める問題である．左の人が物指（初版では指の上に曲尺状に出ていたが図 3.17.2 では欠けている）を左手にもち，長さ 2 尺 1 寸 7 分の糸をつけ，その糸の端を口にくわえ，左手を伸ばして，右の人の全身を物指で測ると 8 厘（1 厘 = 1/100 寸 = 約 0.3 mm）となった．すると，中央の人までの距離はどれほどか，という問題である．実際は，三角形の相似を用いて得られる x の式，$x = 2.17 \times \dfrac{5}{0.008}$ を尺貫法の単位に換算して求めている．三角形の相似の応用である．

(3) 紅毛（オランダ）流測量術

江戸初期慶安 2（1649）年，ドイツの外科医カスハルは，オランダ東インド会社から江戸に派遣された．カスハルは紅毛（オランダ）流外科術をわが国に伝えただけでなく，紅毛流測量術も長崎で伝授したとされている．紅毛流は，縮図を描いて距離や高さを求める縮図法と，十字の木枠に糸を張った「規矩元器」により方位を測る方法の二つを特徴とする．当然のことであるが，測る対象や場所の条件が違えば，器具や方法を変える必要がある．ここでは，見通しのよい平地での距離を縮図法で測る方法を取り上げる．

器具としては，見盤または量盤と書いて，けんばんとよぶものを用いた．この桧製の平板上に固定した紙に測定をして縮図を画いていくのである．

図 3.17.3 量盤の図「量地指南」（村井昌弘より）

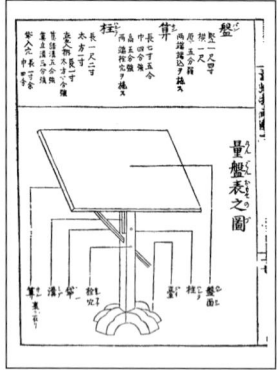

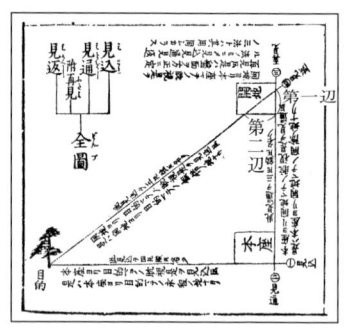

図 3.17.4 目的，本座，開地と測定の仕方

　まず，測る出発点となる本座を定め，量盤の上に紙を貼っておく（図 3.17.3）．本座から目的までの距離を求めることがここでの問題である（図 3.17.4）．目的に向かって量盤を置くが，量盤左長辺の延長線上に目的がくるように据える．つぎに，量盤手前短辺の延長線上に開地を定める．ただし，開地から目的を見たときの観測線が量盤手前短辺に交わるように開地を定める（図 3.17.4 右上）．そして，その観測線を量盤の紙に引くと量盤上に直角三角形が現れる．その直角三角形は量盤に切り取られた観測線を斜辺に，斜辺が見盤右短辺を切り取った第一辺と斜辺が量盤左長辺を切り取った第二辺を三辺とする直角三角形である．なお，本座・開地間の距離は測っておく．

　すると，本座・目的間の距離 x は，

$$x = (本座・開地間の距離) \times \frac{(第二辺の長さ)}{(第一辺の長さ)}$$

で与えられる．これは，実際の位置関係にある図形の縮図を量盤上に描き，三角形の相似を応用する方法である．

(4) 三角法を利用した測量術

　　紅毛流が日本古来の測量術に影響を及ぼした一方，日本の伝統的な測量術も根強く引き継がれ，両者が混在していた．
　　その後，徳川吉宗が漢訳西洋暦算書を解禁とし，三角関数表も輸入された．輸入された三角関数表は天文・暦学分野で受容されたが，本格的に測量に使われたのは，渡来後 100 年たって黒船が来航してからであった．黒船を迎え撃つために，砲台（台場）が作られ，敵船までの距離を測る問題を取り上げた測量術

3.17 測量術

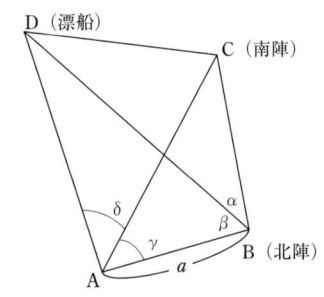

書が多数出版され，精度を上げるため八線表（三角関数表）も出版された．つぎに，三角法を用いた測量の問題を見てみる．

これは，栃木県真岡市の大前神社に嘉永5

図3.17.5 大前神社の算額（松崎利雄『栃木の算額』（筑波書林）より）

(1852) 年奉納された算額の問題である（図3.17.5）．「海に漂う船Dがある．AB間を a とし，それぞれの角を図のようにすると，BD，CDはどれだけか？」という問題である．解法は，

$$BC = a \times \frac{\sin \gamma}{\sin(\alpha + \beta + \gamma)}$$

$$BD = a \times \frac{\sin(\gamma + \delta)}{\sin(\beta + \gamma + \delta)}$$

であり，正弦定理が使われている．算額の術文（解法を示した部分）に6ヵ所「…検八線表…」という箇所があり，三角関数表から得た正弦と余弦の値を正弦定理に適用して，計算している．

このように測量術は歴史的な変容を見せたが，国絵図や伊能図等の地図に結実し，我が国の科学的財産として残った．

また，測量術の分野での西洋数学のいち早い受容は，明治維新を機に始まる西洋化への流れをスムーズにした．逆に今日，相似や三角関数表を用いた内容に立ち帰ることが，数学教育を豊かにすることにつながる． 　　　　　　　　　　　　［小曽根　淳］

■ 参 考 文 献

1) 松崎利雄『栃木の算額』pp.36〜37，p.133，筑波書林，2000年
2) 近畿数学史学会『近畿の算額』pp.117〜118，大阪教育図書，1992年
3) 吉田光由著，大矢真一校注『塵劫記』pp.194〜200，岩波書店，1977年
4) 松崎利雄『江戸時代の測量術』総合科学出版，1979年
5) 武田通治『測量（古代から現代まで）』古今書院，1979年
6) 川村博忠『近世絵図と測量術』古今書院，1992年
7) 鈴木武雄『和算の成立』恒星社厚生閣，2004年
8) 佐藤賢一『近世日本数学史』東京大学出版会，2005年
9) 小曽根淳「算額における測量術とその教材化（数学史の研究）」『京都大学数理解析研究所講究録』April-2007年
10) 中津市歴史民族資料館『村上玄水資料Ⅱ』2004年

3.18 逐索術

　　　　　逐索術は帰納的な考え方によって解法を考える問題である．逐索は松永良弼「算法全経（廉術）」から始まる．「算法全経（廉術）」には問題と結果が載せられているだけだが，これに解説を加え発展させたのは有馬頼徸である．『拾璣算法』(明和6(1769)年）の第三巻に逐索5問を載せている．『拾璣算法』第三巻逐索に載せられている5問は『算法全経（廉術）』に載せられている問題と同じで，『逐索奇法』の中でくわしく述べている．逐索を発展させたのは安島直円で四円傍斜之解ほかの傍斜術を発展させた．また「廉術変換」を始め円内容累円術などの個数を増やしていくとき，2次方程式の解と係数の関係や，相似形を利用し漸化式を導くことによって問題を解く方法を研究した．このあとの和算家に好まれた問題である．以後幕末にかけて複雑な問題が考えられた．安島直円以後は廉術とよばれることが多かったようである．

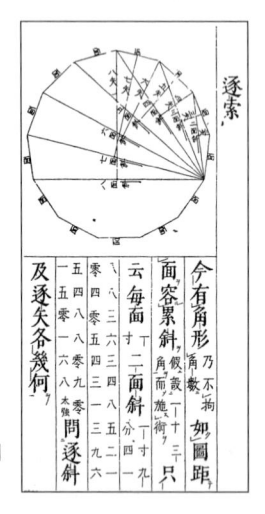

図 3.18.1　『拾璣算法』より

　つぎに有馬頼徸『拾璣算法』第三巻逐索の第一問と第二問を概説する．

3.18.1 逐索第一問

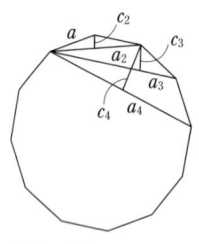

図 3.18.2

　いま正多角形がある（図 3.18.2）．面（一辺）a，二面斜（2辺にわたる対角線）a_2 の長さが与えられたとき，各面斜（対角線）a_n，各矢 c_n の長さを求める．二面斜が与えられていないとき，角中径を用いて

$$a_2 = \sqrt{4a^2 - \frac{a^4}{r^2}}$$

$$a_{n+2} = \frac{a_2}{a} a_{n+1} - a_n$$

矢に関しては角数 n を偶数と奇数のときに分け，n が偶数のとき（m を自然数とする．以下同じ）

$$c_2 = \sqrt{a^2 - \frac{a_2^2}{4}} = \frac{a_2}{2R}$$

$$c_4 = \left(\frac{a_2}{a}\right)^2 c_2$$

$$c_6 = \left(\frac{a_4}{a_2}\right) c_4 + c_2$$

$$c_{2(m+2)} = \left(\frac{a_4}{a_2}\right) c_{2(m+1)} - c_{2m} + 2c_2$$

n が奇数のとき

$$c_3 = \left(\frac{a_2}{a}\right) c_2$$

$$c_{2m+3} = \left(\frac{a_2}{a}\right) c_{2m+2} - c_{2m+1}$$

となっている．しかしどのようにしてこれらの式を導き出したかは載せられていない．そこで，これらの式について説明する．

図 3.18.3 より $\triangle \mathrm{ABC} \backsim \triangle \mathrm{BDC}$ であるから

$$2R : \sqrt{4R^2 - a^2} = a : \frac{a_2}{2}$$

$$a_2 = \sqrt{4a^2 - \frac{a^4}{R^2}}$$

$$c_2 = \sqrt{a^2 - \frac{a_2^2}{4}} = \frac{a^2}{2R}$$

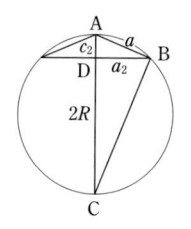

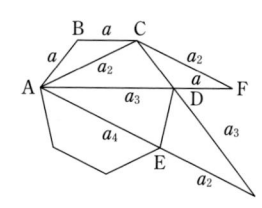

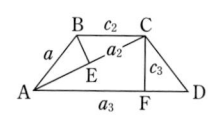

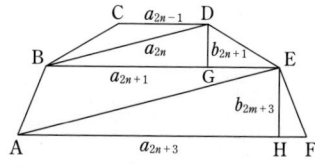

$\triangle \mathrm{ABC} \backsim \triangle \mathrm{AFC}$

$$a : a_2 = a_2 : a_3 + a$$

以下同様に考えると

$$a : a_2 = a_{n+1} : a_{n+2} + a_n$$

より

$$a_{n+2} = \left(\frac{a_2}{a}\right) a_{n+1} - a_n$$

つぎに c_3 を考える．

$$\triangle \mathrm{ABE} \backsim \triangle \mathrm{ACF}$$

$$a : c_2 = a_2 : c_3, \quad c_3 = \left(\frac{a_2}{a}\right) c_2$$

n が奇数のとき

$$\triangle \mathrm{BDG} \backsim \triangle \mathrm{AEH}$$

なので
$$BD : DG = AE : EH$$
図のように $DG = b_{2m+2}$, $EH = b_{2m+3}$ とすると
$$a_{2m+3} = \left(\frac{a_2}{a}\right) a_{2m+2} - a_{2m+1}$$
より
$$b_{2m+3} = \left(\frac{a_2}{a}\right) b_{2m+2} - b_{2m+1}$$
が成り立つ．
$$c_{2m+3} = \sum_{k=1}^{m+1} b_{2k+1}$$
であるから
$$c_{2m+3} = \left(\frac{a_2}{a}\right) c_{2m+2} - c_{2m+1}$$
が成り立つ．つぎに n が偶数のとき，まず c_4 を考える．これは図 3.18.4 のように考えると c_2 より

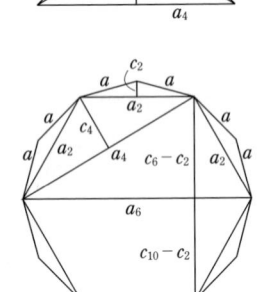

$$c_4 = \frac{a_2^2}{2R} = \left(\frac{a_2}{a}\right)^2 \frac{a^2}{2R} = \left(\frac{a_2}{a}\right)^2 c_2$$

同様にして n が 4 で割って 2 余るとき
$$c_6 - c_2 = \left(\frac{a_4}{a_2}\right) c_4, \quad c_6 = \left(\frac{a_4}{a_2}\right) c_4 + c_2$$
$$c_{4l+6} - c_2 = \left(\frac{a_4}{a_2}\right) c_{4l+4} - (c_{4l+2} - c_2)$$
$$c_{4l+6} = \left(\frac{a_4}{a_2}\right) c_{4l+4} - c_{4l+2} + 2c_2$$

最後に n が 4 で割り切れるとき (l を自然数とする)
$$\frac{a_4}{a_2} = \frac{a_2^2}{a^2} - 2$$

図 3.18.4

であるから
$$c_8 = \left(\frac{a_4}{a_2}\right)^2 c_4 = \left(\frac{a_4}{a_2}\right)(c_6 - c_2)$$
$$= \left(\frac{a_4}{a_2}\right) c_6 - \frac{a_2^2}{a_2} c_2 + 2c_2$$
$$= \left(c_6 \frac{a_4}{a_2}\right) - c_4 + 2c_2$$

$$c_{12} = \left(\frac{a_4}{a_2}\right)^2 c_8 - 2c_8 + c_4$$

$$= \left(\frac{a_4}{a_2}\right)(c_{10} + c_6 - 2c_2) - 2c_8 + c_4$$

$$= \left(\frac{a_4}{a_2}\right)c_{10} + (c_8 + c_4 - 2c_2) - 2\left(\frac{a_4}{a_2}\right)c_2 - 2c_8 + c_4$$

$$= \left(\frac{a_4}{a_2}\right)c_{10} - c_8 + 2c_2$$

以下同様に

$$c_{4l+8} = \left(\frac{a_4}{a_2}\right)^2 - 2c_{4l+4} + c_2 - c_{4l}$$

$$= \left(\frac{a_4}{a_2}\right)(c_{4l+6} + c_{4l+2} - 2c_2) - 2c_{4l+4} + 2c_4 - c_{4l}$$

$$= \left(\frac{a_4}{a_2}\right)c_{4l+6} + (c_{4l+4} + c_{4l} - 2c_2) - 2\left(\frac{a_4}{a_2}\right)c_2 - 2c_{4l+4} + 2c_4 - c_{4l}$$

$$= \left(\frac{a_4}{a_2}\right)c_{4l+6} - c_{4l+4} + 2c_2$$

これらのことから 6 以上の偶数のときは

$$c_{2m+4} = \left(\frac{a_4}{a_2}\right)c_{2m+2} - c_{2m} + 2c_2$$

が成り立つ.

3.18.2 逐索第二問

平円内に図 3.18.5 のように累円をいれたものがある.

大円の直径, 甲円の直径, 乙円の直径が与えられたとき, 丙円の直径, 丁円の直径, …を求める.

大円の直径を大, 甲円の直径を甲, 乙円の直径を乙, …とする. 大, 甲, 乙, 丙には次の関係が成り立つ (会田安明(あいだやすあき)『算法天生法指南(てんしょうほうしなん)』(文化 7 (1810) 年) など参照).

$$(大 - 丙)^2 甲^2 \times 乙^2 - 2 大 \times 甲 \times 乙 \times 丙 (大 - 丙)(甲 + 乙)$$
$$+ 4 大 \times 丙 \times 甲^2 \times 乙^2 + 大^2 \times 丙^2 (甲 - 乙)^2 = 0$$

上式を丙についての二次方程式と考える.

$$大^2 \times 甲^2 \times 乙^2 - 2 大 \times 甲 \times 乙 \{大 (甲 + 乙) - 甲 \times 乙\} 丙$$
$$+ \{(大 \times 甲 + 大 \times 乙 + 甲 \times 乙)^2 - 4 大^2 \times 甲 \times 乙\} 丙^2 = 0$$

二次方程式の解の公式によって解く.

$$ax^2 + bx + c = 0 \quad (a \neq 0), \quad x = \frac{2c}{b \pm \sqrt{b^2 - 4ac}}, \quad D = b^2 - 4ac$$

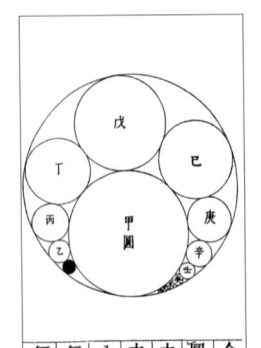

解の分子 = 大²×甲²×乙²

解の分母 = 大×甲×乙{大(甲+乙)－甲×乙}
 － 大×甲×乙√4大×甲×乙{大－(甲+乙)}

$$丙 = \frac{大\times甲\times乙}{\{大(甲+乙)-甲\times乙\}-\sqrt{4大\times甲\times乙\{大-(甲+乙)\}}}$$

同様にして丁についての二次方程式を考える．乙を丙に，丙を丁に換える．

　大²×甲²×丙²－2大×甲×丙{大(甲+丙)－甲×丙}丁
　　＋[{大(甲+丙)＋甲×丙}²－4大²×甲×丙]丁²＝0

この二次方程式の一つの解が丙である．他の解は乙である．

$$\frac{1}{丁} = \frac{\{大(甲+丙)-甲\times丙\}-\sqrt{\frac{D}{4}}}{大\times甲\times丙}$$

$$\frac{1}{乙} = \frac{\{大(甲+丙)-甲\times丙\}+\sqrt{\frac{D}{4}}}{大\times甲\times丙}$$

$$\frac{大}{丁} = 2\frac{大\times甲+大\times丙}{甲\times丙}-2-\frac{大}{乙} = 2\frac{大}{丙}+2\frac{大}{甲}-2-\frac{大}{乙}$$

$$\frac{大}{甲} = 甲率，\quad \frac{大}{乙} = 乙率，\quad \frac{大}{丙} = 丙率，\quad 2(甲率-1) = 増率$$

とおくと，

$$2丙率+増率-乙率=丁率$$

以下同様に求めることができる．

$$2丁率+増率-丙率=戊率$$
$$2戊率+増率-丁率=己率$$

　このほか逐索の問題は漸化式を導くことによって解く問題である．安島直円以後の和算家に好まれ，和算書や算額に多く見られる．
　　　　　　　　　　　　　　　　　　　　　　　　　　　[藤井康生]

図 3.18.5　『拾璣算法』より

■　参　考　文　献
- 有馬頼徸「逐索奇法」日本学士院蔵
- 平山諦『関孝和』恒星社厚生閣，1959年
- 平山諦，下平和夫，広瀬秀雄編『関孝和全集』大阪教育図書，1974年
- 平山諦『和算史上の人々』富士短期大学出版部，1965年
- 藤井康生『算法天生法指南問題の解説』大阪教育図書，1997年
- 藤井康生『『方円奇巧』の解説』『数学史研究（173・174 合併号）』2002年4月～6月，7月～9月
- 加藤平左エ門『和算の研究　雑論Ⅱ』日本学術振興会，1954年

- 平山諦，松岡元久編集『安島直円全集』富士短期大学出版部，1966 年
- 加藤平左エ門『算聖　関孝和の業績（解説）』槙書店，1972 年
- 日本学士院編『明治前日本数学史』岩波書店，1954〜1960 年
- 林鶴一『和算研究集録上巻』（林博士遺著刊行会）東京開成館，1937 年
- 平山諦，内藤淳編集『松永良弼』（松永良弼刊行会）東京法令，1987 年
- 藤井康生，米光　丁『拾璣算法（現代解と解説）』1999 年

3.19 廉　　術

廉術という語は関・建部時代の書には見えず，松永良弼，久留島義太の書に初めて見える．$n=1,2,3,\cdots$と順次進んでいって，一般にnの場合を帰納する方法をさすものである．有馬頼徸は逐索術，会田安明は貫通術とよんだ．

3.19.1 久留島義太の「廉術」

久留島義太の写本に「廉術」（年代不詳）と題したものがあり，そこでは二項係数を帰納的に出す方法を述べ，二項係数を廉率とよぶ．その後に角術，すなわち正多角形の内接円や外接円の半径の一般形を出している．内接円の半径を平中径，外接円の半径を角中径とよぶ．正$2n$角形で$x=\dfrac{\text{角中径}}{\text{平中径}}$は

$$1-\frac{n}{4}x^2+\frac{n(n-3)}{4\cdot 8}x^4-\frac{n(n-4)(n-5)}{4\cdot 8\cdot 12}x^6$$
$$+\frac{n(n-5)(n-6)(n-7)}{4\cdot 8\cdot 12\cdot 16}x^8-\cdots=0$$

の解として得られることなどを，帰納的に示している．

3.19.2 松永良弼の「算法全径（廉術）」

松永良弼には「算法全径」（年代不詳）と題する著が二種類あるが，その一つには廉術というサブタイトルがあり，その目次は以下のようになっている．

　　　求廉之法第一，諸角式第二，七言詩第三，尺八第三，九連環
　　　第五，十種香第六，断連第七，開方式象数第八，遜求第九

このうち第一と第二は久留島の廉術とほとんど同じ内容である．いずれが先か不明であるが，久留島，松永の交友関係が密であったことからみて，独立に得たものではないようだ．

第三から第八までは順列組合せの問題であるが，とくに第七連断問題は別途『連断総術』（享保11（1726）年）で詳細を述べていることから，本書の成立は享保11年以前のようである．第九の遜求は次のような図形問題5問である．

円に等弦が内接しているとき，各斜を求めよ（図3.19.1）．

3.19 廉術

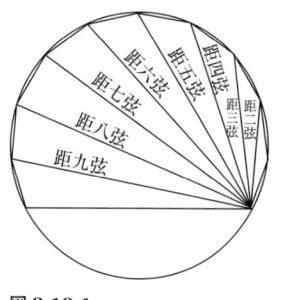

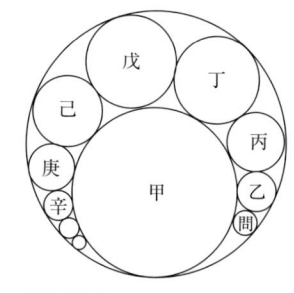

図 3.19.1

図 3.19.2

大円径，甲円径，乙円径が与えられたとき，丙，丁，戊，己の円径を求めよ（図 3.19.2）．

矢と全円径，甲円径がわかっているとき，乙，丙，丁，戊の円径を求めよ（図 3.19.3）．

大円径，小円径がわかっているとき，累円径を求めよ（図 3.19.4）．

図 3.19.3

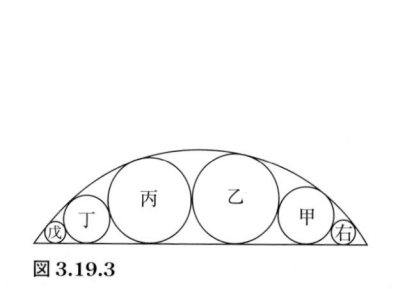

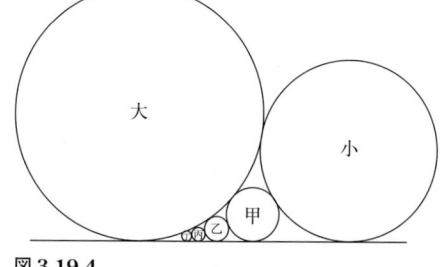

図 3.19.4

直角三角形内に等円が入っている．勾，甲が与えられたとき，乙，丙，子，丑，…を求めよ（図 3.19.5）．

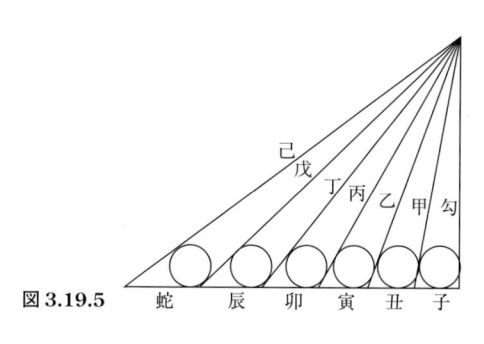

これら5題にはとくに「廉術」と命名されており，後世このような累円術の問題が廉術として独立し，安島直円などに引き継がれていくことになる．有馬頼徸の『拾璣算法』では逐索術とよび，これら5題の解答が示されている．

図 3.19.5

3.19.3　安島直円の廉術変換

廉術という言葉を一般的にしたのは安島直円の『廉術変換』（天明4（1784）年3月）であろう．安島はこの著作で，外円と

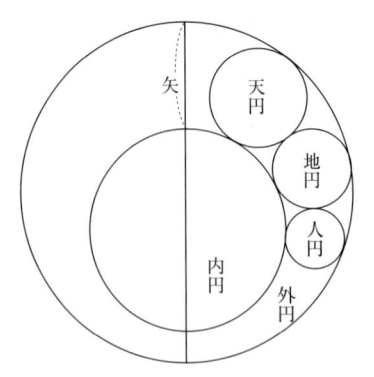

内円に接し，互いに接する累円の直径を求める方法を与えている．現在のシュタイナー環問題である．

乾＝外内＋外矢－内矢－矢² ＝（外－矢）（内－矢），坤＝内矢＋矢² とするとき，天の二次方程式

{(外＋内)²地² ＋乾² －2乾(外－内)地} 天²
　＋2乾地{(外－内)矢－坤－(外－内)地} 天
　＋乾²地² ＝0

を得ている．人についても同一の方程式を満足する．すなわち，天，人は方程式

{(外＋内)²地² ＋乾² －2乾(外－内)地} x^2
　＋2乾地{(外－内)矢－坤－(外－内)地} x ＋乾²地² ＝0

の2解である．したがって，天を知って人を求めるには

[2{(外－内)矢－坤－(外－内)地} 天＋乾地] x ＋乾地天 ＝0

を解けばよい．このようにして，つぎつぎに累円径を求めていく．安島は『廉術変換』の1カ月前，天明4（1784）年2月に『円内容累円術（えんないようるいえんじゅつ）』を書き，特殊な場合を論じている．すなわち，甲円が矢を直径とする場合と矢に接する場合で，さらに甲，乙，丙，丁，…の最後の円が最初の甲円に接するループ（シュタイナー環）になる場合である．

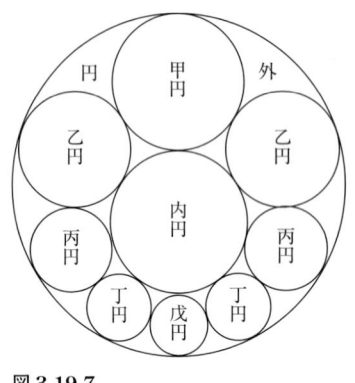

東 ＝ $\dfrac{4 \text{外} \cdot \text{内}}{\text{乾}}$ と置き，ループになる円の個数を n とする．甲円の直径が矢の場合について東を求める方程式はつぎのようになる．n が奇数の場合は

$$1 - (n-2)\text{東} - \frac{(n-3)(n-4)}{2 \cdot 1}\text{東}^2 - \frac{(n-4)(n-5)(n-6)}{3 \cdot 2 \cdot 1}\text{東}^3$$
$$+ \frac{(n-5)(n-6)(n-7)(n-8)}{4 \cdot 3 \cdot 2 \cdot 1}\text{東}^4 - \cdots = 0$$

n が偶数（$2m$）の場合は

$$1 - m\,東 + \frac{m(m-3)}{2\cdot 1}\,東^2 - \frac{m(m-4)(m-5)}{3\cdot 2\cdot 1}\,東^3$$

$$+ \frac{m(m-5)(m-6)(m-7)}{4\cdot 3\cdot 2\cdot 1}\,東^4 - \cdots = 0$$

さらに『円内容累円術後編』(寛政3 (1791) 年) で対称性を取り除いた一般の場合の解法に成功した．その方程式の係数が二距斜 (正多角形で二辺をまたぐ対角線) に関係することも示した．

3.19.4 会田安明の『算法貫通術』

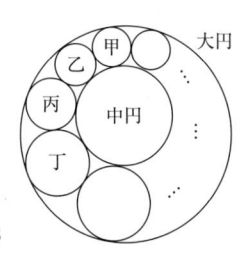

図 3.19.8

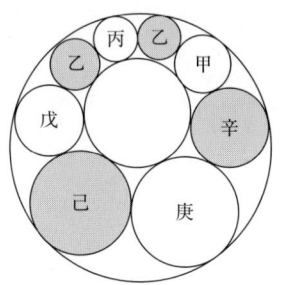

図 3.19.9

安島の廉術は会田安明の貫通術に受け継がれている．会田は廉術のことを貫通術とよび，『算法貫通術』全63巻 (文化2 (1805) 年までに成立) に著した．大円と中円の間に環状に n 個の円，甲，乙，丙，丁，…を入れ，正 n 角形の角中径に対して，$坤 = \dfrac{1}{角中径^2} - 1$ とおくと，

$$(甲 - 丁)乙丙 = 坤(乙 - 丙)甲丁$$

が成り立つことを示した．この通術の応用として，図 3.19.9 において

$$\frac{1}{甲} + \frac{1}{戊} = \frac{1}{丙} + \frac{1}{庚}$$

などを導いている．　　[小寺　裕]

■ 参　考　文　献
- 日本学士院編『明治前日本数学史』岩波書店，1959年
- 平山諦，内藤淳編集『松永良弼』(松永良弼刊行会) 1987年
- 加藤平左エ門『偉大なる和算家　久留島義太の業績』槙書店，1973年
- 平山諦，松岡元久編集『安島直円全集』富士短期大学出版部，1983年
- 会田安明『算法貫通術』長野電波技術研究所蔵

3.20 趕　　　趁

趕(かん)は赶に同じ意味で走ること，趁(ちん)は逐(お)う意味で，早く所要の値に近づける術を意味する．数学的には逐次計算法であり，簡単な方法を繰り返すことにより答えにいたる方法，あるいは現行の反復法も含まれる．ここでは有馬頼徸(ありまよりゆき)の『拾璣算法(しゅうきさんぽう)』からいくつか例をあげて説明する．この和算書（巻三）には 71 問から 75 問まで取り上げられており，題材と要点は次のようである．

71 問：穀物の毎年の種まき量と収穫量から累年の収穫量が既知のとき，所用の年数と種まき量を問うもの．この部分を図 3.20.1 に示す．

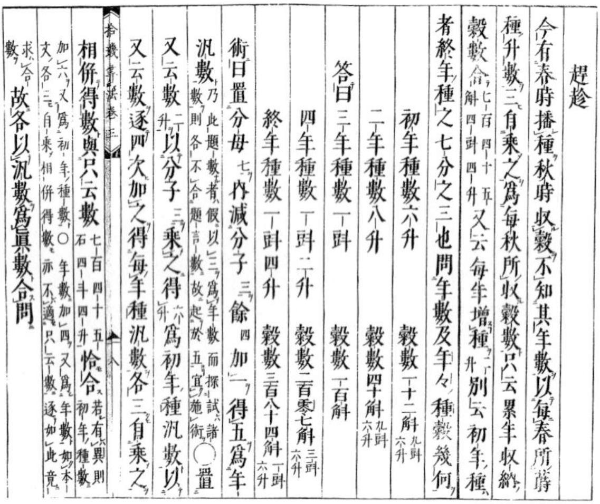
趕趁
今有春時播種秋時收穀不知其年數以每春所蒔
種升數三自乘之爲每秋所收穀數只云累年收納
穀數合七百四十五斛四斗四升又云每年增種二升別云初年種
者終年種之七分之三也問年數及年々種穀幾何
初年種數六升　穀數一十二斛九斗六升
二年種數八升　穀數四十斛九斗六升
答曰三年種數一斗　穀數一百斛
四年種數一斗二升　穀數二百零七斛三斗六升
終年種數一斗四升　穀數三百八十四斛一斗六升
術曰置分母七内減分子三餘四加一得五爲年
汎數乃此題數者假以三爲年數而探試諸數則各不合題言數故起於五宜施術○置
又云數二升以分子三乘之得六升爲初年種汎數以
又云數逐四次加之得每年種汎數各三自乘之
拾璣算法巻三
相併得數與只云數七百四十五石四斗四升恰合若有異則初年種數
加二八又爲初年種數○年數加四又爲年數如本文各三自乘相併得數亦不適只云數逐如此竟
求合數故各以汎數爲眞數合問

図 3.20.1　趕趁 71 問（『拾璣算法』より）

72 問：現代的式なら $2211-30x=y^2$ を満足する整数 x，y のうち初めに合う x，y はいくらか．いわゆる不定方程式の問題．

73 問：これも現代的式で示せば，つぎの 2 式を満足させる m，n，a のもっとも小さい整数の組合せはいくらか．

$$152+35m-19m^2+2m^3=a$$
$$-27+508n-567n^2+31n^3+3n^4=a$$

74 問：題材は正方形の辺に関するものだが，代数的に示すと

$$x-y=3,\ \ y-z=7,\ \ z-w=23,\ \ \sqrt[3]{x}+\sqrt[3]{y}+\sqrt[3]{z}+\sqrt[3]{w}=55$$

これより x，y，z，w を求めよ．

75問：これは『竿頭算法』第5問と同じで，複雑である．

紙数の関係から，71問，72問，73問，74問を紹介し，趕趁がどのような術かを理解して頂けたらと思う．なお原文は漢文調なので，現代風に直し，現代的解釈を試行する．

(1) 第 71 問

今春時に種をまき，秋時に穀を収るあり．その年数を知らず．春毎にまく所の種升数をもって之を三自乗し，秋毎の収る所の穀数となす．只云う，累年収納の穀数合わせて，745石4斗4升．又云う，毎年種を2升ずつ増やす．別に云う，初年の種は終年の種の3/7である．年数及び年々の種穀幾何を問う．

答え　初年　種数　6升　　穀数　12石9斗6升
　　　2年　種数　8升　　穀数　40石9斗6升
　　　3年　種数　1斗　　穀数　100石
　　　4年　種数　1斗2升　穀数　207石3斗6升
　　　終年　種数　1斗4升　穀数　384石1斗6升

術に曰く　分母7を置き，内分子3を減じ，余4に1を加え5を得て，年汎数となす（すなわちこの題数なるは仮に3を以て年数となして，諸数を探試すれば，則ち各題言数に合わず．故に5より起ちて，宜しく術を施すべし）又云う数2升を置き，分子3をもって之に乗じ6升を得，初年種汎数となし，又云う数を以て逐って4回（次）之を加え年毎の種汎数を得，之を三自乗し，相加え，得る数と只云う数745石4斗4升と丁度合う．（もし異あらば則ち初年の種数に6を加え，又初年の種数となす．年数に4を加え又年数となし，本文の如く各三自乗し，相併え得数と亦只云う数に適さざれば，逐って此の如く，竟に合数を求む．故に各汎数を以て真数となし，問いに合す

[現代的解釈]　題意は初年の種の升数を x，年数を n 年とすると

　　初年　　x　　　　　収量　x^4
　　次年　　$(x+2)$　　　収量　$(x+2)^4$
　　次次年　$(x+2)+2$　　収量　$\{(x+2)+2\}^4$
　　　　　　　⋮　　　　　　　　⋮
　　終年　　$x+2(n-1)$　 収量　$\{x+2(n-1)\}^4$

ここで

$$x = \frac{3}{7}\{x + 2(n-1)\}$$
$$x^4 + (x+2)^4 + \{(x+2)+2\}^4 + \cdots + \{x+2(n-1)\}^4 = 74544$$

x と n，および x^4 に相当する収量を求めよ．

[解答例]　$7x = 3x + 6(n-1)$ より　$4x = 6(n-1)$

これより　$x = 6$，$n - 1 = 4$ は一つの解　$n = 5$ (年)

試みる　　初　　　6　　　　$6^4 = 1296$
　　　　　2年　　 8　　　　$8^4 = 4096$
　　　　　3年　　10　　　　$10^4 = 10000$
　　　　　4年　　12　　　　$12^4 = 20736$
　　　　　5年　　14　　　　$14^4 = 38416$　(+
　　　　　　　　　　　　　　 74544

題意に適す．

　もし駄目なら $x = 12$，$n = 9$，$x = 18$，$n = 13$ にトライする．
　なお $x = 3$，$n = 3$ だと合計が合わない．
　これが和算の趕趁の入口で，考え方を理解していただけると思う．

(2) 第 72 問

　今，原数 2211 ヶ及び減数 30 ヶあり．減数を以て逐って原数を累減し，余平方に開き，奇零無し．初めに逢う累減の段数を得る術を問う．

　　答えて曰く　　初累減 23 段

術に曰く　原数 2211 ヶを置き，内減数 30 ヶを減じ，余 2181 ヶ，開平方に之を除し，(其の不尽減数に満たざるは之を去る) 得る商 46 個と不尽 5 個を求む．

$$2211 - 30 \times 3 = 46^2 + 5$$

　開商 46 ヶを置き，之を倍し，不尽 5 ヶを加入し，共に 97 ヶを得，内定一を減じ，余 (もし，減数に満たざれば則ち之を去るなり) 6 を得，1 限となす．

　　　$46 \times 2 + 5 = 97$，$97 - 1 = 96$，$96 - 30 \times 3 = 6$ ……1 限数

1 限数 6 を置き，之を倍し，得る内不尽と定二を併減し，余 5，2 限数となす (もし反って之を減ずるは，減数を加入し，共に得る内不尽と定二を併減なり，皆之にならえ)

$$6 \times 2 = 12，12 - 5 - 2 = 5 \quad \cdots\cdots 2 限数$$

2限数5を置き，之を倍し，得る内1限数と定二を併減し，余2を3限数となす．

$$5 \times 2 - 6 - 2 = 2 \quad \cdots\cdots 3 限数$$

3限数2を置き，之を倍し，得る内2限数と定二を併減し，余27を4限数となす．（反って之を減ずる故は，減数を加えて，二位を併減する．皆此の如し．）

5限以上之にならえ．7限数に至って空を得止む．

$$2 \times 2 - 4 - 2 + (30) = 27 \quad \cdots\cdots 4 限$$
$$27 \times 2 - 2 - 2 = (50-30) = 20 \quad \cdots\cdots 5 限$$
$$20 \times 2 - 27 - 2 = 11 \quad \cdots\cdots 6 限$$
$$11 \times 2 - 20 - 2 = 0 \quad \cdots\cdots 7 限$$

開商46ヶを置き，内上限7を減じ，余39ヶ，之を自乗して，1521ヶを得，以て原数2211を減じ，余690実となる．

$$2211 - \{(46-7=39)^2 = 1521\} = 690$$

減数30ヶの如く而も一にして，23ヶを得，初累減段数となる．問いに合す

$$\frac{690}{30} = 23$$

［現代的解釈］ $2211 - 30x = y^2$ を満足する整数 x, y のうち初めに合う x, y はいくらか．

$x=1$ を代入し，y の近似値46を見つけ，65からさらに30で割って剰余は5となる．x が大きくなると，y は小さくなるので，漸次小さい値でみてみる．

$$2211 - 45^2 = 6 \quad (\bmod\ 30) \quad \cdots\cdots 1 限$$
$$2211 - 44^2 = 5 \quad (\bmod\ 30) \quad \cdots\cdots 2 限$$
$$2211 - 43^2 = 2 \quad (\bmod\ 30) \quad \cdots\cdots 3 限$$
$$2211 - 42^2 = 27 \quad (\bmod\ 30) \quad \cdots\cdots 4 限$$
$$2211 - 41^2 = 20 \quad (\bmod\ 30) \quad \cdots\cdots 5 限$$
$$2211 - 40^2 = 11 \quad (\bmod\ 30) \quad \cdots\cdots 6 限$$
$$2211 - 39^2 = 0 \quad (\bmod\ 30) \quad \cdots\cdots 7 限$$

よって $2211 - 30x = 39^2$

$$x = \frac{2211 - 39^2}{30} = \frac{690}{30} = 23$$

すなわち最初の $x=23$（段）となる．なお術文の最後の割り算

をするところは和算特有のいいまわしである．

(3) 第 73 問

次のような2式がある．その実数を知らず．ただし両式の実数は等しい．只云う 甲式を布き，立法に之を開いて，実に152個盈す（余る意）．又云う乙式を布き，三乗法に之を開いて実に27個歉す（足らない意）．実数及び甲，乙の商（各商分位下は不）幾何を問う．

甲式　実数 $+35x-19x^2+2x^3$

乙式　実数 $+508x-567x^2+31x^3+3x^4$

答えて曰く　実数　900 個

甲商　　11 個

乙商　　9 個

この問題の術文は省略し現代的解釈に移る．

[現代的解釈]　やや泥臭いやり方かと思えるが，今様な考えは，つぎのとおりと思われる．題意より甲，乙の一つの根を m, n とすると

$$152+35m-19m^2+2m^3=a$$

$$-27+508n-567n^2+31n^3+3n^4=a$$

表 3.20.1 が得られる．

m	$35m$	$-19m^2$	$2m^2$	定数	a	a	$508n$	$-567n^2$	$31n^3$	$3n^4$	n
1	35	-19	2	152	170	-52	508	-567	31	3	1
2	70	-76	16	152	162	-839	1016	-2268	248	192	2
3	105	-171	54	152	140	-2526	1524	-5103	837	243	3
4	140	-304	128	152	116	-4315	2032	-9072	1984	768	4
5	175	-475	250	152	102	-5912	2540	-14175	3875	1875	5
6	210	-684	432	152	110	-6807	3048	-20412	6696	3888	6
7	245	-931	686	152	152	-6418	3556	-27783	10633	7203	7
8	280	-1216	1024	152	240	-4091	4064	-36288	15872	12288	8
9	315	-1539	1458	152	386	900	4572	-45927	22599	19683	9
10	350	-1900	2000	152	602	9353	5080	-56700	31000	30000	10
11	385	-2299	2662	152	900	22138	5588	-68607	41261	43923	11
12	420	-2736	3456	152	1292	40197	6096	-81648	53568	62208	12

ここで a の等しくなる $m=11$, $n=9$ を答とする

つぎに反復法に近いやり方の例を現代的に説明し，趕趁の大筋をご理解願いたい．

[題意]　いま未知数 x, y, z, w があり，つぎのような関係があ

る．
$$x-y=3, \ y-z=7, \ z-w=23$$
$$\sqrt[3]{x}+\sqrt[3]{y}+\sqrt[3]{z}+\sqrt[3]{w}=55$$

これより x, y, z, w を求めよ．

[解法の考え方] w について整理すると
$$\sqrt[3]{w+33}+\sqrt[3]{w+30}+\sqrt[3]{w+23}+\sqrt[3]{w}=55$$
$$f(w)=55-(\sqrt[3]{w}+\sqrt[3]{w+23}+\sqrt[3]{w+30}+\sqrt[3]{w+33})$$

いま
$$\sqrt[3]{w_1}=13, \ w_1=2197, \ \sqrt[3]{w_2}=13.5, \ w_2=2460.375$$
とすると
$$f(w_1)=2.831124, \ f(w_2)=0.843327$$

w の第 3 近似値は
$$w_3=\frac{w_1 f(w_2)-w_2 f(w_1)}{f(w_1)-f(w_2)}=2572.1123$$
$$f(w_3)=55-54.957522=0.042478$$

さらに w の第 4 近似値は同様に
$$w_4=\frac{w_2 f(w_3)-w_3 f(w_2)}{f(w_2)-f(w_3)}=2578.0389$$

この値をもって w の解としている．

この方法はニュートンの近似法に近いものである．

[中村幸夫]

■ 参 考 文 献
- 有馬頼徸『拾璣算法』1769 年
- 加藤平左衛門『和算の研究　雑論Ⅱ』日本学術振興会，1954 年
- 藤井康生，米光　丁『拾璣算法（現代解と解説）』1999 年

3.21 容術・傍斜術

3.21.1 容　術

　容術とは，円・多角形などに一つあるいは多くの円あるいは多角形を内接させた問題である．容術の容は「いれる」と読んで，内接させる意味である．和算の図形の問題の大部分は容術の問題であって，算額や和算書によく見られる．

　これらの容術問題を解く基本的関係は三平方の定理と比例（相似）の関係から式を立て，求めるものを方程式の形にして解くのである．いくつか簡単なものを紹介する．

(1) 直角三角形に正方形を容れる問題

　勾股弦（直角三角形）内に，図 3.21.1 のように方（正方形）を容れる（内接させる）．勾は四寸（約 12 cm），股は十二寸である．面（正方形の一辺）はいくらか[1]．

　　答　方の面三寸

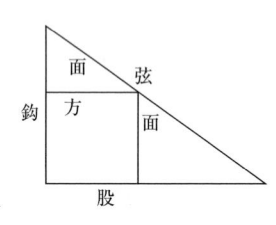

図 3.21.1

術文の現代的表現は

$$面 = \frac{勾 \times 股}{勾 + 股}$$

[現代的解法]　図 3.21.2 のように決めると

$$\triangle ABC \infty \triangle FBD$$

$$\therefore \quad CA : AB = DF : FB$$

加比の理から

$$CA : CA + AB = DF : DF + FB$$

ここで

$$DF + FB = AF + FB = AB, \quad \therefore \quad CA : CA + AB = DF : AB$$

これより

$$DF = \frac{CA \times AB}{CA + AB}$$

これは術文と同値である．

　この種の変形としては正方形から菱形としたりしている．また円（全円）など，現在の初等幾何で扱っているものも基礎として取り扱われて

図 3.21.2

いる．

つぎに円の代表例として直線上の3円を取り上げる．

(2) 直線上の3円の問題

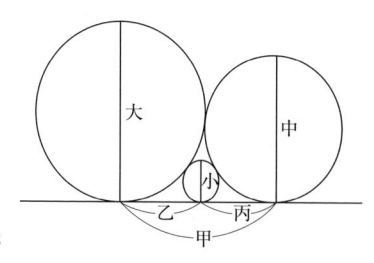

図3.21.3のように3円が同一直線上に接し，相互に接しているとき，大・中の2円の直径を知って，小円径を求めよ[1]．

図 3.21.3

これを解くには2円の関係の三平方の定理から

$$\left(\frac{大}{2} - \frac{小}{2}\right)^2 + 乙^2 = \left(\frac{大}{2} + \frac{小}{2}\right)^2,$$

$$\left(\frac{中}{2} - \frac{小}{2}\right)^2 + 丙^2 = \left(\frac{中}{2} + \frac{小}{2}\right)^2,$$

$$\left(\frac{大}{2} - \frac{中}{2}\right)^2 + 甲^2 = \left(\frac{大}{2} + \frac{中}{2}\right)^2, \quad 甲 = 丙 + 乙$$

これらから甲，乙，丙を消去して整理すると

$$\sqrt{大 \cdot 中} = \sqrt{大 \cdot 小} + \sqrt{中 \cdot 小}$$

これより

$$小 = \frac{大 \cdot 中}{\sqrt{大} + \sqrt{中}}$$

接円の数が多くなっても，一つ手前の径がわかれば求めることができる．また三個の球の場合も，切断面がこのように一直線に並んでいるなら同様に解ける．平面から立体への拡張である．算額の題材にも取り上げられている．

なお和算家は円の中に円を容れる題材も数多くあり，きわめて高度なものもある．ここでは図3.21.4のような例をあげよう．

(3) 円の中に円を容れる問題

いま図3.21.4のように，円弧，弦，矢（円の中心を通る）の隙間に二円，甲・乙が容れてあり，甲円径147寸（1寸は約3cm），弦294寸のとき，乙円径と矢の長さを求めよ．

答は乙円径27寸，矢196寸となっている．

術文は数値を代入しながらやっているので，ここでは現代的な説明と矢が大円の半径より大きいので，図3.21.5のように記

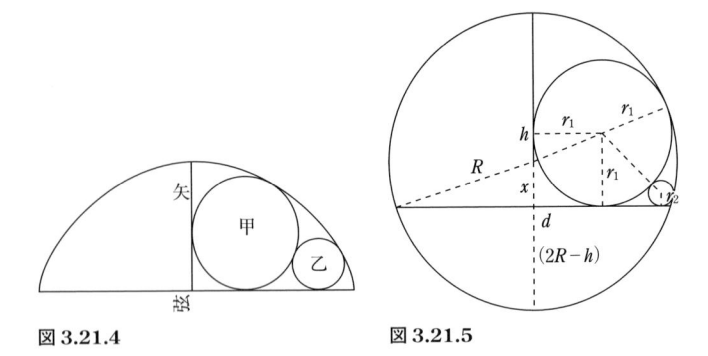

図 3.21.4　　　　図 3.21.5

号化する．
$$(R-r_1)^2 = r_1^2 + (r_1-x)^2$$
$$(R-r_2)^2 = (r_1+2\sqrt{r_1 r_2})^2 + (x-r_2)^2$$
$$\left(\frac{d}{2}\right)^2 + x^2 = R^2$$

また方べきの定理から
$$\left(\frac{d}{2}\right)^2 = h(2R-h)$$

これらから x と R を消去し，最終的に次のようになる．
$$h = \frac{2r_1 d^2}{d^2 - (2r_1)^2}, \quad 2r_2 = \frac{\{d^2 - (2r_1)^2\}^2 2r_1}{\{d^2 + 3(2r_1)^2\}^2}$$

この題材は『拾璣算法』容術部門で通算第 62 問である．

　以上見てきたものが，容術とよばれるもので，現行の解析幾何に近いものである．

3.21.2　傍　斜　術

　傍斜術は安島直円（享保 17（1732）～寛政 10（1798）年）が創始したが，これが東北の盛岡地方に伝わり，梅村重得（文化元（1804）～明治 17（1884）年），梅村重操（文政元（1818）～明治 29（1896）年）の兄弟によって完成したといわれている．和算では縦書きで，円も直径で扱っているが，基本的には現今の解析幾何に近いので，この表現で解説を進める．
　傍斜術は円どうしの共通接線や接点どうしを結ぶ線分と円径

との関係を求めるものともいえる．もっとも簡単な三円傍斜術から始める[2]．

(1) 三円傍斜術

和算風表現をすると図3.21.6のようになる．これらは公式集として和算家一人ひとりがまとめていたようである．

山本賀前編『算法助術』の第51, 52に当たる．公式の意味は甲，乙円の共通接線を子，また甲，乙円が大円と接する点を結んだ長さを斜とすると，

$$斜^2 = \frac{子^2 大^2}{(大 \pm 甲)(大 \pm 乙)}, \quad または \quad 斜 = \frac{子大}{\sqrt{(大 \pm 甲)(大 \pm 乙)}}$$

というもので，＋は外接，－は内接である．

図 3.21.6

図 3.21.7

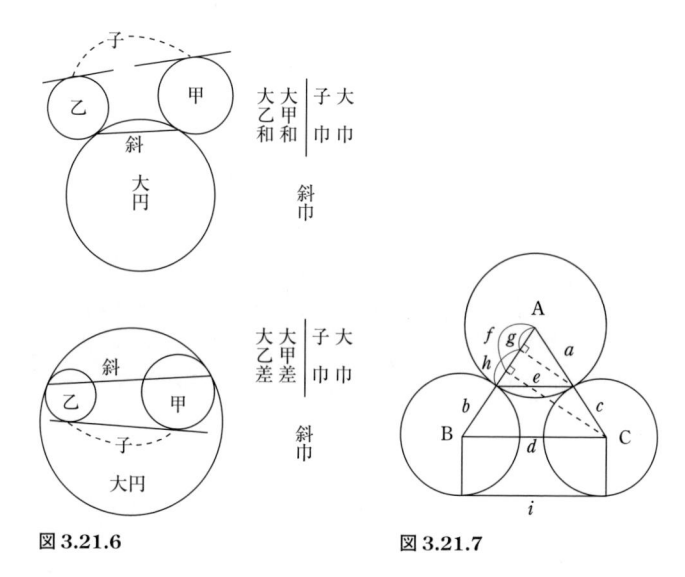

この証明例は図3.21.7のように三円の半径を a, b, c．円A, Cの接点および円Cの中心からABに垂線をおろし，各長さをそれぞれ決めると，直角三角形の相似により

$$\frac{a}{a+c} = \frac{g}{f}, \quad \therefore g = \frac{af}{a+c}$$

したがって

$$h = a - g = a - \frac{af}{a+c}$$

さて $e^2 = h^2 + (a^2 - g^2)$ から，この式に上の h, g を代入して

$$\therefore e^2 = 2a^2 - \frac{2fa^2}{a+c}$$

一方

$$(a+c)^2 - f^2 = d^2 - \{(a+b) - f\}^2$$

これより

$$f = \frac{(a+b)^2 + (a+c)^2 - d^2}{2(a+b)}$$

この f の値を上の式に入れて

$$e^2 = a^2 \frac{\{d^2 - (b-c)^2\}}{(a+b)(a+c)} = \frac{a^2 i^2}{(a+b)(a+c)}$$

B，C が円 A 内にあるときは符号が負（−）になるだけでまったく同様にできる．以上で証明は終わる．

これが傍斜術の基本公式である．

(2) 四円傍斜術

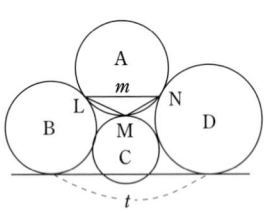

四円の場合は，三円傍斜術から導くことができる．ここでは図 3.21.8 のように互いに外接する基本形について説明する．

図3.21.8

四円 A，B，C，D の半径を a, b, c, d，円 B，D の共通接線の長さを t とすればつぎの関係がある．

$$(a+c)^2 t^4 - 8ac(a+c)(b+d)t^2 - 16abcdt^2 + 16a^2c^2(b-d)^2 = 0$$

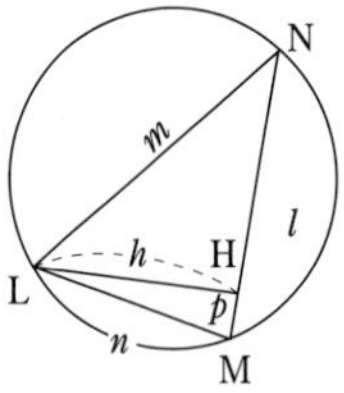

これを証明する道筋としては，円 A，B の接点 L と円 A，D の接点を N，円 A，C との接点を M，LN の長さを m とする．まず補助定理として，図 3.21.9 のように円 A に着目した半径 r で内接三角形 LMN の三辺を l, m, n とすれば，つぎの関係がある．

図3.21.9

$$l^4 + m^4 + n^4 - 2m^2 n^2 - 2n^2 l^2 - 2l^2 m^2 + \frac{l^2 m^2 n^2}{r^2} = 0$$

ここでは結果だけを使う．

さて三円傍斜術により m, n, l について

$$l^2 = \frac{4a^2 cd}{(a+c)(a+d)}, \quad m^2 = \frac{a^2 t^2}{(a+b)(a+d)}, \quad n^2 = \frac{4a^2 bc}{(a+b)(a+c)}$$

これらを上式に代入して整頓すれば最初の式が得られる．

3.21 容術・傍斜術

四円になると，位置関係が複雑になり，符号の取り方も複雑になるので，そのつど吟味しなければならない．

つぎに傍斜術の応用となる五円以上の関係に触れることにする．

(3) 五円傍斜術

①大円に四円が内接の場合（ケージーの定理相当）

イギリスのJ. Casey（1820～1891年）が1857年に発見したもので，岩田至康編の『幾何学大辞典』によればつぎのようである[3]．「平面上で四つの有向円1，2，3，4が同一の有向円に接するための必要十分条件は

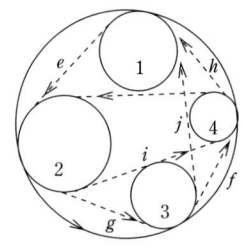

$$\overline{12}\cdot\overline{34}+\overline{14}\cdot\overline{23}=\overline{13}\cdot\overline{24}$$

なることである．ここに $\overline{ij}$ は i, j 両円の有向共通接線の長さを表す．たとえば図3.21.10で共通接線を e, f, g, h, i, j とすれば

$$ef+gh=ij$$

が成り立つというものである．」

図3.21.10

これに対し和算家はどのように，表現していたかというと，ケージーに先立つこと27年前の文政13（1830）年に白石長忠（寛政7（1794）～文久2（1862）年）はその編著「数理無尽蔵」につぎのように公式として載せている（図3.21.11）．

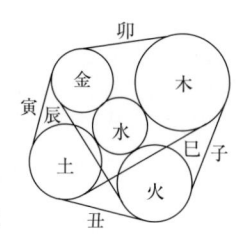

図3.21.11

水円に外接する4円木，火，金，土の二つずつの共通接線の長さを，子，丑，寅，卯，辰，巳とすれば，次式が成り立つ．

$$子\times寅+丑\times卯=辰\times巳$$

これはケージーの定理にほかならない．

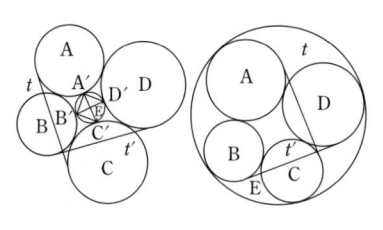

3円の場合の傍斜術と「トレミーの定理」から上の公式は証明できる．

②四円が外接し，五円目が外接または内接する場合

図3.21.12

図3.21.12のような場合は円AとC，BとDの共通外接線の長さをt, t'とすれば，

$$(tt')^2 = 64abcd$$

なる関係にある．

傍斜術の応用で導ける．

(4) 六円の場合

六円の場合で，図3.21.13のようにEが内接，E′が外接ならa, b, c, dを半径とすると特殊な美しいつぎのような関係式も導かれる．

$$\frac{1}{a} + \frac{1}{c} = \frac{1}{b} + \frac{1}{d}$$

これも四円の傍斜術の公式から導くことができる．

以上で傍斜術の説明を終えるが幾何については西洋にも見劣りしないレベルまで到達していて，かつ立体（球）まで拡張している．計算力，直感力，洞察力とも日本人の特質がよく出ていると思われる．　　　　　　　　　　　　　　　［中村幸夫］

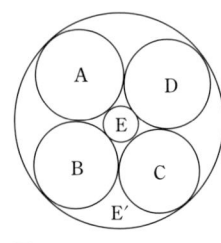

図3.21.13

■ 参 考 文 献
- 長谷川寛，千葉胤秀『算法新書』文政13年
- 有馬頼徸『拾璣算法』明和6年
- 長谷川弘，山本賀前『算法助術』天保12年
- 白石長忠「数理無尽蔵」文政13年
- 平山諦，松岡元久編『安島直円全集』富士短期大学出版部，1966年
- 梅村重得『傍斜術』

1) 大矢真一『和算入門』日本評論社，1987年
2) 平山諦『和算史上の人々』富士短期大学出版部，1965年
3) 岩田至康編『幾何学大辞典1』槙書店，1971年

3.22 算変法

算変法は変形術の一種で，現在の反転法に匹敵するものであり，その代表は芸州広島の和算家法道寺善（文政 3（1820）～明治元（1868）年）である．法道寺は内田五観の門弟で，全国を遊歴し各地に遺した自筆稿本は多く，算変法を「観新考算変」や「観術」に書き残している．「観新考算変」には多くの異本があるが，ここでは安政 7（1860）年法道寺自筆の稿本である土屋本をもとに解説する．第 1 問はつぎのようになっている．

互いに外接している大小二円が外円に内接している（図 3.22.1）．これらの円に接する甲，乙，丙，…の円を書き，最後の円を末円とする．外径，大径および甲円から末円までの個数 n が与えられたとき，末円径を求める問題である．

術文では図 3.22.2 と図 3.22.3 を使って説明している．

まず図 3.22.2 により，二つの末円の共通外接線の長さを斜とすると

$$(外-大)^2 斜^2 + 4 末^2 外・大 - 4(外-大)外・大・末 = 0 \quad (1)$$

が成り立つ．つぎに"外径大径至多之変形"として図 3.22.3 により

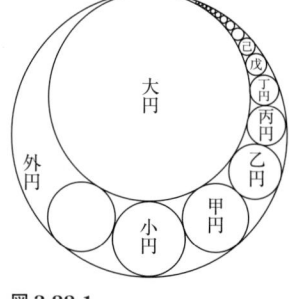

$$斜 = 2n 末 \quad (2)$$

とする．式 (2) を式 (1) に代入して

$$(外-大)^2 n^2 末 + 外・大・末 - (外-大)外・大 = 0$$

図 3.22.1

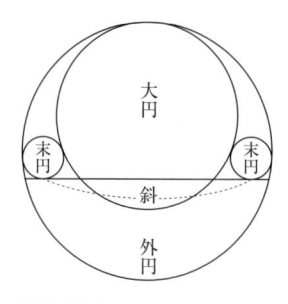

図 3.22.2

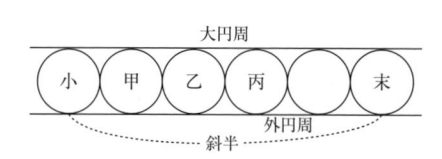

図 3.22.3

$$\frac{n^2(外-大)^2}{大 \cdot 外}+1=通法 \quad とおいて \quad 末=\frac{外-大}{通法} \quad と求まる. 以上$$

が法道寺の解法である．

式（1）は四円傍斜術とよばれ，よく使われる通常の公式である．算変法の特徴は図 3.22.3 にあり，反転法といわれる所以でもある．これは外径，大径を無限大にした場合で，平行な二直線の間に n 個の等しい円が挟まれている．このとき，式（2）が成り立つ，というところがポイントであるが，これは反転法によってつぎのように説明がつく．

外円と大円の接点 O を中心にして反転すると，外円と大円は平行な二直線になり，その間に等円が挟まれる形になる．さらに O から末円への接線の長さ ρ を反転の半径とすると，末円は不動だから，反形は図 3.22.5 の実線のようになり，式（2）がわかる．

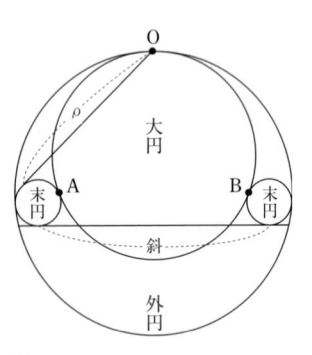

図 3.22.4

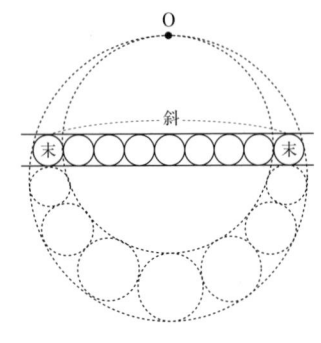

図 3.22.5

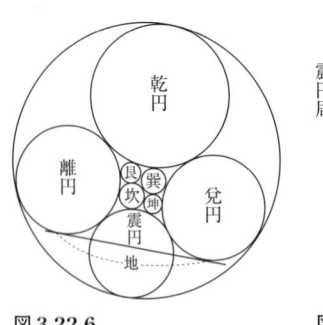

図 3.22.6

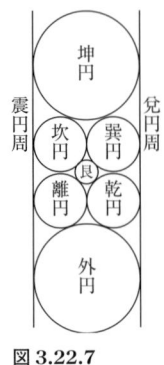

図 3.22.7

第 8 問では図 3.22.6 で "兌震径多極ニ至ル変形" として図 3.22.7 が示されている．兌円と離円の共通外接線の長さを地とすると 地^2 = 2 兌・離 となると述べられている．これは兌円と震円の接点を中心にして反転することで説明がつく．

第 6 問では図 3.22.8 で "甲径多極ニ至ルノ変形" として図 3.22.9 が示

図 3.22.8　　　　　　図 3.22.9

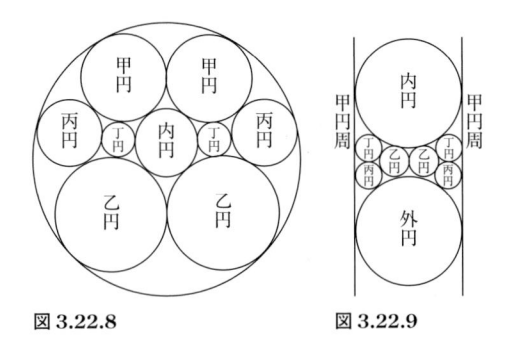

されている．原図で外円と内円の中心間の距離を子とすると

$$子 = \frac{(外+内)^2}{4} - \frac{25}{16} 外 \cdot 内$$

と述べられている．これも二つの甲円の接点を中心とする反転で説明がつく．

　これらをもって法道寺に明確な反転法の考えがあったか，については疑問である．いずれの場合も2円を平行な2直線に変形する一種の極形術であるが，接する2円であるため，反転法と同じ結果を得ることができたのである．反転ならばその中心や半径が必要であるが，それらについては述べられていない．第1問の斜，第8問の地，第6問の子などの不変性の説明に難点があるが，そのような不変量に着目したことは注目すべきである．

　なお算変法は法道寺のオリジナルではなく，肥後熊本藩の和算家牛島盛庸によるものである，という説を三上義夫が述べている．これは「法道寺善の観新考算変について（Ⅰ）（Ⅱ）（Ⅲ）」（『飽蔵』第六巻第二，三，四号　昭和五年刊）に書かれており，参考文献5）に集録されている．　　　　　　　　　　　［小寺　裕］

■　参　考　文　献
- 日本学士院編『明治前日本数学史』岩波書店，1959年
- 法道寺善「観新考算変（土屋本）」日本学士院蔵，安政7年
- 法道寺善「観新考算変（萩原本）」日本学士院蔵
- 道脇義正編著『幕末の偉大なる数学者』多賀出版，1989年
- 藤井貞雄編『法道寺善の算変法』自家版，1987年

3.23 角術

　　角術の角は正多角形のことで，正多角形に関する問題を扱う分野である．古くは『竪亥録』に正多角形の一辺が与えられたとき面積を求める問題が載せられている．その後角術では正多角形の一辺と角中径（頂点までの距離，外接円の半径），平中径（一辺までの距離，内接円の半径）との関係や対角線・矢との関係を求めること，そして級数を用いてその関係を表すことを研究している．最初に発展させたのは関孝和で『括要算法』第3巻（正徳2（1712）年）には正三角形から正二十角形まで一辺の長さを1としたときの角中径，平中径を求めるための方程式を導き，その値を求めている．『大成算経』11巻角術では正三角形から正二十角形までの正多角形だけでなく畸零面（短い辺）が1つある多角形について述べている．一般の正n角形について述べているのは松永良弼で，「算法全経」（廉術）で，nが奇数，単偶数（2で割ると奇数になる），双偶数（4の倍数）に分けて述べている．また対角線と矢の関係についても述べている．『方円算経』（元文4（1739）年）では級数で表すことを述べている．ただし松永良弼は詳しい説明は載せていない．有馬頼徸は『拾璣算法』（明和6（1769）年）の中で角術という項目はあげていないが，第四巻作式第三問（92問）で畸零面のあるn角形について述べている．有馬頼徸は「方円算経」を整理した「方円奇巧」（明和3（1766）年）を著している．ここで述べられている正n角形の角中径や平中径の式をどのようにして導くかについては後の和算家も苦労したようだ．求角面の式（正多角形の一辺を求める式）を石黒信由は「諸角綴術之解」（文化4（1807）年）において，白石長忠は「諸角通術捷法解」（文政6（1823）年）において導いている．石黒や白石は求角面の式を導くために，膨大な計算を書き残しているが微分法を用いないためわかりにくい．

3.23.1 括要算法第3巻

　　関孝和『括要算法』第3巻に三角（正三角形）から二十角（正二十角形）について一辺の長さを1としたときの平中径を求め

る式，角中径を求める式および平中径・角中径の値を載せている．

面を1，角中径を R，平中径 r をとする．

三角　　$1-12r^2=0, \quad 1-3R^2=0$

四角　　$2r=1, \quad -1+2R^2=0$

五角　　$-1+40r^2-80r^4=0, \quad -1+5R^2-5R^4=0$

六角　　$-3+4r^2=0, \quad R=1$

七角　　$-1+84r^2-560r^4+448r^6=0,$
　　　　$-1+7R^2-14R^4+7R^6=0$

八角　　$-1-4r+4r^2=0, \quad -1+4R^2-2R^4=0$

九角　　$-1+132r^2-432r^4+192r^6=0,$
　　　　$-1+6R^2-9R^4+3R^6=0$

十角　　$5-40r^2+16r^4=0, \quad -1-R+R^2=0$

十一角　$-1+220r^2-5280r^4+29568r^6-42240r^8$
　　　　$+11264r^{10}=0,$
　　　　$-1+11R^2-44R^4+77R^6-55R^8+11R^{10}=0$

十二角　$-1+8r-4r^2=0, \quad -1+4R^2-R^4=0$

十三角　$-1+312r^2-11440r^4+109824r^6-329472r^8$
　　　　$+292864r^{10}-53248r^{12}=0,$
　　　　$-1+13R^2-65R^4+156R^6-182R^8+91R^{10}-13R^{12}=0$

十四角　$-7+140r^2-336r^4+64r^6=0, \quad 1-R-2R^2+R^3=0$

十五角　$-1+368r^2-2144r^4+1792r^6-256r^8=0,$
　　　　$-1+7R^2-14R^4+8R^6-R^8=0$

十六角　$1+8r-24r^2-32r^3+16r^4=0,$
　　　　$1-8R^2+20R^4-16R^6+2R^8=0$

十七角　$-1+544r^2-38080r^4+792064r^6-6223360r^8$
　　　　$+19914752r^{10}-25346048r^{12}+11141120r^{14}$
　　　　$-1114112r^{16}=0,$
　　　　$-1+17R^2-119R^4+442R^6-935R^8+1122R^{10}-714R^{12}$
　　　　$+204R^{14}-17R^{16}=0$

十八角　$3-108r^2+528r^4-64r^6=0, \quad -1+3R^2-R^3=0$

十九角　$-1+684r^2-62016r^4+1736448r^6-19348992r^8$
　　　　$+94595072r^{10}-206389248r^{12}+190513152r^{14}$
　　　　$-63504385r^{16}+4980736r^{18}=0,$

$$-1+19R^2-152R^4+665R^6-1729R^8+2717R^{10}$$
$$-2508R^{12}+1254R^{14}-285R^{16}+19R^{18}=0$$

二十角　　$1-8r-56r^2-32r^3+16r^4=0,$
　　　　　$1-8R^2+19R^4-12R^6+R^8=0$

3.23.2 『拾璣算法』作式第三問

有馬頼徸『拾璣算法』作式第三問に畸零面が一つある多角形について角中径 R, 平中径 r と畸中径（畸零面までの距離）を得る式を求める問題が載せられている．

術文によると角中径を求める式は畸零面以外の等しい辺の数 n が奇数のとき原角数 n を置き 3 を引き　一差 $= n-3$, 二差 $= n-4$, 三差 $= n-5$, …2 を差限とする

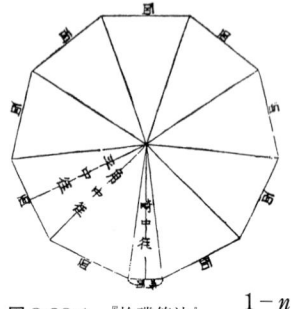

図 3.23.1 『拾璣算法』より

$$1-n\left(\frac{R}{a}\right)^2+\frac{n(n-3)}{2}\left(\frac{R}{a}\right)^4-\frac{n(n-4)(n-5)}{2\cdot 3}\left(\frac{R}{a}\right)^6$$
$$+\frac{n(n-5)(n-6)(n-7)}{2\cdot 3\cdot 4}\left(\frac{R}{a}\right)^8$$
$$-\frac{n(n-6)(n-7)(n-8)(n-9)}{2\cdot 3\cdot 4\cdot 5}\left(\frac{R}{a}\right)^{10}$$
$$+\frac{n(n-7)(n-8)(n-9)(n-10)(n-11)}{2\cdot 3\cdot 4\cdot 5\cdot 6}\left(\frac{R}{a}\right)^{12}-\cdots=10$$

上式において畸零面 $\left(\dfrac{a'}{a}\right)$ を最高次の係数が正であれば引き，負であれば足せばよい．畸零面以外の等しい辺の数 n が偶数のとき原角数 n を置き　一差 $= 2n-3$, 二差 $= 2n-4$, 三差 $= 2n-5$, …3 を差限とする

$$-1+2n\left(\frac{R}{a}\right)^2-\frac{2n(2n-3)}{2}\left(\frac{R}{a}\right)^4+\frac{2n(2n-4)(2n-5)}{2\cdot 3}\left(\frac{R}{a}\right)^6$$
$$-\frac{2n(2n-5)(2n-6)(2n-7)}{2\cdot 3\cdot 4}\left(\frac{R}{a}\right)^8$$
$$+\frac{2n(2n-6)(2n-7)(2n-8)(2n-9)}{2\cdot 3\cdot 4\cdot 5}\left(\frac{R}{a}\right)^{10}$$
$$-\frac{2n(2n-7)(2n-8)(2n-9)(2n-10)(2n-11)}{2\cdot 3\cdot 4\cdot 5\cdot 6}\left(\frac{R}{a}\right)^{12}$$
$$+\cdots=0$$

上式において（畸零面）$^2\left(\dfrac{a'}{a}\right)^2$ を最高次の係数が正であれば引

3.23 角　術

き，負であれば足せばよい．

　つぎに平中径を求める式は畸零面以外の等しい辺の数 n が奇数のとき，原角数 n を置き　一差＝$n-1$, 二差＝$n-2$, 三差＝$n-3, \cdots 2$ を差限とする．

$$1 - \frac{4n(n-1)}{2}\left(\frac{r}{a}\right)^2 + \frac{4^2 n(n-1)(n-2)(n-3)}{2\cdot 3\cdot 4}\left(\frac{r}{a}\right)^4$$

$$- \frac{4^3 n(n-1)(n-2)(n-3)(n-4)(n-5)}{2\cdot 3\cdot 4\cdot 5\cdot 6}\left(\frac{r}{a}\right)^6$$

$$+ \frac{4^4 n(n-1)(n-2)(n-3)(n-4)(n-5)(n-6)(n-7)}{2\cdot 3\cdot 4\cdot 5\cdot 6\cdot 7\cdot 8}\left(\frac{r}{a}\right)^8$$

$$- \frac{4^5 n(n-1)(n-2)(n-3)(n-4)(n-5)(n-6)(n-7)(n-8)(n-9)}{2\cdot 3\cdot 4\cdot 5\cdot 6\cdot 7\cdot 8\cdot 9\cdot 10}\left(\frac{r}{a}\right)^{10}$$

$$+ \frac{4^6 n(n-1)(n-2)(n-3)(n-4)(n-5)(n-6)(n-7)(n-8)(n-9)(n-10)(n-11)}{2\cdot 3\cdot 4\cdot 5\cdot 6\cdot 7\cdot 8\cdot 9\cdot 10\cdot 11\cdot 12}$$

$$\times \left(\frac{r}{a}\right)^{12} - \cdots = 0$$

ここで

$$1 + 2(n-1)\left(\frac{r}{a}\right)^2 + \frac{2^2 n(n-1)(n-3)}{2}\left(\frac{r}{a}\right)^4$$

$$+ \frac{2^3 n(n-1)(n-3)(n-5)}{2\cdot 3}\left(\frac{r}{a}\right)^6$$

$$+ \frac{2^4 n(n-1)(n-3)(n-5)(n-7)}{2\cdot 3\cdot 4}\left(\frac{r}{a}\right)^8$$

$$+ \frac{2^5 n(n-3)(n-5)(n-7)(n-9)}{2\cdot 3\cdot 4\cdot 5}\left(\frac{r}{a}\right)^{10}$$

$$+ \frac{2^6 n(n-1)(n-3)(n-5)(n-7)(n-9)(n-11)}{2\cdot 3\cdot 4\cdot 5\cdot 6}\left(\frac{r}{a}\right)^{12} + \cdots$$

に畸零面 $\left(\dfrac{a'}{a}\right)$ を掛け前式の最高次の係数が正であれば引き，負であれば足せばよい．畸零面以外の等しい辺の数 n が偶数のとき，原角数 n を置き　一差＝$n-1$, 二差＝$n-2$, 三差＝$n-3, \cdots 2$ を差限とする．

$$2n\left(\frac{r}{a}\right) - \frac{4(2n)(n-1)(n-2)}{2\cdot 3}\left(\frac{r}{a}\right)^3$$

$$+ \frac{4^2(2n)(n-1)(n-2)(n-3)(n-4)}{2\cdot 3\cdot 4\cdot 5}\left(\frac{r}{a}\right)^5$$

$$-\frac{4^3(2n)(n-1)(n-2)(n-3)(n-4)(n-5)(n-6)}{2\cdot3\cdot4\cdot5\cdot6\cdot7}\left(\frac{r}{a}\right)^7$$

$$+\frac{4^4(2n)(n-1)(n-2)(n-3)(n-4)(n-5)(n-6)(n-7)(n-8)}{2\cdot3\cdot4\cdot5\cdot6\cdot7\cdot8\cdot9}\left(\frac{r}{a}\right)^9$$

$$-\frac{4^5(2n)(n-1)(n-2)(n-3)(n-4)(n-5)(n-6)(n-7)(n-8)(n-9)(n-10)}{2\cdot3\cdot4\cdot5\cdot6\cdot7\cdot8\cdot9\cdot10\cdot11}$$

$$\times\left(\frac{r}{a}\right)^{11}+\cdots=0$$

ここで

$$1+\frac{4(n-1)}{1}\left(\frac{r}{a}\right)^2+\frac{4^2(n-1)(n-2)}{1\cdot2}\left(\frac{r}{a}\right)^4$$

$$+\frac{4^3(n-1)(n-2)(n-3)}{1\cdot2\cdot3}\left(\frac{r}{a}\right)^6$$

$$+\frac{4^4(n-1)(n-2)(n-3)(n-4)}{1\cdot2\cdot3\cdot4}\left(\frac{r}{a}\right)^8$$

$$+\frac{4^5(n-1)(n-2)(n-3)(n-4)(n-5)}{1\cdot2\cdot3\cdot4\cdot5}\left(\frac{r}{a}\right)^{10}$$

$$+\frac{4^6(n-1)(n-2)(n-3)(n-4)(n-5)(n-6)}{1\cdot2\cdot3\cdot4\cdot5\cdot6}\left(\frac{r}{a}\right)^{12}+\cdots$$

に (畸零面)$^2\left(\dfrac{a'}{a}\right)^2$ を掛け (前式)^2 より減じる.

［例］　九角と畸零面のとき角中径を求める式

$$a^8-9a^6R^2+27a^4R^4-30a^2R^6+\left(9-\frac{a'}{a}\right)R^8=0$$

平中径を求める式

$$(a^8-a^7a')-(144a^8+16a^5a')r^2+(2016a^6-96a^3a')r^4$$
$$-(5376a^2+256aa')r^6+\left(2304-256\frac{a'}{a}\right)r^8=0$$

これらの式をどのようにして導き出したかについては載せられていない. 逐索で述べた面斜を用いて, 正 n 角形のとき $a_n=0$, 畸零面 (a') があるとき畸零面を除く n 多角形を考え, $a_n=a'$ より導いたものと思われる. $\dfrac{a}{2R}=\sin\theta$, $\dfrac{a_n}{2R}=\sin n\theta$ より角中径を求める式と $\sin n\theta$ の展開式は同じものである. 畸零面をもつときは $a'=2R\sin\theta'$ とすればよい. 平中径については角中径と平中径の間には $R^2=r^2+\left(\dfrac{a}{2}\right)^2$ が成り立つので奇数のとき

$$\left(\frac{a'}{a}\right)\left\{4\left(\frac{r}{a}\right)+1\right\}^{\frac{n-2}{2}}$$

を前式の最高次の係数が正であれば引き，負であれば足せばよい．

偶数のとき

$$\left(\frac{a'}{a}\right)^2\left\{4\left(\frac{r}{a}\right)+1\right\}^{n-1}$$

を（前式）^{2} より引けばよい．

最後に畸中径は平中径と同様に $R^2=r^2+\left(\dfrac{a'}{2}\right)^2$ より求められる．

3.23.3 「方円奇巧」より

有馬頼徸「方円奇巧」に載せられている．正多角形について辺の数 n と角中径 R から一辺の長さ a_n を表す級数を三角関数と微分を用いて概説し，角中径 R，平中径 r を表す級数を載せる．

(1) 角面を表す級数

正多角形の角中径が与えられたとき，一辺を表す級数を求める．正多角形の角数 n，一辺 a_n，角中径を R とする．

$$A_0=\frac{6R}{n}, \quad A_1=\frac{n^2-36}{24n^2}A_0, \quad A_2=\frac{9n^2-36}{80n^2}A_1,$$

$$A_3=\frac{25n^2-36}{168n^2}A_2, \quad A_4=\frac{49n^2-36}{288n^2}A_3, \cdots$$

として

$$a_n=A_0+A_1+A_2+A_3+A_4+\cdots$$
$$=\frac{6R}{n}\left\{1+\frac{n^2-36}{24n^2}+\frac{n^2-36}{24n^2}\frac{9n^2-36}{80n^2}+\frac{n^2-36}{24n^2}\frac{9n^2-36}{80n^2}\right.$$
$$\left.\cdot\frac{25n^2-36}{168n^2}+\frac{n^2-36}{24n^2}\frac{9n^2-36}{80n^2}\frac{25n^2-36}{168n^2}\frac{49n^2-36}{288n^2}+\cdots\right\}$$

上式がどのようにして求められたかは載せられていない．はじめに触れたように後世の和算家もずいぶん苦労したようである．ここでは，級数展開により示す．一辺の長さ a_n は

$$\pi=6\arcsin\frac{1}{2}$$

であるので

$$a_n = 2R\sin\frac{\pi}{n} = 2R\sin\left(\frac{6\arcsin\frac{1}{2}}{n}\right)$$

と表される．これは正六角形のときを考えていることになる．

$$a_6 = 2R\sin\theta, \quad \theta = \frac{\pi}{6}, \quad \text{よって} \quad \frac{\pi}{6} = \arcsin\frac{1}{2}$$

$f(x) = \sin\phi$ の級数展開をする．

$$\phi = \frac{2m\arcsin x}{n}$$

ここで $m=3$, $x=\frac{1}{2}$ である．

$$f(0) = 0$$

$$f'(x) = \frac{2m}{n}\frac{1}{\sqrt{1-x^2}}\cos\phi$$

$$\sqrt{1-x^2}\,f'(x) = \frac{2m}{n}\cos\phi$$

$$f'(0) = \frac{2m}{n}$$

$$-\frac{x}{\sqrt{1-x^2}}f'(x) + \sqrt{1-x^2}\,f''(x) = -\frac{4m^2}{n^2}\frac{1}{\sqrt{1-x^2}}\sin\phi$$

$$-xf'(x) + (1-x^2)f''(x) = -\frac{4m^2}{n^2}f(x)$$

$$(1-x^2)f''(x) - xf'(x) + \frac{4m^2}{n^2}f(x) = 0$$

$$f(x) = \sum_{k=0}^{\infty} A_k x^k$$

と置き，上式に代入する．

$$A_2 = 0, \quad A_3 = \frac{n^2 - 4m^2}{6n^2},$$

$$A_{k+2} = \frac{k^2 n^2 - 4m^2}{(k+2)(k+1)n^2} A_k$$

k を $2l-1$ に置きかえる．

$$A_{2l+1} = \frac{(2l-1)^2 n^2 - 4m^2}{2l(2l+1)n^2} A_{2l-1}$$

以上により成り立つことが示せた．

$n=8$ とし $R=6$ の場合について「方円奇巧」に載せている．

$$a_8 = \frac{9}{2}\left\{1 + \frac{7}{384} + \frac{7}{384}\frac{27}{256} + \frac{7}{384}\frac{27}{256}\frac{391}{2688}\cdots\right\}$$

(2) 角中径を表す級数

正多角形の一辺が与えられたとき，角中径を表す級数を求める．正多角形の角数 n，一辺 a，角中径を R とする．

$A_0 = \dfrac{na}{6}$, $a_1 = n^2 - 36$, $b_1 = 24n^2$, $a_2 = 9n^2 - 36$, $b_2 = 80n^2$, $a_3 = 25n^2 - 36$, $b_3 = 168n^2$, $a_4 = 49n^2 - 36$, $b_4 = 288n^2$, $\cdots$

と置き，

$$A_1 = A_0 \frac{a_1}{b_1} = \frac{na}{6}\frac{n^2-36}{24n^2}, \quad A_2 = \left(A_0 \frac{a_2}{b_2} - A_1\right)\frac{a_1}{b_1},$$

$$A_3 = \left\{\left(A_0\frac{a_3}{b_3} - A_1\right)\frac{a_2}{b_2} - A_2\right\}\frac{a_1}{b_1}, \cdots$$

とする．

$$R = A_0 - (A_1 + A_2 + A_3 + \cdots)$$

上式を求めるのに，先の角面を求める式を用いる．

$$a_n = \frac{6R}{n}\left\{1 + \frac{n^2-36}{24n^2} + \frac{n^2-36}{24n^2}\frac{9n^2-36}{80n^2} + \frac{n^2-36}{24n^2}\frac{9n^2-36}{80n^2}\right.$$

$$\left.\cdot\frac{25n^2-36}{168n^2} + \frac{n^2-36}{24n^2}\frac{9n^2-36}{80n^2}\frac{25n^2-36}{168n^2}\frac{49n^2-36}{288n^2} + \cdots\right\}$$

上記の a_k, b_k を用いて表すと，

$$a_n = \frac{6R}{n}\left\{1 + \frac{a_1}{b_1} + \frac{a_1}{b_1}\frac{a_2}{b_2} + \frac{a_1}{b_1}\frac{a_2}{b_2}\frac{a_3}{b_3} + \frac{a_1}{b_1}\frac{a_2}{b_2}\frac{a_3}{b_3}\frac{a_4}{b_4} + \cdots\right\}$$

この式より，

$$R_n = \frac{na}{6}\frac{1}{\left\{1 + \dfrac{a_1}{b_1} + \dfrac{a_1}{b_1}\dfrac{a_2}{b_2} + \dfrac{a_1}{b_1}\dfrac{a_2}{b_2}\dfrac{a_3}{b_3} + \dfrac{a_1}{b_1}\dfrac{a_2}{b_2}\dfrac{a_3}{b_3}\dfrac{a_4}{b_4} + \cdots\right\}}$$

と考えられる．$R = A_0 - A_1 - A_2 - A_3 - \cdots$ と置く．

$$\frac{na}{6} = (A_0 - A_1 - A_2 - A_3 - \cdots)$$

$$\cdot\left(1 + \frac{a_1}{b_1} + \frac{a_1}{b_1}\frac{a_2}{b_2} + \frac{a_1}{b_1}\frac{a_2}{b_2}\frac{a_3}{b_3} + \frac{a_1}{b_1}\frac{a_2}{b_2}\frac{a_3}{b_3}\frac{a_4}{b_4} + \cdots\right)$$

$A_0 = \dfrac{na}{6}$, $-A_1 + A_0\dfrac{a_1}{b_1} = 0$, $A_1 = A_0\dfrac{a_1}{b_1}$,

$-A_2 - A_1\dfrac{a_1}{b_1} + A_0\dfrac{a_1}{b_1}\dfrac{a_2}{b_2} = 0$, $A_2 = \left(A_0\dfrac{a_2}{b_2} - A_1\right)\dfrac{a_1}{b_1}$,

$-A_n - A_{n-1}\dfrac{a_1}{b_1} - A_{n-2}\dfrac{a_1}{b_1}\dfrac{a_2}{b_2}$

$$-\cdots -A_1\frac{a_1}{b_1}\cdots\frac{a_{n-1}}{b_{n-1}}+A_0\frac{a_1}{b_1}\cdots\frac{a_n}{b_n}=0$$

$$A_n=\left(\cdots\left(\left(A_0\frac{a_n}{b_n}-A_1\right)\frac{a_{n-1}}{b_{n-1}}-A_2\right)\frac{a_{n-2}}{b_{n-2}}\cdots\right)\frac{a_1}{b_1}$$

角中径の式が成り立つことが示せた.

$n=10$, $a=3$ の場合について「方円奇巧」載せている.

$A_0=5, a_1=64, a_2=864, a_3=2464, b_1=2400, b_2=8000, b_3=16800, \cdots$

$$\frac{a_1}{b_1}=\frac{2}{75},\quad \frac{a_2}{b_2}=\frac{27}{250},\quad \frac{a_3}{b_3}=\frac{11}{75},\quad \cdots$$

$$A_1=A_0\frac{2}{75},\quad A_2=\left(A_0\frac{27}{250}-A_1\right)\frac{2}{75},$$

$$A_3=\left\{\left(A_0\frac{11}{75}-A_1\right)\frac{27}{250}-A_2\right\}\frac{2}{75},\quad \cdots$$

(3) 平中径を表す級数

正多角形の一辺が与えられたとき，平中径と正多角形の面積を求める．正多角形の角数 n，一辺 a，平中径を r とする.

$$A_0=\frac{9R}{2n^2},\quad A_1=\frac{n^2-9}{12n^2}A_0,\quad A_2=\frac{4n^2-9}{30n^2}A_1,$$

$$A_3=\frac{9n^2-9}{56n^2}A_2,\quad A_4=\frac{16n^2-9}{90n^2}A_3,\cdots$$

として

$$r=R-(A_0+A_1+A_2+A_3+A_4+\cdots)$$
$$=R-\frac{9R}{2n^2}\left\{1+\frac{n^2-9}{12n^2}+\frac{n^2-9}{12n^2}\frac{4n^2-9}{30n^2}+\frac{n^2-9}{12n^2}\frac{4n^2-9}{30n^2}\right.$$
$$\left.\cdot\frac{9n^2-9}{56n^2}+\frac{n^2-9}{12n^2}\frac{4n^2-9}{30n^2}\frac{9n^2-9}{56n^2}\frac{16n^2-9}{90n^2}+\cdots\right\}$$

r は $\pi=6\arcsin\frac{1}{2}$ であるので

$$r=R\cos\frac{\pi}{n}=R\cos\frac{6\arcsin\frac{1}{2}}{n}$$

と表されるので，角面と同様に級数展開により導かれる.

$n=3$ の場合については

$$R=\sqrt{\frac{a^2}{3}},\quad A_0=\frac{R}{2}=\frac{1}{2}\sqrt{\frac{a^2}{3}}$$

面積を A とすると，$A=rn\dfrac{a}{2}$.

［藤井康生］

参考文献

- 有馬頼徸「逐索奇法」日本学士院蔵
- 「方圓奇巧」澤村寫本堂，昭和 9 年
- 「方圓奇巧」日本学士院蔵，遠藤利貞写本
- 石黒信由「諸角綴術之解」日本学士院蔵，文化 4 年
- 白石長忠「諸角通術捷法解」日本学士院蔵，文政 6 年
- 平山諦『関孝和』恒星社厚生閣，1959 年
- 平山諦，下平和夫，広瀬秀雄編『関孝和全集』大阪教育図書，1974 年
- 平山諦『和算史上の人々』富士短期大学出版部，1965 年
- 藤井康生「『方円奇巧』の解説」『数学史研究』(173・174 合併号) 2002 年 4 月〜6 月，7 月〜9 月
- 加藤平左エ門『和算の研究 雑論Ⅲ』日本学術振興会，1956 年
- 平山諦，松岡元久編集『安島直円全集』富士短期大学出版部，1966 年
- 加藤平左エ門『算聖 関孝和の業績（解説)』槙書店，1972 年
- 日本学士院編『明治前日本数学史』岩波書店，1954〜1960 年
- 林鶴一『和算研究集録上巻』（林博士遺著刊行会）東京開成館，1937 年
- 平山諦，内藤淳編集『松永良弼』（松永良弼刊行会）東京法令，1987 年
- 藤井康生，米光 丁『拾璣算法』1999 年

3.24 方　　陣

　　方陣は，現代では魔方陣ともいい，$n \times n$ の正方形のます目に数を入れて，縦，横，斜め，いずれの和も一定になるようにしたものである．n が 3 なら 3 方陣，n が 4 なら 4 方陣とよんでいる．また，3 次の方陣，4 次の方陣という言い方もある．用いる数は 1 から n^2 の数だけでなく，いろいろな数を使うこともある．

　　中国のもっとも古い方陣は，漢代の戴徳『大戴礼記』（±1 世紀）にあるとされている（図 3.24.1）．これ以外にも中国には夏の禹王にまつわる『河図洛書』の伝説がある（図 3.24.2）．宗の楊輝の『楊輝算法』所収「續古摘奇算法」（1275 年）の序で，4・5・6・7・8 方陣を 2 個ずつ，3・9・10 方陣を 1 個ずつ示している．一般的な作成法については触れていないが，これらの中にはいろいろな性質を内蔵しているものがある．たとえば，図 3.24.3 のような 5 方陣の中に 3 方陣を含む親子方陣といわれるものなどがある．明の程大位の『算法統宗』（1592 年）にも 3 次から 10 次までの方陣が記されている．

　　中国のほかはインドとイスラムもかなり古く発生の地と考えられる．インドのヴリンダ（10 世紀）は，安産のための呪術的医療のために使ったとされる各行列と各対角線の数の和が 30（定和）の 3 方陣（2 より 18 まで）を作った．4 方陣の始まりは，ヴァーラーハミヒラ（6 世紀）によるものといわれているが，1〜8 を 2 回ずつ使い定和が 18 となるものである（図 3.24.4）．香料の原料をブレンドするときに使ったといわれている．ナーラーヤナが出版した数学書『ガニタ・カウムディ』（1356 年）の 14 章に「方陣算」があり，完全 4 方陣の全数について述べている．6・7・8・10・14 方陣もある．定和 64 の完全 4 方陣（図 3.24.5）では負数も使っている．この当時負数を使った方陣は他にない．イスラムのイフワーン・アッサファー（10 世紀後半）の神学の教書の中に 3 方陣から 9 方陣までが示されている．その後，アル・ブーニー（1225 年没）は「方陣と占星術の学問についての真珠の首飾り」において完全 4 方陣を示している．方陣を分類する方法はいろいろあるが，対角線に平行な斜線の並

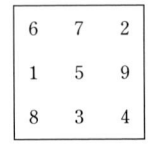

6	7	2
1	5	9
8	3	4

図 3.24.1　中国最古の方陣（戴徳『大戴礼記』より）

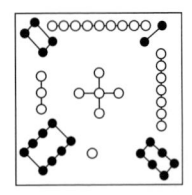

図 3.24.2　『河図洛書』より

1	23	16	4	21
15	14	7	18	11
24	17	13	9	2
20	8	19	12	6
5	3	10	22	25

図 3.24.3　親子方陣（楊輝『楊輝算法』より）

2	3	5	8
5	8	2	3
4	1	7	6
7	6	4	1

図 3.24.4　ヴァーラーハミヒラによる 4 方陣

3.24 方　　陣

-14	14	34	30
38	26	-10	10
-2	2	46	18
42	22	-6	6

図 3.24.5　ナーラーヤナの完全 4 方陣（『ガニタ・カウムディ』より）

8	11	14	1
13	2	7	12
3	16	9	6
10	5	4	15

図 3.24.6　アル・ブーニーの完全 4 方陣

びの定和がいくら成立するかによって分類する方法も広く用いられている．「完全方陣」とは，対角線に平行なところが全部定和になる方陣である．

4 方陣であれば，左の斜線に平行な 4 本，右の斜線に平行な 4 本が全部定和になる．アル・ブーニーの完全 4 方陣を図 3.24.6 に示すと，左の斜線 8+2+9+15=34 に平行な 13+16+4+1=3+5+14+12 などすべてが 34 となる．完全 4 方陣は，言葉をかえると，行や列を 1 行（列）ずつ上下，左右へ移しても方陣となることを示している．アル・ブーニーは，7 惑星と方陣を対比させるためにいろいろな定和の方陣を作った．

14 世紀にビザンチンの著述家モスコプロスが方陣をヨーロッパへ伝えたといわれている．ドイツの画家デューラー（1471〜1528 年）は銅版画「メランコリー I」に 4 方陣を掲げた．また，シュティフェルは親子方陣を，リーゼは方陣の作り方を数学的に研究した．17 世紀末にはフランスのフェルマーやイールは数の配置の問題として研究した．フレニクル・ド・ベッシーは方陣の作り方を説明しすべての 4 方陣 880 通りを発表した．18 世紀になるとスイスの数学者オイラーはオイラー方陣を作るなど一般的作成の研究をした．アメリカの政治家でもあったベンジャミン・フランクリンは自らフランクリン型方陣といわれる方陣を残した．フランスのフロストが 1878 年に完全立体 5 方陣を発表してから方陣研究がいっそう進んだ．

3.24.1　日本の方陣

日本では，鎌倉時代末の『二中歴』に 3 方陣を見ることができるが，多くの数学者が研究するようになったのは江戸時代になってからである．江戸時代の数学の基礎は中国の二つの数学書，朱世傑の『算学啓蒙』(1299 年）と程大位 (1533〜1606 年）の『算法統宗』によるといえる．江戸時代の初期の数学者はこの 2 書を精読し方陣の一般的な作成方法を研究した．『算法統宗』には 3 次から 10 次までの方陣が記されていた．関孝和が学んだとされる宋の『楊輝算法』も 10 次までである．こうして日本においても中国の数学書を契機として方陣の研究は盛んになった．この時期の方陣についての最初の刊本は，礒村吉徳の

『算法闕疑抄』(万治2 (1659) 年)で,3方陣から10方陣まで示している.ここでは親子方陣の考えが主流であった.また,19方陣の作り方と円陣の作り方を遺題として出している.これにこたえて村松茂清の『算俎』(寛文3 (1663) 年)が刊行された.19方陣の外側は親子方陣で,中の9方陣は対称9方陣であった.その後,佐藤正興の『算法根源記』(寛文9 (1669) 年)にも親子19方陣があった.次に,星野実宣の『股勾弦鈔』(寛文12 (1672) 年)には親子20方陣が示されている.

関孝和は「方陣円攅之法」(天和3 (1683) 年)を著した.この書は方陣の一般的解法を述べた最初のもので,「方陣」「円攅」(円陣)「格」(方陣のます目)という言葉も関孝和が初めて使った.また,関孝和は関流の開祖であったことから広く流布することとなった.しかし,関孝和には「闕疑抄一百問答術」(寛文12 (1672) 年)に方陣があることから,方陣の一般的解法を見つけたのはもっと前と思われる.この当時のものには正確な年や著者がわからない場合が多い.同じ年に田中由真は「洛書亀鑑」(天和3 (1683) 年)を著した.

方陣の作成方法は関とは異なり影響もなかったといえるが,親子方陣の一般的作法という点では同一である.関の考え方は外囲を定めてから交換するもので,田中は4行をまとめて作る方法である.この「4行表現」は独自のものであり,この方法で多数の方陣を作ることができると述べている.田中は4方陣513個と完全4方陣48種も求めている.また,立体4方陣も作っている.

立体4方陣は,フェルマーが最初(1640年)で田中は2番目であるが,水平面は4面とも2方4格をとれば定和となるものであった.その後,安藤有益の方陣専門の書『奇偶方数』(元禄10 (1697) 年)が出た.一般的作成方法を研究し3方陣から30方陣までの全部を示した.奇方陣は親子方陣であった.

偶方陣は外囲を加える方法であるが,親子方陣でないところが特色である.この当時までは親子方陣が研究の主流であった.その後,格交換による方法が主流を占めるようになった.関流2代目の建部賢弘(寛文4 (1664) ~元文4 (1739) 年)の「方陣新術」は特別で,関の布列法のほかに「中央行列・2斜」の

交換をした後に変換して方陣を作るもので，奇数も偶数もだいたい同じ方法でできることを示している．

松永良弼（元禄5（1692）?～延享元（1744）年）の「方陣新術」には，3方陣から6方陣を作る方法を示している．1格を4格にする方法であった．松永良弼と親友の久留島義太（?～宝暦7（1757）年）は，他にない方陣の作法を発見した．偶方陣では，数を順に並べ，その一部分を交換して作る方法である．このような考え方は現代においてもきわめて独創的なものといえる．さらに，立体4方陣も作成した．立体対角線も成立する立体方陣は世界最初のものである．

中根彦循の『勘者御伽雙紙』（寛保3（1743）年）の中の方陣は，合体法による作法としては日本で初めてのもので4方陣を示している．彼の『算法童子問』（天明4（1784）年）跋には，合体法を深めた4方陣・5方陣がある．中根の門人村井中漸もその系統である．その後，松岡能一は「方陣円陣術」（写本）においてこの布列法を明瞭にした．奇方陣は9方陣まで，偶方陣は4・6・8……と14方陣まで示している．

安島直円（享保17（1732）～寛政10（1798）年）は，「洛書変化排置」（安永1（1772）年後）の草稿がある．「羅文」として完全8方陣を論じている．しかも特別な完全8方陣であった．安島は方陣を示したが，性質の説明はしていない．また，「三方形集合九方陣」も作っている．このような9方陣は，太田方為（寛政3（1791）年）も作っている．

『四方陣廉術』『四方陣探術』という著者および年月未詳なる書がある．4方陣の変換と数の並べ方が左右に対して対称な2数の和が等しくなる平対型4方陣の作法について述べている．しかし，平対型4方陣の全体が求められる方法ではなかった．また，著者年代未詳のものに『五方陣変数術』3巻本がある．親子5方陣の総数を求める方法を考案し総数に近い結果を求めている．

市川行英は『合類算法』（天保7（1836）年）において，奇方陣の特別な変換方法を記している．中央行列と2斜において半不対称変換をするものである．奇方陣の作成の方法では斜行法によるものが多かった．1つ飛び，2つ飛び，突き当たったとき

の位置のとり方などいろいろあり，結果としては多様の方法が出現した．偶方陣は，自然並べからの変換が多かった．また，関孝和の影響から奇方陣・偶方陣とも親子方陣を用いての一般的作法の研究が多かった．しかし，各方陣の種類の総数の研究は少ない．

円陣については『揚輝算法』に初めてみられるが，日本では吉田光由が寛永 18（1641）年に出版した『新篇塵劫記』に遺題として示したのが最初である．このなかには，350 年後にして解決したものもある．村松茂清，佐藤正興，関孝和，礒村吉徳，松永良弼らも研究を進めた．星陣など特殊な性質の方陣を作ろうとする発想は外国でもほとんど近代になってからである．日本では和算の主だった人たちが方陣を研究し，さまざまな問題を見出し，工夫し，解決してきた．

- 礒村吉徳（？〜宝永 7（1710）年）『算法闕疑抄』万治 2（1659）年
- 村松茂清（慶長 13（1608）〜元禄 8（1695））『算爼』寛文 3（1663）年
- 佐藤正興（？〜？）『算法根源記』寛文 6（1666）年
- 星野実宣（寛永 15（1638）〜元禄 12（1699）年）『股勾弦鈔』寛文 12（1672）年
- 関　孝和（寛永 17（1640）？〜宝永 5（1708）年）「方陣・円攅之法」天和 3（1683）年
- 田中由真（慶安 4（1651）〜享保 4（1719）年）「洛書亀鑑」天和 3（1683）年
- 安藤有益（寛永元（1624）〜宝永 5（1708）年）『奇偶方数』元禄 10（1697）年
- 建部賢弘（寛文 4（1664）〜元文 4（1739）年）「方陣新術」
- 松永良弼（元禄 5（1692）〜延享元（1744）年）「方陣新術」
- 久留島義太（？〜宝暦 7（1757）年）「久氏遺稿」「久氏方陣」「立方陣」
- 中根彦循（元禄 14（1701）〜宝暦 11（1761）年）『勘者御伽雙紙』寛保 3（1743）年
- 村井中漸（宝永 5（1708）〜寛政 9（1797）年）『算法童子問』天明 4（1784）年

- 松岡能一(元文2(1737)?～文化6(1809)年)「方陣円陣術」
- 中田高寛(元文4(1739)～享和2(1802)年)『方陣諺解』
- 「四方陣廉術」「四方陣探術」
- 山路主住(宝永元(1704)～安永元(1772)年)「関率五方陣変数術路並数解」明和8(1771)年
- 「五方陣変数術」
- 会田安明(延享4(1747)～文化4(1817)年)「方円陣術」「方陣変換之術」
- 「四方陣変数」
- 内田久命(?～明治元(1868)年)「方陣之法」文政8(1825)年
- 市川行英(文化2(1805)～嘉永7(1854)年)『合類算法』天保7(1836)年
- 御粥安本(寛政6(1794)～文久2(1862)年)『算法浅問抄』天保11(1840)年

　明治になって江戸時代に培われた数学的な業績は明治初めの洋算への移行に伴って次第に省みられることが少なくなった．しかし方陣については,明治時代には萩原禎助(文政11(1828)～明治42(1909)年)の8方陣の研究があり，大正の末から昭和において寺村周太郎(明治35(1902)～昭和55(1980)年)の連結型方陣の集大成や旋回型5方陣の全作，対称5方陣の全作，浦田繁松(明治22(1889)～昭和33(1958)年)の4方陣の集大成，境新(明治41(1908)～昭和39(1964)年)の3巻からなる方陣研究のまとめなどが発表された．現在でも阿部楽方(昭和3(1928)年～)を中心に，変換によって別の方陣を導く方法や不規則完全方陣，いろいろな性質を含ませた包括方陣，完全立体方陣，星陣などさまざまな研究が続けられている．また，不連続数を使った連結型方陣や，同数を使った連結型方陣を発展させた．

3.24.2 関孝和の方陣

　関孝和は親子方陣の一般的解法を発見した．親子方陣とは，外囲をとってもまた方陣となるもので,「枠囲い方陣」や「重方陣」ともよばれている．関は奇方陣，単偶方陣，双偶方陣の3

(1) 奇方陣

奇方陣の次数は $2n+1$ となる．$n=4$ としたときの9方陣の外囲では，右上隅から左へ二つ目を出発点として甲・乙・丙・丁の順に数を書き込んでいく（図 3.24.7）．$n=4$ のときは 16 で終える．9 方陣は 1 から 81 までの数が入るので，1

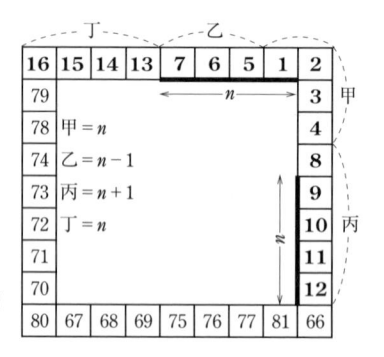

16	15	14	13	7	6	5	1	2
79								3
78	甲$=n$							4
74	乙$=n-1$							8
73	丙$=n+1$							9
72	丁$=n$							10
71								11
70								12
80	67	68	69	75	76	77	81	66

図 3.24.7 関孝和 9 方陣

$+81=82$，$2+80=82$，$\cdots$ となるものを補数とする．図で相対する格に補数を書き込み，図で太線の $n(=4)$ 個の数を相対する格（マス）と交換すれば 9 方陣の外囲は完成する（図 3.24.8）．この中にそれまでに作った 7 方陣を入れると 9 方陣が完成する（図 3.24.9）．7 方陣は 5 方陣を，5 方陣は 3 方陣を入れて作ることができる．親子方陣では，外囲を一つ一つ作っていくのが普通である．

16	15	14	13	75	76	77	81	2
79								3
78								4
74								8
9								73
10								72
11								71
12								70
80	67	68	69	7	6	5	1	66

図 3.24.8 9 方陣の外囲

16	15	14	13	75	76	77	81	2
79	28	27	26	61	62	65	18	3
78	63	36	35	51	53	30	19	4
74	60	50	40	45	38	32	22	8
9	23	33	39	41	43	49	59	73
10	24	34	44	37	42	48	58	72
11	25	52	47	31	29	46	57	71
12	64	55	56	21	20	17	54	70
80	67	68	69	7	6	5	1	66

図 3.24.9 9 方陣の完成

(2) 単偶方陣

単偶方陣の次数は $2(2n+1)$ の形で，$6, 10, 14, \cdots$ となる．たとえば，$n=2$ の 10 方陣のときは，甲は右上隅から左へ三つ目を出発点とする．甲・乙・丙・丁と順に数を書き込む（図 3.24.10）．次に相対する格に補数（ここでは和が 101 となるもの）を書く．上行と右列に太線で示した格をそれぞれ相対するものと交換す

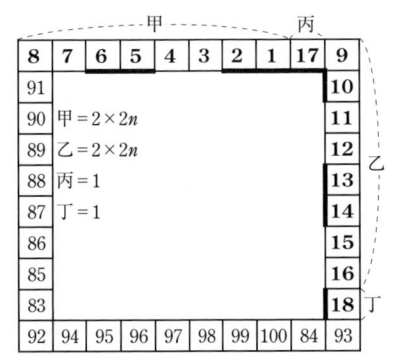

図 3.24.10 関孝和10方陣

8	7	6	5	4	3	2	1	17	9
91									10
90	甲 = 2×2n								11
89	乙 = 2×2n								12
88	丙 = 1								13
87	丁 = 1								14
86									15
85									16
83									18
92	94	95	96	97	98	99	100	84	93

図 3.24.11

8	7	95	96	4	3	99	100	84	9
10									91
90									11
89									12
13									88
14									87
86									15
85									16
18									83
92	94	6	5	97	98	2	1	17	93

る（図 3.24.11）．上行では最初は3格取り，左へ2格飛んで2格取ることを原則とする．右列では最初に1格取り，下へ2格飛んで2格取ることを原則とする．隅の相対する格は交換しない．

(3) 双 偶 方 陣

双偶方陣は $4n$ の形で，$4, 8, 12, \cdots$ となる（図 3.24.12）．たとえば，4より大きい $n=2$ の8方陣のときは，単偶方陣のときとほぼ同じであるが，隅の相対する格も交換する（図 3.24.13）．

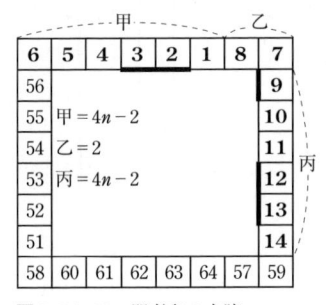

図 3.24.12 関孝和8方陣

6	5	4	3	2	1	8	7
56							9
55	甲 = 4n−2						10
54	乙 = 2						11
53	丙 = 4n−2						12
52							13
51							14
58	60	61	62	63	64	57	59

図 3.24.13

59	5	4	62	63	1	8	58
9							56
55							10
54							11
12							53
13							52
51							14
7	60	61	3	2	64	57	6

3.24.3 田中由真の方陣

田中由真も方陣の一般的な作成方法を考えた．関孝和と同じ親子方陣であるが，外囲を作るときに数を4行に並べる「4行表現」にして考えた．この4行の中から5数だけを場所変えして作るものである．奇数次として9方陣の場合を考えると，外

囲は $4(9-1)=32$ 個となるから，この半分の 16 個を外囲の中に入れればよい．まず，1 から 16 までの数を下のように並べ，図のように○印をつける．①，③は隅に置くから右下のように 2 ヵ所に並べ，8 を 3 行に入れる．9, 10 を上下入れかえる．1 は右上隅，3 は右下隅に置く（図 3.24.14）．

1行	①	③	5	7		①	③	5	7
2行	2	4	6	8		①	2	4	6
3行	9	11	13	15		8	10	11	13	15
4行	10	12	14	16		③	9	12	14	16

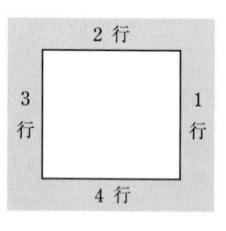

外囲では相対する数が重ならないように適当に並べる．補数はそれぞれ和が 9^2+1 となるものをあてる．田中は 1 から 16 までの数を「生数」，この生数に対する補数を「成数」とよんだ．9 方陣の中の 7 方陣の外囲を定めるには $2(7-1)=12$ 個の数を 9 方陣のときと同じように並べる．17 は右上隅，19 は右下隅に置く．補数となるものは和が 82 となるものをあてる．

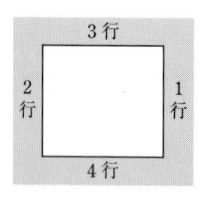

図 3.24.14 田中由真の方陣

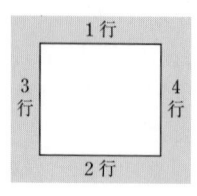

偶方陣は，単偶方陣と双偶方陣とも 4 行表現であるが，数の配置が異なる．次に 12 方陣，その中に入る 10 方陣と数を続けて示すことにする．12 方陣の外囲は $2(12-1)=22$ で，1 から 22 までが生数となる．○数字が縦の行の上，下の隅に入る．補数は和が 145 となるものをあてる．

1行	1	8	9	16	17		③	⑫	14	9	16	17
2行	2	7	10	15	18		8	7	10	13	15	18
3行	3	6	11	14	19	22		③	2	6	11	19	22
4行	4	5	12	13	20	21		1	4	5	⑫	20	21

10 方陣の外囲は，23 から 40 までが生数となる．

3.24 方　　陣

```
1行  23  30  31  38  39        ㉓  30  31  38  39
2行  24  29  32  37  40        24  28  ㉜  37  40
3行  25  28  33  36            25  27  29  33  36
4行  26  27  34  35            ㉓  26  ㉜  34  35
```

これらの生数に対して成数を書き込む（図 3.24.15）.

133	124	22	125	19	140	141	11	6	144	2	3
8	113	31	117	39	105	108	38	30	121	23	137
15	119	93	104	42	100	51	101	46	43	26	130
136	27	48	81	62	85	63	89	55	97	118	9
10	36	91	57	80	79	66	65	88	54	109	135
129	33	50	61	69	67	78	76	84	95	112	16
18	111	53	87	68	74	71	77	58	92	34	127
13	29	47	59	73	70	75	72	86	98	116	132
128	110	96	90	83	60	82	56	64	49	35	17
7	25	102	41	103	45	94	44	99	52	120	138
131	122	114	28	106	40	37	107	115	24	32	14
142	21	123	20	126	5	4	134	139	1	143	12

図 3.24.15　田中由真 12 方陣

3.24.4　建部賢弘の方陣

建部賢弘の「方陣新術」にある奇方陣の作り方は特別であった．自然並べから中央行列・2斜の位置を変え，それから対称変換するとできる．初めの位置を変えることを建部は「変隊」という言葉で表している．ここでは5方陣を例にして説明する．図 3.24.16A は 1 から 25 までの自然並べである．和算式であるので右上から右下に 1 から順に並べる．中央の行，中央の列，対角線上の数を左に 45°回転すると図 3.24.16B となる．つぎに新しく中央の行，列となった 1 の列と 5 の行を 180°回転する（図 3.24.16C）．

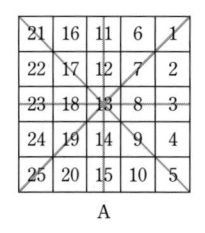

21	16	11	6	1
22	17	12	7	2
23	18	13	8	3
24	19	14	9	4
25	20	15	10	5

A

11	16	1	6	3
22	12	7	8	2
21	17	13	9	5
24	18	19	14	4
23	20	25	10	15

B

11	16	25	6	3
22	12	19	8	2
5	9	13	17	21
24	18	7	14	4
23	20	1	10	15

C

3	16	25	6	15
22	8	19	14	2
5	9	13	17	21
24	12	7	18	4
11	20	1	10	23

D

図 3.24.16　建部賢弘の 5 方陣

A

4	36	**29**	49	15	8	28	169 −6
44	11	**30**	41	**16**	27	2	171 −4
45	38	18	33	26	**10**	3	173 −2
7	13	19	25	31	37	43	175
47	40	24	17	32	**12**	5	177 +2
48	23	34	9	20	39	6	179 +4
22	**42**	**35**	1	21	**14**	46	181 +6
217	203	189	175	161	147	133	
+42	+28	+14		−14	−28	−42	

B

4	36	35	49	15	8	28
48	11	16	41	30	27	2
3	38	18	33	26	12	45
7	13	19	25	31	37	43
47	40	24	17	32	10	5
44	23	34	9	20	39	6
22	14	29	1	21	42	46

図 3.24.17 7方陣

A

13	9	5	1
14	10	6	2
15	11	7	3
16	12	8	4

B

4	9	5	16
14	11	7	2
15	10	6	3
1	12	8	13

図 3.24.18 4方陣

3方陣の場合にはこのような操作で完成するが，各行，各列の定和との過不足と対角線上の数を調べてみる．5方陣の場合はさらに操作を加える．対角線上の数を左に 90°回転すると過不足が一気に解決される（図 3.24.16D）．図 3.24.16C の中央の3方陣は定和 39 となっている．

7方陣はさらに操作を加えていく必要がある．対角線上の数以外の数で同じ行内にある 2 数または同じ列内にある 2 数の交換をして行と列の和を調整する（図 3.24.17A, B）．このほかの方法もある．

偶数次の方陣については，まず 4 方陣を調べてみよう．

自然並びの方陣図 3.24.18A の対角線上の数を対称変換すると図 3.24.18B となって 4 方陣は完成する．

6方陣も同様に，偶数次の方陣は，対角線上の数を 180°回転させ，さらに，対角線上にある数以外の数で同じ行内にある 2 数または同じ列内にある 2 数の交換を続ける．定和との過不足の調整を行うことが建部の方陣の作成では重要である．

3.24.5 久留島義太の方陣

久留島義太は簡単な方陣の一般的作法を見つけた．まず，奇方陣は図 3.24.19 のように，1 を中心格の隣に置く斜め飛びの方法である．

偶方陣は $4m$, $8m+6$, $8m+2$ の3とおりに分けている．$4m$ の場合，たとえば 8 方陣などでは図 3.24.20 のように 1 からその方陣の格数の半分までを線のように書き込み，残りはその逆とする．さらに，対角線上の数の和を合わせるために A と B，C

とDを交換すると方陣は完成する．交換する格A・B・C・Dは12方陣でも16方陣でも左右の列より2番目の列の最下行とその上の行の2格に定まっている．$8m+6$ の6方陣の場合は，○印と○印，×印と×印，A→B，B→C，C→Aの交換をすれば完成する．ここで○印は第2行と中央線の右隣，×印は最下行の左右より2番目の格と定まっている（図3.24.21）．

11	24	7	20	3
4	12	25	8	16
17	5	13	21	9
10	18	1	14	22
23	6	19	2	15

図3.24.19　久留島奇方陣

64	63	62	61	4	3	2	1
8	7	6	5	60	59	58	57
9	10	11	12	53	54	55	56
49	50	51	52	13	14	15	16
48	47	46	45	20	19	18	17
24	23	22	21	44	43	42	41
25	26_{C}	27	28	37	38	39_{B}	40
33	34_{D}	35	36	29	30	31_{A}	32

図3.24.20　8方陣

36	35	34	3	2	1
6	5_{B}	4	33○	32	31
7	8	9	28	29	30
25	26	27	10	11	12
19	20_{C}	21	22	23_{A}	24
18	17×	16	15○	14×	13

図3.24.21　6方陣

$8m+2$ の10方陣の場合には，最下行から2行目の左右両端の○印と○印，中央の最上格と最下行より2番目の格の×印と×印を互いに交換してA→B→C→Aと変換をすれば完成する．A，B，Cはつねに隅にある（図3.24.22）．

100	99	98	97	96×	5	4	3	2	1_{C}
10	9	8	7	6	95	94	93	92	91
11	12	13	14	15	86	87	88	89	90
81	82	83	84	85	16	17	18	19	20
80	79	78	77	76	25	24	23	22	21
30	29	28	27	26	75	74	73	72	71
31	32	33	34	35	66	67	68	69	70
61	62	63	64	65	36	37	38	39	40
50○	49	48	47	46×	45	44	43	42	41○
51_{B}	52	53	54	55	56	57	58	59	60_{A}

図3.24.22　10方陣

57	49	41	33	25	17	9	1
58	50	42	34	26	18	10	2
59	51	43	35	27	19	11	3
60	52	44	36	28	20	12	4
61	53	45	37	29	21	13	5
62	54	46	38	30	22	14	6
63	55	47	39	31	23	15	7
64	56	48	40	32	24	16	8

図3.24.23　8方陣

偶方陣について久留島はさらにつぎの方法も示している．8方陣についての自然並びの方陣を行と列の中央で四つに分ける（図3.24.23）．二つの対角線上の数はそのまま書き込む．この対角線に平行な格の数もそのまま書き込む．最後に残った格をす

3 和算の計算法

57	16	41	32	40	17	56	1
7	50	23	34	26	47	10	63
59	14	43	30	38	19	54	3
5	52	21	36	28	45	12	61
4	53	20	37	29	44	13	60
62	11	46	27	35	22	51	6
2	55	18	39	31	42	15	58
64	9	48	25	33	24	49	8

図 3.24.24

91	20	71	40	51	41	70	21	90	1
9	82	29	62	49	59	32	79	12	99
93	18	73	38	53	43	68	23	88	3
7	84	27	64	47	57	34	77	14	97
95$_C$	16	75	36	55	45	66	25	86	5
96$_D$	15	76	35	56	46	65	26	85	6
4	87	24	67	44	54	37	74	17	94
98	13	78	33	58	48	63	28	83	8
2	89	22	69	42	52	39	72	19	92
100	11	80	31	60$_B$	50$_A$	61	30	81	10

図 3.24.25

べて中心に関して対称交換すれば完成する（図 3.24.24）．10 方陣の単偶方陣も同じような数の入れ換えをする．図 3.24.25 の A と B，C と D の数を交換し，さらに囲みの中の数をそれぞれ上下，左右，相対するものと交換する．

久留島には，4 立体方陣 2 種がある．それを図 3.24.26 と図 3.24.27 に示す．図 3.24.26 を積み重ねると前後の 4 数和 16 本，左右 16 本，上下 16 本が成立する．このほかに立体対角線 4 本 $(1+46+31+52=4+47+30+49=61+18+35+16=64+19+34+13=130)$ も成立する．図 3.24.27 も同じである．この当時，世界でも立体の対角線の成立する 4 立体方陣はなかった．しかも，図 3.24.26 は上面 4 方陣の対角線が成立し，平面では対称 4 方陣であった．図 3.24.27 は立体の対称 4 方陣であった．久留島はこの立体方陣を発表せず，草稿中に数字を書き並べておいただけであった．

図 3.24.26 久留島の 4 立体方陣

1	62	63	4
44	23	22	41
24	43	42	21
61	2	3	64

60	7	6	57
17	46	47	20
45	18	19	48
8	59	58	5

56	11	10	53
29	34	35	32
33	30	31	36
12	55	54	9

13	50	51	16
40	27	26	37
28	39	38	25
49	14	15	52

図 3.24.27 久留島の 4 立体方陣

49	32	48	1
12	37	21	60
8	41	25	56
61	20	36	13

15	34	18	63
54	27	43	6
58	23	39	10
3	46	30	51

14	35	19	62
55	26	42	7
59	22	38	11
2	47	31	50

52	29	45	4
9	40	24	57
5	44	28	53
64	17	33	16

3.24 方陣

111	100	89	78	67	56	45	34	23	12	1
112	101	90	79	68	57	46	35	24	13	2
113	102	91	80	69	58	47	36	25	14	3
114	103	92	81	70	59	48	37	26	15	4
115	104	93	82	71	60	49	38	27	16	5
116	105	94	83	72	61	50	39	28	17	6
117	106	95	84	73	62	51	40	29	18	7
118	107	96	85	74	63	52	41	30	19	8
119	108	97	86	75	64	53	42	31	20	9
120	109	98	87	76	65	54	43	32	21	10
121	110	99	88	77	66	55	44	33	22	11

A

○	○			△		△		─	○	○
△	○	○			△		─	○	○	
	△	○	○		△	─	○	○		
		△	○	○					─	
○			△	○	○	△		─	○	
△	△		△				△		△	△
○		│	△	○	○		│	─	○	
	│	△	○		○	△		│	─	
│	△			△		○		△		│
	△	○	○		│	○	△		○	
○	○		│	△	△	△	│	─	○	○

B

11	22	89	78	72	45	56	34	33	110	121
116	21	32	79	68	2	46	43	98	109	57
113	105	31	42	69	14	53	86	97	58	3
114	103	94	41	52	26	74	85	59	15	8
7	104	93	83	51	38	73	60	27	18	117
112	102	92	82	67	61	55	40	30	20	10
5	106	29	62	49	84	71	39	95	16	115
118	19	63	37	48	96	70	81	28	107	4
9	64	25	36	75	108	47	80	91	17	119
65	13	24	87	54	120	76	35	90	101	6
1	12	99	44	66	77	50	88	23	100	111

C

図 3.24.28 市川行英の方陣

3.24.6 市川行英の方陣

　方陣の変換は，縦対称変換（─・─）と横対称変換（│・│）と中心対称変換（○と○）とでできている．市川行英は『合類算法』においていままでにない変換を示した．それは中央行列と対角線を用いて不対称変換を用いるものであった．11方陣で説明する．11方陣の自然並べ（図 3.24.28A）を変換する．その変換を図 3.24.28B に示す．○印は対称変換，横線の格は上下に関して対称なるものと交換（縦対称変換）し，縦線の格は左右に関して対称なるものと交換（横対称変換）すれば方陣は完成する．また，△印は不対称変換である．この△印は全体としてみると中央行列と対角線が行列とも対称の位置にある．これを

5×6に分け，その枠内で変換する．不対称変換図を図3.24.28Cに示す． [阿部楽方]

■ 参 考 文 献
- 三上義夫『和算之方陣問題』帝国学士院，1917年
- 平山諦『方陣の話』中教出版，1954年
- 平山諦・阿部楽方『方陣の研究』大阪教育図書，1983年
- 阿部楽方「和算の方陣」，SUT Bulletin 1987年6月号特集和算，東京理科大学出版会
- 林隆夫「方陣の歴史—16世紀以前に関する基礎研究」国立民族学博物館研究報告13巻3号，1988年
- 平山諦（解説：鈴木武雄）『和算の歴史』筑摩書房，2007年

3.25 算　　脱

関孝和（寛永 17（1640）年頃〜宝永 5（1708）年）はその著の中で，「算脱」は俗にいう継子立てのことである，と述べている[1]．それでは，継子立てとは何か？

3.25.1 継子立ての名前の由来

継子立ては，『徒然草』（吉田兼好，弘安 6（1283）〜文和元（1350）年）の中で取り上げられている，わが国に伝わる一種の数理的なゲームである（⇨ 6.1）．継子立ての名称は，後妻が自分の子と先妻の子（継子）の中から 1 人の遺産相続人を選出するゲーム内容に由来している．選び方のルールは，後妻の子 15 人を黒石に，先妻の子 15 人を白石とし，合計 30 個の石を円状に並べる．そこから 10 個置きに取り除き，最後に残った 1 個を相続人として選出するという，ストーリー性がある．これが，江戸時代になると，『塵劫記』（吉田光由，寛永 6（1629）年版）に取り上げられ，庶民が楽しんだ．

3.25.2 ゲームとしての継子立て

『塵劫記』では，後妻の子が黒い着物を着ていて，継子（先妻の子）が白い着物を着ている（⇨ 6.1, 図 6.1.4）．ここでは，それらをそれぞれ黒い碁石●と白い碁石○で表す．●と○は図 3.25.1 のように配置されている．

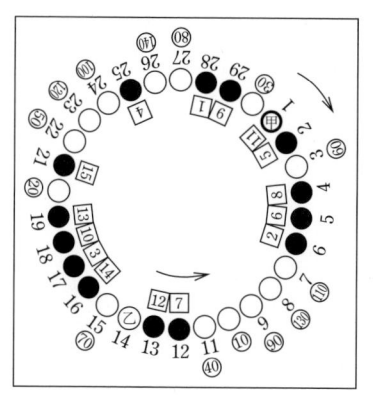

図 3.25.1 で，後妻の子●甲から始めて，10 人目ごとの石を取り除いていく．すると，○ばかり 14 人が除かれていき，○乙が 1 人だけ残る．そのままいけば最後の○乙も除かれてしまう．

そこで，最後に残った○乙は，継母に「このままでは，継子が全員抜かれてしまい不公平です．今度は私

図 3.25.1 継子立ての配置．外側は甲から始めて除かれる順番．内側は乙から始めて除かれる順番．

から逆回りで始めて，10人目を除いて下さい」という．継母は，ここまでくれば大丈夫と思い，それを受け入れる．すると，そこからは●が次々と除かれ，●すべてが除かれてしまう．1人残った○乙が，最後に残るのである．

3.25.3 継子立て成立の数理

継子立てでは，二つのグループ○15個と●15個の計30個のうち，最初の●甲から10番目ごとに取り除かれ，14個まですべて○が取り除かれる．つぎは，残った1個の○乙から逆回りに数えると，今度は●15個がすべて取り除かれ，残っていた○乙が最後に残る．このゲームの前半は，1個を除き14個の○がすべて取り除かれ，○1個と●15個の計16個が残る．

(1) ○と●の配置の構成

これを構成するためには，まずオセロの駒30個に，1から30までの数字を書き，順番に時計回りに並べる．1番を最初の●甲とし，その●から数えて10番を取り除かれる○にする．つぎに，11番から10数えた20番を○にする．さらに，21番から10数えた30番を○にする．以下，取り除かれる○の番号を，以下に記す．ただし，以下の数字は，最初オセロの駒を置いたときの1から30までの数字を表している．取り除かれる番号は，

10, 20, 30, 11, 22, 3, 15, 27, 9, 24, 7, 23, 8, 26.

つぎは14が取り除かれるので，それを○乙とする．
一方その14も含めて，残っている番号は，

1, 2, 4, 5, 6, 12, 13, 14, 16, 17, 18, 19, 21, 25, 28, 29

の計16個である．その内訳は，14番が唯一の○で，残り15個はすべて●である．

いま，それらに番号1, 2, 3, …, 16をつけ，n番目の数をa_nとすると，

$$a_1=1, a_2=2, a_3=4, a_4=5, a_5=6, \cdots, a_{16}=29$$

となる．

(2) 数えはじめが最後に残る条件

すると，後半は，残った16人で数えはじめの○乙（$a_8=14$）が最後の1人として残る条件は何か，という問題である．

そこで，一般的に，総人数（n人）と取り除く順番の数（m

番目）との間にどのような関係があるのかということを考える．

最後に残る石が，数えはじめの石から数えて，$f(n)$（$1 \leq f(n) \leq n$）番目になるとする．まず，1番から数えてm番目の石が取り除かれる．総数n個の石は，1個減って（$n-1$）個となる．2番目の数えはじめの石は，初めから数えて（$m+1$）番目の石である．よって，最後に残る石は，2番目の数えはじめの石から数えて$f(n-1)$番目となる．

したがって，$f(n)$は$f(n-1)+m$をnで割った余りと等しい．ただし，割り切れるときは，余りを0でなくnとする．

すなわち，

$$f(n) \equiv f(n-1)+m \pmod{n}, \quad \text{ただし，} 1 \leq f(n) \leq n \quad (*)$$

これが，「数えはじめが最後に残る」問題の漸化式である．

継子立ての場合，$m=10$であり，nを変えて（$*$）により$f(n)$を計算する．$f(1)=1$として$f(2)=1$，$f(3)=2$，$f(4)=4$，$f(5)=4$，$f(6)=2$，$f(7)=5$，$f(8)=7$，$f(9)=8$，$f(10)=8$，$f(11)=7$，$f(12)=5$，$f(13)=2$，$f(14)=12$，$f(15)=7$，$f(16)=1$，…となる．

数えはじめが最後の石になるのは，$f(n)=1$となる場合であるので，そのnの値を求めればよい．$n=2, 16, \cdots$となり，継子立ての場合は$n=16$の場合であるから，数えはじめが最後に残る条件を満たしている．仮に，こうして求めた数をn_0とすると，継子立ての最初の総人数は，$2(n_0-1)$となる．なお，関孝和はmとnの値をいろいろな場合について計算し，表にまとめるなど，一般的な考察をしている．

3.25.4 継子立てと『徒然草』，『塵劫記』

『塵劫記』より以前の1330年頃書かれた『徒然草』の第137段「花は盛りに」に継子立てが取り上げられている．『徒然草』の中では，どのようにとらえているのか．まず，第137段「花は盛りに」の中から抜粋する．

「…若きにもよらず，強きにもよらず，思ひかけぬは死期なり．今日まで遁れ来にけるは，ありがたき不思議なり．しばしも世をのどかには思ひなんや．継子立といふものを双六の石にて作りて，立て並べたるほどは，取られんこといづれの石とも知らねども，数へ当てて一つを取りぬれば，その外は遁れぬと

見れど，またまた数ふれば，かれこれ間抜き行くほどに，いづれも遁れざるに似たり．」

　これは，大略次のようである．

　「…若い人にも健康な人にも思いがけずやってくるのが死である．今日まで死を逃れてきたことは，幸運で不思議なことと感謝すべきである．自分は死なないなどと悠長に構えていてはいけない．人にとって死の訪れは，碁石を円く並べ一定の順番に次々と取り除いていく継子立てという遊びに似ている．最初は，どの石が取り除かれるかわからない．一定の順番に一つの石を取り除くと，他の石は逃れたように見える．しかし，つぎつぎと取り除いていくと，結局どの石も取り除かれることから逃れられない．」

　すなわち継子立てでは，「死が訪れること」を「石が取り除かれる」ことに見立てている．一時，死から逃れられたと思っても，死は必ず訪れる．単に時間の問題である．この無常観漂う考えには，戦乱と混乱の世情が影を落としている．一方そうした背景とまったく関係なく，このゲームのどんでん返しが，人々の心に率直な驚きと感動をよんでいるのも事実である．この危機的状況からの奇跡的な大逆転は，時代を超えて人々の心をつかんだ．それを取り上げたのは，江戸時代の和算書のベストセラー『塵劫記』であった．徒然草の時代には一部特権階級にのみ知られた継子立てが，江戸時代には寺子屋などを通じて庶民の楽しみとなっていった．知識の大衆化を示している．

3.25.5　ヨセフスの問題

　継子立てと同様の問題は，西洋では「ヨセフスの問題」として知られている．ヨセフスは，フラウィウス・ヨセフス（37年頃～100年頃）のことで，『ユダヤ戦記』や『ユダヤ古代史』を書いたことで知られている．

(1)　ヨセフスの脱出劇

　ヨセフスの問題とよばれる理由は，『ユダヤ戦記』中の，大略つぎのような記述にもとづいている[5]．

　ユダヤの司令官ヨセフスは，ローマの侵攻に反撃するも包囲され，仲間40人と洞穴に逃れた．潜んでいたが，発覚し降伏を

求められる．ヨセフスは，自害の罪を説き投降することを主張するが，仲間は自決を望み，反対するヨセフスに襲いかかろうとする．そこで，ヨセフスはくじで自決の順番を決め，その順に後者が前者を殺めることを提案する．そして，ヨセフスともう1人が残るが，ヨセフスは1人を説得し死を回避した．

(2) ヨセフスの問題

上記の脱出劇では，ヨセフスともう1人の残り方が曖昧で不自然である．そこで，つぎのように脚色され，ヨセフスの問題として語り継がれている．

ヨセフスは，提案した．「自分と仲間40人の合計41人が円形に並ぶ．その3番目ごとに他の者に殺してもらい，最後の1人が自殺する．」これが認められ，ヨセフスと友人は16番目と31番目にそっと並び，自決から逃れたという．確かにこの配置によって，見事に生還する．

(3) トルコ人とキリスト教徒の問題

さらに，同種の「ヨセフスの問題」として有名なのは「トルコ人とキリスト教徒」の問題である．

キリスト教徒15人，異教徒（トルコ人）15人が乗った船が暴風で難破し，乗員を減らさないと沈没してしまうことがわかった．そこで船長は，15人を選び海に身を投じるよう，全員を円形に並べた．

このとき，船長は図3.25.2のように順に並べ，9人ごとに海に身を投じさせた．○がキリスト教徒，●が異教徒である．こうすると，キリスト教徒が全員救われる．

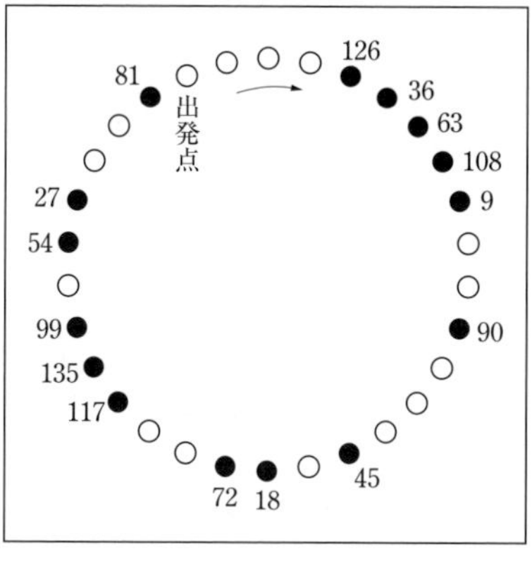

以上の例に共通しているのは，危機的状況からの脱出劇という点である．ただ，これらの窮地からの合理的で奇跡的な脱出は非合理的で特殊な配置によって可能である．継子立ての場合も，前半は16

図 3.25.2 トルコ人とキリスト教徒の配置

人が脱出する面は共通であるが，後半はその中の1人が数えはじめとして最後に残ることが付け加わり，トルコ人とキリスト教徒の問題より複雑で意外性がある． ［小曽根淳］

■ 参 考 文 献
1) 平山諦，下平和夫，広瀬秀雄編著『関孝和全集』大阪教育図書，1974 年
2) 林博士遺著刊行会『林鶴一博士和算研究集録（下）』p.792〜802，東京開成館，1937 年
3) 一松信他『新数学事典』p.942〜946，大阪書籍，1979 年
4) 平山諦『関孝和』恒星社厚生閣，1957 年
5) 秦剛平訳『ユダヤ戦記2』p.42〜96，筑摩書房，2002 年
6) 中野孝次『すらすら読める徒然草』p.212〜225，講談社，2004 年

4 和算のひろがり

4.1 遊歴算家

*1 三上義夫『東西数学史』共立社，1928年に「遊歴ノ算家」とあるのが，刊本では初出と思われる．

広く各地を遍歴して，和算を教えたり和算家を尋ねて親交を結んだりした人たちを，遊歴算家とよんでいる．ただしこの名称は，和算家が用いたのではなく和算研究者によって使われるようになった[*1]．ちなみにつけ加えれば，遊歴をした和算家が残した旅行日記帳には「道中日記」とか「旅中日記」と記してある．

*2 おもに，日本学士院編『明治前日本数学史』第3・5巻，岩波書店を参考にする．

遊歴算家の行動範囲はさまざまで，狭い場合は近世の郡内か国内程度であり，広くは数ヵ国からほぼ全国に及んだ場合もあった．また期間も，数ヵ月から1年，2年にわたる場合もあった．

4.1.1 おもな遊歴算家

遊歴した和算家の中で，算法の著書があって教授を行い，遊歴も諸国にわたった算家について，履歴・遊歴の概要と業績の要点を述べてみる[*2]．

(1) 大島喜侍

大島喜侍は大坂（大阪府）の人で，通称を善左衛門といい喜侍は諱で芝蘭と号した．呉服商の家に生まれ，商いの傍ら和算の勉強を積んだ．和算は，『算法至源記』（延宝元（1673）年）の著者前田憲舒に学んだ後，天文暦学の大家中根元圭（寛文2（1662）～享保18（1733）年）について研鑽を積んだ．また中西流測量術を久留島義寄（久留島義太の父）に学んだ．

喜侍は，学問に熱心のあまり商いが疎かになって破産し店を閉じてしまい，身につけた和算を教授する遊歴を始めた．彼は摂津・和泉・播磨・備前・阿波・淡路の六ヵ国，つまり現在の大阪・兵庫・岡山・徳島の府県の淡路島を囲んだ地域を遊歴教授した．喜侍が教授した門人は千有余人とされている．そして享保18（1733）年4月13日に，遊歴先の淡路島で没した．享年は不明である．

喜侍の著書は9点ほど伝えられていて，その中の「活法」は零約術（無理数の近似分数を求める算法）の書で，関孝和の零約術より近似の速さを進めた点が評価されている．

(2) 山口 和

　　山口和は越後国北蒲原郡水原村（新潟県阿賀野市水原）の人で，通称は初め七右衛門のち倉八と改めた．和は諱を坎山と号した．和は江戸へ出て，和算を日下 誠 の門人の望月藤右衛門に学んだ後，同じく日下門人の長谷川 寛 の門に入った．寛は初め算学道場のちに数学道場と称した和算塾を開いて，門弟の教育と和算書の出版を手広く行った．和は，文化11（1814）年筆の長谷川寛閲「算法綴術捷法」の校訂をしているから，それ以前に入門していたことになる．彼は精進のかいあって，道場で最高位の「別伝」の地位についていた．

　　和は，文化14（1817）年4月9日に江戸を出立して約1ヵ月の間，常陸（茨城県）南部から下総（千葉県）北部を遍歴して，社寺に奉掲してある算額5面を写したり，和算を学んでいる人たちを尋ねた．このときが最初の遊歴で，以後の遊歴を含めて毎日の行動を「道中日記」と表に記した冊子に記録した．とくに算額については図を含めて明細に写した．「道中日記」は郷里水原の博物館に所蔵されて残っている（図4.1.1）．つぎの2回目は，同じ年10月からちょうど1年間で，江戸から水戸街道を北上し仙台にいたり，盛岡を通り下北半島まで行き，陸奥湾沿岸を戻り日本海沿岸に出て南下し，新庄から奥羽山脈を横断して太平洋側に出て往路に戻り，江戸に帰った．3回目は文政3（1820）年から文政5（1822）年にかけての長期間であって，後述したい．

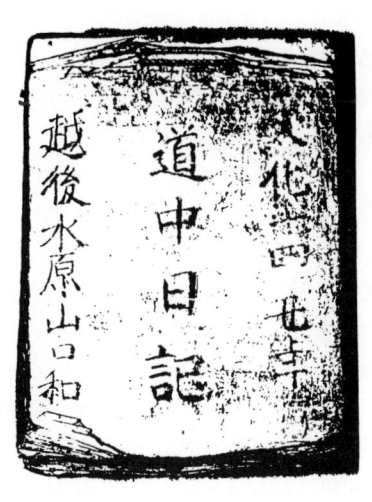

図4.1.1 山口和「道中日記」(阿賀野市教育委員会所蔵，撮影：松崎利雄氏)

　　4回目は，文政6（1823）年2月に江戸を出立して，翌年の10月に帰った1年8ヵ月の遊歴であった．今回は常陸から磐城（福島県）に行き会津を通り北越（新潟県北部）に入り，郷里水原に2ヵ月滞在して長岡近くで越年し，信濃（長野県）から関

東に出て下総の関宿から乗船して江戸に戻った．ところが，10日後の文政7(1824)年11月1日に5回目の遊歴に出た．今度は中山道を西に行き信濃を通り越後(新潟県)に入り，日本海沿岸に出て翌年3月末まで柏崎地方で教授を続けた．その後，三国街道を南下し上野(群馬県)に入り，4月中旬に常陸まで行き9月初めまで遊歴教授をして，三国街道を逆行して越後に帰り，9月25日に柏崎近くの門人宅に着いた．日記はここで途切れているが，その後おそらく郷里の水原に帰ったと思われる．6回目は文政11(1828)年7月21日に水原を出立し，三国峠を越えて上野に出て中山道を通り9月6日に江戸に着いた．10日後には江戸を出立して常陸に入り，4回目同様に会津から北越に抜け10月5日に水原に帰宅した．遊歴の記録はこの日で終わっている．

　おそらく，以後は諸国遍歴は行わないで，師匠の寛の数学道場で後輩の指導をしていたと思われる．和は不幸にも「晩年は失明し，水原の生家に帰り，十余年生存し，嘉永3(1850)年2月没」[*3]した．なお「道中日記」の最後には「門人控」に120人の全国各地の門人名と，「算者控」として222人の和算家を記している．興味があることに，算者名の末尾に「江戸算学師当時かけ出シ」と断って，和田円象(寧)，内田弥太郎(五観)，白石八蔵(長忠)らをあげている．

*3 遠藤利貞『増修日本数学史』p.609の頭注，恒星社．

(3) 鶴峰戊申

　　鶴峰戊申は豊後国(大分県)臼杵の郷社八坂神社主の長男で，天明8(1788)年7月22日に生まれた．この年の干支の戊申にちなんで諱を戊申と命名されたという．通称は彦一郎，字を季尼または世霊といい海西と号した．

　文化3(1806)年に17歳で京都に出て，11年間諸々の学問を学んだ．とくに天文暦学は，陰陽頭阿部家の家塾に入って修業した．戊申はその後，大坂に移って教師になり，和泉(大阪府南部)，紀伊(おもに和歌山県)，近江(滋賀県)，甲斐(山梨県)などを遊歴教授した．そして天保5(1834)年45歳のときに江戸に出て，江戸および近辺の諸国を「八科捷法」という8科目について遍歴教授した．その一つに「数学捷法」があり，そろばんを用いず八算見一つまり四則計算から開平開立の初歩

までを教えた．この算法は，籌算という籌を用いた道具計算である．

戊申は，天保9（1838）年に水戸藩主の知遇を得て4年後に算法御用を仰せつけられ，嘉永3（1850）年に藩士になり9年後の安政6（1859）年8月24日に江戸の水戸藩邸で72歳で没した．

(4) 剣持章行

剣持章行は上野国（群馬県）吾妻郡上沢渡村で寛政2（1790）年11月3日に生まれた．通称を要七郎のち要七といった．章行は諱で字を成紀といい，予山と号した．剣持家は沢渡温泉の中ほどにあって，農耕のかたわら馬方を兼業していた．近くの医者の子は，1歳年下の竹馬の友で，長じて蘭学者高野長英に師事した蘭医福田宗禎であった．章行は，宗禎に影響され学問を学びはじめたと思われる．和算は，近村の西山房下に手ほどきを受けた後に，西山の師の関流六伝小野栄重（宝暦13（1763）〜天保2（1831）年）に入門した．そして文政10（1827）年に38歳のとき，栄重から関流三題免許[*4]を受けた．

*4 本章「4.3 免許状」を参照．

章行は妻を亡くし子もなかったので，天保10（1839）年50歳になったのを機に，弟夫婦に家業を任せて江戸への遊学を決心した．彼は4月19日に郷里を出立し，中山道板鼻宿（群馬県安中市）にある恩師小野栄重の墓にお参りしたり，同門の学友に別れを告げて江戸へ向かった．5月2日江戸に着いた章行は，友人宗禎の紹介によって高野長英を訪ね「江戸住居いたし度旨咄いたし候処　高野氏より内田氏へ書状遣シ呉レ候而内田ニ先は住居之筈相成」[*5]，和算家内田五観の家に寄宿した．五観は日下誠門下で屈指の和算家であり，当時普及しつつあった蘭学を高野長英に学んでいたので，師の依頼により章行を寄宿させたのであろう．章行は五観より15歳ほど年上で，文政10（1827）年に関流見隠伏三題免許を受けていたし，2年前には「円理蘊術」を解説した岩井重遠閲『算法円理冰釈』（天保8（1837）年）を執筆したほど力量を備えていたから，内田家では五観の門人指導の手伝いをしながら，自らの研究をしていたのであろう．その成果は，『探賾算法』（天保11（1840）年）として出版された．

*5 剣持章行「旅中日記」（日本学士院所蔵）天保10年．

*6 日記帳は8冊残っている．その中の亡くなるまで使っていた1冊は終焉の地の千葉県旭市の平山家に，残りは日本学士院に所蔵されている．

　章行は上京して半年後の10月24日に，江戸を出立して下総の安食村（千葉県栄町）に行き，16日間逗留し算術指南を行った．このときが遊歴教授の始まりであった．彼はそれ以後，約30年の間ほとんど毎年続け，遊歴した日々の記録を克明に記した*6．1回の遊歴の期間は，春の3，4月頃に上沢渡村の家を出立して，おもに上野，武蔵東部，江戸，下総，常陸南部，上総北部を遊歴し，その年の暮れに帰宅した．最初の遊歴とほかに1，2回は遊歴先で越年したが，ほとんど冬の間は自宅で過ごし著書の執筆を行ったり，近村を回って門人に教授した．そして明治4（1871）年6月10日に，遊歴先の下総香取郡鏑木村（千葉県旭市）の門人山崎平右衛門の家で，82歳で亡くなった．下総は，章行が毎年遊歴した地方で門人も多かった．なかでも平右衛門は高弟で，最初に関流三題免許を授与された．山崎家では，師匠のために専用の離れ屋を用意していたという．平右衛門は，恩師の亡骸を自家の墓地に手厚く葬ったが，彼も間もなく亡くなってしまった．それから半世紀以上後の昭和8（1933）年に，鏑木村を含む古城村教育会によって，章行の墓石と顕彰碑が建立された（図4.1.2）．碑の揮毫は林 鶴一によるもので，林は建碑式にも参列された．

　章行は『探賾算法』のほか，つぎの6点12冊の著書を出版した．

・『算法開蘊』　全四巻・付録，嘉永2（1849）年

初学者向きで，円理を除く和算全般について解説してある．

・『量地円起方成』　全二巻，嘉永6（1853）年
・『量地円起方成』　後編，安政2（1855）年

量地は測量のことで，象限儀（四半円儀）を用いて観測し，三角比で計算する測量術を解説した書．

・『検表相場寄算』　全二巻，安政3（1856）年
・『算法利息全書』　全二巻，安政4（1857）年

2冊は，それぞれ相場割と利息算を表を用いて行う簡便法．

・『算法約術新編』　全三巻，元治元（1864）年

約術は洋算の初等整数論に相当する内容で，最大公約数の求め方から始まり不定方程式の解法まで扱っている．

　ところで『算法開蘊』以後の本は，すべて章行の自費出版で

図 4.1.2　剣持章行先生碑（千葉県旭市鏑木，妙経寺門前）

あった．しかもどの本も，書名や序文などを除いた本文の版下は章行自筆である．また出版書以外にも，彼独特の筆跡の多くの稿本を残した．そして著書の内容についても「章行は多分の獨創性をもち，その研究する所，ひとり當時流行の圓理に止まらず，梁術，零約術，極數術などにおいても創見を現している．幕末において傑出せる數學者の1人である」[*7]と評価されている．

*7　日本学士院編『明治前日本数学史』第5巻，p.11, 岩波書店. 1983年

(5)　小　松　恵　龍

小松恵龍（こまつけいりゅう）は肥前国（長崎県）田代駅小松の大興善寺の僧侶で，恵龍は諱で式部と称し，無極子と号した．恵龍は，内田五観の門弟中に名があげられているが，いつ頃入門したのか明らかでない．彼は「九州，四国，山陽，近畿を遍歴し」[*8]，そのときの「諸邦門人自筆名録」が残っていて，そこには天保12(1841)年7月付よりの門人208人の姓名が記してあるという．その一人に「肥後士　住長崎　加悦傳一郎」とある．この人は，中国

*8　平山諦『和算の歴史—その本質と発展』p.203, ちくま学芸文庫, 2007年.

の清の時代に「白芙堂算學叢書」(1896年刊)の1冊として復刻された『算法圓理括嚢』(嘉永5 (1852) 年)の著者加悦俊興である．恵龍が長崎で遊歴教授したときの門人と思われる．恵龍は，明治元 (1868) 年7月20日に69歳で没した．

(6) 法 道 寺 善

法道寺善は安芸国（広島県）広島の鍛冶職の家に，文政3 (1820) 年に生まれた．善は諱で通称を和十郎，字を通達といい観山と号した．彼は，初め広島藩の梅園敏行（嘉永元 (1848) 年没）[*9]について和算を学び，天保12 (1841) 年に江戸へ出て，小松恵龍の紹介により内田五観に入門した．善は五観に師事して研鑽に努め，数年にして関流の奥義に精通したが，「師内田モ亦法道寺ヲ愛シタリ．然ルニ法道寺ハ，性質至テ磊落不羈ニシテ豪酒ナリ．酔ヘバ則道路ニ伏シテ前後ヲ知ラズト云フガ如キ有様ナリシヨリ，遂ニ内田モ止ムヲ得ズシテ其門ヲ逐フ」[*10]ことになり，5年後の27歳のときに遊歴教授に出た．善は先輩の恵龍の助けもあったのか，九州へ渡り長崎地方で和算を教えた．前述した加悦俊興も門弟の1人で，『算法圓理括嚢』は善の指導によって著述されたという．

善は一時，長崎に居を構えたが，また酒のために住めなくなり長崎を去って，北陸から奥羽地方まで遊歴して江戸に戻った．

[*9] 『林鶴一博士・和算研究集録』下巻, p.123, 1937年．

[*10] 『林鶴一博士・和算研究集録』下巻, p.228, 1937年．

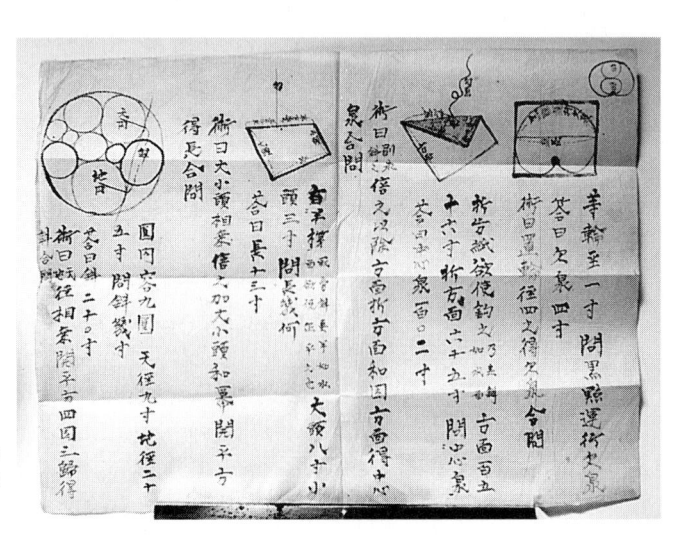

図 4.1.3　法道寺善の自筆算題（高崎市，中曽根家所蔵）

2，3年後に再び遍歴に出て，上野，信濃，越後各地の和算家を尋ねて滞在した．

彼は滞在先に，自身が創見した「観新考算変」や算題の自筆稿本を残した．図 4.1.3 は，上野の和算家中曽根宗郁（文政 7（1824）～明治 39（1906）年）旧蔵のもので，善の筆跡は独特なので，一度見れば彼の自筆と見わけができる．その後，晩年に郷里の広島に帰り，明治元（1868）年 9 月 16 日に 49 歳で没した[*11]．

*11 遠藤利貞『増修日本数学史』p.632，恒星社

(7) 佐久間 纉

図 4.1.4　佐久間 纉
（福島県和算研究保存会編『新・福島の和算』1982 年より）

*12 福島県和算研究保存会編『新・福島の和算』p.189，1982年．

*13 福島県船引町教育委員会編『佐久間庸軒の旅日記』1990年．

*14 深川英俊『日本の数学と算額』p.150～155，森北出版，1998年．

佐久間 纉 は磐城国田村郡石森村（福島県田村市）の人で，文政 2（1819）年 12 月 15 日に生まれた．纉は諱で通称は次郎太郎といい，字は正述または正方，庸軒と号した．父の佐久間質（天明 6（1786）～安政元（1854）年）が，最上流始祖会田安明の門人で二本松藩の渡辺一（明和 4（1767）～天保 10（1839）年）に学んでいたので，纉も天保 7（1836）年に 18 歳で渡辺一に入門して学んだ．一は 3 年後に亡くなったのでわずかの師事であったが，入門 1 年にして郡内の観音堂に算額を奉納する[*12]ほど刻苦勉励した．そして師匠亡き後は，二本松・三春地方の和算の第一人者になり，万延元（1860）年には三春藩士になって，藩士の和算教授を行ったようである．

纉は旅に出るのが好きで，15 歳の年の 8 月に会津方面へ 1 週間の旅をした後，3 年ごとに奥州へ旅行をし，天保 13（1842）年には「伊勢熊野両国三十三所四国金比羅山・信州善光寺参詣」の旅をしている[*13]．そして後述する，安政 5（1858）年 9 月から翌年 2 月まで半年の「算術修業」の遊歴を行った．

明治 9（1876）年に家塾「庸軒塾」を開いて，和算の普及に努めた．門弟は近郷に限らず遠く他県からも集まった．残された「算学入門帳」に記してある人数は 2144 人に及び，そのうち県外者は 235 人である．以後 20 年間門弟の教育に携わり，田村郡内を中心とした社寺に数多くの算額を奉納した．福島県下に現存している算額は 111 面で全国一であるが，その中の 50 面以上は佐久間門下の奉納である[*14]．纉は明治 29（1896）年 9 月に，78 歳で没した．

4.1.2 遊歴日記

遊歴算家の中で，山口和，剣持章行，佐久間纘の3人は遊歴中の日記を残した．3人の遊歴の目的には，微妙な違いがみられ，記録した内容にもそれぞれ特徴がある．

(1) 山口和の「道中日記」

山口和の3回目の遊歴は29ヵ月に及ぶもので，図4.1.5に示すように，奥州を除いた九州，四国を含むほぼ全国にわたる遊歴であった．このときの出発1週間の日記を見てみよう．

文政3（1820）年7月22日に江戸を出立して，府中から所沢，川越，松山を通り熊谷で中山道に出た．武州（埼玉県）と上州（群馬県）の国境の神流川を渡って新町に入り，高崎，板鼻，安中を過ぎて中山道を外れて，奥中（行田）村から白雲山明祇

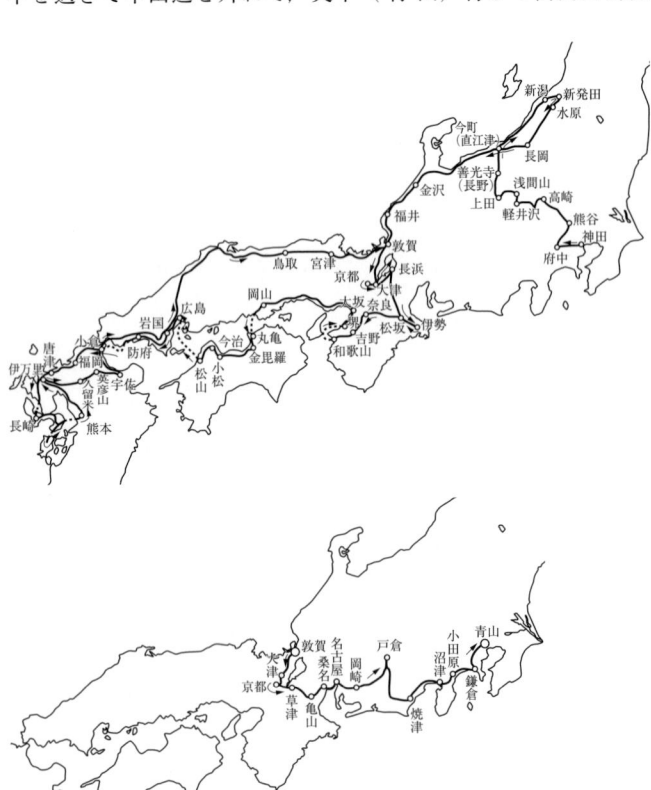

図4.1.5A　山口和遊歴経路（1）　江戸神田→新潟→敦賀→長崎→広島→松山→大坂→伊勢→敦賀（佐藤健一『和算家の旅日記』より）

図4.1.5B　山口和遊歴経路（2）　敦賀→名古屋→江戸青山（佐藤健一『和算家の旅日記』より）

（妙義）を登った．妙義神社に参詣した後，中山道に戻り横川の関所を通過して，碓氷峠を越え信濃の沓掛宿に 7 月 27 日に泊まった．翌日は浅間嶽に登り，山頂から中山道小諸宿へ下るつもりが，道を間違えて上州側の大笹村へ下りてしまった．

この 1 週間の和算の記事は二つで，一つは 26 日に「板鼻宿小野良助といふ算者あり家名いびやといふ」と記して，算題の図形が書いてある．良助は小野栄重の通称で生存していたのだが，和は会わなかったようである．他の一つは翌 27 日に碓氷峠にある権現の宮（熊野神社）絵馬堂にあった算額を写した事である（図 4.1.6）．この算額は栄重門人の角田親信が，享和元 (1801) 年に奉納したもので，藤田嘉言編『続神壁算法』(文化 4 (1807) 年)に算題のみが載っている．しかし「道中日記」には，栄重の序文が写してあるから，序文のあったことが知られた[15]．他方和算以外の記事は多く，熊谷で廟所の石塔や中山道沿いにある句碑 2 基と歌碑 1 基，および妙義参詣の折りに絵馬堂の和歌 1 首を写している．ところで，上州に限っても，当時中山道沿いの神社仏閣に奉掲してあった算額は 10 面に近かった．したがって，和は探してまで算額を写さなかったと思われる．それでも

＊15　群馬県和算研究会編『群馬の算額』p.20 に収録，1987 年．

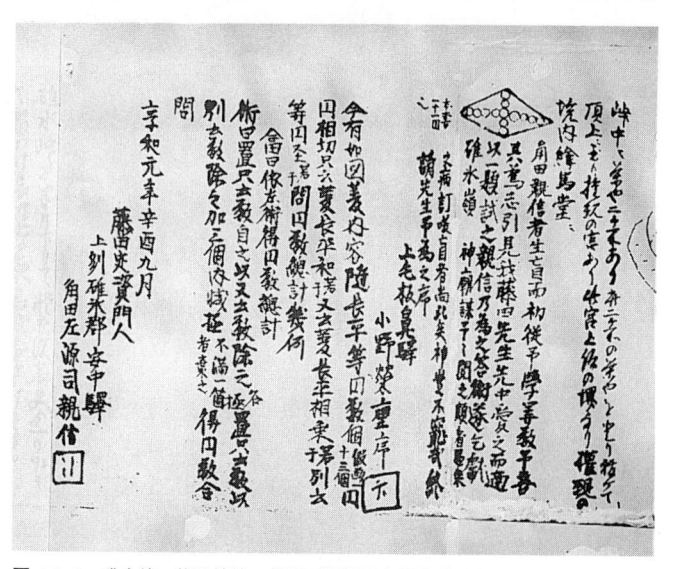

図 4.1.6 碓氷峠・熊野神社の算額（阿賀野市教育委員会所蔵．撮影：松崎利雄氏）

今回の遊歴中に，41面の算額を図を含めて克明に写している．そして「道中日記」中には70面を超える算額が写してあって，前述した熊野神社の算額のように，貴重な記録も含まれている．

また，和は絵を描くのが巧みで，信濃の善光寺，伊勢神宮，安芸の宮島，周防の錦帯橋，大宰府天満宮，長崎港などの名所旧跡の鳥瞰図を描き，その由来を細かに記録している．観光地巡りの一面があったかのようである．ただし最初の1週間の記事に見られるように，地名などの固有名詞には当て字が多いことなどから，旅の手引書「道中案内」などは使わなかったようである．また最初1週間の宿泊先は，旅籠（旅館）と民家が半々である．なお旅籠に泊まった場合には料金を払ったはずだが，「道中日記」には他の遊歴の場合も含めて，金銭についてはまったく記してない．このことは，つぎに述べる剣持章行の場合と対照的である．

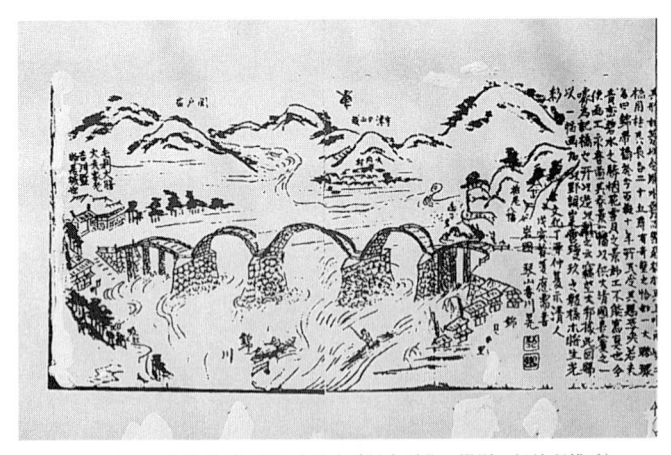

図 4.1.7　岩国の錦帯橋（阿賀野市教育委員会所蔵，撮影：松崎利雄氏）

(2) 剣持章行の「旅中日記」

剣持章行の遊歴教授は，すでに述べたように天保10（1839）年10月24日に江戸の内田五観宅を出立して，下総の行徳（千葉県市川市）に一泊し，翌25日に下総埴生郡安食村（千葉県栄町）の芝野仁左衛門家に行き16日逗留して算術指南したことから始まった．芝野家を11月11日に出立し教授先を尋ねながら，現在の茨城県南部の鹿島地方を遍歴した．しかし教えを受ける

4.1 遊歴算家

図 4.1.8　剣持章行「旅中日記」（日本学士院所蔵）

ものは見当たらず，霞ヶ浦の算者に会い下総の小見川の師匠への添え状をもらい尋ねもしたが会えなかった．その後，万歳村（千葉県旭市）の花香安精家に泊まって，翌 21 日に銚子の松本和助家に着き，12 月 4 日まで逗留して算術指南をした．

このように 10 日間の遍歴は無駄足に終わった．そこで先輩の関流六傳花香と内田門下の松本を訪れたのであろう．それから 25 年後の元治元（1864）年 7 月に，この地方を遊歴したときの日記[*16]を記してみる．ただし（　）内および読点は引用者が加えた．

＊16　剣持章行「旅中日記」（平山家所蔵）

二日（千葉県佐原市）出立，船にて送りを得大嶋村（茨城県潮来市）黒田藤左衛門=立寄，大船津（茨城県鹿島市）手習師匠関口左馬之助へ至り著述書を呈し茶漬杯給，夫より歩行にて送り得，爪木村小沼氏=着止宿

五日出立，歩行=而送りを得中村（鹿島市）大中村氏に着止宿

六日，石上杢助江=至り著述書呈し，憑力金残一分也受取且酒食馳走=相成，大中村氏=帰る

七日出立，歩行にて大船津迄送りを得，同所住居手習師匠=而関口左馬之助=立寄，便船を聞合わせもらひ候処，幸ひにして直=有之，夫より船屋=至り居り候間迎ひ来り，荷物を為持行乗船いたし，いきす（息栖）にて昼食いたし大田新田（茨城県神栖市）市原氏=着止宿

十一日出立, 便船にて送リを得銚子観音下ニ而上リ, 野崎氏着止宿 同日, 松本氏江至リ茶漬被振舞開版書祝儀受納, 野崎氏 (へ帰る)

　章行は75歳で, 当時としては長寿であったが, 1年前の文久3 (1863) 年7月に郷里を出立し江戸に来て, 最後の著書になった『算法約術新編』の出版の世話を行っていた. その合間には, 下総や常陸南部の各地を遊歴教授していて年末にも上州へ帰らず, 行徳村の門人鈴木政右衛門家で越年し, 正月21日まで滞在して休養した. その後も, 江戸と遊歴先を行き来して, ようやく5月に自著が出版できたので, 門人たちに著書を渡しながら教授を行っていた. 引用文が示すように, 20数年来の遊歴で親子二代にわたる門人もおり, 門人の家族とも顔馴染みとなっていたので, 食事をいただくだけでなく酒肴の接待や宿泊の世話まで受けていた. 章行は愛飲家で, 昼食時から酒を嗜んでいたようである.

　そして, 遊歴の最後になった明治4 (1871) 年には, 3月20日に上州を出立して26日に東京に到着した. その後4月27日から亡くなる日までの, 絶筆となった日記文を引用してみる. 引用文は前と同様, ( ) 内と読点は引用者である.

廿七日, 芝神明前, 岡田屋嘉七ニ至リ約術二辞不足題版下書十九枚渡ス, 同人方ニ而酒食馳走ニ相成候

廿八日出立, 国分村 (千葉県市川市) 倉橋清左衛門ニ着止宿

五月朔日出立, 清左衛門ニ送リを得大野村 (市川市) 板橋利右衛門ニ着止宿

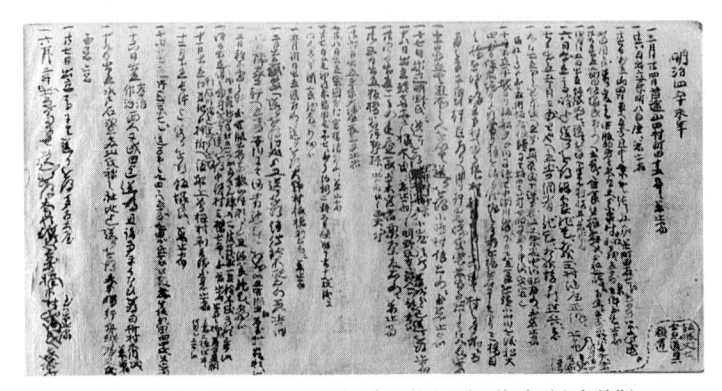

図 4.1.9 剣持章行の絶筆となった明治4年の旅中日記 (旭市平山家所蔵)

二日出立，紙敷（千葉県松戸市）へ送りを得同処より又送りを得，法傳鈴木政右衛門着止宿

同日，隣家二軒へ立寄安川にて酒肴馳走ニ相成候，且開版書ニ名前載候様頼ミ候

三日，鈴木専之助ニ至開版書名前載候様頼ミ申候，且酒食馳走ニ相成候

四日出立の砌り，羅紗鳶仕立（らしゃとびじたて）一ツ・かなきん綿入一ツ・皮足袋一足，鈴木氏方ニ頼置候，保之助（専之助の子息）弟を以て送りを得中沢村（千葉県鎌ヶ谷市）三橋七郎ニ至着止宿，出立の砌り差分盈胸の書三橋氏方ニ貸シ置候

十一日出立，利根川端迄送りを得江蔵地より押附へ渡船，上曽根村（茨城県利根町）利兵衛至着止宿

十二日出立，長沖（茨城県竜ヶ崎市）迄送りを得飯塚氏ニ着止宿

十四日出立，片岡栄七ニ披送万歳と丸田へ立寄，丸田ニ而昼食披振舞，生板新田（竜ヶ崎市）田中氏着止宿

十六日出立，春治・作治両人に成田（千葉県成田市）迄送りを得且諸事まかなひを得，白桝村（千葉県芝山町）木内氏ニ着止宿

十九日出立，水戸，石成（千葉県多古町）且両処氏神之社址迄送りを得，夫より独行船越（多古町）勝又氏至着止宿

廿七日出立，馬にて送りを得，多古（多古町）土屋至着止宿

六月二日出立，馬にて送りを得大寺村（千葉県匝瑳市）越川へ立寄，鏑木村山崎氏へ至着止宿

日記の筆跡は，5月27日までは異常なく最後の6月2日の1行のみが乱れている．また教授の謝礼の記録では，5月31日に「金札壱分弐朱」を受納しているから，土屋家では教授していたのであろう．しかし山崎家に着いた以後は病床に臥してしまい，8日後に亡くなった．遊歴中での客死で，50歳以後の32年間を，最後まで遊歴教授に尽くした一生であった．つぎに，章行の30年間に及ぶ遊歴教授の特徴について，要約してみる．

①遊歴地：遊歴教授を行ったおもなところは図4.1.10に示すが，毎回遍歴したのは下総と常陸南部の利根川の南と北の地方であった．この地方は江戸から一両日で行けるところで，江戸での著書開版の諸事と平行して遊歴教授ができたためと思われる．そして遊歴の道筋には，行程上必要な宿を提供してくれる

図 4.1.10 剣持章行の遊歴地と主な宿泊地. ●印は, 遊歴の往復に行程上宿泊したところ. ○印は, 比較的多く宿泊して教授したところ.

門人に頼んでおき, 往復とも宿泊した. その家には, 季節ごとに衣替えできる衣類などを預けておいた. 下総法傳村の安川家, 鈴木家などがそうであった.

教授した門人の家での滞在日数は, 1回に1〜2週間程度であるが長期間滞在し数人の門人に教える場合もあった. そのうち1ヵ月以上続けて宿泊した家が10軒ほどであった.

②教授謝礼金：教授をした門人の家を出立の際, 金2朱または金100疋 (金1分) 前後受け取った. なお「日記」の記載によれば, 当時の旅籠料が銭400文 (金1.6朱) くらいであった. このほかに, 著書の開版憑力金を門人から受け取った.

③金銭出納の記録：遊歴中の日々の買物, 食事, 髪結, 旅籠, 船賃などの支出を, 克明に記帳した. また門人から受け取った謝礼金, 開版憑力金なども, 日付, 金額, 氏名の順にすべて記した.

④著書出版の記録：章行は6点12冊の著書を自費出版したがすべて本文の版下を自身で書いただけでなく, 少なくも『量地円起方成』前・後編と『相場寄算』については, 彫刻師を選んで

版木を彫らせ，紙を買い入れ摺師に頼み，摺り上がった用紙を書肆に製本させる全行程を自ら行った．その過程を料金の支払いなどを含め，詳細に記録した．

このように，「旅中日記」は遊歴教授の実態を明らかにする和算史料のみでなく，当時の諸物価や出版関係の職人の手間賃などを知る経済史料でもあるといえる．

(3) 佐久間纘の「算術修業九州辺天草辺」

佐久間纘は，安政 5（1858）年 9 月 27 日に磐城の三春を出発して，半年近い旅に出立した．その行程は図 4.1.11 のようであった．

* 17 長沢一松解読編「佐久間庸軒・算術修業九州辺天草辺」1984 年および福島県船引町教育委員会編『佐久間庸軒の旅日記』1990 年．

行程に従って，和算家と出会った記事を記してみる[*17]．引用文は「 」内であるが，読点と（ ）内は引用者の補足である．

9 月 27 日 「小原田（福島県郡山市）佐藤文平宿，此仁予ガ門人ト成由，晦日迄宿」

10 月 22 日 三河の吉田に着き「算家，新銭町彦坂菊作泊り申

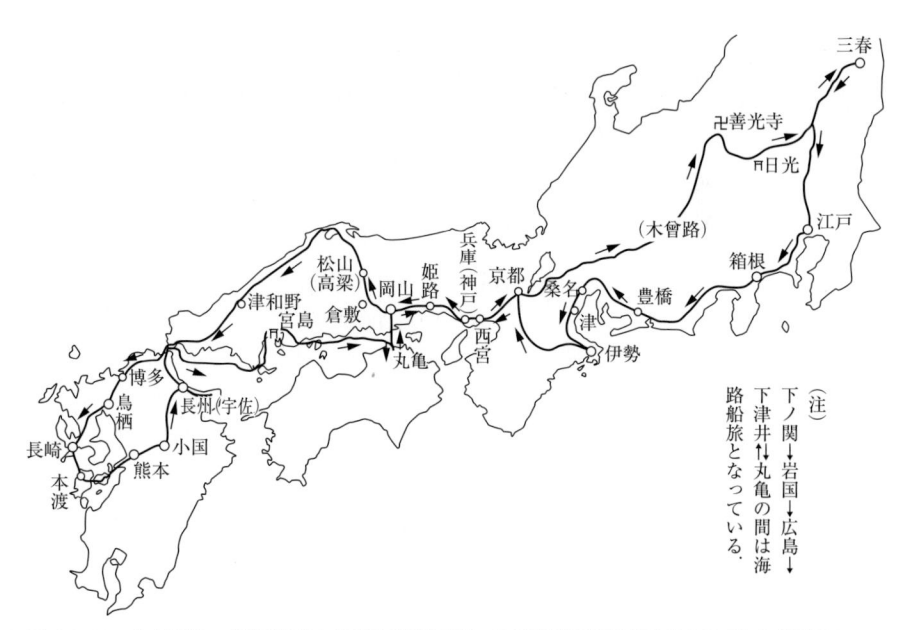

図 4.1.11 佐久間纘の「算術修業九州辺天草辺」経路（福島県船引町教育委員会編『佐久間庸軒の旅日記』より）

候」彦坂菊作は，和田寧および内田五観に師事した．

11月10日　「西の宮（兵庫県）町宜し，算者樋口絹之丞泊」

同17, 18日　備中松山（岡山県高梁市）では「私算術修行故に殿様御賄披下，是ニ何修行の者にても御上賄出候と云，猶算術けい古の者四人有，出入三日逗留」

同29日　石見津和野（島根県津和野町）「算家（潮友治）尋，九の時のたいこをきいて出けり」

12月5, 6日　筑前博多（福岡県福岡市）「算者（大穂徳次郎能一）有之故，面会仕候間逗留也」大穂能一は，長谷川寛門弟の福岡の久間修文の門人で，後に寛の跡を継いだ弘に学んだ．

同12日　肥前長崎（長崎市）「十二月二十五日迄逗留いたし，渡辺市郎と申者に算術傳授いたし居申候」

安政6年1月2日　肥後万願寺村（熊本県小国町）「橋本龍雲といふ人算術習立申候ニ付，四日教居申候」

1月10日　豊後長洲（大分県宇佐市）「算術稽古者（佐々木広造）有逗留」

同27日　姫路（兵庫県姫路市）「此処ヨリ八丁南，古延末村田中常次郎と申す人算法爲ル人也，依一夜披泊候」

同29日　西の宮「腰の前，算師檜（樋）口絹之丞算術稽古いたし度披申候に付二泊りいたす」

2月2, 3日　大坂「二日居，算家相尋面会す」この算家は，福田泉（文化12（1815）～明治22（1889）年）と思われる．彼は当時私塾を開いて居り，明治維新後は東京に移り順天堂求合社を開き，後には洋算も教えた．

同5, 6, 7, 8, 9日　京都「九日迄逗留いたし，算家相尋問答仕候得共，勝たる人も無之」この算家は日下誠の高弟小出兼政の門弟加藤政助と思われる．

纉はこのように，和算家を尋ねたり和算を教授したりして，民家に泊まったのは30日で，全行程で152泊の約1/5である．残りの日は旅籠に泊まり料金を払った．日記には，宿賃が江戸の9泊のほかは漏らさず記してある．旅籠料は，当然ながら街では銭250文～270文で高く，山間地では安く150文～180文で，平均して210文くらいである．ただし，京都，大坂などを除いた関西以西では，宿賃は昼付きつまり弁当付きになってい

る．

　また，関東から関西の備前（岡山県東部）までは省銭（九六百）で，備中（岡山県東部）から西は山陰・山陽道および九州は調銭（丁百）で払っている．ところで「九州ハ長崎ヲ抜テハ皆札通用也，往来ノ人甚難渋ス」と記しているように，金銭の支払いは複雑であった．加えて宿賃は銭何文であったが，銅貨をもち歩くのは重くて大変なので，金貨か銀貨を持参したと思われる．したがって支払いのつど，銭相場による換算をしたであろう．実際，纉は旅籠料のつぎに必ず銭相場を記した．

　纉は，遊歴出立 20 日後の 10 月 17 日に，箱根の関所を通るとき「私算術修業の者ニ御座候」と口上したと記している．前記引用文によれば，遍歴中約 10 人の和算家に会っているが，自身の修業をどれほどしたのか明らかでない．名所旧跡を訪れたり名高い社寺を参詣して，それらの由来などを長々と記録しているが，反面，算額についてはまったく記してない．［大竹茂雄］

■ 参 考 文 献
- 山口和「道中日記」 阿賀野市教育委員会所蔵
- 剣持章行「旅中日記」日本学士院および千葉県旭市平山家所蔵
- 長沢一松解読編「佐久間庸軒・算術修業九州辺天草辺」1984 年
- 船引町教育委員会編『佐久間庸軒の旅日記』1990 年
- 日本学士院編『明治前日本数学史』岩波書店，1983 年
- 佐藤健一『和算家の旅日記』時事通信社，1988 年

4.2 流　　派

*1　その統計的資料の一つとして，和算書の急速な普及をあげることができる（大竹茂雄「和算書の普及」『和算研究所だより』第6号，2000年所載）．

*2　平山諦『和算の歴史—その本質と発展』ちくま学芸文庫，2007年には，30以上の流派名が記してある．

初期の和算は，京都・大坂やや遅れて江戸を中心とした地域で，武士をはじめとする限られた人々に学ばれたが，18世紀中期以降には，庶民にも学ばれるようになり三都以外の地方へも普及するようになった[*1]．ところで江戸時代を通して，学問を修業する者は学者の家塾に入門して教えを受けた．そのことは学問に限らず，技芸や芸能の修業も同じであったが，家塾の師匠は自身が学んだ学問や技能の伝統を重んじて，最初の師匠の名前を名づけて＊＊流と称したので，流派が作られた．和算も普及に伴い流派が生まれた．和算のおもな流派はつぎのようである[*2]．

(1) 関　　流

和算の最大の学派となった関流の始祖関孝和(せきたかかず)は，寛永の末年（1640年頃）に幕臣内山永明(うちやまながあきら)の二男として上野国藤岡（群馬県藤岡市）もしくは江戸で生まれ，甲府藩主徳川綱重家臣の関家の養子になり関姓を称した．孝和は諱で，通称を新助といった．彼は綱重と子の綱豊に仕え，綱豊が五代将軍綱吉の世子になったのに伴い幕府直属の士になったが，綱豊が六代将軍家宣となる前年の宝永5（1708）年10月24日に没した．

図 4.2.1　関孝和肖像（一関市博物館所蔵）

4.2 流派

関孝和は『発微算法』を延宝2 (1674) 年に著し, 筆記による傍書法と演段術を創始した. この算法は, 後世に點竄術とよばれて和算進歩の基礎になったもので, 洋算の代数に相当する. 彼は創始した算法を駆使して, 和算のほとんどの分野について研究をし, それらの算法の定式化を試みて, 和算の理論的水準を格段に高めた. 後世の和算家は, 孝和を算聖と尊称した.

関孝和の高弟建部賢弘 (寛文4 (1664)～元文4 (1739) 年) は, 師の研究を継いで, 円理の公式を導いたり「綴術算経」という帰納法による数学研究の方法論を説いた貴重な著作を行った. また, 彼は兄の建部賢明とともに, 晩年の関孝和を助けて, 師の業績を含む初歩から最高水準に及ぶ和算の内容を集大成した「大成算経」の編集を行い, 関孝和没後の宝永7 (1710) 年に完成した. 本書は全20巻の大著ゆえか出版されなかったので, 後世の和算家にはほとんど知られず研究もされなかった. それに賢弘の門人は少なく, 高弟の中根元圭 (寛文2 (1662)～享保18 (1733) 年) は暦学の研究が主であったから, 賢弘の業績は十分に伝承されないで, 彼の門流はあまり発展しなかった.

いま一人の高弟荒木村英 (寛永17 (1640)～享保3 (1718) 年) は, 関孝和の研究を継いだとはいえないが, 師の遺著『括要算法』を正徳2 (1712) 年に出版して関孝和の主要な業績を公にした. そして村英の門流からは, 代々すぐれた和算家が輩出して関孝和の業績を研究し発展させたので, 関流の主流になった.

関流ではつぎの「4.3 免許状」で解説するように免許制度が整備されていて, 免許を受けた者は孝和の直弟子が直伝または初伝, その直弟子が二伝, 以下三伝, 四伝, …と称した. 各世代で, つぎのような顕著な業績を残した有力な和算家が輩出した.

◆松永良弼 (元禄5 (1692) 頃～延享元 (1744) 年)

二伝の良弼は, 磐城平藩主内藤政樹に仕えた人で, 師の荒木村英より孝和の遺著をことごとく継承して, その業績を改良発展させた. その第一は, 孝和が創始した傍書法で欠けていた除法の記号を定め, あわせて演段術も改善して點竄術と命名した[*3]. つぎに, 球や球欠の体積を求めるのに, 初めて極限の概念を用いて定積分に相当する算法を考えた[*4]. そのほか新しい算法の研究を行ったが, 彼には良き学友久留島義太 (未詳～宝

[*3] 関流見題免許の目録に,「点竄 関夫子名日帰源整法 後松永良弼蒙岩城侯命更名点竄」と記してある.

[*4] たとえば, 円周率を無限級数で求める公式を導き, 52桁まで算出した.

暦7（1757）年）がいた．義太は同じく内藤政樹に仕えた人で，独学で最高の算法を理解してすぐれた業績を残した．たとえば著書「久氏遺稿」の中の5次，6次の行列式に相当する算法は，いわゆるラプラス展開と一致するものだが，ラプラスの論文（1772年）より前の業績である．

◆山路主住（宝永元（1704）〜安永元（1772）年）

三伝の主住は幕府の天文方になった人で，はじめ中根元圭に学んだ後，久留島義太および松永良弼に師事して，関流の算法すべてに熟達したとされている．主住自身の研究業績もあるが，孝和以来の関流和算の総括を行った．すなわち入門書『関流算法草術』45巻やより高度な内容を「算法集成」（延享2（1745）年）として編集し，関流伝書の集大成に尽力した．ほかに主住は，「4.3.2 関流の免許状」で述べるように関流免許制度の確立を行った．

◆有馬頼徸（正徳4（1714）〜天明3（1783）年）

頼徸は久留米藩主で山路主住に師事して，約40点になる関流算書を著した．その中で唯一出版したのは，豊田文景の名で著した『拾璣算法』（明和6（1767）年）である．本書には，点竄術と円理が解説されていて，関流の秘術として門人のみに伝えられていた算法が初めて公開された．

◆安島直円（享保17（1732）〜寛政10（1798）年）

直円は，同じく山路主住から四伝を受けた藤田貞資とともに，和算爛熟期の先駆けとなった学者といえよう．両者の人柄は対照的で，互いに補完し合って活躍した．直円は羽前新庄藩の江戸詰藩士に生まれ，晩年は郡奉行格となり知行100石になった．直円の業績で特筆すべきは，円理を改新して洋算の積分法のようにし，さらに円理二次綴術と称した二重積分法に相当する算法にまで高めたことである．このほか中国経由で輸入された対数表を改良して，より桁数の多い一種の逆対数表を作成するなど独創的な研究を行った．ただし，著書はすべて稿本で一冊も出版しなかった．

◆藤田貞資（享保19（1734）〜文化4（1807）年）

貞資は青年期に，師の主住の天文方の手伝いをしていたが，眼病のため辞して兄弟子であった有馬頼徸に招かれ，久留米藩

の算学師範役になった．

貞資は，著書『精要算法』（天明元（1781）年）の「凡例」で，「今ノ算数ニ用ノ用アリ　無用ノ用アリ　無用ノ無用アリ」とし，「無用ノ無用ハ近時ノ算書ヲ見ルニ題中ニ点線相混シ平立相入ル　是レ数ニ迷テ理ニ闇ク　実ヲ棄テ虚ニ走リ（中略）己レノ奇巧ヲアラハシ人ニ誇ラント欲スルノ具ニシテ実ニ世ノ長物ナリ　故ニ是如キモノ一モ之ヲ載ズ」と断り，精選した139題とその答術を載せた．安島直円は本書の校訂を行い，跋[*5]に「其書タルヲ見ルニ繁ヲ芟リ要ヲ括リテ　関夫子ノ深意奥妙悉ク術中ニ含メリ」と述べている．本書は，出版時から好評で，後々まで和算教科書の名著とされた．

また貞資は，門人たちが各地の神社仏閣に奉納した算額から，1題ずつを選んで編集した『神壁算法』（寛政元（1789）年）および『続神壁算法』（文化4（1807）年）を出版した．両書の公刊によって，関流和算はますます普及をみた．そればかりでなく以後，多くの算額集が出版されるようになり，和算はいっそう発展した．このように貞資は，和算の教育の充実と普及に大きな功績を残した．

◆和田寧（天明7（1787）～天保11（1840）年）

流祖孝和以来「宗統の伝に就いた人はみな武士の身分であったが，ここにはじめて町人から出て，日下誠は関流宗統5伝の地位についた」[*6]．日下誠（明和元（1764）～天保10（1839）年）は安島直円の門人だが，とくに新しい研究はしなかったが教授方法にすぐれていて，門下から逸材が輩出した．その筆頭に和田寧があげられる．寧は安島直円の円理をさらに進歩させて「円理豁術」と称した算法を見出し円理の諸表を作成したが，これは定積分の公式集に相当するものにほかならない．この他，極値を求める極数術や転距軌跡によって描かれる亀円の面積を求める研究などが有名である．

寧は性格が無欲で名誉や利益を望まなかったので，円理表のみを求めるために多くの和算家が入門したが，真の門弟は少なく生活には恵まれなかった．

◆内田五観（文化2（1805）～明治15（1882）年）

五観は江戸で生まれ，11歳で日下誠に入門して弱冠18歳で

*5　跋（ばつ）：書物の終りに記す文章のこと．

*6　平山諦『和算の歴史―その本質と発展』p.128，ちくま学芸文庫，2007年．

関流宗統六伝を授けられた．また蘭学者高野長英に師事して，家塾を"瑪得瑪第加"と称したという．彼は門弟の育成に努めたので，門人は全国にわたって多かった．遊歴算家の剣持章行や法道寺善も，一時期に瑪得瑪第加塾に寄寓していた*7．

*7 「4.1 遊歴算家」を参照．

五観の出版した著書は，門下が社寺に奉納した算額を編集した『古今算鑑』（天保3（1832）年）のみであるが，門人の編・著として出版した書には，内田五観の序文のあるものや瑪得瑪第加塾蔵版の本が多くある．彼の学問は，和算以外に天文暦学，地理，航海，洋法測量に及んでいた．なお明治5（1872）年12月3日の旧暦を明治6（1873）年1月1日の新暦（太陽暦）に改めた際，五観は大学出仕天文暦道御用掛として星学局に務めていた*8．

*8 日本学士院編『明治前日本天文学史』新訂版，p.371．

*9 関流の算家系譜は多くあるが，萩原禎助編「算家系譜」（日本学士院所蔵）に依拠して作成した．

以上述べた人たちを中心とした関流のおもな和算家系譜は，つぎのようになる*9．

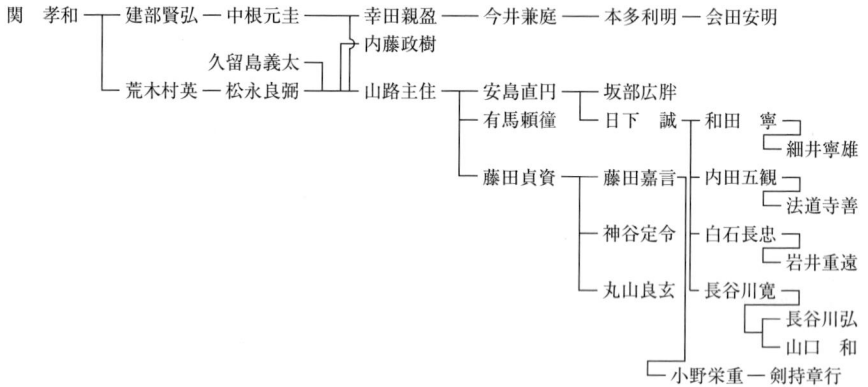

関 孝和 ─┬─ 建部賢弘 ─ 中根元圭 ─┬─ 幸田親盈 ─ 今井兼庭 ─ 本多利明 ─ 会田安明
　　　　 │　　　　　　　　　　　　└─ 内藤政樹
　　　　 │　　　久留島義太 ─┐
　　　　 └─ 荒木村英 ─ 松永良弼 ─┴─ 山路主住 ─┬─ 安島直円 ─ 坂部広胖
　　　　　　　　　　　　　　　　　　　　　　　　├─ 有馬頼徸　　日下　誠 ─ 和田　寧 ─┬─ 細井寧雄
　　　　　　　　　　　　　　　　　　　　　　　　├─ 藤田貞資 ─┬─ 藤田嘉言 ─ 内田五観 ─┼─ 法道寺善
　　　　　　　　　　　　　　　　　　　　　　　　│　　　　　　├─ 神谷定令 ─ 白石長忠 ─┴─ 岩井重遠
　　　　　　　　　　　　　　　　　　　　　　　　│　　　　　　└─ 丸山良玄 ─ 長谷川寛 ─┬─ 長谷川弘
　　　　　　　　　　　　　　　　　　　　　　　　│　　　　　　　　　　　　　　　　　　　└─ 山口　和
　　　　　　　　　　　　　　　　　　　　　　　　└─ 小野栄重 ─ 剣持章行

(2) 中 西 流

始祖の中西十太夫正好は，はじめ床井文左衛門といい，池田昌意の門人で江戸に住んで算術を教えていた．中西の生没年は不明だが，師の昌意は延宝2（1674）年に『数学乗除往来』を著しているし，中西自身も著書『勾股弦適当集』を貞享元（1684）年に出版しているから，17世紀後半に活躍した人である．中西の弟中西正則は中西流の四天王の一人といわれ，関孝和の演段術を解説した『算法続適当集』（貞享元（1684）年）を著して，演段術の普及に寄与した．

4.2 流派

中西流は奥州の仙台と関西の姫路地方に伝わり，有力な和算家を育てた．仙台では，正則の門人で皆伝免許を取得した仙台藩士江志知辰（慶安2（1649）～正徳4（1714）年）が，同藩の師弟を教授した．江志の孫弟子の戸板保佑（宝永5（1708）～天明4（1784）年）は，免許皆伝後に関流の山路主住に師事して『関算四伝書』511巻（安永9（1780）年）という大著を編集した．他方，姫路では，中村正好の弟子で遺題本『下学算法』（正徳5（1715）年）を著した穂積与信（未詳～享保16（1731）年）が中西流を普及させた．与信の門流からは，上野国前橋藩士に生まれ藩主の移封に従い姫路へ移った清野信興（享保10（1725）～寛政9（1797）年）が出て，数多くの書を著し中西新流算学と称した．

(3) 宮城流

*10 上野国市之関村（群馬県前橋市）の六本木利忠（慶応4（1868）年没）は，下野国壬生村（栃木県壬生町）の宮城清行伝来22代甫坂安之進に学んで帰郷し，宮城流を教授して近村の神社に算額を奉納した．門人奉納を含めて2面が現存している．

祖の宮城清行（生没年不詳）は京都の人で，初めは柴田姓を名乗って『明元算法』（元禄2（1689）年）を著した．これより先貞享4（1687）年に出版した柴田清行門弟持永豊次・大橋宅清撰『改算記綱目』は好評で，版を重ねたり類似の本が多く出版された．そして元禄8（1695）年には，宮城清行と姓を改めて『和漢算法』を著した．本書は全九巻の大著で，和算の初歩から天元術および演段術を詳しく解説している．

宮城流は，清行が没してからはあまり振るわなかったが，その脈絡は細々ながら各地に残ったようで，江戸末期には上野国（群馬県）の一山村に伝わり算額奉納が大正3（1914）年まで続いた*10．

(4) 宅間流

*11 萩原禎助編の『算家系譜』（日本学士院所蔵）に六代として6名が載っている．

大坂で栄えた宅間能清を初代とする宅間流は，少なくとも六代まで続いた*11．宅間能清については経歴などが明らかでないが，三代の鎌田俊清（延宝6（1678）～延享4（1747）年）には円理についての著作があり，五代の松岡能一（元文2（1737）頃～文化6（1809）年頃）著の『算学稽古大全』（文化5（1808）年）は，評判がよくいく度も改刻出版された．

(5) 三池流

大坂の三池市兵衛（生没年など不詳）に始まる三池流は，加賀（石川県）金沢の地に伝えられて栄え，六代の金沢藩士宮井

安泰（宝暦10（1760）～文化12（1815）年）が業績を残した．しかしその後は振るわなかった．

(6) 麻田流

始祖の麻田剛立（享保19（1734）～寛政11（1799）年）は，豊後（大分県）の杵築藩士であったが独学で天文暦学を学び，大坂に出て家塾を開きすぐれた門生を育てた．直弟子の間重富（宝暦6（1756）～文化13（1816）年）と高橋至時（明和元（1764）～文化元（1804）年）は，江戸に出て幕府から寛政改暦を命じられ成し遂げた．なお日本全土の測量という偉業を行った伊能忠敬は，高橋至時の高弟である．

また，剛立の高弟の坂正永（生没年不詳）の孫弟子武田真元（安永9（1789）頃～弘化3（1846）年）は，著書『真元算法』（弘化2（1845）年）に数学遊戯の問題を載せて有名になった．本書の付録『題言』に，天文暦学と算学の歴史の概要を述べ，末尾に「諸国武田流盟誓門人姓名記」として主な門人を記して武田流を称した．また福田流を立てた福田復（文化3（1806）～安政5（1858）年）は，真元の門人である．

(7) 最上流

会田安明（延享4（1747）～文化14（1817）年）は，羽前山形（山形県山形市）に生まれ青年期に江戸へ出た．初め関流の本多利明に師事し関流を学んだが，彼が天明元年江戸愛宕山に奉掲した算額の誤記を，関流の藤田貞資に非難されたのを発端として，安明と貞資門下と20年に及ぶ論戦が行われた．この論戦によって，安明の和算の学力は一段と高まり著書『算法古今通覧』（寛政7（1795）年自序）で，最上流を称

図 4.2.2 会田安明肖像（松崎利雄氏旧蔵）

するようになった．この名称は安明の生地である山形地方の旧国名"最上"にちなんだものを，他流派を意識して"さいじょう"と称したと思われる．

会田は文化7（1810）年に『算法天生法指南』を出版し，序文で「天生法ナルモノハ予ガ発明ノ法ナリ」と述べているが，基本的には関流の点竄術を改良した算法といえる．ただし求める数値を，点竄術では「一算を置，＊＊に命ずる」としているところを天生法では「混沌の一を置，＊＊に命ずる」と，未知数に近い用語を使ったり，開方式（方程式）の矩合（＝0）の概念を明確にしている．本書は文化12（1815）年に出版された「坂部広胖の算法点竄指南録とともに点竄術の二大良教科書である」[*12]と評価されている．

*12 藤原松三郎『日本数学史要』p.227，勉誠社，2007年．

会田の高弟渡辺一（明和4（1767）～天保10（1839）年）は，岩代二本松（福島県二本松市）に住んで門弟の佐久間質・纘父子とともに，この地方に最上流を広めた（「4.1 遊歴算家」を参照）．奥州一関（岩手県一関市）の斎藤尚中（安永2（1773）～弘化元（1844）年）は，渡辺一に学んでから安明に師事し直伝を得た．彼は会田の遺命により，奥州各地を遊歴教授したり，山形に塾を開いて最上流の普及に努めた．また山形生まれの三伝橋本守善（天保7（1836）～明治27（1894）年）は，明治3（1870）年に東京に出て最上社という私塾を開き，かたわら群馬県内を遊歴教授した．

(8) 至誠賛化流

幕府の士の古川氏清（宝暦8（1758）～文政3（1820）年）は，中西流を学んだ後に関流も学んで，自ら流派を立て"三和一致流"と称し，その後に至誠賛化流と改めたといわれている．古川氏清の死後は子の氏一が継ぎ，おもに幕臣に教授した．門流の中村時万（未詳～明治14（1881）年）は，享保16（1731）年から文政11（1828）年までの神社仏閣に奉掲された，算額204面を収録した『賽祠神算』を文政13（1830）年に編集した[*13]．

*13 中村時万編『賽祠神算』1830年は，1968年に平山諦によって孔版印刷された．

[大竹茂雄]

■ 参 考 文 献
- 萩原禎助編集「算家系譜」日本学士院所蔵
- 日本学士院編『明治前日本数学史』第五巻，岩波書店，1983年
- 平山諦『和算の歴史―その本質と発展』筑摩書房，2007年

4.3 免　　許　　状

　和算の師匠は，門弟の修業が進むに従って，会得した内容を認定した証として免許状を与えた．現代の学校における単位修得証書あるいは卒業証書や学位記に相当するものである．このことは，他の学問や技芸・芸能の修業においても同じで，華道，茶道，武道などでは現在でも行われている伝統である．和算の免許状は，古いものでは17世紀末の延宝年間（1673年～）の許状が存在している．それ以後，流派の発展に伴い，流派ごとに免許制度が整えられた．

4.3.1　初期の免許状

(1)　礒村吉徳の免許状

　礒村吉徳（未詳～宝永7(1710)年）が佐藤五郎兵衛に，延宝3(1675)年と延宝8(1680)年に与えた二巻の免許状が，神奈川県藤野町の神原家に所蔵されてある[*1]．吉徳は佐賀鍋島家の分家肥前の鍋島家の家臣であったが，万治元(1658)年に磐城二本松藩士になり，作事奉行として二本松（福島県二本松市）に用水道を開鑿した．今日でも市民は，その恩沢を蒙っているという．彼の算学の師は明確でないが，今村知商『竪亥録』の影響を受けて，『算法闕疑抄』（万治2(1659)年）および頭書を補った『頭書算法闕疑抄』（貞享元(1684)年）を著した有力な和算家であった．免許状を受けた佐藤五郎兵衛は，神原家の先祖の神原一学（慶安3(1650)～享保9(1724)年）の青年期の氏名で，免許状を受けたのは，26歳と31歳のときであった．一学は，免許を受けて5年後に『算鑑記』を著したが，師の吉徳と他の門弟の破門騒動があったので出版を見合わせ，享保3(1718)年に出版した．

　一学が受けた免許の一つは，「算法許状目録」という見出しのある巻物で，当時の算書に載っていた算法30項目ほどを列記し，跋文の後に次のように記してある．

*1　二巻の免許状の全文は，次の論説に紹介されている．
野口泰助，川瀬正臣「『算鑑記』の著者神原一學覺嘉について」『数学史研究』No.154, 1997年．

礒村喜兵衛尉
吉徳（花押と印が重ねてある）

延寶三乙卯歳三月十五日

佐藤五郎兵衛殿

他の巻物は，初めに和文が28行にわたって書かれた後に，「算術印可状目録」*2 と標記して11項目の算法を列記し，跋文は和文で6行，漢文で9行が書かれ，その後に次のように年紀と人名が記してある．

以前喜兵衛名改

礒村豊蔵

延寶八庚申歳霜月十五日　　　吉徳（花押と印が重ねてある）

佐藤五郎兵衛殿

なお礒村吉徳が元禄3（1690）年に，三宅治右衛門に授けた「算法印可状」を，福島県の旧信夫郡金谷川村の丹治理助が所蔵していたという*3．吉徳は二本松に住んで藩の務めのかたわら，門弟の教授を行い門人の中には『具応算法』（元禄12（1699）年）を著した三宅賢隆（寛文2（1662）～延享2（1745）年）がいた．上記の治右衛門は賢隆の通称である．吉徳が与えた免許状はほかに知られていないが，彼は一家をなして礒村流を称し

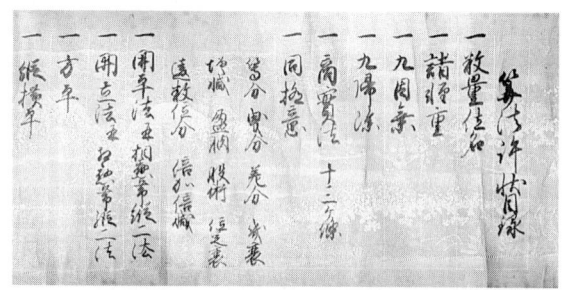

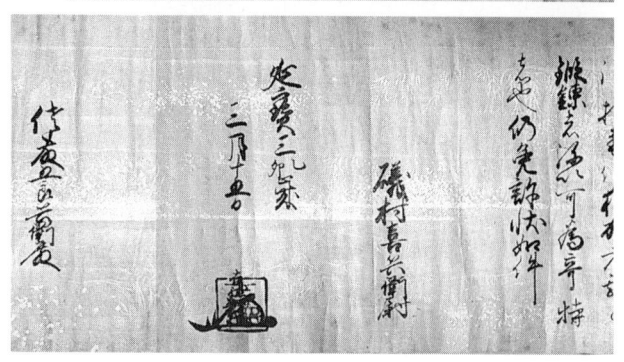

*2 「印可」は仏教語で，弟子が悟りを得たのを師が認めることであるが，転じて各分野で技量が一定に達したことを認める免許または免許を与えること．

*3 日本学士院編『明治前日本数学史』第一巻．p.292.

図 4.3.1　礒村吉徳が与えた免許状（神奈川県藤野町神原家所蔵）

4 和算のひろがり

ていたというから,佐藤・三宅以外の門人にも免許状を与えたと思われる.とすれば,当時の和算家の間では免許状の存在が知られていたと思われる.実際,吉徳より少し若い世代の関孝和(せきたかかず)も,「許状」と「印可」という二種類の免許を門人に与えていた.

(2) 関孝和の免許状

関流四伝藤田貞資(ふじたさだすけ)の子孫旧蔵の「算法許状」と標記した巻物一巻(日本学士院所蔵.この許状を,以下「許状A」と略記する)は,序文に続いて「目録」と題して,次の算法が記してある.

河圖,洛書,大極,兩儀,四象,八卦,釋九數法,九歸除法,明縦横訣,大數之類,小數之類,求諸率類,斛蚪起率,斤秤起率,端匹起率,田畝起率,之分齊同術,合課分術,減課分術,平分之術,經分之術,乘分之術,重有分術,通分之術,約分之術,方田以御田壔界域,粟布以御交質變易,少廣以御積羃方円,商功以御功程積實,均輸以御遠近勞費,衰分以御貴賤交税,盈朒以御隠雜互見,方程以御雜揉正負,勾股以御高深廣遠,開方釈鎖術,規矩兩道術,町見分度術,環矩之術,經矢弦之術,弧矢弦之術,立玉貫深渡術,立玉積率起術,玉闕積率起術,玉順積率起術,宣明暦術,侍(ママ)授暦術,呉子廉率,天元之一術,諸法根源

以上49項目は,礒村吉徳の二巻を合わせた41項目より多く,吉徳の算法を含んだ上に暦術および天元術が加えてある.この目録の後は跋文で,末尾は次のように記してある.

関新助藤原孝和

(下半分が大きく破損)

寶永元甲申歳　（「藤原」の丸印と左上の「之」

十一月良辰　字以外は破損して不明の角印）

宮地新五郎殿

この「許状A」は,日付が宝永元(1704)年で孝和が没する4年前なので,孝和が宮地新五郎(みやじしんごろう)に与えたものと従来考えられていた.しかし最近になって,上記した関孝和の名前と丸印との間の破損部分が空きすぎているのに疑問をもった研究者によって,丸印について検討した結果,孝和のものでなく門人荒

4.3 免許状

*4 佐藤賢一『近世日本数学史』p.121〜127．東京大学出版会，2005年．

*5 水戸藩彰考館の暦算生員小澤正容が，寛政13年に編集したもの．

*6 木暮武申（明和8(1768)〜弘化4(1847)年）は，関流を学んだ箱石村（群馬県玉村町）の人で，子孫の木暮家に和算書と共に所蔵されていた．和算書は，刊本50数冊と写本60数冊である．写本は，武申が写したものと筆跡が異なる安永年間に写した2種ある．そして「算法許状」と後述する「算法印可」は，2種の写本の筆跡と異なり，写本した年月や筆写名も記してない．

木彦四郎藤原村英の印である可能性が高いとされた*4．したがって破損部分に荒木村英の名前が書いてあった可能性が高く，「許状A」は孝和から宮地新五郎に直接与えたものではなかろうとされている．ただし「算家譜略」*5には，関孝和門人として「宮地新五郎可篤　有鄰ト号ス江戸市ヶ谷村ニ居ス」とある．宮地は孝和に師事したわけで，後に荒木村英の門人になった青山利永の著書『中学算法』（享保4（1719）年）の序文を書いている．

ところでほかにも，「算法許状」と標記したほとんど同じ内容の古文書を，上野国（群馬県）の和算家木暮武申が所蔵していた*6．この「算法許状」（以下「許状B」と略記する）は，「許状A」と比較して，序文は数ヵ所削除したり語句を替えたほか，2ヵ所で10数字ずつ補足してあるが，全体の文意は変わりがない．目録には「侍授暦術」がなく「開方還源」という項目を立て帯縦・相応の開平法および開立法を加えているほかは，多少順序の違いはあるが項目は同じである．そして跋文の書き出しは，「許状A」の「右所傳之筭術了累歳究力磨思正所得者也」が，「許状B」では「右所傳之筭術予游=子關子之門=累歳究力磨思方所得者也」となっている．この違いは重要で，「許状A」は孝和の文，「許状B」は村英の文であることを示している．末尾は

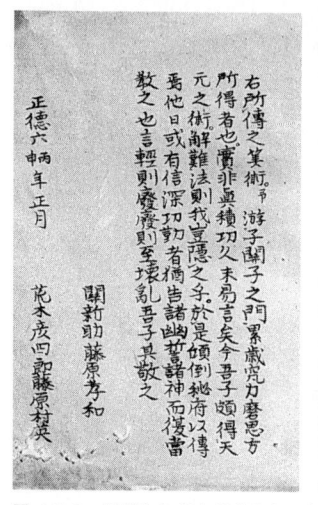

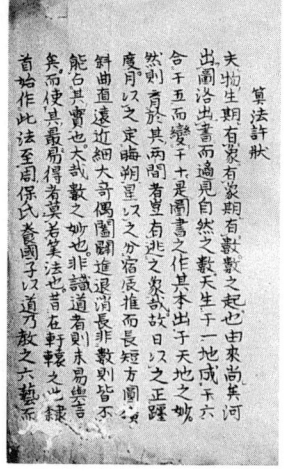

図 **4.3.2**　関孝和と荒木村英連名の免許状（群馬県玉村町木暮家所蔵）

關新助藤原孝和
正徳六㐂年正月　　　荒木彦四郎藤原村英

とあるのみで，伝授する門人名はなく捺印もしてない．年紀の正徳6（1716）年は，村英が没する2年前であるから，彼が師の孝和から授けられた「許状A」に相当する免許状に少し手を加えた文書が，筆写されて伝えられたと考えられる．

木暮武申旧蔵には，「許状B」と同じ筆跡で「算法印可」と標記した文書がある．「許状B」と同様に，序文，目録，跋文があり，末尾の人名も関孝和と荒木村英で同じだが，年紀のみ「正徳五㐂暦十二月」と1ヵ月早い．内容は序文の後半に，

　　近世吾師關自由亭先生　以‐生智之明‐更無就└師　起‐不傳之業‐　而極‐數學之要術‐也（中略）是故先生所‐發明‐之妙術　無‐毫髪之差‐備‐記之‐以傳‐其正宗‐焉」

とある．次の目録では，孝和の業績を網羅した算法をあげている．そして跋文では，

　　右所└記之者　則前所└謂關先生所‐發明‐也

と書きはじめ，後半には

　　遊‐吾子之門‐者　非㆘當‐其器‐者㆖　則必勿└傳‐授之‐　是則印可妙術　詳盡└之也

と記している．

「許状B」も「算法印可」も，関孝和が没して7年後の年紀であるが，前者の内容は「許状A」をほぼ踏襲し，跋文の一部の文言を替えたのみであるのに対し，後者は序文，跋文とも孝和の門弟による文章になっている．したがって「算法印可」は，荒木村英が作り替えた免許状と考えられる．ところで木暮家所蔵の文書と，筆写するときの誤記と思われる誤字を含めて，ほとんど同じ文章の「算法許状・算法印可」の文書が，二点存在していたことが知られている[*7]．

その一つは，徳川幕府御三家の水戸藩彰考館所蔵であった文書[*8]で，末尾の年紀は「許状」も「印可」も，それぞれ木暮家の文書と同じであるが，氏名は両方とも

關新助藤原孝和
建部彦治郎賢弘（ママ）
今井官藏兼庭

*7　三上義夫『関流数学の免許段階の制定と変遷』『史學』，第十巻，第三・四号，1931年．

*8　彰考館所蔵の文書は，太平洋戦争中米国軍によって焼失してしまった．*7の論考には，和算家岡本則録が大正2（1913）年に写して三上義夫に贈った文書が紹介してある．

*9　岡本則録が写した別の「算法許状及印可之写」（東北大学図書館岡本文庫所蔵）に添付してある．本多利明が54歳のとき（寛政9（1797）年）に書いた文書の写しには，関孝和

本多三郎右衛門 理明(ママ)

となっている．建部賢弘(たけべかたひろ)も孝和の高弟であるから，荒木村英と同様に二つの免許を与えられたと思われるが，二人が年月まで同じにした免許状をそれぞれの門下に残したことを，どのように理解したらよいのだろう．また「関流算家譜」では建部賢弘と今井兼庭(いまいかねにわ)の間には，中根元圭(なかねげんけい)と幸田親盈(こうだちかみつ)がいたわけだし，建部の通称「彦次郎」が「彦治郎」に，本多の諱「利明」が「理明」と間違っている．これらのことから，果たして建部賢弘から今井へ，そして本多へと伝わった免許状の写しなのか疑問が残る[*9]．

ほかに一つの「算法許状・算法印可」は，「肥後熊本の甲斐隆道の蔵書」[*10]中にあるという．この文書は「許状」と「印可」とも，末尾の年月・氏名を含めて，木暮家所蔵の文書と一致しているようなので，両者の原本は同じものと考えられる．なお甲斐隆道は，熊本藩の算学師範を4代にわたって務めた甲斐家の子孫である．

4.3.2 関流の免許状

関孝和が門弟に与えた「算法許状」と「算法印可」の免許状は，前項で述べたもの以外は知られていない．現在も多く残されている関流免許状は，

見題免許，隠題免許，伏題免許，別伝免許，印可免許

という5段階で，もっとも古い年紀の免許状は延享4 (1747) 年のもので，藤田貞資が筆写したものである[*11]．師匠名は見・隠・伏題と印可は

關新助藤原孝和
荒木彦四郎藤原村英
松永安右衛門源良弼
山路彌左衛門平主住

と連名になっており，別伝免許のみが

關孝和四世
山路彌左衛門平主住

となっている．いずれも授与先の門人名はなく，山路主住(やまじぬしずみ)の印鑑も押してないから，これは免許状の見本と思われる．

は「一派之開祖とはなり給へり，今予に傳はる所は既に三家を經て予と共に四人なり．所謂關夫子建部今井本田(ママ) と移り」と書いてあるので，藤原松三郎は「上記の算法許状および印可も本多利明の書いたものであろうことが窺はれる」(『明治前日本数学史』第三巻, p.312) と述べている．

[*10] [*7]の論考では，文書の全文は示さないで水戸藩彰考館の文書との比較を示しているのみである．なお甲斐家の文書の写しは，日本学士院に所蔵してある．

[*11] 貞資の子孫の藤田家に伝わったもので，日本学士院所蔵．

最初の3段階免許名は，孝和の三部抄といわれている「解見題之法」「解隠題之法」「解伏題之法」の書名にそれぞれ由来している．「解見題之法」は，比較的簡単な図形の問題などを，与えられた（見えている）数値を直接計算して解く算法で，傍書法を用いている．つぎの「解隠題之法」では，天元術を用いて求める（隠れている）数値についての一元方程式を立てて，解く算法を説明している．そして「算法印可」の目録にもある『解伏題之法』では，複雑な問題で一元方程式が立てにくい場合は，他の（伏せている）数値も補助の未知数として多元方程式を立て，演段術によって一元方程式を導く算法を説明している．

　これらの算法をそれぞれ主にして，「算法許状」の初歩の算法を加えたのが見題免許であり，残りの算法を加えたのが隠題免許で，「算法印可」の一部の算法を加えたのが伏題免許といってよかろう．そして「算法印可」から「解伏題之法」を除いた七部書*12といわれている著書の算法を主にした内容が，印可免許といえよう．つまりこの4免許は，孝和伝来の免許の算法を編集し直し，松永良弼，山路主住らの研究成果を加えたものになっている．

　ただし序文と跋文については，「算法許状」の序文がそのまま見題免許に使われているのみである．とくに印可免許の序文は，礒村吉徳「算術印可状目録」の序文と同様に和文体で，文末は「道あらは　ふみももらすな高砂の　みねにいたりぬ　岩まつたいを」と，和歌で結んでいる．他方の別伝免許は，序文に

　　先師村英者即夫子之高弟也　因得獨預其傳　村英亦以此傳
　　之良弼　良弼傳之而練之多年　遂闡其眞理　以明八箇之秘
　　術七部抄等之眞秘　故今擧此三術　及不師授則難推明之數
　　書許多以傳之

と述べてあり，末尾には「關孝和四世　山路彌左衛門平主住」のみしか記してないから，主住が師の良弼や自らの著書を主にして作成したと考えられる*13．このようにして関流の5段階免許制度は，山路主住の時代で少なくとも延享4（1747）年以前に確立されたとしてよい．

　ただし関孝和の「算法許状」には"規矩両道術・町見分度術"，「算法印可」には"規矩元法幷國圖"などの測量術の項目があっ

＊12　七部書は，開方飜変之法，題術辨議之法，病題明致之法，方陣圓攢之法，算脱驗符之法，求積，毬闕變形草の7点の書をいう．

＊13　三上義夫「関流数学免許段階の制定と変遷」『史學』，第十巻，第四号，1931年．

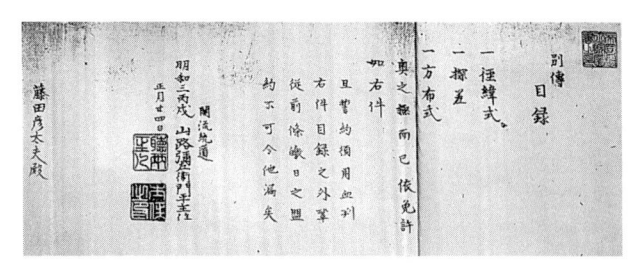

図 4.3.3 山路主住が与えた別伝免許（日本学士院所蔵）

たが，5段階免許の項目には除いてある．しかし和算家は，多少にかかわらず測量術を学んでいたので，測量免許状も作られていた*14．

免許制度が確立されて，5段階すべての免許を授けられた者は免許皆伝となって，関流幾伝と称するようになった．ただし前記のように，延享4 (1747) 年の別伝免許では，山路主住の肩書きは「關孝和四世」とあるし，明和3 (1766) 年正月に藤田貞資に与えた別伝免許（図4.3.3）では「關流統道」と記している．そして門人貞資は著書『精要算法』（天明元 (1781) 年）の自序で「關夫子ヨリ我四傳ニシテ」と述べ，彼の編著『神壁算法』（寛政元 (1789) 年）に収録されてある明和4 (1767) 年2月以降奉納の算額奉納者の肩書きは「関流四伝藤田貞資門人」となっている．したがって「関流幾伝」という呼称は，藤田貞資の時代から始まったと思われる．そして1人の師匠から印可免許まで授与される門人は，二，三の高弟に限られていたので関流幾伝を称する和算家はわずかであった．

けれども江戸時代の末18世紀に入ると，和算の発展普及は著しくなり，関流免許を受ける者が多くなって，見題・隠題・伏題の三免許を受けたのみで，関流幾伝と称するようになり，見隠伏の三題免許は皆伝免許ともいわれた*15．そして本来は，印可までの5段階免許すべてを授けられた者が，「関流宗統」を名のることができたのだが，この頃になると関孝和著述の秘書として伝えられた『乾坤之巻』*16を伝授された者は，「宗統」を称するようになった．また免許状の要は算法を列記した目録なので，免許状のことを「関流伝来之目録」もしくは単に「目録」ともよんでいた．

*14 *13の論考に，遠藤利貞旧蔵「関流宗統之修業免許状」の中の「町見術免許」という37条の目録を記したものを紹介している．伝授された例では，関流八伝千葉善右衛門が，安政6 (1859) 年に石川伝之助に与えた8条にまとめた目録の免許状（岩手県一関市博物館所蔵）がある．

*15 遊歴算家剣持章行は，明治3 (1870) 年7月10日の日記に「高木氏に皆伝免許三巻遣わす」と記している．

*16 円理を解説した書で，建部賢弘の弧背術を松永良弼が発展整理した内容で，関孝和の著書ではないとされている．

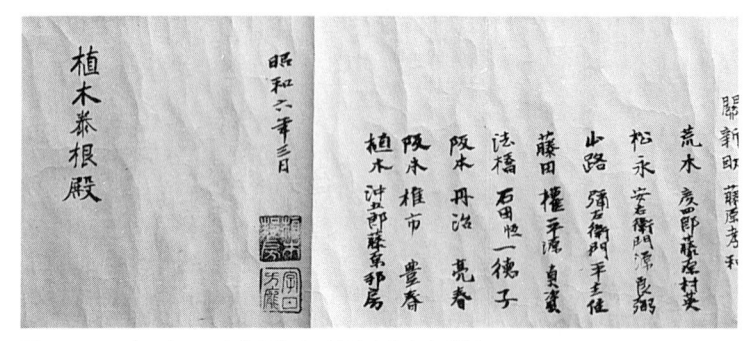

図 4.3.4　昭和 6 年の関流伏題免許（高崎市植木家所蔵）

　　　　　群馬県内では，関流免許が昭和の初めまで伝授された．関流八伝植木邦房（昭和 9（1934）年没）は，昭和 2（1927）年に見・隠題免許を昭和 6（1931）年に伏題免許を植木泰根（昭和 33（1958）年没）に与えている．

4.3.3　その他の流派の免許状

　　　　　関流以外の諸派については，関流の免許制度ほど定まらなかった．また各派とも関流に比べて門人が少なかったから，残された免許状も数少ない．限られた史料から各流派の免許状について，断片的になるが述べてみる．

(1) 中西派の免許状

＊17　清野信興「算法大意秘訣」安政 6（1859）年，日本学士院所蔵．

　　　　　中西派では，流祖の中西正好を太祖，直弟子を二世，以下三世，…と称した[*17]．五世八木小左衛門の添え書きがある．門人有松則信が八木九郎右エ門に天保 15（1844）年に与えた「算法免状」（日本学士院所蔵）に列記してある目録を見ると，

4.3 免許状

和算之品
　　帰除之式，乗除太極之口訣，開方平立之術，差分均配之術，
　　盈不足之術，方程正負之術
算籌之品
　　籌木縦横之口訣，無量數開方之式，之分齊同之術，天元術
天元極秘之妙術

となっている．なお図 4.3.5 は，中西新流を称した清野信興の
「清野流打量術目録」（安永 9（1780）年）の末尾である*18．

*18 旧広島高等師範学校所蔵の書を，日本学士院で写したもの．

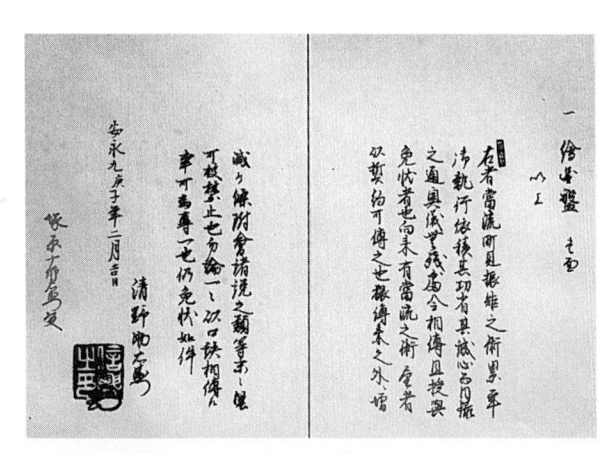

図 4.3.5　清野信興の「打量術目録」（日本学士院所蔵）

(2)　宮城流の免許状

　　流祖の宮城清行は関孝和と同時代かやや後の人で，著書は長

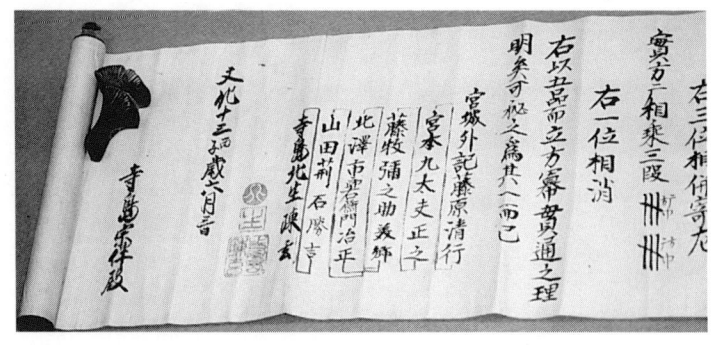

図 4.3.6　寺島宗伴が受けた宮城流免許（長野市立博物館分館鬼無里ふるさと資料館所蔵，1990 年 9 月撮影）

く学ばれていたし，「4.2 流派」で述べたように江戸時代末まで宮城清行伝来と称して教授した和算家もいたが，免許状はあまり見られない．図 4.3.6 は，信濃（長野県）の寺島宗伴（寛政 6 (1794)〜明治 17 (1884) 年）が文化 13 (1816) 年に，寺島陳玄から伝授された宮城流免許一巻である．その後宗伴は，松代藩士町田正記から最上流免許を文政 10 (1827) 年に受けた．

(3) 最上流の免許状

最上流の免許制についてはあまり知られていない．遊歴算家の佐久間續の門人帳には，指南免許や初伝等を受けた者が記載されているが[*19]，内容は明らかでない．續は嘉永元 (1848) 年に，父の佐久間質から「算法皆傳巻坤」一巻[*20]を受けた．内容はほとんどが文章で，中ほどにつぎのようにある．

　　　　上段目
　　側圓弧背眞術　　綴術開除表　　貫通術
　　右之三条ハ極秘の秘にして眞深の心法也
　　皆傳

この免許狀の文言は，質が師の渡辺一から受けた皆傳免許に依拠したと思われるが，末尾には師匠の系譜はなく「最上流佐久間杢之丞」と質の通称のみである．

図 4.3.7 は，最上流三伝橋本守善が明治 9 (1876) 年に，群馬県岡之郷村（藤岡市）の山口佐平に与えた「天元術免許」である．このような算法ごとの免許状はほかにも見られる．

*19 長沢一松編『福島県和算家人名集・門人帳編 一佐久間庸軒門人帳』1989 年
*20 子孫の佐久間家所蔵のものを，日本学士院で写したもの．

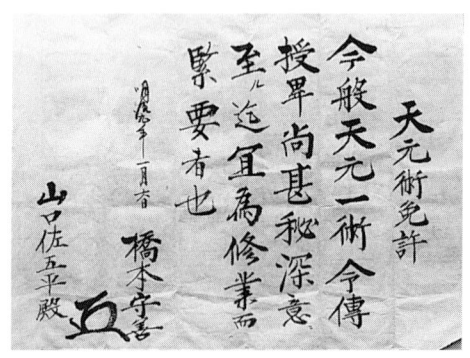

図 4.3.7　橋本守善が与えた「天元術免許」（高崎市山口家所蔵）

(4) 至誠賛化流の免許状

　　　　　　　　　至誠賛化流の免許制は,『算則授階』と『至誠賛化流目録大
*21　二書とも日本　全』の両書に記してある*21. 前者は, 次の5段階になっている.
学士院所蔵.
　　　　　　　　目録, 中免, 免許, 皆傳, 印可
　　　　　　後者は, 古川氏清の門流道体氏継が記したもので4段階である.
　　　　　　　　初傳　　算顆術, 見位法, 開平方, 開立法, 筭籌術
　　　　　　　　二傳　　天元一, 演段
　　　　　　　　三傳　　無極, 大極, 両儀, 三才天人地, 點竄, 眞術, 行
　　　　　　　　　　　　術, 草術, 翦管, 剰一, 胭一, 垛術, 交商
　　　　　　　　四傳　　極形術, 極數, 球積増約, 綴術, 圓理, 弧背.
　　　　　　　　　　　　　　　　　　　　　　　　　　　　［大竹茂雄］

■　参　考　文　献　●三上義夫「関流数学の免許段階の制定と変遷」『史學』第十巻, 1931年
　　　　　　　　　●日本学士院編『明治前日本数学史』第三巻, 岩波書店, 1983年

5 和算と諸科学

5.1 和算と暦

5.1.1 暦研究ことはじめ

*1 朔望月は月の満ち欠けの1周期のこと．新月を朔，満月を望といい，朔から朔の期間のことである．

*2 朔（さく）は新月のことで朔日（1日）は朔を含む日のことである．

　明治6（1873）年に太陽暦が採用されるまでの暦は太陰太陽暦であった．月の朔望*1 は約29.5日なので12ヵ月では1年に足りない．そのため閏月を入れていた．また太陰太陽暦では毎月の朔*2 は新月だが，地球や月は等速円運動をしていないので朔を決めるためには補正が必要になる．この複雑さが江戸時代の数学者（和算家）の興味を引いたようである．

　寛文12（1672）年，月食の予報に失敗し，当時用いられていた宣明暦に対する批判が高まった．そこで宣明暦や授時暦のテキストも出版されるようになり，暦の研究が盛んになっていった．

　宣明暦は，唐の徐昂（じょこう）が作ったもので長慶2（822）年から施行されていた．日本には清和帝貞観元（859）年，渤海貢士馬孝慎（はっかい）が長慶宣明暦経を献じて同4年（862）年から施行された．宣明暦はすぐれた暦法であったが，1年の長さが3068055/8400（≒365.2446）で少し長いため，施行されてから800年余り使われていると，宣明暦で計算される太陽の位置は実際の位置より約2日遅れた位置になってしまった．これを「天行二日を違う」と非難されているが，朔日に起こる日食が2日違った日に起こるということではなく，たとえば冬至の日が2日異なるということである．日常生活には冬至が2日違っても影響はないと思われるが，慶安3（1650）年，宣明暦を採用していた日本では

　　1月大　2月小　3月大　4月小　5月大　6月大　7月小
　　8月大　9月小　10月大　閏10月小　11月大　12月小

の13ヵ月である．

　これを授時暦で計算して見ると

　　1月小　2月大　3月大　4月小　5月大　6月小　7月大
　　8月大　9月小　10月大　11月小　閏11月小　12月小

の13ヵ月であり，このような違いが出る．

　宣明暦に関して出版されたものに，『宣明暦』寛永21（1644）年（著者不明，天理図書館他所蔵）は多色刷りの刊本，『長慶宣明暦算法』寛文3（1663）年は会津（福島県）の数学者安藤有（あんどうゆう）

益(えき)が宣明暦の計算方法について慶安3(1650)年を例として解説したものである.

授時暦は元の郭守敬(かくしゅけい)(1231～1316年)らによって至元18(1281)年から元朝で採用された暦である.それまでの暦では先の宣明暦に用いられている1年の長さで触れたように,定数に分数を用いていた.授時暦では,定数や計算に小数を用いており,1年の長さは365.2425としている.

渋川春海(しぶかわはるみ)によって貞享の改暦が行われたが,授時暦を基にして貞享暦が作られた.貞享改暦が行われた後にも,多くの暦関係の書物が書かれ,出版されたものも少なくない.

関孝和(せきたかかず)も暦の研究を残している.明末の順治9(1652)年に黄鼎(おうてい)が編纂出版した,『天文大成管窺輯要(てんもんたいせいかんきしゅうよう)』八十巻の中から,暦の計算のためにとくに重要な3条について解説した『授時発明』や『天文大成管窺輯要』の中から,暦の計算に関する部分十五条に返り点,送り仮名と訂正を付けた『関訂書』(延宝8(1680年),元史授時暦経には立成はなかったので,計算して立成を著したと思われる『授時暦経立成』などがある.立成というのは「たちどころに成る」ということで,計算の結果を表にしたものである.

関孝和の弟子建部賢弘(たけべかたひろ)も暦の研究を多く残している.たとえば『綴術算経(てつじゅつさんけい)』(享保7(1722)年)にも暦法に関することが数多く述べられている.

探立元法第二では冒頭に「立元の法は至元(中国の元の時代)に郭守敬が授時暦を作るために用いた.太徳に朱世傑が『算学啓蒙』においてこの方法を説明した」と述べており,賢弘は『算学啓蒙』を研究して解説した『算学啓蒙諺解大成(さんがくけいもうげんかいたいせい)』元禄3(1690)年を出版している.

探算脱術第七において「吾少かりし時所問有りて宣明暦天正気朔転交四件の分数を以って積年を求める段数を為し終わりて以為す多位にして最も難為す者」と述べている.これは『研幾(けんき)算法(さんぽう)』(天和3(1683)年)四十九問のことを言ったものである.この『研幾算法』四十九問は宣明暦の暦元に関する問題である.暦元とは天正冬至(暦を計算する年の前年の冬至),天正経朔(11月の朔の日時),転(月の遠地点),交(月が地球の太陽を

回る軌道を通るところ）が一日の始点である夜半にかさなった甲子の日のことで，暦を計算するときの基準となる日である．この暦元から暦を計算する年までの年数で，ある積年を求める問題である．これは翦管術(せんかんじゅつ)とよばれ剰余方程式の問題である（⇨ 3.7）．

賢弘には『授時暦議解』『授時暦数解』『授時暦術解』の著作があり，これは授時暦の研究書としてもっともすぐれたものである．

出版され，よく読まれたと思われる授時暦の研究書をあげる．

寛文 12（1672）年『改正　授時暦儀』
　元史五十二巻　暦志第四　暦一授時暦議上から五十五巻　暦志第七　暦四授時暦経下に訓点をつけたものである．

元禄 2（1689）年『天文図解』五巻　井口常範
　巻之五に元禄 2（1689）年の暦を載せている．

元禄 16（1703）年『授時暦図解』四巻　附録一巻　五冊　小泉光保(こいずみみつやす)編解（井口の弟子）　付録に元禄 11（1698）年の暦を計算している．

正徳元（1711）年　『授時暦経諺解』七巻　六冊　亀谷和竹(かめたにわちく)撰
　五・六・七巻に立成を載せている．

正徳 4（1714）年『授時暦図解発揮』首，上下，付録　の四巻　林正延(はやしまさのぶ)著
　中根元圭(なかねげんけい)は『天文図解』に対して，批判書『天文図解発揮』を表している．
　『授時暦図解発揮』は中根元圭の弟子林正延著となっているが中根の著ともいわれている．

明和 5（1768）年『授時暦俗解』　中根元圭著
　先に触れた建部賢弘の著作同様，写本しかないが

宝暦 11（1714）年『授時解』　十五巻　西村遠里(にしむらとうさと)著
　西村遠里には　宝暦 14（1717）年『貞享解』も著している．

授時暦の研究書以外にも

享保 15（1730）年『天経或問』游子六先生輯(ゆうしろく)，西川正休(にしかわまさやす)訓点．明末清初に游子六がイタリア人宣教師熊三抜（Sabathin de Ursis）から学んだものである．中国天文学と西洋天文学にもとづいた当時の天文学一般書である．上記以外にも数多

く，著されている．

中国古代の『周髀算経(しゅうひさんけい)』も読まれた．

暦法にもとづいて年月日を計算し，月の大小，閏月，朔の干支などを載せたものが著されている．渋川春海は『日本長暦』を著している．ほかにも

　　貞享4（1687）年『本朝統暦』　安藤有益著
　　正徳4（1714）年『皇和通暦』　中根元圭著

がある．なかでも『皇和通暦』は刊行されている．これらの研究は明治になって編纂された『三正綜覧』に受け継がれた．

安島直円(あじまなおのぶ)も『授時暦便蒙』（松永氏貞辰が明和6（1769）年9月に筆写を終えたとある）『安子西洋暦考草』（本文中に寛政元年までの距算がのせられている）他暦関係の著作がある．また清の梅文鼎(ばいぶんてい)の暦算全書中の環中黍尺(かんちゅうしょしゃく)の中の球面三角形の加減捷法の公式を解説した『弧三角解』を著している．

5.1.2　授時暦の計算と招差法

元史授時暦経によって使用定数や用語，各月の1日（定朔）を求める計算について，小泉光保(こいずみみつやす)著『授時暦圖解(じゅうれきいんかい)』などを参考にして概説する．

(1)　授時暦の使用定数

授時暦は至元18（1281）年を暦元の年とする（以下 t_0 とする）．

日周：10000（1日を10000分とする）

歳實：3652425分（暦元の年に対する太陽年）

通餘：52425分（歳實を60（干支，旬周）で割った余り）

朔實：295305分93秒（平均朔望月）

通閏：108753分84秒（歳實－朔實×12）

歳周：365日2425分

朔策：29日5305分93秒

氣策：15日2184分37秒半（歳周÷24，24節気間隔）

望策：14日7652分96秒半（朔策÷2，朔より望までの時間）

弦策：7日3826分48秒少（朔策÷4，朔，上弦，満月，下弦の間隔）

氣應：550600分（暦元の年の天正冬至（至元17（1280）年の

11月にある冬至）直前の甲子の日の始点（0時0分）よりこの天正冬至までの時間）

閏應：201850分（暦元の年の天正冬至直前の経朔（平均朔）よりこの天正冬至までの時間）

没限：7815分62秒半（1－気盈）

氣盈(きえい)：2184分37秒半（気策の小数部分，没日の計算に用いる）

朔虚：4694分7秒（1－朔策の小数部分，滅日の計算に用いる）

旬周：600000（60干支，甲子より一周60日）

紀法：60（60干支）

土王策：3日436分87秒半（歳周÷20－気策，土用の入の計算に用いる）

月閏：9062分82秒（通閏÷12）

辰法：10000（1日を12辰刻に分ける，1辰刻を10000とする）

半辰法：5000

刻法：1200（1日を100刻に分ける，1刻を1200とする）

周天分：3652575分（恒星年）

周天：365度25分75秒

半周天：182度62分87秒半（周天÷2）

象限：91度31分43秒太（周天÷4）

歳差：1分50秒

周應：3151075分（堯典冬至の日度虚宿六度と元至17年の冬至日度箕宿十度との間，太陽の位置（28宿）計算に用いる）

半歳周：182日6212分半（歳周÷2）

盈初縮末限：88日9092分少

縮初盈末限：93日7120分少

（盈初：冬至より春分まで，盈末：春分より夏至まで，縮初：夏至より秋分まで，縮末：秋分より冬至まで）

轉終分：275546分（近点月，相次ぐ近地点通過周期）

轉終：27日5546分

轉中：13日7773分（転終÷2，近地点より遠地点にいたる月

の所要日時）

初限：84（周限÷4）

中限：168（周限÷2）

周限：336（1 近点月（轉終）を 336 限とする．336 限÷転終（27.5546）≒12.20 としている）

月平行：13 度 36 分 87 秒半（月の 1 日あたりの平均角速度
月平行＝周天度÷朔策＋太陽 1 日の平行＝365.2575÷29.530593＋1≒13.36875）

轉差：1 日 9759 分 93 秒（朔策－轉終）

弦策：7 日 3826 分 48 秒少

上弦：91 度 31 分 43 秒太（周天度÷4）

望　：182 度 62 分 87 秒半（周天度÷2）

下弦：273 度 94 分 31 秒（周天度×3/4）

轉應：131904 分（暦元の年の天正冬至直前の入轉初日（月の近地点通過時刻）より，この天正冬至までの日時）

(2) 節気と經朔の日時を求める

授時暦では一年の長さは 100 年につき 2 分（1 日を 10000 分とする）短くなるとしている．これを消長法という．授時暦の原文では

「至元十八年歳次辛巳爲元．上考往古，下驗将来，皆距立元爲算．周歳消長，百年各一其諸應等數，随時推測，不用爲元．」

となっている．ここで，100 年につき 1 分となっているのは，中根元圭が『授時暦経俗解』で述べているように等差級数の考え方によって暦元の年の（前年の）冬至から暦を計算する年の（前年の）冬至までの長さを求めているために，暦元の年の一年の長さと暦を計算する年の一年の長さの平均を用いた．一年の長さは中国の暦法では古いものほど値が大きく，授時暦は『春秋』の記録に合わせるためにこのような消長法を用いたと考えられている．

暦を計算する年（当年）の天正冬至を求める．暦を計算する年を t とする．

距算 $= t - t_0$,

（歳實）$' =$ 歳實 $- 0.0001 \times$（距算 div 100）

(歳實)′は t に対する太陽年ではない．先に述べたように，t_0 に対する太陽年と t に対する太陽年の平均になっている．

$$中積 = (歳實)′ \times 距算$$
$$通積 = 中積 + 気応$$

当年天正冬至の日時は通積より 60 の整数倍を減去する．整数の剰余と小数部はそれぞれ紀法（60 干支番号）と 1 日の小数による時刻となる．

$$当年天正冬至 = 通積 \bmod 旬周 (60)$$

〈**24 節気を求める**〉 先に求めた当年天正冬至の日時に気策を累加していけばつぎつぎの節気の日時が得られる．もちろん整数部は紀法で小数部は時刻である．したがってその整数部が気策の累加で 60 より大きくなれば 60 を減去する．気策を累加した回数が偶数のときは中気，奇数のときは節気にあたる．

冬至を 0 番目とし n 番目の節気，中気

*3 啓蟄のことを中国では驚蟄と書く．日本で啓蟄が用いられるようになったのは貞享の改暦のときからである．

	24 節気			60 干支				
0	冬至	十一月中	0	甲子	20	甲申	40	甲辰
1	小寒	十二月節	1	乙丑	21	乙酉	41	乙巳
2	大寒	十二月中	2	丙寅	22	丙戌	42	丙午
3	立春	正月節	3	丁卯	23	丁亥	43	丁未
4	雨水	正月中	4	戊辰	24	戊子	44	戊申
5	啓蟄*3	二月節	5	己巳	25	己丑	45	己酉
6	春分	二月中	6	庚午	26	庚寅	46	庚戌
7	清明	三月節	7	辛未	27	辛卯	47	辛亥
8	穀雨	三月中	8	壬申	28	壬辰	48	壬子
9	立夏	四月節	9	癸酉	29	癸巳	49	癸丑
10	小満	四月中	10	甲戌	30	甲午	50	甲寅
11	芒種	五月節	11	乙亥	31	乙未	51	乙卯
12	夏至	五月中	12	丙子	32	丙申	52	丙辰
13	小暑	六月節	13	丁丑	33	丁酉	53	丁巳
14	大暑	六月中	14	戊寅	34	戊戌	54	戊午
15	立秋	七月節	15	己卯	35	己亥	55	己未
16	處暑	七月中	16	庚辰	36	庚子	56	庚申
17	白露	八月節	17	辛巳	37	辛丑	57	辛酉
18	秋分	八月中	18	壬午	38	壬寅	58	壬戌
19	寒露	九月節	19	癸未	39	癸卯	59	癸亥
20	霜降	九月中						
21	立冬	十月節						
22	小雪	十月中						
23	大雪	十一月節						

$$(当年天正冬至 + 気策 \times n) \bmod 旬周 (60)$$

暦を計算する年（当年）の天正経朔を求める．

$$閏積 = 中積 + 閏応$$

朔望月の整数倍を閏積より減去した残りを閏余とする．当年天正経朔より当年天正冬至までの時間であり，暦元の年の閏應に相当する．

$$閏余 = 閏積 \bmod 朔望月$$

$$朔積 = 通積 - 閏余$$

朔積より 60 の整数倍を減去した残りが天正経朔の日時である

$$当年天正経朔 = 朔積 \bmod 旬周 (60)$$

上弦，望日，下弦，次の朔日を順々に求める．

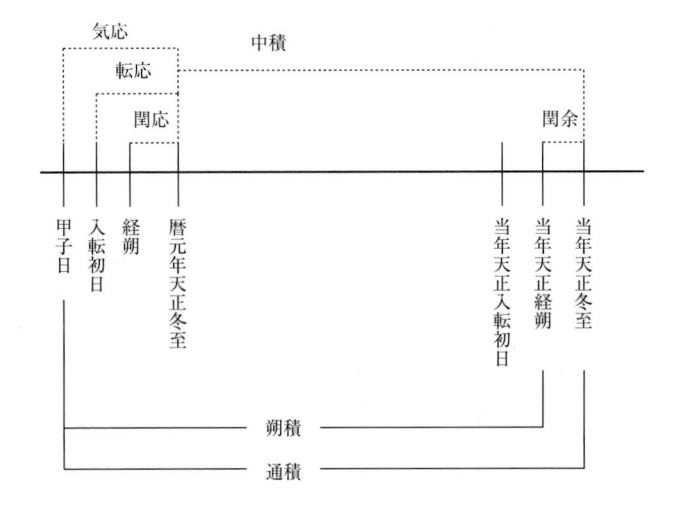

当年天正経朔の日時に弦策（朔策÷4）を累加して逐次の上弦，望，下弦を順々に得る．紀法と日の小数部による日時であるから，累加中に整数部が 60 を超えるとそのたびに 60 を減去する．

$$(当年天正経朔 + 弦策 \times n) \bmod 旬周 (60)$$

閏余は当年天正経朔と天正冬至の間の日数であり，各月の中気と経朔の間の日数は月閏を加えていけばよい．中気を含まない月は閏月とする．

〈**没日**，**滅日**〉 1 年を 360 日，1 月を 30 日，節気間隔を 15 日とする，仮想的，または理想的暦年を考える．

(節気の小数部分)＞没限のときはつぎの節気までの日数は16日である．この間に1日ごとに（気盈÷気策）が加算されていくので，小数部分が0になる瞬間がある．この瞬間を含む日を没日という．没日を除くと節気間隔はつねに15日となる．

[｛気策−(節気の小数部分)｝×15｝÷気盈＋節気] mod 旬周 (60)

滅日は，はっきりしないがつぎのようにして求められる．

(経朔の小数部分)＜朔虚のとき

[｛(経朔の小数部分)×30｝÷朔虚＋経朔日] mod 旬周 (60)

〈土用〉 立夏，立秋，立冬，立春をそれぞれ春，夏，秋，冬の土用の終わりとし，これら4立の日時の（歳周）÷20前の日時をそれぞれ春，夏，秋，冬の土用の入という．

立夏の1気策前は穀雨（3月中）であるから，穀雨の日時から土王策を減じて春の土用の入の日時が得られる．結果が負になるときは60を加える．夏，秋，冬の土用の入についても同様である．

五行（木，火，土，金，水）を四季に割り振るとき，春に木，夏に火，秋に金，冬に水をあてると，土の割り振り先がなくなる．そこで，春夏秋冬からそれぞれ（歳周）÷20の期間を取り集めると，合計で（歳周）÷5となり他の木火金水のもち分と同じになるところから土用がきている．

〈時刻制度〉 授時暦では1日を子，丑，寅，辰，巳，午，未，申，酉，戌，亥の12辰刻に分ける方法と，1日を100刻とする方法とを併用した定時法によっている．1辰刻の時間は81/3刻となる．1辰刻を2等分し前半を初刻，後半を正刻とよんだ．1日の始めは夜半，子の正初刻（中点）であると定めていた．

(3) 太陽の真位置（日躔）と月の真位置（月離）の計算

太陽と月の真位置について，授時暦経原文中の術語を用いて概説する．

太陽の運動の不等を盈縮という．授時暦では冬至点と太陽の近地点とは一致していると仮定している．授時暦の暦元（至元18 (1281) 年）頃では，その仮定は事実上正しかった．

盈縮差（太陽の平均運動との差）を求めるために，太陽が近地点を通過してから計算をする日までの経過日数時間を求める．

夏至から冬至までの経朔などは夏至からの日時で表し縮暦とし，冬至から夏至までの経朔などは冬至からの日時で表し盈暦とする．暦を計算する年の天正經朔は天正冬至前にあるので，天正経朔入縮暦（夏至より天正経朔までの日時）という．

$$\text{天正経朔入縮暦} = \text{半歳周} - \text{閏余}$$

〈盈縮差を求める〉 盈縮差を求めるのに，盈初（冬至より春分まで），盈末（春分より夏至まで），縮初（夏至より秋分まで），縮末（秋分より冬至まで）の4区間に分ける（初限，末限，盈縮差の単位は度）．

盈初のときは　初限＝盈暦　とし

$$\text{盈縮差} = [5133200 - (31 \times \text{初限} + 24600) \times \text{初限}] \times \text{初限} \times 10^{-8}$$

盈末のときは　末限＝半歳周－盈暦　とし

$$\text{盈縮差} = [4870600 - (27 \times \text{末限} + 22100) \times \text{末限}] \times \text{末限} \times 10^{-8}$$

縮初のときは　初限＝縮暦　とし

$$\text{盈縮差} = [4870600 - (27 \times \text{初限} + 22100) \times \text{初限}] \times \text{初限} \times 10^{-8}$$

縮末のときは　末限＝半歳周－縮暦　とし

$$\text{盈縮差} = [5133200 - (31 \times \text{末限} + 24600) \times \text{末限}] \times \text{末限} \times 10^{-8}$$

盈縮差の符号は盈初，盈末のときは正，縮初，縮末のときは負とする．

冬至点を太陽の近地点として

$$\text{太陽の真位置} = \text{太陽の平均経度} + \text{盈縮差}$$

天正冬至の日時に気策を加えて節気を求める暦法を「恒気の暦法」という．太陽が$15°$移動するごとに中気または節気となる暦法を「定気の暦法」という．冬至，夏至は，恒気，定気ともに等しいが，これら以外の定気は恒気の日分に盈縮差を盈は減じ縮は加える．

月の運動の不等を遲疾(ちしつ)という．遲疾差（月の平均運動との差）を求めるために，月が近地点を通過してから，經朔にまたは經望にいたるまでの日時数（入轉）を求める．

$$\text{当年天正経朔入轉} = (\text{中積} + \text{転應} - \text{閏余}) \bmod \text{転終}$$

入轉初日より轉中までは入轉初日からの日数で表し疾暦とし，轉中より次の入轉初日までは入轉初日からの日数から轉中を減じたものを遲暦とする．

$$\text{疾暦} = \text{入轉初日からの日数}$$

$$遲暦 = 入轉初日からの日数 - 轉中$$

〈**遲疾差を求める**〉 遲疾差を求めるのに,疾初(入轉初日より84限まで),疾末(中限までの84限),遲初(中限より84限),遲末(次の入轉初日までの84限)の4区間に分ける.

$$疾初:初限 = 疾暦 \times 一日の限数\ (12.20)$$
$$疾末:末限 = 中限 - 疾暦 \times 12.20$$
$$遲初:初限 = 遲暦 \times 12.20$$
$$遲末:末限 = 中限 - 遲暦 \times 12.20$$

とし限数にして初,末ともに

$$遲疾差 = [11110000 - (325 \times 初末限 + 28100) \times 初末限]$$
$$\times 初末限 \times 10^{-8}$$

遲疾差の符号は疾初,疾末のときは正,遲初,遲末のときは負とする.

〈**定朔などを求める**〉

$$加減差 = (盈縮差 - 遲疾差) \times 820 \times 10^{-4} \div 遲疾限下行度$$
$$遲疾限下行度 = (遲疾差の一限ごとの階差)$$
$$+ (月の平行度 \div 12.20)$$
$$= (遲疾差の一限ごとの階差) + 1.0958$$
$$定朔 = 経朔 + 加減差$$

820×10^{-4} は一限を日単位で表したもの.

〈**暦月**〉 定朔の日付を順に書きならべると,これが各月1日の干支である.つぎに各月の中気の日付を書きならべる.定朔からつぎの定朔の前日までが一暦月で,その期間に含まれる中気の月名によって,正月中の雨水を含む月を正月,2月中の春分を含む月を2月のように名づける.節は前月に入ってもかまわない.先にも述べたが中気を含まない月が閏月で,前の月の月名に閏の字を冠して,閏2月のようによぶ.

前表によって紀法を干支に直したとき,次月の朔日の十干名が当月の十干名と同一になった月は大の月(30日),異なる月は小の月(29日)である.次月の朔日の干支を知るためには,つぎの月の定朔の計算が必要である.

(4) 定朔の計算例

『授時暦圖解』によって元禄11(1698)年の正月の定朔を計算する.日単位で表す.

距算 = 417 　（西暦で計算すると　距算 = 1698 − 1281 = 417）
歳實 = 365.2425 − 0.0001 × 4 = 365.2421
中積 = 365.2421 × 417 = 152305.9557
通積 = 中積 + 気応 = 152305.9557 + 55.0600 = 152361.0157
当年天正冬至 = 152361.0157 mod 60 = 21.015700
　（元禄 10（1697）年の 11 月の冬至）
閏積 = 中積 + 閏応 = 152305.9557 + 20.1850 = 152326.1407
閏余 = 152326.1407 mod 29.530593 = 7.342006
当年天正経朔 = 13.673694 丁丑
　（元禄 10（1697）年の 11 月の朔日）
　同　入縮暦 = 半歳周 − 閏余 = 175.279194
当年天正経朔入転 =
　　$(152305.9557 + 13.1904 − 7.342006) \bmod 27.5546 = 17.529894$
　同　　　遅暦 = 17.529894 − 13.7773 = 3.752594
正月経朔 = 当年天正経朔 + 朔策 × 2 − 60 = 12.73488
正月経朔は冬至後なので
盈暦 = 当年天正経朔 + 朔策 × 2 − 当年天正冬至 = 51.71918
これは初限である．よって太陽の補正式より
　　　　　　　　盈暦差 = 1.953944
入転 = 当年天正経朔入転 + 朔策 × 2 − 転終 × 2 = 21.48188
遅暦 = 入転 − 転中 = 7.70458
末限 = 中限 − 遅暦 × 12.20
　　 = 74.004124
よって
月の補正式より　遅暦差 = − 5.365732
末限 − 1 のときの遅暦差 = − 5.348620　5.365732 − 5.348620 = 0.017112
遅疾差の階差は，疾初，遅末では正，疾末，遅初では負とする．
加減差 = $(1.953944 + 5.365732) × 840 × 10^{−4} ÷ (5.365732 − 5.348620 + 1.0958) = 0.539318$
よって
　　　　　　　正月定朔 13.274198 丁丑
同様に
　　　　　　　2 月定朔 42.749565 丙午

このことから正月は小の月であることがわかる．

(5) 招　差　法

招差法は，現代風に述べると関数
$$f(x) = a_n + a_{n-1}x + a_{n-2}x^2 + \cdots + a_1 x^{n-1} + a_0 x^n$$
において変数 x の値 $x_0, x_1, \cdots, x_{n-1}, x_n$ に対する関数 $f(x)$ の値 $f(x_0), f(x_1), \cdots, f(x_{n-1}), f(x_n)$ が与えられたとき，係数 $a_0, a_1, \cdots, a_{n-1}, a_n$ を決定する方法である．

『括要算法』で述べられているのは $f(0) = 0$ となる場合である．$f(x)$ は $f(0) = 0$ より定数項 $a_n = 0$ となる．

$$A_i = \frac{f(x_i)}{x_i}$$

$$B_i = \frac{A_{i+1} - A_i}{x_{i+1} - x_i}$$

$$C_i = \frac{B_{i+1} - B_i}{x_{i+2} - x_i}$$

$$D_i = \frac{C_{i+1} - C_i}{x_{i+3} - x_i}$$

$$\vdots$$

各項がつねに0となるまで続ける．0となったときの B よりの番号（たとえば $D_i = 0$ となれば3次）が関数 $f(x)$ の次数となる．0となる一つ前の数が関数 $f(x)$ の最高次の項の係数となる．それを a_0 とする．$f(x)$ の次数を n とする．

$$f'(x_i) = f(x_i) - a_0 x_i^n$$

を求め，上記と同様にすれば $n-1$ 次の係数 a_1 が求められる．以下これを繰り返せばよい．

(6) 授時暦経の盈縮差の式について

明史大統暦によって，盈初（冬至より春分まで）の盈縮差の式

盈縮差 $= [5133200 - (31 \times 初限 + 24600) \times 初限] \times 初限 \times 10^{-8}$

	積日	積差	日平差	一差	二差
第1段	14日82	7058分025	476分25	−38分45	−1分38
第2段	29日64	12976分392	437分80	−39分83	−1分38
第3段	44日46	17693分7462	397分97	−41分21	−1分38
第4段	59日28	21148分7328	356分76	−42分59	−1分38
第5段	74日10	23279分997	314分17	−43分97	
第6段	88日92	24026分184	270分20		

を導く．冬至前後の盈初縮末限 88 日 91 を 6 等分し，各段の積日とする．実測による測定値との差（太陽の平均運動との差）を積差とする．日平差＝積差÷積日とする．

汎平積＝第一段の日平差
汎平積差＝（第一段の一差）－（第一段の二差）＝－37.07
汎立積差＝$\dfrac{第一段の二差}{2}$＝－0.69

と置き，定差（1 次の項の係数），平差（2 次の項の係数），立差（3 次の項の係数）を

定差＝（汎平積）－（汎平積差）＝513.32
平差＝｛（汎平積差）－（汎立積差）｝÷（第一段の積日）＝－2.46
立差＝（汎立積差）÷（第一段の積日）^{2}＝－0.0031

としている．

授時暦で用いられているのは $f(x) = ax + bx^2 + cx^3$ の場合である．授時暦では等間隔にとっているので $x_i = i\alpha$ である．積日は $i\alpha$，積差は $f(i\alpha)$，日平差は A_i，一差は B_i，二差は C_i である．

$$A_i = \frac{f(x_i)}{x_i} = a + bx_i + cx_i^2 = a + b(i\alpha) + c(i\alpha)^2$$
$$B_i = A_{i+1} - A_i = b\alpha + c(2i+1)\alpha^2$$
$$C_i = B_{i+1} - B_i = 2c\alpha^2$$
$$D_i = C_{i+1} - C_i = 0$$

説明のため $f(x)$ は始めから 3 次式としたが，$D_i = 0$ より 3 次式であることが決定される．

汎平積＝第一段の日平差＝$A_1 = a + b\alpha + c\alpha^2$
汎平積差＝（第一段の一差）－（第一段の二差）＝$B_1 - C_1 = b\alpha + c\alpha^2$
汎立積差＝$\dfrac{第一段の二差}{2} = \dfrac{C_1}{2} = c\alpha^2$
定差＝（汎平積）－（汎平積差）＝$A_1 - (B_1 - C_1) = a$
平差＝｛（汎平積差）－（汎立積差）｝÷（第一段の積日）

$$= \left\{(B_1 - C_1) - \frac{C_1}{2}\right\} \div \alpha = b\alpha \div \alpha = b$$

立差＝（汎立積差）÷（第一段の積日）$^2 = c\alpha^2 \div \alpha^2 = c$

以上より，明史大統暦法の方法が理解されるとともに，関孝和『括要算法』の累裁招差之法は授時暦より影響を受けたものと考えられる． ［藤井康生］

■ 参 考 文 献

- 浅見恵,安田健訳編『日本科学技術古典籍資料／天文学篇』〔1〕〜〔5〕,科学書院,2000年〜2005年
- 内田正男『日本暦日原典』雄山閣,1975年
- 大分県立先哲資料館編集『大分県先哲叢書　麻田剛立　資料集』大分県教育委員会,1999年
- 末中哲夫,宮島一彦,鹿毛敏夫『大分県先哲叢書評伝シリーズ　麻田剛立』大分県教育委員会,2000年
- 大橋由紀夫「日本暦法史への招待—宣明暦と貞享暦を中心として—」『数学史研究』通巻185号,2005年4月〜6月
- 佐藤政次『暦学史大全』駿河台出版社,1977年1月
- 大東文化大学東洋研究所編『年代学（天文・暦・陰陽道）の研究』1996年
- 大東文化大学東洋研究所編『「宣明暦注定付之」の研究』1997年
- 大東文化大学東洋研究所編『「高麗史」暦志宣明暦の研究』1998年
- 大東文化大学東洋研究所編『東アジアの天文・暦学に関する多角的研究』2001年
- 中山茂「一年の長さは不定」(『思い違いの科学史』) 朝日新聞社,1978年1月
- 日本学士院編『新訂版明治前日本天文学史』臨川書店,1973年10月
- 年代学研究会編『天文・暦・陰陽道』年代学叢書1,岩田書院,1995年
- 平山諦「関孝和より山路主住まで」『数学史研究』通巻95号,1982年
- 平山諦「関孝和の学の成立」『和算43号』1983年12月
- 平山諦,下平和夫,広瀬秀雄編著『関孝和全集』大阪教育図書,1974年8月
- 広瀬秀雄『暦（日本史小百科）』近藤出版,1978年3月
- 広瀬秀雄「授時暦と大津神社暦算額」『数学史研究』通巻82号,1979年7月〜9月
- 藤井康生「授時暦の計算について」『数学史研究』通巻139号,1993年10月〜12月
- 藤井康生「安藤有益著『再考長慶宣明暦算法』について」数理解析研究所講究録1444　数学史の研究　2005年7月
- 桃裕行『暦法の研究（上）』桃裕行著作集7,思文閣出版,1990年
- 桃裕行『暦法の研究（下）』桃裕行著作集8,思文閣出版,1990年
- 薮内清,中山茂『授時暦—訳注と研究—』アイ・ケイコーポレーション,2006年
- 湯浅吉美編『増補日本暦日便覧』（全3冊）汲古書院,1990年
- 渡辺敏夫『日本の暦』雄山閣,1976年
- 渡辺敏夫『近世日本科学史と麻田剛立』雄山閣,1983年
- 渡辺敏夫『近世日本天文学史（上）通史』恒星社厚生閣,1986年
- 渡辺敏夫『近世日本天文学史（下）観測技術史』恒星社厚生閣,1987年

5.2 和算と測量

5.2.1 測量について記述のある古書・和算書
(1) 『九章算術』

奈良時代，大宝令あるいは養老令により規定され，主として貴族の子弟を教育しようとした大学寮が設置された．

そこで学ぶ算生たちの教科書の一書として中国の数学書『九章算術』が使用されたという．その内容は，方田，粟米，衰分，少広，商功，均輸，盈不足，方程，勾股と九つの章から構成され，いろいろな形の求積，実用的な土木，建築，賦税などに必要な計算術，開平，開立，方程式などが記述されている．

その書の初め，巻第一，方田に

　　今有田廣十五歩從十六歩問爲田幾何
　　　　答曰一畝

という問題がある．

これを読み下すと，「今横15歩，縦16歩の長方形の田がある．田の面積はいくらか，と問う．答に曰く，一畝[*1]」ということである．

*1 九章算術（中国）では 15×16＝240（歩）　1畝＝240（歩）としている．割算書（日本）では1畝＝30（歩）としている．

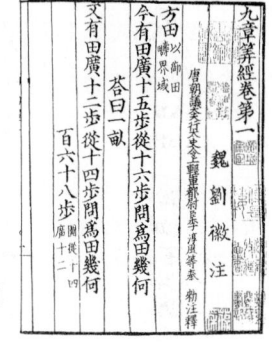

ついで，又有田廣十二歩從十四歩問爲田幾何，百六十八歩とある．これを読み下すと，「又横12歩，縦14歩の田がある．田の面積はいくらかと問う．168歩」ということである．

第1問は，横と縦の長さが整数値で，ちょうど1畝にあたる長方形の田の面積を求める出題で，長さの単位が歩，1畝の広さが240平方歩．

図 5.2.1　『九章算術』の初め

第2問は，1畝に満たない田の面積を求める出題である．方田の題目の中には，ほかに圭田（三角形の田の面積を求める問題），箕田（台形の田の面積を求める問題），弧田（かまぼこ形の田の面積を求める問題），円田（円形の田の面積を求める問題），環田（ドーナツ形の面積を求める問題）などいろいろな形の田の，求積の出題があり，その中で，約分，合分，減分，課分，平分，経分，乗分などの小項目では，

分数の諸計算が履習できるようになっている．

(2) 『塵塚物語』

永禄12（1569）年の序文のある著者不詳の説話集『塵塚物語』には，山の高さを測量する方法が述べられている．

(3) 『算用記』

16世紀末から17世紀初頭に発行され，現存する日本最古の和算書といわれている．

著者不詳の『算用記』には，測量にかかわる題目として，17「けんちさをのうちやう（竿のうちよう）」，20「町つもりミたてやう」が記述されている．

(4) 『割算書』

元和8（1622）年に発行された毛利重能著の割算書には，測量にかかわる題目として，「検地の次第」「町の見やうの次第」が記述されており，その内容の問題が解説されている．

(5) 「諸勘分物」

元和8（1622）年に発行された百川治兵衛著の『諸勘分物』は，第二巻のみ現存し，第一巻は不明である．測量にかかわる内容は，「検地野帳」「検地切なわ次第」が記述されている．

(6) 『塵劫記』

寛永4（1627）年に発行されて以来，吉田光由は，引き続き版を重ね，日本の数学発展に多大な影響を及ぼした書，ベストセラー，ロングセラーとなり，多くの人に用いられ，和算発展の基礎となった書といえよう．

偽版も多く出まわり，庶民の中に浸透し，数学に対する関心を高め，数学の大衆化に役立った和算書であった．

寛永11（1634）年発行の小型四巻本の測量にかかわる題目は，巻二　23「けんちの事」，第三　6「立木のながさを積る事」，巻三　7「町つもりの事」が盛られている．

(7) 『塵劫記』（寛永18（1641）年，安田十兵衛版）

寛永18（1641）年6月に発行された『塵劫記』は，上巻，中巻，下巻の三巻本で，測量にかかわる題目は，中巻　23「検地の事（土地の面積）」，下巻　35「立木の長をつもる事」，下巻　36「町つもりの事」などで，土地の面積の求め方，簡単な測量（立木などの高さを求める．二地点間の距離を求めること）

などの出題で解説されている．

　以上七書について，発行年次順に抽出し，測量にかかわる題目を取り上げたが，中国においては『九章算術』，日本においては，『算用記』の算書以前に，すでに簡単な測量についての数術が考えられ，実際に活用されていたことがわかる．

　距離や高さの測定は，築城や城下町造りと結びつき，面積の測定は　とくに検地と関連して着目され，それを支える数術も次第に発達したものと考えられる．

　また，これら和算書への出題，解説を通して，当時の測量・土木の実態の様相を窺うことができる．

5.2.2　和算と測量・土木工事とのかかわり

　江戸期に入り，戦乱が少なくなり，徐々に人間社会の安定度が高まるとともに，領主や農民のなかに生産力向上の気運が高まり，新しい耕地の開発意欲が醸成されて，新田開発事業などが盛んになってきた．

　新田開発にあたっては，治水（水路や堤防を作って，流れを調整して水害を防いだり，農業などに役立たせたりすること），灌漑（水路を作り田畑へ水を引き，農作物に水分を供給すること），築堤（水を誘導したり，水害を防ぐため堤を作ること），貯水（溜池，堀，貯水池を作り，水を貯え旱害に備えること），道づくり（農道や一般道路を作ること）などの大小諸々の工事が行われるようになった．

　それら土木工事を行うにあたり，それにかかわる計数処理（測量，資材量・仕事量の計算など）能力の必要が高まり，土地，山，河，堀，堤防などの長さ，広さ，深さ，高さなどを知ること，その方法，数処理ができることなどが考えられ，実用数学が進歩し，それが活用されてきた．

　測量・土木工事にかかわる初歩の実用数学は前述したように，算用記，割算書の頃すでに実用化されていた．

　和算は，江戸時代　中国から伝わった数学を基に，わが国で独自に発達した数学といわれている．

　初期においては，日常の生活にかかわるものの数処理の内容，すなわち実用数学的なものが多く，次第に進歩し，抽象数学，

理論数学に拡大発展し，その応用範囲，活用範囲も広まってきた．

5.2.3　検　　　地

領主は，領地を支配し，年貢収納をはじめ，持高を対象として課される高役(村高に応じて課せられる夫役など)の基準として検地を施行した．

検地は，領主が領地の土地(田，畑，屋敷など)を一筆(一区切の土地)ごとに測量し，その土地の所在地(字地名)，等級(上田，中田，下田，下下田，上畑，中畑，下畑，下下畑など)，面積(町，反，畝，歩)，耕作者名(名請人名)を調べ，村の範域を確定することで，これを帳簿にしたものが検地帳である．

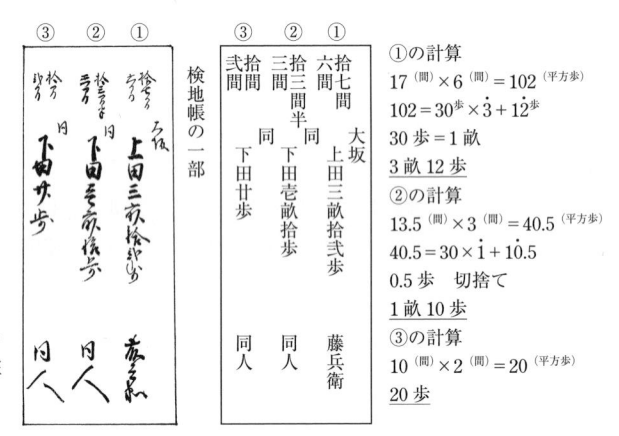

図 5.2.2　上から縦・横の長さ，土地の所在地，田の等級，面積，耕作者名

検地帳の一部

③　②　①
弐拾間　三拾三間半　六拾七間
同　同　大坂
下田廿歩　下田壱畝拾歩　上田三畝拾弐歩
同人　同人　藤兵衛
日人　日人

①の計算
$17^{(間)} \times 6^{(間)} = 102^{(平方歩)}$
$102 = 30歩 \times \dot{3} + 1\dot{2}^{歩}$
$30 歩 = 1 畝$
3 畝 12 歩

②の計算
$13.5^{(間)} \times 3^{(間)} = 40.5^{(平方歩)}$
$40.5 = 30 \times \dot{1} + 1\dot{0}.5$
0.5 歩　切捨て
1 畝 10 歩

③の計算
$10^{(間)} \times 2^{(間)} = 20^{(平方歩)}$
20 歩

土地の形は，いろいろ(不整形)であるが，検地帳では，縦・横の二つの測定値しか記述されていない．方田(正方形の田)，直田(長方形の田)の場合には，面(辺)の長さを測定し，その二つの測定値を乗じて求めることができるが，他の不整形の土地の場合は，図 5.2.3 のように長方形に等積変形するよう細見竹を立て，その竿間の中点に梵天竹を立て縦竿間・横竿間の長さを測定して縦・横二数値を乗じて面積を求めた．

検地には，居検地，廻検地，地押などあり，その実行は，任命された検地奉行が統轄し，村役人により「検地条目」(検地の方法，基準，心得，不正の防止などの条項が記された検地施行

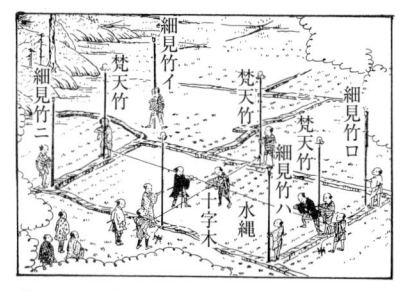

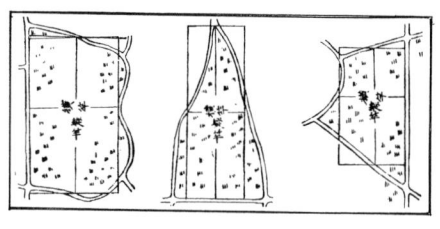

5.2 和算と測量　　　　　　　　　　283

図 5.2.3　左図は廻
検地（徳川幕府県要
略より）

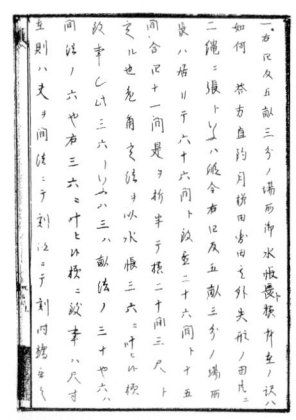

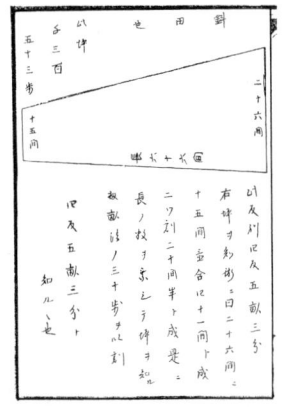

図 5.2.4　「峡算須知」地方一件之事　二十四丁（右）二十五丁（左）

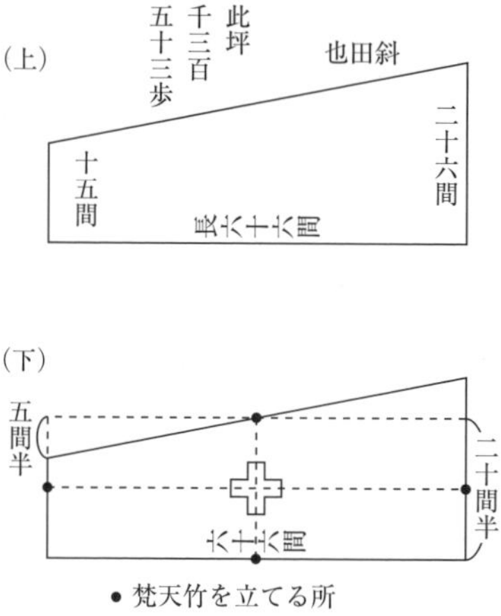

図 5.2.5　（上）を（下）
のように等積変形．梵天
竹間を測り縦・横とする．

● 梵天竹を立てる所

規則）にもとづき実施された．

寛政五歳癸丑（1793）に発行された井上昌倫著の和算書『峡
算須知』の中の地方一件
之事にある四角形の求積
の問題を取り上げてみよ
う．問題は図 5.2.5（上）
のように書かれており，
解説は

　此反別四反五畝三分
右坪ヲ知術ニ曰，二十六
間ニ二十五間置合四十一間
ト成．二ツ割二十間半ト
成．是ニ長ノ数ヲ乗シテ
坪ヲ知ル．

扱畝法ノ三十歩ヲ以刻，四反五畝三分ト知ル、也．

26間＋15間＝41間，41間÷2＝20間半
20.5×66＝1353 ⁽坪⁾，1353＝30×$\overset{\cdot}{4}\overset{\cdot}{5}$＋3
∴ <u>4反5畝3分</u>　1畝＝<u>30</u>坪（分）畝法 30

とある．この考えは，台形の面積を求める場合に用いられる．

次丁₂₊₅丁の解説は，

一．右四反五畝三分ノ場所御水帳（検地帳のこと）長ト横計在ノ訳ハ如何．とあって，

*2 読み下し文は原文どおり．

答*² 方直釣月梯田円田其外矢形ノ田共ニ二縄二張トいふハ<ruby>縦令<rt>たとえば</rt></ruby>右四反五畝三分ノ場所長ハ居リテ<u>六十六間</u>ト致置　二十六間ト十五間合四十一間　是ヲ<ruby>折半<rt>せっぱんし</rt></ruby>テ横<u>二十間三尺</u>ト<ruby>定<rt>さだめ</rt></ruby>ル也．<ruby>兎角<rt>とかく</rt></ruby>定法ヲ以水帳三六ニ<ruby>叶<rt>かな</rt></ruby>ヒ候様致事也．此三六トいふハ　三ハ畝法ノ三十也　六ハ間法ノ六也　右三六ニ叶ヒ候様ニ致事ハ<ruby>尺寸<rt>さんろく</rt></ruby>在　則ハ夫ヲ間法ニテ割　法ニテ割時端<ruby>無之<rt>これなき</rt></ruby>様ニ四捨五入致事也．とある．

これは，検地の場合，図 5.2.5（下）のように二縄二張の測定値は，六十六間と二十間半と検地帳に記載されることを説明している．

方は方田（正方形の田），直は直田（長方形の田），釣は釣田（直角三角形の田），梯田（<ruby>台形<rt>てい</rt></ruby>の田），円田（円形の田）をいう．

『塵劫記』では，長さの単位1間は，6尺5寸として，6尺5寸四方を一歩とし，30歩をもって1畝としている．

天正 10 (1582) 年に山城で始められた大閤検地は，天正 17 (1589) 年には諸国に及び，文禄 3 (1594) 年には，検地の基準や方法が明文化された．そのとき用いられた検地基準尺が鹿児島の尚古集成館に所蔵されており，国指定重要文化財に指定されている．

それには，表面に×印が二つありその間で一尺の長さを表示し，裏面には，<ruby>石田三成<rt>いしだみつなり</rt></ruby>によって「此寸を<ruby>以<rt>もって</rt></ruby>六しやく三寸を壱間に相さだめ候て，五間に六十間を壱たんに仕る可く候也」と書かれている．

このように　大閤検地では，一間の長さは六尺三寸．壱反の広さは 300 歩と規定された．

5.2 和算と測量

現在は1間＝6尺である．時代により1間の長さが変わっているので，和算書を読むとき，単位の変動に注意する必要がある．

5.2.4 和算書にある求積—『塵劫記』寛永18（1641）年版，第二十三 検地之事

① 法に長38間5尺2寸を右に置て，此1間より内5尺2寸をば6尺5寸をもって割ば38間8と成．是によこ25間をかくれば970坪に成．是を田法3にてわれば3反2畝10歩志れ申也（図5.2.6）．

5尺2寸÷6尺5寸＝0.8 $^{(間)}$ 　　　当時は1間＝6尺5寸
長（たて）　38.8 $^{(間)}$ 　　　　 1反＝300歩
38.8×25＝970 $^{(坪)}$ ，　　　　1畝＝30歩
970＝300×3＋30×2＋10，　　田法は3
<u>3反2畝10歩</u>　　　　　　　　　1間四方は1歩

長38間5尺2寸の間未満を間で表すため5尺2寸÷6尺5寸＝0.8間の計算をする．

歩は坪ともいい，反は段とも表す．1反＝300歩→田法3，1畝＝30歩→田法3．そろばん計算では，位を問題にしないで頭において操作するので　田法300，田法30も単に田法3という．

図5.2.6　長方形の田の広さは

② 3畝7歩4分2厘5毛，一辺が15間の正三角形の土地の求積問題（図5.2.7）

法に15間を右左におきてかけるときに　225坪に成．是又<u>三角法433</u>をかくれば，97坪4分2厘5毛に成．是を田法3にてわれば，3畝7歩4分2厘5毛と成也．

15×15＝225
15×15×0.433＝97.425
97.425＝30×3＋7.425
<u>3畝7歩4分2厘5毛</u>

ここで，三角法433というのは（図5.2.8），
一辺の長さ a の正三角形の高さ h は，

$$h = \sqrt{a^2 - \left(\frac{a}{2}\right)^2} \text{ であり，} \sqrt{\frac{3a^2}{4}} = \frac{\sqrt{3}}{2}a$$

となる．面積は

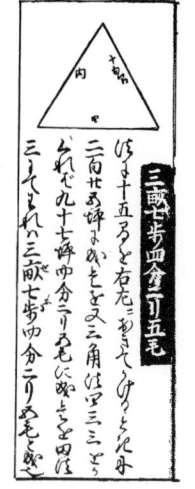

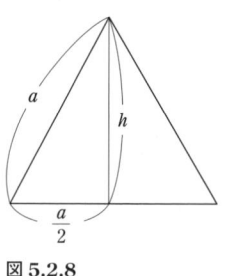

図5.2.7　正三角形の田の広さは

図5.2.8

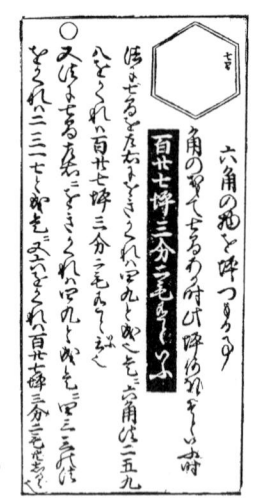

図 5.2.9 正六角形の
土地の広さは

*3 ○は原著にある
印と同じに入れてい
る.

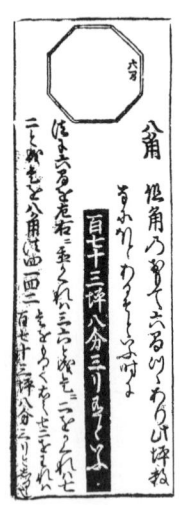

図 5.2.10 正八角形
の土地の広さは

$$a \times \frac{\sqrt{3}}{2} \quad a \times \frac{1}{2} = \frac{\sqrt{3}}{4} a^2$$

$$a^2 \times \frac{\sqrt{3}}{4} \doteqdot a^2 \times \underline{0.4330}127$$

1辺 a なる正三角形の面積は
$a \times a \times 0.433$ となり，$0.433 \to$ 三角法．

③　一辺が7間の正六角形の土地の求
　　積問題（図 5.2.9）

　六角の物を坪つもる事

　角のおもて7間ある時此坪何ほどぞ
といふ時

127坪3分2毛有といふ．

　法に7間を左右にをきかくれば49と
成也．是に六角法2598をかくれば127
坪3分2毛有と云也．

○*3 又法に7間左右にをき，かくれば49と成．是に433の法
をかくれば21217と成．是に又6をかくれば127坪3分2毛共
志るる也．

$$7 \times 7 \times 2.598 = 127.302, \quad \underline{2.598} \to 六角法.$$

又 $7 \times 7 \times 433 = 21217, \quad 21217 \times 6 = 127.302$

　六角法 $\underline{2.598}$ は，正六角形の各頂点を結ぶと，正三角形が6
個できる．②において一辺 a の正三角形の面積は，$a \times a \times 0.433$
の6個分であるから $a \times a \times \underline{0.433} \times 6 = a \times a \times \underline{2.598}$

2.598 は六角法，または六角積率ともいう．

0.433 は三角法，または三角積率ともいう．

④　一辺が6間の正八角形の土地の求積問題（図 5.2.10）

　八角　但角のおもて6間づつあり此坪数なにほどあるぞとい
ふ時に

　　173坪8分3厘有といふ．

　法に6間を左右に置かくれば36と成．是に2をかくれば72
となる．

　是を八角法4142是をもって右の72をわれば，173坪8分3
厘と志るる也．

$$6 \times 6 \times 2 \div 0.4142 = 173.82906$$

173 坪 8 分 3 厘

八角法 4142 は，一辺の長さ a の正八角形を図 5.2.11 のように分け九つの図形の面積の総和を求めると，

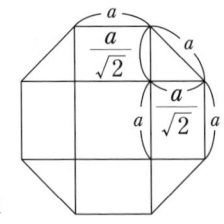

正方形 — 1 個 — 面積 a^2 (1)

直角三角形 — 1 個 — 面積 $\dfrac{a^2}{4}$

4 個分 — 面積 a^2 (2)

長方形 — 1 個 — 面積 $\dfrac{a^2}{\sqrt{2}}$

4 個分 — 面積 $2\sqrt{2}\,a^2$ (3)

図 5.2.11

式 (1)，(2)，(3) を加えると

$$a^2 + a^2 + 2\sqrt{2}\,a^2 = 2a^2\,(1+\sqrt{2})$$

$$1+\sqrt{2} = \dfrac{1}{\sqrt{2}-1} = \dfrac{1}{0.4142}$$

∴ $2a^2 \times \dfrac{1}{0.4142} = 2a^2 \div 0.4142$

∴ 正八角形の面積 $a \times a \times 2 \div 0.4142$

$2 \div 0.4142$ を八角の法または八角積率という．

⑤ さしわたし（直径）が 15 間の円田の求積の問題（図 5.2.12）

法に 15 間右左におきて，かくれば 225 坪に成．これに圓法 79 をかくれば 177 坪 7 分 5 厘に成．是を田法 3 にてわるべし．

$15 \times 15 = 225$　　$225 \times 0.79 = 177.75$

$177.75^{(歩)} = 30 \times 5 + 27.75$　5 畝 27 坪 7 分 5 厘．0.79 は $\dfrac{\pi}{4}$ の値．圓法あるいは圓積率という．

⑥ まわり（円周）が 47 間 2 尺 6 寸の円田の求積の問題（図 5.2.13）

法にまるきさし渡しうたれぬ時にはまはりをうつ 47 間 2 尺 6 寸有．此 2 尺 6 寸ばかりを 65 にてわれば 47 間 4 と成．これを円廻法 316 をもってわれば，さしわたし 15 間となり　是を右左にをきかくれば 225 坪と成．さて円法 79 かけて，田法 3 にてわるなり．

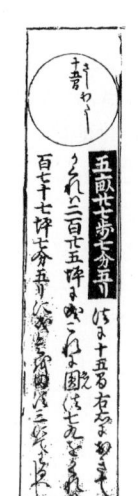

図 5.2.12
⑤円の面積をさしわたし（直径）から求める

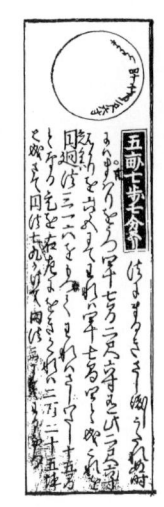

図 5.2.13　⑥
円田の面積をまわり（円周）から求める

2尺6寸÷6尺5寸＝0.4間

47.4÷3.16＝15（間）　15×15×0.79＝177.75

177.75（歩）＝30×5̇＋27.75

5畝27歩7分5厘，本文の五畝七歩七分五厘は，五畝二十七歩七分五厘が正しい．

円廻（えんくわい）法は円周率のこと．和算書により，「まるき法」ともいう．

『塵劫記』（寛永18（1641）年版）には，その他いろいろな形の土地の求積問題があるが省略する．

円の求積に際しては，円法（円積率）0.79，三角形の求積には三角法（三角積率）0.433，六角法（六角積率）2.598，等々計算に使われている．

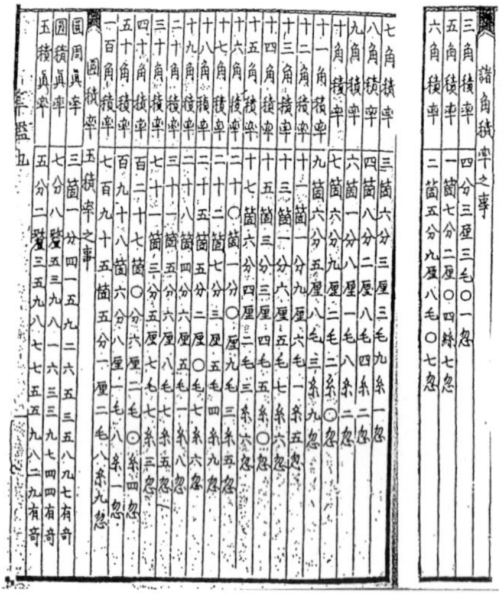
諸角積率之事
三角積率　四分三厘三毛〇一忽
五角積率　一箇七分二厘〇四絲七忽
六角積率　二箇五分九厘八毛〇七忽
七角積率　三箇六分三厘三毛九糸一忽
八角積率　四箇八分二厘八毛四糸二忽
九角積率　六箇一分八厘一毛八糸二忽
十角積率　七箇六分九厘四毛二糸〇忽
十一角積率　九箇六分五厘六毛三糸九忽
十二角積率　十一箇一分九厘六毛一糸五忽
十三角積率　十三箇一分六厘五毛七糸六忽
十四角積率　十五箇三分三厘四毛五糸〇忽
十五角積率　十七箇六分四厘二毛三糸六忽
十六角積率　二十〇箇一分〇厘九毛三糸五忽
十七角積率　二十二箇七分三厘五毛四糸九忽
十八角積率　二十五箇五分二厘〇毛七糸六忽
十九角積率　二十八箇四分六厘五毛一糸八忽
二十角積率　三十一箇五分六厘八毛七糸五忽
三十角積率　七十一箇三分五厘七毛七糸三忽
四十角積率　百二十七箇〇分六厘二毛〇糸四忽
五十角積率　百九十八箇六分八厘一毛八糸一忽
一百角積率　七百九十五箇五分一厘二毛八糸九忽
圓積率之事
圓周真率　三箇一分四一五九二六五三五八九七有奇
圓積真率　七分八釐五三九八一六三三九七四四有奇
玉積真率　五分二釐三五九八七七五五九八二九有奇
算鑑　五

図 5.2.14　『甲陽算鑑童蒙知律』より

文化13（1816）年発行された和算書，安永傅語惟正（やすながでんごいせい）『甲陽算鑑童蒙知津（こうようさんかんどうもうちしん）』地の巻には，平積歩詰之部の題目のところに，いろいろな形の面積を求める出題の末尾に諸角積率之事として，三角積率から二十角率，三十角率，四十角率，五十角率，一百角率，円周眞率，円積眞率，玉積眞率が記述されている（図5.2.14）．そして，評曰，其角面（正多角形の一辺の長さ）冪（べき）に其角積率を掛け　積を知ると記されている．すなわち角面の長さを a とすると，a^2×その角形の積率＝面積ということである．

このように三角積率→0.433，四角（正方形）積率→1，五角積率→1.7204，六角積率→2.598，七角積率→3.633，…というように発展的，統合的に考える和算の思考の広まりの一端を窺うことができる．

5.2.5　和算書にある高さ・幅・距離を測る

高さ，幅，距離などを測る問題は，和算書の題目「立木の長さを積る事．町つもりの事」の中に記述，解説されている．

① 寛永18年（1641）吉田光由『塵劫記』下巻，第三十五　立木の長をつもる事

松の木の高さを求める問題．幹に「木のながさをはながみにてつもる事」と書いてある（図5.2.15）．

図5.2.15　『塵劫記』より

法に，はながみを四角におりて，又すみとすみとおりて下のすみに小石をかみよりにてつり，さげてかみのすみずみの手のあふところにて見るべし．さてゐるところより木のねまでけんざをにて，うちてみる時に7間有　是いだけ*2を3尺くわえる時に木のたかさ7間半といふなり．木の幹にある言葉と目録の題目とは一致していない．測定している状況を（図5.2.16）にかくと，AEが木の高さ，B点は目の位置，BDは，いだけで3尺である．

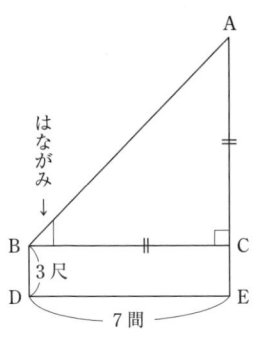

*2　いだけ（居丈）は目の高さである．

△ABCは直角二等辺三角形
　　　AC＝BCで7間
　　　BD＝CEで3尺

木の高さ
　　AE＝AC＋CE
　　AE＝7間＋3尺＝7間半

この場合　1間＝6尺とみている．

問題の図，木の幹の横に，○たかさ七間半とあり，これが木の高さである．

図5.2.16

寛永4（1627）年版の『塵劫記』には，木の長さをはながみにてつもる事と題目になっているので，松の木の図版は，寛永4（1627）年版を使い，寛永18（1641）年版では，題目を改めたものである．

② 寛永18（1641）年，吉田光由『塵劫記』下巻，第三十六　町つもりの事（図5.2.17）

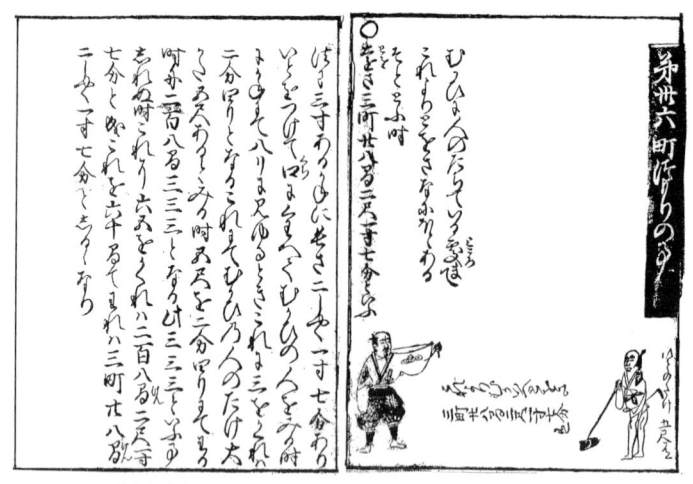

図 5.2.17 『塵劫記』より

　　ひとのたけ5尺有，これよりむかいへとをさ　3町28間2尺1寸7分有．むかひに人のたちている所まで，これよりとをさなにほどあるぞと　とふ時
○遠さ　3町28間2尺1寸7分といふ．

　　法に3寸あるかねに長さ2しゃく1寸7分ありいとをつけて，口にくわへてむかひの人をみる時に，かねにて8厘に見ゆるときこれに3をかくれば，2分4厘となる．これにてむかひの人のたけ　大かた5尺あるとみる時5尺を2分4厘にてわる時に208間333となり，此333といふ事志れぬ時，これに65をかくれば，208間2尺1寸7分と成．これを60間でわれば，3町28間2しゃく1寸7分と志るるなり．

　　和算解
　　　　8厘×3＝24厘＝2分4厘
　　　　2尺1寸7分×3＝6尺5寸1分≒1間
　　　　5尺÷2分4厘→ 500 $^{(分)}$÷2.4 $^{(分)}$＝208.3333̇ $^{(間)}$
　　　　0.33333 $^{(間)}$×6.5 $^{(尺)}$＝2.16645… $^{(尺)}$
　　　∴　208間2尺1寸6645…　厘以下四捨五入
　　　　208間2尺1寸7分＝60 $^{(間)}$×3̇＋28 ^{間}2尺1寸7分
　　　　3町28間2尺1寸7分
6尺5寸1分を1間と見なして計算している．

5.2 和算と測量

現代解
AB 間の距離を x とすると,

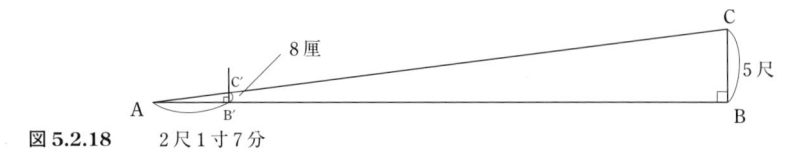

図 5.2.18　2尺1寸7分

$$\triangle AB'C' \infty \triangle ABC \to C'B' : AB' = CB : AB$$
$$(8\text{厘}\times 3):(2\text{尺}1\text{寸}7\text{分}\times 3)=5\text{尺}:x$$
$$x = \frac{(2\text{尺}1\text{寸}7\text{分}\times 3)\times 5\text{尺}}{(8\text{厘}\times 3)} = \frac{1(\text{間})\times 500(\text{分})}{2.4(\text{分})}$$
$$x = 208.3333(\text{間}) \to 3\text{町}28\text{間}2\text{尺}1\text{寸}7\text{分}$$

①の樹木の高さや，②の二所間の距離を測るのに三角折紙や糸につけたかねを用いる簡易な方法は，初期の和算書から知られているが，直角二等辺三角形の性質や，二つの三角形の相似を利用した方法である．

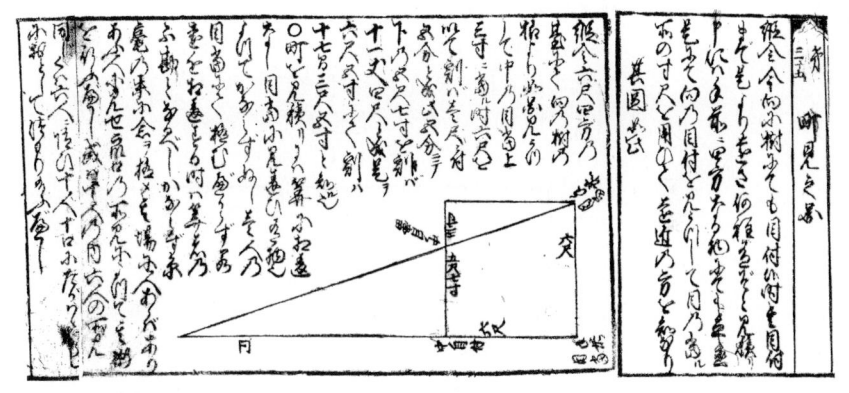

図 5.2.19　『古今増補 算法重宝記』より

③　浪華　鈴木重次撰『古今増補 算法重宝記』改成　巻之下　第三十五　町見之図（図 5.2.19）

縦令今向に樹にても目付候時　其目付まで，是より遠さ何程有ぞと見積り申には，手前に四方なる物にても立置，是にて向の目付を見よつして目の当る所の寸尺を用ひて遠近の方を知なり．其図此の如し．

縦令6尺四方の臺にて向の樹の根より図の如く見につして中

の目当上3寸に当る時6尺を以て割は1尺に付5分と成．此5分にて下の5尺7寸を割ば，11丈4尺と成．是を6尺5寸にて割ば，17間3尺5寸と知る也．

　この問題の後に○印があり，読み下すと，○町を見積りには，算に相違なし．目当に見違ひ有物也．よってかならずぬし壱人（ひとり）の目当にて極むべからず．若（もし）遠（とおき）を相違する時は，算者の不勘（ふかん）となるべし．かならず糸毫（しごう）（きわめてわずかなこと）の末に念を極め，其場に人あらば，ありあふ人に見せ衆口（しゅうこう）（多くの人がいう言葉）の所見によって其術を行ふべし．或は10人の内6人の所見　同じくは6人に請ひ，10人10口に　たづねて行ひにおとしてつもりあふべし．と測定上の注意点を述べている．

④　つぎの問題は，最上流格斎先生『新撰早割江戸相場「二一天作」』という和算書に記述されているものである．

　和算書は，漢文で書かれているもの，日本文で書かれているものなどあり，書体は，楷書，行草体まじり，異体字まざり等々あり，漢文体であっても，送り仮名，返り点の省略されたものもある．

　(図5.2.20)の①問題を読み下すと（漢数字は算用数字へ）

　今図の如く長4尺横3尺の板を以て，立木の高さを量るを有．只言う，開50丈，立木の高さ幾何か　問う．

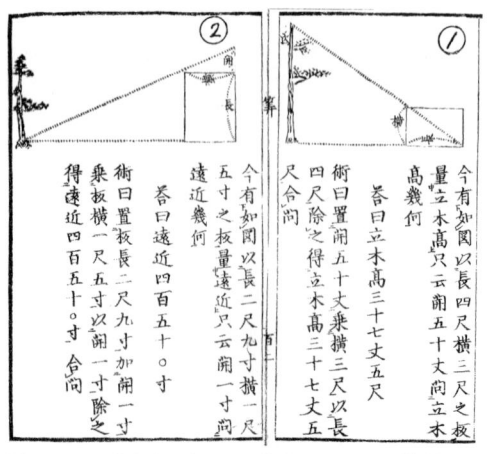

図5.2.20　①立木の高さは，②遠近の長さは（『新撰早割江戸相場「二一天作」』より）

5.2 和算と測量   293

答曰く，立木の高さ 37 丈 5 尺
術曰く，開 50 丈を置き，横 3 尺を乗じ，長 4 尺を以て之を除し，立木の高さ 37 丈 5 尺を得る．問に合う．

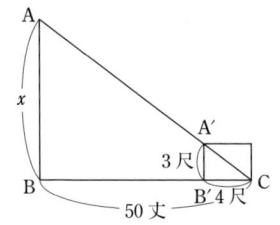

図 5.2.21

和算解
$$1 丈 = 10 尺, \ 50 丈 = 500 尺$$
$$500^{(尺)} \times 3^{(尺)} \div 4^{(尺)} = 375^{(尺)}$$
$$\therefore \ \underline{37 丈 5 尺}$$

現代解
AB = x とおく
$$\triangle ABC \backsim \triangle A'B'C$$
$$500 : x = 4 : 3$$
$$x = \frac{500 \times 3}{4} = 37.5 ^{(丈)}$$
$$\therefore \ \underline{37 丈 5 尺}$$

（図 5.2.20）の②問題を読み下すと

　今図の如く，長 2 尺 9 寸，横 1 尺 5 寸の板を以て，遠近を量るを有．只言う，開 1 寸，遠近 幾何か，問う．

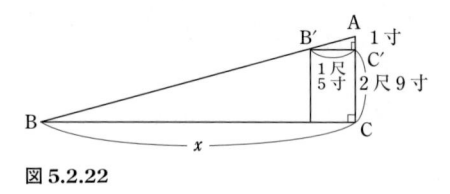

図 5.2.22

答曰く，遠近 450 寸
術曰く，板長 2 尺 9 寸を置き，開 1 寸を加え板横 1 尺 5 寸を乗じ，開 1 寸を以て，之を除し，遠近 450 寸を得る．問に合う．

和算解
$$(2 尺 9 寸 + 1 寸) \times 1 尺 5 寸 \div 1 寸$$
$$3^{(尺)} \times 1.5^{(尺)} \div 0.1^{(尺)} = 45^{(尺)}$$
$$\therefore \ \underline{450 寸}$$

現代解
BC = x とおく
$$\triangle ABC \backsim \triangle AB'C'$$

$$3^{(尺)} : x^{(尺)} = 0.1^{(尺)} : 1.5^{(尺)}$$
$$x = \frac{3 \times 1.5}{0.1} = 45^{(尺)}$$
$$\therefore \quad \underline{450\,寸}$$

5.2.6 お わ り に

　以上，和算と測量にかかわることについて，和算書の記述を取り上げ例示的に述べてきた．江戸時代，農民に課せられた年貢は，田畑の検地によって算出された．検地の結果は検地帳にまとめられ，原則的に村単位に二冊作成し，一冊は領主に，一冊は村に下付された．

　村役人は，租税納入，村入用など，賦課，便利のため，検地帳を基に耕作者ごとに抽出して集計し名寄帳にまとめた．また村ごとに年貢割付状がくると，各農民の持高に応じて，各人に年貢を割り付け，年貢米を集め納入した．

　村入用の割り付けなど，村役人をはじめ，有力農民にとっては，任務遂行のためにも，諸務の計数的処理能力が必要であり，日常の諸計算に明るいことが大切であった．

　そのため，日常諸計算の能力を高めるため学習に臨み，履習したものと思われる．

　貨幣経済の進展，商品作物の栽培と売買など進展する生活環境の変化に対応する上でも，数学を学ぶ気運が高まり，一般庶民においても履習するようになり，和算も次第に広まり，高められたものと思われる．
　　　　　　　　　　　　　　　　　　　　　　　　　［中山政三］

■ 参 考 文 献
- 下平和夫，佐藤健一編『江戸初期和算選書』巻1，研成社，1990年
- 下平和夫，佐藤健一編『江戸初期和算選書』巻2，研成社，1991年
- 下平和夫，佐藤健一編『江戸初期和算選書』巻3，研成社，1993年
- 塵劫記委員会編『塵劫記』（現代語）和算研究所，2000年
- 山崎与右衛門『塵劫記周辺』森北出版，1978年
- 若尾俊平編著『古文書入門事典』柏書房，1997年
- 井上昌倫『峡算須知』不倦堂，1793年
- 安永傳語惟正撰『甲陽算鑑童蒙知津』1816年
- 鈴木重次撰『古今増補 算法重宝記』
- 格斎先生『新撰早割江戸相場二一天作』錦森堂
- 『甲州北山筋千塚村御検地水帳』1684年

5.3 和算と土木

5.3.1 土木について記述のある書・和算書

(1) 『九章算術』

　　『九章算術』は，古代中国の算術書で，書名からも考えられるように 巻第一から巻第九の九つの章から構成されている．

　　土木に関係のあるのは，巻第五 商功で，ここの内容は，土木工事の工程，種々の立体の体積・容積についての問題を扱っている．

(2) 『算用記』

　　16世紀末から17世紀初に発行されたという著者不詳の『算用記』には，土木にかかわる題目として，18「ほりふしんのハリ（割）」，19「のぼりさか ふしんのハリ」の問題が述べられている．

(3) 『割算書』

　　元和8（1622）年に発行された毛利重能著の『割算書』には，土木にかかわる題目として，普請割の次第が記述されており，その内容の問題が解説されている．

(4) 「諸勘分物」

　　元和8（1622）年に発行された百川治兵衛著の『諸勘分物』は，第二巻のみ現存し，第一巻は不明である．二巻にある土木にかかわる題目は，栗石分積り，堀普請，角坪堀が記述されている．

(5) 『塵劫記』

　　寛永11（1634）年発行の小型四巻本の土木にかかわる題目は，第三 8「つつみわくじゃかごの積る事」，巻三 9「ほりふしんわりの事」が記述されている．

(6) 『塵劫記』（寛永18（1641）年・安田十兵衛版）

　　寛永18（1641）年6月に発行された『塵劫記』は，上・中・下の三巻になっており，土木にかかわる題目は，中巻 31「川ふしんわりの事」，中巻 32「ほりふしんわりの事」などで，河川の工事に関すること，堀割工事に関する問題が出題，解説されている．

5.3.2 普　　請

　　江戸時代前期頃，耕地開発，生産高向上のため，藩主・領主・農民の意欲は高まり，諸々の土木工事が展開された．

　　道路，堤防，橋梁，河川など，木材・土石を使用する工事が行われた．

　　大河川の洪水による村落や耕地の流出・冠水の被害を防ぐための治水・築堤工事，水源から水路をひき田畑へ水を導く灌漑工事，渇水地帯に必要な水を確保するための貯水池，溜池の工事などが行われた．

　　これらの土木工事は，普請といわれ，御普請と自普請とがあり，御普請は，藩主・領主が主体となって工事費を負担して行われ，大河川の堤防工事，灌漑などの用水路を引き，複数町村にまたがる用水路の開削など大規模なものが多かった．

　　自普請は，農民または農民たちの力によって実施する農道，村道工事など，小規模のものがあった．

　　これら工事は，生活の安定・向上を前提にして，生産力・経済力の向上を目ざしていた．

　　時代が進むとともに貨幣経済も進み，収益性の高い商品作物の栽培や物品売買も行われるようになった．これらにかかわる築堤の数術，売買の計算，材料の見積り，労働力の見積り，確保の諸計算が必要になり，考えられ，発達し活用されるようになったと思われる．

　　和算書にある土木にかかわる問題により，当時の土木工事の一端を知ることができる．

5.3.3　和算書にある河普請の事

　　『塵劫記』寛永18（1641）年版，中巻　第31　河普請の事．

① 　一，此つゝみの坪数なにほどぞと問（図5.3.1）．
　　　　ひとつ
　　136坪有といふ．

　　法に下のよこ6間に上よこ2間をくわへる時合8間に成．これを二つにわれば4間になる．これに高2間をかくれば　8坪と成．これにながさ17間をかくれば136坪とし也．ⅰ）は和算書どおりの解，ⅱ）は現代解．

　　ⅰ）　6＋2＝8，8÷2＝4，4×2＝8，8×17＝136（坪）

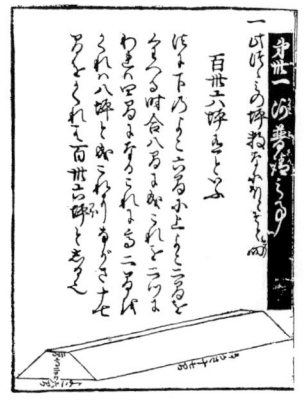

図 5.3.1 ①つつみの坪数は　　図 5.3.2 ②蛇籠のつもりは

ⅱ) 堤の断面，台形の面積に長さを乗ずる

$$\frac{(6+2)\times 2}{2}\times 17=136\ (坪)$$

② 一，志ゃかごのつもりの事　4坪2合7才入也（図5.3.2）.
　法に，5尺を左右に置，かくれば25と成．これにまるき法79をかくれば1975となる．これに長さ9間をかくれば17775になる．これを4225にてわる時に，4坪2合令7才と志るべし．

　ⅰ) $5\times 5=25$, $25\times 0.79=19.75$
　　　$19.75\times 9=177.75$, 1間 $=6$ 尺 5 寸, 1坪 $=42.25$
　　　$177.75\div 42.25=4.2071\cdots$
　　　4坪2合7抄（才）

　ⅱ) 断面円の面積へ長さを乗じて，体積が求められる．
　　　$5\times 5\times 0.79\times 9=177.75$　1間 $=6$ 尺 5 寸, 1坪 $=42.25$
　　　$177.75\div 42.25=4.2071\cdots$
　　　4坪2合7抄（才）

0.79 は $\frac{\pi}{4}$ の値で，円法，あるいは円積率という．ここでは，まるき法という．

　蛇籠の図の中に高五尺とあるが，断面円の直径をさしている．志ゃかご（蛇籠）は，丸く細長く（円筒状）粗く編んだ籠．籠の中に栗石（栗状の石）や砕石などを詰め，河川工事の護岸・水制などに用いる．

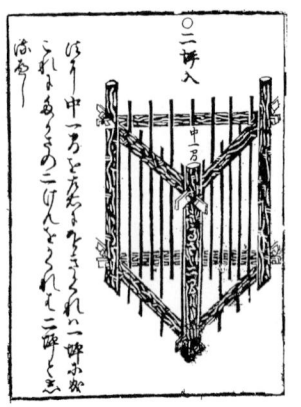

堤防岸の決壊や崩落防止，流れを制御し堤防を守る．竹蛇籠，粗朶蛇籠，鉄線蛇籠などがある．

③ ○2坪入，図の中に，中1間，前の円柱の中に，高さ2間とある．

法に，中1間を左右にをきかくれば1坪に成．これにたかさの2間をかくれば，2坪と志流遍し．

ⅰ） $1 \times 1 = 1$ (坪)，$1 \times 2 = 2$ (坪)
2坪

図5.3.3 三角柱状の角わくの容積は

ⅱ） 三角柱状の角わく断面は直角二等辺三角形．その面積に高さを掛ける．

$$\frac{2 \times 1}{2} \times 2 = 2$$
2坪

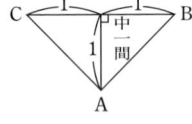

△ABC は∠A = 90°の直角二等辺三角形（断面図）

三角柱状，四角柱状のものもあり，角わくという．石をいれて，水中に沈めるので沈わくともいう．

河岸や堤防の根固めとして使われるもので石を入れた木枠のことで，いくつかの枠を並べて使っていた．

長谷川善左衛門寛閲，秋田十七郎義一編，『算法地方大成』（全五巻）天保8（1837）年，官許の四　普請之部によると，

大川の水勢強き所は，出籠ばかりにては保がたし，仍て水中埋籠並びに沈枠杯を入る．とあり，流れを制御し堤防を守る構築物の一つと説明している．

④　法に，よこのうちのり7尺8寸とおきて，これを6尺5寸にてわれば，1間2と成．是をひだりみぎにをきてかくれば　1坪4分4厘となるなり．又これにたかさ2間をかくれば，2坪8分8厘と志れ申候也（図5.3.4）．

又7尺8寸を左右にをきてかくれば，6下84となる．これに高さ2間をかくれば，12168と成．これを4225にてわれば2坪8分8厘と志るるもあり．

ⅰ） 7.8 (尺) $\div 6.5$ (尺) $= 1.2$ (間)　　また　7.8 (尺) $\times 7.8$ (尺) $= 60.84$ (六下八四)
$1.2 \times 1.2 = 1.44$ (坪)　　　　　　　$60.84 \times 2 = 121.68$

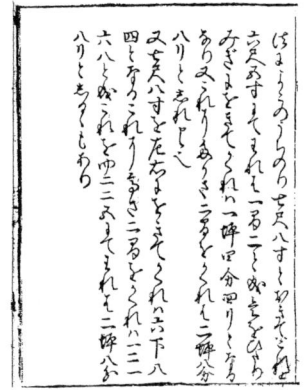

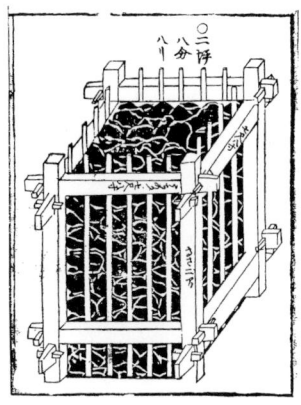

図 5.3.4 四角柱状の角わくのつもりは

$1.44 \times 2 = 2.88$ (坪)

2坪8分8厘

$121.68 \div 42.25 = 2.88$

2坪8分8厘

左の解法は,長さを間単位にして計算している.三つの式で計算しているが,一式にまとめると,

左　1間 = 6尺5寸

$$\frac{7.8}{6.5} \times \frac{7.8}{6.5} \times 2 = 2.88$$

$$\frac{7.8 \times 7.8}{6.5 \times 6.5} \times 2 = 2.88$$

右　1坪 = $6.5 \times 6.5 = 42.25$

$$\frac{7.8 \times 7.8 \times 2}{42.25} = 2.88$$

$$\frac{7.8 \times 7.8}{6.5 \times 6.5} \times 2 = 2.88$$

となり同じ.60.84 を,六下八四とよんでいた.また,4225 は 1 間四方の面積を表し,平坪の法という.$6.5 \times 6.5 = 42.25$ で,そろばんで計算したので　棒よみ(小数点を考えないで読むこと)で,4225 という.

⑤　○2坪入(図5.3.5)

法に9尺8寸8分を左右にをきかくるときに,976144 と成.これに三角法 433 をかくれば,42267 下 352 と成.是にたかさ 2間かくれば,84534 下 7 下 4 と成.これを平坪法 4225 でわれば,2坪となるなり.

　i)　$9.88 \times 9.88 = 97.6144$

　　　$97.6144 \times 433 = 42267.0352$

　　　$42267.0352 \times 2 = 84534.0704$

　　　$84534.0704 \div 4225 = 2.0008\cdots$

　　　2坪(立坪)

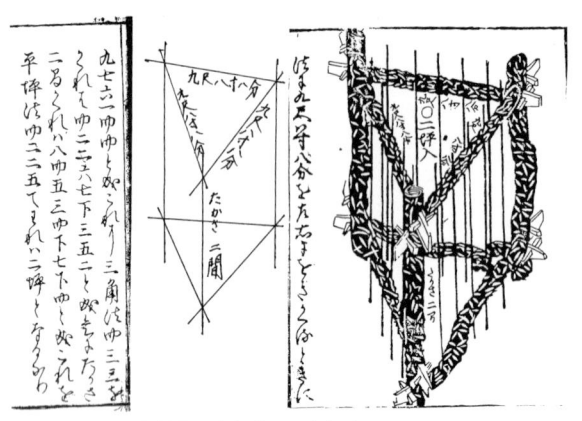

図 5.3.5 正三角柱状の角わくのつもりは

433 は三角法,あるいは三角積率

42.25 は 6 尺 5 寸(平方)平坪の法

ii) 断面は正三角形.面積は $9.88^2 \times 0.433$.高さ 2 間 = 13$^{(尺)}$
を乗じて

$$\frac{9.88^2 \times 0.433 \times 13}{6.5^3} = \frac{549.47145}{274.625} = 2.0008\cdots$$

$6.5^3 = 6$ 尺 5 寸の立方(立方坪)

$6.5^3 =$ 立坪の法という.

⑥ 一 此つゝみの坪数何ほどぞといふに,

532 坪有といふ(図 5.3.6).

法に 3 間に 2 間を加へる時 5 間に成.又 6 間を加へ又 8 間を加へる時に 4 口合 19 間に成.これを四つにわれば 475 と成.これに高 2 間をかくれば,9 坪半となり,これに長 56 間をかくれば,532 坪と志るゝ也.

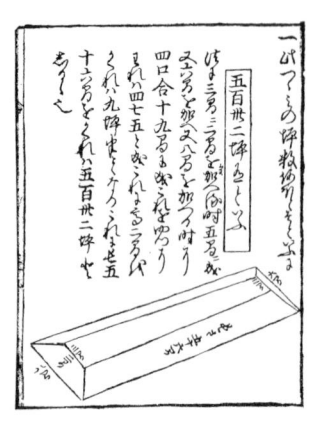

i) $3 + 2 = 5$, $5 + 6 + 8 = 19$

$19 \div 4 = 4.75$,

$4.75 \times 2 = 9.5$

$9.5 \times 56 = 532$(坪)

この堤の体積計算は,左と右の台形面が,同一の形でなく,

図 5.3.6 つゝみの坪数は

四つの長さの平均をとってその値に高さと長さを掛けている．概算である．

　堤防にかかわる部分の名称は，和算書により異なっているが，台形状の上のよこを馬踏(ばふみ)，天端，ならし，下のよこを根置(ねおき)，敷(しき)，高さ，長さ，傾斜の度合（法(のり)），腹付（堤を厚く補強するため，堤に付加した部分）などの名称を用いている．

　明治初期に出版された『明治新選算法大成（水野渕二郎編輯　東壁堂蔵版）の巻之二，目録　地方(じかた)には，土坪を求める問題がある．堤にかかわる問題を抽出すると，

① 堤長120間馬踏2間，根置8間高5間にして土坪を問う．
　答　3000坪（図5.3.7）．
　術曰　根置8間に馬踏2間を加へ2除して高5間を乗し又長120間を乗すれば坪数を得て，問に合う．
　ⅰ)　$8+2=10, \ 10÷2=5$
　　　$5×5×120=3000$（坪）
　ⅱ)　堤の断面は台形，その面積は
　　　$$\frac{(2+8)×5}{2}=25$$
　　　$25×120=3000$（坪）

② 土1875坪，長50間馬踏3間根置12間にして高を問う．
　答　5間（図5.3.8）．
　術曰　土1875坪を列し50間を以て除し，2乗し又馬踏3間に根置12間を加へ，之を以て除すれば，高を得るなり．
　ⅰ)　　　　　　　$1875÷50=37.5$　　　　　　　(1)
　　　　　　　　　$37.5×2=75$　　　　　　　　(2)
　　　　　　　　　$3+12=15$　　　　　　　　　(3)
　　　　　　　　　$75÷15=5$ (間)　　　　　　　(4)
　ⅱ)　堤の高さをx間とすれば
　　　　　　　$$\frac{(3+12)x}{2}×50=1875$$
　　　　　　　$$\frac{(3+12)x}{2}=\frac{1875}{50}$$　　　　　　(1)
　　　　　　　　↓

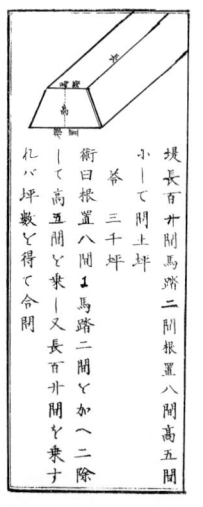

図 5.3.7　堤の土坪は

図 5.3.8　堤の高さは

$$(3+12)x = 37.5 \times 2 \qquad (2)$$
(3) ……↓
$$15x = 75 \qquad (4)$$
$$x = \frac{75}{15} = 5 \text{（間）}$$

ここで2乗しは，2を乗し（2倍して）という意味で $37.5 \times 37.5 = 37.5^2$ ではない．

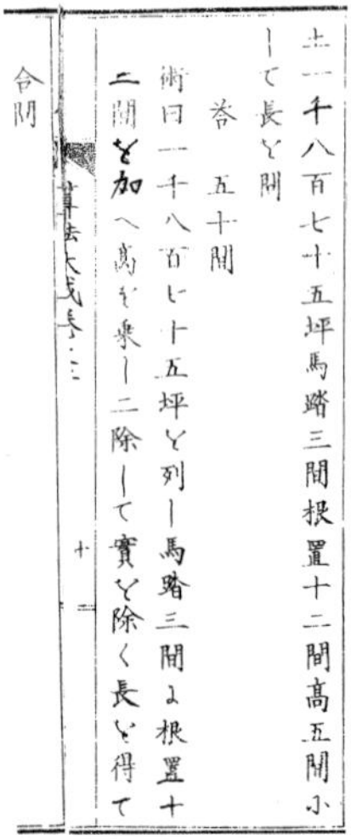

③ 土1875坪馬踏3間根置12間高5間にして長を問う（図5.3.9）．

答 50間

術曰 1875坪を列し，馬踏3間に根置12間を加へ，高を乗し2除して，實を除く長を得，問に合う．

ⅰ） 1875…実
$$(3+12) \times 5 = 75, \quad 75 \div 2 = 37.5$$
$$1875 \div 37.5 = 50 \text{（間）}$$

ⅱ） 堤の長さを x 間とすれば
$$\frac{(3+12) \times 5}{2} \times x = 1875$$
$$37.5x = 1875$$
$$x = \frac{1875}{37.5} = 50 \text{（間）}$$

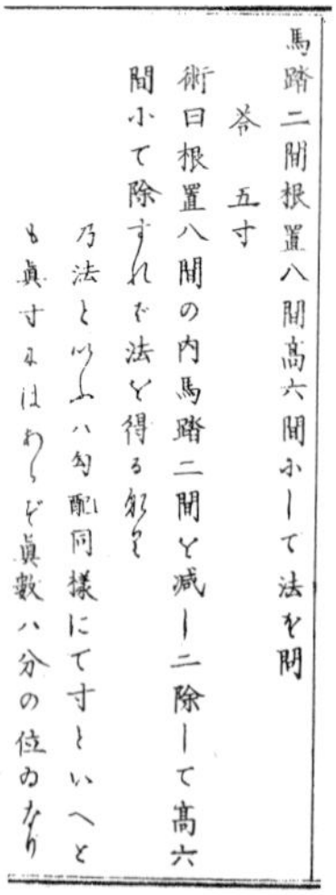

図5.3.9 堤の長さは

④ 馬踏2間，根置8間，高6間にして法を問う．

答 5寸（図5.3.10）

術曰 根置8間の内馬踏2間を減じ，2除して，高6間にて除すれば，法を得る那里．

ⅰ） $(8-2) \div 2 = 3, \quad 3 \div 6 = 0.5$
　　5寸の法

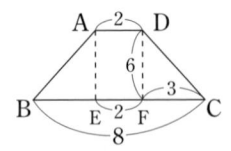

ⅱ） $EF = 2, \quad FC = \dfrac{8-2}{2} = 3$
　　法は $\dfrac{FC}{DF} = \dfrac{3}{6} = 0.5$
　　5寸の法

図5.3.10 堤の法は

⑤ 堤腹附長65間，面3尺5寸，高7尺 此土坪を問う（図5.3.11）．

答 22坪1分1厘余．

術曰 面3尺5寸に高7尺を乗し，2除し，又65間を間法6

5.3 和算と土木

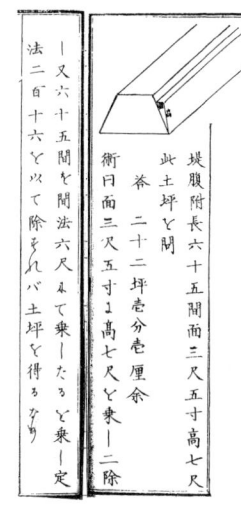

尺にて乗したるを乗し, 定法 216 を以て除すれば, 土坪を得るなり.

i) $3.5^{(尺)} \times 7 \div 2 = 12.25$,
$65^{(間)} \times 6^{(尺)} = 390^{(尺)}$
$12.25 \times 390 = 4777.5$,
$4777.5 \div 216 = 22.1180\cdots$
22 坪壱分壱厘余

ii) 腹附部分の断面は直角三角形, その面積は $\dfrac{3.5 \times 7}{2}$ でそれに長さ $65^{(間)} \times 6^{(尺)} = 390^{(尺)}$ をかけ 1 立坪は $6 \times 6 \times 6 = 216_{立方尺}^{(一)}$ で割る.

図 5.3.11 堤腹附の土坪は

$$\dfrac{3.5 \times 7}{2} \times 65 \times 6 = 4777.5$$

$$\dfrac{4777.5}{6 \times 6 \times 6} = \dfrac{4777.5}{216} = 22.1180\cdots$$

22 坪壱分壱厘余

この当時は 1 間 = 6 尺, 1 立坪は 1 間立方のこと.
$6 \times 6 \times 6 = 216$ 立坪の法

以上の 5 問をまとめると表 5.3.1 のとおり.

表 5.3.1

問	根置	馬踏	高さ	長さ	法	土坪	腹附	
①	8 間	2 間	5 間	120 間	—	x	—	→ 堤坪積の事
②	12 間	3 間	x	50 間	—	1875 坪	—	→ 高さ不知の事
③	12 間	3 間	5 間	x	—	1875 坪	—	→ 土 1875 坪 堤の長さを求める事
④	8 間	2 間	6 間	—	x	—	—	→ 法(のり)を求める事
⑤	—	面3尺5寸	高7尺	65 間	—	x	○	→ 腹附部分の坪積の事

x = 求める値

腹附とは, 堤を厚く補強するため, 堤の川表(かわおもて), 川裏(かわうら)に土砂, 石を積み附加するもの.

堤には, 石堤, 砂堤などがある.

前述の①から⑤までの問題は, 和算書『明治新選算法大成』に連続的に出題されており, ①は, 根置, 馬踏, 高さ, 長さが

既知の場合，堤の坪積を求める問題で，②は，高さが未知の場合，高さを求める問題，③は，長さを求める問題，④は，堤の法(のり)を求める問題，⑤は，腹附部分の坪積を求める問題で，堤に関する問題を全般的に扱っている．

5.3.4 和算書にある堀普請の事

『塵劫記』寛永18（1641）年版，中巻，第32　ほりふ志んわりの事（図5.3.12）．

① 一(ひとつ)　ほりのひろさ12間ふかさ8間，長380間有此つぼかずなにほどあるぞといふ時に
　36480坪あるといふなり．
　法に12間に8間をかくれば，96坪と成．是に長さ380間をかくれば36480坪と成．

図5.3.12 堀の坪数は

ⅰ）　$12 \times 8 = 96$，$96 \times 380 = 36480$
　　36480坪

ⅱ）　直方体状の堀だから
　　$12^{(間)} \times 8^{(間)} \times 380^{(間)} = 36480^{(坪)}$
　　36480坪（立坪）

② 一(ひとつ)，右のほり人数5000にてほる時，一頭(かしら)の人数1600人有時　是に長なんげんあ多(た)りぞといふ時に　121間3尺9寸．
　法に長380間に1600人をかけて，又高5000人でわるなり．

ⅰ）　$380 \times 1600 \div 5000 = 121.6^{(間)}$
　　端数 0.6 間は
　　$6.5^{尺} \times 0.6 = 3.9^{(尺)}$　3尺9寸
　　121間3尺9寸

③ 一(ひとつ)，ほりの長400間ひろさ3間ふかさ2間2尺有時此坪数なにほとあるぞといふ時に，2769坪2分3厘といふ（図5.3.13）．
　法に，2間2尺を右にをき此2間ばかりに6尺5寸をかくれば，1丈5尺と成．これにひろさ3間をかくれば45と成．是に長さ400間をかくれば18となる．是を6尺5寸にてわれば，

2769坪2分3厘となる也.

○又法にいふ2間2尺有時に此2尺ばかりを65にてわれば, 2間3下769と成. これに3間をかくれば6923下7と成. 是に長さ400間をかくれば2769坪2分2厘毛に成也.

ⅰ) 2間×6尺5寸＝13尺, 2間2尺＝13尺＋2尺＝15尺→1丈5尺
1丈5尺×3間＝45, 45

図5.3.13 堀の坪数は

×400＝18000
18000÷6.5＝2769.2307

○又, 端数2尺. 2尺÷6.5＝0.3076923
2間2尺は　2.3 0 769 ^((間)) 　^((下))
2.30769×3＝6.923 0 7 ^((下))
9.92307×400＝2769.228
2769坪2分2厘. 原本の毛は不用.

④　一, 長さ120間ひろさ120間の内にほりをまわり, ふかさ3間にひろさ5間のほりをほりて, 此土をば内の屋しきへつきあげたき時, 此ほりの土にて屋しきなにほどつきあげ申候ぞといふ時に, 3尺7寸6厘3毛 (図5.3.14, 15).

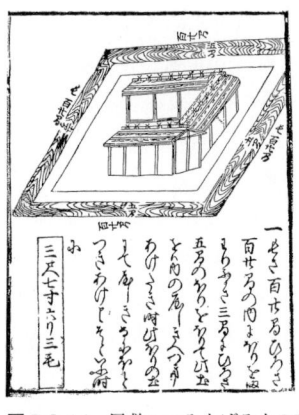

図5.3.14 屋敷へつみ上げる土の高さは

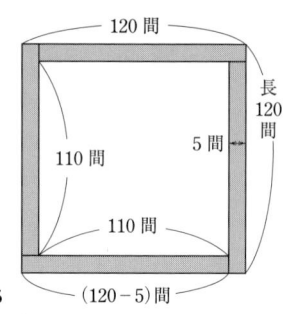

図5.3.15

法に120間をほりのひろさ5間引ば115間あり．これに4をかくれば460間に成．是に5間をかくれ23と成．是にふかさ3間をかくれば，6900坪に成．是を右に遍ちに置て，◯又ひだりに120間とをき，ほりのはば5間づつ両にて引は，110間に成．これを左右にをきかくれば，12100坪有これにて右の6900坪を12100坪にてわれば，57下2と成也．是に6尺5寸をかくれば3尺7寸6厘3毛つきあげてよしといふなり．

ⅰ) $120-5=115$, $115\times 4=460$

$460\times 5=2300$, $2300\times 3=6900$

◯ $120-(5\times 2)=110$, $110\times 110=12100$

$6900\div 12100=\underline{0.5702479}$, $0.5702\times 6.5^{(尺)}=3.7063$ （尺）

3尺7寸6厘3毛

ⅱ) 屋敷へ積上る土の高さ x, 堀った土坪＝積み上げる土坪

$460\times 5\times 3=110^2\times x$

$x=\dfrac{460\times 5\times 3}{110^2}=\dfrac{6900}{12100}=\underline{0.5702479}$（間）

$0.5702\times 6.5^{(尺)}=3.7063$

3尺7寸6厘3毛

　以上　和算書にある堀普請の問題は，①堀をつくるとき，掘り上げる土坪量を求める．②堀をうめるとき，うめるに必要な土坪量を求める．③堀をつくり，掘り出した土を平地へ積みならし，その高さを求める，などの問題が多く，出題されている．

5.3.5　和算書にある道普請の事

『大全塵劫記』全，天保3（1832）年8月，長谷川善左衛門寛閲，山本安之進賀前編，普請の部．

① 今道普請阿り其入用銀1貫800目　東西南北四ケ村より出銀す．東村高1500石，西村高2000石，南村高800石，北村高200石なり．村高に応じ各出銀何程と問（図5.3.16）．

　答　東村出銀600目，西村出銀800目，南村出銀320目，北

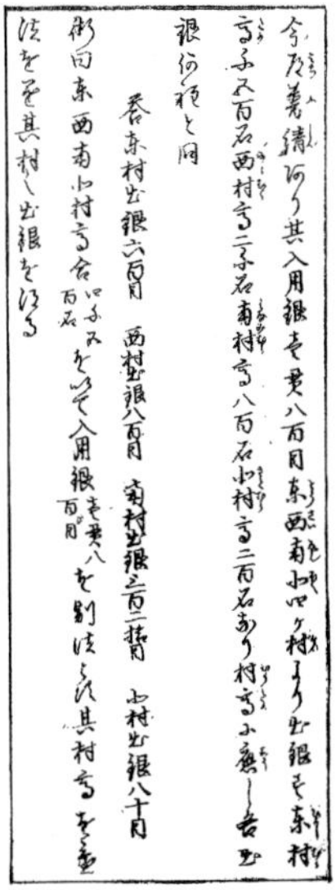

村出銀 80 目．

術曰，東西南北村高合 4500 石を以て，入用銀 1 貫 800 目を割，法とす．其村高を置 法を懸け其村の出銀を得る．

ⅰ) 　$1500 + 2000 + 800 + 200 = 4500$
　　　$1\text{貫}800\text{目} \div 4500 = 0.4$
　　　東村　$1500 \times 0.4 = 600$（目）
　　　西村　$200 \times 0.4 = 800$（目）
　　　南村　$800 \times 0.4 = 320$（目）
　　　北村　$200 \times 0.4 = 80$（目）
　　　（1 貫 800 目 = 1800 目）

ⅱ)　$1500 + 2000 + 800 + 200 = 4500$
　　　東村　$\dfrac{1800 \times 1500}{4500} = 600$（目）
　　　西村　$\dfrac{1800 \times 2000}{4500} = 800$（目）
　　　南村　$\dfrac{1800 \times 800}{4500} = 320$（目）
　　　北村　$\dfrac{1800 \times 200}{4500} = 80$（目）

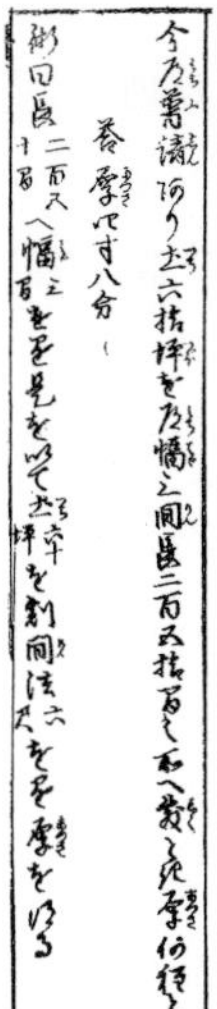

図 5.3.16　道普請出銀高は

② 今道普請阿(あ)り土 60 坪を道幅 3 間，長 250 間の所へ敷とき，厚(あつさ)何程と問．

答　厚 4 寸 8 分

術曰　長 250 間へ幅 3 間を懸(かけ)，是を以て，土 60 坪を割，間法 6 尺を懸，厚を得る．

間法 6 尺とは，このときは 1 間の長さを 6 尺として使用していたことである．

ⅰ) 　$250^{(間)} \times 3^{(間)} = 750$，$60 \div 750 = 0.08^{(間)}$
　　　$0.08 \times 6^{(尺)} = 0.48^{(尺)}$　　4 寸 8 分

ⅱ)　土の厚さを x（間）とすると
　　　$250 \times 3 \times x = 60$，$750x = 60$
　　　$x = \dfrac{60}{750} = 0.08$（間）
　　　$0.08 \times 6^{(尺)} = 0.48$（尺）　　4 寸 8 分

図 5.3.17　適普請道の厚さは

5.3.6 江戸後期の和算書にある測量・土木の事

(1) 『算法地方大成』天保8（1837）年，長谷川善左衛門寛閲，秋田十七郎義一編

巻五，量地の部には，量地測器として，小方儀，大方儀，曲尺，水縄，間竿（6寸目盛で惣長は1丈2尺＝2間．1間＝6尺），假標などの説明，用法が詳述されている．

小方儀は，平地の廣狭行程の小測に用い，目的の方位を量り，大方儀は，遠近，高低，廣狭行程の大測に用い，目的の方位，高低の度を量り，縮図を画き長さなどを求める．

江戸初期の簡易な測量からしだいに測量器具の工夫・精度も進み，測定方法も数術に支えられ，測定技能も向上したものと考えられる．

(2) 『算法地方大成』

巻四 普請の部には，掛度井，圦樋，土橋，川除堤，沈枠，牛枠，棚牛，聖牛，蛇籠，堤切所などの材料計算，人足，土坪計算など詳述されている．

○普請勘定の事の題目のところには，堤の土坪の計算，蛇籠の石坪，籠作竹の必要量，作るときの人足数の計算，…などの問題が出題されている．

堤長300間馬踏9尺敷2丈7尺高8尺此土坪何程と問．

答　土坪1200坪（図5.3.19）

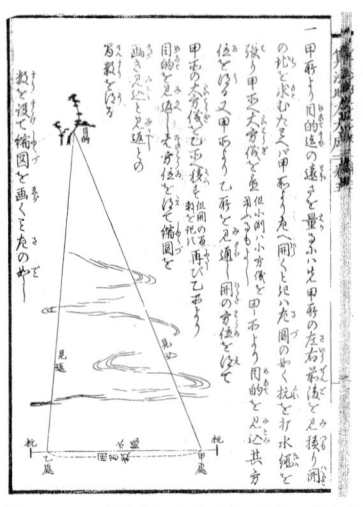

図5.3.18 『算法地方大成』 量地の部より　　図5.3.19 堤坪数は

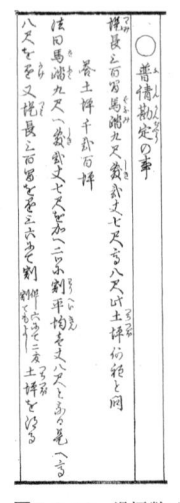

5.3 和算と土木

法日馬踏9尺へ敷2丈7尺を加へ二つに割　平均1丈8尺となる是へ高8尺を懸け　又堤長300間を懸36にて割　但し6にて二度割てもよし　土坪を得る．

ⅰ)　$(9^{(尺)} + 27^{(尺)}) \div 2 = 18^{(尺)}$

　　$18^{(尺)} \times 8^{(尺)} \times 300^{(間)} \div 36 = 1200$

　　1200 坪

ⅱ)　$\dfrac{\cancel{(9+27)}^{18} \times 8}{\cancel{2}_{1}} \times 300 \times 6 \div (6 \times 6 \times 6) = \dfrac{18 \times 8 \times 300 \times \cancel{6}}{6 \times 6 \times \cancel{6}}$

　　$= 1200$

　　∵　1坪 = 1立坪 = $6 \times 6 \times 6$

　　1200 坪

(3)　『測量集成』安政3（1856）年，花井喜十郎健吉編．

初編　巻之一．量地捷法の初に

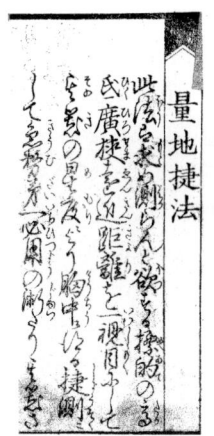

此法は求め測らんと欲する標的の高低廣狹遠近距離を一視目にして其器の星度により胸中に得る捷測にして急務第一必用の術たり…とあり．

第1章　標的の高及び遠程を知らず我体を退き或はすゝみ再見してその高及ひ遠程を求るなり．

第2章　標的の廣及び遠程を知らず其数を求る．…（略）

第3章　標的迄の距離を知て,其高を求る術．

第4章　標的の間数を知って,夫迄の遠程を求る術．

図5.3.20　『測量集成』より

第5章　標的の廣狹を種とし,其遠近を得る術,が詳述されており,野外量地に用ゆる器として,量地儀,逆針盤,望遠鏡,目印杭,間竿,水縄,野帳,木槌　小刀,矢立などが使用され,縮図に用いるものとして全円規,絵図紙,点附針,曲尺,厘尺などをあげている．

(4)『測量集成』安政3（1856）年，花井喜十郎健吉編.

二編　巻之二　経緯儀製造辨の次に,経緯儀用法大意があり，次いで　量地八線用法上がある．元法第一直角股ありて鈎を求むる也．

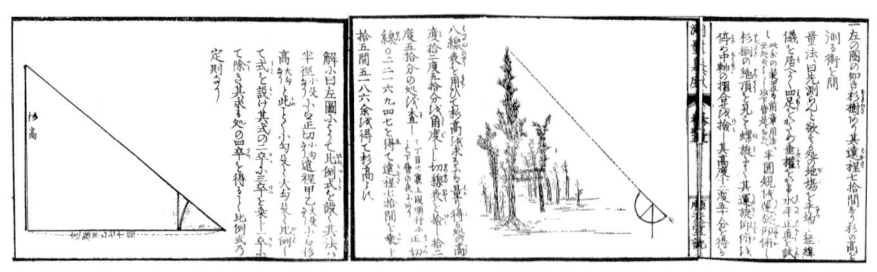

図 5.3.21　『測量集成』より

測らんと欲する標的までの距離を知りて，標的の高さを求める術．

一，左の図（図 5.3.21）の如き杉樹阿り其遠程 70 間なり杉の高を測る術を問，の問題　測量術を問うということで，器具として，経緯儀，垂權，半円規などを用い，其高度を測定し，八線表を用いて，計算し，高さを求めている．

○八線表とは割円八線といい，つぎの八つの関数を八線数理という．三角関数表のこと．八線とは次の八つをいう．

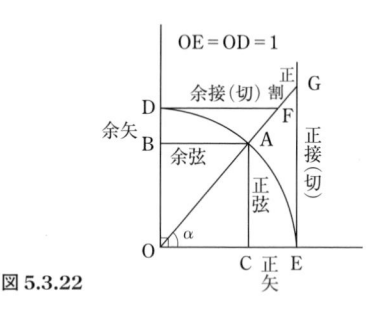

AC ＝ 正弦 ＝ $\sin \alpha$

AB ＝ 余弦 ＝ $\cos \alpha$

GE ＝ 正切 ＝ $\tan \alpha$ ―（正接）

FD ＝ 余切 ＝ $\cot \alpha$ ―（余接）

OG ＝ 正割 ＝ $\sec \alpha$

OF ＝ 余割 ＝ $\operatorname{cosec} \alpha$

EC ＝ 正矢 ＝ $\operatorname{vers} \alpha = 1 - \cos \alpha$

OB ＝ 余矢 ＝ $\operatorname{covers} \alpha = 1 - \sin \alpha$

図 5.3.22

5.3.6　おわりに

和算は，江戸時代,『塵劫記』など初期の和算書により，数学への関心が高まり，日常生活に必要な，実用数学から次第に抽象的，理論数学へも拡大，深化し発展した．

築城，築堤，河川・水路の開削などにかかわる土木工事に結

びつき，測量学・測量術も発達した．

　測量・土木の数学も，初期の頃は，和算書の一題目として記述されたが，享保18（1733）年，村井昌弘（むらいまさひろ）が『図解量地指南・前編』を刊行し，寛政6（1794）年同氏が『図解量地指南・後編』を刊行した．

　また，文化・文政期には，伊能忠敬（いのうただたか）が地図作成を目ざし全国を測量して回り，測量学が発達，地方へも浸透し，文政6（1823）年には，石黒信由（いしぐろのぶよし）が『八線表製法捷術』を著述し 1800年代には，つぎつぎと測量にかかわる専門的な著作が刊行された．

　簡易な測量から機器を使ったより精確な測量へと，人間社会の必要・和算の発展とかかわりながら 測量学も理論，技術ともに高度化していったものと思われる． ［中山政三］

■ 参 考 文 献
- 下平和夫，佐藤健一編『江戸初期和算選書』巻1，研成社，1990年
- 下平和夫，佐藤健一編『江戸初期和算選書』巻2，研成社，1991年
- 下平和夫，佐藤健一編『江戸初期和算選書』巻3，研成社，1993年
- 若尾俊平編著『古文書入門事典』柏書房，1997年
- 吉田光由著，大矢真一校注『塵劫記』岩波書店，1977年
- 塵劫記委員会編『塵劫記（現代語）』和算研究所，2000年
- 水野淵二郎編『明治新選算法大成』巻二，東壁堂，1881年
- 山本安之進賀前編『大全塵劫記』全，尚古堂，1832年
- 秋田十七郎義一編『算法地方大成』量地・普請，1837年
- 花井喜十郎健吉編『測量集成』量地捷法，1856年

5.4 和算と外国数学の関係

　和算とは通常江戸時代に発達してきた日本の伝統数学をさしている．当時西洋数学がすでに断片的に日本に流入してきたとはいえ，和算の発達にその影響を受けた痕跡はほとんどみられず，系統的に中国の伝統数学をもとにして醸成，発達，確立してきたのである．本節では，和算と外国数学の基本的な関係図を明示したうえで，和算の萌芽・醸成・確立・衰退に決定的な影響を与えた中国の伝統数学，朝鮮の算学制度，洋算と和算の関連性を解明する．

　日本伝統数学のもっとも重要な部分として和算は歴史的に，①胎動期（8世紀〜16世紀末），②醸成期（16世紀末〜17世紀半ば頃），③確立期（17世紀半ば頃〜18世紀初期），④完成期（18世紀初期〜19世紀30年代），⑤衰亡期（19世紀30年代〜19世紀70年代）の五つの時期に区分できる．①〜③において朝鮮の算学制度と中国伝統数学に決定的な影響を受け，④において，ほとんど外来数学の力を借りずに独自に発達し，⑤の段階において西洋数学勃興にかかわっている．そして，歴史的にみると中国の数学書の多くは朝鮮を通じて日本に流入してきたのである．

5.4.1 和算と中国数学の関係

　和算と中国数学のかかわりは中国数学の発展史の推移とは無縁に，日本社会の発展途上の独自な過程の中で必然的に社会的希求によって生じたものである．

(1) 中国数学史の時代区分

　中国の伝統数学は他の古代文明の場合と同じように，独自に発達をとげたのである．それは時代的につぎのように区分される．

①『九 章 算 術』を体系とした漢代数学の形成期（紀元1世紀ごろまで）

　紀元1世紀前後の漢代，中国においてそれまでに蓄積されてきた数学知識がその数学方法とそれに対する応用問題の内容ごとに九つの章にまとめられ，『九章算術』というタイトルで刊行

された．中国歴史上,「九章」が最初に形成された数学体系であり,『九章算術』が最初に刊行された数学に関する専門書である．今日，中国の漢代数学という場合はおもにこの「九章」体系の数学をさしている．

② 『算経十書(さんけいじゅうしょ)』を体系とした三国・南北朝・隋・唐数学の形成期（1世紀頃～10世紀頃）

『九章算術』以降，三国・南北朝・隋・唐時代を経て8世紀頃の宋代に入るまで，中国の伝統数学は歴史上著しく発達をとげた．7世紀の唐王朝は隋の算学教育制度を受け継ぎ，整備し，「国子監(こくしかん)」という官吏養成学校に明算科を設置し，それまで刊行された算書を「算経十書」という体系に編纂して，明算科の教科書に採用した．それは『周髀算経(しゅうひさんけい)』『九章算術』『張邱建算経(ちょうきゅうけんさんけい)』『海島算経(かいとうさんけい)』『綴術(てつじゅつ)』『緝古算経(しゅうこさんけい)』『孫子算経(そんしさんけい)』『五曹算経(ごそうさんけい)』『夏侯陽算経(かこうようさんけい)』『五経算術』の10部の算書である（「算経」の「経」とは科学古典の名称として一般に「けい」でなく，「きょう」と読むが本書では慣例に従い「けい」とした）．

③ 理論数学を中心とした宋元数学の発展期（10世紀頃～14世紀半ば頃）

10世紀に入って，中国は従来の漢民族が支配者である宋代と，異民族のモンゴル族が支配者である元代を経たが，数学は従来漢民族系の数学者を中心として発展してきた実用的な「算術」から理論的な「純数学」に発達してきた．それらを代表するものは，今日の「代数」思想にあたる「天元術(てんげんじゅつ)」「四元術(しげんじゅつ)」と，高次方程式に対する「ホーナー法」にあたる「増乗法(ぞうじょうほう)」などである．

④ 「珠算(しゅざん)」を中心とした明代数学の形成期（14世紀半ば～17世紀）

14世紀半ば頃，中国は異民族による支配から再び漢民族による明王朝の支配に戻った．明代では従来の計算用具の「算籌(さんちゅう)」という算木の代わりに，そろばんが普及し，それに使用する珠算が発達してきて，中国数学は「学問のための学問」の理論数学から再び実用的な学問へ発展してきた．ただ，この珠算は「九章」時代の実用的な数学への単純な回帰でなく，それまで発達した数学方法をそろばんに使えるように応用化されたもので，

今日のコンピューターに対する応用数学の性質をもっている．

⑤西洋数学の摂取・中国伝統数学の衰亡（17〜20世紀）

　　西洋数学の中国への伝来は大きく二段階に分かれている．第一段階は16世紀末期から18世紀初期までで，マテオ・リッチ（中国語名：利瑪竇，1552〜1610年）を始めとするヨーロッパ人イエズス会宣教師たちがキリスト教布教のために中国にやってきて，ニュートン時代以前の西洋数学を伝えてきた．しかしながら，雍正元（1723）年清政府は中国での西洋人の布教が清朝統治に対し「ため」にならないという理由で，欽天監での奉職を除き布教に来ていた宣教師全員をマカオに追放したので，その後の100年間も西洋数学の輸入は停止していた．

　　第二段階は1840年代（アヘン戦争）から清末（1910年代）までである．1842年に爆発したアヘン戦争で中国が敗れ，余儀なく鎖国政策を放棄し，ついに外国へ門戸を開いたのである．これで欧米人宣教師が再び中国へ渡来し，近代西洋数学をもたらすようになった．

　　上述した二段階において中国へ伝えられた西洋数学は，一般論として，中国の数学者がそれを中国伝統数学に比し，その優れた点を素直に認め，中国伝統数学を再検討しながら，それをもとにして西洋数学を受け入れ，イエズス会の宣教師たちと協力して，西洋数学の教科書などを漢訳し，さらに研究しはじめることになった．そのときから西洋数学が教育現場にじわりじわりと浸透していったのである．1904年に清政府は小学校から大学院までの新学制を確立し，翌年に，隋大業2（606）年に始まって1300年も続いてきた王朝官吏を選ぶ科挙制度を廃止して，中国の伝統数学はついに終焉の時を迎えたのである．

(2) 中国唐代「明算科」制度の導入：和算の胎動

　　日本において，今日でも使用されている算用の呼称「ひとつ，ふたつ，みつ，よっつ，…，とお」という表現は日本固有のものであると思われており，そして，6世紀半ばごろにすでに朝鮮百済から日本にきた易博士王道良，暦博士王保孫，医学博士王有陵によって，数学の知識が断片的に日本に伝えられてきたが，「学」としての日本数学の誕生の祖となる土壌が整えられたのは8世紀ごろ「国策」として日本に輸入された『九章算術』

をはじめとする7世紀頃までの中国数学であった．厳密にいえば，この中国数学が日本に伝来するまで，「学」としての数学は日本には存在していなかった．

① 中国唐代算学教育制度

中国の歴史上，数学教育は早くも周代に始まったのであるが，体系的数学教育体制は隋代に形成され，唐代に確立してきたのである．周代，数学は「数」という名称で「礼・楽・射・御・書」と並んで，貴族子弟の必修科目の一つとなっていた．

隋代に入り文帝は581年に律令を制定し，598年に従来の「九品中正官人法」という官吏採用に関する貴族世襲制を廃止し，身分・出身に関係なく，科目ごとの成績によって人材を選ぶ科挙制を導入したのである．科挙制の導入に伴い，国子寺という学校が創立され，そこで「太学」「四書」などと並んで，「算学科」が設置され，カリキュラム・学生の入学条件・修了生の処遇と地位などに関する体系が形成された．唐王朝は隋王朝の律令制を継承し，算学教育体制を整備・確立したのである．

② 日本律令時代の「算道」教育制度

8世紀初期，日本では律令制統治の必要上，税金などの計算に携わる技術系官吏を養成するために，朝鮮の統一新羅を通じて間接に中国唐代の算学教育制度を導入し，それにならって，日本社会の実情に合わせた大学寮という官吏養成学校において日本独特の「算師」養成コース—「算道コース」が設置された．

日本における大学寮の制度に関する最初の記録は大宝2（702）年に制定された大宝令である．奈良時代の養老2（718）年に制定された養老律令は大宝令を受け継いだ形になっている．養老律令の「学令」は大学寮の「算道」コースに関してつぎのように定められている．

〈教官・算生の定員〉 大学寮の算道コースには，教官として算博士を2人設置し，算生（算学生）に算道を教える．学生として算生30人を置く．

〈算生の入学条件〉 入学できるのは，①五位以上の者の子孫，②大和朝廷で文書・記録の作成を担当した部署＝東西 史 部の書記官の子，③請願によって許された五位以下八位以上の子，④朝廷から諸国に赴任させた地方官＝国司の下にあって郡を治め

た地方行政官＝郡司の子弟,以上の条件を満たす年齢が 13 歳～ 16 歳で,聡明怜悧なものである.
〈カリキュラム・教科書〉 凡算経,孫子・五曹・九章・海島・六章・綴術・三開重差・周髀・九司,各為一経,学生分経習学.
　ここの孫子・五曹・九章・海島・綴術・周髀はそれぞれ中国の『孫子算経』『五曹算経』『九章算術』『海島算経』『周髀算経』と祖沖之の『綴術』であり,六章・三開重差は朝鮮新羅の官吏養成学校にある「算士」養成コース「算学科」の教科書に使用されたものであるが,九司だけは出典が不明である.
　修了試験に合格した算生は主計寮,主税寮,太宰府などにおいて班田租調*1 など税金・会計に関する実務に従事する官吏・算師として採用される.算師は下級官僚に属し,従八位下であった.「算道コース」修了生の中の秀でた者が大学寮算道コースの教官として算博士に採用される.延長 5 (972) 年頃,「算道コース」に算得業生 2 名が新たに登用された.算得業生は算博士について助教をしながら,将来算博士を目ざして研修するのである.いわば,算得業生が今日の大学院生にあたる.算博士の地位もあまり高くはなく,医博士,陰陽博士,天文博士らが正七位を拝するのに対し,算博は従七位下であった.山田悦郎氏・田村三郎氏の「算博士の系譜」(『数学史研究』通巻 169 号,2001 年)によれば,算博士制度が 1070 年代頃から世襲化され,事実上は三善家・小槻家に独占されていた.
③和算にとって算道コースの意義
　日本において,7 世紀頃からこの算道教育制度が実施されて以来,17 世紀に入るまで,ついに体系的な数学は現れなかった.この期間を長いとみるか,しかし日本の伝統数学である和算の誕生にとっては不可欠なものであった.この期間にこそ,和算の誕生が可能になる土壌が整い,必須な条件が満たされたのである.
　第一には,7 世紀以前,日本には確かに簡単な記数法などが存在していたが,数学そのものがなかったのである.「算道」教育制度の制定によって,日本数学の歴史が本格的に始まったのである.
　第二には,日本の律令社会において,大学寮は国の教育行政

*1 男子の人頭税の一種である.絹・布・糸などの特産物を納め,中央政府の財源になる.

管理機関でもあれば，教育機関＝学校の役割も担うのである．算博士・算師の位階（社会地位）が低いとはいえ，医学，天文，暦，算道など実用技能教育の中で，「算道」だけが経・法・書などと肩を並べ大学寮に「官学」の一つとして設置されたことで，「算学」が日本では他の分野よりいち早く一種の技能の範囲を超えて「学」の地位を固めることができたのである．現在にたとえれば，数学教育は文部科学省に属する正式な大学で行われ，医学教育は厚生省に属する学校で，天文学教育は国立天文台に属する学校で行われたといえる．

第三には，「九九」の普及によって「算学」は技能の一つとして実用価値が認められ，算木の伝来に伴う「九九」の普及によって，日本人の計算力が高まり，「学」としての数学を認識し，刮目することで和算誕生に対するもっとも重要な基盤が整っていった．

第四には，「九九」の普及によって，算学は実用技能の範囲を超え，和歌などのような文芸の一種として知識階層に浸透し，学習・研究（嗜みとして親しまれ），貴族子弟に対する教養教育の重要な内容の一つにもなって，算学が従来の「官学」と実学という性格から離れ，和算の「芸に遊ぶ」という「自由学芸」の方向へ変容しはじめて，和算の誕生と発展に相応する，もっとも重要な土壌が整っていった．

第五には，「九九」の普及によって，日本人の計算力が高まり，日本では16世紀に新しい計算用具＝そろばんとそれに関する珠算が受容され，知的な基盤ができて，17世紀初期に和算の誕生を促す決定的な条件が揃ってきた．

日本数学の歴史は7世紀頃大学寮において「算道コース」が設置されたことに始まったのである．この制度の実施こそ日本の伝統数学＝和算の誕生に対し必須な基盤を据えてきたのである．そして，日本の算師養成制度は朝鮮を通じて導入された中国の唐代の「明算科」制度によったものである．

日本数学史を全般的にみれば，7世紀頃「算道」教育制度が実施されて以来，17世紀に日本の伝統数学＝和算が誕生するまでには長い隔たりの期間があるが，和算の誕生にとって，この

期間を欠かすことはできないのである．

　一般論として，新しい学問の誕生はそれに関する知識そのものの蓄積期，体系化期，そして，基盤の整備期が必要である．和算の場合もその例外ではない．和算に対し，7世紀から16世紀末にかけての間はまさに基盤の整備期と数学知識の蓄積期である．換言すればこの時期は和算に対し，むだな時期でもなければ，暗黒時代でもなく，和算の胎動期，あるいは準備期である．

(3)　中国明代数学の受容：和算の醸成

　日本数学は7世紀頃中国の唐代算学教育制度の導入によってスタートして以来，なだらかな歩みの時代を経て，17世紀に入って，やっと本格的に発展するときを迎えた．室町時代，そろばんの伝来を契機に，日本数学が自力での離陸を試みようとしたが，失敗に終わった．日本の伝統数学＝和算の誕生は程大位の『新編直指算法統宗』（一般に『算法統宗』と略称する）の伝来と17世紀に吉田光由の登場を待たざるをえなかったのである．

①そろばんの伝来：和算の誕生

　そろばんがいつ日本に伝わってきたのかは明らかになっていないが，室町時代に中国の明王朝との貿易に従事する日本の貿易関係者によって日本に持ち込まれたのではないかと一般的に思われている．いま，日本に現存している最古のそろばんは1590年代に豊臣秀吉の家臣前田利家が使用したものである．

　算木による足算・引算・掛算は容易にそろばんに移すことができるが，割算はそうはいかないのである．大矢真一氏の『日本数学史の研究』（未刊，立教大学図書館所蔵）によれば，室町時代の日本にはすでにそろばんによる足算・引算・掛算が一般に使われていたが，そろばんに使う「割算九九」がまだ日本に伝わっていなかったので，そろばんによる割算は一般的に，とくに民衆には浸潤していなかったのである．中国の「割算九九」が日本に伝わってきたのは戦国時代の末に，やはり貿易関係者によったのである．

　17世紀，江戸時代に入って，そろばんに用いる割算が盛んに使用されはじめた．毛利重能が割算をメインにして，それま

で日本に蓄積されてきた断片的な数学知識を体系化しようと試み,『割算書』を書いたが,日本独自の数学を誕生させるにはいたらなかった.

　1627年,毛利重能の弟子である吉田光由は中国明代の代表的な著書である程大位の『算法統宗』を手本にし,当時の日本社会の実生活に即した需要にあわせ,毛利重能の『割算書』にある方法と,それまでに蓄積してきた数学知識を部分的に取り入れて,日本数学史上,初めて日本独自の体系的な数学著書『塵劫記』を世に送ることができた.さらに,寛永18（1641）年に刊行した『新篇塵劫記』に「遺題」方式を案出し,のちにそれに関する「遺題継承」が現れて,日本数学は体系的にも発達様式の面でも中国数学から離れて,独自の道を歩みはじめたのである.これこそ日本の伝統数学＝和算の誕生であった.

②程大位と『算法統宗』

　程大位（1533～1606年）は,字を汝思,号を賓渠という.中国明代の安徽省休寧率口（現安徽省黄山市屯渓）に生まれ,先祖代々貿易に従事し,幼年時から算学を嗜む.1592年,実社会生活の必要にあわせ,そろばんに対して,それまでに発達してきた算法と珠算を,"九章"の体系に従い,体系化して,『算法統宗』（17巻）を完成し,賓渠旅舎（出版社に相当）から刊行した.

　程大位の『算法統宗』は中国明代の珠算を集大成し,中国数学史上もっとも重要な商業数学に関する著作である.この著書は社会に大いに歓迎されてベストセラーとなり,何回も復刻（再版）を重ね,誤刻版や海賊版が出回るほどであった.程大位は誤刻版や海賊版に悩んだ末,1598年に『算法統宗』を四巻に簡略した『算法纂要』を刊行した.

　程大位の『算法統宗』は中国で刊行された直後,日本に伝わってきたと思われている.今日,日本に一般的に流布されているのは正宝3（1675）年に湯浅得之が文禄2（1593）年に「三桂堂王振華梓」とある明代本を訓点した訓点本である.郭世栄氏の『算法統宗導読』（中国武漢・湖北教育出版社,2000年）によれば,この訓点本『算法統宗』の底本は海賊版の可能性が高いという.

③吉田光由の『塵劫記』の仕組み

　吉田光由（慶長3（1598）～寛文12（1672）年）は，幼名を与七，のちに七兵衛と改め，号を九菴という．山城州葛野郡嵯峨村（現京都市）に生まれ，幼少から算学を志す．毛利重能の「割算塾」で算学基礎を身につけ，同族の祖父にあたる角倉了以に付いて漢文知識を修めた後，程大位の『算法統宗』を究め，珠算に関する算書を完成し，嵯峨霊亀山にある寺の僧，舜岳玄光に書名を『塵劫記』と名づけてもらい，元和7（1621）年に三巻本（現在一般に初版本といわれる）を刊行した．「塵」とは極小数と極大数という意味で，転じてすべての数をさしており，「劫」とは宇宙万物に関する生成滅亡現象，永遠，恒久という意味で，転じて永遠の真理，普遍な原理を意味する．「塵劫」とは「算法原理」と，「塵劫記」とは「算法原理記」と理解できる．

　程大位の『算法統宗』の場合と同様，吉田光由の『塵劫記』は日本数学史上，最初の算書らしい算書として，世に大いに歓迎され，著者の予測をはるかに超え，よく売れて，何回も復刻され，日本全国で算学の学習ブームを惹き起こすと同時に誤刻版や海賊版も世に出回った．これに対し，吉田は読者に算学にチャレンジしてもらうために初刊本の第三巻に解答をつけない問題を「遺題」という名称でつけるなど，工夫して，寛永18（1641）年に『新篇塵劫記』（いわゆる遺題本）を刊行した．承応2（1653）年に榎並和澄が吉田の「遺題」を解き，吉田を真似て自分の「遺題」を作って『参両録』を刊行し，「遺題継承」という日本独特な数学発達様式を確立させるに及んで，日本数学の体系と発達様式は中国数学から離れ，独自の道を歩みはじめ，日本の伝統数学＝和算が誕生してきたのである．

④『算法統宗』が『塵劫記』へ与えた影響

　『算法統宗』と『塵劫記』を比べてみると，前者は後者の成立に決定的な影響を与えたことがわかる．

　吉田光由は『算法統宗』に出会う前に，すでに算学とそろばんに関する基礎を身につけ，さらに『算法統宗』を通して系統的にそろばんに使う珠算を究めた上で，当時日本社会の実生活の必要にあわせて，『算法統宗』から当時日本社会の実生活にもっとも実用的な算法をベースにして，当時にすでに刊行され

た『算用記』『割算書』における内容，それまでに日本に蓄積してきた数学遊戯などにある数学的な知識を採りいれ，経済・貿易などの実例を使って，構成・体系的に『算法統宗』を手本にして，『塵劫記』を完成し，日本で最初の体系的・組織的な数学を誕生させた．

　吉田光由の『塵劫記』にある数学体系は日本の歴史上最初の体系的数学であり，科学史上での意義は，日本にそろばんを普及させたことだけでなく，そろばん算法そのものを超えて，日本の歴史上最初の数学体系を作り上げ，従来単に受け身の段階であった日本数学を独自発達の段階にステップアップさせたことにある．『塵劫記』に始まった遺題継承は世界科学史上においても唯一無二の発達様式である．この『塵劫記』の成立に決定的な影響を与えたのは中国明代のもっとも代表的な算書＝程大位の『算法統宗』である．

(4) 中国宋元数学の変容：和算の確立

　日本の伝統数学＝和算は中国明代の応用数学＝珠算に影響を受け，吉田光由の『塵劫記』の刊行に伴い誕生した後，1670年代に中国宋元数学の力を借りながら，ついに一つの独立体系の数学として確立してきた．和算の確立に決定的な役割を果たしたのは関孝和である．

　中国の数学は11〜14世紀にかけての宋元時代に方程式に対する「天元術」（代数）と近似解法を中心として発達をとげてきたのである．「天元術」の研究はおもに華北地区（北京・河北省あたり）で行われ，近似解法の研究はおもに華東（現上海・浙江省あたり）で行われており，その当時両研究グループの間に交流がなかったらしく，「天元術」のグループは方程式の近似解法に関する著書を残しておらず，近似解法のグループは「天元術」に関する著作を残していないようである．

　中国宋元時代の最新の数学成果—天元術・方程式の近似解法が江戸時代の日本に入ってくると，関孝和は両方を受け入れ，それをもとにして，和算がより発展するほぼすべての分野に対する基礎を築いたのである．実際，関孝和以降の和算はおもに関が築いた基礎をもとにして発達してきたのである．

中国宋元時代の「天元術」は朱世傑の『算学啓蒙』（1299年）を通じ，方程式の近似解法は楊輝の『楊輝算法』（1378年）を通じて日本に入ってきたのである．

①朱世傑と『算学啓蒙』

朱世傑は字を漢卿といい，号を松庭と称し，北京付近の燕山に生まれ，20数年にわたって国内を周遊し，揚州にあって数学を教えていた．1299年に『算学啓蒙』（三巻）を著し，趙元鎮によって刊行された．「天元術」とは一元方程式に対し，「元」を用いて「未知数項」を表し，「太」を用いて「常数項」を表して方程式を立てて解く方法である．朱世傑は『算学啓蒙』第3巻の中で，すでに使われている「天元術」に対し「天元の一を立てることは太極の下に一算を立てる」と定義を下した上で，具体的に天元術で問題を解いている．彼はさらに1303年に四元方程式に対する『四元玉鑑』を著した．天元術と四元術は思想的に中国の「気の哲学」にかかわっている．『算学啓蒙』は関孝和の成人期にはすでに日本に伝わってきたが，残念ながら，『四元玉鑑』は江戸時代の日本に入ってこなかったのである．

②楊輝と『楊輝算法』

楊輝は字を謙光といい，銭塘（現杭州）の人で，南宋のとき地方官吏として今日の杭州・蘇州あたりに勤めたことあるという．彼は天元術を知らなかったらしく，数学研究が方程式の近似解法を主として展開しており，数学に関する著書はつぎのとおりである．

- 『詳解九章算法』（12巻，1261年）
- 『日用算法』（2巻，1262年）
- 『乗除通変本末』（3巻，1272年）
- 『田畝比類乗除捷法』（2巻，1275年）
- 『続古摘奇算法』（2巻，1275年）

1378年，『詳解九章算法』以外の四種が『楊輝算法』というタイトルで編集されて，関孝和が成人になった折には，すでに日本に入ってきていたが，『詳解九章算法』は江戸時代には伝わってこなかった．

③関孝和の数学思想の仕組み

関孝和は通称新助，字は子豹，自由亭と号した．幕臣の内山

永明の次男に生まれ，のちに関五郎衛門の養子となった．1676年から甲府宰相徳川綱重と徳川綱豊に仕え，勘定吟味役を務めていた．宝永1（1704）年に幕府直属の武士となり，御納戸組頭を務めたあと，宝永3（1706）年には閑職の小普請役に就き，2年後の宝永5（1708）年10月24日に病没した．しかし，彼がいつ，どこで生まれたかについてはいまだ明らかではない．一説には寛永16（1639）年に現在の群馬県藤岡市で，または寛永19（1642）年に現在の東京小石川あたりで生まれたともいう．残念ながら両説とも信憑性には乏しい．だが，彼が数学者として天性の資質を備えていたことは確かなようである．6歳のころ，大人が算木を並べて計算しているのを見て，その誤りを指摘したというエピソードがある．

関孝和の幼時，日本ではそろばんが普及しつつあり，吉田光由によって刊行された『塵劫記』と，彼を祖とする「遺題継承」により，日本の伝統数学は独自な道を歩みはじめた．

関孝和が数学に興味をもつようになったのは，たまたま家臣が手にしていたこの『塵劫記』との出会いであった．

ある日，関孝和は何人かの家臣が面白そうに何かの書物を読んでいることに気づき，「何の本か」と見せてもらった．それが吉田光由の『塵劫記』だったのである．それを機にこの『塵劫記』を通じて，数学に興味を持ちはじめたというエピソードがある．

関の青年期，日本では「遺題継承」と，数学の問題や回答を記した絵馬，すなわち「算額」を寺社に奉掲することが盛んに行われ，同時に数多くの算書が出され，数学研究が一つのブームになっていた．そうした時流のなか，関孝和は中国から伝わってきた「天元術」を用いて沢口一之の『古今算法記』（寛文11（1671）年）の遺題15問を解くことを試みた．

数学について，関孝和の研究領域と業績は以下のような近代的な数学の諸分野にわたっている．
- 漢字と算木による数学記号体系
- 高次数字係数方程式のホーナー法
- ニュートンの近似法
- 極大極小の条件

- 行列式の一般理論
- 不定方程式の解法
- 一般招差法
- 円理（積分法に当たる）
- 近似分数法
- ベルヌイ数の発見
- 近似極限法
- 整式の「導関数」など．

④関孝和の数学思想のルーツ

　関孝和の数学思想のルーツは体系的には世に長く伝えられている西洋数学でなく，朱世傑の『算学啓蒙』と楊輝の『楊輝算法』を通じて江戸時代の日本に入ってきた中国の宋元数学にある．

　すでに述べたように，中国宋元数学を代表するのは，方程式に対する「天元術」と，賈憲らによって発達してきた増乗開方法（西洋のホーナーの法にあたる）など方程式の近似解法である．江戸時代，前者が『算学啓蒙』を通じて，後者が『楊輝算法』を通じて日本に流入してきた．関孝和はこの宋元数学をもとにし，それを従来の初・中等数学から近代的な解析的な数学に発展させ，和算研究に対する独自の方法論を確立し，和算を一つの独立体系の学問分野に発展させた．

　和算は程大位の『算法統宗』に影響を受け，吉田光由の『塵劫記』の刊行をきっかけにして誕生し，関孝和によって，中国宋元数学を踏まえながら，それを超え，体系も方法論も中国数学と異なる日本独自の数学として確立してきた．関孝和以降の和算は根本的に関孝和が据えた基礎にもとづいて独自に発達してきたのである．

5.4.2　和算と朝鮮数学の関係

　和算と朝鮮数学の関係はおもに中国数学の日本への伝来経緯にある．和算の萌芽・醸成・確立にそれぞれ決定的な影響を与えた唐代の明算科の場合だけでなく，程大位の『算法統宗』，朱世傑の『算学啓蒙』，楊輝の『楊輝算法』の日本への伝来も朝鮮

にかかわると思われている．

(1) 朝鮮における算学教育制度の形成と発展

　　朝鮮数学の歴史は 17 世紀半ば頃まで王朝の税金・会計などに従事する官吏＝算士の養成史を中心として展開し，和算に密接にかかわっており，それ以降には西洋数学の学習とそれまでに入ってきた中国数学の再検証が主流であり，和算とのかかわりは見あたらない．

①新羅(しらぎ)時代の「算学」教育制度

　朝鮮数学には 7 世紀以前にある程度数字記録や計算など知識が存在していると推測できるが，数学の歴史は本格的には 7 世紀頃統一新羅王朝による中国唐代明算科教育制度の導入に始まったのである．

　7 世紀後半，従来「三国」の一国である新羅王朝が中国の唐と同盟を結び，663 年に百済を，668 年に高句麗を滅ぼし，朝鮮は統一され，統一新羅の支配下に置かれた（以下は「新羅」と称する）．新羅王朝は唐の律令制度を導入し，それに伴い，官吏養成のために唐の官吏養成学校「国子監」にならって，682 年に「国学」という教育機関を設置した．「国学」には「経・法・書」などと並んで，唐代の「国子監」にある「明算科」制度を参考に，税金・計算などに従事する官吏養成コース─「算士養成コース」を設置していた．742 年には「国学」を「大学監」と改めた．

　朝鮮に関する最古の正史書と思われる『三国史記』の中では，新羅の「国学」にある「算学」コースについて，つぎのように記録してある．

・教員：定員なし．博士を若干名，助教を若干名配置する．
・テキスト：『綴経』『三開』『九章』『六章』．
・入学条件：入学できるのは 17 等級から構成している官位の中に上から 12 位の「大舎」以下の官吏と無位者で，15 歳から 30 歳までのもの．
・修業年数：9 年

　テキストのリストにある『綴経』と『九章』とはそれぞれ中国唐代「明算科」にテキストとして使われる祖沖之の『綴術』と『九章算術』であるが，『三開』と『六章』とは中国には見あ

たらず，中国の算書にもとづいて朝鮮で編集されたものではないかと思われている．

②高麗時代の算学教育制度

朝鮮は後三国時代を経て，936年に再び統一され，高麗王朝の支配下に置かれた．高麗時代の算学教育制度は体系的に新羅を踏襲したのである．高麗王朝は唐の制度にならい，文武官制度・九品官制度を導入し，科挙による取士制度を確立した．それの実施に伴い，992年に新羅時代の「国学」のかわりに「国子監」を設け，儒学部門に「国子学・太学・四門学」という三つのコースを，1047年頃に実学部門に「律学・書学」と並んで「明算」コースを設置し，算士に関する「明算業」が科挙にある実学の科目として設置された．

高麗時代の「国子監」にある「明算」コースに関する決定はつぎのとおりである．

・教員：算博士と助教を設置する．ちなみに，律学博士は従八品であるが，算博士は唐の明算科と同じく従九品である．
・テキスト：『九章』『謝家』『綴術』『三開』．
・入学条件：八品以下文武官吏の子弟，庶人（平民，ただし，工・商・楽など賎業に従事する者，犯罪者，およびその他の身分が賎しき者を除く），入学を請願する七品以上文武官吏の子弟．
・就業年数：3年．入学して3年後，科挙にある「明算業」の試験を受け，合格者が王朝の技術官吏の算士となる．

テキストの中で，『謝家』を除いて，ほかの三種はいずれも新羅時代で使われたものである．『謝家』も中国の算書には見あたらないが，朝鮮で中国の算書にもとづいて編集されたものではないかと思われる．

③李朝時代の算学教育制度

1392年，高麗王朝が滅亡，李氏朝鮮王朝が誕生した．当時，李氏王朝にとって，量田制の実施にかかわる算士の養成はもっとも急務であった．とくに世宗王の時代で王の奨励もあって，算学教育は著しく発達をとげてきた．世宗は1419年に四代目の

国王に即位し，1430年に司訳院の注簿2名を明朝に派遣し算学を勉強させ，1431年に従来の算学教育制度を整備して「習算局」を設置し，算学に関する官位も高めたのである．世宗時代の算学制度の大きな特徴は，教員として従来の算学博士のかわりに「算学教授」を配置することと，中国の宋元明時代での最新数学成果に関する算書がテキストとして採用されたことである

・教員：算学教授（従六品），1名
　　　　別提（従六品），2名
　　　　算士（従七品），1名
　　　　計士（従八品），2名
　　　　算学訓導（正九品），1名
・テキスト：『詳明算法』（何平子，1373年頃），
　　　　　　『算学啓蒙』（朱世傑，1299年）
　　　　　　『楊輝算法』（楊輝，1378年）
　　　　　　『五曹算経』（甄鸞，刊行年代不詳）
　　　　　　『地算』

　最初の三種は13・14世紀の中国数学を代表する著書であり，『五曹算経』は中国の十種数学古典「算経十書」の一種であり，『地算』は著者も内容も不明であるが，『三開』『六章』『謝家』と同じく，朝鮮において中国の算書にもとづいて編集されたものではないか．

　17世紀1660年代頃，朝鮮数学は「官学」としての算学を離れて，「私学」として発展の兆候が現れてきたが，すでに流入した西洋数学とは相容れず・融合することなく，ついに和算のように朝鮮独自の数学が生まれることなく，終焉のときを迎えたのである．

(2) 朝鮮数学が和算へ与えた影響

　　本節の冒頭で述べたとおり，朝鮮数学は中国数学と異なり，和算への数学思想的影響は少なく，おもに中国の算学と教育制度の日本への伝来をアシストした面にある．
　①胎動期の和算への影響
　　5.4.1(2)「中国7世紀頃までの数学の摂取：和算の胎動」で述べたように，8世紀の日本の「算博士制度」は根本的に国策として朝鮮統一新羅時代を通して導入した中国の唐代の「明算科」

制度によったものである．日本の「大学寮」にある「算道コース」の教科書もおもに唐代「国子監」の「明算科」に使用されたものであるが，『六章』と『三開重差』（三開）は朝鮮で独自に編集されたと思われ，新羅の「国学」にある「算学科」の教科書に使用されたものである．唯一『九司』のルーツは不明である．一言でいえば，朝鮮数学は新羅時代の算学制度を通じて胎動期の和算に影響を及ぼしたのである．

②確立期の和算への影響

　1640年代から18世紀初期までの間に，和算は関孝和をはじめとする和算家によって確立した．この確立期の和算に決定的な影響を与えた中国宋元数学の代表著書『算学啓蒙』（朱世傑，1299年）も『楊輝算法』（楊輝，1378年）も朝鮮を通じて日本に入ってきたのである．

　『算学啓蒙』と『楊輝算法』はいずれも14世紀に李氏朝鮮王朝が中国から朝鮮に輸入し，王朝の官吏養成学校にある算学科の教科書に使用されたものである．16世紀後半，豊臣秀吉が朝鮮出兵に乗じ多くの図書を日本に持ち帰った．朝鮮で復刻された『算学啓蒙』と『楊輝算法』はその図書の中に混入して，日本に流入してきた．和算の確立に決定的な役割を果たした関孝和の数学思想のもとになったのはこの『算学啓蒙』を通じて入ってきた「天元術」と，この『楊輝算法』を通じて入ってきた中国の方程式算法である．関孝和が1661年にこの『楊輝算法』を自ら書き写したことは知られている．

　朝鮮数学が和算に与えた影響はおもに中国の算学制度と算書が日本に伝えられた面にみることができる．中国唐の算学制度を朝鮮の新羅を通じて日本に輸入したのは平安朝の「国策」であり，『算学啓蒙』と『楊輝算法』の流入はまったくの偶然であった．数学思想史的にみれば，東アジア数学交流史の中で，朝鮮は中国と日本の間の「ブリッジ」の役割しか果たしていないというイメージが強いが，しかし，両者の架け橋がなかったら，和算の発達はありえなかっただろう．

5.4.3 和算と西洋数学の関係

関孝和以降，和算は飛躍的な発展期を経て，19世紀前半に最盛期に達した後，論理性の欠如，神秘的なギルド性，および和算記号体系が和算の内容に遅れているなど，和算自体が保有する欠点ゆえに衰退の兆しがすでに現れてきていたが，18世紀前半から日本に流入した西洋数学は和算の終焉を加速した．

西洋数学が最初に日本に伝わってきたのは天文12 (1543) 年に種子島に漂着したポルトガル人と，天文18 (1549) 年に日本にキリスト教を布教にきたイエズス会士（宣教師）フランシスコ・ザビエルによったと思われるが，本格的には享保5 (1720) 年代ごろから中国から間接に，明和7 (1770) 年代からオランダから直接輸入されたのである．この西洋数学は体系的には和算の発達に何らかの影響も与えていないのであるが，明治時代に入るまで，その実用的な価値から日本にかなり浸透していた．明治5 (1872) 年，明治政府が近代西欧教育制度を導入し，それに伴い，教育現場で教科として「和算廃止・洋算採用」に関する学令を頒布して，和算はついに洋算（西洋数学）に取って代わられたのである．

確かに明治5 (1872) 年の学令では教育現場の教科として「和算廃止」が決められただけで，別に和算の研究までを禁止しているわけではないが，事実上，和算の研究を続けることはできなくなったのである．江戸時代，和算研究者の中のほんの一部の者が，和算に理解をもつ藩主の庇護のもとに，あるいは幕府の天文・暦に関する職につくことで和算に専念しうる以外，ほとんどの和算研究者は和算塾を開いたり，寺子屋などで和算やそろばんを教えたりして生計を立てている状況だった．すなわち，明治5 (1872) 年の学令が実施後，和算家の中の少数の者が洋算に転向し，洋算に転向できない者，あるいは潔しとしない者が和算を廃業せざるをえなかったのである．

要するに，明治時代に入るまで，日本に伝わってきた西洋数学＝洋算は和算の発達に体系的に影響を与えておらず，和算を基礎として日本に定着しながら，和算を滅亡の境地に追い詰めたのである．

5.4.4 おわりに

　　　　　日本の伝統数学＝和算は8世紀頃に「国策」として朝鮮を通して導入された中国唐代の明算科制度とそれに関する算書によって芽生え，17世紀前半に明代の程大位の『算法統宗』に影響を受け，吉田光由によって体系も発達様式も中国数学から離れ，私学的な自由学芸として離陸し，18世紀初頭に朝鮮を通じて流入しきた中国の朱世傑の『算学啓蒙』と楊輝の『楊輝算法』をもとにし，関孝和をはじめとする和算家によって独自の記号体系と方法論が形成され，中国の数学に影響を受けながら，中国数学を超え，日本独自の近代的な解析的な数学として確立してきた．19世紀前半に和算はほとんど外国数学の力を借りずに自力で飛躍期を経て最盛期に達した後，和算自体の欠点もあって，日本に入ってきた西洋数学に衝撃を受け，ついに明治5 (1872) 年の学令の頒布によって，自然科学が全般欧化の歴史的な流れに合流している．

　　　　　和算が世界科学史上に存在する意義は何か．近代解析数学の誕生が誰か一人の天才によったのであるというより，数学そのものがある段階に発達を遂げてきた必然な産物であることを証明しているところにある．　　　［吉山青翔（旧氏名：王　青翔）］

■　参　考　文　献
- 日本学士院編『明治前日本数学史』（第一～五巻），岩波書店，1954年
- 日本の数学100年史編集委員会編『日本の数学100年史』（上，下），岩波書店，1983年
- 小倉金之助『明治時代の数学』東京・理学社，1947年
- 銭宝琮著・川原秀城訳『中国数学史』むすず書房，1990年．
- 金容雲・金容局『韓国数学史』槙書店，1978年．
- 王青翔『「算木」を超えた男，もう一つの近代数学と関孝和』東洋書店，1999年
- 王青翔「『算法統宗』と『塵劫記』の比較研究～比較数学史の試み～」（その1）．『数学史研究』（通巻113号，1987年4月～6月）第1～53頁）
- 王青翔「『算法統宗』と『塵劫記』の比較研究～比較数学史の試み～」（その2）．『数学史研究』（通巻114号，1987年7月～9月）第1～40頁）

6 和算と近世文化——知的な遊戯

知的な楽しみ数学遊戯

初期の計算は加減乗除のうちで割算が一番の難題だった．その割算を教えるべく「帰除…」といった数学書が作られ，書名不詳で仮称『割算書』や『算用記』が最初の出版物であった．

難解の割算を簡便算で，いかにも奇術的に解くことも一種の数学遊戯とも考えられる．

龍谷大学所蔵本の『算用記』（日本最古とされる和算書）には「或いは十二半にはること有るは八のこえにてかけ算なり．又十二半合するときは八こえにてわるなり．百を十二半にわれば八のこえ出きたる也．」（$x \div 12.5 = x \times 8 \times 0.01$，$x \times 12.5 = x \div 8 \times 100$ の意）と掛けて割る逆数の応用があり，後の『塵劫記』の通俗版などではこの逆数の一覧表までつけ，あるいは表のみを刷って便利にしたものまで伝えている．

『増補算法図解大全』（前田光武，嘉永元（1848）年）には「か

『増補算法図解大全』より

けて割算の定法」と題し収録されている.

　吉田光由は寛永4（1627）年に一般庶民向けの実用常識集の算法書『塵劫記』を刊行したが，内容が堅く，その後，寛永8（1631）年以後の再版の中に当時の『二中歴』（鎌倉時代末期の類書），『簾中抄』（室町時代初期の類書），『異制庭訓往来』（室町時代初期），『遊学往来』（室町時代初期）などにみる遊戯名中，数学的に解説できそうな「継子だて」「百五減」などを取り入れ，読者に興味をもたせる『塵劫記』をつぎつぎと出版した．この書は明治にいたるまで，ベストセラーとなり，「算法書の代名詞」となるまでの名著となった．

　本章では，おのおのの数学遊戯について個々解説を示すこととする．

［野口泰助］

旬之甲子。不知馬之進退。難辨王之運否。然而十不足。百五減。盗人隠。郎等打。繼子立。石抓。入金。要金。重瞰。小童敷。婆羅門。雙六。一居去。嶋立。佐々立。有哉立。

『群書類従』百四十消息部三『異制庭訓往来』より

6.1 継子立て

「継子立て」は吉田兼好が正中1 (1324) 〜元弘1 (1331) 年に書いた『徒然草』(貞享5 (1688) 年版) に「花はさかりに月はくまなきをのみみる物かは…双六の石にてつくりてたてならへたる程は，とられん事いつれのいしとも，しらねとも，かそへあてて，ひとつをとりぬれは，其ほかはのかれぬと見れと．又々かそふれは，かれこれまぬきゆくほとに，いつれも，のかれさるに似たり．兵のいくさにいつるは，死にちかきことをしりて，家をもわすれ，身をもわする世をそむける草の庵には，静に水石をもてあそひて，是をよそにきくと思へるは，いとはかなし．しつかなる山のおく，無情のかたききほひきたらさらんや．其死にのぞめる事，いくさの陣にすゝめるにおなし．」とある（⇨ 3.25）．

双六の石を並べた図は『口合算盤知恵鑑』に見える．石の並べ方は『二中歴』の第十三「博棊歴 後子立」に

「一一三五二二四一一三一二二一」

「一説云一々三二一三二々三二」

とあり，前者は30人，後者は20人の継子立ての略解が示されている．前者の30人という数は双六の石の数30個（白15個，黒15個）からきている．

また『簾中抄』には

図 6.1.1 双六の石を並べた継子立ての図（『口合算盤知恵鑑』元文2 (1737) 年）

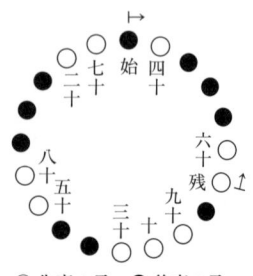

○ 先妻の子，● 後妻の子
図 6.1.2 20人の継子立て

「まゝこたての頌　二一三五二々三一二々一」
「又様　二々々一三二二三二」

とあるが，前者は『簾中抄』が正しく，後者は『二中歴』が正しい．後妻の子と先妻の子を数字の人数で交互に並べ，10人ごとに除くと先妻の子がまったくいなくなる．後妻も同様で，1人残った先妻の子から10人ごとに除けば結局その子が後継者となる．

　この遊戯については村井中漸『算法童子問』（天明4（1784）年）巻一の「算学淵原」の文中に「保元のころ日向ノ守通憲まゝ子だての算を伝ふといふ」とあり，巻二には以下のように「継子立て」について記されている．

「廿六まゝ子だての事」

まゝ子だてとは算脱術なり．兼好法師がいはく，まゝ子立といふものは，双六の石にてつくり立ならへたるほどは，とられん事いつれの石ともしらねども，かぞへあて，一つを取ぬれば，そのほかはのがれぬと見れど，又々かぞふれば，かれこれまぬき行ほとに，いつれものがれざるに似たり．（以上徒然草）　これ世の無常にたとへたり．歌に，あわれなり．老木わか木も山桜，をくれさきだち花はのこらし，又ある人，あとやさき，をくれさきだつ世の中に，のこりはつてふものとてもなし．

塵劫記にいはく，こゝに子三十人あり．十五人は先ばら，十五人は当はらの子なり．ある時まゝ母申けるは，先はら当はら一所にならべ，順に右へかぞへて十人めにあたるをのけ，又廿

図6.1.3　先はら白．当はら黒

人目にあたるをのけ，また卅人目にあたるをのけ，かやうにのけして，廿九人迄のけて，のこれる一人にあとをゆづり申べしとて図のごとく立てたり．さて其ごとくして先はら十四人までのきぬ．今壱人のこれる先はらの子申けるは，あまりかた一方にのき候．まゝちと我より左へ逆にかぞへ給へかしといふ．まゝ母是非なく，その子よりかぞへけれは当はらみなのきて先はら一人残り跡を取けると也．

此ならべやう二一三五二二四一一三一二二一，右ならべや
うのみを記して，其術はぢんかう記に不‿記．又世上の算書
にも見へざる也．故に今新考の術をこゝにあらはす．捷術
は追刻を期するのみ．術脱数十箇を列し，総数三十人を乗
じ，三百箇を得．極数と為し，再に脱数を列し，内一箇を
減し，余九を除率と為す．脱数十を乗率と為し，半総百五十
箇を置き，一差積と為し，乗率を以て之に乗じ，一箇を加
え二差積と為す．又乗率之を乗じ，除率之を除し，三差積
と為．挨次此如くする事．十次遂に極数に満た不るの之数
二百八十六を得，以て極数三百箇を減じ，余一十四を得．
これよみ初より十四番目一人のこれる先ばらの子の座にあ
たる也．按ずるにまゝ子だてはかならす先はらの子一人の
こる也．其数によって当はらの子のこる事有．これはまゝ
子立といふべからす．孝和先生算脱正限法一冊をあらはし
是を弁する事詳なり．その正限法とは此問のごとく十人
づゝかぞふるものは惣数三十人．或は四十二人．或は百四十
人等．必ず定数ありて其余の数は用ひざる也．然るに他の
算家往々列子法と名付たる書流布す．予これを見るに其説
減全除益及び立源改源の名をたつるといへとも，其術分明
ならず．そのうへ正限数の区別なくして差誤もつとも多し．
故に今，関先生及諸家の秘説を参考して精当に帰せしむ．
その余は明師に問べし．

図 6.1.4 『新編塵劫記』より　　　図 6.1.5 『和国智恵較』より

その他，環中仙『和国智恵較』（享保12（1727）年）をはじめ多くの和算書に応用問題が見られ，関孝和の「算脱之法」のような数学の一術として専門的な著述も和算家たちの間に写本・稿本で残っている．「脱子術」（村井中漸），「計子」（千葉胤英），「計子捨法」（有馬頼徸），「計子新術」（斉藤忠吉），「計子秘解」（吉村光高），「算脱解義」（藤田貞資），「算脱術弁解」（剣持章行），「算脱験符詳解」（阿部則敏）など．ほかにも著者不詳のものを入れると膨大な種類がある．

6.2 さっさ立て

「さっさ立て」とは碁石の数を一つずつのグループと二つずつのグループに分けるとき,「さぁさぁ」と声を発し,この声数を数えて二つのグループのそれぞれの数を当てる遊びである. 原理的には鶴亀算と同じである.

『異制庭訓往来』には「嶋立,左々立,有哉立,…」と「左々立」の字が,また『遊学往来』(室町時代初期)には「嶌立,左三立,百五減,…」と「左三立」の字が用いられている.

明和1(1764)年に刊行された『珍術さんげ袋』(環中仙)には「さっさ立て」の遊びについてつぎのように説明している.

(1) 『珍術さんげ袋』(環中仙著,明和1(1764)年)

三十の碁石を人に渡し,左右へわけさせ,其数をいふ事. 分るたびごとに,それぞれと詞をかくる. 其詞の数にて左右の数をしる. 但し,左へは一つつゝ,右へは二つつゝなり. たとへば,

右 ○○○○○○○○○○○○○
左 ○○○○

かくの如くわくれは,十七度にわけおはる. よって,占人,詞をかぞへみれは十七度. 是にて術をおこす. 右算用の仕やうは,十七を倍して,三十四. うち定法の三十を引く. 残て四つあまるによって,ひたり四つ,右二十六といふなり.

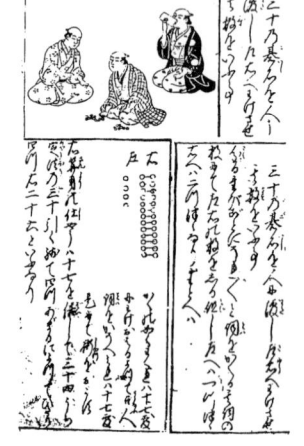

図 6.2.1 『珍術さんげ袋』より

[注解] これも公式より以下のように求まる.

左数 = 17×2−30 = 4
右数 = (30−17)×2 = 26

『珍術さんげ袋』の場合は「さっさ」ではなく「それぞれ」という詞であるが,いずれにせよ声数で知る遊びである.

(2) 『頭書 算法闕疑抄』(礒村吉徳,貞享1(1684)年)

一之巻の巻末に所載されている「差分」の項目に「さっさ立て」について以下のような記載がある.

皮籠に絹と紬と合六十端入. 但絹は二端継き,紬は一端宛也. 扨皮籠より把出すを聞に四十七度にて終ぬ. 右の内,

銘々何程宛と問．

答云　絹二十六端，紬三十四端と云也．

法ニ云．四十七度の内，有端数の半分の三十引，残り十七を一倍にして三十四端は紬の数と知也．是は差分の高値より先へ知る術の略也．たとへば，四十七たんへ二をかけ九十四たんと成．内より六十たん引，残三十四たんを二の内一引，残る一にて割心也．是をさつさ立と云て，碁石などを三十程もたせて，一方へは二つ宛置也．一方へは一つ宛置也．さつさと云声を聞，十五にあまれは十五をすて，残る声数を一倍にして一つ宛置たる方の石数と云也．

[注解]　礒村吉徳の前半の計算法は
$$47 - 60 \div 2 = 47 - 30 = 17, \quad 17 \times 2 = 34$$
として，紬の数を求めているが，これは「$(47 - 60 \div 2) \times 2$」であり，後半の例で示している．
$$紬の数 = (47 \times 2 - 60) \div (2 - 1) = 94 - 60 = 34$$
と同一のものである．すなわち

一つずつの組数を x，二つずつの組数を y，声数を a，総数を b とすると
$$x + y = a \quad (1)$$
$$x + 2y = b \quad (2)$$
式 (1)×2 － 式 (2) より
$$x = (2a - b) \div (2 - 1) = 2a - b$$
となることから，礒村は「さっさ立て」算の計算法は
「紬の総数 = 声数×2 － 総数」であるといっているのである．

以上のことから礒村吉徳は「さっさ立て」算を最初に数学的に解明した和算家といえる．

また，式 (2) － 式 (1) となるから，「さっさ立て」算の公式は
　　　一つずつの組数の総数 = 声数×2 － 総数
　　　二つずつの組数の総数 = (総数 － 声数)×2

となる．

(3)　『勘者御伽雙紙』(中根法舳，享保 3 (1743) 年)

さっさ立ての事，たとへば銭三十文渡して一文のかたへと二文のかたへと，一度一度にさあさあと声をかけてわくる時，其声数を四十五間も脇に居て聞に，十八声なら一文の

方に六文有へしと答ふる也．左（下）の図のごとし．

　　一文の方　　○○○○○○
　　二文の方　　○○○○○○○○○○○○
　　　　　　　　○○○○○○○○○○○○

法曰声数を倍して三十六と成．此内元三十文を引，残六文を一文の方の数といふ也．わたす銭数は何文にても同し断．又元三十文の内にて，声数十八を引，残十二を倍して廿四文となるを二文の方の数といふも同し．

法に曰くは「さっさ立て」算の公式を用いて求めている．

$$一文の数 = 18 \times 2 - 30 = 6$$
$$二文の数 = (30 - 18) \times 2 = 24$$

6.3 目付字

『簾中抄(れんちゅうしょう)』に「いろはの文字くさり,はなにあり.はにありとのみ,いひきて,人の心を,なくさむるかな.はなはとれ.はわあだものと思ふべし.一,二,四,八,十六」と「目付字」についての短い一文が記載されているが「文字くさり」については大枝流芳(おおえだりゅうほう)が宝暦13(1763)年に著した『雅游漫録(がゆうまんろく)』に「一種の尻取り文句」として載っていることから,これは誤りであろう.したがって『簾中抄』の「目付字」はまったく別のものを述べていると思われる.しかし,末部の「一,二,四,八,十六」は2進法を表しており,鎌倉時代に2進法が既に知られていたとは驚くばかりである.

(1) 椿の目付字

2進法の原理を最初に図示したのは『塵劫記(じんこうき)』の「椿の目付字」である.著者の吉田光由(よしだみつよし)は「いろは…」の代わりに,「一,十,百,千,万,億,兆,京,垓,秭,穣,溝,澗,正,載,極,恒(恒河沙の略),阿(阿僧祇の略),那(那由他の略),不(不可思議の略),無(無量大数の略)」の21文字を「花」と「葉」に1文字ずつ書き示したが,下の枝から枝元に順に「一,二,四,八,十六」の数字が隠されたようにある.

図6.3.1 椿の目付字

一の枝：花「一,百,万,兆,垓,穣,澗,載,恒,那,無」

二の枝：花「十,百,億,兆,秭,穣,正,載,阿,那」

四の枝：花「千,万,億,兆,溝,澗,正,載,不,無」

八の枝：花「京,垓,秭,穣,溝,澗,正,載」*1

十六の枝：花「極,恒,阿,那,不,無」

遊び方は,「一」から「無」までの数のうち,一つを相手に選ばせ,覚えさせる.そして,その数が下からどの枝とどの枝の花か葉にあるかのみを聞き,葉にあると答えた場合はその枝にあたる数を捨てる.この花とこの花にあると答えたときはその

*1 『塵劫記』には「秄」が使われているが,正しくは「秭」である.

枝にあたる数をすべて足算し，答えの数が一，十，百，…の何番目に当たるかを見定めて，その数詞を答えるのである．たとえば相手が「兆」という文字を選んだとき，「兆」は一・二・四の枝にあるから 1+2+4=7 となり数詞の「一」から数えて 7 番目の数詞「兆」が相手が選んだものと一致する．

　後の『塵劫記』では「椿」が「桜」に替わり，「一，二，四，八」の 4 枝とし「一」から「載」までの数詞を配分している．『簾中抄』のように「いろは四十七文字」に配分するには 5 枝（$2^5=32$）ではなく，6 枝（$2^6=64$）が必要となる．

(2) 桜の目付字

田中由真が数学的遊戯を集めた「雑集求笑算法」の「十八桜目付字」には，以下のように遊び方の解説が記されている．

右ノ目付ハ図ノ如ク五枝ニシテ其一枝コトニ仮名字三十一字ツヽ記セリ．是ハさくら木ノ目つけ見せてもいろまよふ葉にある字をやかすとこそしれ，ト云歌ヲ枝コトニ一首ツヽ記スナリ．然ルニ其花ニアル字ハ各数ニトラズ．葉ニアルヲ数ニトルナリ．其数ノトリヤウハ，下ヨリ最初ノ枝ヲ一数トシ，◯次ノ枝ヲ二数トシ，◯三ノ枝ヲ四数トシ，◯四ノ枝ヲ八数トシ，◯五ノ枝ヲ一十六数ト究ルナリ．サテ人ニ一字目ヲ付サセテ，其字ハ一ノ枝ニハ花ニアルカ葉ニアルカト問ニ，其見ル人，タトヘハセノ字ニ心ヲ付ルナレハ一ノ枝ニハ花ニアルト云ヘリ．故ニ数ヲ取不．サテ二ノ枝ニハ葉ニアルト云．是ヲ二数ト覚ヘ，又三ノ枝ニハ花ニアルト云ヲ数ニ取ラズ．四ノ枝ニハ葉ニアルト云．是ヲ八数トス．五ノ枝ニハ花ニアルト云ヲ数ニ取不．サテ右数二ト八ト合テ十数ナリ．然ルニ右ノ歌ヲソラニ覚ヘテ，心ノ内ニテ，指ヲ以テ彼歌ヲ初ヨリクルニ十番目ハセノ字ニ当レリ．仍テセノ字ナラント云ヘハ必ス合スルナリ．◯或ハ又やノ字ナレハ一二三ノ枝ニハ各花ニ有テ葉ニ

図 6.3.2　桜の目付字
「雑集求笑算法」より

ナシ．四ノ枝五ノ枝ニハ葉ニアルナリ．然レハ四ノ枝ノ八
数，五ノ枝ノ十六数ト合テ二十四数ナル．故ニ，彼歌ノ上
ヨリ二十四番ノ字ハやノ字ニアタレリ．余ハ皆之準．

一	二	三	四	五	六	七	八	九	十	十一	十二
さ	く	ら	木	の	目	つ	け	見	せ	て	も

十三	十四	十五	十六	十七	十八	十九	二十
い	ろ	ま	よ	う	葉	に	あ

廿一	廿二	廿三	廿四	廿五	廿六	廿七	廿八
る	字	を	や	か	す	と	こ

廿九	三十	卅一
そ	し	れ

相手に各枝に配された三十一文字「さくら木の目つけ見せてもいろまよふ葉にある字をやかすとこそしれ」より一文字に目をつけさせる．たとえば，相手が「せ」の文字に目をつけたとすると，「せ」の文字は一の枝には「花」，二の枝には「葉」，三の枝には「花」，四の枝には「葉」，五の枝には「花」にある．そこで，「葉」にある枝の数のみ集計する．枝は下から順に，一の枝 = 2^0 = 1，二の枝 = 2^1 = 2，三の枝 = 2^2 = 4，四の枝 = 2^3 = 8，五の枝 = 2^4 = 16 とする．そして，二と四の枝の数の合計は 2 + 3 = 10 となるから，31文字の10番目の文字「せ」が求める文字となる．また，「や」の文字は一・二・三の枝には「花」にあり，四・五の枝には「葉」にある．したがって，8 + 16 = 24 となり，24番目の文字「や」が求める文字となる．

　この方法は『簾中抄』の「いろは目付」の逆の応用で花をとるか葉をとるかの相違はあるが，原理は同じ2進法である．

　『新篇塵劫記』の図は花の方をとって，「一・十・百・千・万・億・兆・京・垓・秭・穣・溝・澗・正・載・極」と数えて当てる方法で，この方が古い形式である．

(3) 似た文字の目付字

　『塵劫記』には「似た文字の目付字」が所載されている．この「目付字」は八つの花と四つの枝の2図を使用する目付字で，似た2文字32組を八つの花の花弁(はなびら)と四つの枝の花弁と葉に一文字ずつ配してある．相手が心に思った文字がどの枝か花か葉にあるかを問い，その文字を当てる目付字である．八つの花の脇に

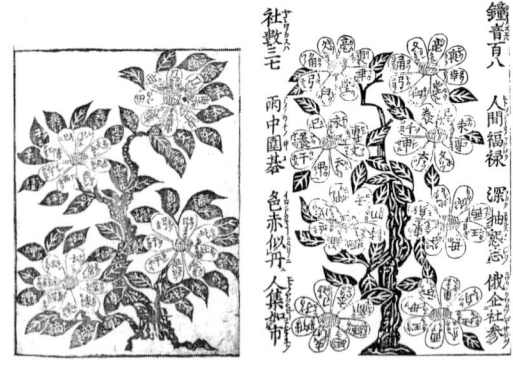

図 6.3.3 「八つの花と四つの枝」の目付字

四字言葉，(1) 人集如市（ヒトアツマルコトイチ），(2) 色赤似丹（イロアカキコトニタンニ），(3) 俄企社参（クワタツシヤサン），(4) 深抽懇志（フカクヌキンズコンシ），(5) 雨中囲碁（アメノウチノイゴ），(6) 人間福禄（フク ロク），(7) 社数三七（ヤシロカス），(8) 鐘音百八（カネノヲトハ）がある．この配置順を暗記しておく．そして八つの枝の中で，相手が思う文字が (1) から (8) の花のいずれにあるかを聞き，また四つの枝のいずれの花弁か葉かを尋ねる．特定の位置から時計回りに先の花の番号だけ数えて答えとするものである．

寛永 20 (1643) 年版では八つの花の下の四つが左右・上下が入れ替えられて，上下から見やすくしてあるが，そのため四つの枝の数え方が 1 から 4 までは時計回りで，5 から 8 までは反時計回りになっている．

『算法指南車（さんぽうしなんぐるま）』（『新篇塵劫記首書増補改（しんぺんじんこうきしゆしよぞうほかい）』小川愛道（おがわあいどう）補改，明和 6 (1769) 年）の解説には苦労がみられる．「似た文字」は『下学集（かがくしゆう）』（東麓破衲編，文安 1 (1444) 年），『字彙（じい）』などにある．

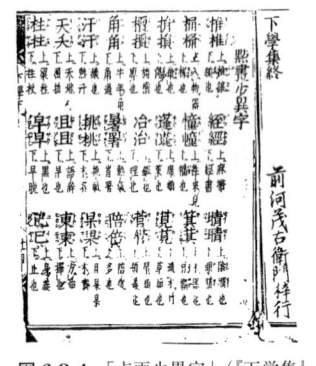

図 6.3.4 「点画少異字」（『下学集』より）

(4) 初製目付字
① 『塵劫記』（吉田光由（よしだみつよし），寛永 4 (1627) 年）

『塵劫記』の「初製目付字」には「始」と「終」の 2 種の表（縦書き）にそれぞれ 8 行 8 列に 64 個の漢字が配置されている．そして，この漢字には「紙は蔡倫」「暦は容成」「数は隷首」「卦は伏犠」といった発明・発見者名が書き添えられている．また

八つの行のそれぞれの上には「野辺吹ﾚ笙」(野の辺に笙を吹く)といった語句が書かれている.

遊び方は相手に「始」と「終」の2種の表を示し,「始」の表から相手に1文字を選ばせ覚えさせる.つぎに,その文字が「終」の表の何行目と何行目にあるかを問い,相手が選んだ文字を当てるという遊びである.

たとえば「市」の文字を相手が選んだとすると,「始」の表は5行目,「終」の表では4行目であるから,「終」の表の4行目に記されている語句「月下汲酒」とある4番目の文字「酒」を選び,語句の下に列せられている6番目の文字「酒」から「1酒→2数→3鐘→4釜→5市」と下に向かって数え,「始」の表の行数「5」から,5番目の数「市」の文字を答えるのである.

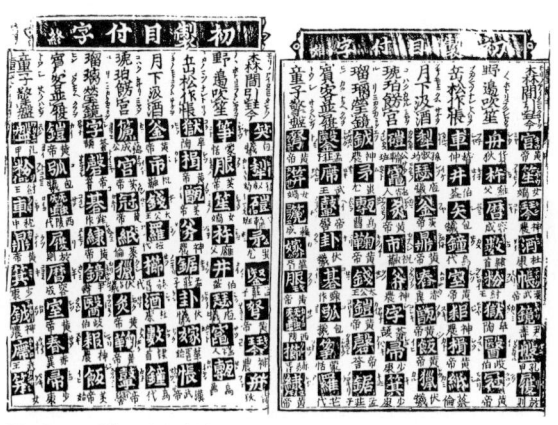

図 **6.3.5**　「終の表」(左),「始の表」(右)

② 『見立算規矩分等集』(万尾時春,享保7 (1722) 年)

目付石ト云コト石八二行ニ並,右カ左カト目付ノ件リヲキヽ,一度ニ二ツ宛脇ヘ堅ニ段々ニ行ニ右ノコトク並,サテ又左カ右カヲ聞,此如三偏ナラヘテ,右ト云ハ,右ノ上ヨリ三ツ目,左ト云ハ,左ノ上ヨリ三ツ目ニ当ルト知ルヘシ

この目付は『遊学往来』(室町時代初期)でいう「臭石」という「目付石」のことであろう.

③ 『増補算法闕疑抄』(礒村吉徳, 貞享 1 (1684) 年)

この書には「八卦目付字」が所載されている.

図 6.3.6　八卦目付字(『増補算法闕疑抄』より)

6.4 盗人隠

「盗人隠」という遊びは建物の四方，四面のどの方向から見ても監視人が同人数に見えていながら総人数を増減させ，監視人に紛れ込むという不思議感をもったパズルである．

「盗人隠」という名称は『異制庭訓往来』（室町時代初期）『遊学往来』（室町時代初期）などに見える．

明暦3（1657）年に刊行された『算元記』（藤岡茂元）には

　　七十二　四方きんぢう

　　如‗絵図‗四面にて見る時，角を用て十五つゝ有，此内へ四つゝ十六まで入て，同十五也．又入たる後二十四まで引ても同十五つゝ有．

とある．「四方きんぢう」（四方禽獣）とは三十六禽のことで，方位あるいはそのうちの十二支のことを示している．「盗人隠」の方法も一つずつ増減する方法と『算元記』や『万世秘事枕』（早水兼山，享保10（1725）年）のように四つずつ増減させるものと2通り伝わっている．以下に『算元記』と『真元算法』（武田主計正　源　真元，弘化1（1845）年）の例を図示する．

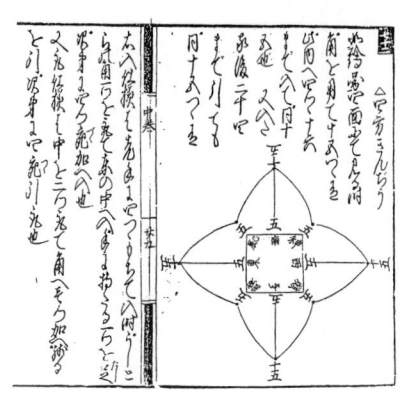

図 6.4.1 『算元記』より

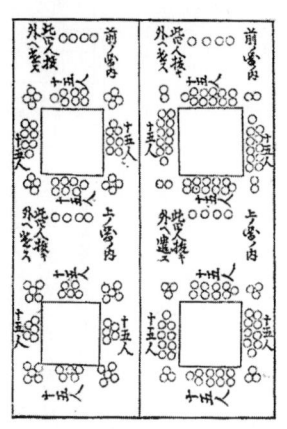

図 6.4.2 『規矩分等集』万尾時春
（享保7（1722）年）

『見立算規矩分等集』（万尾時春，享保7（1722）年）には『算元記』の盗人隠の解答として，盗人が4人ずつ入り込み，40

人から 56 人まで変化したときの解答が図示されている.

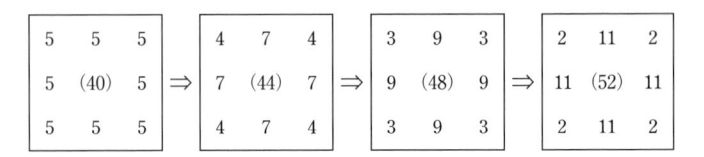

5	5	5
5	(40)	5
5	5	5

⇒

4	7	4
7	(44)	7
4	7	4

⇒

3	9	3
9	(48)	9
3	9	3

⇒

2	11	2
11	(52)	11
2	11	2

⇒

1	13	1
13	(56)	13
1	13	1

このほか四すみを 6 とし,間を 3 とする.また四すみを 7 とし,間を 1 とした図もある.

これを少し工夫すれば 32 人から 1 人ずつ加えて 24 人隠すことも考えられていた(図 6.4.3).

7	1	7
1	(32)	1
7	1	7

7	2	6
1	(33)	2
7	1	7

中略

1	12	2
13	(55)	12
1	13	1

1	13	1
13	(56)	13
1	13	1

図 6.4.3 『真元算法』武田真元(引化元(1845)年

6.5 油分け算

吉田光由『ちんかうき』(寛永 11 (1634) 年版) の巻之四「第十二あふらはかりわける事」には

とおけに，あふら壱斗あるを，七升のますと，三升ますと，二つあり．これにて壱斗の油を五升つゝに，はかりわけよと云時，先此三升のますにて，とおけなるあふらを七升ますへ三はい入申候時に，三升ますに弐升のこるを，扨七升ますのあふらをは又とおけへあけて，三升ますに，弐升あるを又七升ますへ入，又三升ますて一はい入は，五升つゝにわかるへし．

とあるが，七升ますから入れ替えれば 1 回操作が少ない 9 回でもできる．

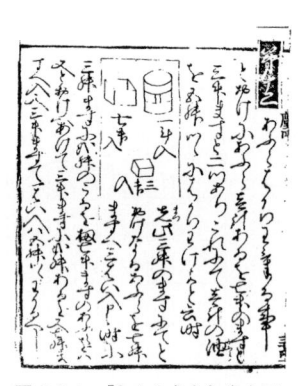

「別解」　図 6.5.1 『ちんかうき』巻之四　　図 6.5.2　図 6.5.1 の説明図

これとは別に三斗二升の油を七升枡と一斗枡の二つで 4 等分の問題が『算元記』にある．その原文をつぎに載せるが，これも 1 回少ない回数でもできる．

山崎より三斗弐升入の油一樽買よせ申に付，四人等分に取申度存候得共，七升入の枡一つよりは無之候処に，四人して一斗入の桶三つ持寄候時，配分の仕様は如何．

答曰，先油三斗弐升を四帰して八枡つゝと見．扨仕様は壱斗入の桶一，二，三と双べ置．一，二の斗桶と七升入枡とに，一盃づゝ，うつし，残の本樽に五升有時に，三の斗桶へ七升

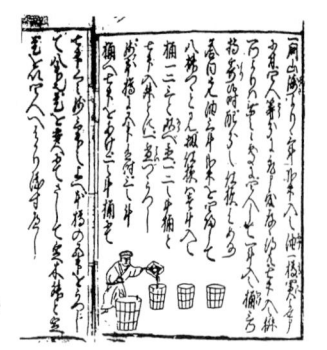

350   6 和算と近世文化——知的な遊戯

図 6.5.3 『算元記』の「油分け算」

をあけ，二の桶にて七升くみ残三升の上へ本樽の五升をうつして八升也．是を曲尺にてさして定木升と定，是を以四人へはかり渡すへし．

これでは途中で目盛りをつけて利用しているので完全に升だけ使用したとはいいきれない．

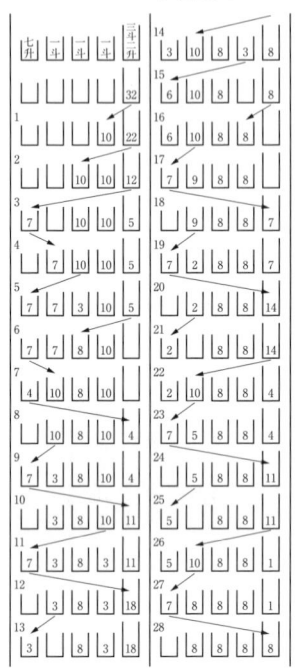

図 6.5.4　図 6.5.3 の説明図

6.6 奇 偶 算

相手に碁石の数 N 個をもたせ，相手に奇数 $1, 3, 5, 7, \cdots$ と順に引けなくなるまで引かせ，余りを聞く．つぎに偶数 $2, 4, 6, 8, \cdots$ と順に引けなくなるまで引かせ，余りを聞く．この二つの余りの数から碁石の総数を当てる遊びである．

この遊びは『勘者御伽雙紙』や『階梯算法』に所載されている．

(1) 『勘者御伽雙紙』(中根法舩，寛保3 (1743) 年) 上巻

　　　　廿三「奇偶算の事」

たとへば，石数いくつ成とも，先の人に一所にをかせて，それを一，三，五，七，九と，次第に二つ増に奇の数にて引時，七つ残るといひ，又，二，四，六，八，十と次第に二つ増に偶の数にて引時，二つ残るといふ時は，総数何程と問．

答，総数三十二有るへしといふ

法に曰，丁 (※偶数) の残りと半 (※奇数) の残りを以て，おほき方にてすくなきを引，残り五を左右に置，かけ合て得数に半の方の残り七を加へて卅二とする也．又丁の方にあまりなく，半の方はかりにあまり有時は，あまりを左右に置，かけ合て，あまりをくはへてしるなり．又，奇の方にあまりなく，偶の方はかりにあまり有時はあまりを左右に置，かけ合てしる也．又，奇偶ともにあまりなき事は決してなし．

[注解] 碁石の数 N 個から奇数 $1, 3, 5, 7, \cdots$ と順に n 回引いたときの余りを a，偶数 $2, 4, 6, 8, \cdots$ と順に n 回引いたときの余りを b とすると

$$\text{奇数の和} = 1 + 3 + 5 + 7 + \cdots + (2n-1) = n^2$$

$$\text{偶数の和} = 2 + 4 + 6 + 8 + \cdots + 2n = n(n+1)$$

より，碁石の数は

$$\text{奇数}: N = n^2 + a \tag{1}$$

$$\text{偶数}: N = n(n+1) + b \tag{2}$$

で表される．しかし，奇数の場合で残りが小さいとき，偶数では $(n-1)$ 回で終了することがある．この場合は

$$N = n(n-1) + b' \qquad (3)$$

となる．

式（1）より
$$a = N - n^2 \qquad (1)'$$

式（2）より
$$b = N - n(n+1) \qquad (2)'$$

式（3）より
$$b' = N - n(n-1) \qquad (3)'$$

ここで，式（1）－式（2）より
$$a - b = n \qquad (4)$$

式（3）－式（1）より
$$b' - a = n \qquad (5)$$

ゆえに，「余りの差」はともに n となる．

したがって，式（4）→式（1）より
$$N = n^2 + a = (a-b)^2 + a$$

すなわち

　　碁石の数 $=$（奇・偶数の余りの差$)^2+$（奇数の余り）

となる．

(2) 『階梯算法』(かいていさんぽう)（武田篤之進(たけだあつのしん)，文政3（1820）年）

「冪数奇偶算の事」

今物数あり．其高を知らず．只云，物数を置て奇数冪，一，九，二十五，四十九，八十一逐て如レ此．是を累減して余る事七十三．物数を置て，偶数冪，四，十六，三十六，六十四，百，百四十四逐て如レ此．是を以て累減して余る事，百六拾四．総数何ほどと問．

答曰　総数　五百弐拾八

術曰，奇数余七十三，偶数余百六十四．相減じて九十一と成．右に置，定法八をかけ，一箇をくはへ，七百弐拾九と成．開平方に開き，右の数をかけて，弐千四百五拾七と成．是に右百六拾四と七十三を三増倍加へ三千百六拾八と成．定法六に割は五百二拾八としる也．

［注解］　碁石の数 N 個から奇数の冪数 $1^2, 3^2, 5^2, 7^2, \cdots$ と順に n 回引いたときの余りを a，偶数 $2^2, 4^2, 6^2, 8^2, \cdots$ と順に n 回引いたときの余りを b とすると

冪奇数：$N = \{1^2 + 3^2 + 5^2 + \cdots + (2n-1)\} + a$
$$= \left\{\frac{2}{3}n(n+1)(2n+1) - 2n(n+1) + n\right\} + a \qquad (6)$$

冪偶数：$N = \{2^2 + 4^2 + 6^2 + \cdots + (2n)^2\} + b$
$$= \left\{\frac{2}{3}n(n+1)(2n+1)\right\} + b \qquad (7)$$

式 (6) − 式 (7) より $a - b = 2n^2 + n, \ n > 0$

ゆえに
$$n = \frac{-1 + \sqrt{8(a-b)+1}}{4} \qquad (8)$$

式 (8) − 式 (7) より
$$n = \frac{1}{6}\left\{(a-b)\sqrt{8(a-b)+1} + 3(a+b)\right\}$$

となる．術文はこの式の手順に従って解いている．

6.7 飛び重ね

　この遊びは「どの碁石も，その隣にある2個の碁石を飛び越えて，そのつぎにある碁石の上に重ねて置いていくものであるが，このときすでに重なっている碁石は2個として計算するので，一つしか飛べない．ただし，できあがったものは等間隔に置くものとする」というルールである．

　最近までマッチ棒10本を使ってのパズルで覚えのある遊びであったが，マッチを使わなくなったこの頃，この遊びも消えかけている．

　「二つ飛び」「三つ飛び」といろいろ応用されて諸書に見られる．

(1) 二つ飛び二つ重ね

　　　　『勘者御伽雙紙』（中根法舳，寛保3（1743）年）中巻十四
　　　　　　「二つ飛びの事」

　　　たとへば図（下）のごとく碁石十ならべて，石数二つゝこえてならびかへ，五所にかさなるやうを問．

　　　　　①②③④⑤⑥⑦⑧⑨⑩

　　　法曰先四を取て一へ，六を取て九へ，八を取て三へ，二をとりて五へ，十をとりて七へやりて左（下）のことくかさなるなり．

　　　　　④　⑧　②　⑩　⑥
　　　　　①　③　⑤　⑦　⑨

　　　この遊びは万尾時春『見立算規矩分等集』（享保7（1722）年）にも収録されているが『勘者御伽雙紙』とは向きが逆になっているだけで同一のもである．

(2) 三つ飛び三つ重ね

　　　　『階梯算法』（武田篤之進，文政3（1820）年）
　　　　　　「三つ飛んで三つ重ねの事」

　　　今碁石十五ならべ，三つ宛飛んで，その間，不同せざるやう，併様如干と問

　　　答曰　左（下）のごとし

　　　　一，二，三，四，五，六，七，八，九，十，十一，十二，十三，十四，十五

法に曰,五を取て一へ入,六を取て一へ入,九を取て十三へ入,八を取て十三へ入,十二を取て四へ入,二を取て七へ入,十一を取て四へ入,三を取て七へ入,十四を取て十へ入,十五を取て十一へ入,左(下)のごとし

一	四	七	十	十三	かくの如く
五	十二	二	十四	九	併ふる也
六	十一	三	十五	八	

右(上)いづれもあいた二つ宛あくなり

(3) 檀尻五番の宮入

『算法便覧』(武田真元,天保9(1838)年)
「檀尻五番の宮入の法」

今図のごとく檀尻二十五番あり.是を中五番づゝ飛こへて,五社の宮へ初の檀尻とも,おのおの五番づゝ宮入せんとす.但し,鳥井と宮との間にある檀尻ハ,始より宮入して居るゆへ,動かすへからず.其法いかんと問.

答曰左(下)のごとし

術に曰,ト,チ,リをイに入れ,ヨ,カ,ワ,ヲをナに入れ,ロをルに入れ,ソ,ツ,子をへに入れ,ホ,ニをルに入れ,ヌをイに入れ,ム(※レとなるべき処)をへに入れ,ハをルに入れ,ラ,ム,ウ,ヰをタに入るべし.

とある.

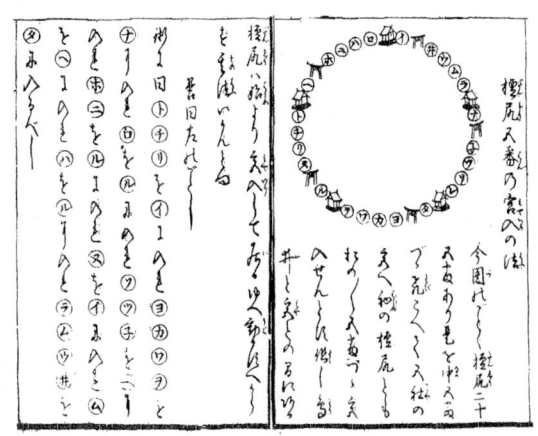

図 6.7.1 「檀尻五番の宮入の法」(算法便覧より)

6.8 おしどり飛び

鴛鴦の夫婦はいつも一緒ということから，碁石の並べ替えに二つずつ，三つずつ，四つずつと組んだまま移動させる並べものを「鴛鴦の遊び」といった．

(1) 『勘者御伽雙紙』（中根法舳，寛保 3（1743）年）中巻十三には
「鴛鴦のあそひといふ事」

　　　　　　　　　　　　　　一二三四五六
黒石三ツ，白石三ツを●○●○●○此図のことく，まじへならへて置．二つつゝ，一所になをして，○○○●●●かくのことく，かたづくやうを問．

法曰，四五を取て七八へ，一二を取て四五へ，三四を取て九十へ，やりて

　　　　　　　一二三四五六七八九十
　　　　　　　　　　○○○●●●

かくのことくなるなり．

[注解] これは

　　　　　　　　　一二三四五六七八九十
　　(1)　●②❸④❺⑥
　　(2)　●②③　　　⑥④❺
　　(3)　❸●②⑥④❺
　　(4)　　　　②⑥④❺❸●

の手順で移動している．

(2) 『真元算法』（武田真元，弘化 2（1845）年）

この書には以下のように 2 問収録されている．

「鴛鴦ならべの事」

[第 1 問]

今白黒の碁石を十二をもつて，左（下）の如く二つづゝ組合してならへ，●●○○●●○○●●○○三つづゝ取りて，三べん迄入替ても白黒変るのみ．はじめのことく，二つならべやう，いかんと問．

答曰　左（下）のごとし

イロハニホヘトチリヌルヲワカヨタレソ
●●○○●●○○●●○○

術曰，リ，ヌ，ルをとりてワ，カ，ヨへ入れ，イ，ロ，ハ

6.8 おしどり飛び

をとりてリ，ヌ，ルへ入れ，ニ，ホ，ヘをとりてタレソに入るときは黒白変して，二つづゝ左（下）ごとくならぶこと実正，鴛鴦の遊び
○○●●○○●●○○●●といゝフべし．

[注解] これは

　　　　　イロハニホヘトチリヌルヲワカヨタレソ
　　　　　●●○○●●○○●●○○
　(1)　　●●○○●●○○　　　　○●●
　(2)　　　　○●●○●●○○●●○○
　(3)　　　　　　　　○○●●○○●●○○●●

である．

[第2問]
今白黒の碁石十二を左（下）のごとくならべて二つづゝ組合してならべ●●○○●●○○●●○○是を四つづつ三べん迄入かへて○○○○○○●●●●●●如此ならべやういかんと問．

答曰　如左（下）
　　　　　イロハニホヘトチリヌルヲワカヨタレソツ子
　　　　　●●○○●●○○●●○○

術曰，ト，チ，リ，ヌをとりてワ，カ，ヨ，タに入れ，イ，ロ，ハ，ニをとりてト，チ，リ，ヌに入れ，ホ，ヘ，ト，チをとりてレ，ソ，ツ，子へ入るなり．

[注解] この場合は

　　　　　イロハニホヘトチリヌルヲワカヨタレソツ子
　　　　　●●○○●●○○●●○○
　(1)　　●●○○●●　　　　　　○○○○●●
　(2)　　　　　　●●●●○○○○　　　　●●
　(3)　　　　　　　　　　○○○○●●●●●●

である．

6.9 年齢算

　藤岡茂元が明暦3（1657）年に著した『算元記』には，9歳の娘と25歳の男を結婚させる話しで，娘の親がいうのに，あまりにも年齢が違いすぎる．せめて男の歳の半分ならばという．これに対し，$(25-9) \times 2 - 25 = 7$ として，7年後，娘は $9+7=16$ 歳，男は $25+7=32$ 歳でちょうど半分となる．といった内容が収録されている．

　以下に示す年歳算の計算法はともに男の年齢を a，女の年齢を b，待つ年数を n とすると，$a+n = 2(a-b)$ より $n = a-2b$ または $n = (a-b)-b$ として求めている．

(1) 『算元記』（藤岡茂元，明暦3（1657）年）

　　　　九歳に成娘を，廿五之男夫妻之契約申所に，年数之過不足に付，奉行所へ上り，娘の親申分は，男の半分歳違にても有ならは，御意次第と申此批判如何．答曰当衰忍半相と云算是也．術は男の当年廿五を，娘の当年九歳減して，娘の先年十六を求，是を倍して男の先年三十二を得．然ハ両方共に七年過て可然か．

(2) 井原西鶴『本朝桜陰比事』（元禄2（1743）年）巻三（六）「待ば算用もあひよる中」*1

　　　　　縁付は身過づくぞかし
　　　　　男吟味はさりとは無用の事
　　昔，都の町に頷き婆とて，仲人口のよきものあり．年中是を身過にして首尾させぬといふ事なし．爰に三十五になる男の，年令を秘して，十五になる娘を縁組取持，頼みの祝儀送らせ相済ましける．其後娘の親，聟の年齢ふけたるを聞き出し，身代は不足無けれども，いかにしても二十の違ひなれば，なかなか娘を遣るまじきといふ．また男の方にはよばねば勘忍致さず．仲人迷惑して此段御前へ申上ぐれば，両方召し出だされ，男の義各別なる悪事あらば申すべし．年齢の違ひの分にては約束の証取つての上，きつと娘を送るべしと仰せ出だされし時，此の義は仲立の者余りなる偽りを申し，娘は十五に罷り成り候に，三十五の男は年齢二十の違ひ御座候．せめて半分の違ひなれば娘を送

*1 昔，都に仲人口を家業とする「うなずき婆」がいた．その婆が35歳になる男の年を隠して15歳になる娘との縁組みを取り持ったが，娘の親が聟の年を聞き出し「歳が20も違っているので娘をやるわけにはいかない」と仲人にいった．男の方は「約束を果たさなければ承知しない」という．当惑した仲人はお上に訴えた．（中略）娘は15になりますが聟が35では20も年が違っています．せめて

り申候．此義は聞し召し分けさせられ，似合はざる縁組，頼みを返したき御願を申上ぐる．時に仰せられけるは，其方が望の通り，今五年過て娘を送るべし．聟もそれ迄相待つべし．四十になれば女は二十．年半分違ひ時ありと仰付けられけると也．

(『いてふ本刊行会』p.66～67，1953年刊)

(3) 『求笑算法』(田中由真（慶安4（1651）～享保4（1719）年），写本)*² には

「長夫少婦年待嫁」

或ハ当年三十歳ニナル男アリ．此男七歳ニナル女子ヲ強テ妻ニ求ントス．女子ノ親ノ曰，娘ノ年セメテ男ノ年ニ半分ナラシメバユルスベケレド，今四双倍余ナリトテユルサス．然レハ今幾年ヲ経テ男ノ年ニ女子半分ナルヲ問フ．

　　　待　一十六年
答曰　男　四十六歳
　　　女　二十三歳

法曰，女歳数七歳置之倍一十四得以男歳減余待年一十六年得各今歳数加各重年得問合

(4) 『勘者御伽雙紙』(中根法軸，寛保3（1743）年)*³

「男女待レ年嫁事」

むかし，何がしとかやいひつる人，一人の娘をなんもたりけり．其むまれつき，いときよらにありければ，おひさきいみしうおもはれ，春の花，秋の月のごとく，いつきかしづきそだてつつ，すでに七年にもなりしかば，嬋娟たる花のよそほひ，又もやにるべくもあらねば，見る人けざうせざるはなし．爰にまた其辺りになん年の程三十にぞなれりけるあてなるをとこ，是もかの娘を見てしより，しづ心なく，ついには此女をこそえめと，日々に恋しくのみおほえけれは，ある時かの家にゆきつつ，娘の親にけしきをとりて，しかじかのことども語りはべりしに，おやはおもひうけぬにことにて，いかゞとためらひけるが，さすが，なをざりにも成かたく，誠にせちなる心ざし，いかで，むげにおもはんや．しかあれとも，年のほどけやけくたがひはべりぬ．せめて半のちがひならはくるしからんに，今公の年を四つにして其壱つにたらぬ女のことなれは，ねがはくは

6.9　年　齢　算　　359

半分ぐらいの違いならば…」という．これに対し，お上は「あと5年経ってから娘を嫁にやるがよい．そうすれば，男40歳，女20歳になり歳が半分になる．」と申し渡した．

*2　30歳の男が7歳の女子を妻にしたいという．娘の親はせめて男の歳の半分ならば許すという．何年待てば女の歳が男の半分になるか．
　計算法は $n = a - 2b = 30 - 7 \times 2 = 16$　とす る．

*3　昔，大変美しい7歳の娘がいた．近所に，30歳くらいの上品な男が娘に恋をし，娘の親に思いを告げた．それを聞いた親は「歳の差が余りにもあり過ぎる．せめて半分くらいの違いならばまだしも．貴男の歳を四つにしてその一つだけ足りない女の事だったら許すが，さもなくば，年を待って，互いに半分違うくらいのことであったら．」と言ったところ，男は大変喜んで，親しい数学者に聞いたところ，16年待てば貴男は46歳，女は23歳

になると答えた．その術を問う．
　計算法は $n = a - 2b = 30 - 7 \times 2 = 16$ とする．

是をゆるし給へとありければ，さあらは，もしくは年をまちて，たがひに半ちがひたらん事あらは，其時たびてんやとひたふることばをつくしとひけれは，さすが岩木にしあらねは，いなみがたくて，ともかくもとなんいひしを，男いといたう悦びて，此こと年頃したしき友とちの算士にとひけるに，即十六年まちたまへは，男は四十六歳，女は廿三歳となるとこたへしと，きゝつたへはべりしが，其術いかんととふ．

　　　　待こと十六年
　　答云　男四十六歳
　　　　　女二十三歳
法曰．女子の年数七つを置て，倍之して十四と成．是を男の年数三十の内にて引は，残り十六と成．是待年也．是に今の年の数をくはふれは，各の年の数となるなり．

(5)　『算話拾擽集』（高橋織之助，文化7（1810）年)[*4]

*4　客がいうには私は30歳になったが未だに妻はなく，隣家に9歳の娘がいる．この男が隣家の娘に恋をし，結婚を申し出たが娘の親はせめて男の歳の半分ならば許すという．何年待てば女の歳が男の歳の半分になるか．
　計算法は $n = a - 2b = 30 - 9 \times 2 = 12$ としている．

客の曰く，我とし三十に至れとも，いまた妻なく，隣家に九つの娘あり．かしこ至りてこひもとめんとする事切なり．かの両親いなむる詞なく，あまりに年たかひぬるこそくやしけれ．せめてなかはたかひたらんには望にまかすへき物をといひてやみぬ．余これを聞て算盤をとりて笑て，曰，十二年まち玉へ．貴下は四十二，娘は二十一となりて両親の好む所に叶はん．

6.10 父の子母の子

「父の子母の子」の話は庶民の間に広く流行した話を集めた笑話集『醒睡笑』(「睡りを醒まして笑う」の意)や村井中漸『算法童子問』(天明4 (1784) 年)に集録されている.

『醒睡笑』の著者は京の僧侶で茶人や文人として,また落語家の祖としても知られる安楽庵策伝(天文23 (1554) 年〜寛永19 (1642) 年)和尚である.

『醒睡笑』は元和9 (1623) 年に和尚が説教用に編集し,京都所司代に献呈した戦国笑話の集大成で8巻,1030余の笑話を集録している.

(1) 『醒睡笑』(安楽庵策伝,寛永5 (1628) 年)[*1]

*1 源義経が弁慶とともに東国に向かったときの話し.一夜の宿をかりた折り,弁慶が主の女房に子供の数を聞くと「父の子6人,母の子6人,合計9人」という.弁慶は計算が合わぬと悩み,次の日,義経に7里後れてしまった.これは父の連れ子3人,母の連れ子3人,父と母の子3人で計9人.父からみれば3+3=6人,母からみれば3+3=6人となる.

義経東国下向の時,一夜の宿をかられけり,弁慶あるじの女房に「子はいくたり候ぞ」と問へば「父の子六人,母の子六人あはせて九人候」と答へしを何とも当座にあたらず.明の日も案ずるとて弁慶道を七里あゆみおくれたるとなん.これは父に始の腹の子三人あり.母にも始めの夫の子三人あり.今夫妻の中に三人出来たり.父に分けて見れば六人.母に別けてみれば六人.されどもきはまりは九人.子は九人あるといはで.

[注解]

夫婦の子 = 6人 + 6人 − 9人 = 3人

父親の子 = 6人 − 3人 = 3人

母親の子 = 6人 − 3人 = 3人

(2) 『算法童子問』(村井中漸,天明4 (1784) 年)[*2]

「父の子母の子といふ事」

*2 昔,源義経が弁慶とともに鎌倉に向かったとき,大磯の民家に立ち寄ったところ,子供が多く弁慶が母に子供の人数を聞くと「父の子7人,母の子5人,合計8人」という.弁慶は7人と5人ならば12人となるがそれが8人とはおかしなことだとのしっ

むかし九郎判官殿かまくらへ下向の時,大磯といふ里の民家にたち入,しばらくやすらひ給ふ.この家のうちにおさなごあまた見へけるゆへ,いくたりか子をもちけるぞとて弁慶に問しめ給へは,母のいはく,父の子七人.母の子五人.あはせて八人もちて候と答へける.弁慶聞て七人と五人とならば十二人こそもつべきに八人と申ける事のあやしさよとののしりける.判官殿わらひ給ひ,その八人と申には子細こそあるらめ,父の子にもあらず,母の子にもあら

た．義経は笑いながら，子細があるのだろうという．父は3人の子供を連れ，母は1人の子供を連れて結婚．そして4人の子供を産んだ．したがって，父の子3＋4＝7人，母の子1＋4＝5人で計12人となるが，父の子3人は母の子に非ず，母の子1人は父の子に非ず．それ故，子供の数は3＋1＋4＝8人となる．

ぬものあるべしとの給ひけるとなん．
評にいはく，これは子三人もちたる男の家へ子一人具したる女をむかへて夫婦となりて，又子四人うみたる也．はじめ男の三人へ又四人をうみたれば父の子七人なり．又女の具したる一人へ，又四人をうみたれば母の子五人也．男の家の三人は今の母の子にあらず．女の具せる一人は今の父の子にあらず．かるがゆへに母の答かくのごとし．
術五人に七人をくはへて十二人となる．此内八人を引，のこり四人は今の父と母との子也．又父の子七人の内，母の子五人引，のこり二人は父の子母の子の差也．八人の内，父母の子四人引，のこり差二人をくはへて二帰すれば父の子三人とする．差を引，二帰すれば母の子一人としるゝ也．

[注解]

$$夫婦の子 = 7人 + 5人 - 8人 = 4人$$
$$父親の子 = 7人 - 4人 = 3人$$
$$母親の子 = 5人 - 4人 = 1人$$

となるが，村井中漸は術文で以下のように3元1次連立方程式を用いて解いている．

父の子 $= a$，夫婦の子 $= b$，母の子 $= c$ とすると

$$a + b = 7 \qquad (1)$$
$$b + c = 5 \qquad (2)$$
$$a + b + c = 8 \qquad (3)$$

式(1)＋式(2)より

$$a + 2b + c = 7 + 5 = 12 \qquad (4)$$

式(4)－式(3)より

$$b = 12 - 8 = 4 \qquad (5)$$

式(1)－式(2)より

$$a - c = 7 - 5 = 2 \qquad (6)$$

式(5)→式(3)より

$$a + c = 8 - 4 = 4 \qquad (7)$$

式(6)＋式(7)より

$$a = (4 + 2) \div 2 = 3$$

式(7)－式(6)より

$$c = (4 - 2) \div 2 = 1$$

6.11 虎の子渡し

随筆集『嗚呼矣草』の巻之五,百廿三には「虎の子渡しと云事」と題し以下の内容が記されている.

世話しき商賣の工面をいえり．いかゞなることやと．いぶかしかりしに，清土に虎ありて子三疋もてり．壱疋の虎子は悪虎にて，母の虎の居ざれば，残る二疋の子を喰はんとす．故に母虎これを守りて隙なし．川を渡らんとするとき，壱疋づゝ子を渡すに，是非壱疋は悪虎の為に喰はる．よって母虎工夫して，先壱疋の悪虎を川向ひへわたし置，次にまた壱疋つれ行て，彼悪虎子をまたつれもどる．川の前後に虎子壱疋づゝをれり．然るに彼悪虎子を元の岸に残して，残る虎子を川向へ渡し，また戻りて終りに悪虎子を渡す．よって残る二虎子恙なし．三度渡りて子を越す処を，五度して三疋を渡す．これ虎の獣類といえども，其才見つべし．これを虎の子渡しと云へり．

［注解］ 母虎の動きは,①悪虎を渡す,②戻る,③虎子Aを渡す,④悪虎を連れ戻す,⑤虎子Bを渡す,⑥戻る,⑦悪虎を渡すというもので,「五度して三疋を渡す」とは悪虎が1往復半の3回,他2疋の虎は1回ずつ渡るところからきている.

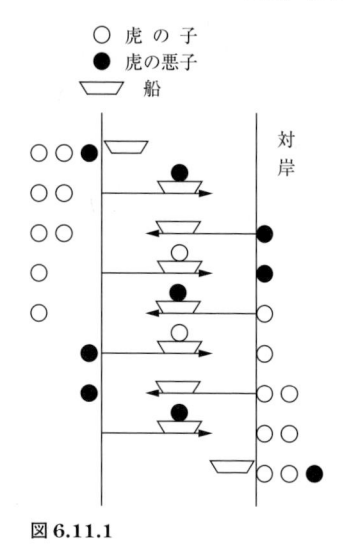

「虎の子渡し」の説話は13世紀頃に中国で書かれた史書『癸辛雑識 続集下』に集録されている．他には『橘菴漫筆』『榊菴談苑』『男重宝記』『絵入遊戯算術』『三十輻』『柳亭記』など随筆本に見られる．

中国では「虎の子渡し」は「善政がしかれた国」と表現されており，これが日本に伝わり，「商売の苦境を脱する工面の喩え」として使われてきた．京都の南禅寺方丈前庭や龍安寺の石庭は石を親虎・子虎に見立て，白砂で川水を表し，虎の親子が河を渡っていく様子を表現し，時の政権が善政をしいているとたたえていることを表現したことから「虎の子渡しの庭」とよばれている．

ヨーロッパではかなり古くから「狼と山羊と野菜」と題して扱われている．

図 6.11.1

6.12 十不足

　室町時代初期の『異制庭訓往来』に「十不足」とあり，また寛文2（1662）年刊行の『遊学往来』には「十満不」とある．この遊びは「何箇」という遊びの一種で，古くは平安時代に日本で編纂された歴史書『文徳実録』の仁寿3（853）年2月のところに元慶2（878）年の「蔵鉤」のことが記載されている．

　また『好色一代男』などにも見え，『法然上人絵伝』などに遊んでいる姿も描かれている．

　「十不足」はその遊び方の一種で「相手が握っている碁石の数に関係なく，当方の碁石の余りの数を当てる遊び」であるが，本によって操作の手順が異なっている場合がある．

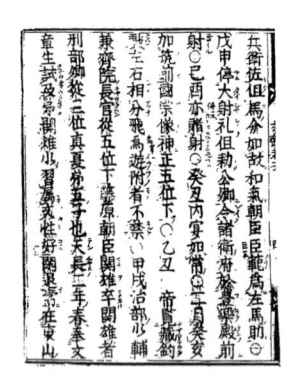

図 6.12.1 『文徳実録』より

(1) 『見立算規矩分等集』（万尾時春，享保7（1722）年）

　　十二不足ト云コトハ人ニ石九ツ持セ，幾ツ成トモ先ノ心シタイ持出ルヲ，其手中ノ石ニ十二足テ元ヲタシカヘシテ余リ幾ト．此方ヨリ持出タル石ニテ，合セ申コト也．是ハ先ヨリ幾ツ持出テモ，此方ヨリ十一持出レハ一余ル．十二持出レハ二ツ余ル，十三ハ三，十四ハ四ツ余ルト知ヘシ．

(2) 『勘者御伽雙紙』（中根法舳，寛保3（1743）年）上巻

　　　　八「十にたらずの事」

　銭にても碁石にても，物数九つ，先の人に渡して，いか程成とも思ま丶に，手の内に握て御出あれ．此方よりも又にきりて出て，其方の物数ほとかへして，扨，御出有たる物

6.12 十　不　足

　　　　　　　数を十にたして，後(あと)に三つあまさんといふて，物数(ものかず)十三持(もち)
　　　　　　　て出る也．十二持て出れハ二つあまさんといふなり．いく
　　　　　　　つにても 同　断(おなじことわり)．

[注解]　始めに相手のもち数を9個，当方のもち数を $(10+a)$ 個とする．つぎに相手が握った数 x 個を当方も差し出す．すると，当方のもち数は $\{(10+a)-x\}$ 個となる．ここで相手が握った x 個に当方から y 個を差し出し，$x+y=10$ 個となるようにすると，当方の残り数は $\{(10+a)-x\}-y=(10+a)-(x+y)=a$ 個となる．当方のもち数が11個であれば残りは1個，12個であるならば2個残り，13個であるならば3個残り，14個ならば4個がつねに残る．

　始めに相手に9個渡したのは10個以上をもたせないためである．

6.13 碁石拾い

図 6.13.1 『万世秘事枕』より

碁盤に碁石をある形になるように並べ，以下のルールに従って，一筆書きの要領ですべての碁石を拾い尽くすという遊びである．

① どこから取りはじめてもよい
② 碁盤の目の方向に沿って取っていく（ただし斜めの方向は不可）
③ 通ったところにある碁石は必ず拾う
④ 碁石を拾ったところでは方向を変えることができるが後戻りは不可
⑤ 碁盤の目の方向に沿って進むのであれば碁石がなくてもよい

(1) 『和国智恵較』（環中仙，享保12（1727）年）[*1]

*1 挿し絵は取り尽くす順番（㊀，㊁，㊂，㊃，…）を示したものである．

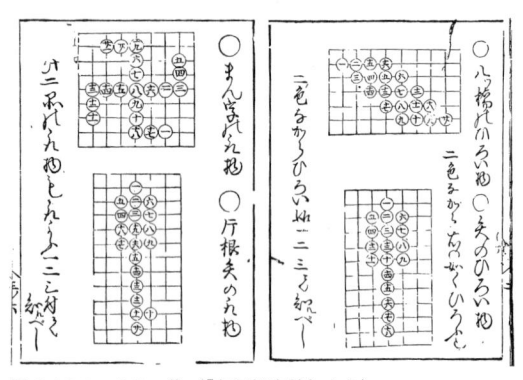

図 6.13.2 ひろい物（『和国智恵較』より）

(2) 『万世秘事枕』(早水兼山, 明和1 (1764) 年) の巻之上

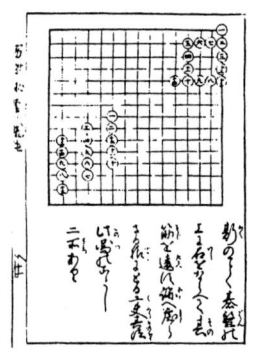

図 6.13.3 「碁盤のうえの石をとる工夫」(『万世秘事枕』より)

挿し絵にはつぎのように記されている.
　　斯のことく碁盤の上に石をならへて其筋を違す跡へ
　　戻らさる様にとる工夫其法此図のことし二所あり

(3) 『階梯算法』(武田篤之進, 文政3 (1820) 年)

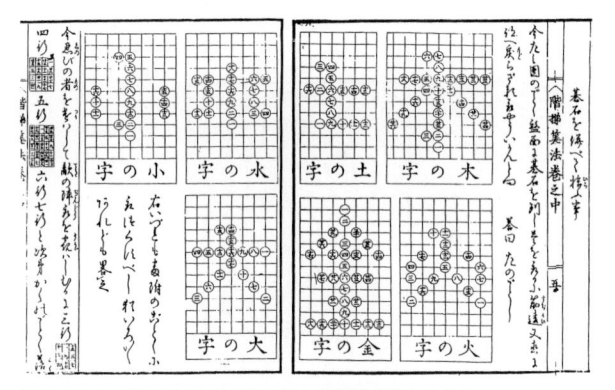

図 6.13.4 「碁石を併べて拾う事」(『階梯算法』より)

挿し絵にはつぎのように記されている.
　　今左の図のごとく盤面に碁石を列し是を取るに筋違又
　　直に後へ戻らざる取やうといかんと問答曰左のごとし
　　右いづれとも番附のごとくに取つくすべし猶いろいろ
　　あれとも略之

6.14 裁ち合わせ

「裁ち合わせ」とは，長い布を裁ち合わせ，正方形に直すことに始まり，諸々の形を裁ち合わせて，希望する形に変える方法のことである．「裁ち合わせ」はピタゴラスの定理の証明にも応用されている．またパズルにまで発展し，タングラムや一刀切り，紋切など，その種類も多く見られる．

(1) 『算元記』(藤岡茂之，明暦3 (1657) 年)

　　　　長八尺，はゞ三尺五寸五分有織物を裁目一筋にて，しとねのごとく四方成．仕様は如何．

　　　　答曰　長を三帰して，二をかけ五尺三寸三三と成．又はゞを二帰して，はゞにたし，五尺三寸二分五厘と成．裁違はなをるへし．是にて少ちかひ有之とも，裁め長くなき事重宝に候．くわしきたちやうは明鑑に録す．

　　　［注解］これは8尺×3尺5寸5分の布を正方形にするのであるが，近似の形で5尺3寸2分5厘×5尺3寸3分3厘となっている．

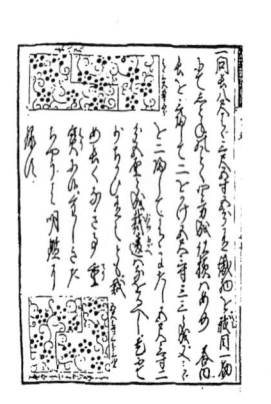

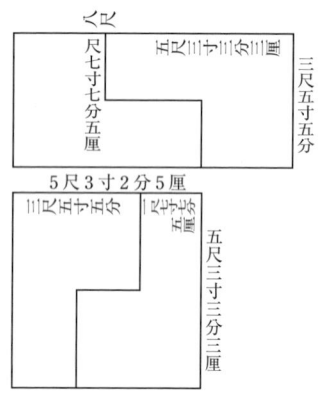

図 6.14.1 裁ち合わせ（『算元記』より）

(2) 『改算記』(山田正重，万治2 (1659) 年)

　　　　「第十三　附物裁やう」

　　　　此しようしようひはゞ三尺弐寸，長五尺有是を四方になをす時，こまかにたちくずさすしてなをし度といふ時，如此一かたなにつゝけて四尺四方にたちなをすなり．

亦いつれをなをすときも同心持なり．右をまたはしにてつぎ度といふ時は如 $_L$ 此三つにたちてあわするなり．此外たちやうあり．是をなかさ三尺になをすときは弐寸に五寸つゝのかんきにたちてあふなり．

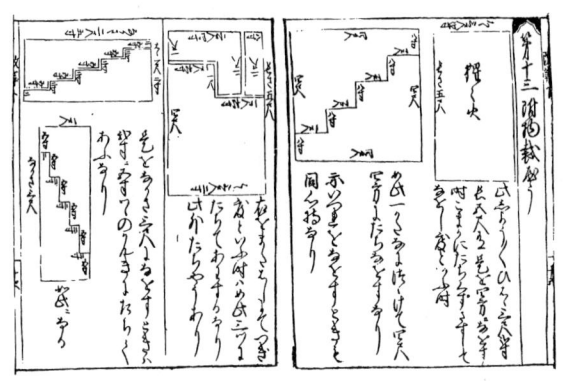

図 **6.14.2** 裁ち合わせ（『改算記』より）

(3) 『算法勿憚改（新板 算学渕底記）』（村瀬義益，延宝1（1673）年）

勾股弦，3・4・5による三平方の定理の証明（図解）である．上の正方形は3尺の鈎の正方形，下の正方形は4尺の股の正方形，中の正方形は5尺の弦の正方形である．●印と○印と・印の三角形の移動により，上と下の正方形の和が中の正方形となる．

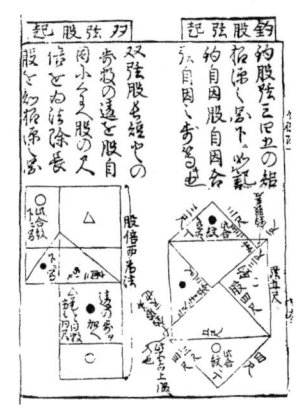

図 **6.14.3** 裁ち合わせ（『算法勿憚改』より）

(4) 『啓迪算法指南』(小野以正, 安政 2 (1855) 年)

図 6.14.4 は裁ち合わせによる三平方の定理の証明である.

△ABK において, $AB^2 = AK^2 + BK^2$ を証明するに

弦^2 = い + ろ + は + に + と + ち

股^2 = ち + り + ぬ + ほ

鈎^2 = へ + と

としている. すなわち

$$AB^2 = 4 \times \triangle ABK + (AK - BK)^2$$

$$DE^2 = 2 \times \triangle ABK + AK(AK - BK)$$

$$LA^2 = 2 \times \triangle ABK - BK(AK - BK)$$

$$DE^2 + LA^2 = 4 \times \triangle ABK + (AK - BK)^2 = AB^2$$

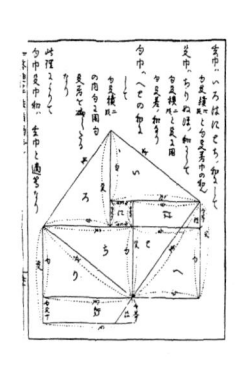

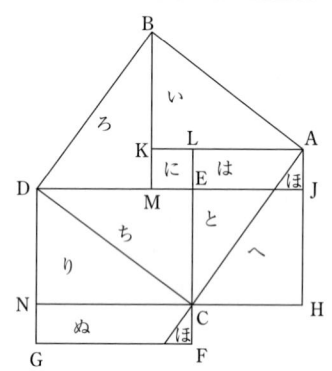

図 **6.14.4** 裁ち合わせ(『啓迪算法指南』より)

(5) 『並物 一百一十余品』(中田高寛(元文 4 (1739)〜享保 2 (1803) 年))

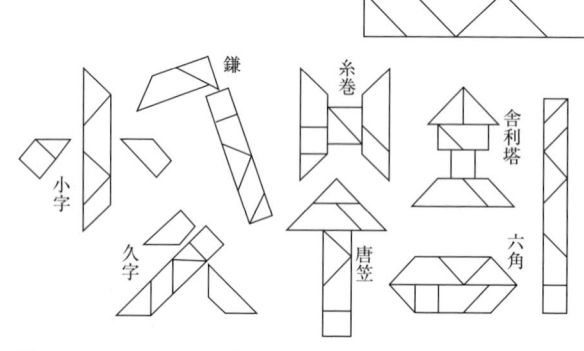

図 6.14.5 の右端の長方形の板を実線に沿って 7 つに切ったものを全部使って色々な形を作るもので,「智恵の板」やタングラム (tangram) と同類のものである.

図 **6.14.5** 裁ち合わせ(『並物 一百一十余品』より)

6.15 壺　　算

　　『真元算法』(武田真元，弘化 2 (1845) 年) の頭注に室町時代の『事文類聚』を引用した「壺算」が所載されている．また『和洋普通　算法玉手箱』(福田理研，明治 12 (1879) 年) にも金額の単位をかえて載せている．

　　この壺算の話は落語で有名で，『訳準開口新語』(大岡白駒，寛延 4 (1751) 年)，『訳解 笑 林広記』(遊戯主人，文久 3 (1863) 年) や『中国笑話選』『江戸小咄辞典』『落語の原話』『日本昔話集成』などに見られる．

(1) 『真元算法』(武田真元，弘化 2 (1845) 年)*1

「壺算用といふ度」

或人市店にて，つぼを買んと其値段をとふニ売人の日，大の壺代銭壱貫文，小のつぼ代銭五百文也．買人の日ク，然れハ我小の壺をかふとて残五百文を渡し，壺をもちかへりたり．暫く在て其小の壺を持来りて曰く，先刻銭五百文を渡して置きたり．其上又五百文の小のつぼを与遣す．故，其銭高，合して一貫文と成を遣すに当る也．故に壱貫文とて，大つぼを持ちかへるとて，大のつぼを持ちかへりとなん．後にて売人心付，算法にくらかりしを悔み，是より，日夜さん術を学びしとかや．

*1 ある人が壺を買うのに値段を聞くと大壺は 1 貫文，小壺は 500 文であった．初め 500 文で小壺を買ったが気に入らず大壺と取り替えに行った．その際，先に払った 500 文とこの 500 文の壺とを合わせると 1 貫文になるからといって，1 貫文の大壺を持ち帰った．店主は算法に暗いがために損をしたと悔やみ，それからは日夜算術の勉強に励んだという話．

(2) 『和洋普通　算法玉手箱』(福田理研，明治 12 (1879) 年)*2

或人市店に行て壺を買んと欲し，其価を問ふに，大の壺ハ十銭にして，小の壺ハ五銭なりと答ふ．然らハ，小の壺を求むへしとて銀五銭を渡し，小の壺を持帰りしか．暫く在て，其人，小の壺を持来りて，曰く，少なくして其用を為さず．仍て，先刻五銭を渡し置たり．今，此壺を渡し，大の壺と換るべしとて，大の壺を持帰りしと云．此商人，算法に暗きよりして損失したるを壺算用と云へしとかや．

*2 『真元算法』と同じ内容ではあるが，大壺 10 銭，小壺 5 銭となっている．この書は明治 12 年の発行であるから価格を時代に合わせたものと思われる．

6.16 薬師算

碁石などを用いて，正多角形を作り，そのうちの一辺だけを残し，他の辺の碁石をそれに添え並べさせると端数がでる．この端数の数だけを聞いて全体の碁石の数を当てる遊びである．このとき，定数に 12 の数を用いる．12 は薬師に関連深い数であるから薬師算と称されている．

(1) 『ちんかうき』(吉田光由，寛永 11 (1634) 年)

「やくしさんと云事有」

如此，四方にならへて，一方八つゝ有時，かた一方の八つをは，そのまゝ置．三方をはくつして，又八つゝならへて見れは，半した四つ有．此ばした，はかりをきゝて，総数を弐拾八ありと云云也．

法に半一つを四つゝのさん用にして，十六と入，此外に拾弐加へる時，廿八と云也．此十二はいつも入申候．又，半なしといふ時は十二有共云．又百廿あるとも云也．

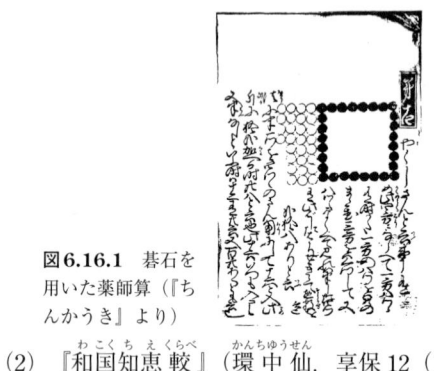

図 6.16.1 碁石を用いた薬師算（『ちんかうき』より）

(2) 『和国知恵較』(環中仙，享保 12 (1727) 年)

「三角のやくし算」

まづ，かくの如く三角にならべ，扨，一方を残し，二方をくづし，残りの一方の次にならべ見れば，次の図の如くなる．右の三角は一方七つゝあり．此七つゝといわず，二方をくづし，一方を残して其一方のなみにならべて，はしたといひ聞申候て，総かずをいふ事也．かくの如くなる

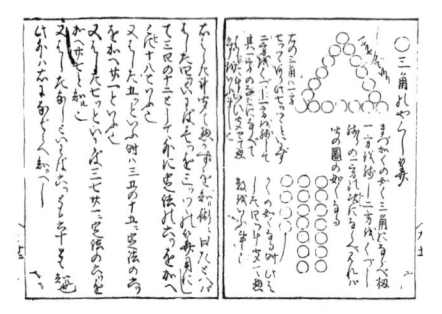

図 6.16.2 三角の薬師算（『和国知恵較』より）

6.16 薬師算

時，此はした四つと聞て，総数をいふ事也．

右はしたと聞て，総かずを知る．術曰，たとへば，はした四つといわば，壱つを三つつゝの算用にして，三四の十二として，外に定法の六つを加へ，ともに十八といふ也．

又はした五つといふ時は，三五の十五に定法の六つを加へ廿一といふ也．又，はした七つといわば，三七廿一に定法の六を加へ廿七と知る也．又，はしたなしといわば，六つとも六十とも知る也．此外は右になぞらへ知るべし．

(3) 『勘者御伽雙紙』(中根法舳，寛保3 (1743) 年)

「同五角にならふる事」

是も前と同しかくにならへなをして，はした一つあるとき，答二十五と云へし．

法曰，はした一つを五つつゝの算用にして，五と成．是に定法二十を加へて二十五といふなり．又，半なしと云時は，二十といふへし．又，はした一つは五つとも十ともいふべし．又，はした三つは十五共いふべし．此外，何角にならぶるとも定法の加る数を知る術は角数の内，一を引．残に角数を乗て，其数を加る数とす．則，又，此数より少き数をならべて，余りを云時は答ふる数いろいろ有て，不 $_\text{レ}$ 定．此故に加ふる数をすくなき数の極とするがよし．たとへば，四角の時は，四の内，一を引．残り三つに四をかけて，十二

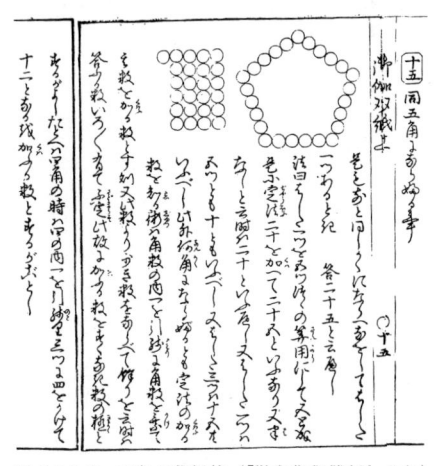

図 6.16.3　五角の薬師算（『勘者御伽雙紙』より）

となるを加ふる数とするがごとし.

[注解]　「薬師算」で正 n 角形に並べられた碁石は各頂点で2度数えられているから，崩して並べると，最終の列でつねに n 個不足する.

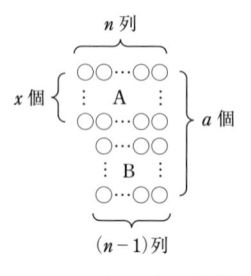

x 個 $\left\{\begin{array}{c}\overbrace{\bigcirc\bigcirc\cdots\bigcirc\bigcirc}^{n 列}\\ \vdots\ \ A\ \ \vdots\\ \bigcirc\bigcirc\cdots\bigcirc\bigcirc\\ \bigcirc\bigcirc\cdots\bigcirc\bigcirc\\ \vdots\ \ B\ \ \vdots\\ \underbrace{\bigcirc\bigcirc\cdots\bigcirc\bigcirc}_{(n-1) 列}\end{array}\right\} a 個$

1辺に並べられた碁石の数を a 個，角数＝辺数＝列数＝ n，端数＝ $x = (a-n)$ 個，総数を S 個とすると

$$S = A + B = nx + (n-1)(a-x)$$
$$= nx + n(n-1)$$

という公式が成り立つ.

しかし，これでは面白味がない．そこで，$n(n-1) = $ 定法とし,

　　　　　(総数) = (角数) × (端数) + (定法)

として求めると不思議感が加わる.

とくに，正方形の場合は $S = 4 \times 3 + 4(4-1) = 12 + 12$ となる．これは薬師如来にまつわる12が2つあることから流行したものであろう.

始めに並べる碁石の数が加える定法 $= n(n-1)$ より少ない場合は規則性がなく,

　端数が0の場合：正方形の総数 = 12 または 4
　　　　　　　　　正三角形の総数 = 6
　　　　　　　　　正五角形の総数 = 20
　端数が1の場合：正三角形の総数 = 3
　　　　　　　　　正五角形の総数 = 5 または 10
　端数が3の場合：正五角形の総数 = 15

となる.

6.17　島　立　て

　　碁石の数当て遊びである．遊び方は相手に碁石をいくつか渡し，相手に同じ数ずつの組を何組かつくらせ，主人組を1組，ほかは供の組とし，供の総数を主人へ均等配分したときに残った碁石の数を当てる遊びである．

　　これは1組a個ずつの組をx組つくる．そのうち，1組a個を主人組とすると下人組は$(x-1)$組$a(x-1)$個となる．そして，主人組から下人組へ1個を移すと，主人組は1組$(a-1)$個，下人組は$(x-1)$組$\{a(x-1)+1\}$個となる．下人組の総数は

$$a(x-1)+1 = (a-1)(x-1)+x$$

となり，主人$(a-1)$個に下人が均等配分された数$(a-1)(x-1)$個を取り除くとx個残る．したがって，碁石の残り数は始めの組数となる．また，主人組から2個移動すれば$2x$個残り，3個移動すれば$3x$個残る．

(1)　『勘者御伽雙紙』（中根法舳，寛保3（1743）年）上巻

　　　十二　「組わけと云算の事」又島立といふ

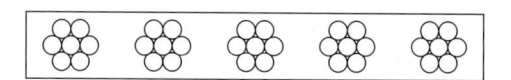

　　　石数いか程にても同し数つゝ幾組もならべさせて，其組数，たとへば五組といふ事を，四五間もわきにてきゝ，扨，其内壱組を主人組，残る四組を一所にして下人組と名付けさせ，扨，主人組の内より一人下人組へいれさせ，残る主人に下人組を供に付さするなり．或は挟箱持，或は草履取，又は若党などと云て，主人一人に四人つゝ付るなり．此四人といふは，はじめ五組といへば必供四人つゝ，六組といへば必供五人つゝなり．畢竟組数に一つすくなく付る也．さて付け仕舞候時，其残りの下人の数，必初の組数のとをり，五組といへば五人，六組といへば六人あるものなり．今，はじめ五組なるゆへ，一人は長崎へ使にやり，一人は大坂へ買物にやり，一人は愛宕へ代参させ，残る二人は留守居などゝいふやうにして，組数の都合にあふ様

に云べし．たとへば，七つつ丶五組は，主人組七つ有．
此主人の内より，一人下人にして，残る六人を主人とさだ
め，如レ此六つを先にならべて，供四人
つ丶付くれば，あとに下人組五人余な
り．左の図のごとし．

主	主	主	主	主
供	供	供	供	供
同	同	同	同	同
同	同	同	同	同
同	同	同	同	同

余り五人　○　長崎へ
　　　　　○　大坂へ
　　　　　○　あたごへ
　　　　○○　留守居

又同しく四組は下人，一組は主人の時，主人の内二人を
下人にして供を四人つ丶付くれは，残十人有．三人を下人
にすれば，残十五人有．類にて知るべし．

たとえば，離れた相手が「5組に分けた」と聞くと，手元に
ある碁石を5組に分け，その内の1組を主人組として，残りを
すべて下人組とする．5組なら4個ずつ，6組なら5個ずつ均等
配分する．この時，初めに5組に分けたならば，残りは必ず5
個，6組ならば6個となる．そして，相手に残りの数を「長崎
に1人，大阪へ1人，愛宕へ1人使いに出した．2人は留守居」
などと言って5個余っていることを伝える．

また，7つずつ5組に見けた場合は，6人を主人とし，共（下
人）が4人ずつ均等配分され，5人余る．

(2) 『仙術日待種』（花山人，天明4（1784）年）

「碁石人数わりの術」は『勘者御伽雙紙』の方法と同じで，い
くつかの碁石を同じ数ずつ何組かに分ける．この時，1組だけ
残し，その中から1つだけを取り出し，他は一緒にする．これ
で碁石の数を当てる．

たとえば，4組に分けたと言うときは，1組を残して3組を一
緒にする．残した1組より1個を取り出し，3組に入れる．

4組に分けたときは3個ずつ均等配分で4個余る．
7組に分けたときは6個ずつ均等配分で7個余る．
10組に分けたときは9個ずつ均等配分で10個余る．

相手は1間（180 cm）離れるか屏風の内側で図を似て考えて
答えることと記されている．

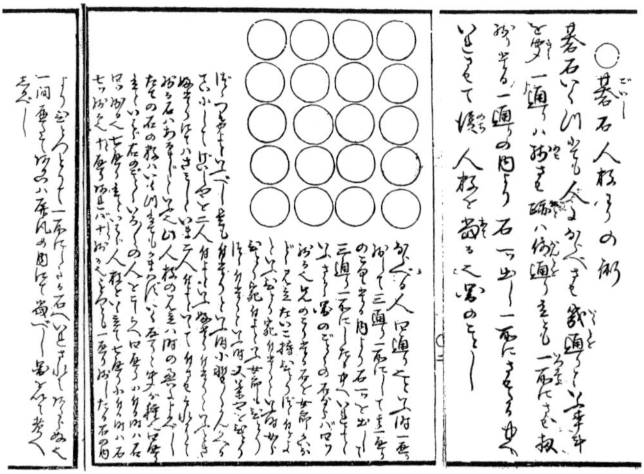

○碁石人形分の術

碁石を以て人形を似せて、裁酒をし筆斗
に一両に砂糖を練り砂糖に一両にさき出し、叔
衣少時一通の囲もり石にて一両たさき出し、
とさ出して、候人形を歯るゝ之図のことし―

図 6.17.1 「碁石人数わりの術」

6.18 女子開平

開平したい数から，1, 3, 5, 7, …と奇数を引き，何回引いたか，その回数が答となる．この方法は手回し計算機で使われていた開平法である．

(1) 『勘者御伽雙紙』(中根法舳，寛保3（1743）年)

　　　　廿三「女子平方の事 二ケ条」

たとへば，積二十五寸を平方にひらくとき，商を問．

答云，五寸．

法曰，積を置て，内，一寸引て，商一寸とし，次に三寸引て，商二寸とし，次に五寸引て，商三寸とし，次に七寸引て，商四寸とし，次に九寸引て，商五寸とす．こゝにて，積に残りなきゆへ，商五寸を答とする也．

たとへば，積十一寸を平方にひらくとき，商を問．

答云，三寸三分一厘六毫余

法に曰く，積を置て，内，一寸引て，商一寸とし，次に三寸引て，商二寸とし，次に五寸引て，商三寸とし，次に七寸引けぬゆへに，商の三寸に一分加へて，是を左右に置，かけ合て九寸六分一厘と成．此内，商の三寸をかけ合せたる九寸を引，残る六分一厘を，まへのことく残る積の内にて引て，商三寸一分とし，次に六分三厘を引て，商三寸二分とし，次に六分五厘を引て，商三寸三分とし，次に六分七厘ひけぬゆへに，商の三寸三分に一厘加へて，これを左右に置，かけ合せて十寸〇九分五厘六毫一糸となる．此内，商の三寸三分をかけ合せたる十寸〇八分九厘を引，残六厘六毫一糸を，又前のことく残る積の内にて引て，商三寸三分一厘とし，次に六厘六毫三糸ひけぬゆへに，商の三寸三分一厘に一毫加へて，是を左右に置，かけ合せて十寸〇九分六厘二毫七糸二忽一微と成．此内，商の三寸三分一厘を懸合せたる十寸〇九分五厘六毫一糸を引，残り六毫六糸二忽一微を，又前のことく残る積の内にて引て，商三寸三分一厘一毫とし，次に六毫六糸二忽三微を引て，商三寸三分一厘二毫とし，次に六毫六糸二忽五微を引て，商三寸三分一厘三毫とし，次に六毫六糸二忽七微を引て，商三寸三分

一厘四毫とし，次に六毫六糸二忽九微を引て，商三寸三分一厘五毫とし，次に六毫六糸三忽一微を引て，商三寸三分一厘六毫とす．次第に是を求(もと)むること前のことし．

[注解]「女子開平」とは「女子でも容易に開平ができる」という意味である．その方法は

$$\underset{1}{①}+\underset{3}{②}+\underset{5}{③}+\underset{7}{④}+\underset{9}{⑤}+\cdots+\underset{(2n-1)}{\text{\textcircled{n}}}=n^2$$

のように，1から連続した奇数を順に n 個加えた等差数列の和を用いた開平法で，n が求める解である．

[第1問] $\sqrt{25}$ の値は

$$n:\underset{1}{①}+\underset{3}{②}+\underset{5}{③}+\underset{7}{④}+\underset{9}{⑤}=25$$

これを逆に利用して

$$n=①:25-1=24$$
$$n=②:24-3=21$$
$$n=③:21-5=16$$
$$n=④:16-7=9$$
$$n=⑤:9-9=0$$

したがって，$n=\sqrt{25}=5$，（⑤より）となる．

[第2問] $\sqrt{11}$ の値は次の手順で行う．

(1) 商の整数部の求め方

$$n=①:11-1=10$$
$$n=②:10-3=7$$
$$n=③:7-5=2 \quad \cdots \quad 余り$$

ここで引けなくなったから，$n=③$より商の整数部は「3」となる．

(2) 小数第1位の求め方

「$3.1^2-3.0^2=0.61$」より $n=③$ の余り「2」から「0.61 から 0.02 ずつ増やした数」を引けるだけ引く．

すなわち，

$$n=①:2-0.61=1.39$$
$$n=②:1.39-0.63=0.76$$
$$n=③:0.76-0.65=0.11 \quad \cdots \quad 余り$$

これ以上は引くことができない．したがって，$n=③$ より商

の小数第1位は「3」となる．したがって，商は「3.3」．

(3) 小数第2位の求め方

「$3.31^2 - 3.30^2 = 0.0661$」より $n =$ ③のときの余り「0.11」から「0.0661 から 0.0002 ずつ増やした数」を引けるだけ引くと，$n =$ ①：$0.11 - 0.0661 = 0.043$　…　余り

したがって，$n =$ ①より商の小数第2位は「1」．

したがって，商は「3.31」．

(4) 小数第3位の求め方

「$3.311^2 - 3.310^2 = 0.006621$」より $n =$ ①のときの余り「0.043」から「0.006621 から 0.000002 ずつ増やした数」を引けるだけ引くと，

$n =$ ①：$0.0439 - 0.006621 = 0.037279$

$n =$ ②：$0.037279 - 0.006623 = 0.030656$

$n =$ ③：$0.030656 - 0.006625 = 0.024031$

$n =$ ④：$0.024031 - 0.006627 = 0.017404$

$n =$ ⑤：$0.017404 - 0.006629 = 0.010775$

$n =$ ⑥：$0.010775 - 0.006631 = 0.004144$　…　余り

したがって，$n =$ ⑥より商の小数第3位は「6」となる．ゆえに，(1)，(2)，(3)，(4) より，求める商は「3.316」となる．

［別法］ 平方根の開法は下記のようにしても求まる．

$\sqrt{11}$：初商3をたて，初商3の値を用いて以下のような計算をする．

$$\left(\frac{11}{3} + 3\right) \div 2 = 3.33333\cdots$$

$$\left(\frac{11}{3.33333\cdots} + 3.33333\cdots\right) \div 2 = 3.31666\cdots$$

$$\left(\frac{11}{3.31666\cdots} + 3.31666\cdots\right) \div 2 = 3.31662479\cdots$$

$$\therefore \sqrt{11} = 3.31662479\cdots$$

この方法は 2001 年に筆者が「n 乗根の開法」として考案したものである．「n 乗根の開法」のしかたは

$\sqrt[n]{A} = a$ （a は初商）とし

$$\left\{\frac{A}{a^{n-1}} + a(n-1)\right\} \div n = b$$

$$\left\{\frac{A}{b^{n-1}}+b(n-1)\right\}\div n=c$$
$$\vdots \qquad\qquad \vdots$$

を繰り返すと近似値が得られるというものである.

　この方法は関孝和(せきたかかず)が編み出した高次方程式の解法式と同類の方法で, ニュートン法 (Newton's method, 根の近似値を求める) とよばれているものである.

　たとえば, $\sqrt[3]{7654321}$ の値は

(1) 初商を 200 とすると ($190^3 < 7654321 < 200^3$ より)

$$\left\{\frac{7654321}{200^{3-1}}+200(3-1)\right\}\div 3 \fallingdotseq 197.11934$$

$$\left\{\frac{7654321}{197.11934^{3-1}}+197.11934(3-1)\right\}\div 3 \fallingdotseq 197.07683$$

が求まる.

(2) 初商を 190 とすると

$$\left\{\frac{7654321}{190^{3-1}}+190(3-1)\right\}\div 3 \fallingdotseq 197.34368$$

$$\left\{\frac{7654321}{197.34368^{3-1}}+197.34368(3-1)\right\}\div 3 \fallingdotseq 197.07683$$

次商 7 とする ($197^3 < 7654321 < 198^3$).
180 なら

$$\left\{\frac{7654321}{198^{3-1}}+198(3-1)\right\}\div 3 \fallingdotseq 197.0811226$$

$$\left\{\frac{7654321}{197.0811226^2}+197.0811226(3-1)\right\}\div 3 \fallingdotseq 197.076825$$

197 なら

$$\left\{\frac{7654321}{197^{3-1}}+197(3-1)\right\}\div 3 \fallingdotseq 197.076855$$

$$\left\{\frac{7654321}{197.076855^{3-1}}+197.076855(3-1)\right\}\div 3 \fallingdotseq 197.076825$$

ここで, いずれも 197.076825 となったので求められた.

6.19 絹盗人算

　橋の下で何人かで，絹を分配する声を橋の上の人が聞き，「12反ずつ分けると12反余り，14反ずつ分けると6反不足」この言葉だけで人数と絹の反数を知る問題である．
　この問題は中国では『孫子算経』(唐の時代にはできていた)『続古摘奇算法』『算学啓蒙』(朱世傑，1298年)や明代の算書『算法統宗』(程大位編，1593年)にある．わが国では『算法統宗』などを引用した吉田光由の『新篇塵劫記』(寛永18(1641)年)を始め，『増補算法闕疑抄』『算用手引草』『勘者御伽雙紙』(中根法舳，寛保3(1743)年)『当世ぢんこうき』(鈴木安明，天明5(1785)年)や『算法通書』(長谷川弘，嘉永7(1854)年)などに類似な問題が見られる．

(1) 『孫子算経』(唐の時代以前)

　　今有人盗庫絹不知所失幾何但聞草中分絹人得六匹盈六匹人得七匹不足七匹問人絹得幾何
　　答曰　賊一十三人絹八十四匹
　　術曰先置人得六匹於右上盈六匹於右下後置人得七匹於左上不足七匹於左下維乗之所得并之為絹并下盈不足為人

(2) 『算法統宗』(程大位編，1593年)

　　今有人分絹只云毎人分八疋盈一十五疋毎人分九疋不足五疋問人絹各若干
　　答曰　二十人　絹一百七十五疋
　　法曰置盈不足 分八疋／分九疋 互乗 盈十五疋／不足五疋 先以分 八疋／九疋 互乗不足 五／疋 得四十疋 次以分 九疋／疋 互乗盈 十五／疋 得一百三十五疋 併二位得一百七十五疋為絹数又併盈 十五／疋 不足 五／疋 共 二／十 為人数合問　此是分八疋分九疋相減余一為法者雖用帰之数亦如故惟以大数変化為小故不必用此法○另併前互乗二位為絹数亦得○只併盈朒為人実

(3) 『新篇塵劫記』(吉田光由，寛永18(1641)年)

　　　「きぬ盗人をしる事」
　　さるぬす人，はしのしたにて，ぬのをわけて取を，はしのうへにて，とおりあわせて，きけは，人ことに，ぬの十二

たんつゝわくれば，十二たんあまる．又人ことに十四たん
つゝわくれは，六たんたらすといふ也．此ぬす人の数，布
数はなにほとゝ問．

ぬす人九人　ぬの百廿たん

(4)　『当世ぢんこうき』(鈴木安明，天明5 (1785) 年)

今，有二盗人橋の下にて絹を売払，其代銀を配分する一．只
云，絹を売て其代銀を分るに，毎レ人取銀不尽なし．又右の
値段より絹壱疋に付，壱匁六分つゝ高く売レ之．則ハ壱人ま
への取銀，三匁宛多しと云．問二人数に及絹疋数何程一．

答曰　盗人　八人
　　　絹　拾五疋

術ニ云，壱匁六分と三匁，互ひに減して得二等数一．以て，
約二三匁一，絹の疋数とす．等数を以て，約二壱匁六分一盗人
の数として合レ問．

[解説]　「絹盗人算」は「盈朒」問題と称されるが，現在の「過
不足算」のことである．

(1), (2), (3) は「a 反ずつ x 人に分けると b 反余る. c 反ず
つ x 人に分けると d 反不足」とすると

$$ax + b = cx - d \quad より$$
$$(c - a)x = b + d$$
$$\therefore \quad x = (b + d) \div (c - a)$$

なる式で求まる．上記の事柄は『算法通書』(長谷川弘，嘉永7
(1854) 年) に以下のように所載されている．

　　　　　○盈朒

今人集りて布を分る．其反数及人数を知らす．毎人に六反
つゝ分れハ八反余る．又毎人に八反つゝ分れハ六反不足と
いふ．人数及布の反数何程と問．

答　人数七人　布五十反

術曰，後に分る八反の内前に分る六反を引，残り二反を法
とす．余る八反へ不足六反を加へ，法二にて割，人数七人
を得．前に分る六反を懸余る八反を加へ布の反数を得る
也．

$$人数 = (6 + 8) \div (8 - 6) = (6 + 8) \div 2 = 7$$

(4) 『当世ぢんこうき』は盗人を x 人，絹の疋数を y，絹の1

正あたりの売値を a 匁とすると $(a+1.6)y-ay=3x$ より (x, y) の正の整数値で最小の組合せを求める不定方程式である．
したがって，$(x, y)=(8, 15)$ となる．

6.20 虫食い算

和算における「虫食い算」とは，古い大福帳や証文や勘定書などが虫に食われて肝心の数字の部分が判読できない場合，推理力をもって，こういう数字であらねばならぬと判定するもので，ほとんどが不定方程式で解く問題となっている．なお，和算の「虫食い算」の形式を「虫食い証文」などとよんでいる．

(1) 算額にみる虫食い算

埼玉県熊谷市の聖天宮には文政11（1828）年に金井禎助（かないていすけ）が以下のような「虫食い算」の問題を掲額したという記録がある．

今有如上図書付欲補
其虫蝕所問中矢及平
均中各幾何
答曰　中矢二百七十三本
　　　平均中七分五厘
術曰置総矢数乗一厘三箇名甲十本名乙一十三本名丙甲乙
　　　　　　　　　　　六四
互減等数〇箇以各除之定甲九一定二五定丙三二以定甲為
　　　〇四　　　　　　箇　箇〇箇　五個
左以定乙為右依剰一術左段数十一乗定丙満右去之余七五乗
　　　　　　　　　　　　箇　　　　　　　　　　箇
一厘〇箇得平均中乗総矢数得中矢数合問
　　七五

［注解］　書付の虫に食われた部分と前後の関係から，中矢は何百何十三本，平均中は何分何厘ということが予想される．そこで，これを現代式で表すと左式のようになる．これを和算家が解いた方法で示す．平均中を $\dfrac{x}{100}$，中矢の数を $10x+13$ とおけば，x と y はともに2位の整数となる．したがって，

$$364 \times \dfrac{x}{100} = 10y+13, \quad \therefore \ 3.64x = 10y+13$$

ここで，甲 = 3.64，乙 = 10，丙 = 13 とし，(3.64, 10) の最大公約数で両辺を除すると

$$91x = 250y + 325 \qquad (1)$$

この式の係数を，定甲 = 91，定乙 = 250，定丙 = 325 とする．
　つぎに不定方程式 (1) を求めるために，$x = 325A$，$y = 325B$

とおくと，$91 \times 325 A = 250 \times 325 B + 325$ より
$$91A - 250B = 1 \tag{2}$$
これより，A, B の値を求める術が「剰一術」である．ここで $91 = a$, $250 = b$ とおくと

	左		右
第1段	91	$250 = 91 \times 2 + 68$	だから $68 = -2a + b$
第2段	$91 = 68 \times 1 + 23$	68	だから $23 = 3a - b$
第3段	23	$68 = 23 \times 2 + 22$	だから $22 = -8a + 3b$
第4段	$23 = 22 \times 1 + 1$	22	だから $1 = 11a - 4b$

よって
$$91 \times 11 - 250 \times 4 = 1 \tag{3}$$
式 (3) の各項に 325 を乗じ
$$91 \times 3575 - 250 \times 1300 = 325$$
$$91(250 \times 14 + 75) - 250(91 \times 14 + 26) = 325$$
これより　$91 \times 75 - 250 \times 26 = 325$, ∴ $x = 75$, $y = 26$

∴ 平均中 $= \dfrac{75}{100} = 0.75$, 中矢数 $= 26 \times 10 + 13 = 273$

(2) 『竿頭算法』(中根彦循，元文3(1738)年)

附問目二十五條

第一　　　　　　　　　　　　　友人　松永良弼

有ﾚ客問ﾌ偶得ﾀﾘﾆ陳-紙ｦ於筒-中ﾆ披ﾚ覧ﾚﾊ之ｦ有ﾘﾄ使ｼﾃﾑﾚ銀等ｸ分ﾁﾆ与ﾍ於三-十七-人ﾆ之算-題ｦ視ﾚﾊ其総-銀ｦ盡ﾆ蝕ｼﾃ上-下ｦ不ﾚ詳只存ｽﾆ二-十三匁ｦ又毎ﾆﾚ人所ﾚ分ﾙ銀ﾓ亦ｸ盡-蝕ｼﾃ僅ﾆ存ｽﾙ其末ﾍﾆ二-分三釐ｦ耳総-銀及ﾋ毎ﾚ人銀各幾-何ｿﾔ

[注解] (この読みは) 客有り．問ふ．たまたま，陳紙を筒中に得たり．披て，これを覧ずれば，銀を使して等しく与え，三十七人に分かち使むる算題有り．其の総銀を視れば，上下を盡蝕してつまびらかならず．ただ，二十三匁を存す．また，人毎に分かる所の銀もまた盡蝕して僅に其の末へ二分三厘を存する．すべて総銀及び人毎の銀，各幾何ぞや．

この内容は，□□.23．□□÷37＝□□.23 というもので，具体的には左式の虫食い算より

$$37 \overline{)□□23.□□} \quad □□.23$$

総　銀 $= 3523.51$ 匁 $= 3$ 貫 523 匁 5 分 1 厘

分配額＝95.23 匁＝95 匁 2 分 3 厘

が求まる.

(3) 『精要算法（せいようさんぽう）』（藤田貞資（ふじたさだすけ），天明 1（1781）年）

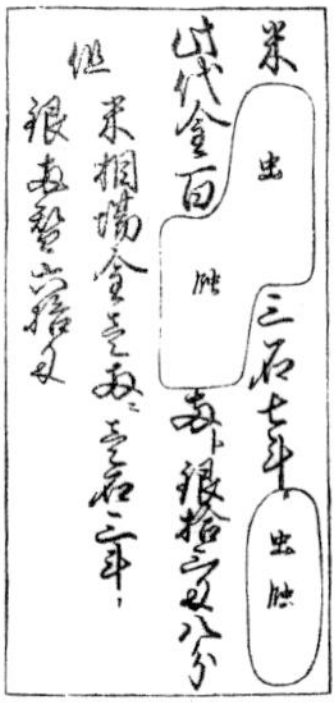

米■三石七斗■
此代金百■匁ト銀拾三匁八分
但 米相場金壱両ニ壱石三斗
銀両替六十匁

図 6.20.2

上（図 6.20.2）の図（ず）のことく書付有．虫蝕（むしくふ）所の米高及ひ代金を補（おぎのふ）其の数何程と問.

答曰　代金百九拾五両ト銀拾三匁八分
　　　米高弐百五拾三石七斗九升九合

術曰端銀を置銀両替を以割永貳百三十文と成．米相場をうけ，二斗九升九合内升数以下を減残二斗を得る．是を以虫蝕残（のこり）米を減余三石五斗を得る別に置米相場を左とす常十石を右とす依二剰一術一左の段数七十七を得る別に置をかけ二千六百九十五と成右数に満れは去レ之九十五両代金首数百両及端銀を加百九十五両十三匁八分銀を得る代金とす題数に随て米高を得るなり

［注解］ 銀十三匁八分を金に換算すると 13.8÷60＝0.23．したがって，1.3×1□□.23＝□□3.7□□より，金＝195.23 匁と米高＝253.799 石を得る.

(4) 『増補 算学稽古大全（さんがくけいこだいぜん）』（松岡良助（まつおかよしすけ），文化 5（1808）年）

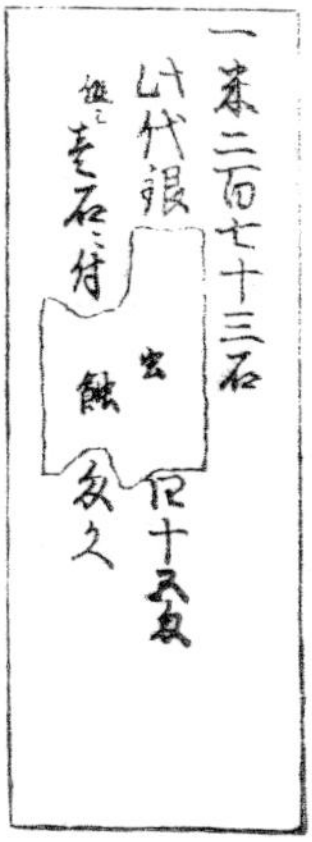

一米二百七十三石
此代銀■四十匁
但し壱石ニ付■匁かへ

図 6.20.3

今有二如レ図（図 6.20.3）書附一問下其補（ヲギナヒ）二虫蝕一幾何上

一米二百七十三石

此代銀■四十五匁

但し壱石ニ付■匁かへ

答曰　米代銀拾七貫七百四十五匁
　　　但シ壱石ニ付六十五匁かへ

術曰米高を為レ右銀高残る上百を為レ左依二朒一術得二左段数百〇一一以二銀高残銀一乗レ之満二右数一去レ之不満則為三銀高之所二虫蝕一加二残銀一得二銀高一得レ答合レ問

［注解］ □□□45÷□□＝273 より，銀 17745 匁と 65 匁を得る.

6.21 百五減算

「百五減算」は碁石を使った遊戯で，遊び方は以下の（1）に示した花山人『仙術日待種』(文政1 (1818) 年) に記載されている．

この遊戯は『異制庭訓往来』(室町時代初期) や『塵劫記』(吉田光由)，『勘者御伽雙紙』(中根法舳，寛保3 (1743) 年) などにみえる．中国では『孫子算経』(唐代以前) や『算法統宗』(程大位編，1593年) にある．

なお，『勘者御伽雙紙』や『算用手引草』(内田秀富，宝暦14 (1764) 年) には「六十三減算」「三百十五減算」などの類似の問題がある．

(1) 『仙術日待種』(花山人，文政1 (1818) 年)

「一つかみの石を当てる術」

碁石を人につかませ，其の数いくつ有りといふ術は，はじめ其一つかみの石を七つゝかそへて，残りたる半斗をいへと云．かそゆる人，二つ残るといふ．こん度は五つゝかそへて，残りをいへと云．かそゆる人，四つ残るといふ．又，今度は三つ宛かぞへて残りを云へといふ．かそゆる人，二つ残りたりといふ．其時に其石の数は四十四有りと当る也．是は七つ宛かそゆる時の半一つを十五つゝのかんちやうにして，二つ残れば三十と覚へ，五つ宛かぞゆる時の半四つ残るといはゞ，一つを二十一つゝの勘定にして，八十四と覚へ，三つつゝかそへたる時の半二つ残れば，一つを七十の勘定にして，百四十と覚へ，さて三口合て二百五十四となるを百五つ引時は百四十九となる．又百五つ引時は四十四となる．是一つかみの石の数也．すべて右のごとく三口合て何百何十有りとも，百五つ百五つと引．百五つと引れぬ所かつかみ出したる碁石の数と知るへし．先四十四の碁石にて此通りにして考ふへし

[注解] この遊戯は「ある数を7で割ったときの余りが2，5で割ったときの余りが4，3で割ったときの余りが2であるとき，ある数を求めよ」という問題である．したがって「7で割った

6.21 百五減算

ときの余り2の一つを15」として $2 \times 15 = 30$, 「5で割ったときの余り4の一つを21」として $4 \times 21 = 84$, 「3で割ったときの余り2の一つを70」として $2 \times 70 = 140$, 合計 $30 + 84 + 140 = 254$ これより, $(3, 5, 7)$ の最小公倍数105をできるだけ引くと, $254 - 105 \times 2 = 44$ となる.

碁石の個数 N を 7, 5, 3 で割った商を A, B, C とし, それぞれの余りを a, b, c とすると

$$N = 7A + a \qquad (1)$$
$$N = 5B + b \qquad (2)$$
$$N = 3C + c \qquad (3)$$

となる. したがって, 式 $(1) \times 15 +$ 式 $(2) \times 21 +$ 式 $(3) \times 70$ より

$$106N = 105N + N$$
$$= 105A + 105B + 210C + 15a + 21b + 70c$$
$$\therefore \quad N = 105(A + B + 2C - N) + (15a + 21b + 70c)$$

ここで, A, B, C は整数であるから $(A + B + 2C - N)$ も整数となる. ゆえに, 105の整数倍を引けば求める答えとなる.

このことが「百五減」という名のいわれとなっている.

なお,「百五減」のほかには「三百十五減」「六十三減」「九十九減」などがあるが, いずれも「百五減」と同じ方法である.

(2) 『孫子算経』(唐代以前)

今有物不知其数. 三三数之賸二. 五五数之賸三. 七七数之賸二. 問物幾何

答　二十三

術日, 三三数之賸二置一百四十, 五五数之賸三置六十三, 七七数之賸二置三十, 并之得二百三十三, 以二百一十減之即得凡三三数之賸一則置七十, 五五数之賸一則置二十一, 七七数之賸一則置十五, 一百六以上以一百五減之, 即得

[注解] 今, 物がある. その数は分からず. 3ヶずつ取ると2ヶ余る. 5ヶずつ取ると3ヶ余る. 7ヶずつ取ると2ヶ余る. 物の数はいくつあるか.

術に曰く, 3で割ると2余る数：$2 \times 70 = 140$
5で割ると3余る数：$3 \times 21 = 63$

　　　　　　　　　　7で割ると2余る数：2×15＝30

したがって　140＋63＋30＝233

　　　　　　233－105×2＝23

すなわち　　70÷3＝23　…　1

　　　　　　(∴ 70×2＝140　140÷3＝46　…　2)

　　　　　　21÷5＝4　…　1

　　　　　　(∴ 21×3＝63　63÷5＝12　…　3)

　　　　　　15÷7＝2　…　1

　　　　　　(∴ 15×2＝30　30÷7＝2　…　2)

となるから，106以上は105を引くこと．

(3)　『算法統宗』(程大位編，1593年)

今有物不知数只云三数剰二箇五数剰三箇七数剰二箇問共若干

答　二十三箇

術曰列三五七維乗以三乗五得二十一五　又以七乗之得一百零五為満法

数列以〇另三乗五得二十五為七数剰一之衰〇又以三乗七得

二十一為五数剰一之衰〇又以五乗七得三十五倍作七以三除之餘

一故用七十為三数剰一之衰〇其三数剰二者剰一下七十　剰二下一百四十

〇五数剰三者剰一下二十一　剰二下四十二　七数剰二者

剰三下六十三

剰一下十五　剰二下三十　併之得二百三十三　内減去満数一百零五　又減一百零五　餘二十三箇

合問

［注解］今，物がある．その数は分からず．3で割ると2箇余る．5で割ると3箇余る．7で割ると2箇余る．物の数はいくらか．

術に曰く，3，5，7の最小公倍数3×5＝15　15×7＝105を求める．

また　3×5＝15　15÷7＝2　…　1

　　　3×7＝21　21÷5＝4　…　1

　　　5×7＝35　35×2＝70　70÷3＝23　…　1

したがって，3で割って2余る数は

$$70 \div 3 = 23 \cdots 1$$
$$70 \div 2 = 140 \quad 140 \div 3 = 46 \cdots 2 \quad \cdots (1)$$

5 で割って3余る数は
$$21 \div 5 = 4 \cdots 1$$
$$21 \times 2 = 42 \quad 42 \div 5 = 8 \cdots 2$$
$$21 \times 3 = 63 \quad 63 \div 5 = 12 \cdots 3 \quad \cdots (2)$$

7 で割って2余る数は
$$15 \div 7 = 2 \cdots 1$$
$$15 \times 2 = 30 \quad 30 \div 7 = 4 \cdots 2 \quad \cdots (3)$$

(1) より140，(2) より63，(3) より30．これらを加えて
$$140 + 36 + 30 = 233$$
$233 > 105$ より $233 - 105 - 105 = 23$ となる．

(4) 『算用手引草』(内田秀富，宝暦14 (1764) 年)

「人の手に持たる数を知る事」

まづ人に六十三迄の内の数，何ほどにても持せ置．七つ宛，引れるたけ引せ，残るかずを聞．又九つ宛，引れるたけ引せ，残る数を聞て，総数を知る也．先七つの余りには三十六を掛，九つ引たる余りには二十八を掛，二口合て，その内にて六十三宛，引れるたけ引，残の数を総数とする也．又三通に引は三百十五迄を人に持たせ，五つ宛引，余りに百六十を掛，七つ引，余りに二百二十五掛，九つの余りには二百八十掛，三口合，内三百十五つゝ引，余り総数なり．

［注解］「百五減算」と同様に表すと

＜六十三減算＞
$$N = 7A + a \qquad (1)$$
$$N = 9B + b \qquad (2)$$

式 (1) $\times 36 +$ 式 (2) $\times 28$ より
$$N = 63(4A + 4B - N) + (36a + 36b)$$

＜三百十五減算＞
$$N = 5A + a \qquad (1)$$
$$N = 7B + b \qquad (2)$$
$$N = 9C + c \qquad (3)$$

式 (1) $\times 126 +$ 式 (2) $\times 225 +$ 式 (3) $\times 280$ より
$$N = 315(2A + 5B + 8C - 2N) + (126a + 225b + 280c)$$

6.22 からす算

「からす算」は『孫子算経』(唐代以前) や『算法統宗』(程大位編, 1593 年) に所載されている. わが国では寛永 4 (1627) 年版の『新篇塵劫記』に初めて現れる.

(1) 『新篇塵劫記』(吉田光由, 寛永 18 (1641) 年)

からすさんと云事は, 九百九十九わのからすか, 九百九十九うらにて, 一わのからすが一うらにて九百九十九こえつ, なき申候. 此数総なにほとと問.
合九億九千七百令令二千九百九十九こえ.
法九百九十九に九百九十九をもって二度かくれは, しれ申候.

[注解] 『新篇塵劫記』の「からす算」はソロバンの練習用であるから $999 \times 999 \times 999 = 997002999$ としている.

(2) 『孫子算経』(唐代以前)

今有出門, 望見九堤, 提有九木, 木有九枝, 枝有九巣, 巣有九禽, 禽有九雛, 雛有九毛, 毛有九色, 問各幾何.
答曰　木八十一
　　　枝七百二十九
　　　巣六千五百六十一
　　　禽五万九千四十九
　　　雛五十三万一千四百四十一
　　　毛四百七十八万二千九百六十九
　　　色四千三百四十万六千七百二十一
術曰, 置九堤, 以九乗之得木之数, 又以九乗之得枝之数, 又以九乗之得巣之数, 又以九乗之得禽之数, 又以九乗之得雛之数, 又以九乗之得毛之数, 又以九乗之得色之数.

[注解]　木 $= 9 \times 9 = 81$, 枝 $= 81 \times 9 = 729$, 巣 $= 729 \times 9 = 6561$, 禽 $= 6561 \times 9 = 59049$, 雛 $= 59049 \times 9 = 531441$, 色 $= 531441 \times 9 = 4782969$.

(3) 『算法統宗』(程大位編, 1593 年)

歌
諸葛統領八員将　　毎将叉分八倍営
毎営裏面排八陣　　毎陣先鋒有八人

6.22 からす算

毎人旗頭倶八箇　毎箇旗頭八隊成
毎隊更該八箇甲　毎箇甲頭八箇兵
答日一千九百十七万三千三百八十五人

法日置総兵一以八因之得将入員又八因得菅六十四又八因得陣五百一十二又八因得先鋒四千令九十六人又八因得旗頭三万二千七百六十八人又八因得隊長二十六万二千一百四十四人又八因得甲二百零九万七千一百五十二人又八因得兵一千六百七十七万七千二百一十六人除菅陣不作数其総兵将先鋒旗隊甲兵併之合問

［注解］　この歌の解は $1+8+8^4+8^5+8^6+8^7+8^8 = 19173385$ である．吉田光由は『算法統宗』を参考に『塵劫記』を著しているから「からす算」も『算法統宗』を参考に思いついたと思われる．

6.23 小町算

寛文 7（1667）年に多賀谷経貞が著した『方円秘見集』には「或人問卒度姿小町の謡に」

一夜，二よ，三夜，四よ，七よ，八よ，九よ，十夜と作る事．九拾九夜と云説有りと云．一夜，二よ，三よ，四よにて拾夜．七よにて七夜．八よ，九よにて，八九七十二よ．十夜にて十よ．合九拾九夜と云．法に八九と九九に出す事可 ﹀勘 ﹀之．

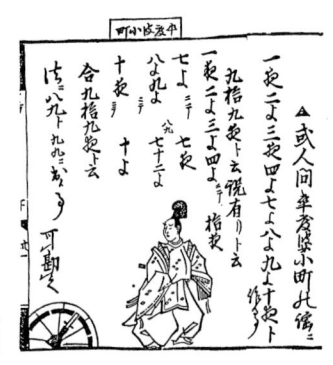

図 6.23.1 方圓秘見集下より「卒度姿小町」

とある．これは「$1+2+3+4+7+8 \times 9+10=99$」のことで，「1, 2, 3, 4, 5, 6, 7, 8, 9, 10 の数を使って，足したり，引いたり，掛けたり，割ったりして，答えが「99」の数にする数学遊戯を「小町算」という．また「小町算」は「九十九夜通い」（一がつくと百）ともよばれている．

現在では 1～9 の順に並べたものを正順，9～1 の順に並べたものを逆順といい，括弧なども用いて計算し，答えを一定の数にすることを「小町算」と称している．

元禄 11（1698）年に刊行された『求笑算法』（田中由真）には以下のように「小町算」が所載されている．

「通小町九十九夜」

アル夜，友トテ寄会テ謡講アリ．其アトニテ，サル人ノ曰ク，何ト通小町ニ一夜，二夜，三夜，四夜，七夜，八夜，九夜，十夜トマテ有テ，其奥ニテ九十九夜ニナルト，ウタヘリ．右（上）ノ数ニテハ九十九マデナシ．何トシテ九十九ニナルソト問フ．其ノ座ニ彦之進ナトヽ云ヘキ四方髪ナル人，子細ラシク重面ヲ作テ曰ク，ナルホド右ノ文句ニテ九十九アリ．サリナカラ，ナカナカ無算ナル人ノヲヨフ所ニアラス．予，年来，カンカエ漸漸コノコロ発明セリ，ナト，自賛シテ曰ク，其初ノ一，二，三，四ト後ノ七，八，九，十

トヲ以テ，前後ヲ次第ニ相乗スレハ即チ左（下）ノ図ノコトシ．

一　　七ノ七　　二八一十六　　三九二十七　　四ノ四十右合

二　　テ九十アリ．サテ又カサ子ノヲクリ

三　　言ニ四々，七々，九々合テ二十数ア

四个　　リ．右二口合テ共ニ一百一十トナル．内
　　　　ヲ五ト六トノヌケ言ハ合テ一十一ヲ

七个　　減シテ余リ即九十九トナルト云ヘ

八　　ハ坐中トヨミニナリテヤミヌ．又是

九个　　ヲワラクハ附会ナラン

十

[注解]

　本文中の「通小町ニ一夜，二夜，三夜，四夜，七夜，八夜，九夜，十夜トマテ有テ，其奥ニテ九十九夜ニナルト，ウタヘリ．」の内容は

$$1 \times 10 + 2 \times 9 + 3 \times 8 + 4 \times 7 + 5 \times 6 - (5+6) = 110 - 11 = 99$$

を表したものである．また「初ノ一，二，三，四ト後ノ七，八，九，十トヲ以テ，前後ヲ次第ニ相乗スレハ即チ左ノ図ノコトシ．…」とは

$$1 \times 7 = 7, \ 2 \times 8 = 16, \ 3 \times 9 = 27, \ 4 \times 10 = 40$$

$$\text{より } 7 + 16 + 27 + 40 = 90, \ 4 + 7 + 9 = 20$$

$$90 + 20 = 110, \ 110 - (5+6) = 99$$

$$\therefore 1 \times 7 + 2 \times 8 + 3 \times 9 + 4 \times 10 + 4 - 5 - 6 + 7 + 9 = 99$$

のことを示したものである．

6.24 馬に乗る算

「馬に乗る算」とは「何人かの旅人が道中，何頭かの馬に均等に乗り，目的地に着くにはどうのようにしたらよいか」を求める問題で，寛永 11（1634）年版『塵劫記』(吉田光由) に以下のようにある．

　　　第十七 「馬にのる事にさん用あり」

　三里ある道を三人にて馬二疋にのる時は，何里つゝのるそと云時に，一人前に弐里つゝのる也．

　ひとりは，はじめより弐里のりて，すへて壱里あゆむ．ひとりは一里のりて，中一里あるく．又すへて壱里のり，ひとりは，はしめ壱里あゆみてすへて弐里のる．此法くはしくは此次にあり．

　六里ある道を四人として馬三疋にてのりあわする時は何里つゝのるといふ時に，壱人前に四里半つゝのる也．

　但，壱里半のりてはかはり，又壱里半のりてはかはり，せんくりにのりかへのりかへ仕候へは等分にのり申候．

　法に，まつ，六里あれは，馬三疋に六里をかくれは三六の十八里に成．此十八里をひと数四人にてわれは，壱人前に四里半つゝにあたるなり．又四里半をうまのかす三にてわれは壱里半になる．ゆへに壱里半ことにのりかへ候へはあひ申候．

[注解]

第 1 問　馬は 2 頭で 3 里／頭×2 頭＝6 里歩く．3 人でこの 6 里を均等に配分すればよい．

　したがって，6 里÷3 人＝2 里／人となる．ゆえに，歩く距離は

$$3 里／人 - 2 里／人 = 1 里／人.$$

または，2 里／人の距離を馬 2 頭で分担するから

$$2 里／人 ÷ 2 頭／人 = 1 里／頭$$

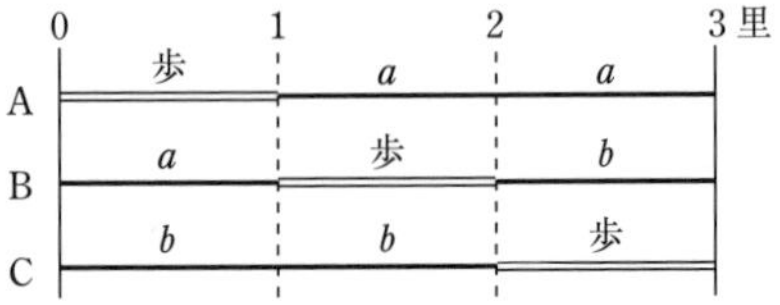

旅人 3 人を A，B，C．馬 2 頭を a, b とし，図示すると図 6.24.1 のと

図 6.24.1

おり．
第2問　馬に乗る一人あたりの距離は
$$6 \text{里／頭} \times 3 \text{頭} \div 4 \text{人} = 4.5 \text{里／人}$$
となる．したがって，この距離を馬3頭で分担させると4.5里／人÷3頭／人＝1.5里／頭

　　　　　（歩く距離は6里／人－4.5里／人＝1.5里／人）

旅人4人をA，B，C，D．馬3頭をa, b, cとし図示すると図6.24.2のとおり．

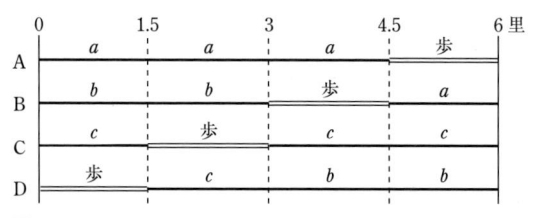

	0	1.5	3	4.5	6里
A	a	a	a	歩	
B	b	b	歩	a	
C	c	歩	c	c	
D	歩	c	b	b	

図 **6.24.2**

6.25 鶴 亀 算

「鶴亀算」は『孫子算経』(唐代以前)に

今有雉兎同籠上有三十五頭下有九十四足問雉兎各幾何

答曰　雉二十三　兎一十二

術曰上置三十五頭下置九十四足半其足得四十七以少減多再命之上三除下三上五除下五下有一除上一下有二除上二即得又術曰上置頭下置足半其足以頭除足以足除頭即得

[注解] 雉を x 羽, 兎を y 羽とすると
$$x+y=35, \ 2x+4y=94 \quad (x+2y=47)$$
より,
$$x=雉=23\,羽, \ y=兎=12\,羽$$

とあり,『算学啓蒙』(朱世傑, 1298 年)や明代の算書『増補算法統宗』(程大位編, 1593 年),『算法図解大全』(宝暦 4 (1754) 年)なども「雉と兎」で扱っている.

「雉と兎」あるいは「鶏と兎」の問題が, 文化 12 (1815)年に刊行された『算法點竄指南録』(坂部広胖)の時代にめでたい「鶴と亀」に替えられて,「鶴亀算」とよばれるようになった. のちに足の数にいろいろ変化をもたせた応用がみられるようになった.

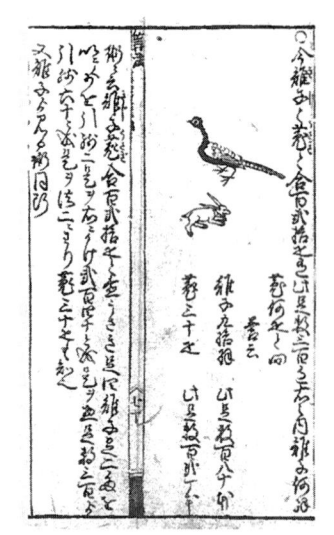

図 6.25.1 『算法図解大全』
(宝暦 4 (1754) 年) より

(1) 『算法點竄指南録』(坂部広胖, 文化 12 (1815) 年)

爰に鶴亀 合 百 頭あり. 只云, 足数和して二百七十二鶴亀各何ほどゝ問

答曰　鶴六十四　亀三十六

術曰, 亀の足数四を置き, 内, 鶴の足数二を減じ, 余二ヶとなる. 法とす. 爰に云数を置. 亀の足数四を掛, 四〇〇ヶとなる. 内, 只云を減じ, 余一二八ヶとなる. 法にて割六四ヶと成. 鶴の数とす.

[注解] 鶴を x 羽, 亀を y 匹とすると
$$x+y=100 \qquad (1)$$
$$2x+4y=272 \qquad (2)$$

式 (1)×4−式 (2) より

$$x = (100 \times 4 - 272) \div (4 - 2) = 64$$
$$x = 鶴 = 64 \, 羽, \quad y = 亀 = 36 \, 匹$$

(2) 『算法珍書』(洒落斉唐人,明治 2 (1869) 年)

金太郎,足柄山にて天狗と熊とを友にして,遊ぶ.ある時,母山姥,その友達を数ふるに,頭七十七,足二百四十四あり.天狗と熊の数を問ふ.但し,熊ハ四足,天狗ハ二足なり.

[注解] 天狗を x,熊を y とすると

$$x + y = 77 \tag{1}$$
$$2x + 4y = 244 \tag{2}$$

式 (1) ×4 − 式 (2) より

$$x = (77 \times 4 - 244) \div (4 - 2) = 32$$
$$x = 天狗 = 32, \quad y = 熊 = 45$$

6.26 倍々増し算

「倍々増し算」でもっとも有名なのが曽呂利新左衛門と太閤秀吉の話である．この話で曽呂利新左衛門は太閤秀吉に「$2^{51}-1$」粒（2251799813685247粒）の米を要求している．これは1粒を0.02グラムとすると約4503万6000トンに相当し，日本人1人が1日に400グラムを食べるとすると約1125億9000万人分の米の量となる．

寛永8（1631）年版の『塵劫記』（吉田光由）には「銭一文を日に日に一倍」と「芥子一粒を日に日に一倍」が集録されている．将棋の盤を題材にしたものは寛永18（1641）年）版が初見である．

吉田光由は芥子の計算で「$2^{81}-1$」となるところを「2^{81}」としている．これについて，山田正重は自著『改算記』（万治2（1659）年）で吉田の計算ミスを「…一粒なり．是一りゅうのちかいは右けしの数，百京粒のちかいよりも大事なり．但升数は相違なし．」と指摘している．

なお，「倍々増し」の計算は『改算記』や『勘者御伽雙紙』（中根法舳，寛保3（1743）年）にも集録されている．中根法舳は米粒の値を$2^{81}-1=2417851639229258349412351$粒と正しく計算している．

(1) 『新篇塵劫記』（吉田光由，寛永18（1641）年）

「将棋の盤の目一つに米一粒」

将棋のはんの，目一つ米一つぶ置て，次に又二つ置，目ごとに一ばいつゝにまして，ばん中に何ほど有と問．
米四十京二千九百七十五兆二千七百丗二億令四百八十七万六千三百九十一石五斗六升八合七勺二才五礼二粒也．
これ日本国中のものなり．万万年にてもたらぬ也．

[注解] これは等比数列の和であるから

$$1+2+2^2+2^3+\cdots+2^{n-1}=1+\frac{2(2^{n-1}-1)}{2-1}=2^n-1$$

という公式が成り立つ．したがって「将棋盤の目一つに米一粒」は

$$2^{81}-1=2417851639229258349412351 \text{粒}$$

となる．ここで，1升を6万粒として計算すると
$$(2^{81}-1) \div 60000 = 40297527320487639156.87251666\cdots 升$$
となり，40京2975兆2732億0487万6391石5斗6升8合7勺2才5撮1圭7粟となる．

(2) 『塵劫記』（吉田光由，寛永8（1631）年）
第六「ひにひに一ばいの事」
ぜに一文をひにひに一ばいにして，三十日にはなに程に成ぞといふ時に，
五十三万六千八百七十貫九百十二文に成といふ．
右の目錢二万二千三百六十九貫六百二十文有．
二口 合(あはせて) 五十五万九千二百四十貫五百三十二文有．
但，九十六文百にして也．

[注解] 錢の総額は $2^{n-1} = 2^{30-1} = 2^{29} = 536870912$ 文となる．

「目錢」とは「錢96文が100文」として通用する「省錢」で換算したとき4文余る．この余り4文を「目錢」という．

したがって錢536870912文の目錢の合計は
$$536870912 = 536870900 + 12$$

$536870900 \times 0.04 = 21474836$	$21474836 + 12 = 21474848$
$21474800 \times 0.04 = 858992$	$858992 + 48 = 859040$
$859000 \times 0.04 = 34360$	$34360 + 40 = 34400$
$34400 \times 0.04 = 1376$	$1376 + 00 = 1376$
$1300 \times 0.04 = 52$	$52 + 76 = 128$
$100 \times 0.04 = 4$	

より
$$(21474836 + 858992 + 34360 + 1376 + 52 + 4) 文 = 22369 貫 620 文$$
$$\therefore (536870912 + 22369620) 文 = 559240 貫 532 文$$

6.27 智恵の板

　1740年頃に流行したと思われる玩具の一つに「智恵の板」がある．これは正方形の板を七つに切り分けたものを並べて，さまざまな形を組み立てて遊ぶものである．

　タングラムも「智恵の板」と類似するが，正方形の板の切り分け方が相違し，類似した人物図が一方には足があり，他方には足がない不思議感を感じさせる例も見られる．

(1) 『清少納言智恵の板』(著者不明，寛保2 (1742) 年)

　　序文には

　　　清少納言の記せる古き書を見待るに，智ふかふして人の心目をよろこはしむこと多し．其中に智恵の板と名づけ，図をあらわせるひとつの巻あり．是を関するに幼稚の児女，智の浅深によって万物の形を自然にこしらへ，もろもろの器の図，はからずも作り出すこと誠に微妙のはたらき有…

　　とある．

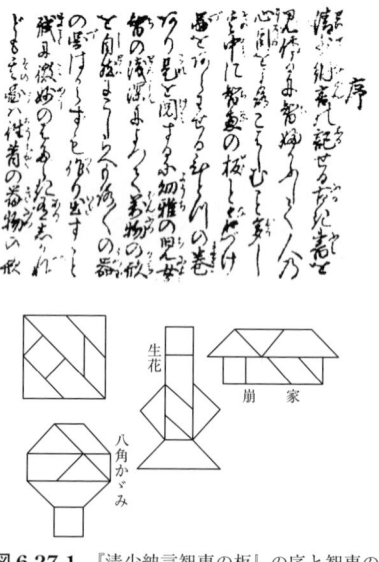

図 6.27.1 『清少納言智恵の板』の序と智恵の板

6.27 智恵の板

(2) 『和国智恵較(わこくちえくらべ)』（多賀谷環中仙(たがやかんちゅうせん), 享保 12（1727）年）

「うろこ形の紙を四角にならべる」遊びは，一辺が一寸四方の紙を対角線で二分した直角二等辺三角形（鱗形）7枚と，幅1寸4分（$\sqrt{2}$）で長さ2寸の矢筈(やはず)形の紙1枚の合計8枚（図 6.27.2 中央）をすべて使って正方形に並べる遊びである．

図の左端は解答を示している．

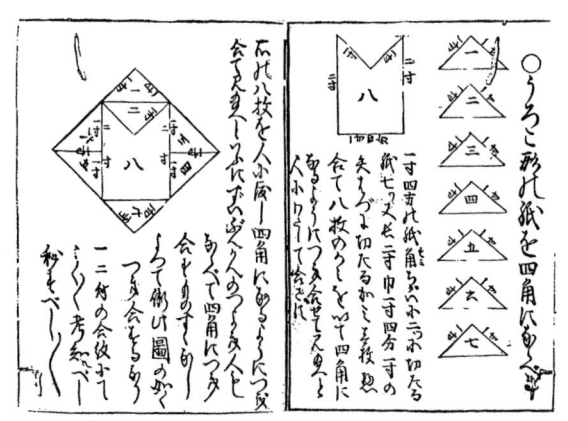

図 6.27.2 「うろこ形の紙を四角にならべる」

6.28 知恵の輪

「知恵の輪」とは，一般的には，金属製の二つ以上の輪をつなぎ合わせたり，抜き放したりする遊具であるが，ここでいう「知恵の輪」は「チャイニーズリング」と称される「九連環」のことである．

「九連環」は中国の『戦国策』（前漢の劉向篇）にも見られる古い遊びで，九つの輪すべてに細長い輪をさしいれ，絡ませてある状態から，すべての輪を解き放つ状態にする遊びである．すべての輪を外す最少回数の作業は輪の個数を n 個とすると

$$奇数の場合 \frac{1}{3}(2^{n+1}-1),\ 偶数の場合 \frac{1}{3}(2^{n+1}-2)$$

が成り立つから，九連環は $\frac{1}{3}(2^{9+1}-1)$ より341回を要する．そのため，九つの環を五つ（最少手数21回）に省略した手頃なものが多く市販されている．

この遊びは古くから日本人にも受け入れられ，『紋所帳絵鏡』などに五輪の知恵の輪の図（図6.28.1）があり，『名物六帖』（伊藤長胤，享保10（1725）年）にも『戦国策』のことが記されている．

また会田安明（幼き頃は鈴木姓）は9歳にして知恵の輪の原

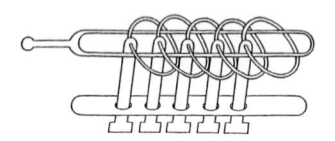

図 6.28.1　五輪の知恵の輪

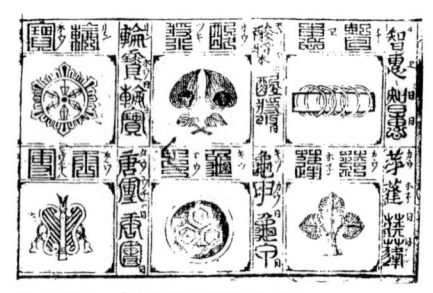

図 6.28.2　『紋所帳絵鏡網目』より

理を「一輪毎に倍々するの手数なる事をさとり得たる」と解明している.

数学書では有馬頼徸の『拾璣算法』(豊田文景編,明和6(1769)年)でこの問題を以下のように解いている.

九連環を一つずつ外していく動作数は

$$総脱数 = 1 + 1 + 2 + 3 + 6 + 11 + 22 + 43 + 86 = 175 回$$

外すのに伴い,はめる動作数は

$$総懸手数 = 総脱手数 - 環数 = 175 - 9 = 166$$

したがって,九つすべての環を外す動作数は

$$総脱数 + 総懸手数 = 175 + 166 = 341 回$$

となり,正しく計算されていることがわかる.

6.29 入　子　算

「入れ子」とは形状が同じ鍋や重箱などを大きなものから小さなものへ順次に重ねて組み入れたもので，これを木製人形に応用したものとしてはロシアのマトリョーシカ人形がよく知られている．日本にもマトリョーシカ人形と同じ作りでダルマなどを入れる人形がある．

吉田光由『塵劫記』5巻本（寛永4（1627）年頃）には入れ子鍋を題材にした問題がある．

(1) 『塵劫記』5巻本（吉田光由，寛永4（1627）年頃）

　　　　第廿五「入子さんの事」

あるひは六つ入子のものを銀廿壱匁にかい申候時，入子一つに付八分さかりといふ時，一はん代銀はなにほとにあたるそととう時に，

五匁五分，四匁七分，三匁九分

三匁一分，二匁三分，壱匁五分

法に廿一匁を六つにわれは，三匁五分になる也．右にへちに置．又六つ入子の内を一つ引，残て五つ有をこれに八分をかくれは四匁になる．此四匁を二つにわれは二匁になる．これを右の三匁五分にくわへるとき五匁五分としれ申候．これに八分つゝ引なり．

[注解] 一番大きな鍋の代金を x 匁とすると
$$x + (x - 0.8) + (x - 0.8 \times 2) + (x - 0.8 \times 3)$$
$$+ (x - 0.8 \times 4) + (x - 0.8 \times 5) = 21$$
$$6x - 0.8(1 + 2 + 3 + 4 + 5) = 21$$

ここで，等差数列の和を求めると
$$6x - 0.8 \times \left\{ \frac{1}{2} \times 5 \times (1 + 5) \right\} = 21$$
$$x = \frac{21}{6} + \frac{0.8 \times 5 \times 6}{6 \times 2} = 3.5 + \frac{4}{2} = 3.5 + 2 = 5.5$$

これより，逐一0.8匁を引くと，4.7匁，3.9匁，3.1匁，2.3匁，1.5匁となる．

(2) 『新篇塵劫記』（吉田光由，寛永18（1641）年）

　　　　「入子算」

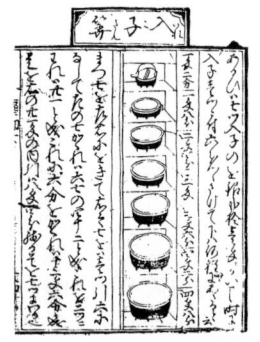

6.29 入子算

あるひは七つ入子のを銀弐拾壱匁にかい申候時に，入子壱つに付六分つゝさけて，下は何程にあたると云．一匁二分，一匁八分，二匁四分，三匁三匁六分，四匁二分，四匁八分まづ，七を左右にをきて，右之七をは壱つ引，六になして，左の七かくれは六七の四十二と成．これを二つにわれは，廿一と成．これに六分をかくれは十二匁六分と成．是を右の廿一匁の内，引は八匁四分残る．是を七つにわる也．

図 6.29.1 入子算 新篇塵劫記（寛永18版）

[注解] 一番小さな鍋の代金を x 匁とすると

$$x + (x+0.6) + (x+0.6\times 2) + (x+0.6\times 3)$$
$$+ (x+0.6\times 4) + (x+0.6\times 5) + (x+0.6\times 6) = 21$$
$$7x + 0.6(1+2+3+4+5+6) = 21$$
$$7x + 0.6 \times \left\{\frac{1}{2} \times 6 \times (1+6)\right\} = 21$$
$$x = \frac{1}{7} \times \left\{21 - 0.6 \times \left(6 \times 7 \times \frac{1}{2}\right)\right\} = \frac{1}{7} \times (21 - 12.6) = 1.2$$

これより，逐一，0.6匁を加えると，1.8匁，2.4匁，3.0匁，3.6匁，4.2匁，4.8匁となる．

6.30 橋普請

橋の工事にかかる費用の分担金を算出する計算問題は『塵劫記』や山田安山子『算法図解大全』（嘉永1（1848）年）などに集録されている．

(1) 『塵劫記』

第卅三「はしの入目を町中へわりかける事」

はし二つに銀廿一貫目入なり．此内七貫目は町中よりいだす時，両のはしのあわひの町へ等分にいだし，はしよりそとは一町て銀一枚つゝをとりて出し申候時に，はしよりそと七町と三町とある時に，中の町より高なにほといたすといふ時に六百四匁四分三リ出也．法，口伝に有．

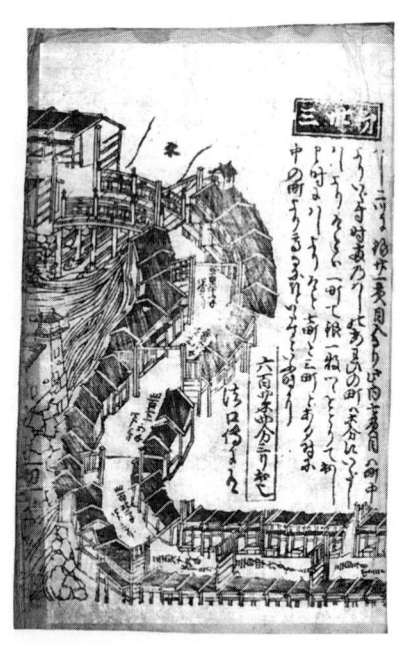

図6.30.1 『新篇塵劫記』寛永19（1636）年版

[注解]　1町当たりの負担額を銀x枚とすると

中4町の負担額：$x+x+x+x=4x$ 枚

北3町の負担額：$\underset{1町目}{(x-1)}+\underset{2町目}{(x-2)}+\underset{3町目}{(x-3)}=(3x-6)$ 枚

$$南7町の負担額：\underset{\text{1町目}}{(x-1)}+\underset{\text{2町目}}{(x-2)}+\underset{\text{3町目}}{(x-3)}+\underset{\text{4町目}}{(x-4)}+\underset{\text{5町目}}{(x-5)}$$
$$+\underset{\text{6町目}}{(x-6)}+\underset{\text{7町目}}{(x-7)}=(7x-28)\text{ 枚}$$
$$4x\text{ 枚}+(3x-6)\text{ 枚}+(7x-28)\text{ 枚}=7\text{ 貫目 より}$$
$$14x\text{ 枚}=7\text{ 貫目}+(6+28)\text{ 枚}$$

ここで，銀1貫目＝1000匁，銀1枚＝43匁として換算すると

$$14x=7000\text{ 匁}+34\text{ 枚}\times43\text{ 匁／枚}=(7000+1462)\text{ 匁}$$
$$\therefore\quad x=604.42857\cdots\text{匁}≒604.43\text{ 匁}$$

したがって，中4町はそれぞれ銀604匁4分3厘ずつとなる．

(2) 『算法稽古図絵』(天保2 (1831) 年)

「橋普請入目の算」

こゝに橋二ヶ所有．是をふしんするに銀四百五十二枚入也．しかるに，橋がゝりの町内十五町あり．此町橋と橋との中に三町，西詰に四町，東詰に八町，〆て十五町なり．時に中の三町は入用銀等分也．西詰四町は町毎に中町より四枚づゝ次第に末迄減じ，東詰八町は町毎に中町より次第に三枚づゝ，末まで減ずるといふ．此わり方いかにととふ．

答へて下に，図 (図6.30.2) するごとしといふ．

術に，先四百五十二枚と置て，別に西詰の町数壱二三四合せて拾と成．是に減ずる四枚をかけて四拾枚と成．是を四百五十二枚へ加へ，又，東詰の町かづ一二三四五六七八合せて三十六．是に減ずる三枚をかけ百八枚となる．是も

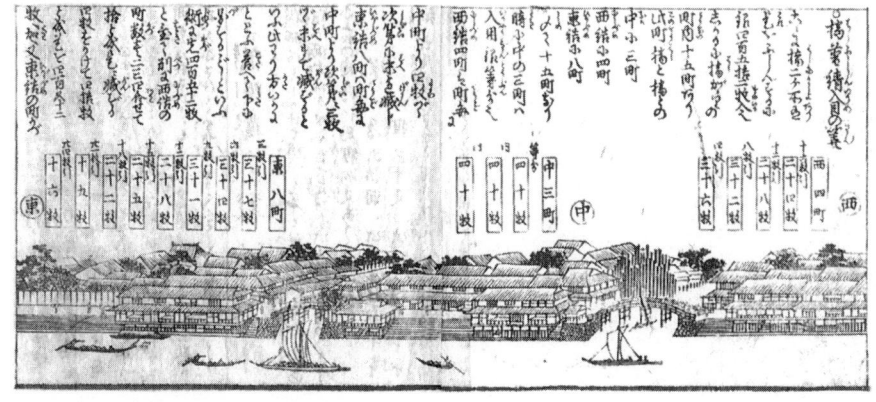

図 6.30.2 『算法稽古図絵』天保2 (1831) 年

又，四百五十二枚，四十枚，二口の上へ加へ三口合せて六百枚と成．是を総町数十五町にわり，四十枚としるなり．是則ち，中三町，等分の出銀としる也．如此，中三町の銀高を極め，それより東西ははじめよりの例のごとく，西は頭町四枚さげ，二町めは八枚さげて，しだいにさげて行なり．東も三枚づゝ，しだいにさげて，算用する也．くわしくは右の図（図6.30.2）のごとし．

［注解］　1町あたりの負担額を銀 x 枚とすると

中3町の負担額：$x+x+x=3x$ 枚

西詰の負担額：$\underset{1町目}{(x-4)}+\underset{2町目}{(x-8)}+\underset{3町目}{(x-12)}+\underset{4町目}{(x-16)}$

$\qquad\qquad\quad =(4x-40)$ 枚

東詰の負担額：$\underset{1町目}{(x-3)}+\underset{2町目}{(x-6)}+\underset{3町目}{(x-9)}+\underset{4町目}{(x-12)}+\underset{5町目}{(x-15)}$

$\qquad\qquad +\underset{6町目}{(x-18)}+\underset{7町目}{(x-21)}+\underset{8町目}{(x-24)}=(8x-108)$ 枚

よって，$3x+(4x-40)+(8x-108)=452$

$\qquad\quad 15x=452+40+108=600 \quad \therefore \quad x=40$ 枚

ゆえに，中3町はそれぞれ銀40枚ずつ，西詰は1町目より順に銀4枚ずつ減ずると銀36枚，銀32枚，銀28枚，銀24枚，東詰は1町目より順に銀3枚ずつ減ずると銀37枚，銀34枚，銀31枚，銀28枚，銀25枚，銀22枚，銀19枚，銀16枚となる．

6.31 ねずみ算

現在でも「ねずみ算式に増える」という言葉はよく耳にする．これは「ねずみが親子ともに一定の期間に急激に繁殖する様を喩えたもの」で，吉田光由(よしだみつよし)が『新篇塵劫記(しんぺんじんこうき)』（寛永 18（1641）年）に「ねずみ算」と称し，ねずみが等比数列的に増えていく問題を掲載してからこの名が広まった．

『新篇塵劫記』（吉田光由，寛永 18（1641）年）

① ねずみ正月に父母いてゝ，子を十二疋うむ．おや，ともに十四疋に成．このねずみ二月には子も又，子を十二疋つゝうむゆへに，おやともに九十八疋に成．かくのことくに月に一度つゝ，おやも子も，まこも，ひこも月々に十二疋つゝうむ時に，一年中には，ねずみ，なにほとに成そと問．

合二百七拾六億八千二百五十七万四千四百二疋

法，ねずみ二疋に七を十二たひかくれは，高知る也．

② 右のねずみ，一日に米半合つゝくい申候つもりにしては一日に米なにほとゝ問．

答曰　千三百八十四万千二百八十七石二斗一合也

右のねずみ，一日に如此くい申候つもりならは日本国中の物成三日にはくいたり不申候．

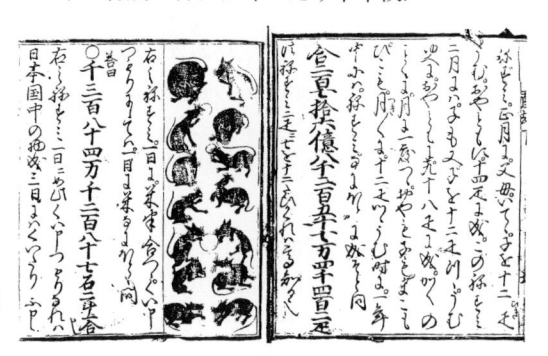

図 6.31.1　ねずみ算
（『新篇塵劫記』より）

[注解]

① 正月は父・母 2 匹＋子 12 匹＝14 匹，親子で 7 組が誕生する．ここで，「生まれた子は雌雄一対が 6 組」として計算することが条件となっている．それゆえ，2 月には正月の親

子7組がそれぞれ12匹ずつ子を産むから

　2月：正月14匹＋7組×12匹／組＝98匹，計49組

　3月は49組がそれぞれ子を12匹ずつ産むから

　3月：2月98匹＋49組×12匹／組＝686匹，計343組

　　　⋮　　　　　⋮　　　　　　　　　　⋮

これは　　親．　正月．　2月．　3月．　…．　12月
　　　　　2　　$2×7$，　$2×7^2$，　$2×7^3$，　…．　$2×7^{12}$

なる等比数列である．したがって，12月のねずみの数は

$$2×7^{12}＝27682574402 匹$$

となる．

② 27682574402匹×0.5合／匹＝13841287石2斗0升1合

この米の量は「日に日に一倍」の項で解説したように，1升に60000粒，1粒を0.02グラム，日本人1人が1日に400グラムを食べるとして計算するといかに大きな量であるかがわかる．それゆえ，著者の吉田光由は「右のねすみ，一日に如此くい申候つもりならは日本国中の物成三日にはくいたり不申候」という表現になったと思われる．

『塵劫記』には以下のような問題も集録されている．

右のねすみ，尾にくいつき，尾にくいつきして，海（うみ）をわたるといふ．

　○一里（り）といふは丗六町にして

　○一町といふは六十間にして

　○一間といふは六尺五寸にして

　○ねすみの長四寸にして

右のねすみ，つゝくなかさ

七十八万八千六百五十四里廿三町廿間八寸有

これは，

　　27682574402匹×0.4尺／匹＝11073029760.8尺

　　11073029760.8尺÷6.5尺／間≒1703543040.123間

　　1703543040.123間÷60間／町≒28392384.002町

　　28392384.002町÷36町／里≒788677.3334里

　∴　788677.3334里≒788677里12町

となる．　　　　　　　　　　　　　　　　　　　［野口泰助］

7 和算の二大風習

7.1 遺題継承

7.1.1 遺題継承の意味と始まり

　　　　江戸時代（1603年）になり，日本中が平和の方向へ向かい，少しずつ産業も発達しはじめた．このような時代に，京都では豪商 角倉（すみのくら）一族から数学が好きな吉田光由（よしだみつよし）なる人物が出現した．
　　　　吉田光由は『割算書（わりさんしょ）』（元和8 (1622) 年）の著者である毛利重能（もうりしげよし）について学んだが，すぐに師である毛利重能を追い越し，中国との貿易があった角倉一族から中国の数学の本『算法統宗（さんぽうとうそう）』（1592年）を入手して，当時最高の数学を勉強した．
　　　　光由はこの『算法統宗』を参考にして，日本に伝わってきたそろばんの使い方を読めば誰でもわかるように，数多くの絵を取り入れ，レベルの低いところから当時としては最高の水準まで独学できるくらいわかりやすい数学の本『塵劫記（じんこうき）』（寛永4 (1627) 年）を著した．これは数学の教師用教科書として使われており，この本を少し練習しただけで数学の力もないのに人に教えている数学教師がいる．これでは習うほうはあまりにもかわいそうであると本の最後に問題をつけてその問題を解けた人たちが教師になって欲しいと考えて本の終わりに問題をつけた『新篇塵劫記』（寛永18 (1641) 年小型本）を刊行したのである．下巻に問題12問が載せられている．この『新篇塵劫記』になぜ解答をつけない12問の問題を提起したかについてはつぎのような序文がある（図7.1.1）．
　　　　この問題を載せた理由について彼は「…世に算術が得意な学者が数人いるといわれています．算術の道を知らない人が，その学者の学力を見きわめることは困難なことです．ただ早ければ上手というのは誤りです．ですから学者の学力を見きわめるため，本書の下巻に答術をつけない問題12問を提出しました．学者はこの問題の解法を世の人々に伝えなさい．…」さらに跋文には「この寛永18年の『塵劫記』より前に出版された『塵劫記』の中には，自分の思っているとおりに出版されたのではないものがあるから，よく説明されていないところや，余計な説明のあるところがある．いまその間違いや不足している箇所を訂正して，『新篇塵劫記』と名づけて出版する．それでもまだこ

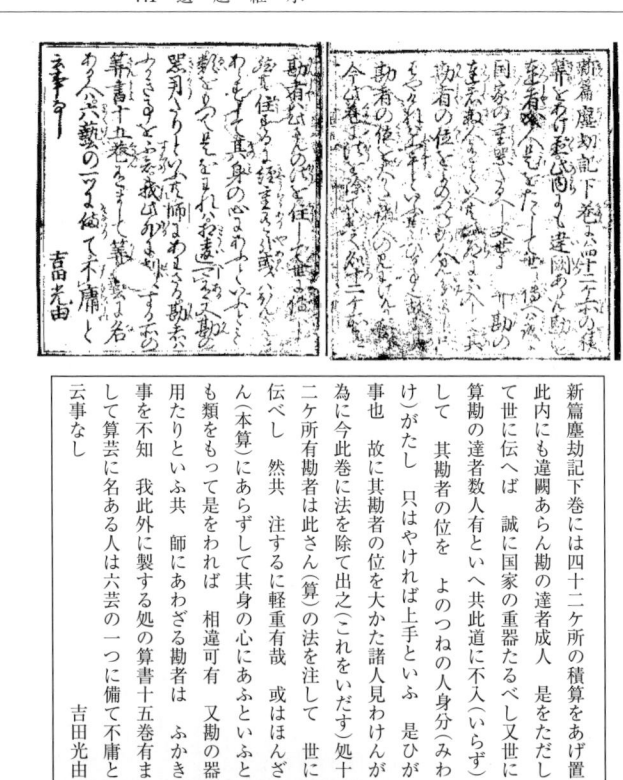

新篇塵劫記下巻には四十二ケ所の積算をあげ置
此内にも違闕あらん勘の達者成人
て世に伝へば 誠に国家の重器たるべし又世に
算勘の達者数人有といへ共此道に不入（いらず）
して 其勘者の位を よのつねの人身分（みわ
け）がたし 只はやければ上手といふ 是ひが
事也 故に其勘者の位を大かた諸人見わけん
為に今此巻に法を注て出之（これをいだす）処十
二ケ所有勘者は此さん（算）の法を注して 世に
伝ふべし 然共 注するに軽重有哉 或はほんざ
ん（本算）にあらずして其身の心にあふといふと
も類をもって是をわれば 相違可有 又勘の器
用たりといふ事 師にあわざる勘者は ふかき
勘の器を不知 我此外に製する処の算書十五
事を 巻有ま
して算芸に名ある人は六芸の一つに備て不庸く
云事なし 吉田光由

法（答までの筋道），勘者（数学者）

図 7.1.1 小型塵劫記（寛永 18（1641）年）の序文（『和算の歴史』上 p.50 より）

図 7.1.2 『新篇塵劫記』寛永 18（1641）年あとがきより

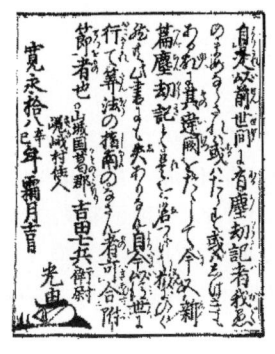

の書にも誤りがあるでしょうから，算法を指南しょうとする者は，解答を訂正してほしい」ということが書かれている（図 7.1.2）．『新篇塵劫記』の 12 問の問題は始め「好み」といわれ，のちほど遺題とよばれるようになった．はじめの頃はそれほど大きな反響はなかったようであるが，やがて『塵劫記』の問題を解き自分の力試しにするという風潮となり，さらに和算家たちは『塵劫記』をまねて

遺題を載せるようになった．このような遺題を載せた本は遺題本とよばれている．遺題は本の最後（例外もある）にあり，読者はその遺題を解いて解答し，さらに自分が作った問題を遺題として本に載せ出版する．このようにして繰り返し受け継がれていったのである．これは「遺題継承」または「遺題承継」とよばれている．遺題継承は日本独特の風習であり，出題される遺題はだんだんむずかしくなり，これが和算発展の大きな契機の一つとなった．

7.1.2　遺題本と遺題継承図

(1)　第一系統図（図 7.1.3）（『塵劫記』遺題 12 問より始まる系列のもの）

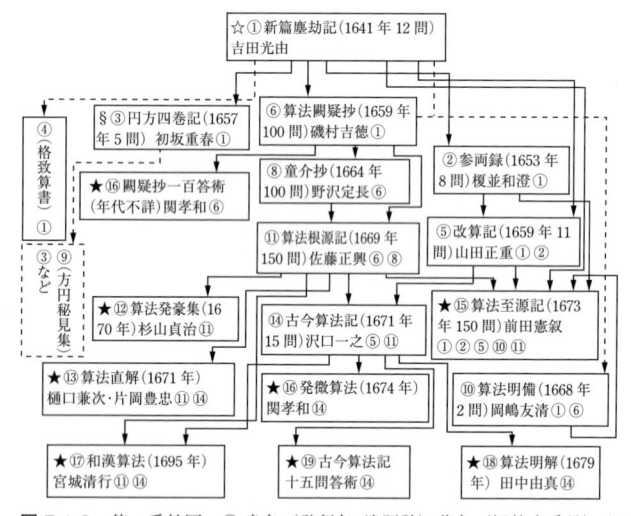

図 7.1.3　第一系統図　○書名（発行年，遺題数）著名（解答書番号）☆は始まり．★は終わり（遺題なし）．§は遺題あるが承継なし．□の破線は遺題本としない事が多い．矢破線は部分解答で解いたか判明しない（以下の図も同様）．

　　ただし，＊のついたものは遺題本として扱わない本もある．
① 『新篇塵劫記』（吉田光由，寛永 18（1641）年，遺題 12 問）
　　遺題があるだけでなく，「開平帯縦法」「切籠」「かざり金物」「染物積」など新しい内容も含んでいる．
② 『参両録』（榎並権右衛門和澄，承応 2（1653）年，遺題 8 問）

『新篇塵劫記』より12年後,『新篇塵劫記』の問題を解く遺題継承の始まりとなった本.十字環問題が初めて現れた本でも知られている.
③『円方四巻記』(初坂重春,明暦3 (1657) 年,遺題5問)
『塵劫記』や『竪亥録』を参考にして書き,『新篇塵劫記』より16年後,『新篇塵劫記』の問題を解答.
④*『格致算書』(柴村盛之,明暦3 (1657) 年)
上巻に『塵劫記』の遺題の解答を示す.『円方四巻記』と類似点が多い.
⑤『改算記』(山田正重,万治2 (1659) 年,遺題11問)
『塵劫記』に次ぐベストセラーで幕末まで発行された.『塵劫記』『参両録』などの誤りを訂正している.『新篇塵劫記』より18年後,『新篇塵劫記』の問題を解答.鉄砲のことを解説し,弾道の図(放物線)(関孝和が解いた)を論じている.
⑥『算法闕疑抄』(磯村吉徳,万治2 (1659) 年,遺題100問)
それまでの和算書の集大成といえる.そろばん算法をくわしく解説して多くの人に読まれた.『新篇塵劫記』より21年後,『新篇塵劫記』の問題を解答.方陣,自然数の和,アルキメデス渦線の問題,倶利加羅巻(直円柱へ等間隔で巻きつけた糸の長さを求める問題).
⑦*『算俎』(村松茂清,寛文3 (1663) 年,遺題本といえない)
遺題の問題を中心に内容別にレベル分けし,巻を追うごとにスパイラル形式に編集している.4巻では正2^{15}までの周長を計算し円周率を3.1415926まで正確に求めている.『算法闕疑抄』の遺題100問の19方陣の解答.
⑧『童介抄』(野沢定長,寛文4 (1664) 年,遺題100問)
はじめの4巻までは『算法闕疑抄』遺題100問の解答,第5巻に遺題100題.
⑨*『方円秘見集』(多賀谷経貞,寛文7 (1667) 年,遺題本とはいえない)
『塵劫記』『四角問答』『円方四巻記』『算法闕疑抄』などより選んだ問題の解説書.
⑩『算法明備』(岡嶋友清,寛文8 (1668) 年,遺題2問)
『塵劫記』系の入門書で『改算記』『参両録』『算元記』など

を参考に書かれた．『塵劫記』遺題の連立方程式の解法と『算法闕疑抄』2問の解答．したがって第一系の傍系としている．

⑪『算法根源記』(佐藤正興，寛文9 (1669) 年，遺題150問)
『童介抄』と同種．上巻は『童介抄』の解答，中巻は『算法闕疑抄』100問の解答．

⑫『算法発蒙集』(杉山貞治，寛文10 (1670) 年，遺題なし)
『算法根源記』遺題150問の解答のみで書かれた最初の本．

⑬『算法直解』(樋口兼次・片岡豊忠，寛文11 (1671) 年，遺題なし)
『算法根源記』遺題150問の解答だけで書かれ，算盤の図があり，天元術も使っている．

⑭『古今算法記』(沢口一之，寛文11 (1671) 年，遺題15問)
『改算記』遺題11問，『算法根源記』遺題150問の解答を天元術で解く．

⑮『算法至源記』(前田憲舒，延宝元 (1673) 年，遺題150問)
1巻から3巻までは『算法根源記』の解答，4巻は『塵劫記』『参両録』『改算記』『算法明備』の解答，5巻で『新篇塵劫記』より32年後，『新篇塵劫記』の問題を解答．

⑯『闕疑抄之答術』(関孝和，延宝2 (1674) 年，遺題なし)
『算法闕疑抄』の遺題100題を天元術で解答．

⑰『和漢算法』(宮城清行，元禄8 (1695) 年，遺題なし)
全9巻で4,5,6巻は『算法根源記』の遺題150問の解答，7,8,9巻で『古今算法記』の遺題15問の解答を記す．

⑱『算法明解』(田中由真，延宝6 (1678) 年，遺題なし)
『古今算法記』の答術．

⑲「古今算法記十五問答術」(遺題なし)

(2) 第二系統図 (図7.1.4) (『数学乗除往来』延宝2 (1674) 年，問題49問より始まる系列のもの)

⑳『数学乗除往来』(池田昌意，延宝2 (1674) 年，遺題49問)
算木の説明や計算法の解説を目的としている．緯度「長崎32度太」「津軽39度半弱」「薩摩30度少」「江戸36度半強」などと紹介している．

㉑『算法入門』(算学詳解)(佐治一平，天和元 (1681) 年，遺題27問)

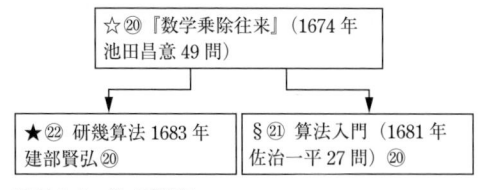

```
         ┌─────────────────────────┐
         │ ☆⑳『数学乗除往来』(1674 年│
         │ 池田昌意 49 問)          │
         └──────┬───────────┬──────┘
                ↓           ↓
    ┌──────────────────┐ ┌──────────────────┐
    │ ★㉒ 研幾算法 1683 年│ │ §㉑ 算法入門 (1681 年│
    │ 建部賢弘 ⑳       │ │ 佐治一平 27 問) ⑳   │
    └──────────────────┘ └──────────────────┘
```

図 **7.1.4** 第二系統図

　　上巻で『数学乗除往来』の遺題 49 問を解答，下巻で関孝和の『発微算法(はつびさんぽう)』を非難．
　㉒『研幾算法』(建部賢弘(たけべかたひろ)，天和 3 (1683) 年，遺題なし)
　　佐治一平が関孝和の『発微算法』が誤りとしたのを訂正したもの．

(3) 第三系統図（図 7.1.5)（『算法勿憚改(さんぽうふつだんかい)』延宝元 (1673) 年，問題 103 問より始まる系列のもの）

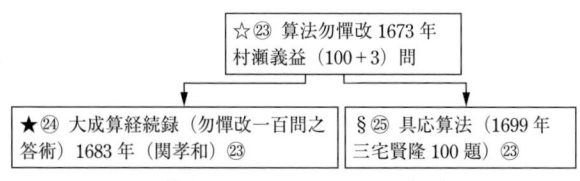

```
         ┌─────────────────────┐
         │ ☆㉓ 算法勿憚改 1673 年│
         │ 村瀬義益 (100＋3) 問 │
         └──────┬──────────┬───┘
                ↓          ↓
   ┌────────────────────┐ ┌──────────────────┐
   │ ★㉔ 大成算経続録（勿│ │ §㉕ 具応算法 (1699 年│
   │ 憚改一百問之答術）  │ │ 三宅賢隆 100 題) ㉓ │
   │ 1683 年 (関孝和) ㉓ │ │                    │
   └────────────────────┘ └──────────────────┘
```

図 **7.1.5** 第三系統図

　㉓『算法勿憚改』(村瀬義益(むらせよします)，延宝元 (1673) 年，遺題 100＋3 問)
　　「誤りを改めるに憚(はばか)ることなかれ」という意味で，後刷りの題簽(だいせん)には『算学淵底記(さんがくえんていき)』とある．
　㉔『大成算経続録(たいせいさんけいぞくろく)（勿憚改一百(ふつだんかいいっぴゃく)之答術(のとうじゅつ)）』(天和 3 (1683) 年，遺題なし．『和算の歴史』上 (p.192))
　㉕『具応算法(ぐおうさんぽう)』(三宅賢隆(みやけけんりゅう)，元禄 12 (1699) 年，遺題 100 問．『和算の歴史』上 (p.169))
　　『算法勿憚改』の遺題を解答．

(4) 第四系統図（図 7.1.6)（『算法天元樵談集(さんぽうてんげんしゅうだんしゅう)』元禄 15 (1702) 年，問題 9 問より始まる系列のもの）

　㉖『算法天元樵談集』(中村政栄(なかむらせいえい)，元禄 15 (1702) 年，遺題 9 問〔参考文献 4〕『和算の歴史』上 p.58，下 p.66，下 p.130〕
　　天元術の解説書である．
　㉗『下学算法(かがくさんぽう)』(穂積伊助(ほづみいすけ)編撰，正徳 5 (1715) 年，遺題 11 問)

7 和算の二大風習

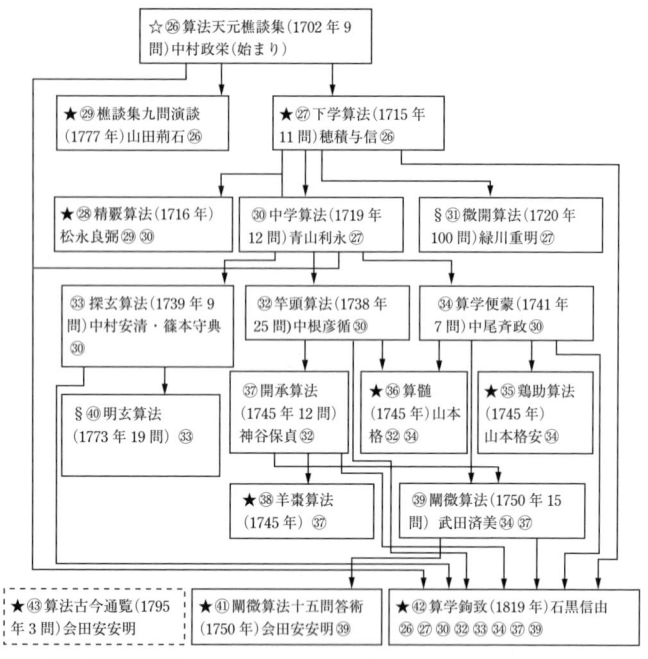

```
         ☆㉖算法天元樵談集(1702年9
         問)中村政栄(始まり)
              │
       ┌──────┴──────┐
       │             │
   ★㉙樵談集九問演談    ㉗下学算法(1715年
   (1777年)山田荊石㉖   11月)穂積与信㉖
                     │
       ┌─────────────┼─────────────┐
       │             │             │
   ★㉘精嚴算法(1716年) ㉚中学算法(1719年   §㉛微開算法(1720年
   松永良弼㉙㉚        12問)青山利永㉗    100問)緑川重明㉗
                     │
       ┌─────────────┼─────────────┐
       │             │             │
   ㉝探玄算法(1739年9  ㉜竿頭算法(1738年  ㉞算学便蒙(1741年
   問)中村安清・篠本守典 25問)中根彦循㉚    7問)中尾斉政㉚
   ㉚
             ┌──────┼──────┐
             │      │      │
         ㉗開承算法   ★㊱算髄   ★㉟鶏助算法
         (1745年12問)(1745年)山本 (1745年)
   §㊵明玄算法   神谷保貞㉜   格㉜㉞    山本格安㉞
   (1773年19問)㉝
                     │      │
                  ★㊳羊棗算法 ㊴関微算法(1750年15
                  (1745年)㊲  問)武田済美㉞㊲

   ┌────────────┐ ┌──────────────┐ ┌──────────────┐
   │★㊸算法古今通覧(1795│ │★㊶関微算法十五問答術│ │㊷算学鉤致(1819年)石黒信由│
   │年3問)会田安安明   │ │(1750年)会田安安明㊴│ │㉖㉗㉚㉜㉝㉞㊵      │
   └────────────┘ └──────────────┘ └──────────────┘
```

図 7.1.6　第四系統図

『算法天元樵談集』の遺題 9 問を解答．

㉘『精嚴算法』（松永良弼，享保元 (1716) 年）

『中学・下学算法』12 問・11 問を解答．刊行されたが今日まだ不明．

㉙『樵談集 九問演談』（山田荊石，安永 6 (1777) 年）

㉚『中学算法』（青山利永，享保 4 (1719) 年，遺題 12 問）

『下学算法』の遺題を解答．

㉛『微開算法』（緑川重明，享保 5 (1720) 年，遺題 100 問）

内題は開微算法とある．

㉜『竿頭算法』（中根彦循，元文 3 (1738) 年，遺題 25 問）

『中学算法』の遺題 12 問を解答．

㉝『探玄算法』（入江脩敬撰，中村安清・篠本守典，元文 4 (1739) 年，遺題 9 問）

『中学算法』の遺題 12 問を解答．

㉞『算学便蒙』（中尾斉政，寛保元 (1741) 年，遺題 7 問）

『中学算法』の遺題 12 問を解答．

㉟ 『鶏助算法』(山本格安,延享 2（1745）年)

『算学便蒙』遺題 7 問を解答.

㊱ 『算髄』(山本格安,延享 2（1745）年,遺題なし)

『竿頭算法』遺題 25 問を解く,『算学便蒙』遺題 7 問を解答.

㊲ 『開承算法』(神谷保貞,延享 2（1745）年,遺題 12 問)

『竿頭算法』遺題 25 問を解答.

㊳ 『羊棗算法』(山本格安,延享 2（1745）年)

『開承算法』の遺題 12 問を解答.

㊴ 『闡微算法』(武田済美,寛延 3（1750）年,遺題 15 問)

『開承算法』遺題 12 問と『算学便蒙』遺題 7 問を解答.

㊵ 『明玄算法』(今井赤城 撰術・荒井為以著,明和元（1764）年,遺題 19 問)

『探玄算法』遺題 9 問,『竿頭算法』遺題 25 問を解答.

㊶ 「闡微十五問答術」(会田安明)

刊行されていない.

㊷ 『算学鉤致』(石黒信由,文政 2（1819）年)

『算法天元樵談集』9 問,『下学算法』遺題 11 問,『中学算法』遺題 12 問,『竿頭算法』遺題 25 問,『算学便蒙』遺題 7 問,『探玄算法』遺題 9 問,『開承算法』遺題 12 問,『闡微算法』遺題 15 問の 8 書の遺題を解答.

㊸*『算法古今通覧』(会田安明,寛政 9（1797）年)

遺題本 14 冊ほどについて数題ずつ論じているが遺題本とはいえない.

この 4 系を通して約 170 年あまり,遺題継承は続き,わが国の数学の発展に寄与した.遺題本もその間約 43 冊あまり,全問に答えないもの,稿本だけもの,説明だけに終わるもの,数値を変えて説明するもの,遺題本に入るかどうかわからないものなどさまざまである.

7.1.3　遺題本の最初『新篇塵劫記』(遺題 12 問の問題と解)
(1) 勾股積 (図 7.1.7)

[現代訳] 東と乾＝北西と 坤＝南西の方向に三辺をもつ直角三角形で東と乾の辺の和が 81 間で,東と坤の和が 72 間のとき,この直角三角形の面積と各辺の長さを求めよ.

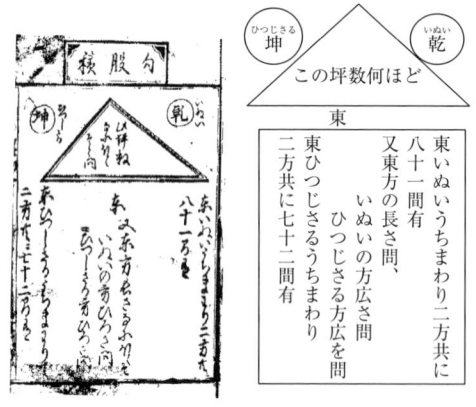

図 7.1.7　勾股積（『新篇塵劫記』より）

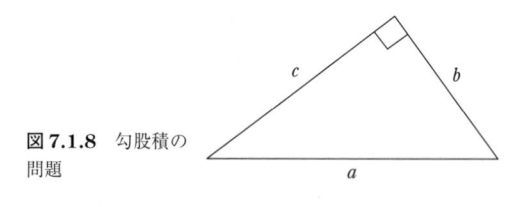

東いぬいうちまわり二方共に八十一間有
又東方の長さ間、いぬいの方広さ間
ひつじさる方広を間
ひつじさるうちまわり二方共に七十二間有

［解説］図 7.1.8 のように直角三角形の斜辺を a, 他の 2 辺を b, c とすると $a+b=81$ 間, $a+c=72$ 間のとき辺 a, b, c の長さと三角形の面積を求めよ.

$$\sqrt{2(a+b)(a+c)} = a+b+c$$

を利用して解く.

図 7.1.8　勾股積の問題

答　東 $(a)=45$, 乾 $(b)=36$, 坤 $(c)=27$, 坪数 $=486$ 坪

(2) 円截積（図 7.1.9）

［現代訳］図 7.1.10 のような長さ 3 間（1 間 $=6$ 尺 5 寸とする），本の口のまわり（円周）が 5 尺，末の口まわりが 2 尺 5 寸の唐

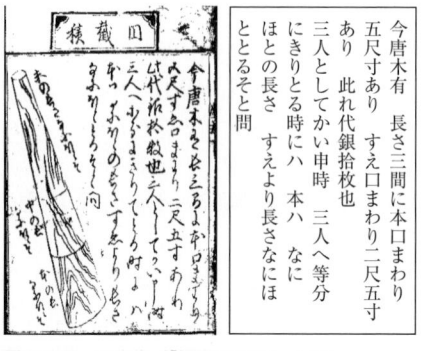

図 7.1.9　円截積（『新篇塵劫記』より）

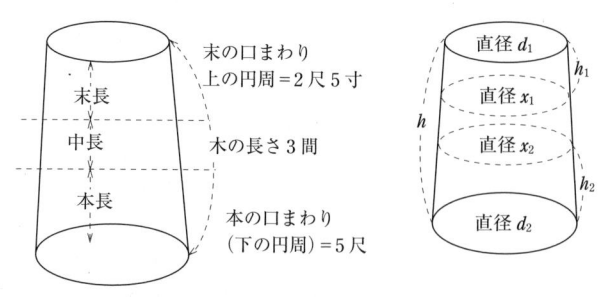

図 7.1.10 唐木の円截積問題（『新篇塵劫記』より）

木がある．この木の値段は銀10枚である．これを3人で買い求め，3等分に切りたい．本の長さを求めよ．

[解説] 図7.1.10のように円錐台の上底の直径を d_1，下底の直径を d_2 として円錐台の体積を3等分するときの切口の直径をそれぞれ x_1, x_2，その高さをそれぞれ h_1, h_2，全体の体積を V とすると

$$V = \frac{1}{12} h\pi (d_1^2 + d_2^2 + d_1 d_2)$$

$x_1 = \sqrt[3]{\dfrac{2d_1^3 + d_2^3}{3}}$, $x_2 = \sqrt[3]{\dfrac{d_1^3 + 2d_2^3}{3}}$, $h_1 = \dfrac{h}{d_2 - d_1}(x_1 - d_1)$,

$h_2 = \dfrac{h}{d_2 - d_1}(d_2 - x_2)$, $d_1 = 2.5$, $d_2 = 5$, $h = 6.5 \times 3 = 19.5$

〔参考文献の4）上巻 p.76，14）p.36 を参照のこと〕

$x_1 = 3.7345$, $x_2 = 4.457067701$, $h_1 = 9.6291$, $h_2 = 4.2348719$

　　答　末長　9尺6寸2分91，　中長　5尺6寸3分6021，
　　　　本長　4尺2寸3分48719

(3) 2組4色の問題（図7.1.11）

[現代訳] 松の木80本，桧（ひのき）木50本合わせて値段2貫790匁，松の木120本，杉の木40本合わせて値段2貫322匁，杉の木90本，栗の木150本合わせて値段1貫932匁，栗の木120本，桧7本合わせて値段419匁のとき，松の木，桧，杉の木，栗の木1本につき銀どれほどか．

[解説] 松，桧，杉，栗をそれぞれ1本に付き銀 x, y, z, w 匁とする．

$$80x + 50y = 2790 \tag{1}$$

$$120x + 40z = 2322 \tag{2}$$

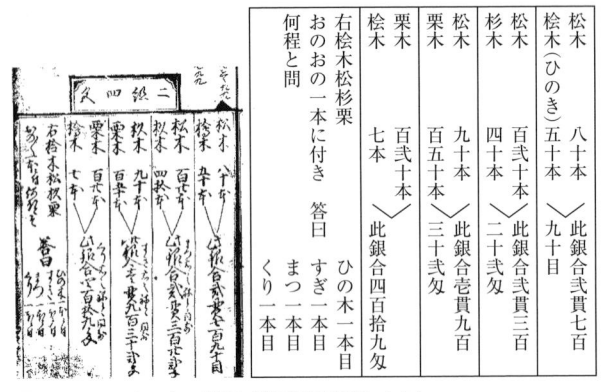

図 7.1.11　2 組 4 色の問題（『新篇塵劫記』より）

$$90z + 150w = 1932 \tag{3}$$
$$120w + 7y = 419 \tag{4}$$
$$x = 13, \quad y = 35, \quad z = 19.05, \quad w = 1.45$$

答　松 1 本に付き銀 13 匁，桧 1 本に付き銀 35 匁，

　　杉 1 本に付き銀 19 匁 5 厘，栗 1 本に付き銀 1 匁 4 分 5 厘

(4)　3 組 3 色の問題（図 7.1.12）

　　［現代訳］　桧 2 本，松の木 4 本，杉の木 5 本を 3 色合わせた値段が銀で 220 目，桧木 5 本，松の木 3 本，杉の木 4 本を 3 色合わせた値段が銀で 275 匁，桧木 3 本，松の木 6 本，杉の木 6 本を 3 色合わせた値段が銀で 300 目のときおのおのの木は 1 本いくらか（注：220 目，300 目は 1 位以下端数のないとき匁と書かずに目と書く）．

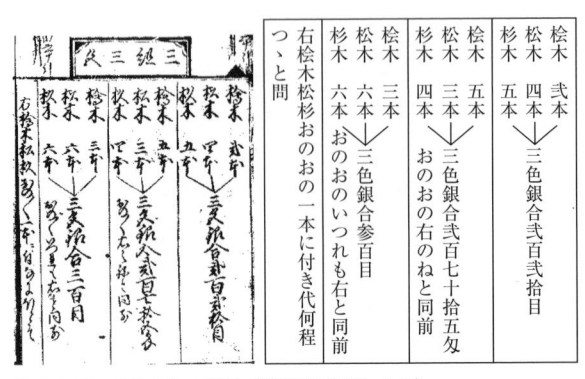

図 7.1.12　3 組 3 色の問題（『新篇塵劫記』より）

[解説] 桧，松の木，杉の木の単価をそれぞれ x, y, z 匁とすると

$$2x + 4y + 5z = 220 \qquad (1)$$
$$5x + 3y + 4z = 275 \qquad (2)$$
$$3x + 6y + 6z = 300 \qquad (3)$$
$$x = 30, \quad y = 15, \quad z = 20$$

答　桧銀 30 目，松の木銀 15 匁，杉の木銀 20 目

(5) 2 組 3 色の問題（図 7.1.13）

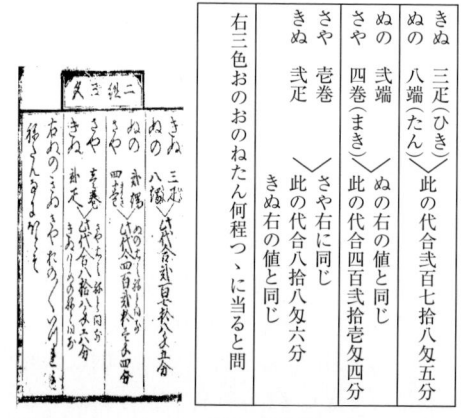

図 7.1.13　2 組 3 色の問題（『新篇塵劫記』より）

[現代訳]　きぬ（絹）3 疋，ぬの（布）8 反合わせて銀 278.5 匁，ぬの（布）2 反，さや（紗綾）4 巻合わせて銀 421.4 匁，さや（紗綾）1 巻，きぬ（絹）2 疋合わせて銀 88.6 匁とすると絹，布，紗綾のおのおのの値段はいくらか（注：1 疋（匹）＝ 2 反（端），1 反＝着物 1 着分）．

[解説]　きぬ，ぬの，さやのそれぞれの単価を x, y, z 匁とすると

$$3x + 8y = 278.5 \qquad (1)$$
$$2y + 4z = 421.4 \qquad (2)$$
$$z + 2x = 88.6 \qquad (3)$$
$$x = 0.5 \quad y = 34.7 \quad z = 88$$

答　きぬ 1 疋につき 3 分，ぬの 1 端につき 34 匁 7 分，さや 1 巻につき 88 匁

(6) 盈朒法（過不足算のこと）（図7.1.14）

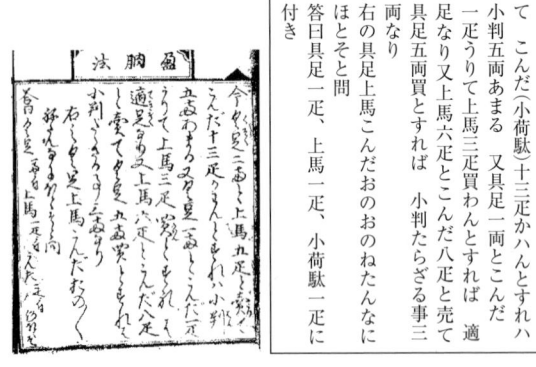

図7.1.14 盈朒法（『新篇塵劫記』より）

［現代訳］ いま具足2両と上馬5疋（頭）を売り，こんだ13疋を買うとすれば，小判5両余．また具足1両とこんだ1疋売って，上馬3疋買うとすると同じ値段．上馬6疋とこんだ8疋売って，具足を5両とすると小判3両足らない．具足，上馬，こんだのそれぞれの値段はいくらか．

［注］ 盈は余ること，朒は不足することで過不足算である．具足は鎧・甲冑で，小荷駄（こにだとも読む）は馬に運ばせる荷物，あるいは小荷駄を運ぶ馬をいう．

［解説］ 具足の1疋の値，上馬1疋の値，小荷駄1疋の値をそれぞれ x, y, z とする．

$$2x + 5y = 13z + 5 \quad (1)$$
$$x + z = 3y \quad (2)$$
$$6y + 8z = 5x - 3 \quad (3)$$
$$z = 1.5, \quad x = 6, \quad y = 2.5$$

答　具足1疋につき6両，上馬1疋につき2両2分，
　　小荷駄1疋につき1両2分．ただし金1両＝4分

(7) 方台の問題（図7.1.15）

［現代訳］ ここに堀を掘るときに土地5600坪ある．この土地に南に下が30間四方，高さ9間の正四角錐台の天主土台を作るとき四角錐台の上の面積はいくらになるか．ただし1坪＝1立方間のこと．

［解説］ 上の一辺の長さを a，下の一辺の長さを b，高さを h と

7.1 遺題継承

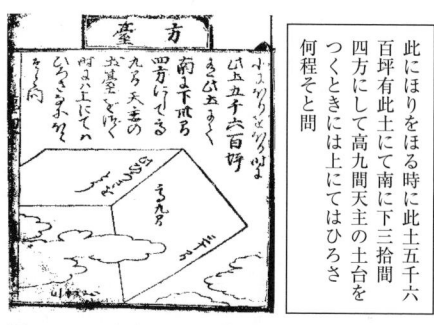

図 7.1.15　方台の問題（『新篇塵劫記』より）

すると体積 $V = 5600$, $b = 30$, $h = 9$ を $V = \dfrac{h}{6}\{(2a+b)a + (2b+a)b\}$ に代入して $3a^2 + 90a - 2900 = 0$ を解けばよい. $a = 19.52052526$

　　　答　　上廣　19間5分20525（参考文献14) p.65～p.68 参照）

(8)　円台の問題（図7.1.16）

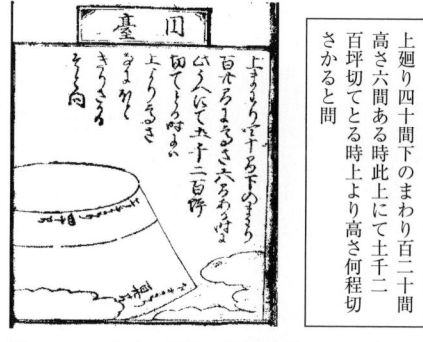

図 7.1.16　円台の問題（『新篇塵劫記』より）

[現代訳]　上底の円周40間，下底の円周120間，高さ6間あるとき，1200坪切り取るとき，上より何間切り取ればよいか．
[解説]　体積を V, 高さを h, 下の半径を R, 上の半径 r とすると $V = \dfrac{1}{3}\pi h(R^2 + r^2 + Rr)$ に $V = 1200$, $R = \dfrac{x}{\pi}$, $r = \dfrac{20}{\pi}$, $\pi = 3.16$, $h = y$ を代入して図7.1.17より $y = \dfrac{3x - 60}{20}$ だから $75840 = x^3 - 8000$ となる．$x = 43.76736725$, $y = 3.565105$

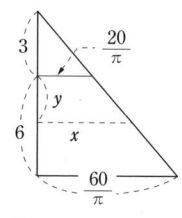

図 7.1.17

答　上より高さ3間3尺6寸5分6厘5毛1

(9) 栗石積の問題（図7.1.18）

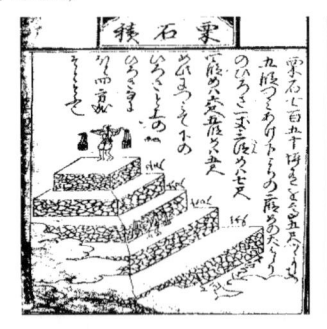

図7.1.18 栗石積の問題（『新篇塵劫記』より）

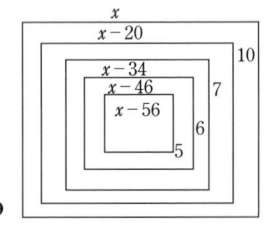

図7.1.19

[現代訳] 栗石750坪を高さ5尺にして5段積み上げ，下より2段目の犬走りの広さは1丈，3段目は7尺，4段目は6尺，5段目は5尺とすると，上底と下底の広さはいくらか．

[解説] いま，下底の広さの一辺を x 尺とすると（1坪は1間立方であるから1坪 = 6.5尺となる）．

$$x^2 + (x-20)^2 + (x-34)^2 + (x-46)^2 + (x-56)^2$$
$$= 750 \times 6.5^3 \div 5 = 41193.75$$
$$5x^2 - 312x - 34385.75 = 0$$
$$x = 119.80355$$

上の広さ $119.80355 - 56 = 63.80355$

答　上の広さ6丈3尺8寸3厘5毛，下の広さ11丈9尺8寸

(10) 円截積の問題（図7.1.20）

[現代訳] 直径100間の円径の屋敷を図7.1.21のように3人で割る．1人は2900坪，1人は2500坪，1人は2500坪とするとき北矢，中矢の広さ，弦の長さを求めよ．

[解説] 弦，弧，矢，面積，直径をそれぞれ a, s, h, A, d とすると

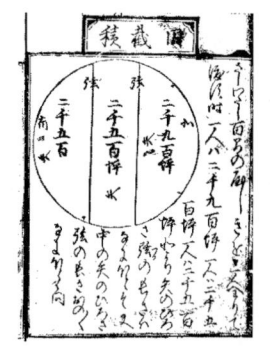

図 7.1.20 円截積の問題（『新篇塵劫記』より）

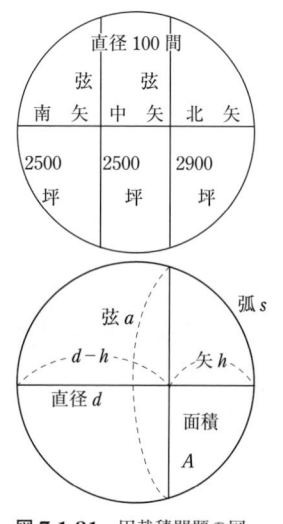

図左：直径 100 間、弦南矢 2500 坪、弦中矢 2500 坪、北矢 2900 坪

図下：弦 a、弧 s、$d-h$、矢 h、直径 d、面積 A

図 7.1.21 円截積問題の図

$$a^2 = 4h(d-h) \quad (1)$$
$$s^2 = a^2 + 6h^2 \quad (2)$$
$$A = \frac{s \times d}{4} - \frac{a}{2}\left(\frac{d}{2} - h\right) \quad (3)$$

式 (1) と『九章算術』より $A = \frac{1}{2}h(a+h)$ を用いて $5h^4 - 4dh^3 - 4Ah^2 + 4A^2 = 0$ とした本もあるがあまりにも誤差が大きい．

式 (1)，(2) を式 (3) に代入 a，s を消去して解くが大変複雑になる．

答　北矢の長さ 39.4 間，北弦の長さ 97.7 間，北弧 137 間，中矢の長さ 25.4 間，南矢の長さ 35.2 間，南弦の長さ 95.5 間，南弧 128 間

$\pi = 3.16$ でこの答は文献 14 の p.98 による．
くわしくは参考文献 10，14 を参照のこと．

(11)　問題文がなく題意不明

　　　　参考文献 14 の p.94 を参照のこと．

(12)　問題文ない．（円攅(えんさん)の問題のようである）（図 7.1.22）

　　　　参考文献 10 の『和算の誕生』p.98 を参照のこと．

430　　　　　　　　7　和算の二大風習

図 **7.1.22**　問題 11
(『新篇塵劫記』より)

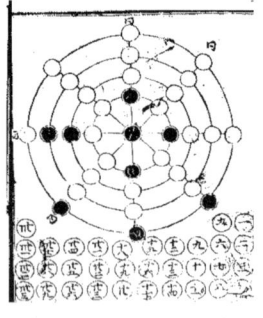

問題 12

7.1.4　遺題継承の終わり

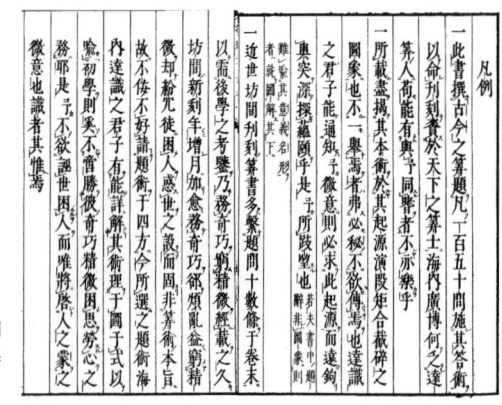

　『拾璣算法』有馬頼徸, 明和 6 (1769) 年の凡例 (図 7.1.23) より, 吉田光由『新篇塵劫記』から始まる遺題継承が始まった頃は和算発展に貢献したが, しだいに技巧をろうし, 枝葉末節に拘泥するような弊害に陥ってしまったとある. これは有馬頼徸だけでなく藤田貞資ほか一流の数学者も「遺題継承」に批判的になり, しだいに「遺題継承」の第一系統は衰退することとなったが, 第四系統は, その当時『算法天元樵談集』(元禄 15 (1702) 年) から始まる「遺題継承」はまさに花盛りであって有馬頼徸はこれを非難したが,『算学鉤致』(文政 2 (1819) 年) まで続いた.　　　　　　　　　　　　　　　　　　　　［米光　丁］

図 **7.1.23**　『拾璣算法』の凡例
(『和算の歴史』下平和夫著下巻
p.65 より引用)

一、この書、古今の算題を撰むことおよそ一百五十題、その答術を施し、もって刊刻を命じ、天下の算士に資（らい）す（与える）。海内の広博、いずくんぞ達算の人に貧しからん。いやしくもよく予と嗜（たしなみ）を同じくする者あらば、また楽しからざらんや。

一、載る所ことごとくその本術を掲ぐ。その起源・演段・矩合・截砕の図象におけるや、一もこれに挙げざるものは必ずしも秘してこれを伝ふることを欲せざるにあらず。遠く奥突を鈎（はかり）、深く縕蹟（うんさく）奥深い道理）を探らんがため。これ予が跂（き）望する所なり（中略）

一、近世、坊間の刊刻の算書、多くは題間十数条を巻末に繋（かかげ）、もって後学の考かんをもとむ。すなはち奇巧を努め精微を窮むる。截（とし）を経るへに久しき坊間の新刻、年々に増し、月に加はり、いよいよ奇巧を務めてかへって精微をきはめてかへつて紛乱し、いたづらに人を困らして世を惑はすの設けにして、もとより算術の本旨にあらず、ゆへに不佞（ねい）（私は）題術を四方に請ふことを好ます。今選む所の題術は海内達識の君子よくつまびらかにその術理を解くことあって、図に式をもって初学の士を諭さば、すなはちいづくんぞただかの奇巧精微、思ひを困らしむる心を芳するの務めに勝らざらんよ。これ予が、世の誣（あざむ）き人を困らしむるを欲せずして、ただまさに人豪を啓（ひら）かんとするの微意なり。識者それこれを惟（おも）へ（以下略）

図7.1.23の現代訳

■ 参 考 文 献

1) 平山諦『東西数学物語』恒星社厚生閣 p.136, 1956年
2) 平山諦『関孝和』p.221, 恒星社厚生閣, 1959年
3) 日本学士院『明治前日本数学史』1巻 p.54, 岩波文庫, 1960年
4) 下平和夫『和算の歴史』（上・下）上 p.49 下 p.66, 富士短期大学出版部, 1970年
5) 遠藤利貞・三上義夫『増修日本数学史』p.474, p.318, 1981年
6) 林鶴一『和算研究集録』上 p.137, 197 下 p.823, 東京開成館, 1986年
7) 本田益夫『筑前高見神社算額と和算史概説』1986年
8) 内藤淳・平山諦『松永良弼』p.42, 松永良弼刊行会, 1987年
9) 下平和夫他『江戸初期和算書解説』1〜9巻, 研成社, 1990年
10) 平山諦『和算の誕生』1993年
11) 中村信弥『和算の花』p.38, 1997年
12) 藤井康生・米光丁『拾璣算法（現代解と解説）』p.2, 1999年
13) 佐藤健一他『和算史年表』東洋書店, 2002年
14) 米光丁「江戸初期の課題数学入門」2002年
15) 道脇義正他「幕末の偉大なる数学者」その生涯と業績 p.6, 7, 2002年
16) 佐藤健一他『和算用語集』研成社, 2005年

7.2 算額奉納

7.2.1 算額とは

(1) 絵馬

神社仏閣に掲げられ奉納された木の板を「絵馬」という．奈良時代あたりでは，その地の豪族が神の地である神社にその時代に貴重であった馬を神様の移動手段としての乗り物として奉納し馬小屋も作った．これは豪族でないとできない費用のかかる慣習であった．そこで生きた馬の代わりに木の板に馬を書いて奉納した．これが絵馬である．奈良時代に起こった神仏習合によりお宮とお寺の区別が緩やかになったので仏閣にも掲げられたのかもしれない．時代を経るに従って人々は馬の代わりに日常生活のことを板に記して神様にお願いした．江戸時代になり大型の絵馬も登場した．内容も日常の悩みや病気回復の祈願などが現れた．明治時代に掲げられた戦勝祈願などの大型絵馬は多数現存する．

現代では入試合格や病気回復などを願った小型絵馬の奉納が盛んであるが，大型絵馬の奉納は少なくなっている．いつの時代でも神頼みは人々の心の拠り所の一つであろうか．

(2) 算額

数学の問題を板に記して神社仏閣に奉納した絵馬を「算額」という．この算額を奉納する風潮は江戸初期に発生して全国に広がった．現在のところ福島県白河市堺明神に明暦3(1657)年に奉納された記録が一番古い．算額の広がりこそが和算がいかに全国的に広がっていたかを物語り，それとともに侍から農民まで広く伝播していたことがわかる．江戸文化の一つである和算がいかに広く伝播していたかを現実に認識できる文化財が算額である．

このような庶民の数学の世界が存在していたことは世界にその例をみない．多くの庶民が数学を楽しんでいたことは諸外国から驚異の目で見られている．素晴らしい日本の文化遺産である．しかもその内容も和算書にある問題の写し的な基本問題から現代でも解決がむずかしい難問まで広がっている．江戸時代後期のほとんどの和算家が算額を掲げているし，全国の有名な

神社仏閣には必ずといってもよいほどに算額が奉納されていた．残念ながらこの文化遺産はあまりその価値を認められないまま朽ち果てようとしている．しかし世界は算額に注目している．

7.2.2 算額の形と大きさ

現存している最古の算額は天和3（1683）年に栃木県佐野市の星宮神社に奉納された算額で，サイズは横180 cm，縦90 cmである．つぎに古い貞享3（1686）年京都北野天満宮の算額のサイズは横190 cm，縦95 cmであり，つぎの元禄4（1691）年京都八坂神社の算額は横124 cm，縦93 cmなので横一間（約180 cm），縦半間（約90 cm）が標準と思われる．一般の絵馬にサイズの規定がないように算額でも決まった大きさはない．

形は横長の長方形が一般的であるが縦長（福岡県須賀神社，慶応1（1865）年）や屋根形（三重県三重郡菰野町広幡神社，嘉永5（1852）年）（図7.2.1）もある．

図7.2.1 三重県三重郡菰野町広幡神社の算額（提供：朝日新聞社）

現存で最大は福島県田村市安倍文殊堂の横620 cm，縦140 cmである．これは明治10（1877）年に奉納されたものである（図7.2.2）．山形県出羽三山神社に奉納された算額（文政6（1823）年）は横450 cm，縦150 cmであるが，当時は2面掲げられていたようで残りが現存していれば壮大であっただろうが現在は

図 7.2.2 福島県田村市安倍文殊堂の算額（提供：朝日新聞社）

図 7.2.3 山形県出羽三山神社の算額（提供：朝日新聞社）

片面だけである（図 7.2.3）．

　現存している算額で一番小さな算額は愛知県岡崎市六所神社に安永 8（1779）年に奉納された横 50 cm，縦 25 cm で，この算額は小型ながら問題文奉納者名がきちんと書かれている．小型ではそのほかに神奈川県横浜市真福寺に横 47 cm，縦 34 cm で，明治 26（1893）年に兄弟で奉納した 2 面の算額が現存している．

　算額の材料は板であるがその材質は決まっていない．檜が多いが杉もある．良質の板ほど保存も良いが元来絵馬は参拝者のためにあるので風雨にさらされやすい．運良く屋内に掲げられた算額は鮮明であるが，屋外に掲げられた算額は剥離が多く解読に困難をきたす（福島県福島市篠葉沢神社，明治 24（1891）年など）．神社にとって相当量の絵馬をすべて保存することはできないので時に応じて処分する．そのとき算額とか綺麗なものは運良く残されている．現代でも算額の発見が続くのは「違和感のある絵馬」として保存されていたためであろう．豪華な算額としてはケヤキ板を彫り金粉を塗り枠に銅板を張った算額（三重県上野市菅原天神，安政 1（1854）年）（図 7.2.4）や，木

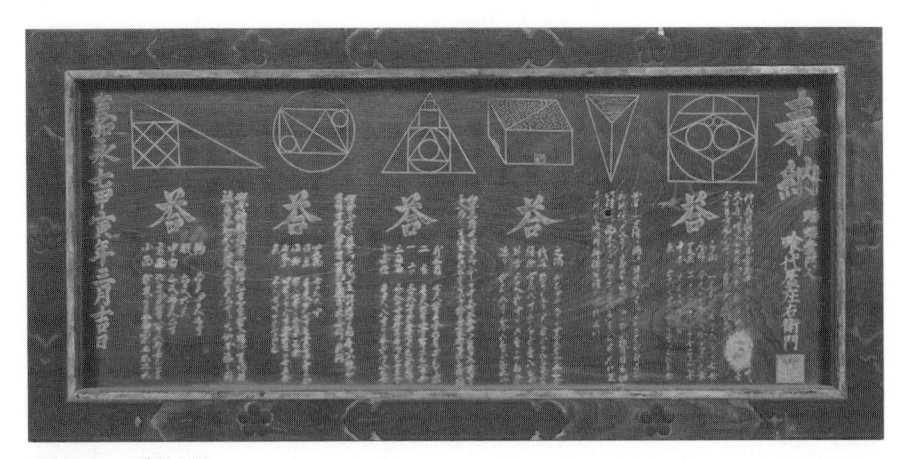

図 7.2.4　三重県上野市菅原天神の算額（提供：朝日新聞社，口絵参照）

枠に豪華な彫刻をつけた算額（岡山県瀬戸内市片山日子神社，明治 6（1873）年）（図 7.2.5），木枠をそろばんで囲った算額（群馬県勢多郡諏訪神社，大正 3（1914）年）（図 7.2.6）など目を奪われるものもある．

　途中で自然災害や第 2 次世界大戦で多くの算額が失われたこ

図 7.2.5　岡山県瀬戸内市片山日子神社の算額（写真：深川英俊）

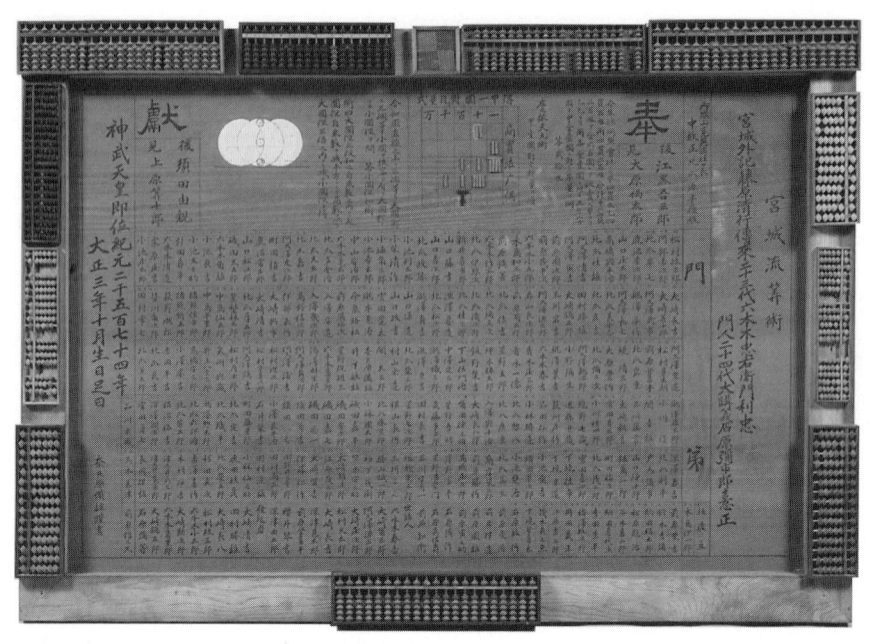

図 7.2.6 群馬県諏訪神社の算額（提供：朝日新聞社）

とは確かである．長崎市諏訪神社では原爆でとなりの山に吹き飛んだ算額（明治 20（1887）年）を職員が運び戻したそうである．

7.2.3 算額の内容

算額に書かれ和算の問題は基本的なものから高度なものまで幅が広い．和算書を勉強した記念かそのまま写して算額として奉納しているものもかなりある（広島県安芸郡桂浜神社，文政 12（1829）年・岡山県瀬戸内市片山日子神社，明治 6（1873）年．その他各地にある）．和算書をそのまま引用した算額は和算書をもたない人々に数学を啓蒙したに違いない．また人目を引くため問題にはきれいに彩色された図がつけられていることが多い．

土地の塾の宣伝を兼ねて少年たちの問題を載せた算額は数学の啓蒙に大いに役に立ったであろうし，塾の宣伝にもなったであろう（岐阜県大垣市明星輪寺，慶応 1（1865）年）（図 7.2.7）．

算額に有名な和算家の名前を記載するときは師匠に連絡を

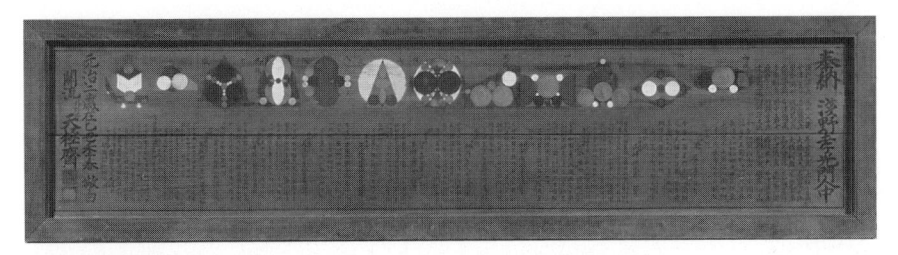

図 7.2.7 岐阜県大垣市明星輪寺の算額（提供：朝日新聞社）

取っていることであろうから問題も洗練されている（大阪府枚方市意賀美神社，文久 1（1861）年）．この場合とくに藤田貞資の名前が多い（愛知県安城市桜井神社，寛政 1（1789）年）．なお江戸後期の実力ある和算家はほとんどが算額を掲げている．

全国の大きな神社仏閣には実際に残っているのは少ないが算額掲額の記録がある．大きな人口をもつ場所（江戸・大坂・名古屋）での算額は見学者にかなりの数学者がいるため内容もほとんど専門的になる．地方でも難問を掲載した算額はある．千葉県旭市龍福寺（天保 1（1830）年）と静岡県浜名郡諏訪神社（明治 3（1870）年）は現代数学的にみても程度が高いものであるが，両方ともいまや朽ち果てようとしている．

7.2.4 算額の記述形式

算額の記述は通常の和算書と同じであるが，奉納者名と年期が必要である．次の順序が一般的であろう．

① 「奉納」なる文字．
② 「奉納者名」はこの位置でなく最後につける算額もある．
③ 「問題」は「今有如図・・」と始まり「問得術如何」で閉じる．
④ 「答曰」は問題に対する一つの例題で，見学者が一見したときに答が合うことを納得させるためだけである．もちろんこの答にも数学的解析をひそませている算額もある．
⑤ 「術曰」は問題に対する一般解が記述されている．いわゆる「定理」である．ときにはそろばんに載せるための計算過程が記されている．現代のパソコンプログラムと同じなので，研究者はパソコンを使って問題の点検ができる．この「術曰」が一番大事なところである．

⑥「出題者名」
　　以後問題ごとに「問題・答・術文・問題出題者名」となる．
⑦「奉納年期」はほとんどすべての算額に記載されている．
⑧「掲額者名」または問題提出者が一人のときはここに記している算額もある．

　もちろん各算額で異なるが以上の形が多い．算額自体には神社名は不要なので記載しないが，いくつかの算額を本などに記録するときは神社仏閣名を余分に記録する．

　見学者に挑戦しているので算額には詳しい解答は記載されていない．現代の学校の数学問題集と同じ形式である．くわしい解法は自分で見つけるのである．裏面に子孫が解法を記した珍しい算額もある（三重県三重郡川島神社，弘化 1（1844）年）．

　各算額の掲載問題数は決まっていない．一問だけの算額（三重県三重郡菰野町広幡神社，嘉永 5（1852）年）もある．また 36 題も記載している算額もある（東京都府中市大國魂神社，明治 18（1885）年）．10 題くらいを記載した算額が多い．このときは横 180 cm，縦 90 cm のサイズに近い．

7.2.5　特　殊　算　額

　問題よりも当時の数学を学んでいる情景を描いた興味ある絵馬が現存する（岡山県岡山市総爪八幡宮，文久 1（1861）年）（図 7.2.8）．

　問題はなく算術愛好家の名前だけを羅列した算額は全国的にある．地域の楽しみであったことが知れる（群馬県藤岡市北野神社，明治 24（1891）年には女性 6 人を含んで 99 人の門人名がある）．

　数学の問題でなく占いと思われる事項を記載した広い意味での算額もある（群馬県三社神社，寛政 10（1798）年）．

　紙に書いたものを板に張り付けた算額もある（埼玉県川越市山田八幡，安政 3（1856）年，滋賀県大津市個人，天保 5（1834）年）．

　天井格子の花鳥風月の絵の間に数学の問題を美しく記したものもある（福島県田村郡厳島神社，明治 18（1885）年など）．これこそ数学と芸術が混在した算額の特性である．

図 7.2.8 岡山県岡山市惣爪八幡宮の算額（提供：朝日新聞社，口絵参照）

街道沿いの畔の石塔である庚申塚に数学の問題が彫られている（群馬県安中市後閑）．当時の問題で難問を墓石に刻んだものもある（東京都個人）．

また数学の問題でなく暦に関したものもある（青森県八戸市おがみ神社，文久 9（1812）年）．

外来の算籌の運用方法を記載した横 151 cm，縦 62 cm の屏風は，算額ではないが貴重な数学文化財である（香川県三豊市加茂神社，弘化 1（1844）年）．

7.2.6 算額奉納の動機

神への感謝と算術の実力がつくように願って奉納したであろう．本を出版するよりも安価であり都合のよい自己宣伝である．またそれを楽しんでいる独特の社会が存在していた．旅の数学者に算額を掲げる相談をしている記録もある（山口和（坎山）「道中日記」）．

また神社仏閣の建立祝いに奉納した算額（愛知県名古屋市浄心観音，嘉永 5（1852）年）があった．行事のときに掲げた記録も多くあり，とくに一門総出で記念碑的に奉納した算額がある（宮城県塩釜市塩釜神社，明治 45（1912）年）．そのときの記念写真が現存する（岩手県一関市博物館）．

地区のお寺建立のときの配置図を地区の人に披露した算額は数学的よりも地区のための額である（愛知県南知多町光明寺，宝暦2（1752）年）．

最上流の記念として一門が奉納した算額もある（山形市湯殿山神社，大正6（1917）年）（図7.2.9）．

図 7.2.9 山形市湯殿山神社の算額（提供：朝日新聞社）

江戸時代の各藩にとって藩内の測量は治水や耕作にとって重要な仕事であり，そのために和算家は藩にとって重宝される存在であった．その大変な仕事を終えて神に感謝して奉納する測量算額は全国的にある（大分県大分市柞原八幡宮，慶応2（1866）年．その他各地にあり）．和算が単なる遊びの学だけでなく社会に必要な学問であったことを示している．実際有力な和算家はその地で測量を行っていて算額も掲げている（富山県新湊市石黒信由，愛知県安城市石川喜平，福島県郡山市鹿嶋神社，昭和44（1969）年）．

塾を経営する和算家が宣伝も兼ねて算額を掲げることはよくあるが，これは本を出版するより安価であったであろう．本を出版する下準備として精選した問題を記した算額を掲げることは，事前の出版予告を兼ねているのだろう（大阪市天満天神，文政5（1822）年記録）．

師匠の没後何回忌かの記念で奉納した算額（愛知県知多郡美浜町大御堂寺，明和8（1771）年）や孫の成長を願った算額もある（愛媛県松山市三島神社，明治13（1880）年）．

和算でよく知られた基本性質を記載してその出題者名にユーモアのある算額もある（香川県善通寺市皇美尾神社，明治11（1878）年）．

埼玉県所沢市熊野神社の算額（明治6（1873）年）奉納者は

72歳の盲人である．盲人による算額の奉納は現存しないが山口和（坎山）「道中日記」にも記録されている．

7.2.7 算額での論争
(1) 東京港区芝愛宕山神社

最上流を開いた会田安明(あいだやすあき)（延享4（1747）～文化14（1817）年）が愛宕山に掲げた自分の算額（天明1（1781）年）に関流の藤田貞資（享保19（1734）～文化4（1807）年）が誤りを正すように指摘されたことを恨み，以後著作を通じて関流攻撃に転じてこの論争は藤田が没するまで続いた．

(2) 愛知県名古屋市大須観音

何が発端かよくわからないが，「北野算経」という写本に何人かが参加する算額の論争が記録されている．登場する人物も葵(あ)甫(ほ)とかふざけているが，途中にこの地の有力な和算家北川猛虎(きたがわもうこ)（宝暦13（1763）～天保4（1833）年）も登場するので算額の問題はそれほど低くない．攻撃に使われた張り紙の内容は泥仕合的なものである．この論争は寛政11（1799）年から文化2（1805）年まで続いたものである．見学者も興味津々で成り行きを見守ったであろう．全文を原文のまま深川英俊『日本の数学と算額』（平成10（1998）年，森北出版）に紹介してある．

その他大阪や岡山で論争があったようである．

7.2.8 算額と教育

いくつかの算額には問題提出者として少年や女性の名がある．とくに少年に関してはその年齢も記していることはそれを配慮していることになる．京都府長岡市長岡天満宮に保存されている3面の小型算額（寛政2（1790）年）は12歳の今堀弥吉の奉納である．この算額には解答がない．そこでこれを出張の途中に見学したであろう三河藩（愛知県岡崎市）の武士がその答を記して氏神社に奉納した算額（文化12（1815）年）が最近発見された．両面とも現存している．奇遇である．

さらに13歳の問題が提出した算額も現存する（岩手県一関市赤萩観音，弘化4（1847）年）．

愛媛県松山市伊佐爾波神社には日本で唯一多量の算額（22

面）が大切に保存さているが，そのうちの一面（明治6（1873）年）は11歳の少年による掲額である．

現存算額で5問中3問が11, 12, 13歳の少年である岐阜県養老町田代神社の算額（天保12（1841）年）はきれいに保存されている．

現存はしないが和算書『算額鉤致（さんがくこうち）』（文化10（1813）年）に記録されている15歳の筏井満直（いかだいみつなお）の算額は父親の指導があったようで温かい．

このように問題提出者が少年のときはわざわざ年齢をつけた算額はほかにもある．

愛好家の名前をたくさん羅列した算額が全国にいくつかある．その中には必ずといってもいいほど女性の名前がある．また岐阜県大垣市明星輪寺（慶応1（1865）年）の算額には問題提出者に女性の名前が記されている．一般に算額の問題提出者に女性の名前は少ない．

現代数学の問題を載せた算額（山梨県甲府市武田神社，平成8（1996）年）もあるがこれは和算ではない．

現代では和算と限定せずに数学教材として自由に算額を利用する傾向がある．これも和算ではないが，自由に発表するという算額本来の目的を教育現場で利用したものである．

算額の複製・復元も盛んに行われているが，文化財としての現存算額との区別をつけておかないと混乱する（愛知県名古屋市熱田神宮，弘化1（1844）年）（図7.2.10）．とくにインターネットに載せるときは外国などに簡単に紹介されるので，複製・復元を明示しないと本来の文化財と混乱する．

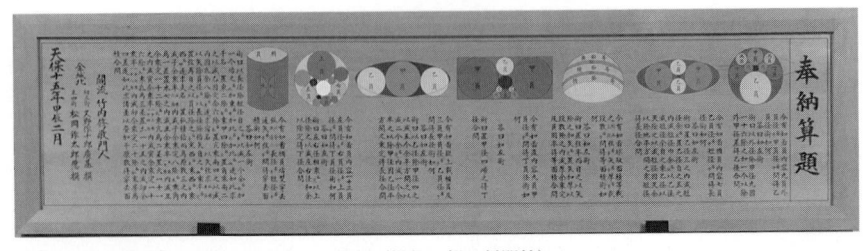

図 7.2.10 愛知県名古屋市熱田神宮の算額（提供：朝日新聞社）

7.2.9 算額を利用したと思われる算書

算額を集めた和算書はいくつかある．逆に和算書で算額を題材にしたであろう和算書はないのだろうか．確かに和算家には友人から送られてきた算額の問題を集めて本にしようとしたことが伺える．尾張藩の和算家が信州の和算家に宛てた手紙には名古屋の算額の問題を送っている．幕末の有名な積分の解説書『算法 求 積通考』(弘化元 (1844) 年) で扱われている問題は，あきらかに算額で発表された問題が多い．

また，三河の和算家石川喜平 (天明 8 (1788)～文久 2 (1862) 年) が掲げた算額の問題は和算書によくある楕円の問題であるが，最近になって石川が作成したであろう算額問題の解法に関する木製のモデルが安城市明治用水会館で発見された．

7.2.10 算額と西洋数学

算額で発表した定理が西洋数学と偶然に一致することは同じ数学の世界なのでありうる．思考過程は異なるが結果が同じと判明した定理を紹介しよう (詳細な内容は参考文献を参照)．

デカルト (1596 年～1650 年) がエリザベス王女に宛てた手紙で論究した定理がある．平面で互いに外接する 3 個の円に同時に内接または外接する円の半径を求める定理で，和算家も独自に見つけて多用した．おもしろいことに，この定理を説明した和算書の解法図にある補助線がデカルトのそれと同じであった．すでに和算書にはあるが，東京都新宿区神楽坂毘沙門堂に寛政 8 (1796) 年に奉納された算額にも記載されたがこの算額は失われた．

1896 年のフランスの数学雑誌 *Mathesis* にノイベルグが提出した問題は，享和 3 (1803) 年に新潟県の白山神社に奉納された算額の問題と偶然同じであった．この算額は現存しない．

イギリスのノーベル化学賞を受賞したフレデリック・ソデー (1877～1956 年) は 1936 年に雑誌 *Nature* で「六球連鎖の定理」を発表した．しかしこれは約 100 年前の文政 5 (1822) 年に神奈川県高座郡寒川神社に算額としてすでに奉納されていた．この算額も現存しないが復元されて寒川神社方徳資料館(予約要)

に展示されている.

大円の中に中心が異なる中円があって,その間が幅の一定でない円環(ドーナツ)ができる.この間に外接して連結する半径の異なる小円の鎖があるとき,これを「シュタイナー円鎖」という.スイスの数学者シュタイナー(1796〜1863年)が研究したが,和算家も異なる見地から研究した.千葉県海上郡龍福寺の算額(天保元(1830)年)にはこの問題が記載されている重要な算額であるが,現在は朽ち果てようとしている.

スイスの数学者オイラー(1707〜1783年)が1778年に発表した球面三角形の面積公式と同じ結果が,東京都文京区小石川伝通院(文化元(1804)年)に奉納された算額に記載されていた.

イタリアの数学者マルファッチ(1731〜1807年)は,三角形内に互いに外接する最大の3個の円を作図することを調べたが,和算家は3個の円の半径を求めた.すでに和算書にあるがこれを算額にも転載している(岐阜県大垣市明星輪寺,慶応元(1865)年).

一つの三角形の3個の傍接円に外接する小円はこの三角形の特別の9個の点を通るので,九点円または数学者ホイエルバッハ(1800〜1834年)の名をつけている.この円の半径を計算した算額が記録されている(大阪府大阪市天満天神,享和元(1801)年).

7.2.11 算額は芸術作品

算額は参拝者への誇示の意味合いもあるので美しい図形問題が多い(長野県下高井郡水穂神社,寛政12(1800)年・長野市清水神社,文政11(1828)年)(図7.2.11,7.2.12).

問題が文章題のときは問題の内容を図案化した算額もある(岐阜県養老郡湯葉神社,年期不明)(図7.2.13).

またきれいな図案が先にありこれにかこつけて問題文を作った算額もあり,これらはまさに美術作品である(岡山市惣爪八幡,文久元(1861)年・福井県鯖江市石部神社,明治10(1877)年)(図7.2.14).

7.2 算額奉納

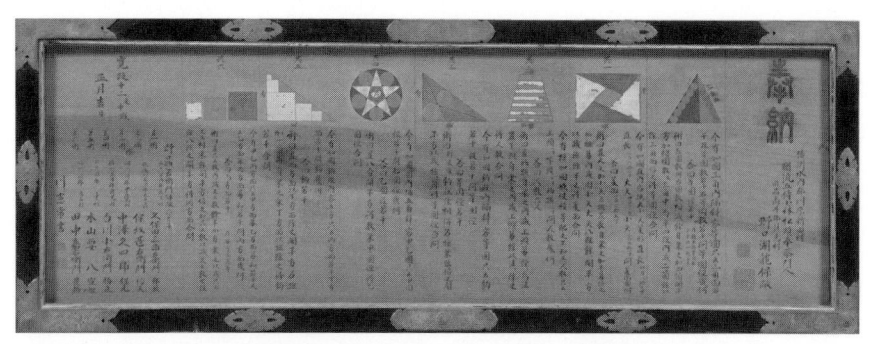

図 7.2.11　長野県下高井郡水穂神社の算額（提供：朝日新聞社，口絵参照）

図 7.2.12　長野市清水神社の算額（提供：朝日新聞社）

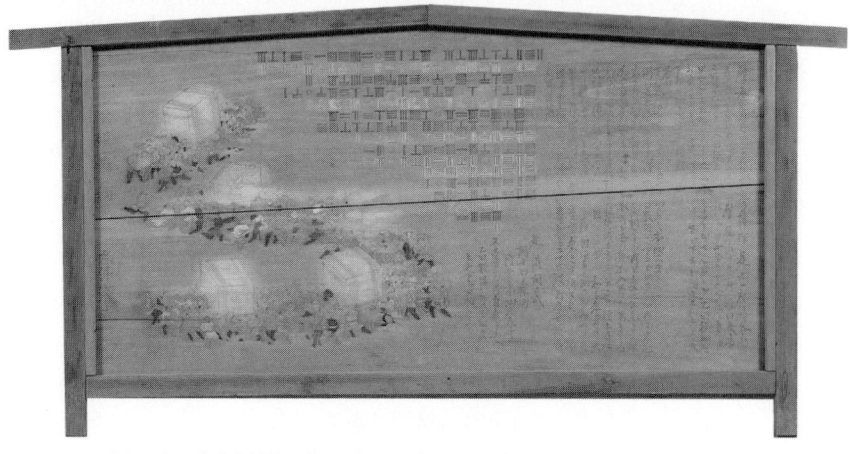

図 7.2.13　岐阜県大垣市湯葉神社の算額（提供：朝日新聞社）

図 7.2.14　福井県鯖江市石部神社の算額（提供：朝日新聞社，口絵参照）

7.2.12　算額の記録

　　江戸時代に編集された算額集のうち刊行されたものは以下の13冊である．

　藤田嘉言『神壁算法』（寛政元 (1789) 年初版．1796年増刻版）は藤田貞資一門の算額集．記載された算額のうち愛知県安城市桜井神社の一面のみが現存している．

　藤田嘉言『続神壁算法』（文化4 (1807) 年）も藤田貞資一門の算額集で愛媛県松山市伊佐爾波神社に奉納された算額のみが保存されている．

　石黒信由『算学鉤致』（文政2 (1819) 年）は中田高寛・石黒信由一門の算額集．

　白石長忠編『社盟算譜』（文政10 (1827) 年）は東都である江戸（東京）に掲げられた算額が多い．幾何図形にすぐれたものがある．

　馬場正統編『算法奇賞』（文政13 (1830) 年）には馬場正統一門の算額が36面記載されているが関東地区が多い．

　岩井重遠『算法雑爼』（天保元 (1830) 年）は主として小野栄重の門人の算額集であるが埼玉県比企郡慈光寺と長野県上田市北向観音（図 7.2.15）に記載された算額が現存している．

　内田五観『古今算鑑』（天保3 (1832) 年）は内田五観一門の算額集でかなり難問が多い．積分関係の問題が多いのが特徴である．

　小林忠良『算法瑚璉』（天保7 (1836) 年）は5面の算額を記載しているがどれも難問である．

図 7.2.15 長野県上田市北向観音の算額（提供：朝日新聞社）

志野知郷『嵆機算法』（天保8（1837）年）も内田五観一門の算額集である．

堀池久道編『掲楣算法』（天保9（1838）年）は三重県中心の自身で掲額した算額のみを記録している．

劔持章行『探蹟算法』（天保11（1840）年）は「瑪得瑪弟加塾蔵板」（マテマテカ）となっていて内田の門人関係が多い．難問揃いである．序文は阿波の小出脩喜と大垣の谷松茂が書いている．和算家どうしの交流が盛んであった証拠である．

福田理軒『順天堂算譜』は弘化4（1847）年の序文だが，明治6（1873）年に再発行された．この書に記載された算額は大阪地区が多い．

斎藤宜義編『数理神篇』（万延元（1860）年）は斎藤宜義の門人関係の算額集である．

その他に刊行されずに稿本として次の算額集は重要である．

中村時萬編纂「賽祠神算（全七巻）」（文政13（1830）年）は流派にこだわらずできるだけ多く，また全国的に集めたもので

ある．これに集録され現存する算額が新潟県柏崎市椎谷観音堂と群馬県群馬郡榛名神社に大切に保管されている．

算額を記録してその解法を自分で考えることにより数学の力量を磨いたことは明らかで，その類の写本はかなり存在する．また特定の神社仏閣における算額のみを記録した写本も残っている．これらの写本により多くの算額の存在が知れた．それらは「全国算額一覧」に記載された．

さらに江戸時代に旅をした数学者が算額を日記に記録している．

山口和（坎山）（？～嘉永3（1850頃）年）「道中日記」（文化14（1817）～文政7（1824）年）に多くの算額が記載されているが，そのほとんどが失われ現在新潟県長岡市蒼柴神社（享和元（1801）年）と福井県丹生郡朝日山正観世音堂（文化4（1807）年）の2面が現存確認されている．

佐久間纉（文政2（1819）～明治29（1896）年）の「日記」にも多くの算額が記録されている．

さて和算研究者による蒐集の主要なものをあげよう．

清水義雄「社寺奉納算題集」（昭和17（1942）年孔板印刷）は交通事情の悪いなかで自分の足で蒐集したもので，その情熱には頭が下がる．

三上義夫『文化史上より見たる日本の数学』（恒星社厚生閣，昭和59（1984）年）の付録として下平和夫が全国の研究者を動員して作成したのが「現存算額所在表」である．この時期すでに多くの県で各県算額集が発行さていた．

その間にも算額がかなりの県で発見が続いたが，さらにこれを発展させ文献による記録も追加したのが深川英俊『日本の数学と算額』（付録「全国算額一覧」森北出版）である．現在のところ全国を網羅しているが，刊行後も算額の発見の知らせは続いている．この一覧はインターネットでも公開されている．

7.2.13 算額の統計分析

全国の算額の詳細は住所を含めて「全国算額一覧」に記載している．現在のところ現存算額は914面を確認しているが，追加の発見が起こりうるのでもう少し増えるかもしれない．統計

表 7.2.1　全国算額一覧　(現代数学および現代数学教育の算額は記録せず) (2007 年 12 月 1 日現在)

年代	現存	文紛	合計
1650-1659	0	2	2
1660-1669	0	1	1
1670-1679	0	0	0
1680-1689	2	0	2
1690-1699	2	1	3
1700-1709	1	1	2
1710-1719	0	1	1
1720-1729	1	0	1
1730-1739	0	5	5
1740-1749	2	22	24
1750-1759	3	9	12
1760-1769	3	11	14
1770-1779	5	26	31
1780-1789	8	97	105
1790-1799	11	112	123
1800-1809	23	273	296
1810-1819	33	180	213
1820-1829	33	210	243
1830-1839	47	167	214
1840-1849	84	141	225
1850-1859	99	109	208
1860-1869	93	78	171
1870-1879	108	41	149
1880-1889	131	42	173
1890-1899	73	27	100
1900-1909	33	8	41
1910-1919	42	8	50
1920-1929	14	4	18
1930-1939	5	0	5
1940-1949	1	0	1
1950-1959	1	0	1
1960-1969	6	0	6
1970-1979	1	0	1
1980-1989	3	0	3
1990-	0	0	0
年代不明	46	171	217
合計	914	1747	2661

文化財

市町村	71
県指定	16
国指定	1
計	88

石碑の件数：岩手 1 + 群馬 2 + 埼玉 1 = 4 を含む

県名	現存	復元	小計	文献	紛失	小計	復元を除いた数	合計	県指定	市指定	町指定
北海道	0	0	0	6	0	6	6	6			
青森	3	1	4	6	0	6	9	10		1	
岩手	102	5	107	85	2	87	189	194	1		2
宮城	49	0	49	80	1	81	130	130			
秋田	8	0	8	18	3	21	29	29			
山形	37	6	43	34	1	35	72	78	1	3	
福島	111	19	130	151	2	153	264	283		2	7
茨城	21	0	21	34	1	35	56	56			
栃木	21	1	22	15	1	16	37	38		1	2
群馬	78	3	81	80	9	89	167	170	6	6	2
埼玉	88	6	94	54	8	62	150	156		16	1
千葉	33	1	34	73	10	83	116	117			
東京	16	1	17	365	1	366	382	383			
神奈川	7	5	12	15	2	17	24	29			
山梨	1	5	6	3	0	3	4	9			2
新潟	27	0	27	77	1	78	105	105			
富山	17	2	19	56	0	56	73	75			
石川	16	0	16	59	1	60	76	76			2
福井	23	21	44	2	0	2	25	46	1	2	2
長野	59	4	63	57	1	58	117	121			
静岡	7	0	7	22	11	33	40	40		3	1
愛知	17	7	24	59	4	63	80	87	6	2	1
岐阜	8	0	8	25	0	25	33	33			
三重	14	1	15	29	2	31	45	46			1
滋賀	11	0	11	18	0	18	29	29			
京都	17	2	19	28	3	31	48	50	国 1	1	
大阪	13	1	14	48	1	49	62	63		2	
兵庫	28	6	34	33	15	48	76	82		1	1
奈良	5	0	5	1	0	1	6	6	1	2	
和歌山	1	0	1	3	0	3	4	4			1
鳥取	0	0	0	1	0	1	1	1			
島根	0	0	0	3	0	3	3	3			
岡山	25	1	26	32	2	34	59	60		2	2
広島	4	0	4	6	2	8	12	12			
山口	0	0	0	7	0	7	7	7			
香川	7	0	7	10	2	12	19	19			
愛媛	31	2	33	0	4	4	35	37			
福岡	6	2	8	16	2	18	24	26			
長崎	2	0	2	15	1	16	18	18			
熊本	0	0	0	1	0	1	1	1			
宮崎	0	0	0	1	0	1	1	1			
大分	1	0	1	1	1	2	3	3			
不明	0	0	0	24	0	24	24	24			
合計	914$^\alpha$	102$^\beta$	1016^A	1653$^\gamma$	94$^\delta$	1747^B	2661^C	2763^D	16	44	27

掲額総数 = 現存 + 復元現存 + 復元 + 紛失 + 文献
合計の説明：$\alpha + \beta = A$ (見学可能), $\gamma + \delta = B$ (文献紛失), $C = A + B - \beta$ (本来の算額), $A + B = D$ (統計)

上算額が見つかっていない県でも今後見つかる可能性は高い．

ここではその統計を見て分析してみよう（表 7.2.1）．まず現存算額が 100 面を越えているのは岩手県と福島県である．明治時代の算額が多いことも影響している．全国的に明治時代になっても庶民の楽しみとしての算額は奉納され続けられたがなぜか西日本のほうでは失われている．

文献も含めると当然ながら人口が集中した関東地区での算額数が多い．

つぎに年代から見てみよう．やはり幕末から明治にかけて増えている．明治政府は和算を洋算に変えようと学校制度を作ったが，庶民の楽しみとしての算額は掲げ続けられた．ただし明治になり政府が和算家を重要視しなかったため和算も元気を失い，明治からの算額は新鮮味が薄れてきた．それでも算額が現代の数学教育にとって魅力あるのは生き生きした庶民の生き方を体現しているからであろう． ［深川英俊］

■ 参 考 文 献
- 深川英俊・Dan Pedoe『日本の幾何—何題解けますか』森北出版，1991 年
- 深川英俊・Dan Sokolowsky『日本の数学—何題解けますか（上・下）』森北出版，1994 年
- 深川英俊『日本の数学と算額』森北出版，1998 年
- H.Fukagawa and Dan Pedoe "Japanese Temple Geometry Problems" CBRC, Canada, 1989
- H.Fukagawa and J.F.Rigby "Traditional Japanese Mathematics Problems of the 18th 19th centuries" SCT-publishing Singapore, 2002
- Fukagawa Hidetoshi and Tony Rothman "Sacred Mathematics" Princeton University, USA, June 2008
- Tony Rothman with the cooperation of H.Fukagawa "Japanese Temple Geometry" Scientific American, New York, May 1998

8 和算家と和算書100

8.1 江戸時代前期

　本章では，主な和算書 100 冊に関して江戸時代をおおよそ前期（8.1 節），中後期（8.3 節）とに分け，発行（執筆）年順にまとめた．しかし，関孝和の著作については成立年が不明なものも多いため，弟子の建部賢弘も含め，関孝和・建部賢弘（8.2 節）としてまとめた．彼らの著作には江戸中期に区分されるものも入っている（刊本は『　』，稿本・写本は「　」で示す）．

1. 『算用記』(著者・成立年未詳，全 1 巻)

　『割算書』（元和 8（1622）年刊）が日本最初の和算書とみなされ，著者の毛利重能は和算の始祖と目されていた．昭和期になって『算用記』の存在が知られ，最初の和算書とされた．

　『算用記』は，八算の項目から始まる．八算は日中の交易を介して大陸から口伝で伝わったため，一部の漢字表記やよび声には中国音の名残があった．

　『算用記』に載せられた図形問題で一つ特徴的なのは，求積の問題で体積を先に，面積を後に載せていることである．実用計算という立場に立つならば，より実生活に密着していたのは立体のほうになるだろう．

　目次さえない『算用記』ではあるが，内容的には実用計算の大半を網羅し，後に『塵劫記』も『算用記』の内容をそのまま踏襲している（⇨ 2.『割算書』）．

2. 『割算書』(毛利重能，元和 8（1622）年刊，全 1 巻)

　著者の毛利は摂津国武庫郡（現兵庫県）の人で，後に京都に移り，いまでいうそろばん塾を同地に開いた．その著『割算書』は，増刷の楽な版木によって印刷された．しかも現存する諸本はそれぞれ版木が異なり，当時この本が数千単位の部数で流通していたと推定されている．

　毛利の人物伝については詳細がわからず，そのため江戸時代も後期になるほど脚色されている．流布する諸説を集めてまとめられた遠藤利貞原著『増修日本数学史』によれば，毛利は豊臣秀吉の臣下となったのち，明に渡って数学を学んだものの冷遇された．帰国後は秀吉に出羽守に任ぜられ，改めて出向こうとしたが朝鮮出兵の影響もあってかなわなかったと述べられて

いる．

　『割算書』は先行の『算用記』を踏襲しつつも，毛利の独自性を部分的に織り交ぜた．序文の冒頭も独特で，その昔ユダヤのベツレヘムでアダムとイヴが貴重な果実を手にとって2人で分け合ったことが，割算の起源になったと述べられている．

　『割算書』の内容からうかがい知れる毛利の数学の力量は，それほど高いとは思われない．それでも彼の門下からは，名高い弟子が育った．とりわけ『塵劫記』(寛永 4 (1627) 年初版刊) をまとめた吉田光由と，『堅亥録』(寛永 16 (1639) 年刊) をまとめた今村知商が有名である．彼らは数学の基礎を身につけるために毛利の門を叩き，のちには自身で数学の腕前を磨いた．おそらく毛利は，その数学力以上に，教育者としてすぐれていたのであろう．(⇨ 4.『塵劫記』初版)．

3. 「諸勘分物」(第 2 巻) (百川治兵衛，元和 8 (1622) 年稿，全 2 巻)

　稿本として残されている本書は，印刷・出版された刊本と異なることもあり，同時期に成立した『割算書』(元和 8 (1622) 年刊) や『塵劫記』に比べると，江戸時代には一般的にほぼ無名に等しかった．

　本書は，著者の百川が弟子のためにまとめた公式集タイプの本で，巻物に書かれている．残念ながら第 1 巻は失われてしまい，今日に伝わっていない．おそらくは八算をはじめとする，そろばんによる除法だったと推定されている．著者についても，佐渡に来るまでの詳しい人物像は伝わっていない．

　現存する『諸勘分物』の巻 2 は，材木の体積と土木に関する例題が多くの比重を占めている．円周率には 3.2 を使い，柱体と錐体の体積比には 3 を用いている．

　部分的にユニークなアイデアが紹介されているものの，「諸勘分物」は全般的に計算の誤りが目につく．刊行するまでに徹底的に内容を吟味する一般的な刊本と違って，その前段階といえる稿本ゆえ，校正や検算を徹底することができなかったと考えられる．

4. 『塵劫記』(初版) (吉田光由，寛永 4 (1627) 年刊，全 4 巻)

　吉田は京都・嵯峨の人で，角倉 (本姓吉田) 一族の 1 人でもあり，安南貿易などで知られる角倉了以は祖父のいとこにあた

る．吉田は当初『割算書』（元和 8（1622）年刊）の著者として有名だった毛利重能の門下に入った．

やがて吉田は了以の子だった角倉素庵のもとで中国・明代の数学書『算法統宗』（程大位，1592 年刊）をテキストにして数学を勉強した．

素庵のもとで学んだ吉田は『算法統宗』を参考にしながらも江戸初期の日本の現状に即した例題を数多く用意し，気軽に親しめる『塵劫記』を世に送り出した．

本編は大数や小数，諸単位，九九や八算，米や貨幣の計算といった実用性の高い項目から始まり，身近な素材を使った各種の比例計算が続く．かなりの数に及ぶ例題が収録されている図形問題については，平面図形は「検地」の名のもとで地形として扱い，立体図形については容器の容積や材木の寸法などに置き換えて紹介している．

万事にわたって行き届いていた『塵劫記』は江戸時代を通じてベストセラーとなり，初等数学のテキストの代名詞的な存在になった．吉田本人もたびたび改訂版を出し，内容もそのたびに入れ替えたり追加・削除を繰り返している．

『塵劫記』を介して江戸社会に広まった一連の遊戯問題の中には，ねずみ算や盗人算，入れ子算や油分け算などがあり，現在でも小学校の算数の教材に活用されている．他方，百五減算や継子立てのように算数のレベルを超えた問題などは，江戸時代の和算家にも興味をもたれた．目付字，継子立てについては，関孝和も研究課題にしている（稿本「算脱之法」）（⇨ 8. 寛永 18（1641）年版『塵劫記』，9. 寛永 20（1643）年版『塵劫記』）．

5. 『竪亥録』（今村知商，寛永 16（1639）年刊，全 1 巻）

江戸初期の数学的な水準の到達点を示す 1 作である．序文によれば，著者の今村は河内国（現大阪府東部）の狛庄の人で，最初は毛利重能に師事して「方弦之術」まで学び，後に円や弧に関する「円弧之術」は自身で研究を積み重ねたという．

その毛利のそろばん塾で今村と同門だったのが，吉田光由だった．彼らはやがて，それぞれの道を歩むことになり，吉田はわかりやすい啓蒙書として『塵劫記』（寛永 4（1627）年初版刊）を作り，今村はあとから専門書として『竪亥録』をまとめ

た.

　数学の弟子たちの希望を聞き入れた今村は，江戸の地で『竪亥録』を古活字印刷により 100 部だけ出版した．本書は詳しい例題などはほとんど省略し，開平・開立のところで多少使用した程度だった．そのため『竪亥録』は，数学の公式集ともよばれている．

　タイトルにある「竪亥」とは，古代中国の伝説上の測量師の名から採られている．本文は中国の数学書に似せた漢文調の作りになっており，数学的な内容もまた漢文に似つかわしい簡潔なスタイルで記述されている．

　今村が独自性をアピールしていた「円弧之術」とは，具体的には円欠（＝弓形）に成り立つ関係式のことをいう．「径矢弦」とは（直径 $=d$，矢 $=h$，弦 $=a$ のとき），
$$a^2 = 4h(d-h) \tag{1}$$
のことをいう．さらには「径矢弧」ともよべる式があり，それは（弧 $=s$ のとき），
$$s^2 = 4h\left(d + \frac{h}{2}\right) \tag{2}$$
となる．この式 (1) と式 (2) から直径 d を消去すると，以下の「弧矢弦」の関係式が導かれる．
$$s^2 = a^2 + 6h^2$$

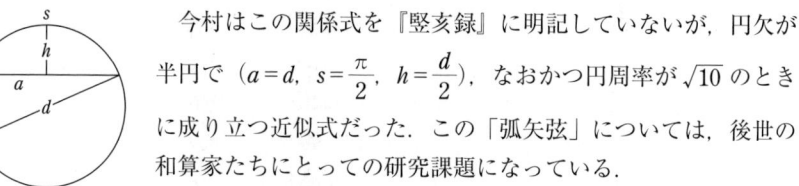

　今村はこの関係式を『竪亥録』に明記していないが，円欠が半円で（$a=d$，$s=\dfrac{\pi}{2}$，$h=\dfrac{d}{2}$），なおかつ円周率が $\sqrt{10}$ のときに成り立つ近似式だった．この「弧矢弦」については，後世の和算家たちにとっての研究課題になっている．

　今村は『竪亥録』と『因帰算歌』をまとめた後の寛永 20（1643）年から正保元（1644）年にかけての頃に，磐城平藩（現福島県いわき市）に出仕した（「内藤家文書」）．郡奉行（郡村の行政を担当する役職）として，内藤氏に仕えたのである．正保年間（1644 年～1647 年）の記録には，今村が協力した国絵図のことも出ている．

　東国での多忙な生活の合間にも今村は数学の研究を続け，東国にも弟子が育った．おもな弟子 3 人のうち，経歴が定かでな

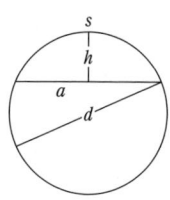

い隅田江雲を除外すると，水戸藩士の平賀保秀と会津藩士の安藤有益が名高い（⇨ 20.『竪亥録仮名抄』）．

6. 『因帰算歌』（今村知商，寛永 17（1640）年刊，全 2 巻）

今村が『竪亥録』刊行の翌年，数学的な内容を歌になぞらえて覚えやすいようにした『因帰算歌』をまとめた．

この本の序文によれば，最近の子どもたちは無用な歌を口ずさみ，時間を浪費している．それなら数学の公式を和歌の 31 文字にまとめたので，そちらを歌ってほしいと述べている．そこから，この本に「算歌」という題名が冠せられた．

今村にとって旧著の『竪亥録』は 100 部限定の出版で，それ以上は流通しなかったが，この本の価値を知る人たちによる写本が多く現存している．対する『因帰算歌』は一般向けの本としてまとめられ，部数も多く刷られた．江戸初期の本屋が商売のためにまとめた書籍目録に『竪亥録』の名は載せられていないが，『因帰算歌』は出ている．

一般向けに書かれた『因帰算歌』は，「くわしくは『竪亥録』を参照」といった旨のことをところどころに書いている．歌に載せて学習できる『因帰算歌』によって数学に興味が出てきたなら，本格派の『竪亥録』に挑戦してほしい，というのが今村の願いだった．

ただし『因帰算歌』の内容がすべて『竪亥録』に含まれているわけではない．『因帰算歌』にあって『竪亥録』にない項目のうち，遊戯問題として名高いものに，いわゆる鶴亀算がある．当時は雉（2 本足）と兔（4 本足）の組み合わせが一般的で，『因帰算歌』もその組み合わせを紹介している（⇨ 5.『竪亥録』）．

7. 『新編諸算記』（百川忠兵衛，寛永 18（1641）年刊，全 3 巻）

本書については，かつては明暦元（1655）年版が初版と考えられていた．その後，書誌学的な研究が進んで，寛永 18（1641）年版が初版と判明するにいたっている．著者については，『諸勘分物』（元和 8（1622）年稿）を著した百川治兵衛とは別人とされている．

本書の内容は，基本的に『塵劫記』（寛永 4（1627）年初版刊）を踏襲している．とくに始めの部分は，構成の面で寛永 11（1634）年版（4 巻本）と大差はなく，似た例題も多いが，内容

的にも同一というわけではない.

たとえば上巻の中で大きな割合を占めている「第八　亀井割九九引さん（算）」の場合，題名は「八算」でも，そこに紹介されているのは帰除法としての割算ではなく「亀井算」つまり，商除法タイプの割算になっている.

中巻はおおむね『塵劫記』に収録されている実用計算を踏襲している．下巻には入れ子算や俵杉算，開平法や開立法など『塵劫記』の，しかも『新編諸算記』より後に成立したポピュラーな寛永 20（1643）年版に近い内容が載せられている．

八算に対する需要を背景にして流行したのが『塵劫記』だとすると，『新編諸算記』はその内容から八算（帰除法）だけ亀井算（商除法）に置き換えたような体裁になっている．本書が寛永 18 年（1641）年，正保 2（1645）年，明暦元（1655）年，明暦 3（1657）年とたびたび再刊されていたのも，それ相当の需要があったためと思われる（⇨ 4.『塵劫記』）.

8. **『新篇塵劫記』**（吉田光由，寛永 18（1641）年刊，全 3 巻（小型本））

『塵劫記』の初版（寛永 4（1627）年刊）の出版以降も，吉田はたびたび新版を刊行していた．その一連の『塵劫記』の中にあって，寛永 18（1641）年版は吉田自身が手がけた最後の 1 冊にあたり，内容的に他の諸本と大きく異なるため，独立した 1 項目を設けた.

寛永 18（1641）年版の図形問題の中で目を引くのが，円の面積を図解で示したことである．円を 32 分割して 16 片ずつを互い違いに組み合わせ，長方形の面積に置き換えて，いまでいう πr^2 を示した.

寛永 18（1641）年版『塵劫記』の最大の特色は，下巻末に載せた解答のない 12 題の難問だった．数学の実力のある人物なら，これを解いてみなさいと吉田は書面を通じて問いかけたのである．これが別名，遺題本ともよばれるゆえんとなっている.

円に関する研究が端緒についたばかりの江戸初期にあっては，円の面積にかかわる遺題・第 10 問がむずかしく，解きにくかった．そのことも，遺題への解答が遅れる一因となっていた．それでも後世になると，この遺題に挑む後続の和算家が相つぎ，そのことが江戸時代における和算の発達に大きく寄与している

9. 『塵劫記』（西村又左衛門編，寛永20（1643）年刊，全3巻）

　　　　寛永18（1641）年に刊行された遺題本の『塵劫記』は，世の和算家には斬新なインパクトを与えた．しかし，初心者を念頭に置いた従来の版から各段のレベルアップをはかったことが裏目に出て，売れ行きという点では過去の版より数段見劣りしていた．

　　　　そのため版元の西村又左衛門が乗り出し，啓蒙書として新たに軌道修正をはかった新編『塵劫記』を，寛永18（1641）年版の2年後に刊行した．遺題本以外の旧版をもとにしてまとめられた寛永20（1643）年版は，江戸期を通じて出された新編『塵劫記』の定番になったといってよい．現在，岩波文庫に収録されている『塵劫記』（昭和52（1977）年刊）も，この版をもとにまとめられている（⇨ 4.『塵劫記』初版，8. 寛永18（1641）年版『新篇塵劫記』）．

10. 『万用不求算』（著者未詳，寛永20（1643）年刊，全2巻）

　　　　この本については現在までのところ著者が誰なのか判明せず，数学的な系統も独特であり，江戸初期の和算書としては異色である．

　　　　その独特な書名については，序文に由来の説明がある．それによると，九九や八算といった初歩の学習事項さえ知らない人でさえ，「万の用に算をもとめず」つまり，幅広い計算の用途のために逐一計算する手間が省けるという．現に本書は，さまざまな割算の計算例を商と余りで示し，ちょっとした数表のような体裁になっている．

　　　　上巻は「銭の相場の事」という，銭と銀との換算比率の一覧から始まる．当時は，銭1貫文が銀15匁前後の相場だった．続く「米の相場の事」では，米と銀との換算比率を膨大な一覧で示している．すなわち米1石あたりの銀の相場ごとに，銀1匁あたりの米の量を示している．

　　　　以下「万目の事」では日常のさまざまな「目（＝匁）」すなわち重さを示す．続く「舛の事」は，容積における換算比率の一覧となっている．

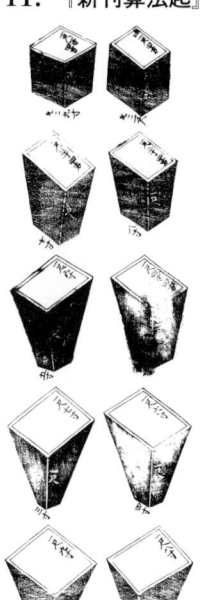

11. 『新刊算法起』（田原嘉明，承応元（1652）年刊，全2巻）

本書は吉田光由がまとめた寛永18（1641）年版『塵劫記』の遺題に答えることを試みた，初期の1冊である．

著者の田原は，数学的に新しいアイデアを取り入れる反面，読者の興味を引きそうなエピソードなども随所に交えてまとめた．その意味では『塵劫記』の発展型でもあったが，本家『塵劫記』の影に隠れてしまった感はぬぐい去れない．

立体図形の問題で目を引くのは，柱体と錐体の体積比について述べた箇所である．同じ大きさの正方形を底面にもつ四角柱と四角錐とでは，その体積比が3対1になることを段階的に図解している（図参照）．

なお『新刊算法起』という題名の最後にある「起」の字は，九九の起源のような逸話的な「起」であるのと同時に，数学的な原理や原則を表す言葉でもあった．これ以降の和算書では，天地の開闢といった次元とは異なる数学的な「起り」や「起源」「根源」について，本格的に研究されるようになっていった．「新刊算法起」とは，その方向性を予見するタイトルになっている（⇨ 8. 寛永18（1641）年版『塵劫記』）．

12. 『九数算法』（嶋田貞継，承応2（1653）年刊，全1巻）

著者の嶋田貞継は駿河の人で，正保2（1645）年に数学の力を認められて会津藩士となり，保科正之に仕えた（『算学系統』）．慶安3（1650）年には江戸に移って勘定奉行となり，承応2（1653）年には日光東照宮の修理の総司を務めたという．著書の『九数算法』は，その前後に刊行された本だった．

『九数算法』は，古代中国の数学書『九章算術』（1世紀頃成立）にならって，巻1の「方田」から始まる全9章にまとめられている．

構成としては，第1の「方田」で図形の面積の問題，第2「粟布」では米の売買や豆と米の交換など比例計算を扱う．第3「衰分」では，基準となる数量に比例して割り振る按分比例を用いる例題が中心になっている．第4「少廣」は『塵劫記』（寛永4（1627）年初版刊）の米の例題と似た内容で始まり，俵杉算も出てくる．その後は米に代表される容積の例題が続く．

第5「商功」は土木事業に関する例題集．第6「均輸」は輸送

関連の問題で，公平な輸送をテーマにしている．第7「盈朒(えいじく)」には，『塵劫記』の盗人算のような過不足算が集めてある．第8「方程」は連立1次方程式に関する例題，最後の「鉤股」では「勾股弦」すなわち三平方の定理（ピタゴラスの定理）のことを取り上げている．

13. 『参両録(さんりょうろく)』（榎並和澄(えなみともすみ)，承応2（1653）年刊，全3巻）

現在のところ，承応2（1653）年に刊行された初版の所在は確認されておらず，寛文4（1664）年の再刊本のみが伝わっている．序文の一節に「僕まだはたとせの春秋をも　かうがへずして」とあり，榎並が20代だった頃の著作とわかる．

『参両録』の上巻の各条は「大乗名」「小数」「粮数」「田畠数」と続き，ほぼ『塵劫記』（寛永4（1627）年初版刊）を踏襲している．九九に続く八算・見一の声は，『塵劫記』よりも説明がややくわしい．その後に百川忠兵衛(ももかわちゅうべえ)の『新編諸算記』（寛永18（1641）年刊）に言及して亀井算（＝商除法）を批判し，初心者の手引きとして自身の「商立術式」を載せ，説明しているが十分ではない．後半には平面図形の例題が数多く並ぶ．

中巻は，全体的に立体図形が多い．下巻では最初に盗人算を紹介してから，寛永18（1641）年版『塵劫記』に載せられた12問の遺題に挑戦して，その解答例を示している．ただし第10〜12問は問題文を載せたままにされている．

『参両録』は，『塵劫記』の遺題よりも高度な問題として，自身で新規の遺題を8問作成して掲載した．この試みがきっかけとなって，いわゆる遺題継承が起こった．

榎並による自作の遺題（下巻・第11〜18問）のうち第15問の「方円卵」は十字環の問題ともよばれ，和算家にとって難問とされた．これは円環（torus）に円柱を十字に交わらせた立体図形で，その総体積を求めさせる．現在なら積分を使って解かれるが，当時の和算家たちは苦慮した．この十字環の問題については，関孝和(せきたかかず)も『求積』の中で近似解を述べている（⇨ 8. 寛永18（1641）年版『塵劫記』）．

14. 『算元記(さんげんき)』（藤岡茂元(ふじおかしげもと)，明暦3（1657）年刊，全3巻）

本書は『塵劫記』（寛永4（1627）年初版刊）のヒットに触発されてまとめられた和算書の1冊で，この本も章立てなどに『塵

劫記』の影響が見られる．とくに寛永18（1641）年に刊行された，いわゆる遺題本『塵劫記』の解説書としての側面をもっている．

『算元記』をまとめた藤岡については，巻末に「平安城住人藤岡市郎兵衛尉茂元」とあるのみで，その他の詳細は今日に伝わっていない．

上巻は「大数の名の事」「小数の名の事」「粮（＝糧）の名の事」などとあるように，目次の上では『塵劫記』を忠実になぞっている．中巻には，平面図形（面積）や立体図形（容積・体積）の問題が並んでいる．後ろのほうには

　　　黄金　玉玉玉玉玉玉　三十五枚

といった具合に，5つずつのまとまりの数を表すのに，いまのような「正」の字ではなく，「玉」の字を使っている．現今のような「正」の字が使われるのは，明治以降と考えられている．

下巻は「勘問答集」と題して，遺題本『塵劫記』（寛永18（1641）年刊）の解答も示されている．本書に先立って遺題本の解答を試みた『参両録』（承応2（1653）年刊）よりも解説がくわしい．この『算元記』は『塵劫記』の遺題全12題のうち，もっとも難問とされた第10問の「円截積」に一応の解答を与えた，初期の和算書でもある．

『算元記』には，遊戯問題タイプの例題も幅広く収録されている．たとえば「年齢算」では，9歳の娘を嫁にもらおうとした25歳の男に，娘の親がせめて年齢が貴殿の半分ならと奉行所に進言する．奉行はその親に7年たったら結婚させるように指示したとき，娘は何歳かという出題である．

また「油分け算」も，元祖『塵劫記』の油分け算に新たなバリエーションを加えている．それによると，3斗2升の油を1斗桶3つと7升枡1つで4等分する方法が説明されている（⇨15.『円方四巻記』，18.『改算記』）．

15.『円方四巻記^{えんぽうしかんき}』（初坂重春^{はつさかしげはる}，明暦3（1657）年刊，全4巻）

題名に「四巻記」とあるとおり，本書は全4巻で構成されている．最後の巻4は種々の日用計算を扱い，最初の3巻までに分類されなかった数学的な項目をひと括りにしたようである．

巻1は立体図形の説明から始まり，種々の立体の体積が示さ

れている．四角錐台の体積については（上底面の縦を a，横を b，下底面の縦を c，横を d，高さを h とすると），以下の計算式で算出している．

$$\left\{ab+cd+\frac{1}{2}(ad+cb)\right\}\times h\times\frac{1}{3}$$

これによると，最大の面積（下底），最小の面積（上底），それと中間の面積の3ヵ所を合計して3で割り，それに高さを掛けている．巻1の終わりでは『塵劫記』の遺題について，例題の数値を変えて解答を示している．

巻2は「八算見一」「開平開立」という，『塵劫記』の初歩と巻末の内容から始まる．そのつぎに，正 n 角形の1辺とその外接円の直径との関係を，n が3から10のときまで示している．つぎに，平面図形の分割に関する例題が続いている．巻末には，自作の遺題が5題載せられている．

巻3では，数学的な原理としての「おこり」にまつわるテーマが取り上げられている．このテーマについては，先行書として『新刊算法起』あたりを参考にしたと思われる．

円と面積の等しい正方形の1辺の長さを求める問題も，『塵劫記』のときから，一つのトピックとなっていた．その点については定数の1125を与えて，その根拠を「一一二五のおこり」と題して示している．すなわち正方形に内接する円の面積が正方形の79%になることを踏まえ，1÷0.79の平方根の近似値である1.125を掛ければよいとしている（⇨ 16.『格致算書』, 18.『改算記』, 19.『算法闕疑抄』）．

16. 『格致算書』（柴村盛之，明暦3（1657）年刊，全3巻）

著者の柴村は『円方四巻記』（明暦3（1657）年刊）の著者だった初坂重春と交流があり，そのため『円方四巻記』と『格致算書』は刊年が同じであるばかりでなく，数学的な題材も比較的近い．

本書の上巻では，初めに「天地生数」「五行始生」「陰陽国方」「八苦方円」など陰陽五行思想をベースにした天地の生成・開闢に関する議論が展開されている．続いて人間の頭を球に，両腕と胴は円錐台に，そして足を直角三角形になぞらえ，そのような天・地・人の論を経て，立体としての人体を媒介に立体・平

面図形と徐々に身近な問題に移行していく．この組み立ては，かなり独特といえる（図参照）．

上巻はその後，著者が作った問題や『塵劫記』（寛永18（1641）年版刊）の遺題などを収録している．中巻ではその問題を自ら解いており，目次で見ると上巻と大きく違わない．

一方，中巻では『塵劫記』の最初に置かれている大数・小数・度量衡の項目も交えるなど，実用向きのテーマにも傾斜させている．対する下巻はさらに『塵劫記』寄りで，日常的な題材を幅広く取り上げている．この点は『円方四巻記』の巻4が『塵劫記』風だったのと似ている．

『格致算書』下巻の「万売買」では，単価に個数を掛ければ値段が導かれるという例題を，非常にくわしく説明している．利息については，単利の場合は問題ないが，複利になると，その逆の演算の場合，2年なら開平を1度，4年なら開平を2度，6年なら開立を2度，8年なら開平を4度，9年なら開立を3度行うように述べている．この n 乗根の問題は，師匠だった礒村吉徳（いそむらよしのり）にとっても重要な研究課題となった．

『格致算書』の2年後に刊行された『算法闕疑抄』（万治2（1659）年刊）で，著者の礒村吉徳は「近年の算書」に間違いが多いことを批判していた．後年に刊行された増補版（貞享元（1684）年刊）では，その矛先を向けた本が『格致算書』と『円方四巻記』だったことを明かしている（⇨ 15.『円方四巻記』，19.『算法闕疑抄』）．

17.『四角問答』（しかくもんどう）（中村与左衛門（なかむらよざえもん），明暦4（＝万治元，1658）年刊，全3巻）

本書は『塵劫記』（寛永4（1627）年初版刊）をはじめとする先行の諸本を参考にしながら，さまざまな部分をつなぎ合わせたような構成になっている．

上巻は「八算」「九九」「見一」から始まる．この部分は『塵劫記』（寛永18（1641）年版・大型本）の構成を利用している．場所によっては，版がまったく一致していることも指摘されている．それより後が「四角問答之上」として，自著の内容が始まっている．

中巻，下巻も『塵劫記』の亜流で，むしろ編集の仕方では劣っている．それでも後続の『改算記』（万治2（1659）年以前刊）

には『四角問答』の内容を訂正した箇所があり，さらに後の『方円秘見集』（寛文7（1667）年刊）にも，『四角問答』を参照したことが序文に記されている．少なくとも和算家の間では，いくらか知られていたのだろう（⇨ 18.『改算記』，23.『方円秘見集』）．

18.『改算記』（山田正重，万治2（1659）年以前刊，全3巻）

　この本は吉田光由の『塵劫記』（寛永4（1627）年初版刊）につぐ人気を誇った，江戸前期の有名な和算書である．後世に類書が数多く出され，さらには『塵劫記』と『改算記』を接合したタイプの折衷本も数多く編み出された．

　序文によれば，山田は大和国（現奈良県）郡山の人だった．「改算記」という題名は，先行する諸本の誤りを改正するという意味で命名されている．現に本書は『塵劫記』や『参両録』（承応2（1653）年刊）などの間違いを訂正し，さらには寛永18（1641）年版『塵劫記』の遺題12問と『参両録』の遺題8問の解答を示した．『塵劫記』の間違いの訂正としては，下巻の第24条に「塵劫記之違を改」と題してまとめて論じており，さまざまな批判が述べられている．

　遺題については，巻末に自作の11題を載せた．過去に出題された遺題を解いて，自身も新たな遺題を載せるという，いわゆる遺題継承のスタイルは事実上『改算記』によって確立されたといえる．

　ただし『改算記』は，先行する諸本の批判だけでなく，自著としての数学的なオリジナリティも打ち出した．そのことが，後世まで評価される要因になっている．たとえば『塵劫記』が紹介していた「俵杉算」については，計算の仕組みを理解するための図解が新たに載せられた（図参照）．

　また立体図形の項目にある「済統術」では，錐体の体積が同じ底面をもつ柱体の3分の1の面積になることを図解している．この3分の1については『塵劫記』では既成の事実として証明することなしに「三にて割る」と用いていた．その後，田原嘉明の『新刊算法起』（承応元（1652）年刊）が段階的な図解を

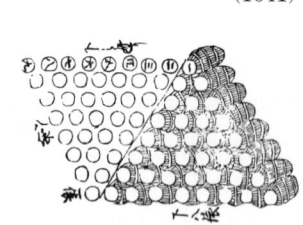

杉成俵数知事

済統術

8.1 江戸時代前期

示して解説を試みるなど，図解の必要性が感じられていた．それに結論を示したのが『改算記』だった（図参照）．

このほか『改算記』ならではの例題として，鉄砲や矢の弾道・軌道計算があったり，象の重さを浮力（船に乗せたときの沈み加減）から計量したり，風呂桶から溢れた水量をもとにして人体の体積を求めるなど，『塵劫記』とは別の意味で興味深い内容も多い（図参照）．

象の重さ知事

なお『改算記』の初版の刊行年については，万治2（1659）年よりも前とする見方が有力と思われる．福田理軒『算法玉手箱』（明治12（1879）年刊）によれば，『改算記』の初版はまず明暦2（1656）年に刊行され，それの追加版として万治2（1659）年に残りが出たという．万治2（1659）年の追加については，中巻の後半と下巻の後半が加えられたと考えられている（⇨ 38.『改算記綱目』）．

19. 『算法闕疑抄』（礒村吉徳，万治2（1659）年刊，全5巻）

著者の礒村は京都の出身で，当初は肥前の鍋島家に仕えていた．万治元（1658）年に奥州二本松藩（現福島県）の城主だった丹羽左京太夫に仕えて，作事（建築関連）や賦役の奉行を務めた．『算法闕疑抄』は万治2（1659）年に刊行されており，二本松藩に来て間もなくの頃，この本を出版したことがわかる．

本書は遺題本『塵劫記』の遺題の解答を示すなど，吉田光由の『塵劫記』（寛永4（1627）年初版刊）を強く意識しているが，和算書としての構成はむしろ今村知商の『竪亥録』（寛永16（1639）年刊）を下敷きにしている．

ただし，単に踏襲するだけではなかった．円の研究については，寛文年間になると『竪亥録』から導かれる「弧矢弦」の公式，すなわち（弧 = s，矢 = h，弦 = a のとき）

$$s^2 = a^2 + 6h^2$$

に対して疑問が向けられるようになっていた．そうした潮流の中で，『算法闕疑抄』もその疑問を述べている．

『竪亥録』をくわしくしたような巻1～巻3までと違って，巻4と巻5は礒村自身の言葉で書かれている．「世間誤り之部」と題された巻4では，過去の和算書に出ている数学的な間違いが

批判的に指摘されている．

そこで槍玉に上げられているのは，かつて自分の弟子だった柴村盛之（明暦3（1657）年刊『格致算書』の著者）と初坂重春（明暦3（1657）年刊『円方四巻記』の著者）で，彼らの著作を実際に引用して間違いを訂正している．

『算法闕疑抄』巻5は，自作の遺題100問から成る．『算法闕疑抄』の遺題は，関孝和も関心をもって取り組み，稿本が残されている（「闕疑抄一百問答術」）．

初版の刊行以降もたびたび再刊され，とくに貞享元（1684）年には，従来どおりの本文に頭注を添えた『増補算法闕疑抄』が刊行されている（⇨ 21.『算俎』，37.『増補算法闕疑抄』）．

20. 『竪亥録仮名抄』（安藤有益，寛文2（1662）年刊，全5巻）

タイトルにあるとおり，本書は漢文調で書かれていた今村知商の『竪亥録』（寛永16（1639）年刊）に和文（漢字仮名交じり文）を添えて解説した，いわば普及版『竪亥録』である．

著者の安藤は会津藩（現福島県）の武士で，人物伝については『会津藩有名録』に記載がある．和算家としては今村の弟子にあたり，磐城平藩に今村が出仕してきた後に弟子入りしたと思われる．やがて師匠の信任を得るにいたり，『竪亥録仮名抄』の出版を任された．

古代中国の数学書『九章算術』に由来する9章で構成されていた『竪亥録』（全1巻）は，『竪亥録仮名抄』では全5巻に区切られている．

和文を添えて読みやすくしただけでなく，数学的な解説も補足されている．『竪亥録』に 3.162 とされていた円周率については，その根拠として $\sqrt{10}$ に由来するものと説明している．こういう記載は，旧著『竪亥録』には直接的には語られていなかった（⇨ 5.『竪亥録』）．

21. 『算俎』（村松茂清，寛文3（1663）年刊，全5巻）

本書は第1巻の最初に「用字」と題して術語の解説を設け，またスパイラル方式で組み立てられるなど，整然とした構成でまとめられている．

『算俎』は，それまでの円周率と玉率（＝玉法．球の体積を求

める際の定数で $\frac{\pi}{6}$ のこと）をめぐる議論に終止符を打った書物としても知られている．従来の円周率は『割算書』（元和 8（1622）年刊）や『塵劫記』（寛永 4（1627）年初版刊）の示していた 3.16 や，『竪亥録』の 3.162 が主流だった．

そのような状況のもと，村松は円に内接する正 2^n 角形を考え，n を 3 から 15 まで順番に増やして辺の長さを逐次計算した．そうして求めた辺の長さに 2^n を掛けた値が，n が大きくなるほど円周に近似できると考えた（図参照）．

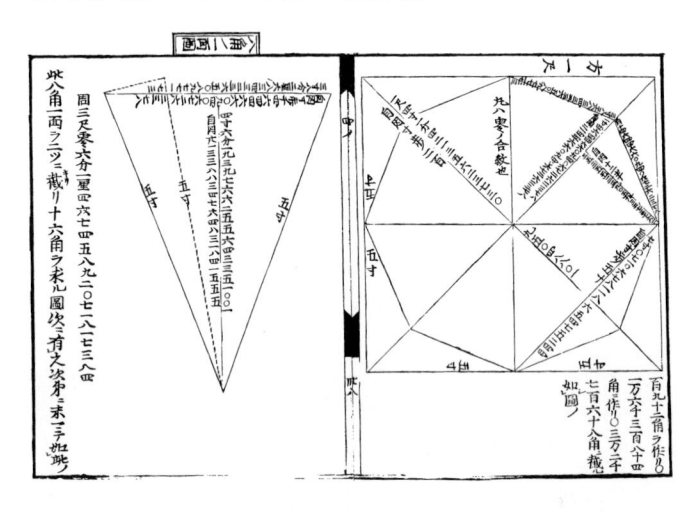

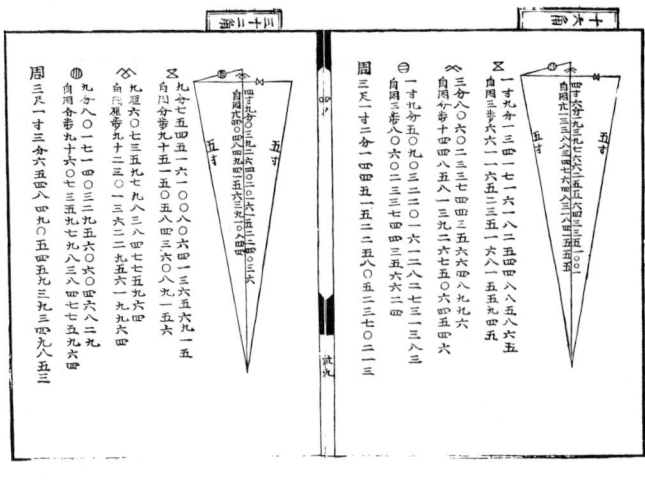

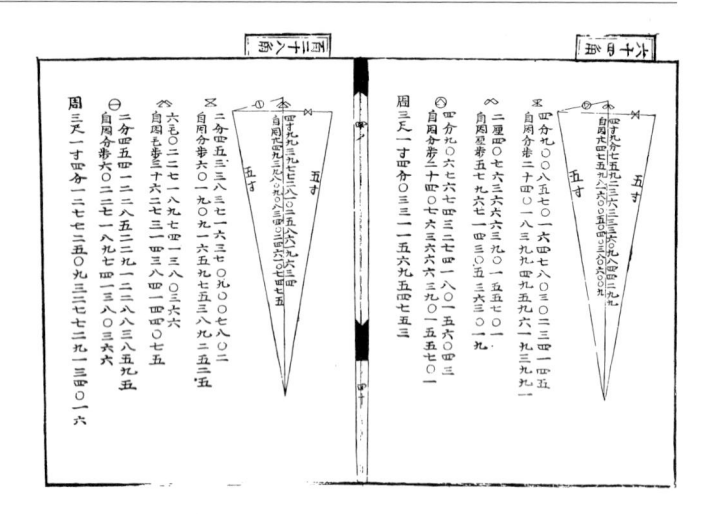

このようなアイデアにより正2^{15}角形まで計算し，一辺を1としたときの1周が3.14159264877…になると判断した．

『算俎』巻5の後ろにある「玉率」では，球の面積を求める方法を披露している．これは球の体積つまり（r＝球の半径，d＝直径）

$$d^3 \times 玉率 = 8 \times r^3 \times \frac{\pi}{6} = \frac{4}{3}\pi r^3$$

にある中の$\frac{\pi}{6}$のことをいう．

村松は那珂郡村松村（現茨城県）の出身で，水戸の平賀保秀(ひらがやすひで)に数学を習った．藩士として浅野家に仕え，浅野家が笠間から播州赤穂に移封されると村松も笠間を離れて，城主だった浅野内匠頭に仕えた．彼の数学塾は江戸にあったものと思われ，当時は村松の塾と礒村の塾とが並び立っていたと考えられている．

村松の師匠だった平賀は，『竪亥録』（寛永16（1639）年刊）をまとめた今村知商の弟子だった．また礒村吉徳(いそむらよしのり)の『算法闕疑抄』（万治2（1659）年刊）巻1〜3は，『竪亥録』から多くを参照していた．その意味では，今村の2系統の弟子たちが，江戸の数学塾の双璧だったといえる．村松の塾や門下生の様子などについては，礒村の弟子だった村瀬義益(むらせよします)の『算法勿憚改』（延宝元（1673）年刊）にくわしい記事が出ていて参考になる（⇨

22.『童介抄』(野沢定長，寛文 4（1664）年刊，全 5 巻)
33.『算法勿憚改』)．

　　この本は，礒村吉徳の『算法闕疑抄』（万治 2（1659）年刊）の遺題に対する解答と，自作の遺題から成り立っている．全 5 巻のうち，巻 1 から巻 4 までが『算法闕疑抄』の遺題の解答で，最後の巻 5 は自分が作った遺題を載せており，野沢が自分の門弟たちの要望に応じてまとめたものという．内容を遺題だけに絞り込んだ，最初の和算書といえる．

　　かつて，寛永 18（1641）年版の遺題本『塵劫記』に掲載された難問は，同時代の和算家たちに多大な関心をもたれた．その後，自著を出版するときには先人の遺題の解答を載せたり，自作の遺題を新たに載せることが，徐々に慣例化していった．それを遺題継承という．遺題本『塵劫記』の遺題はまだ 12 問ほどだったため，スペース的には自著の一部で取り上げて済ますことができた．

　　巻 5 は自作の遺題で，そこには「無法は一色もなし」と自負している（⇨ 19.『算法闕疑抄』）．

23.『方円秘見集』(多賀谷経貞，寛文 7（1667）年刊，全 3 巻)

　　本書の序文によれば，『塵劫記』（寛永 4（1627）年初版刊）をはじめとして『四角問答』（明暦 4 ＝ 万治元（1658）年刊），『円方四巻記』（明暦 3（1657）年刊），『算法闕疑抄』（万治 2（1659）年刊）の 4 書に詳しく書かれていない問題に解説を与えたとあり，自著の独自性が語られている．

　　上巻は『塵劫記』に出ていた「長崎の買物」から始まる．そのつぎに『四角問答』にある扇を並べて円形にする問題が解説されている．

　　中巻は『円方四巻記』の例題すなわち，円錐台を中心線に沿った方向で切断したときにできる立体の体積から説明が始まる．続けて四角錐台の体積，円に内接する四角形の問題となる．『円方四巻記』の遺題にも，解答を与えている．

　　上・中巻に比べると，下巻は日用計算から題材を広く採っている．その中で『方円秘見集』ならではと思われるのが，中盤にある「卒塔婆小町謡数合事」である．それによると，小野小町の逸話の一つだった「卒度婆小町」（謡曲『卒塔婆小町』と通

じるもの）から題材を得た例題になっている．

24. 『算法明備』（岡嶋友清，寛文 8（1668）年刊，全 3 巻）

著者の岡嶋については，くわしいことが知られていない．自序に述べているように，本書は『塵劫記』（寛永 4（1627）年初版刊）の構成を踏まえながらも，山田正重の『改算記』（万治 2（1659）年以前刊）や礒村吉徳の『算法闕疑抄』（万治 2（1659）年刊）といった先行する主立った和算書を参考にして，さらには自身のアイデアも加味している．

上巻は大数，小数，度量衡などから九九，八算と続き，その配列は『塵劫記』にかなり近い．中巻では円に弦を書き入れて，円とその弧矢弦との関係について解説している．また，円に内接する正 n 角形（n は 4 から 10 まで）について，直径を 1 としたときの 1 辺の長さを示している．なお本書では，円周率を 3.162 と設定している．

平円に十字形を画いた問題（中巻・第 2 条の 7 問目）については他の和算書に見られず，『参両録』（承応 2（1653）年刊）の遺題だった十字環からヒントを得たものと推定されている．

中巻の末尾のほうには立体図形の例題が各種あり，その後に「町検（＝町見・測量）」の項目が置かれている．検地の項目では，京間 1 間が 6 尺 5 寸，田舎間の 1 間が 6 尺 3 寸，田舎畳が 5 尺 8 寸などと，実情を踏まえてくわしく紹介されている．

『算法明備』は延享 3（1746）年に再刊され（書名は『廣益算法明備大全』），さらに天明 4（1784）年には，編集し直されて『算法稽古車』として刊行されている．

25. 『算法根源記』（佐藤正興，寛文 9（1669）年刊，全 3 巻）

本書は，先行する名高い和算書だった礒村吉徳の『算法闕疑抄』（万治 2（1659）年刊）と，野沢定長の『童介抄』（寛文 4（1664）年刊）の遺題各 100 題に対して，それぞれの解答を載せて刊行したものである．

著者の佐藤は，今村知商の門下だった隅田江雲の，さらなる門弟だった．師匠の隅田については，『算法根源記』の序文に記載があり，それによると佐藤は隅田の意見を聞いたうえで刊行に踏み切った．

『算法根源記』の上巻は『童介抄』の遺題 100 問の解答，中巻

は『算法闕疑抄』の遺題100問に対する解答が示されている。『童介抄』も『算法闕疑抄』も原文は和文（漢字仮名交じり文）だったが，『算法根源記』ではそれをすべて漢文に改めている。下巻は，自身の用意した遺題150問で構成されている．

さらには『童介抄』の遺題（第33問）を解説したところには「正実」「正従法」「立天元」「正隅」などといった術語を使用している．遺題の中には3次，4次にも及ぶ問題も含まれており，そのため天元術の使用を試みたものと思われる（⇨ 19.『算法闕疑抄』, 22.『童介抄』）．

26. 『算法発蒙集』（杉山貞治，寛文10（1670）年刊，全5巻）

本書は，前年に刊行された佐藤正興の『算法根源記』（寛文9（1669）年刊）に載せられた遺題150問に対する最初の解答集で，先行する著作の遺題の解答だけから成る最初の和算書になった．

題簽（表紙に貼る紙）にある題名は「算法発蒙集」の手前に「図解」という角書がつけられている．また，序文には『算法根源記』の解答を述べるにあたって，理解を助けるための図解を添える旨が記されている．

その解答は，正解となる数値を求めるための方程式を示しているだけで，方程式の導き方は述べられていない．大半は方程式を説明した図になっている．とりわけ3次方程式以上になる例題の大半は，方程式の各項（「正隅」「負廉」など）を図解の中に書き入れている．図形問題を解くための各種の定数について，著者の杉山は『算法根源記』のデータをそのまま使用している（⇨ 25.『算法根源記』）．

27. 『算法直解』（樋口兼次・片岡豊忠，寛文11（1671）年刊，全3巻）

本書は『算法発蒙集』（寛文10（1670）年刊）などと同じく『算法根源記』（寛文9（1669）年刊）の遺題への解答集である．内容的に『算法発蒙集』とよく似ているが，図解は出てこない．図解を介さずに正解をダイレクトに導くことから，「直解」と命名した可能性も指摘されている．

礒村吉徳の弟子だった村瀬義益の『算法勿憚改』（延宝元（1673）年刊）には，『算法直解』に関する記事が載せられている．それによれば，著者の一人だった片岡豊忠については，江

戸の麹町に数学指南の看板を掲げていたという．

また『算俎』（寛文3（1663）年刊）をまとめた村松茂清は和算塾を営み，多くの弟子がいた．同塾では『算法根源記』の遺題150問を一番最初に解いたものには，その答を出版させるという一種の懸賞を出していた．大垣の出身だった堀秀友も『算法根源記』の遺題150問の解答を作って持参したが，すでに樋口と片岡の2人により解答が与えられていたので断念したという（⇨ 25．『算法根源記』）．

28. 『古今算法記』（沢口一之，寛文11（1671）年刊，全7巻）

この本は，天元術を正しく解説した最初の和算書として名高い．

本書の巻1～3は『塵劫記』（寛永4（1627）年初版刊）以来の日用計算の解説で，巻3の最後が『改算記』（万治2（1659）年以前刊）の遺題の解答にあてている．巻4～6は『算法根源記』（寛文9（1669）年刊）150問への解答になっている．最後の巻7では，自作の遺題を15問提出している．

『算法根源記』『算法発蒙集』（寛文10（1670）年刊）『算法直解』（寛文11（1671）年刊）と，つぎつぎに刊行される和算書には天元術に関する記述が見られた．これらの書物が天元術を使用する前に，万治元（1658）年に土師道雲と久田玄哲により『算学啓蒙』（朱世傑，1299年刊）が覆刻されている．

この覆刻は，天元術を知りたい多くの和算家の希望をかなえたが，『算学啓蒙』にほんの少しだけしか言及されていない天元術を理解するのは至難の業だった．天元術の正しい解説は，沢口の『古今算法記』を待たねばならなかった．

『古今算法記』に載せられた15問の遺題は，他の和算書とは趣を異にしていた．当時としてはもっとも高度な難題で，単に高次方程式に帰するだけでなく，未知数が二つ以上（2元以上）になるタイプの出題だったからである．天元術は，未知数が一つでなければ計算できないところに難点があり，沢口はその欠点を突いた出題にしていた．これにより，それまでは重要な課題とみなされていなかった未知数の消去について，和算家たちは知恵を絞らなければならなくなった．

その遺題を解いたのが関孝和で，彼にとって唯一の刊本とな

る『発微算法』(延宝2 (1674) 年刊) は,『古今算法記』の遺題15問に対して解答を示したものだった(⇨ 25.『算法根源記』, 42.『発微算法』).

29.　『新編算学啓蒙註解』(朱世傑, 星野実宣翻刻, 寛文12 (1672) 年刊, 全3巻)

　　書名にあるとおり, 本書は中国・元の時代に成立した数学書『算学啓蒙』(朱世傑, 1299年刊) に注解を加えた本である. 純粋な和書に属さないが, 近年の書誌学による書物の分類方法では, もとの漢文に訓点を施して日本人の解釈を通した書籍は, ある程度は日本化された本という意味で和書に準じて扱われている.

　　遺題本『塵劫記』(寛永18 (1641) 年刊) 以来, 難問を出し合う遺題継承の気運が生じて, その過程で問題が複雑になり, とくに図形の問題は式として整理したとき, 高次方程式に帰すケースも間々生まれてきた. そのため高次方程式の解法である天元術に注目が集まっていた. テキストとしては, 天元術の記載がある『算学啓蒙』が注目されたのである.

　　まずは土師道雲と久田玄哲が, 万治元 (1658) 年に『算学啓蒙』の翻刻版を刊行した. これはまさに, 訓点のみを添えた本だった. それに次いで出されたのが星野の『新編算学啓蒙註解』で, こちらは分量的に少ないながらも注釈が施されていた.

　　後に『算学啓蒙』は, 関孝和の高弟だった建部賢弘によって, より充実した解説書の『算学啓蒙諺解大成』として刊行されている (元禄3 (1690) 年刊).

30.　『股勾弦鈔』(星野実宣, 寛文12 (1672) 年刊, 全1巻)

　　本書の内容は, 題名にあるとおり「股勾弦」つまり直角三角形を素材にして作られた150問の問題に対する解説にある. その150題のつぎに「数物三条」とあり,『塵劫記』(寛永4 (1627) 年初版刊) にも載せられていた百五減算の応用問題が3題, さらには20方陣の作例が紹介されている. 最後に「目付六十字」として目付字の作例を示し, それに解説を加えて全編を終わっている.

　　著者の星野は筑前・秋月藩 (現福岡県) の出身で, 若い頃から同藩に出仕するとともに数学を愛好し, 関東の地に出てからは横川玄悦に数学を学んだ. 寛文12 (1672) 年には,『算学啓

蒙』に注釈を施した『新編算学啓蒙註解』を著して天元術を世に広めるのに貢献し，『股勾弦鈔』はその注釈書と同じ年に刊行されている（⇨ 29.『新編算学啓蒙註解』，53.「算脱之法・験符之法」）．

31. 『算法至源記』（前田憲舒，延宝元（1673）年刊，全5巻）

本書は，佐藤正興の『算法根源記』（寛文9（1669）年刊）の遺題に触発されて成立した漢文調の和算書である．

『算法根源記』の解答は，すでに沢口一之によって『古今算法記』（寛文11（1671）年刊）に示されていた．それに対して前田は，すぐれた『古今算法記』でも万全ではないので，自分がよりすぐれた解答を用意したという．

『算法至源記』の巻1，2，3には，『算法根源記』の遺題150問に対する解答が示されている．巻4では遺題本『塵劫記』（寛永18（1641）年刊）の遺題のうち，第1問から第11問までの答を示し，さらに『参両録』（承応2（1653）年刊）と『算法明備』（寛文8（1668）年刊）の遺題に解答を与えた．

最後の巻5では，自作の遺題150問を出題している．出題に先立って，「好の定法」という一項目を立てている．当時の「好」とは遺題やその出題条件のことをいい，図形に関する定数の一覧が掲げられている．

前田の出題に対して部分的に解答を示した後続の本も現れたが，残念ながら150問を丸々解答した和算書が出版されることはなかった．本書は，そこまで注目されるにはいたらなかったらしい（⇨ 25.『算法根源記』）．

32. 『算学級聚抄』（藤田吉勝，延宝元（1673）年刊，全5巻）

本書の序文によれば，天元術を載せた中国の数学書『算学啓蒙』（朱世傑，1299年刊）の第34門となる「開方釈鎖門」について，初心者のために赤と黒の算木を使用して説明を加えたものだという．

巻1の例題の第1問では，$\sqrt{144}=12$ を計算する．この平方根を求める例題をはじめとして，3乗根，4乗根，5乗根，6乗根までを解いている．その際，通常の天元術のように算盤に算木を並べるのではなく，縦に4段に並べたそろばんの珠で数値を示している．

巻2では，利息における複利計算の例題を天元術によって解いている．この巻はすべて複利計算の例題で，借用期間が2年から始まって10年までの例題を順番に解いている．したがって算木による解法で10乗根までを説明している．

巻3では『算学啓蒙』の「開方釈鎖門」を紹介し，ここに収録された34問をみな示している．文中に「天元一を正廉に置く」といった使い方があり，天元術の用法としてみた場合には正しくない．

残る巻4と巻5は「自問自答術　五十好物」となっている．すべての例題が平面図形と立体図形の問題で，これに答と解法を載せている．

天元術を載せた『算学啓蒙』とはいえ，天元術を使って解いた例題の総数は少なく，またその説明もごく簡単だった．そのため，多くの和算家たちがこれを理解するのに骨を折った．『算学級聚抄』は，その過程で生み出された和算書の1冊でもあった．

33. 『算法勿憚改』(村瀬義益，延宝元（1673）年刊，全5巻)

この本の序文によれば，著者の村瀬は佐渡に生まれた．地元の和算家として，吉田光由と同じく名高かった百川治兵衛の系統の数学（百川流）を受け継ぎ，のち江戸において『算法闕疑抄』（万治2（1659）年刊）をまとめた礒村吉徳の弟子となり，さらなる研鑽を積んだという．

巻1には初心者に示した歌3首と定額歌100首を掲げ，数学の法則を歌で伝えている．この試みは，今村知商の『因帰算歌』（寛永17（1640）年刊）にも見られた．このほか『算法勿憚改』は，図形の求積に関する項目の中で多くの「起源」や「起こり」を紹介し，図解による証明を与えている．

第4，第5巻は「正邪批判」と題して，先行の和算書の例題を取り上げて批判し，間違いについては村瀬自身の解法を披露している．

遺題本『塵劫記』（寛永18（1641）年刊）に掲載されていた第10問の「円截積」については，逐次近似法ともいえる新しい方法を披露している．この方式は，師匠だった礒村が後に刊行した『増補算法闕疑抄』（貞享元（1684）年刊）で，さらに発展

させている.

　『算法勿憚改』に紹介された記事の中で注目に値するのが算額についての記述である．現在知られている算額関連の初期の記述が，巻5に載せられている．江戸の目黒不動に参詣した人の報告があり，それによると拝殿に算額を掲げてあったという．問題の中身も紹介されている．このことにより，遅くとも延宝年間（1673〜81 年）には算額の風習が広まっていたことが知られている（⇨ 37.『増補算法闕疑抄』）．

34.　『数学 乗 除往来』（池田昌意，延宝 2（1674）年刊，全 3 巻）

　原本には著者名の記載がなく，また全何巻と明確に区切られているわけではない．それでも内容的には大きく上・中・下に分かれ，また著者については「荒木村英先生之茶談」の記述から，池田昌意であることが判明している．

　本文の上巻に相当する箇所は九九の説明から始まり，つぎに数学の用語（叙，乗，因，商，実，法など）が説明されている．続いて算木の説明に移る．この時期の算木・算盤について，数値も交えて具体的に書かれている記録は乏しく，参考になる．

　中巻は平方根を求める問題から始まる．下巻も図形問題を扱っているが，算木と算盤の図はなく，読者自身が試してみるようにと任せているらしい．最初は直角三角形の面積を求める公式を示し，つぎに正方形の対角線の長さが $\sqrt{2}$ になることを示している．この後に，長さや面積を求める多様な例題が続く．

　下巻の途中から，遺題 49 問が出題されている．第 1 問は円欠（＝弓形）の求積問題で，その第 1 問も含めた 48 問は普通の平面図形に関する問題であり，最後の第 49 問に暦術の問題が出ている．

　『数学乗除往来』の遺題は，佐治一平が弟子の松田正則の『算法入門』（天和元（1681）年刊）に解答を示させた．その『算法入門』には，関孝和の『発微算法』（延宝 2（1674）年刊）に誤りがあるという一節が含まれていた．それに反論するかのように，関の弟子だった建部賢弘は『研幾算法』（天和 3（1683）年刊）をまとめた．この本は『算法入門』にある『数学乗除往来』の遺題に解答を示すとともに，遺題の解法の誤りも指摘している（⇨ 36.『算法入門』）．

35. 『算法明解』(田中由真, 延宝 7 (1679) 年刊, 全 1 巻)

　　この本は関孝和の『発微算法』(延宝 2 (1674) 年) に一歩遅れて, 沢口一之の『古今算法記』(寛文 11 (1671) 年刊) の遺題に解答を与えたものである. 田中は橋本正数の流れを汲み, 京都で活躍していた.

　　1 元高次に帰する方程式の近似解を求める計算法だった天元術を初めて正しく理解し, 公刊された書として知られるのが沢口の『古今算法記』だった. その『古今算法記』に収録された 15 問の遺題は, もはや天元術を用いても解けない条件になっていた. すなわち未知数が 2 つ以上ある, 多元高次の連立方程式に帰する出題だったのである.

　　関は『古今算法記』の遺題を解くにあたり, 出題が要求しているもの以外にも補助の未知数を使い, 多元高次方程式を立てた. そこから補助の未知数を消去して, 本来求めるべきものを未知数とする 1 元高次方程式を導いた.

　　『発微算法』の 4 年後に刊行された田中の『算法明解』も『古今算法記』の遺題に解答を与えた. しかも次数の低い方程式系の終結式を導入し, 関とは異なる別の解法を打ち出した. また関の『解伏題之法』(天和 3 (1683) 年成立) にある, 5 次の行列式にある計算の間違いを指摘している (⇨ 28.『古今算法記』, 42.『発微算法』).

36. 『算法入門』(佐治一平, 天和元 (1681) 年刊, 全 2 巻)

　　序文には佐治一平の門人の松田正則の名が掲げてあるが, 実際の著者は松田の師匠にあたる佐治一平と考えられている.

　　本書は, 上巻で『数学乗除往来』(延宝 2 (1674) 年刊) の遺題 49 問に対する解法を示し, 下巻で関孝和の『発微算法』(延宝 2 (1674) 年刊) の誤りを改め, さらに自作の遺題 9 問を載せるという構成になっている. 『発微算法』は, 関が沢口一之の『古今算法記』(寛文 11 (1671) 年刊) に載せられた遺題 15 問に対する解法を示した, 和算史上の画期となる著作だった.

　　ところが『算法入門』の下巻では「発微算法誤改術」と題して,『発微算法』を批判している. 確かに『発微算法』は最終的な解答を得るための方法を与えているのみで, そこにいたるまでのプロセス (方程式の立て方) は記載されていなかった. そ

こに佐治の理解の及ばない部分があったようである.

　関の高弟だった建部賢弘は,この一方的な内容に憤慨して『研幾算法』(天和3 (1683) 年刊) を刊行し,『算法入門』に載せられた『数学乗除往来』の遺題の解法こそ間違いが多いと糾弾している.

　このほか,宮城清行の弟子だった持永豊次・大橋宅清が,山田正重の『改算記』(万治2 (1659) 年以前刊) に頭注をつける形式で『改算記綱目』を刊行し (貞享4 (1687) 年), その中で『算法入門』の誤解と未熟さを非難している (⇨ 38.『改算記綱目』, 42.『発微算法』, 57.『研幾算法』).

37. 『増補算法闕疑抄』(礒村吉徳, 貞享元 (1684) 年刊, 全5巻)

　この本は,礒村の旧著『算法闕疑抄』(万治2 (1659) 年刊) の増補版である. 各頁とも旧著をそのまま掲載し,その上段に頭注として増補となる事項や雑学的な事柄を追記している.

　旧著の巻5に紙数をあてていた自作の遺題100問については,頭注部分で礒村自身が解答を披露している. 自作の遺題を自身で解いて公表したのは,この礒村だけだった.

　この増補版の刊行は,旧著を刊行した万治2 (1659) 年から数えて25年ぶりのことだった. その四半世紀の間における和算の発達はめざましく, すでに関孝和も活躍していた. この増補版『算法闕疑抄』には,その間の諸研究の成果も採り入れられている. たとえば円周率については, 3.16から3.14に修正している.

　巻4では,円截の問題について,ある種の逐次近似の方法を述べている. これは弟子だった村瀬義益の著『算法勿憚改』(延宝元 (1673) 年刊) の研究を引き継いだものでもあった (図参照).

　また旧著を出版した頃から和算家の間で注目されはじめていた大陸渡来の天元術について,礒村なりに例題を載せて解いてみせている.

　頭注には,数学をめぐる雑学が数多く収録されており,占いや伝説に関する記載も目につく. 数学的な水準という視点よりも,江戸時代の民俗学的な知識について知るうえで参考になる情報になっている (⇨ 19.『算法闕疑抄』).

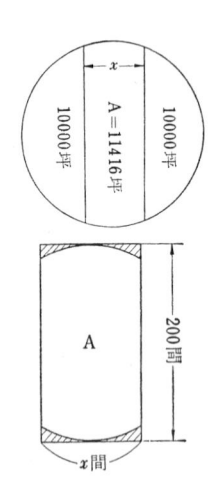

8.1 江戸時代前期

38. 『改算記綱目かいさんきこうもく』（持永豊次もちながとよつぐ・大橋宅清おおはしたくせい，貞享4（1687）年刊，全3巻）

　2人の著者，持永豊次と大橋宅清は柴田しばた（のち宮城）清行きよつらの弟子である．彼らがまとめた『改算記綱目』とは，そのタイトルにもあるとおり，『改算記』（万治2（1659）年以前刊）を覆刻して，それに新しい数学的知識を増補した新編である．原著者の山田正重やまだまさしげが記した本文はそのままにして，頭注をつける形で新規の本としたのである．

　『改算記』の下巻に載せられていた「裁ち合わせ」はパズル問題として名高いが，『改算記綱目』では，それを無益と述べて解説を省略している．増補するにあたっての編集方針がかいま見える．

　他の和算書との関連では，序文で佐治一平さじかずひらの『算法入門』（延宝8（1680）年刊）を非難している．関孝和せきたかかずの『発微算法』（延宝2（1674）年刊）を批判した『算法入門』に対して，数学の正邪・真偽も知らないのに，正しい数学を批判して馬脚を現している，と述べられている．

　また頭注のところどころに増補版『算法闕疑抄』（貞享元（1684）年刊）の内容を紹介して批判している．同書をまとめた礒村吉徳いそむらよしのりはそろばんを大切にして，安易に算木と算盤さんばんに飛びつくべきではないと論じており，それに対して『改算記綱目』は，真っ向から対峙した．

　山田正重の『改算記』は『塵劫記』に次ぐ人気を誇り，『改算記綱目』は，その系譜上に位置する1冊でもある（⇨ 18. 『改算記』，39. 『明元算法』）．

39. 『明元算法めいげんさんぽう』（宮城清行みやぎきよつら，元禄2（1689）年刊，全2巻）

　著者の宮城は，『改算記綱目』（貞享4（1687）年刊）をまとめた持永豊次もちながとよつぐと大橋宅清おおはしたくせいの師匠だった．『改算記綱目』と，その2年後に刊行された『明元算法』は，いわば姉妹編の著作にあたる．

　先にまとめられた『改算記綱目』の中に，すでに『明元算法』に関する記載が出ている．それによると，初心者はまず『改算記綱目』で学習し，さらに高度な数学を目ざす人はつぎに『明元算法』に進むように促している．

　本書は，代数方程式の立て方とその解法について詳しく解説

した本である．『改算記綱目』の序文には，関孝和の『発微算法』（延宝2（1674）年）に触発されたので，同書について解説したいとも述べられている．

『明元算法』の上巻では『古今算法記』（寛文11（1671）年刊）の遺題15問にあるような例題を5題載せて，その解答を得るための方程式と正解を与えている．下巻では「演段」すなわち，方程式の導き方について解説している．

著者の宮城は，『明元算法』の刊行から6年後にあたる元禄8（1695）年に，代表作となる『和漢算法』をまとめている（⇨ 38.『改算記綱目』，41.『和漢算法』）．

40.『算法発揮』（井関知辰，元禄3（1690）年刊，全3巻）

著者の井関は，大坂の島田尚政に師事して数学を研究し，その成果を『算法発揮』に著した．本書が名高いのは，連立多元の方程式の解法として行列式のアイデアが披露されていることによる．

『算法発揮』の上巻は2次，3次，4次，5次について，二つの式（「前式」と「後式」）から未知数を消去する方法について述べている．

これに続く中巻と下巻は，練習問題になっている．中巻では演段術に関する例題を7題載せて答と解法を示し，下巻では具体的な消去の方法について述べている．

井関の研究に先立って，関孝和も行列式という着想を得ていた．多元高次方程式から未知数を消去し，1元の方程式に帰着することを論じた「解伏題之法」では，二つの多項式が共通解をもつための必要十分条件が調べられ，それを表すために行列式を用いたのである．

しかし「解伏題之法」は稿本ゆえ成立年が確かでなく，5次以上に関しては符号の誤りを含んでいた．対する『算法発揮』は公刊された本であり，説明が関よりも詳しく，展開法も正しかったため，行列式に関しては『算法発揮』が世界最初の刊本といえる（⇨ 48.「解伏題之法」）．

41.『和漢算法』（宮城清行，元禄8（1695）年刊，全9巻）

『和漢算法』の巻1〜3は『塵劫記』に載せられていた初等的な数学から始まり，開平・開立などを経て算木の説明がなされ，

さらには「天元術和解図式」といった項目が置かれている．続く巻4〜6は『算法根源記』の遺題に対する解答で，巻7〜9は『古今算法記』（寛文11（1671）年刊）への解答となっている．8巻以降では傍書法を用いて，解法を詳しく説明している．

多角形に成り立つ「角術」については，『改算記綱目』が正三角形から正十角形までの公式すなわち，1辺を与えて対角線と面積を求める公式を与えていた．対する『和漢算法』（巻3）では正五角形，正七角形，正九角形についても詳しく解説されている．

算木の使い方や天元術については，西脇利忠の『算法天元録』（元禄10（1697）年刊）や佐藤茂春の『算法天元指南』（元禄11（1698）年）などによって広まった．この『和漢算法』は，その先駆となる1作である（⇨39．『明元算法』）． ［西田知己］

8.2 関孝和・建部賢弘

42. 『発微算法』(関孝和, 延宝 2 (1674) 年刊, 全 1 巻)

和算の大家として名高い関孝和だが, 人物伝はくわしく伝わっていない. ちょうど関が生まれた頃に遺題本『塵劫記』が刊行され (寛永 18 (1641) 年), 遺題継承の動きが始まろうとしていた.

しかも遺題は出題条件がますます複雑になり, そろばんだけでは回答不能となりつつあった. その解決策として注目されたのが中国渡来の天元術で, その天元術を載せた『算学啓蒙』(朱世傑, 1299 年刊) の翻刻 (万治元 (1658) 年) は, 天元術の普及をかなえる一つの画期となっていた.

その後, 沢口一之の『古今算法記』(寛文 11 (1671) 年刊) が刊行された. 『古今算法記』の遺題 15 問は, 天元術を理解した著者らしく, 天元術では解けない問題になっていた. すなわち未知数が二つ以上ある, 多元高次の連立方程式に帰する出題だったのである.

関は『古今算法記』の遺題を解くにあたり, 出題が要求しているもの以外にも補助の未知数を使い, 多元高次方程式を立てた. そこから補助の未知数を消去して, 本来求めるべきものを未知数とする 1 元高次方程式を導いたのである.

しかし『発微算法』では導き出した 1 元の方程式しか記述されず, そこから関の発案を汲み取るのは事実上, 困難だった. 案の定, 和算家の佐治一平らは関のアイデアが理解できず, 松田正則に『算法入門』(延宝 8 (1680) 年刊) を書かせて関を批判した. そのため関の弟子だった建部賢弘が『研幾算法』(天和 3 (1683) 年刊) を出版し, これに反論を加えるという応酬が生じている.

関の『発微算法』は出版後 (延宝 8 (1680) 年), 火災のため版木が焼失してしまうという憂き目にあった. そこで建部は, 師匠の著作を解説した『発微算法演段諺解』(貞享 2 (1685) 年刊) を出版した. 本書の登場により, 多くの和算家たちが『発微算法』の内容を理解することができたのである (⇨ 58.『発微算法演段諺解』).

43. 「規矩要明算法」(関孝和，成立年未詳（稿本）)

この『規矩要明算法』については，江戸後期の和算家だった高橋織之助『算話拾藻集』（文化 8（1811）年成立）に関の著作として記されている．また本編の中の 1 条にある「環矩術」などは，関が初めて使用した術語として知られている．

『関孝和全集』（大阪教育図書，昭和 49（1974）年刊）に復元・収録された『規矩要明算法』では，問題を「方斜起率」「環矩術」「円方起率」「勾股弦術」「歩狭術」「径矢弦術」「弧矢弦術」「立玉貫深渡術」「玉順積術」「渦巻術」などに分類している．

このうち「環矩術」は，村松茂清の『算俎』（寛文 3（1663）年刊）にあった内接多角形の周の長さによる円周率計算を再現したものである．

44. 「闕疑抄答術」(関孝和，成立年未詳（稿本）)

この著作は，礒村吉徳の『算法闕疑抄』（万治 2（1659）年刊）に収録されていた遺題に対して，関孝和が解答を試みたものである．

ただし全 100 問のすべてに対して解答したわけではなく，この『闕疑抄答術』は関にとって，修業時代といえる頃の雑記帳としての側面をもっていることも指摘されている．

『算法闕疑抄』に載せられていた遺題の多くは，初等の平面図形や立体図形に関するものだった．なかには円錐に巻き付けた螺旋の長さを問う問題（第 40 問）や，弧矢弦に関する問題（第 67～71 問）のような，ややむずかしいものも含まれている．第 99 問は円攢，第 100 問は 19 方陣の問題になっている．関はこれらの遺題を，天元術も使いながら解いている（⇨ 19.『算法闕疑抄』）．

45. 「勿憚改答術」(関孝和，成立年未詳（稿本）)

この著作は，村瀬義益の『算法勿憚改』（延宝元（1673）年刊）の遺題 100 問に答えたものである．またの名を「勿憚改一百問之答術」ともいう．

問題は第 1 問から第 78 問までが三角形，四角形，円を含む平面図形の問題で，第 79 問から第 87 問までが垜術（1 から n までの p 乗の和を求める計算など），第 88 問は米の値段に関する

問題，第 89 問は利息の計算，第 90 問以降は四角錐，円錐などを含む立体図形の問題になっている（⇨ 33.『算法勿憚改』）．

46.「解見題之法」（関孝和，成立年未詳（稿本））

成立年は不明確ながら，関はこの「解見題之法」で傍書法，つまり筆算による代数の計算法を使っている．その書式は初期の傍書法といえるもので，算木の配置による数係数の表し方あたりには，伝統的な天元術のスタイルも受け継がれている．

本書は「加減」「分合」「全乗」「折乗」の 4 条からなり，最初の「加減」では加法・減法で解くことのできる例題を扱っている．「分合」では，式の表し方（因数分解をした形や，展開した形）による解法の分類を試みている．

第 3 の「全乗」では，長方形の縦と横の長さのように，あらかじめ与えられた量を乗じて答が得られる例題が扱われている．最後の「折乗」では，全乗に変形できる例題を取り上げている．たとえば，直角三角形の面積は縦と横を掛けてから 2 で割るという具合に，乗法だけでは面積が得られない．このようなタイプを「折乗」と称している．

「解見題之法」に述べられている求積としては，直角三角形の面積やピタゴラスの定理の証明，あるいは楕円の面積や切籠の体積の求め方などがある（⇨ 47.「解隠題之法」，48.「解伏題之法」）．

47.「解隠題之法」（関孝和，貞享 2（1685）年成立（稿本））

この著作ではまず天元術について述べられ，続いて数係数の高次方程式の解法について記述されている．

傍書法を使って方程式を立ててから，それを解く方法が述べられている．「解見題之法」にその萌芽が見られた関の傍書法は，この「解隠題之法」では「立元術」と融合された．これによって，多元高次方程式から 1 元の方程式を導き出す手法が確立された．

「解隠題之法」の構成は，第 1「立元」，第 2「加減」，第 3「相乗」，第 4「相消」，第 5「開方」となっている．最初の「立元」は天元の 1 を立てることだが，その説明は与えられていない．「加減」は整式における加減についての説明であり，続く「相乗」は同じく乗法に関する解説になっている．付記された「見

乗」では，乗法での次数の見立て方を論じている．

第4の「相消」では，方程式を求めるために「左に寄せる」式と「相消す」式とを加減すべきことを述べている．最後の「開方」では，高次方程式の数値解を求める方法が具体例をもとに述べられている．

この解法について関は，中国の『楊輝算法』（楊輝，1378年刊）や『算法統宗』（程大位，1592年刊）から示唆を得ていた．それを『解隠題之法』で論じ，さらには『開方算式』や『開方飜変之法』（貞享2（1685）年成立）でも述べている（⇨ 46.「解見題之法」，48.「解伏題之法」）．

48. 「解伏題之法」(かいふくだいのほう) （関孝和(せきたかかず)，天和3（1683）年成立（稿本））

稿本としてまとめられた本作は，関が行列式を論じた著作として名高い．

延宝2（1674年）年に刊行された『発微算法』で関は，筆算による代数的な計算法を開発した．未知数に文字を用いることで，多変数の方程式に相当するものを扱えるようにした．

この詳細を述べたのが「解伏題之法」で，本書のテーマは多変数の高次方程式から変数を消去して1変数の方程式に帰着することである．

第1「真虚」でいう「真術」とは，本来求めるべき未知数（「真数」$=x$）の求め方を表し，それ以外の予備的・補助的な未知数（「虚数」$=y, z, \cdots$）を求める方法を「虚術」と称している．第2「両式」では，第1で示された二つの方程式の導き方が具体例で示されている．

第3「定乗」は，二つの方程式から未知数を消去して導かれる方程式の次数を計算する方法が語られる．第4「換式」では，二つの方程式から「換式」を得る方法が説明されている．

最後の第5「生尅」の「生」とはプラス，「尅」とはマイナスのことをいい，生尅による相殺が説かれる．ここでは換式から未知数を消去する計算が解説され，換式の係数からなる行列式の展開が示されている．

「解伏題之法」では3次と4次に関しては行列式の正しい表示を与えているが，5次の行列式の計算には間違いが見られる．田中由真(たなかよしざね)はその著『算学紛解』（元禄3（1690）年頃）で，これを

訂正している．

なお「解見題之法」「解隠題之法」「解伏題之法」の3冊を「三部抄」ともいう．関は「解見題之法」で方程式の立て方を述べ，「解隠題之法」では高次方程式の解き方を論じ，そしてこの「解伏題之法」では二つの変数から終結式（二つの多項式が共通の解をもつために満たされなければならない係数の方程式）を表すために，行列式に相当するものを導入したのである（⇨ 46.「解見題之法」，47.「解隠題之法」）．

49.「開方翻変之法」（関孝和，貞享2（1685）年成立（稿本））

この著作は方程式論，とくに問題や解法の分類について述べられている．

まず第1「開出商数」では，方程式を「全商式（解を1つだけもつ式）」「変商式（同符号の実数解が2個以上ある式）」「交商式（正負の解を合わせもつ式）」「無商式（一つも解をもたない式）」に分類している．従来は方程式の解は正だけとしており，関は負の解の存在を認めたのだった．

第2「験商有無」では正の解，負の解の存在を判定する方法について述べている．第3「適尽諸級」は2次，3次，4次方程式の判別式を論じたものである．

第4「諸級替数」では，方程式の解の存在する範囲を論じようとしたらしい．正の解のない方程式の係数を変更して，正の解をもつようにする方法が述べられている．

第5「視商極数」では，今日の導関数に相当する多項式が導かれて，その零点が問題とされるが，関がこれを極大・極小の必要条件とみなしていたかどうかは不明である．この研究については，後に建部賢弘によって極大の条件として利用されている（『綴術算経』享保22（1722）年）（⇨ 50.「題術辨議之法」，51.「病題明致之法」）．

50.「題術辨議之法」（関孝和，貞享2（1685）年成立（稿本））

本書は，問題の出題条件や解法などについて逐一分類し，実例を用いて解説した著作である．構成は，第1「病題」，第2「邪術」，第3「権術」からなる．

第1の「病題」では，誤った問題を「転題（条件が不足した例題）」「虚題（図形問題に解が存在しなかったり，負となる例

題）」「繁題（不要な条件が多い例題）」「変題（正解が一本化されないもの）」の4項目に分類している．

第2「邪術」では，誤った解法について「重術（題意から求めた方程式の解の中に，余分な解を有する）」「滞術（特定の条件だけに通用し，数値が変わると解けない）」「攣術（答は正しいが，理論的に不整合）」「戻術（題意から求めた方程式が恒等的に0になる）」の四つに区分している．

第3「権術」では，必ずしも間違いではないが，あまり好ましくない解法を扱う．すなわち「塞術（結果だけで導き方のプロセスが示されていない）」「断術（問題の中で求めやすいものから取り組み，それを介して解に達する）」「疎術（与えられた例題の数値を近似値に変えている）」「砕術（逐次的に近似しつつも途中で中断している）」の4種類に分けている（⇨ 51.「病題明致之法」）．

51.「病題明致之法」（関孝和，貞享2（1685）年成立（稿本））

本書は，誤りのある例題を訂正する方法について述べられている．

関は「題術辧議之法」（貞享2（1685）年成立）の第1「病題」で，誤った問題を4項目に分類していた．その中の第1「病題」について，問題を作り直す方法を論じたのが『病題明致之法』だった．

「病題明致之法」の構成は，第1「題辞添削」，第2「虚題増損」，第3「変題定究」となっている．まず「題辞添削」では，「転題」と「繁題」の訂正方法が説明される．

続く第2の「虚題増損」では方程式の解がない場合や，その解が題意を満たさない「虚題」の変更の仕方について述べられている．「無商式」や「負商式」，あるいは出題の意図に反する商が得られた場合について，それぞれに論じている．方程式にある係数を変更して，適正な解をもつようにするのである．

最後の第3「変題定究」では，題意を満たす解が複数ある場合に，解を一本化する方法が述べられている．具体的には「加辞（条件の追加）」「易数（数値の変更）」に分かれている（⇨ 50.「題術辧議之法」）．

52. 「方陣之法・円攅之法」（関孝和，天和3（1683）年成立（稿本））

「方陣」とは，魔方陣のことをいう．方陣之法では「増数」「相対数」「裏表数」といった術語の説明から始まり，各マス目に配置すべき数についての理論が述べられている．

関はそのうえで3方陣から10方陣までの方陣を列挙し，4方陣以上の場合については，自身の方法とは異なるケースがほかにあると記している．

もう一つの円攅とは，一定の規則性にもとづいて自然数を円上並べた配置図のことである．具体的には，n個の同心円とn個の直径との交点（$2n^2+1$，中心点も含まれる）に1から$2n^2+1$までの自然数を並べて，同じ円周上にある数の和と同じ直線上にある数の和が，ともに一定になるように並べたものをいう．

これらは中国の『楊輝算法』や，『塵劫記』の手本にもなった『算法統宗』（程大位，1592年刊）を経由して渡来したものである．ただし関以前の方陣・円攅研究は，和算家たちが個別に取り組むのが主流で，一般的な解法の究明は進んでいなかった．その点に取り組んだのが本著だった．

53. 「算脱之法・験符之法」（関孝和，天和3（1683）年成立（稿本））

「算脱之法」はいわゆる継子立てのことで，「脱」とは脱落させることをいう．国内では『徒然草』にその名が見られ，内容的には吉田光由の『塵劫記』（寛永6（1629）年版刊あたり）に紹介されて以来，幅広く知られていた．

『塵劫記』によれば，合計30人いる子どものうち15人は前妻の子ども（継子）で，残る15人が後妻の子．こういう設定が何人の場合に成り立つのかを考究したのが「算脱之法」で，本書の前半部に相当する．なお『綴術算経』（建部賢弘，享保7（1722）年成立）によれば，これは建部賢弘の兄の建部賢明が見つけた方法だと述べられている．

後半部の「験符之法」とは，文字当て遊びとして知られる目付字のことである．験符については，すでに星野実宣の『股勾弦抄』（寛文12（1672）年刊）に見えており，和算家の間ではよく知られた遊戯問題だった．関は，この遊戯問題の原理について研究したのである（⇨ 4.『塵劫記』，30.『股勾弦抄』）．

54.「求積」(関孝和,成立年未詳(稿本))

本書には平面図形と立体図形の例題が取り上げられ,関以前に取り組まれた問題の総まとめになっている.

円に関しては,円周率には $\frac{355}{133}$ を用い,楕円の面積については円柱を平面で切り取った,その切り口として面積を正しく求めている.すなわち

$$\frac{1}{4} \times \frac{355}{133} \times (長径) \times (短径)$$

としている.平面による円錐の切断も取り上げ,円と楕円と,無限に広がる対称軸のある平面図形の3とおりに分類している.

球欠の体積については,「求積」のほかに「解見題之法」にも載せられている.どちらも写本のため成立年は定かでないが,「解見題之法」のほうが古いと推定されている.

立体の一部には,計算がむずかしい問題も含まれている.その一つに,『参両録』(承応2(1653)年刊)にさかのぼる十字環(円環の中に二つの円柱を十字に直交させた立体)の問題がある.関は「草に曰く」すなわち草稿段階の見通しとして,近似解を算出している(⇒ 46.「解見題之法」).

55.「開方算式」(関孝和,成立年未詳(稿本))

この本には,関の方程式研究がまとめられている.『三部抄』『七部書』に展開されていた方程式論を,さらにまとめた1冊である.

本編の10項目については,数係数の方程式の解法(課商,窮商,通商),さらに方程式の変換(畳商,冪商,乗除商,増損商,加減商,報商,反商)に分けられる.

第1の「課商」とは商を見立てることで,仮に選定した初商から実(定数項)を計算し,その過不足から初商を見立て直す.これはすなわち方程式の解 α に対して,$\alpha + k$ ないし $\alpha - k$ という解をもつ方程式の求め方でもある.見立てた仮の商にもとづいて変換させた式のことを,関は「変式」と称している.『開方算式』の第2「窮商」では,変式にある方(1次の項)の係数で実を割って,次商を見立てる方法について述べられている.

この手順はいわゆるニュートンの近似解法と同じ手順の計算を行っている．

第4の畳商以下では方程式の変換を論じ，乗除商では解を定数倍したものや，解を定数で割ったものを解にもつ方程式を求める方法が説明されている．増損商では，解に有理数倍を足し引きしたものを解にもつ方程式の求め方を扱う．同様に，加減商では解に定数を加減したものを解にもつ方程式，報商では定数を解で割ったものを解にもつ方程式，反商では解の符号を変えたものを解にもつ方程式を求める方法の解説になっている．

いわゆる組立て除法について述べられた箇所は，「開方飜変之法」や「解隠題之法」と重なる部分がある（⇨ 47.「解隠題之法」，49.「開方飜変之法」）．

56.「毬闕変形草」（関孝和，成立年未詳（稿本））

本書が扱っているのは，円の一部である弓形を，同じ平面上にあって，それと交わらない直線を軸として回転した回転体の体積を求める問題の数々である．

「毬闕変形草」では，全部で9問が解かれている．その内訳は，外弧環（弧が軸に対して凸の場合）関連が3問，双弧環（二つの同じ弓形を弦で貼り合わせた図形の場合）が1問，内弧環（弧が軸に対して凹の場合）関連が1問ある．以下，これらの応用的なケースが追加されている．

弧環の求積に関する問題については，図形問題を扱った「求積」の中で，より幅広く論じられている（⇨ 54.「求積」）．

＊以下には建部賢弘関連の著作をあげる．

57.『研幾算法』（建部賢弘，天和3（1683）年刊，全1巻）

この本は池田昌意の著だった『数学乗除往来』（延宝2（1674）年刊）の遺題49問に解答を示し，それとともに佐治一平の『算法入門』（延宝8（1680）年刊）を批判したものである．著者の建部賢弘は関孝和の弟子にあたり，『研幾算法』を刊行したときはまだ19歳か20歳だった．

佐治一平の『算法入門』は『数学乗除往来』に解答を与えたものだった．その一方で佐治は，関孝和の『発微算法』（延宝2（1674）年刊）の解法が間違っていると批判していた．下巻では

「発微算法誤改術」と題して，酷評したのである．

しかしこれは，関の考案した数学がよく理解できていなかった佐治による誤解にすぎなかった．これに対して，師匠の汚名を雪ぐため，建部がまとめたのが『研幾算法』だった．『算法入門』こそ間違いであることを証明するために，建部も『数学乗除往来』の遺題を解いたのである．

ただし，その書式は『発微算法』と同様に，最終的な解答を得るための方程式として示されているだけで，そこにいたるまでの筋道は示されていなかった．その点について，のちに建部は『発微算法演段諺解』（貞享2（1685）年刊）の中で，筋道の部分も含めてくわしく解説している（⇨ 42.『発微算法』, 36.『算法入門』）．

58. **『発微算法演段諺解』**（建部賢弘，貞享2（1685）年刊，全4巻）

この著作は，建部の師匠だった関孝和の『発微算法』（延宝2（1674）年刊）について解説をほどこしたものである．

関は『古今算法記』（寛文11（1671）年刊）の遺題を解くにあたり，出題が要求しているもの以外にも補助の未知数を使い，多元高次方程式を立てた．そこから補助の未知数を消去して，本来求めるべきものを未知数とする1元高次方程式を導いたのである．しかし『発微算法』では導き出した1元の方程式しか記述されず，そこから関の発案を汲み取るのは事実上，困難だった．

そのような事情のため，関の著書を疑問視する声もあがったらしい．現に佐治一平の『算法入門』（延宝8（1680）年刊）に不当な批判を受けた．しかも『発微算法』は，出版後に火災で版木が焼失するという不慮のできごとがおこった（延宝8（1680）年）．

そのため関の弟子だった建部は『研幾算法』（天和3（1683）年刊）を出版し，『算法入門』に反論を加えた．さらに建部は『発微算法』の真意を伝えるため，演段法を詳しく解説して出版した．それが『発微算法演段諺解』で，「諺解」とは口語で解説することをいう（⇨ 42.『発微算法』）．

59. **「綴術算経」**（建部賢弘，享保7（1722）年成立（稿本））

本書は和算の方法論や，和算家としての心得を記述した書と

して名高く，建部自身が仕えていた第8代将軍・徳川吉宗に献上するためにまとめられたとされている．

全体の構成は「自序」「目録（目次）」に続いて，本文の「法則ヲ探ル」「術理ヲ探ル」「員数ヲ探ル」の3部からなり，各テーマにおける建部なりの理論的な探索や，数値による試算の仕方が語られる．その各部がまた4条に分かれていて，都合12条で構成されている．その後に，あとがきに相当する「自質ノ説」と，弟子の中根元圭の仕事を紹介した「付録」が添えられている．

各4条については，最初の「探法則」では乗除（掛算と割算），立元（天元術），約分（分数の約し方），招差（西洋の定差法に相当）が論じられる．

これに続く「探術理」では，織工（積と商の順序の変え方），直堡（直方体の極大問題），算脱（継子立ての問題），球面（球の体積が既知として，その表面積を求める問題）を扱っている．このうち直堡では，初めて極大・極小の問題を取り上げている．また算脱術については関孝和の著作にもあるが，『綴術算経』によれば建部賢弘の兄の建部賢明が見出したものと記されている．

続く「探員数」は砕抹（円周や円積を求めるための円の分割），開平方数（開平法の解説），円数（円周率の問題），弧数（円弧の長さの問題）となっている．とくに円数と弧数は具体例による解説がくわしく，この2条で「綴術算経」全体の4割近くを占め，内容的にも最も著名な部分となっている．

関の方法論では，帰納法的な分析を最善とみなさなかった．それに対して建部は持論を展開し，関の業績を讃えながらも，自身の手法の意義も強調している（⇨ 60.「不休綴術」）．

60.「不休綴術」（建部賢弘，享保7（1722）年成立）

「綴術算経」と内容的に近い『不休建部先生綴術』には，いくつかの写本が現存している．全体的に「綴術算経」のほうが内容的によく整理されており，そのため「綴術算経」をまとめる前の稿本という位置づけも与えられている．

一方，序文にある日付の記載によれば『不休建部先生綴術』が「綴術算経」の翌月になっている．また，題名に建部賢弘の

号をさす「不休」が記されているタイトルからみて,『不休建部先生綴術』は弟子たちの要望で後からまとめられた1書とも考えられる.

序文に続く本編は,以下のような構成になっている.第1「因乗法則」を探る.第2「帰除法則」を探る.第3「重互換術理」を探る.第4「開平方数」を探る.第5「立元法則」を探る.第6「薬種の方を為すの術」を探る.第7「四角朶術」を探るにあたって「累裁招差法」を探り会す.第8「求球面積術」を探る.第9「算脱法」を探る.第10「円数」を探る.第11「弧数」を探る.第12「砕抹術理」を探る.

このうち第6「薬種の方を為すの術」を探る,は『綴術算経』に出ていない.これは薬の処方をテーマにした,組合せに関する問題である.すなわち「異なるn個からr個取る互対は幾通りか」のように表されて「互対術」ともよばれ,関孝和から始まったといわれている.互対術は,関の弟子だった松永良弼の著書にも記されている (⇨ 59.「綴術算経」).

61.「大成算経」(関孝和・建部賢明・建部賢弘,宝永7 (1710) 年頃成立 (稿本),全20巻)

建部賢明がまとめた『建部氏伝記』(正徳5 (1715) 年) によれば,本書は天和3 (1683) 年頃から関孝和,建部賢弘,建部賢明の3人で編集を始め,建部賢弘が中心となって元禄の中頃までに12巻の編集が終わった.そのころから賢弘は職務多忙となり,関も病気になったので,賢弘の兄賢明一人で取り組み,宝永7 (1710) 年頃に20巻の本書を完成したという.

全20巻のうち,最初の第1〜3巻は加減乗除および開方の計算である.第4〜7巻は和算の朶積 (級数の和),諸約 (数の性質に関するもの),計子 (継子立て) などのようなものを扱う.

8, 9巻の日用術を経て第10〜15巻は図形に関する問題で,三角形,正多角形,円や球,図形の接触などを取り上げている.第16巻は問題の適否とその分類に関する総論を,第17巻はその適当な問題について見題,隠題,伏題,潜題に分類し,その解き方を記している.

第18巻は「病題」すなわち不適当な問題を分類し,これを正しい問題に改める方法について述べている.第19および20巻

は，問題を解く例である．

　この20巻は，大筋で三つのまとまりに大別される．巻1〜3は初歩の計算から始まり，開方では高次方程式の数値解を求める方法が述べられている．続く巻4〜15では「三要（象形・満干・数）」という数学の根本が論じられ，巻16〜20は出題の仕方や解答の方法についてまとめられている（⇨ 62.『括要算法』）．

62. 『括要算法』（荒木村英編，正徳2（1712）年刊，全4巻）

　関孝和の没後，その遺稿を門弟の荒木村英が刊行したもので4巻からなる．構成は，第1「累裁招差之法，垛積術」，第2「諸約之法」，第3「角法」，第4「求円周率術，求弧術，求立円積率術」に分かれている．このうち角法，諸約術については，別に天和3（1683）年の稿本が存在する．

　『括要算法』に見られる関孝和のおもな業績は招差法，垛術，約術，剰一術，翦管術，角術，円理などである．とくに巻1にある方垛のところでは，1からnまでのそれぞれをp乗したものの和の公式を示している．つまり

$$s_p = 1^p + 2^p + \cdots + n^p$$

の値を求める一般公式で，関は最初にpの値が小さい場合の公式をいくつか実際に求めて，そこから一般化を試みた．その過程で，いわゆるベルヌーイ数を見出したことは名高い．

　巻2の剰一術とは，いまでいう$ax-by=1$の正の整数解を求める解法（a, bは既知）で，$ax-by=-1$の正の整数解を求める．不定方程式を解き，その解のうち最小の値を解とする．剰一術については，この『括要算法』の成立により，初めて刊本として世に紹介された．

　巻3の「角法」とは，正多角形の外接円の直径と内接円の直径を求める方法である．巻4では，円や球について論じられている．円周率の算出を取り上げた「求円周率術」ではまず村松茂清の『算俎』（寛文3（1663）年刊）にならって内接正多角形の周を算出し，そこから増約術によって加速させる計算を用い，円周率に近似値として以下の値を得た．すなわち

　　　　　定周＝3尺14159265359微弱

　その考え方は，円に内接する正四角形，正八角形，正十六角形の周の長さを順次求めていくもので，関はそれを，355/113

という近似分数に改めている．求弧術では，円弧の長さを円弧の高さによって表す公式が述べられている． ［西田知己］

8.3　江戸時代中後期

63.　『奇偶方数』（安藤有益,元禄10（1697）年刊,全1巻）

　　本書は,方陣について書かれた著作である.
　著者の安藤は『竪亥録』（寛永16（1639）年刊）をまとめた今村知商の弟子だった.安藤は会津藩（現福島県会津市）の武士で,人物伝については『会津藩有名録』に記載がある.
　その著『竪亥録仮名抄』（寛文2（1662）年刊）は,漢文調で書かれたオリジナルの『竪亥録』に和文（漢字仮名交じり文）を添えて解説した,いわば普及版『竪亥録』である.
　この書の出版から数えて35年の後,元禄年間に入ってから刊行したのが『奇偶方数』である.方陣について述べた本書では,3方陣から30方陣までを記している.方陣を作る際の一般的な方法については,関孝和や田中由真との異質性が指摘されている.その『奇偶方数』の跋文（あとがき）には

　　　予少有志于数,嘗従嶋田貞継而学焉

と述べられている.続く記載によれば,安藤は嶋田貞継に学んだのち,承応2（1653）年に江戸で「奇偶方数法」を授けられた.それを30方陣まで拡充して公刊したのがこの本だったという（⇨ 20.『竪亥録仮名抄』）.　　　　　　　　　（西田）

64.　『算法天元録』（西脇利忠,元禄10（1697）年刊,全3巻）

　　この本は天元術の解説書で,翌年に刊行された佐藤茂春の『算法天元指南』（元禄11（1698）年刊）と並び,天元術の普及に貢献した.著者の西脇は和泉国（現大阪府西南部）の人である.
　上巻は九章名義と天元規格から成る.そこに示された九章とは中国の数学書『九章算術』に由来する方田,粟布,衰分,少広,商功,均輸,盈朒,方程,勾股のことで,以下それぞれについて内容の解説が加えられている.
　天元規格とは算盤・算木の使い方に関するバリエーションを示したもので,「加入の格」を筆頭にさまざまな「格」について述べられている.
　続く中巻では「九章」の9項目に分けて多くの例題が示され,方田から方程まで個々に天元術の解説が述べられている.下巻は「演段凡例」から始まり,高次方程式に帰着する図形の例題

が取り上げられている（⇨ 65.『算法天元指南』）． （西田）

65.　**『算法天元指南』**（佐藤茂春，元禄11（1698）年刊，全9巻）

　　　　　　　この本は天元術の解説書で，前年に刊行された西脇利忠の『算法天元録』（元禄10（1697）年刊）と並び，天元術の普及に大きく貢献したことで知られる．著者の佐藤は摂津国高槻藩（現大阪府北部）の藩士で，『古今算法記』（寛文11（1671）年刊）で名高い沢口一之の門弟にあたる．

　　　　　『算法天元指南』の巻1は冒頭に「用字凡例」や算盤の図を置き，大数・小数や算木の並べ方といった基本事項から始めて，全般的に解説がくわしい．巻2でも算盤上の算木の配置や計算ごとの動かし方，さらには平方根と立方根など丁寧に説明されている．巻3では勾股弦にかかわる図形の例題を数多く取り上げ，巻4からが本格的な天元術の解説となる．

　　　　　総じて当初から評判の高かった『算法天元指南』ではあったが，のちに版木が焼失してしまった．そのため原著の刊行からほぼ1世紀が経過した寛政7（1795）年に，藤田貞資がこの本を『改正天元指南』として再刊した（⇨ 64.『算法天元録』，82.『改正天元指南』）． （西田）

66.　**「雑集求笑算法」**（田中由真，元禄11（1698）年成立（稿本））

　　　　　本書は中根彦循の『勘者御伽雙紙』（寛保3（1743）年刊）や村井中漸の『算法童子問』（天明4（1784）年刊）に先立つ，日本で最初の数学遊戯の本として知られている．

　　　　　著者の田中由真は大坂の橋本正数の流れを汲み，京都で活躍していた．延宝6（1678）年には『算法明解』をまとめ，関孝和の『発微算法』（延宝2（1674）年）に一歩遅れて，沢口一之の『古今算法記』（寛文11（1671）年刊）の遺題に解答を与えている．『算法入門』（天和元（1681）年刊）をまとめた佐治一平は田中の弟子の一人と目され，建部賢弘の弟子だった中根元圭も京都にいた頃は田中に師事していた．

　　　　　『雑集求笑算法』は，和算の第一人者だった田中がまとめた数学遊戯の著作で，そこに紹介された例題のいくつかは今日の算数教育でもよく取り上げられている（⇨ 35.『算法明解』）．

（西田）

67.『具応算法』(三宅賢隆,元禄12 (1699) 年刊,全5巻)

著者の三宅は,奥州二本松(現福島県北部)で活躍した和算家だった.その著『具応算法』は天元術を解説し,村瀬義益の『算法勿憚改』(延宝元 (1673) 年刊) の遺題を解き,自作の遺題100問を出題したものである.村瀬の師匠だった礒村吉徳もまた,奥州二本松と縁のある和算家だった.

本書では円の内接正 2^{20} 角形を計算することによって,円周率の近似値を算出している.また玉率を求める計算に3年を要したことが記されている.

『具応算法』は人気が高かったらしく,のちに改刻・改題本がいくつも出されている.その中には『開成算法』と題して享保2 (1717) 年に刊行されたものがある (⇨ 33.『算法勿憚改』).

(西田)

68.『算法天元樵談集』(中村政栄,元禄15 (1702) 年刊,全2巻)

本書は天元術を解説したもので,この時期には相前後して天元術の解説書がいくつか刊行されている.本書の序文には沢口一之の『古今算法記』(寛文11 (1671) 年刊) 以降の和算の歩みがまとめられ,関孝和や建部賢弘らの名前も出てくる.

『算法天元樵談集』の巻末には,自作の遺題9問が載せられている.これは遺題本『塵劫記』(寛永18 (1641) 年刊) にさかのぼる遺題継承とは別系統の遺題継承となった.たとえば穂積伊助の『下学算法』(正徳5 (1715) 年刊) は『算法天元樵談集』の遺題9問を解き,自作の遺題11問を載せた著作である.青山利永の『中学算法』(享保4 (1719) 年刊) も,『算法天元樵談集』の遺題に挑んだ (⇨ 70.『下学算法』).

(西田)

69.『算法指掌』(石山正盈,享保8 (1723) 年刊,全5巻)

石山は水戸の和算家で,本書は内題に「算法指掌大成」とある.巻1は初期『塵劫記』(寛永4 (1627) 年初版刊) タイプの日用計算の例題が多く用意され,その解説にしばしば四角形ないし複数の四角形を組み合わせた図解が設けられている.

巻2の途中の方錐積法からは,立体図形が登場する.各図形の体積を求めるにあたり,立体を分割して組み替える等積変形のバリエーションが多数紹介されている.

巻3~4には算額に見られる図形問題が並び,四角形だけでな

く内接円や外接円などもしばしば登場する．それでも本書の方針どおり，きょくりょく四角形に置き換えた図解が添えられている．

巻5は天元術の初歩といえる算木・算盤の説明となっている．開平・開立と対比させた説明があり，日用計算をテーマにした例題が解かれている．天元術といっても，例題は図形と対応させていることから，4次以上に及ぶ高次の問題は扱われていない． (西田)

70. 『下学算法』（穂積伊助，正徳5（1715）年刊，全2巻）

著者の穂積は，山城国の伏見の人である．本書は上下巻からなり，上巻は中村政栄の『算法天元樵談集』（元禄15（1702）年刊）に載せられていた遺題9問への解答となっている．

下巻は，遺題11問によって構成されている．本書は『算法天元樵談集』を新たな出発点とする遺題継承の系譜上に位置づけられる1冊となっている．

また青山利永の『中学算法』（享保4（1719）年刊）は，穂積の『下学算法』に載せられていた遺題11問を解き，自作の遺題12問を披露したものである（⇨ 68.『算法天元樵談集』）．(西田)

71. 『数学端記』（田中佳政，享保2（1717）年刊，全5巻）

この著作の特色は，巻5の最後に置かれた「量識万物変数法」にあり，そこには順列・組合せの例題が7問並べられている．

組合せの問題は，和算では一般的に「互対術」とよんだ．この研究は関孝和から始まったとされ，弟子の建部賢弘の『不休綴術』にも紹介されている．それを『数学端記』では，「変数法」という名称で解説したのである．

著者の田中は弘前の高照神社の神主として津軽藩に仕えた．弟子の東房軒は，その著『数学初術前集』（元禄16（1703）年）の中で，師匠の田中が述べた言葉を数多く紹介している．

(西田)

72. 『初心算法早伝授』（環中仙，享保12（1727）年刊，全3巻）

著者の環中仙は，本名を不破仙九郎という．出身は名古屋で，のちに京都の輪中に移り住んだことから環中仙と名乗った．本業は漢方医であったともいわれている．

本書は九九，八算をはじめとして開平や開立，また方田や少

広，さらには天元術や演段術など過去の和算家たちが残したものを詳しく紹介している．

その一方では「環中仙秘密算法目録」と題して，伝統的な和算とは毛色の違う独自のカラーも打ち出している．その第1は「妙権術」といい，かつて『改算記』（万治2（1659）年以前刊）に紹介されていた象の重さを量る方法や，人の体積を求める方法などが紹介されている．

このような著作の一方で，環中仙は数学遊戯の例題を集めた問題集の『和国智恵較』（享保12（1727）年刊）をまとめている（⇨ 73.『和国智恵較』）．　　　　　　　　　　　　　　（西田）

73.『和国智恵較（わこくちえくらべ）』（環中仙（かんちゅうせん），享保12（1727）年刊，全2巻）

本書は上巻が出題，下巻がその解答という構成になっている．内容は碁盤の目の上に並べた石を，縦横のみの移動を認めた上で，一筆書きの要領で拾い取る拾い物をはじめとして，吉田光由（よしだみつよし）の『塵劫記』（寛永4（1627）年初版刊）にさかのぼる薬師算や継子立てをアレンジした問題，山田正重（やまだまさしげ）の『改算記』（万治2（1659）年以前刊）に初期の例がある裁ち合わせの応用問題などが出ている．

薬師算については，オリジナルの四角形だけでなく三角形に変えた応用編も載せている．これについては，中根彦循（なかねげんじゅん）の『勘者御伽雙紙』（寛保3（1743）年刊）にその誤りを指摘された．

著者の環中仙は和算家としても奇術の大家としても名高い．『和国智恵較』を刊行した享保12（1727）年には，『初心算法早伝授』という著作も世に出している．過去には『珍術ざんげ袋』という奇術の本も著し，そのことは『和国智恵較』にも記されている（⇨ 66.『雑集求笑算法』，72.『初心算法早伝授』）．

（西田）

74.『竿頭算法（かんとうさんぽう）』（中根彦循（なかねげんじゅん），元文3（1738）年刊，全1巻）

著者の中根彦循の父は，和算家の中根元圭（なかねげんけい）である．

本書は，青山利永（あおやまとしなが）の著『中学算法』（享保4（1719）年刊）に載せられていた遺題12問を解き，自作の遺題を25問掲載している．自作の遺題の中では整数術，冪管，招差，容術，角術，極数などの問題が取り上げられている．

本書に載せられた数学遊戯としては，虫食い証文のスタイル

を借りた虫食い算があり，刊本としてもっとも古い出題例となっている．

また循環小数については，和算書ではこの『竿頭算法』が最初の例とされている（⇨ 75.『勘者御伽雙紙』）．　　　　（西田）

75.　『勘者御伽雙紙』（中根彦循，寛保3（1743）年刊，全3巻）

著者の中根彦循の父は中根元圭で，元圭は京都に出て田中由真に和算を学び，のちに建部賢弘の弟子となった．その系統も含めて，『勘者御伽雙紙』は田中由真の流れをくむ本と考えられる．

上巻は「小町算の事」「人の年数を碁石にて二度かぞへさせて知る事」から始まる．田中の『雑集求笑算法』にも取り上げられていた小町算については，『勘者御伽雙紙』では都合20例が紹介されている．

また『塵劫記』（寛永4（1627）年初版刊）各種に紹介されていた薬師算については，オリジナルの四角形だけでなく三角形や五角形に変えた応用編も載せている．同じく『塵劫記』に紹介されていた百五減算についても，その応用編をいくつか載せて解説している．

中巻の第1は「男女年を待ちて嫁いりする事」と題するもので，これに方陣と円陣の例題が続き，さらには碁盤上に配置された碁石を縦横の移動だけで拾い取る「拾い物」の例題が置かれている．

下巻も数学遊戯の問題が並ぶ．ただし最後に置かれた第21は「弧背真術事」と題し，連分数展開による弧背の計算が示されている．この『勘者御伽雙紙』は好評を博し，のちに版元からの依頼により，中根の弟子の村井中漸が続編として『算法童子問』（天明4（1784）年刊）をまとめている（⇨ 73.『和国智恵較』，80.『算法童子問』）．　　　　（西田）

76.　『拾璣算法』（有馬頼徸，明和6（1769）年刊）

有馬頼徸の著作で代表的な150問を選んで，豊田文景のペンネームで『拾璣算法』5巻（明和6（1769）年）を書いた．頼徸臣豊田文景とあるが，そのような家臣が実在したかどうかは不明である．『拾璣算法』は関流術伝を初めて公開したことで有名であり，これまでの頼徸の業績がこの書に集約されていると

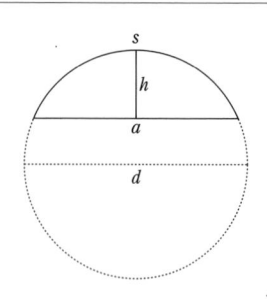

いってよい．頼徸の著作の多くは関孝和，松永良弼，建部賢弘の解説であるが，当時の和算全般にわたり，高水準で組織的に編集された関流の良い教科書である．単に先人の注釈だけでなく，頼徸独自の研究も垣間見え，藩侯としても和算家としても存在感を示している．『拾璣算法』巻一で點竄術を公開し，巻五補遺で関流最高の秘術とされていた円理の弧背術

$$s = 2\sqrt{cd}\left\{1 + \frac{1}{3!}\left(\frac{c}{d}\right) + \frac{3^2}{5!}\left(\frac{c}{d}\right)^2 + \frac{3^2 \cdot 5^2}{7!}\left(\frac{c}{d}\right)^3 + \cdots\right\}$$

$$h = \frac{s^2}{4d}\left\{1 - \frac{2}{3!}\left(\frac{s}{d}\right)^2 + \frac{2}{6!}\left(\frac{s}{d}\right)^4 - \cdots\right\}$$

$$a = s\left\{1 - \frac{1}{3!}\left(\frac{s}{d}\right)^2 + \frac{1}{5!}\left(\frac{s}{d}\right)^4 - \cdots\right\}$$

が公開されたのは本書が最初である． (小寺)

77.『算法指南車』（小川愛道補改，明和6（1769）年刊，全1巻）

内題は「新編塵劫記首書増補改算法指南車」とあり，本書は吉田光由編『塵劫記』（寛永4（1627）年初版刊）をベースにした一連の類書の1冊である．

本書はオリジナルの『塵劫記』，とくに後のひな形となった寛永20（1643）年版を，構成や文章などの面でなるべく忠実に受け継ぎつつも要所要所に行き届いた解説を設けた．

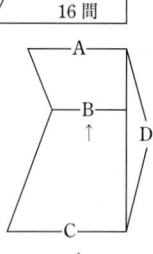

江戸時代を通じて刊行され続けた『塵劫記』の多くが，下記の図形の問題に含まれる出題条件の難点をそのまま鵜呑みにするなか，『算法指南車』はその問題点を指摘している（図参照）．

これは台形を上下に二つ合わせたような形で，オリジナルの『塵劫記』では上底と下底および中央付近の凹部の幅を足し合わせて3で割り，それに高さを掛けて面積としていた．しかし凹部を通る幅の高さが未確定だと，正しい面積を算出することはできない．小川の『算法指南車』は，そういう細部にも目配りが行き届き，高い人気を誇っていたのである．

なお本書をまとめた小川愛道は，和算家か版元の人か定かではない．また奥付に元禄2（1689）年開版，明和6（1769）年再

版と併記されているが，初版とされる元禄2（1689）年の版についてはいまのところ知られていないようである（⇨ 4.『塵劫記』）．
(西田)

78. 『算法少女』（壺中隠者（千葉桃三），安永4（1775）年刊）

著者は壺中隠者となっているが，これは千葉桃三という医者であることを会田安明が述べている．次のような構成になっている．

序文　壺中隠者，たいら氏
円周率の求め方
① 巻之上
  - 自問自答 10 問（初級問題）
  - 愚問 10 問（中級問題）（答・術文なし）
② 巻之中
  - 5 問（答・術文付）
  - 3 問（答・術文なし）
③ 巻之下
  - 2 問（答・術文なし）（中巻の3問とあわせて5問を四方に示して其答を待つ）
  - 上巻の自問自答 10 問の答・術
  - 序文で述べた円周率の求め方の起源

跋文　一陽井素外

俳諧師一陽井素外の跋文では「医師平氏乃女，かそに学へる数々を筆にとゝめ，いろの教への糸もて三冊子となし置くか」とあることから，千葉桃三とその娘による合作であろうとされている．円周率については，現代の式で書くと

$$\pi = 3 + \frac{3 \cdot 1^2}{4 \cdot 2 \cdot 3} + \frac{3 \cdot 3^2}{4^2 \cdot 2 \cdot 3 \cdot 4 \cdot 5} + \frac{3 \cdot 3^2 \cdot 5^2}{4^3 \cdot 2 \cdot 3 \cdot 4 \cdot 5 \cdot 6 \cdot 7} + \frac{3 \cdot 3^2 \cdot 5^2 \cdot 7^2}{4^4 \cdot 2 \cdot 3 \cdot 4 \cdot 5 \cdot 6 \cdot 7 \cdot 8 \cdot 9} + \cdots$$

で，これは松永良弼の『方円算経』，久留島義太の遺書『久氏弧背草』にあるものと同じである．なお，本書名は遠藤寛子の小説『算法少女』で有名になった．
(小寺)

79. 『精要算法』（藤田貞資，天明元（1781）年刊）

藤田貞資は主著『精要算法』で一世を風靡し，藤田の名前を

一躍有名にした．『精要算法』は天明元（1781）年刊で朋友安島
直円が跋文を書いている．凡例の「算数に用の用あり，無用の
用あり，無用の無用あり」が有名である．

　　　用の用は貿買貰貸斗斛丈尺城郭天官時日其他人事に益ある
　　もの總て是なり．無用の用は題術及異形の適等，無極の術
　　の類是なり．此れ人事の急にあらずと雖ども講習すれば有
　　用の佐助となる．無用の無用は近時の算書を見るに，題中
　　に點線相混じ，平立相入る．是数に迷て理に闇く，実を棄
　　て虚に走り，貿買貰貸の類に於て算に達たる者の首を疾し
　　むるものあるを知らずして甚卑きことに思ひ，己れの奇巧
　　をあらはし，人に誇らんと欲するの具にして，実に世の長
　　物なり．

今日の数学教育に通ずる名言である．いたずらに奇をてらうだ
けで，ことさら複雑な問題を「無用の無用」として断罪し，「関
家の禁秘」とされた問題を，実際に使える形の問題に変えて掲
載した．たとえば，剰一術とよばれる不定方程式を解く問題
で，『括要算法』では

　　　今有以左一十九，累加之，得数，以右二十七，累減之剰一，
　　問左総数幾何

とわかりにくい書き方であるが，『精要算法』では

　　　今上下の絹あり，合六十一疋，此代價合三貫八匁也，但上
　　一疋より下一疋は七匁安し，各疋数直問ふ．但絹は疋に止
　　まり，代銀は匁に止まり不盡なし．

というように，仮名混じり文で述べ，解答もわかりやすくして
いる．『精要算法』が和算書の形式を一変させたといわれる所以
である．さらに，下巻では「無用の用」に属する問題を集め，
解答はなく，術文のみで遺題のような形で提出している．この
遺題を解くことが当時の和算家にとって，実力のバロメーター
となっていたようで，多くの『精要算法解義』が出版された．

　このように藤田貞資『精要算法』は堅苦しい形式を嫌い，卑
近な例で，その解説もやさしく書かれ，世に出るとたちまち貞
資の評価は高まった．藤田貞資は関流算法のビギナーへの普及
に努めた重要人物といえる．　　　　　　　　　　　　（小寺）

80. 『算法童子問』(村井中漸, 天明4 (1784) 年刊, 全6巻)

著者の村井中漸は熊本の人で, のちに医師として京都に住んだ. 村井は和算家, 中根彦循の弟子である. 師匠の中根は『勘者御伽雙紙』(寛保3 (1743) 年刊) を著し,『算法童子問』は著者の村井が版元からその続編を要請されてまとめた著作である. 書名は, 初心者を象徴する「童子」を教え導く指南書として名づけたと記されている.

構成は首巻および巻1〜5からなる. 首巻は冒頭の「銭割早算用」や両替の問題をはじめとして, おもに日用計算を扱っている. 巻1の冒頭には, 組合せ・順列の問題に相当する「花を売事」すなわち大原女の問題が出ている.

いまでもよく知られている鶴亀算については, その応用問題として俎の上の蛸および庭にいる犬と鶏の頭が合計24で, 足が都合102とする例題 (いわば蛸犬鶏算) もある.

このほか, 本来の数学的な筋道を意図的に伏せて占い風に脚色し, 人を驚かせるパフォーマンス的な数学トリックも紹介されている. そのあたりのエンタテインメント性の部分にも『勘者御伽雙紙』のスタイルが踏襲されている. 一方, 巻5の末尾には, 追加として高度な数学も扱われている (⇨ 75.『勘者御伽雙紙』).　　　　　　　　　　　　　　　　　　(西田)

81. 『神壁算法』(藤田貞資, 寛政元 (1789) 年刊)

最初の算額集である. おもに, 藤田貞資門下の算額を蒐集して刊行したものであるが, 宅間流や会田安明の算額もある. 寛政2 (1790) 年から8 (1796) 年までの算額を追加して寛政8 (1796) 年に下巻を増刻した. 全部で64面である.『続神壁算法』は文化3 (1806) 年序, 文化4 (1807) 年刊, 寛政8 (1796) 年から文化3 (1806) 年までの16年間に掲げられた算額48面を蒐集して刊行したもの.　　　　　　　　　　　　　　　　　　(小寺)

82. 『改正天元指南』(藤田貞資, 寛政7 (1795) 年刊, 全9巻)

本書は, 佐藤茂春の『算法天元指南』(元禄11 (1698) 年刊) を再刊したものである. 原著どおり, 新版も全9巻となっている.

『改正天元指南』のオリジナルとなった佐藤の『算法天元指南』は, 沢口一之の『古今算法記』(寛文11 (1671) 年刊) と

並んで，天元術の普及に貢献した著作だった．天元術の説明が丁寧で刊行当初から評判は高く，本書が天元術の理解を促す，一つの牽引力になっている．

しかし後に版木が消失するという憂き目に合い，再刊の要望が高まっていた．そして原本の刊行から数えて約100年後に，藤田が再刊するにいたったという経緯がある（⇨ 65.『算法天元指南』，79.『精要算法』）．　　　　　　　　　　　　（西田）

83.　『算法古今通覧』（会田安明，寛政9（1797）年刊，全6巻）

著者の会田は関孝和の門流を意識し，自ら最上流を創始して関孝和系統の和算を批判しつつ，それとは異なる和算を目ざした．刊本としては，会田の代表的な1冊になっている．

『算法古今通覧』全6巻のうち，巻4までは関系統の和算書に対する批判となっている．具体的には，不備な問題といえる「病題」や，欠陥のある解法とされる「邪術」の具体例が列挙されている．とくに藤田貞資の『精要算法』（天明元（1781）年刊）と同『神壁算法』（寛政元（1789）年刊）が批判の対象になっている．

この2書のほかにも，佐藤正興の『算法根源記』（寛文9（1669）年刊）や沢口一之の『古今算法記』（寛文11（1671）年刊）をはじめとして藤田の『神壁算法』にいたる17点に及ぶ和算書の例題や解法が批判されている．

『算法古今通覧』の巻5では，会田自身の研究の成果となる47問が紹介され，その解説文の多くはのちに刊行された再補版で改訂されている．巻6には，円周率などを求める無限級数と，それを用いた値の算出例が示されている（⇨ 79.『精要算法』，81.『神壁算法』）．　　　　　　　　　　　　（西田）

84.　『絵本工夫之錦』（船山輔之，寛政10（1798）年刊，前編（上下）・後編）

本書は数学の初心者向けにまとめられた，いわば和算の絵本である．

まず寛政7（1795）年に前編が，そして寛政10（1798）年には解答編である後編が出版された．序文によれば，親しみやすい絵を通じて，子どもたちを数学の世界に導くという．

問題集となる前編では，全41問のすべてに対して見開きで身近なイラストが描かれ，その上のほうなどに問題文が記されて

いる．取り上げられているテーマは，盗人算，俵杉算，門松算，船積み算，旅人算など幅広い．

著者の船山は仙台藩の天文学者で，天文方の山路家の暦官でもあった．中西流和算を戸板保佑に学び，のちに戸板とともに幕府の暦官でもあった山路主住の門下に入った．関東普請役となって江戸に出たことにより，山路と戸板の間を結ぶ重要な役割をしていたと考えられる．　　　　　　　　　　　　　　（西田）

85.　『不朽算法』（日下　誠，寛政11（1799）年刊）

安島直円没後，日下誠は直円の遺稿をまとめた不朽算法を残している．その序文に

　　　寛政十一年己未五月　　関流五伝　　五瀬日下誠敬祖職

　　　安島萬蔵直円伯規遺稿　　東都日下貞八郎誠嗣編

とある．関流五伝とは，関孝和（宗家），荒木村英（初伝），松永良弼（二伝），山路主住（三伝），安島直円（四伝），日下誠（五伝）である．跋文には

　　　寛をして是を訂せん夐（事）を命ず

　　　寛政十二年庚申年正月西篭長谷川寛撰

とあり，日下の命で高弟の一人長谷川　寛が編纂した．（小寺）

86.　『弧背術解』（安島直円，年記なし）

安島直円著作の中で，もっとも重要なものは，関孝和，建部賢弘，松永良弼らがなしえなかった円理弧背術に関する研究であろう．これまでのように円弧を等分するのではなく，弦を等分して区分求積法の考えで求めることに成功したのである．このことにより円理は飛躍的に進歩することになる．

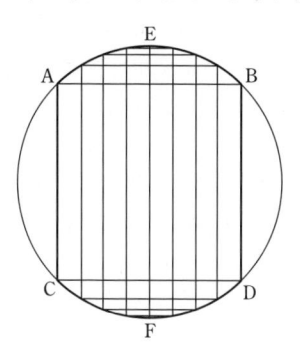

直径が d の円において，弦 AB $=a$ を $2n$ 等分し，平行な弦を引き，細長い長方形に切ってこれらを寄せ集めて，帯直弧積とよばれる図形 EACFDB の面積を

$$ad - \frac{a^3}{3 \cdot 2d} - \frac{a^5}{5 \cdot 8d^3} - \frac{3a^7}{7 \cdot 48d^5} - \frac{15a^9}{9 \cdot 384d^7} - \cdots$$

と求めたのである．安島のこの思想はこれまでの建部，松永の

ものより簡便化されたものとなり，円理における1つのターニングポイントであった．安島はこの考えを多方面に応用し，多くの問題を解決していった．年記はなく，寛政年間に入ってからの作品と思われる．

(小寺)

87.『算学稽古大全』（松岡能一，文化3（1806）年刊，全1巻）

本書は，大坂の宅間能清を始祖とする宅間流の和算書である．前半は吉田光由の『塵劫記』（寛永4（1627）年初版刊）に依拠した初等数学の紹介に当てられ，後半はやや程度の高い問題群が並んでいる．

『塵劫記』をはじめとする従来の和算書は，最初が2の段の割算とその掛け戻し，つぎは3の段の割算とその掛け戻しという問題から入って，足し引きの説明は省略されていた．それを『算学稽古大全』で初めて加減の計算が数学の基礎になると述べ，そろばんの図とともに示した．

初等数学からやや高度な内容まで，網羅的にまとめられた『算学稽古大全』は刊行当初より評判が高く，たびたび再刊された．文化5（1808）年や文政4（1821）年には再刻版が，嘉永2（1849）年には増補版の『新編算学稽古大全』が刊行されている．

(西田)

88.『算法天生法指南』（会田安明，文化7（1810）年刊）

関流で點竄術とよばれるものを会田安明は「天生法」とよび，『算法天生法』200巻にまとめられている．點竄術に似ているが，その術意は異なっていると安明は主張している．『算法天生法』200巻の中から初学者用にまとめたものが『算法天生法指南』全5巻である．その序文には「天生法ナルモノハ予ガ発明ノ法ナリ」とあり，天生法の書き方や解き方を系統的に述べており，公式集的な役割も果たしている．たとえば，點竄術では分数方程式を解くには，未知数の置き換えなどして面倒であったが，天生法では現代と同じように分母を払って，整方程式にして解けるようにした．點竄術と天生法は記号など多少違うが，本質的に異なるものではない．

(小寺)

89.『五明算法』（家崎善之，文化11（1814）年刊）

五明は扇の別称．和算では多くの円の接触問題が論じられているが，それらの図形を図のように扇や団扇に見立てて，家崎

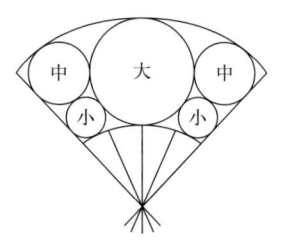

善之が『五明算法』を書いた．『五明算法前集』が文化11（1814）年に『同後集』が文政9（1826）年に出ている．文化甲戌（11（1814）年）思山逸民善之の序文と，文化甲戌春三月大原利明の跋文がある．家崎善之は通称彦太郎または源兵衛，字は子長，思山と号す．生没年は不詳．　　　　　　　　　　　　　　　　　　　　　　　　（小寺）

扇に見立てた五明算法の図

90. **『算法點竄指南録』**（坂部広胖，文化12（1815）年刊）

和算では楕円のことを側円という．楕円の周長を求める問題はここまであまり進歩がなかったが，坂部廣胖や川井久徳の研究によりいくつかの結果が出されている．『創製側円術解』は川井久徳校，坂部廣胖訂，側円周解は川井久徳撰，戸田廣胖（坂部廣胖）校正である．側円周長を求める術はつぎのようなものである．楕円（側円）の長径と短径が与えられたとき，

$$人 = \sqrt{長^2 + 短^2},\ 南天 = \frac{1}{4}\left(\frac{短}{長}\right)^2,\ 北天 = \frac{1}{4}\left(\frac{長}{短}\right)^2,$$

$$南極 = \left(\frac{長}{人}\right)^2,\ 北極 = \left(\frac{短}{人}\right)^2$$

とし，

$$南角 = \frac{1}{5}南極 - \frac{1}{5}南極・南天$$

$$南亢 = \frac{1}{7}南極^2 - \frac{2}{7}南極^2南天 + \frac{2・1}{7}南極^2南天^2$$

$$南氐 = \frac{1}{9}南極^3 - \frac{3}{9}南極^3南天 + \frac{3・2}{9}南極^3南天^2 - \frac{5}{9}南極^3南天^3$$

$$南房 = \frac{1}{11}南極^4 - \frac{4}{11}南極^4南天 + \frac{4・3}{11}南極^4南天^2$$

$$- \frac{5・4}{11}南極^4南天^3 + \frac{7・2}{11}南極^4南天^4$$

南を北に換えて，同様にして北角，北亢，北氐，北房をつくり，

$$側円周 = 人\left\{\left(\frac{2}{3} + 南角 + 南亢 + 南氐 + 南房 + 北角 + 北亢\right.\right.$$
$$\left.\left. + 北氐 + 北房\right)南極・北極 + 2\right\}$$

とする．この結果は『算法點竄指南録』に示されている．『算法點竄指南録』は全15巻で点竄術の教科書であるが，初心者から上級者まで対応できるように編纂されている．対数表については「蘭名ロガリチムと云」とあり，刊本における最初の対数表である．また球面三角法についても説明している．孫子算経以来，雉，兎としてきたものを鶴と亀に変えていわゆる鶴亀算としたのは本書が最初とされる．その他，適盡法，角術，累約術，穿去問題，累円術などほとんどすべての分野を網羅しており，本書一冊で当時の和算全般を会得できるようになっている．名著である． (小寺)

91. 『円理蠡口』(和田寧，文政元 (1818) 年刊)

円理とは極限の考えを使って円の周長や面積，弧長や弧積に関する算法をいうが，さらに発展して，楕円などいろいろな曲線の面積や弧長，立体の体積，表面積など区分求積法に関する算法を総称して円理とよぶようになっている．級数展開を利用することが多いので，円理綴術ということもあるが（級数展開に関する算法を綴術という），和田寧はこれを円理豁術と称している．円理豁術の入門書として書かれた『円理蠡口』(文政元(1818)年)では円周の長さを次のように求めている．

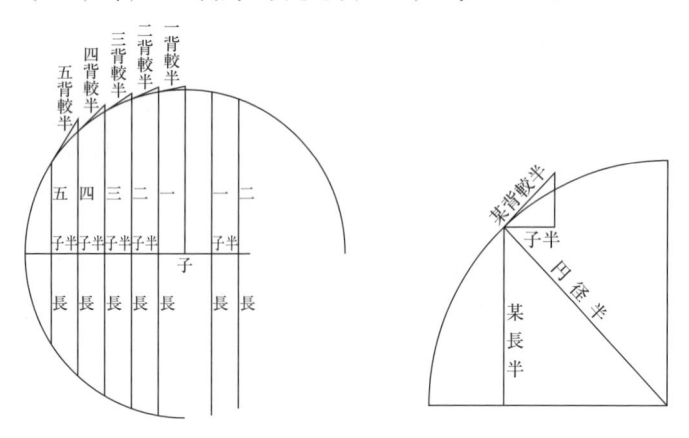

直径を n 等分して子 $= \dfrac{径}{n}$ とする．某長 $=$ 長k，某背較 $=$ 背k とすると，

$$長_k = 径\sqrt{1-\left(\frac{k}{n}\right)^2}$$

比例により

$$背_k = \frac{子}{長_k} 円径$$

となるが，これを級数展開すると

$$背_k = \frac{径}{n} \frac{1}{\sqrt{1-\left(\frac{k}{n}\right)^2}} \quad (1)$$

$$= \frac{径}{n}\left\{1+\frac{1}{2}\left(\frac{k}{n}\right)^2+\frac{3}{8}\left(\frac{k}{n}\right)^4+\frac{15}{48}\left(\frac{k}{n}\right)^6+\frac{105}{384}\left(\frac{k}{n}\right)^8\right\} \quad (2)$$

これより円周を求めると

$$円周 = \sum_{k}^{\infty} 背_k = 2\,径\left(1+\frac{1}{2\cdot 3}+\frac{3}{5\cdot 8}+\frac{15}{7\cdot 48}+\frac{105}{9\cdot 384}\right) \quad (3)$$

となる．式 (1) から式 (2) の級数展開ができるようになったこと（分母に根号がある場合の展開）が和田の特徴である．このことによって，円以外の曲線にも応用が利くようになった．式 (2) から式 (3) を求めることを"畳む"といい，$\frac{1}{n}\sum\left(\frac{k}{n}\right)^p$ や $\frac{1}{n}\sum\left(\frac{k}{n}\right)^p\sqrt{1-\frac{k}{n}}$ などの値を表にしたものを円理畳数表とよぶ．和田は多くの畳数表を作り，和算の最高峰を築いたといえる．

(小寺)

92. 『広用算法大全<small>こうようさんぽうたいぜん</small>』（藤原徳風<small>ふじわらとくふう</small>，文政 10（1827）年刊，全 1 巻）

本書は八算・見一から開平・開立にいたるまで，吉田光由<small>よしだみつよし</small>の『塵劫記』（寛永 4（1627）年初版刊）に依拠してまとめられた，江戸後期の新編『塵劫記』の代表的著作の一つである．

冒頭に置かれた，序文に相当する「算学之心得」によると数学の道は奥深く学ぶことはむずかしいが，日用の計算は非常にやさしい．掛算や割算が習得できれば，日常の算法は理解できる．しかし，それでも道理がわからないケースも生じうるので，天元術までは学習しておくとよい．初めは難解と思えるかもしれないが，内容を理解しながら学べば誰でも理解できるという．

初期『塵劫記』に見られた遊戯問題などを拾いながらも，数学用語は江戸後期の表現に近い．たとえば盗人算については「盗

人算」ではなく，過不足を表す和算用語の「盈朒」のほうを用いている（⇨ 4.『塵劫記』）. (西田)

93. 『算法新書』（千葉胤秀，天保元（1830）年刊）

算法新書は八算見一から円理綴術まで，当時の数学のすべての分野を網羅し，わかりやすく解説しているため，何度も改版し，明治時代でも版を重ねたベストセラーである．付録で極形術も述べる．巻之二雑題は簡単な比例計算の問題であるが，米，味噌，醤油，酒，砂糖，油，炭，茶，タバコ，紙，絹糸，飛脚，借地などの値段が登場し，当時の経済事情を知る資料にもなっている．明治版では単位が円に変わっており，物価の変動の様子もよくわかる． (小寺)

94. 『算法極形指南』（秋田義一，天保7（1836）年刊）

袴腰問題：等脚台形内に楕円が内接しているとき甲，乙，丙，丁の関係を問う

長谷川寛の代表作に極形術がある．極形術とは特別な場合に成り立つ関係を，一般の場合にも適用しようとするものであり，理論的に正しくない．算法極形指南（秋田義一編，天保7（1836）年）の表紙には西磻長谷川先生創術，凡例には極形術は西磻先生発明の法なり，とある．本書で袴腰問題を極形術で解いたが，それは誤りであることが後の和算家により指摘されている．

小野以正は啓廸算法指南大成（安政2（1819）年）で「極形は無用の術なり，この是非は暫く黙して不論」と極形術を否定している．和算では不十分な論証でも間違ったものはまれであるが，この袴腰問題は例外のようだ． (小寺)

95. 『算法地方指南』（村田恒光，天保7（1836）年刊，全1巻）

この本は「地方」すなわち農業生産に必要な技術としての測量について詳述したものである．一般的に「地方算法書」と称される一群の和算書では，年貢計算や検地・普請の実施に必要な算術について解説されている．

本書は長谷川善左衛門閲，村田佐十郎恒光編とあり，長谷川寛が門人の名前で刊行したものである．長谷川は多くの門弟を育て，その一門は関流の長谷川派とも称されている．弟子の名

8.3 江戸時代中後期

村田恒光は，津藩（現三重県津市）の和算家である．はじめ江戸染井の藤堂藩の下屋敷に住み，江戸に在住していた際に和算や測量術を学び，津に帰ってからは馬場屋敷に住んだ．

帰藩後は藩校の有造館で天文算学の教師になったが，その前の天保5（1834）年に『算法側円詳解』を著し，続いて天保7（1836）年に『算法地方指南』を刊行している．村田は嘉永6（1853）年に『六分円器量地手引草』という測量の手引書も出し，その年に門人たちと伊勢湾岸の測量も実施したことが知られている． (西田)

96. 『算法助術』(さんぽうじょじゅつ)（山本賀前(やまもとがぜん)，天保12（1841）年刊）

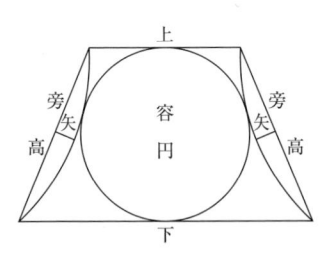

本書は和算の幾何公式集である．基本的な105の公式を集めたもので，和算の問題を解くには重宝なものである．現代と同じ公式もあるが，ほとんどは和算特有のものである．

たとえば公式68番は図において極＝上＋下−2旁高と置くとき

$$矢 = \frac{極 \times 旁高}{4 容}$$

という術で，現代数学では見かけないものである．目録に図がついているのも使いやすい． (小寺)

97. 『算法求積通考』(さんぽうきゅうせきつうこう)（長谷川弘閎・内田久命，弘化元（1844）年刊，全5巻）

『算法求積通考』は全5巻，長谷川弘閎(はせがわひろむ)，彦根藩内田久命(うちだひさなが)編で，序文を長谷川弘と山口和(やまぐちかず)が書いている．本書は和田寧(やすし)の円理豁術に関するすべてを網羅した，完成度の高い教科書といえる．初学者のための教育的配慮も払われており，円理の問題は本書に集約されたといってよい．和算の最高峰をなす名著である．巻之三第39問で，トーラスを切ったときにできるVillarceauの円が論じられていることは注目に値する．また『算法助術』で述べた公式68番を使って，図のような立体の側面積を求めて

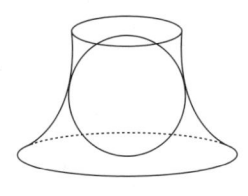

いる． (小寺)

98. 『真元算法』（武田真元，弘化2（1845）年刊）

上中下3巻よりなり，八算見一より円理綴術までを論じているが，数学遊技の問題も多い．なかでも注目すべきは「浪華二十八橋智慧渡」で，和算では珍しい一筆書きの問題である．ヨーロッパではオイラーのケーニヒスベルグの橋の問題として有名である．

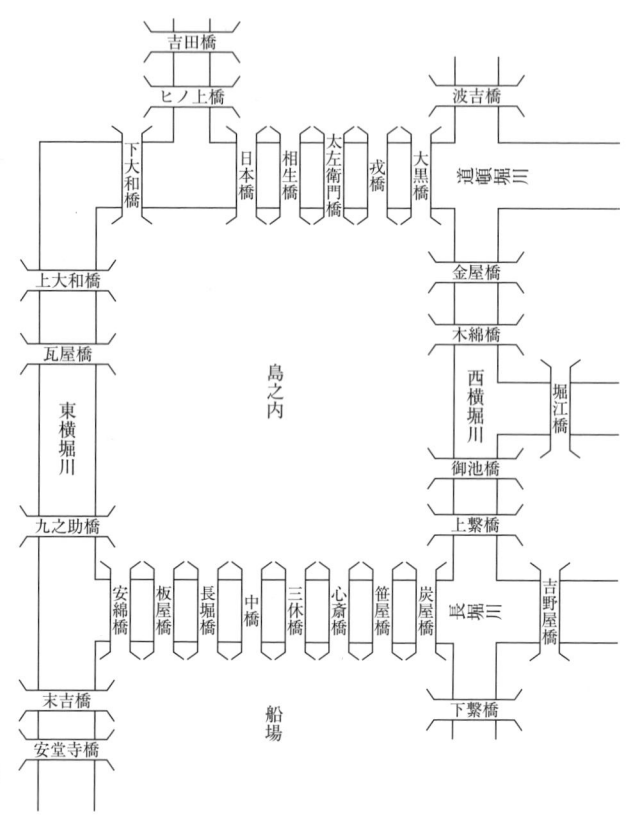

浪華二十八橋智慧渡の図

今図の如二十八橋あり．いづれの橋より成共，渡りはじめ，同じ橋を二度渡らぬやう，道はいかやうに廻るとも苦しからず．元のはしづめへかえり来るやう工夫有たし．但し，此渡りやう別に，でんじゅ書なくとも，浪華の地理をよくよく，かんがへ渡るときは，自然とわたれる也．ゆへにで

んじゅ書を略す．十露盤や二一天下のはし渡り三々九ふう
にかけて見るべし

東西が東横堀川，西横堀川，南北が道頓堀川，長堀川に囲まれた部分を島之内という．この島之内に架る28の橋を一筆で渡るパズルである．これらの橋はすべて実在していたが，今日まで残っているのはその半分くらいである．西横堀川，長堀川は高速道路になり，道頓堀川に架る戎橋は通称ひっかけ橋ともいわれ，阪神タイガース優勝の折，道頓堀川へのダイブで有名になった．ひっかけ橋も和算に思いを馳せてみればまた楽しいのではないだろうか．真元先生も苦笑されていることだろう．（小寺）

99.『算法図解』（山田安山子，弘化5＝嘉永元（1848）年刊，全1巻）

幕末期に成立した本書は，数ある『塵劫記』（寛永4（1627）年初版刊）タイプの諸本の中でも，もっとも挿し絵（イメージ・イラスト）の充実した1冊となっている．実用性に密着した例題では，具体的な場所や景色（普請であれば，河川工事の様子など）はもとより，その計算にたずさわる人びとの姿が表情豊かに描き込まれている．

江戸期に活躍した教育者の中には，絵入りの往来物や絵本などのビジュアル教材の大切さを強調した人も多く（たとえば貝原益軒や湯浅常山など），そろばんの解説書として『算法図解』は一つの模範的な役割を果たした（⇨ 4.『塵劫記』）．（西田）

100.『西算速知』（福田理軒，安政4（1857）年刊）

『西算速知』は加減乗除の筆算による計算法を初心者に教えることを目的としたものである．本書凡例には「筆算は弾珠（通常の算珠盤なり）あるいは運籌（籌算をいう）等によらず帋上に書記し，その数を求むる術」とあり，そろばんや除歌などを知らなくても会得できる便利な術である，としている．タイトルは「西算」となっているが，アラビア数字は使われていない．それは福田理軒が蘭書ではなく，中国の漢訳西洋数学書によったためと思われる．本書のメインは格子によ

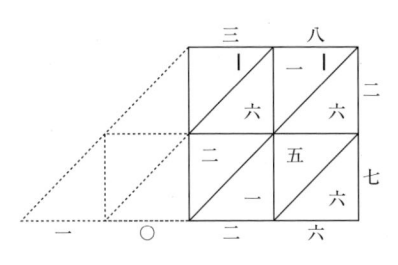

る掛算の説明である．38×27の計算はつぎのようにする．格子に斜線を入れ，枠外に38と27を書き，2×3の6をその会するところに書き，同様に7×3=21をその会するところに書き，2×8=16，7×8=56を書く．これらを斜めに加えると答の1026が得られる．このときの繰り上がりは｜を書いておくのである．

　中国風ではあるが，本書をもって最初の洋算の書物とされる．理軒は和算家ではあったが，明治維新以後は西洋数学の重要性を感じ，洋算の啓蒙に努めた．和算から洋算への過渡期を代表する数学者である．　　　　　　　　　　　　　　　（小寺）

［西田知己・小寺　裕］

和算書年表

*刊本（『　』で示す）となった主な和算書を中心に刊行年順に並べた（刊本以外は「　」で示す）．
算経などの経は慣例に従って「けい」と読んだ．

西暦	和暦	著者	書名
未詳	未詳	未詳	『算用記』（さんようき）
1622	元和8	毛利重能（もうり・しげよし）	『割算書』（わりさんしょ）
1622	元和8	百川治兵衛（ももかわ・じへえ）	「諸勘分物」（しょかんぶもの）
1627	寛永4	吉田光由（よしだ・みつよし）	『塵劫記』（じんこうき）
1639	寛永16	今村知商（いまむら・ともあき）	『竪亥録』（じゅがいろく）
1640	寛永17	今村知商（いまむら・ともあき）	『因帰算歌』（いんきさんか）
1641	寛永18	百川忠兵衛（ももかわ・ちゅうべえ）	『新編諸算記』（しんぺんしょさんき）
1643	寛永20	未詳	『万用不求算』（ばんようふきゅうさん）
1652	承応1	田原嘉明（たはら・よしあき）	『新刊算法起』（しんかんさんぽうき）
1653	承応2	嶋田貞継（しまだ・さだつぐ）	『九数算法』（きゅうすうさんぽう）
1653	承応2	榎並和澄（えなみ・ともすみ）	『参両録』（さんりょうろく）
1657	明暦3	藤岡茂元（ふじおか・しげもと）	『算元記』（さんげんき）
1657	明暦3	初坂重春（はつさか・しげはる）	『円方四巻記』（えんぽうしかんき）
1657	明暦3	柴村盛之（しばむら・もりゆき）	『格致算書』（かくちさんしょ）
1658	明暦4	中村与左衛門（なかむら・よざえもん）	『四角問答』（しかくもんどう）
1659	万治2	山田正重（やまだ・まさしげ）	『改算記』（かいさんき）
1659	万治2	礒村吉徳（いそむら・よしのり）	『算法闕疑抄』（さんぽうけつぎしょう）
1662	寛文2	安藤有益（あんどう・ゆうえき）	『竪亥録仮名抄』（じゅがいろくかなしょう）
1663	寛文3	村松茂清（むらまつ・しげきよ）	『算俎』（さんそ）
1664	寛文4	野沢定長（のざわ・さだなが）	『童介抄』（どうかいしょう）
1667	寛文7	多賀谷経貞（たがや・つねさだ）	『方円秘見集』（ほうえんひけんしゅう）
1668	寛文8	岡嶋友清（おかじま・ともきよ）	『算法明備』（さんぽうめいび）
1669	寛文9	佐藤正興（さとう・まさおき）	『算法根源記』（さんぽうこんげんき）
1670	寛文10	杉山貞治（すぎやま・さだはる）	『算法発蒙集』（さんぽうはつもうしゅう）
1671	寛文11	樋口兼次（ひぐち・かねつぐ）・片岡豊忠（かたおか・とよただ）	『算法直解』（さんぽうちょっかい）
1671	寛文11	沢口一之（さわぐち・かずゆき）	『古今算法記』（ここんさんぽうき）
1672	寛文12	星野実宣（ほしの・さねのぶ）	『新編算学啓蒙註解』（翻刻）（しんぺんさんがくけいもうちゅうかい）
1672	寛文12	星野実宣（ほしの・さねのぶ）	『股勾弦鈔』（ここげんしょう）
1673	延宝1	前田憲舒（まえだ・けんじょ）	『算法至源記』（さんぽうしげんき）
1673	延宝1	藤田吉勝（ふじた・よしかつ）	『算学級聚抄』（さんがくきゅうじゅしょう）

和算書年表

西暦	和暦	著者	書名
1673	延宝1	村瀬義益（むらせ・よします）	『算法勿憚改』（さんぽうふつだんかい）
1674	延宝2	池田昌意（いけだ・まさおき）	『数学乗除往来』（すうがくじょうじょおうらい）
1674	延宝2	関孝和（せき・たかかず）	『発微算法』（はつびさんぽう）
1678	延宝6	田中由真（たなか・よしざね）	『算法明解』（さんぽうめいかい）
1680	延宝8	佐治一平（さじ・いっぺい（かずひら））	『算法入門』（さんぽうにゅうもん）
1683	天和3	建部賢弘（たけべ・かたひろ）	『研幾算法』（けんきさんぽう）
1684	貞享1	礒村吉徳（いそむら・よしのり）	『増補算法闕疑抄』（ぞうほさんぽうけつぎしょう）
1685	貞享2	建部賢弘（たけべ・かたひろ）	『発微算法演段諺解』（はつびさんぽうえんだんげんかい）
1687	貞享4	持永豊次（もちなが・とよつぐ）・大橋宅清（おおはし・たくせい）	『改算記綱目』（かいさんきこうもく）
1689	元禄2	宮城清行（みやぎ・きよゆき）	『明元算法』（めいげんさんぽう）
1690	元禄3	井関知辰（いぜき・ともとき）	『算法発揮』（さんぽうはっき）
1695	元禄8	宮城清行（みやぎ・きよゆき）	『和漢算法』（わかんさんぽう）
1697	元禄10	安藤有益（あんどう・ゆうえき）	『奇偶方数』（きぐうほうすう）
1697	元禄10	西脇利忠（にしわき・としただ）	『算法天元録』（さんぽうてんげんろく）
1698	元禄11	佐藤茂春（さとう・しげはる）	『算法天元指南』（さんぽうてんげんしなん）
1699	元禄12	三宅賢隆（みやけ・けんりゅう）	『具応算法』（ぐおうさんぽう）
1702	元禄15	中村政栄（なかむら・せいえい）	『算法天元樵談集』（さんぽうてんげんしょうだんしゅう）
1703	元禄16	小泉光保（こいずみ・みつやす）	『授時暦図解』（じゅじれきずかい）
		安藤有益（あんどう・ゆうえき）	『本朝統暦』（ほんちょうとうれき）
1710	宝永7	建部賢弘（たけべ・かたひろ）他	「大成算経」（たいせいさんけい）
1711	正徳1	亀谷和竹（かめたに・わちく）	『授時暦経諺解』（じゅじれきけいげんかい）
1712	正徳2	関孝和（せき・たかかず）	『括要算法』（かつようさんぽう）
1714	正徳4	中根元圭（なかね・げんけい）	『皇和通暦』（こうわつうれき）
1715	正徳5	松永良弼（まつなが・よしすけ）	「解伏題交式斜乗之諺解」（かいふくだいこうしきしゃじょうのげんかい）
		穂積伊助（ほづみ・いすけ）	『下学算法』（かがくさんぽう）
1716	享保1	松永良弼（まつなが・よしすけ）	「朶疊招差之新術」（だじょうしょうさのしんじゅつ）
1717	享保2	田中佳政（たなか・よしまさ）	『数学端記』（すうがくたんき）
1718	享保3	神原一学（かんばら・いっかく）	『算鑑記』（さんかんき）
1719	享保4	青山利永（あおやま・としなが）	『中学算法』（ちゅうがくさんぽう）
1722	享保7	建部賢弘（たけべ・かたひろ）	「綴術算経」（てつじゅつさんけい）
		建部賢弘（たけべ・かたひろ）	「不休綴術」（ふきゅうてつじゅつ）
		鎌田俊清（かまた・としきよ）	「宅間流円理」（たくまりゅうえんり）
		万尾時春（ま(し)お・ときはる）	『見立算規矩分等集』（みたてさんきくぶんとうしゅう）

西暦	和暦	著者	書名
1723	享保8	建部賢弘（たけべ・かたひろ）	「日本輿地図」（にほんよちず）
1726	享保11	松永良弼（まつなが・よしすけ）	「断連総術」（だんれんそうじゅつ）
1727	享保12	久留島義太（くるしま・よしひろ）	「平方零約術」（へいほうれいやくじゅつ）
		環中仙（かん・ちゅうせん）	『初心算法早伝授』（しょしんさんぽうそうでんじゅ）
		中根元圭（なかね・げんけい）	「八線表算法解義」（はっせんひょうさんぽうかいぎ）
1728	享保13	建部賢弘（たけべ・かたひろ）	「累約術」（るいやくじゅつ）
1729	享保14	松永良弼（まつなが・よしすけ）	「立円率」（りつえんりつ）
1730	享保15	西川正休（にしかわ・まさやす）	『天経或問』（訓点）（てんけいわくもん）
1732	享保17	幸田親盛（こうだ・ちかみつ）	「八線表解義術意」（はっせんひょうかいぎじゅつい）
		中根元圭（なかね・げんけい）	『古暦便覧』（これきべんらん）
		松永良弼（まつなが・よしすけ）	「宿曜算法諺解」（しゅくようさんぽうげんかい）
1733	享保18	中根元圭（なかね・げんけい）	「暦算全書」（訓点）（れきさんぜんしょ）
		村井昌弘（むらい・まさひろ）	「量地指南・前編」（りょうちしなん ぜんぺん）
1734	享保19	島田道桓（しまだ・どうかん）	「規矩元法町見弁疑」（きくげんぽうちょうけんべんぎ）
1738	元文3	中根彦循（なかね・げんじゅん）	『竿頭算法』（かんとうさんぽう）
1739	元文4	中根元圭（なかね・げんけい）	『天文図解発揮』（てんもんずかいはつき）
		松永良弼（まつなが・よしすけ）	「方円算経」（ほうえんさんけい）
		入江脩敬（いりえ・のぶたか）	『探玄算法』（たんげんさんぽう）
1742	寛保2	山本格安（やまもと・ただやす）	『遺塵算法』（いじんさんぽう）
1743	寛保3	中根法舳（彦循）（なかね・ほうじく）	『勘者御伽雙紙』（かんじゃおとぎぞうし）
		入庸昌（いり・ようしょう）	『角総算法』（かくそうさんぽう）
1745	延享2	神谷保貞（かみや・やすさだ）	『開承算法』（かいしょうさんぽう）
1746	延享3	岡島友清（おかじま・ともきよ）	『広益算法明備大全』（こうえきさんぽうめいびたいぜん）
1749	寛延2	河端祐著（かわばた・ゆうちょ）	『算法演段指南』（さんぽうえんだんしなん）
1750	寛延3	武田済美（たけだ・さいび）	『闡微算法』（せんびさんぽう）
1767	明和4	千野乾弘（せんの・かたひろ）	『籌算指南』（ちゅうさんしなん）
1768	明和5	宇野貴信（うの・たかのぶ）	『算法闕疑抄拾遺』（さんぽうけつぎしょうしゅうい）
		千野乾弘（せんの・かたひろ）	『籌算開平立方方法』（ちゅうさんかいへいりっぽうほう）
1769	明和6	有馬頼徸（ありま・よりゆき）	『拾璣算法』（しゅうきさんぽう）
1770	明和7	村井中漸（むらい・ちゅうぜん）	『開商点兵算法』（かいしょうてんぺいさんぽう）
1773	安永2	今井兼庭（いまい・けんてい）	『明玄算法』（めいげんさんぽう）
		岸通昌（きし・みちまさ）	『算法得幸録』（さんぽうとくこうろく）
1775	安永4	千葉桃三（ちば・とうぞう）	『算法少女』（さんぽうしょうじょ）

西暦	和暦	著者	書名
1776	安永5	中根元圭（なかね・げんけい）	『授時暦経俗解』（じゅじれきけいぞくかい）
1777	安永6	清野信興（きよの・のぶおき）	「算術大意秘訣」（さんじゅつたいいひけつ）
		安島直円（あじま・なおのぶ）	「安子変商稿」（あんしへんしょうこう）
1781	天明1	藤田貞資（ふじた・さだすけ）	『精要算法』（せいようさんぽう）
1782	天明2	坂正永（さか・まさのぶ）	『算法学海』（さんぽうがっかい）
1784	天明4	村井中漸（むらい・ちゅうぜん）	『算法童子問』（さんぽうどうじもん）
1785	天明5	会田安明（あいだ・やすあき）	『当世塵劫記』（とうせいじんこうき）
		会田安明（あいだ・やすあき）	『改精算法』（かいせいさんぽう）
1786	天明6	川辺信一（かわべ・しんいち）	『周髀算経図解』（しゅうひさんけいずかい）
1787	天明7	神谷定令（かみや・ていれい）	『非改精算法』（ひかいせいさんぽう）
		会田安明（あいだ・やすあき）	『改精算法改正論』（かいせいさんぽうかいせいろん）
1788	天明8	石田玄圭（いしだ・げんけい）	『暦学小成』（れきがくしょうせい）
		会田安明（あいだ・やすあき）	『解惑算法』（かいわくさんぽう）
1789	寛政1	藤田貞資（ふじた・さだすけ）	『神壁算法』（しんぺきさんぽう）
		藤田嘉言（ふじた・かげん（よしとき））	『掌中鉤股規矩要領』（しょうちゅうこうこきくようりょう）
1790	寛政2	神谷定令（かみや・ていれい）	『解惑弁誤』（げわくべんご）
1792	寛政4	村井中漸（むらい・ちゅうぜん）	『算経』（さんけい）
1794	寛政6	村井昌弘（むらい・まさひろ）	『図解量地指南・後編』（ずかいりょうちしなん　こうへん）
		牛島盛庸（うしじま・もりつね）	『算学小筌』（さんがくしょうせん）
1795	寛政7	藤田貞資（ふじた・さだすけ）	『改正天元指南』（かいせいてんげんしなん）
1797	寛政9	会田安明（あいだ・やすあき）	『算法古今通覧』（さんぽうここんつうらん）
1798	寛政10	船山輔之（ふなやま・すけゆき）	『絵本工夫之錦』（えほんくふうのにしき）
		藤田嘉言（ふじた・かげん（よしとき））	『再訂算法』（さいていさんぽう）
		志筑忠雄（しづき・ただお）	「暦象新書」上巻（れきしょうしんしょ）
1799	寛政11	安島直円（あじま・なおのぶ）	「不朽算法」（ふきゅうさんぽう）
		神谷定令（かみや・ていれい）	『撥乱算法』（はつらんさんぽう）
1800	寛政12	会田安明（あいだ・やすあき）	『絵本工夫之錦評林』（えほんくふうのにしきひょうりん）
1801	享和1	会田安明（あいだ・やすあき）	『算法非撥乱』（さんぽうひはつらん）
1802	享和2	志筑忠雄（しづき・ただお）	「暦象新書」完訳（れきしょうしんしょ）
1803	享和3	志筑忠雄（しづき・ただお）	「三角提要秘算」（さんかくていようひさん）
1804	文化1	坂部広胖（さかべ・こうはん）	『地球略図説』（ちきゅうりゃくずかい）
		最上徳内（もがみ・とくない）	『度量衡説統』（どりょうこうせっとう）
1805	文化2	川井久徳（かわい・ひさのり）	『開式新法』（かいしきしんぽう）
1806	文化3	松岡能一（まつおか・よしかず）	『算学稽古大全』（さんがくけいこたいぜん）
1807	文化4	藤田嘉言（ふじた・かげん（よしとき））	『続神壁算法』（ぞくしんぺきさんぽう）

和算書年表

西暦	和暦	著者	書名
1810	文化 7	会田安明（あいだ・やすあき）	『算法天生法指南』（さんぽうてんしょうほうしなん）
		大原利明（おおはら・としあき）	『算法點竄指南』（さんぽうてんざんしなん）
1811	文化 8	賀茂保憲（かも・やすのり）	『暦林問答集』（れきりんもんどうしゅう）
1812	文化 9	坂部広胖（さかべ・こうはん）	「管窺弧度捷法」（かんきこどしょうほう）
1814	文化 11	家崎善之（いえさき・よしゆき）	『五明算法前集』（ごめいさんぽうぜんしゅう）
1815	文化 12	坂部広胖（さかべ・こうはん）	『算法點竄指南録』（さんぽうてんざんしなんろく）
		北川孟虎（きたがわ・もうこ）	『算法発隠』（さんぽうはついん）
1817	文化 14	坂部広胖（さかべ・こうはん）	『算法海路安心録』（さんぽうかいろあんじんろく）
1818	文政 1	和田寧（わだ・やすし）	「円理蟄口」（えんりしんこう）
1819	文政 2	石黒信由（いしぐろ・のぶよし）	『算学鈎致』（さんがくこうち）
		忍澄（にん・ちょう）	『円理真術弧矢弦叩底』（えんりしんじゅつこやげんこうてい）
		篠原善富（しのはら・よしとみ）	『周髀算経国字解』（しゅうひさんけいこくじかい）
1820	文政 3	武田真元（たけだ・しんげん）	『階梯算法』（かいていさんぽう）
		福田延臣（ふくだ・たかおみ）	『算法変形指南』（さんぽうへんけいしなん）
1821	文政 4	伊能忠敬（いのう・ただたか）	「大日本沿海輿地全図」（だいにほんえんかいよちぜんず）
		松岡能一（まつおか・よしかず）	『算学稽古大全』（さんがくけいこたいぜん）
1822	文政 5	小野栄重（おの・えいじゅう）	「星測量地録」（せいそくりょうちろく）
1823	文政 6	小野栄重（おの・えいじゅう）	「弧背真術弁解」（こはいしんじゅつべんかい）
		石黒信由（いしぐろ・のぶよし）	「八線表製法捷術」（はっせんひょうせいほうしょうじゅつ）
		白石長忠（しらいし・ながただ）	「方円窮理蕮術先伝起原」（ほうえんきゅうりかつじゅつせんでんきげん）
1824	文政 7	佐藤祐之（さとう・すけゆき）	『九数答術』（きゅうすうとうじゅつ）
1825	文政 8	和田寧（わだ・やすし）	「異円算法」（いえんさんぽう）
1826	文政 9	家崎善之（いえさき・よしゆき）	『五明算法後集』（ごめいさんぽうごしゅう）
		武田真元（たけだ・しんげん）	『算法便覧』（さんぽうべんらん）
		藤原徳風（ふじわら・のりかぜ）	『広用算法大全』（こうようさんぽうたいぜん）
1827	文政 10	白石長忠（しらいし・ながただ）	『社盟算譜』（しゃめいさんぷ）
1828	文政 11	木村尚寿（きむら・しょうじゅ）	『温知算叢』（おんちさんそう）
1829	文政 12	小野栄重（おの・えいじゅう）, 岩井重遠（いわい・しげとお）	『算法點竄集』（さんぽうてんざんしゅう）
1830	天保 1	岩井重遠（いわい・しげとお）	『算法雑俎』（さんぽうざっそ）
		千葉胤秀（ちば・たねひで）	『算法新書』（さんぽうしんしょ）
1831	天保 2	堀池久道（ほりいけ・ひさみち）	『要妙算法』（ようみょうさんぽう）

西暦	和暦	著者	書名
1831	天保2	牛島盛庸（うしじま・もりつね）	『続算学小筌』（ぞくさんがくしょうぜん）
1832	天保3	内田五観（うちだ・いつみ）	『古今算鑑』（ここんさんかん）
1833	天保4	広江永貞（ひろえ・ながさだ）	『続神壁算法起原』（ぞくしんぺきさんぽうきげん）
		橋本昌方（はしもと・まさかた）	『算法點竄初学抄』（さんぽうてんざんしょがくしょう）
		山本賀前（やまもと・がぜん）	『算法點竄手引草』（さんぽうてんざんてびきぐさ）
1834	天保5	村田恒光（むらた・つねみつ）	『算法側円詳解』（さんぽうそくえんしょうかい）
		竺真応（じく・しんおう）	『算学提要』（さんがくていよう）
		山本賀前（やまもと・がぜん）	『大全塵劫記』（たいぜんじんこうき）
		斎藤宜義（さいとう・のぶよし）	「算法円理鑑」（さんぽうえんりかん）
1836	天保7	市川行英（いちかわ・ゆきひで）	『合類算法』（ごうるいさんぽう）
		秋田義一（あきた・ぎいち）	『算法極形指南』（さんぽうきょくぎょうしなん）
		村田恒光（むらた・つねみつ）	『算法地方指南』（さんぽうじがたしなん）
		小林忠良（こばやし・ただよし）	『算法瑚連』（さんぽうこれん）
		石黒信由（いしぐろ・のぶよし）	『渡海標的』（とかいひょうてき）
		奥村増地（おくむら・ますのぶ）	『量地弧度算法』（りょうちこどさんぽう）
1837	天保8	志野知郷（しの・ともさと）	『韜機算法』（かっきさんぽう）
		秋田義一（あきた・ぎいち）	『算法地方大成』（さんぽうじがたたいせい）
		栗田宜貞（くりた・のぶさだ）	『算法地方大成斥非問答』（さんぽうじがたたいせいせきひもんどう）
		岩井重遠（いわい・しげとお），剣持章行（けんもち・あきゆき）	『算法円理冰釈』（さんぽうえんりひょうしゃく）
		斎藤宜義（さいとう・のぶよし），柳沢伊寿（やなぎさわ・これとし）	『算法円理起原表』（さんぽうえんりきげんひょう）
1839	天保10	正空覚道（しょうくう・かくどう）	『綴術総解円理規矩算法』（てつじゅつそうかいえんりきくさんぽう）
		奥村増地（おくむら・ますのぶ）	『廻船宝富久呂』（かいせんたからぶくろ）
1840	天保11	平内延臣（へいのうち・たかおみ）	『算法直術正解』（さんぽうちょくじゅつせいかい）
		御粥安本（おかゆ・やすもと）	『算法浅問抄』（さんぽうせんもんしょう）
		斎藤宜義（さいとう・のぶよし）	『算法円理新々』（さんぽうえんりしんしん）
1841	天保12	大村一秀（おおむら・かずひで）	『算法點竄手引草二編』（さんぽうてんざんてびきぐさにへん）
		山本賀前（やまもと・がぜん）	『算法助術』（さんぽうじょじゅつ）
1842	天保13	村田恒光（むらた・つねみつ）	『算法楕円解』（さんぽうだえんかい）
		小出兼政（こいで・かねまさ）	「円理算経」（えんりさんけい）
1843	天保14	福田復（ふくだ・ふく）	『算法雑解前集』（さんぽうざっかいぜんしゅう）
1844	弘化1	内田久命（うちだ・ひさなが）	『算法求積通考』（さんぽうきゅうせきつうこう）

和算書年表

西暦	和暦	著者	書名
1844	弘化1	小出兼政（こいで・かねまさ）	『算法対数表』（さんぽうたいすうひょう）
1845	弘化2	武田多則（たけだ・ただのり）	『真元算法』（しんげんさんぽう）
		菊池長良（きくち・ながよし）	『算法整数起源抄初編』（さんぽうせいすうきげんしょうしょへん）
1846	弘化3	藤岡有貞（ふじおか・ありさだ）	『算法円理通』（さんぽうえんりつう）
		藤岡有貞（ふじおか・ありさだ）	『渾発量地速成』（こんぱつりょうちそくせい）
		佐藤解記（さいとう・げき）	『算法円理三台』（さんぽうえんりさんだい）
1847	弘化4	福田理軒（ふくだ・りけん）	『順天堂算譜』（じゅんてんどうさんぶ）
1849	嘉永2	剣持章行（けんもち・あきゆき）	『算法開蘊』（さんぽうかいうん）
1851	嘉永4	長谷川社中（はせがわ・しゃちゅう）	『長谷川社友列名』（はせがわしゃゆうれつめい）
1852	嘉永5	加悦俊興（かえつ・としおき）	『算法円理括嚢』（さんぽうえんりかつのう）
		竹内修敬（たけうち・しゅうけい）	『算法円理括発』（さんぽうえんりかっぱつ）
		甲斐広永（かい・ひろなが）	『量地図説』（りょうちずせつ）
1853	嘉永6	村田恒光（むらた・つねみつ）	『六分円器量地手引草』（ろくぶんえんきりょうちてびきくさ）
		剣持章行（けんもち・あきゆき）	『量地円起方成』（りょうちえんきほうせい）
1854	安政1	佐久間纉（庸軒）（さくま・つづき（ようけん））	『当用算法』（とうようさんぽう）
		古谷道生（ふるや・どうせい）	『算法通書』（さんぽうつうしょ）
		渡辺以親（わたなべ・ゆきちか）	『町見術阿弧丹度用法略図説』（ちょうけんじゅつおくたんとようほうりゃくずせつ）
		福田復（ふくだ・ふく）	『算法対数表』（さんぽうたいすうひょう）
		会沢矩道（あいざわ・のりみち）	『掌中町見速知』（しょうちゅうちょうけんそくち）
1855	安政2	桑本正明（くわもと・まさあき）	『算法尖円豁通』（さんぽうせんえんかっつう）
		剣持章行（けんもち・あきゆき）	『量地円起方成後編』（りょうちえんきほうせい こうへん）
1856	安政3	剣持章行（けんもち・あきゆき）	『検表相場寄算』（けんぴょうそうばよせざん）
		花井健吉（はない・けんきち）	『測量集成』（そくりょうしゅうせい）
1857	安政4	岩田清庸（いわた・きよのぶ）	『算法日用利足速成』（さんぽうにちようりそくそくせい）
		小野広胖（おの・こうはん）	『算盤独稽古』（そろばんひとりげいこ）
		五十嵐篤好（いがらし・あつよし）	『地方新器測量法』（じかたしんきそくりょうほう）
		福田理軒（ふくだ・りけん）	『西算速知』（せいさんそくち）
		柳河春三（やながわ・しゅんさん）	『洋算用法初編』（ようさんようほうしょへん）
		剣持章行（けんもち・あきゆき）	『算法利息全書』（さんぽうりそくぜんしょ）
1858	安政5	岩田清庸（いわた・きよのぶ）	『算学速成』（さんがくそくせい）
		森正門（もり・まさかど）	『割円表』（かつえんひょう）

西暦	和暦	著者	書名
1859	安政6	石坂空洞（いしざか・くうどう）	「西洋算籌用法略略解」（せいようさんちゅうようほうりゃくりゃくげ）
		岩田清庸（いわた・きよのぶ）	『算法日用利足速成』二編（さんぽうにちようりそくそくせい）
		福田理軒（ふくだ・りけん）	『算学速成』（さんがくそくせい）
1860	万延1	安原千方（やすはら・せんほう），中曽根宗郁（なかそね・そうほう）	『数理神篇』（すうりしんぺん）
1862	文久2	松沢信義（まつざわ・のぶよし）	『算法量地捷解』（さんぽうりょうちしょうかい）
		萩原信芳（はぎわら・のぶよし）	『算法方円鑑』（さんぽうほうえんかん）
		小出兼政（こいで・かねまさ）	「度学」（どがく）
1863	文久3	平野喜房（ひらの・よしふさ）	『浅致算法』（せんちさんぽう）
		村山保信（むらやま・やすのぶ）	『通機算法』（つうきさんぽう）
1864	元治1	剣持章行（けんもち・あきゆき）	『算法約術新編』（さんぽうやくじゅつしんぺん）
		成毛正賢（なりけ・せいけん）	『経世算法』（けいせいさんぽう）
1865	慶応1	荒至重（あら・しじゅう）	『量地三略』（りょうちさんりゃく）
1866	慶応2	萩原信芳（はぎわら・のぶよし）	『算法円理私論』（さんぽうえんりしろん）
		吉瀬源兵衛（よしせ・げんべえ）	『天元算法利伝記』（てんげんさんぽうりでんき）
		大石久敬（おおいし・ひさたか（きゅうけい））	『地方凡例録』（じかたはんれいろく）
1867	慶応3	上原一成（うえはら・いっせい）	『測量集成』三編（そくりょうしゅうせい）
1869	明治2	洒落斎唐人（しゃらくさい・とうじん）（柳河春三）（やながわ・しゅんさん）	『算法珍書』（さんぽうちんしょ）
		秋田義一（あきた・ぎいち）	『改正地方大成』（かいせいじかたたいせい）
1872	明治5	関口開（せきぐち・ひらき）訳	『點竄問題集』（てんざんもんだいしゅう）
1875	明治8	長谷川善左衛門（はせがわ・ぜんざえもん）	『算法自在』（さんぽうじざい）
1877	明治10	佐久間纘（さくま・つづき）	『算法起源集』（さんぽうきげんしゅう）
		佐久間纘（さくま・つづき）	『和算独学』（わさんどくがく）

［1700年以前：西田知己・1700年以降：小寺　裕］

索　引

ア 行

麻田流　248
畔際尺　38
油分け算　349
荒木村英先生之茶談　476

維乗　132
遺題　6, 320
遺題継承　416
遺題本　416
入子算　406
印可免許　256
因帰算歌　24, **456**
因子無縁　86
隠題　126
隠題免許　256

ウォリスの公式　114
請料　49
畝割塚　162
馬に乗る算　396
運珠　25

盈朒法　426
絵本工夫之錦　**506**
絵馬　432
鴛鴦の遊び　356
円廻法　288
円截積　422
　　──の問題　428
円周率　**63**, 140
盈縮　272
盈縮差　273
円陣　206
円台の問題　427
演段　82
円中無不尽　123

円内容累円術　174
円方四巻記　417, **462**
円理　**137**, 140, 510
円理豁術　245, 510
円理乾坤之巻　139
円理弧背術　66, 137
円理順逆小成　145
円理畳数表　510
円理蠡口　510
円率　8
円理綴術　510
円理二次綴術　244

嗚呼矣草　363
おしどり飛び　356
親子方陣　204

カ 行

解隠題之法　484
解見題之法　484
改算記　417, **464**, 479
改算記綱目　247, 478, **479**
外周　64
開承算法　421
改正授時暦儀　266
改正天元指南　497, **505**
階梯算法　352, 367
回転尺　40
解伏題之法　126, 485
　　──の消去法　131
開平　**58**, 368
開法　58
開方式　68, **489**
開方飜変之法　486
開立　58, **61**
下学算法　104, 106, 420, 499
角術　68, **192**
格致算書　417, **463**

角中径　172, 192, 199
角面　197
荷重平均的近似　112
豁機算法　447
活法　224
括要算法　65, 93, 157, 192, 243, **494**, 504
曲尺　36, 40, 45
からす算　392
假標　46
貫　34
官学　317
乾坤之巻　257
勘者御伽雙紙　10, 100, 108, 339, 351, **501**
観術　189
観新考算変　189, 231
完全8方陣　205
完全方陣　203
趕趁　176
竿頭算法　108, 177, 386, 421, 500
欠米　51

奇偶算　351
奇偶方数　496
規矩術　161
規矩要明算法　483
帰原整法　82
北野算経　441
絹盗人算　382
奇方陣　207
求円周率術　65, 86
毬闕変形草　490
求弧背術　137
久氏遺稿　244
九章算術　87, 132, **279**, 295, 312, 460

索 引

求笑算法　359, 394
九数算法　459
求積　143, 285, **489**
九点円　444
球内無不尽　124
九連環　404
峡算須知　283
極形術　191, 512
玉法　467
玉率　467
虚積　80
畸零表現　65
畸零面　192
金貨　29
銀貨　29
金四十四割　31
近似分数　86
銀相場　30
金両替　30

偶方陣　206
具応算法　419, **498**
九九　317
鯨尺　36
口永　51
口米　51
区分求積法　510
栗石積の問題　428

径　63
鶏助算法　421
啓迪算法指南　370
啓廸算法指南大成　512
掲楣算法　447
径矢弦　455
ケージーの定理　187
闕疑抄答術　**483**
月離　272
ケーニヒスベルグの橋　514
検見法　50
弦　63
歓一術　93
見一割声　23
見一割の珠算　23

研幾算法　265, 419, 482, **490**, 491
間竿　46
源氏香　154
見題　126
見題免許　256
検地　37, 282
検表相場寄算　228
原論　87

碁石拾い　366
勾　64
合　33
交会術　104
恒気の暦法　273
勾股弦　64, 122, 182, 369
勾股弦適当集　246
勾股積　422
交式　135
交式斜乗法　135
紅毛（オランダ）流量測術　163
甲陽算鑑童蒙知津　288
広用算法大全　511
皇和通暦　267
五円傍斜術　187
石　33
国子監　325
国子寺　315
石盛　51
互減　87
股勾弦鈔　103, **474**
古今算鑑　246, 446
古今算法記　418, **472**, 482
古今算法記十五問答術　418
弧三角解　267
互除法　87
互対術　150
弧背術　502
弧背術解　139, **507**
小町算　394
込米　51
五明算法　508
小物成　50

互約　88
弧矢弦　455
渾発（コンパス）　46

サ 行

賽祠神算　249, 447
斉約　89
雑集求笑算法　342, **497**
寄左　77
差分　105
算　69
三円傍斜術　185
算学　317
算額　432
　——の形と大きさ　433
　——の記述形式　437
　——の内容　436
算学級聚抄　475
算学稽古大全　33, 247, **508**
算学啓蒙　265, 322, 473
算学啓蒙諺解大成　74
算学鉤致　155, 421, 446
算額鉤致　442
算学紛解　486
算学便覧　421
三角法　164, 285
算額奉納　439
算木　**14**, 69
算木計算　16
算木用法　14
算経十書　313
算元記　347, **461**
三斜積整数　122
算術印可状目録　251
算術修業九州辺天草辺　239
算髄　421
算爼　63, 105, 417, **467**, 495
算脱　217
算脱之法・験符之法　488
算籌　313
算道　317
算博士　2
算盤　15
算盤上での割り算　17

索　　引

算変法　**189**
算法印可　254
算法円理冰釈　227
算法開蘊　228
算法貫通術　175
算法奇賞　446
算法求積通考　443, **513**
算法極形指南　512
算法許状　252
算法許状目録　250
算法稽古図絵　409
算法闕疑抄　8, 142, 203, 250, 417, 463, **465**, 483
算法古今通覧　248, 421, **506**
算法瑚璉　446
算法根源記　418, **471**, 471
算法雑俎　446
算法地方大成　45, 298, 308
算法直解　418, **472**
算法至源記　418, **474**
算法指掌　498
算法指南車　344, **502**
算法少女　503
算法助術　185, **513**
算法新書　511
算法図解　515
算法図解大全　332
算法整数起源抄　125
算法全径　172
算法全経（廉術）　166, 192
算法側円集　144
算法続適当集　246
算法玉手箱　465
算法地方指南　512
算法重宝記　291
算法珍書　399
算法天元指南　**497**, 505
算法天元樵談集　420, **498**, 499
算法天元録　496
算法點竄指南録　18, **509**
算法天生法指南　249, **508**
算法天生法　508
算法童子問　335, 361, 501, **504**
算法統宗　18, 20, 319, 382, 414
算法入門　418, 477, **478**, 482
算法発揮　480
算法発蒙集　418, **471**
算法便覧　355
算法勿憚改　106, 369, 419, **476**, 483, 498
算法明解　418, **477**
算法明備　417, **470**
算法約術新編　228
算法利息全書　228
算用記　4, 280, 295, **452**
算用手引草　391
参両録　416, **460**
算話拾薳集　360

四円傍斜術　186, 190
四角問答　464
4行表現　204
胴一術　93
至誠賛化流　249
実級　70
四壁引　38
島立て　375
蛇籠　297
尺　35
社寺奉納算題集　448
社盟算譜　446
周　63
集彙算法　150
拾璣算法　151, 154, 166, 176, 192, 194, **501**
周径率　63
周髀算経　267
重方陣　207
竪亥録　6, 21, 192, **454**
竪亥録仮名抄　466
珠算　313
授時解　266
授時発明　265
授時暦　265
授時暦圖解　267, 274

授時暦議解　266
授時暦経諺解　266
授時暦経の盈縮差　276
授時暦経立成　265
授時暦術解　266
授時暦数解　266
授時暦図解　266
授時暦図解発揮　266
授時暦俗解　266
シュタイナー環問題　174
シュタイナー鎖　444
術日　76
順天堂算譜　447
升　33
丈　35
剰一術　**92**, 504
商級　70
招差法　**157**, 276
省銭　29, 53, 241
樵談集九問演談　420
消長法　269
小方儀　45
乗法九九　22
定免法　50
諸角通術捷法解　192
諸角綴術之解　192
諸勘分物　280, 295, **453**
初心算法早伝授　499
除法口訣　19, 20
諸約之法　86
新刊算法起　**459**, 465
真元算法　147, 248, 347, 513
塵劫記　4, 21, 162, 280, 295, 345, **453**, 458
真術　129
進退　73
神壁算法　245, 446, **505**
新編算学啓蒙　19
新編算学啓蒙註解　473
新編諸算記　456
新篇塵劫記　382, 414, 416
新編直指算法統宗　18

数学乗除往来　418, **476**, 490

数学捷法　226
数学端記　499
数学通軌　22
数書九章　89, 92
数理新編　447
数理精蘊　142
数理無尽蔵　187
図解　76
隅　73
寸　35

精覈算法　420
正弦定理　165
生尅　133
西算速知　515
清少納言智恵の板　402
醒睡笑　361
整数術　122
精要算法　245, 387, **503**, 506
精要算法解義　504
西洋数学　329
関算四伝書　247
関流　242
　　──の和算家系譜　246
関流免許制度　244
折衷尺　44
銭売り買い　30
銭貨（銅貨）　29
銭相場　30
剪管術　92, **97**, 266
仙術日待種　376, 388
闡微算法　421
闡微十五問答術　421
宣明暦　264

双偶方陣　209
相減　78
相消　77, 129
相乗　78
創製側円術解　509
増補算学稽古大全　387
増補算法闕疑抄　250, **478**
増約術　89
側円　509

続神壁算法　233, 245, 446, 505
測量集成　309, 310
測量術　161
そろばん　**18**, 318
孫子算経　97, 98, 382, 389
損約術　90

タ　行

大衍求一術　92
大衍九一術　89
大学寮　315
太閤検地　50, 284
帯縦開平　58
帯縦開立　58
題術辨議之法　486
大成算経　192, 243, **493**
大成算経続録　419
大全塵劫記　306
大統暦法　277
大方儀　45
楕円　142
楕円規　149
楕円体　146
互いに素　86
宅間流　247
垛積総術　157
只云　77
たたみ尺　40
畳む　511
裁ち合わせ　368
単偶方陣　208
探玄算法　421
探賾算法　227, 447
単利計算　31
断連術　154

智恵の板　402
知恵の輪　404
逐索術　166, 173
逐約　89, 101
遅疾　273
遅疾差　273
父の子母の子　361

チャイニーズニング　404
籌　69
中学算法　107, 420
中国剰余定理　97
中算　86
長慶宣明暦法　264
町見術　161
調銭　29, 53, 241
朝鮮数学　325
直尺　40
塵塚物語　280
ちんかうき　349, 372
珍術さんげ袋　338

壺算　371
積直　105
鶴亀算　398, 456
徒然草　217, 219, 334

ディオファントス近似問題　116
定気の暦法　273
貞享解　266
貞享暦　265
綴術　113
綴術算経　67, 137, 265, **492**
天経或問　266
天元術　**69**, 322
天元の一　128
點竄術　**82**, 243, 502
天生法　508
天文図解　266
天文図解発揮　266
天文大成管窺要　265
天文暦法　86

斗　33
童介抄　417, **469**, 471
頭書算法闕疑抄　142, 338
等数　88
当世ぢんこうき　383
道中日記　225, 232
土地の面積　37
飛び重ね　354

索　引

土用　272
虎の子渡し　363
トルコ人とキリスト教徒　221
十不足　364
十満不　364

ナ 行

内周　64
中西新流算学　247
中西流　246
浪華二十八橋智慧渡　513
並物一百一十余品　370
縄心　38
縄だるみ　38
何筒　364

24節気　270
2進法　341
日躔　272
ニュートン法　381

盗人隠　347

ねずみ算　412
年貢　48
年齢算　358

ハ 行

π　63, 86
倍根法　59
倍々増し算　400
袴腰問題　512
挟み尺　40
橋普請　408
八角法　287
八卦目付字　346
八算　4
八算見一　511, 513
八算割声　20
八線表　164
発微算法　243, **482**
発微算法演段諺解　491
半九九法　59

盤珠算法　22
班田租調　316
反転法　189

微開算法　420
一筆書き　513
百五減算　97, 99, 388
病題明致之法　487

不朽算法　507
不休綴術　150, **492**
伏題　126
伏題免許　256
複利計算　32
普請　296
　　──の計算　54
勿憚改答術　483
負の数　95
夫米　51

平飯櫃　142
平中径　172, 192, 200
平方根　380
平葉形　142
別伝免許　256
変形術　189
変数術　151
遍通　89
遍約　89

方円奇巧　192, 197
方円算経　192
方円秘見集　394, 417, **470**
方級　70
傍斜術　184
方陣　**202**
　　市川行英の──　214
　　久留島義太の──　212
　　関孝和の──　207
　　建部賢弘の──　211
　　田中由真の──　209
方陣円攢之法　204
方陣算　202
方陣之法・円攢之法　488

方台　124
　　──の問題　426
方内三斜　123
堀普請　304
本積　80
本朝桜陰比事　358
本朝統暦　267

マ 行

巻尺　40
町つもりの事　162
瑪得瑪第加塾　246
魔方陣　202
継子立て　217
まるき法　288
万世秘事枕　367
万用不求算　458

三池流　247
水縄巻　46
見立算規矩分等集　345, 347
宮城流　247
名　49

虫食い算　385, 500
無用の用　504

明元算法　247, **480**
明玄算法　421
明治新選算法大成　301, 304
目付字　341
　　桜の──　342
　　椿の──　341
　　似た文字の──　343
滅日　271
女子開平　368
免許皆伝　257
免許状　250
　　至誠賛化流の──　261
　　関孝和の──　252
　　中西派の──　258
　　宮城流の──　259
　　最上流の──　260

最上流　248
没口　271
物指　39
匁　34

ヤ　行

矢　64
薬師算　372
約数（構成数）　88
約積　89
安子西洋暦考草　267

楊輝算法　92, 322
洋算　329
容術　182
羊棗算法　421
養老令　2
ヨセフスの問題　220

ラ　行

洛書亀鑑　204

立飯櫃　142
両替　29
量地円起方成　228
量地尺　44
量地術　161
旅中日記　234

累裁招差法　157, 277
累約術　116

零約術　110
暦元　267
暦算全書　142
廉級　70
廉術　172
廉術変換　173
連断総術　172
連簾変数術　152
連分数　110
廉率　172

六球連鎖の定理　443

六角法　286

ワ　行

和漢算法　247, 418, **481**
枠囲い方陣　207
和解術日　76
和国智恵較　366, 402, **500**
和算　2
和洋普通算法玉手箱　371
割算書　3, 20, 280, 295, 414, **452**

2組3色の問題　425
2組4色の問題　423
3組3色の問題　424

人名索引

ア　行

会田安明　144, 160, 175, 231, **248**, 404, 441, 506, 508
秋田義一　512
麻田剛立　248
安島直円　166, 173, 184, 205, **244**, 267, 507
荒木村英　157, 243, 253, 494
有馬頼徸　151, 192, **244**, 501
アルキメデス　63
安藤有益　204, 265, **466**, 496

家崎善之　508
池田昌意　476, 490
石川喜平　443
石黒信由　155, 192, 311
石田三成　284
石山正盈　498
井関知辰　9, 480
礒村吉徳　8, 142, **250**, 339, **465**, 478, 483
市川行英　205
伊能忠敬　248, 311
井原西鶴　358
今村知商　6, 21, **454**, 456

牛島盛庸　191
内田五観　189, 227, 230, **245**
内田久命　513

榎並和澄　460

オイラー　63, 444
大島喜侍　224
大橋宅清　479
岡嶋友清　470
小川愛道　502
小野栄重　227

カ　行

加悦俊興　230
郭守敬　265
片岡豊忠　472
加藤平左エ門　88
鎌田俊清　247
環中仙　499, 500
神原一学　250

北川猛虎　441
清野信興　247, 259

日下誠　245, 507
久留島義太　151, 172, 205, 243

剣持章行　**227**, 234

木暮武申　253
壺中隠者　503
小松恵龍　**229**, 230

サ　行

斎藤尚中　249
戴徳　202
坂部広胖　18, 509
坂正永　248
佐久間質　231
佐久間纉（庸軒）　**231**, 239
佐久間纉　448
佐治一平　477, 478, 490

索　引

佐藤茂春　497
佐藤正興　471
沢口一之　9, 323, 472, 482

柴村盛之　463, 466
渋川春海　265
嶋田貞継　**459**, 496
島田尚政　480
朱世傑　**322**, 473
シュタイナー　444
徐昂　264
白石長忠　187, 192
秦九韶　89, 92

杉山貞治　471
隅田江雲　471
角倉素庵　454

関　孝　和　104, 126, 142, 192,
　204, 217, **242**, 265, 323, 482

祖沖之　63

タ　行

高野長英　227, 245
高橋織之助　360
高橋至時　248
多賀谷経貞　470
宅間能清　247
武田（主計正）真元　147, 248,
　513
建部賢明　243
建　部　賢　弘　66, 150, 204, 243,
　255, 265, 490
田中由真　104, 111, 204, 342,
　477, 497
田中佳政　150, 499
田原嘉明　459, 465

千葉胤秀　511
千葉桃三　503

角田親信　233
鶴峰戊申　**226**

程大位　18, 202, 319
デカルト　443

戸板保佑　247

ナ　行

中西（十太夫）正好　**246**, **258**
中西正則　246
中根元圭　116, 224, 243, 500
中根彦循　10, 205, 500, 501
中村政栄　498
中村時万　249
中村与左衛門　464

西村又左衛門　458
西脇利忠　496

野沢定長　469, 471

ハ　行

間重富　248
土師道雲　473
橋本守善　249, 260
橋本正数　477
長谷川寛　225
長谷川弘　513
初坂重春　462, 466
林鶴一　228

樋口兼次　472
久田玄哲　473
平賀保秀　469

福田復　248
福田理軒　465, 515
藤岡茂元　461
藤田貞資　**244**, 252, 441, 503,
　505
藤田吉勝　475
藤原徳風　511
船山輔之　506
古川氏清　249

法道寺善　189, 230

保科正之　460
星野実宣　473
穂積伊助　499
穂積与信　247
堀秀友　472
本多利明　248

マ　行

前田憲舒　474
前田利家　318
松岡能一　247, 508
松田正則　477
松永良弼　150, 172, 192, 205,
　243
マルファッチ　444

三池市兵衛　247
三上義夫　191
宮井安泰　247
宮城清行　**247**, **259**, 480, 481
三宅賢隆　251, 498
宮地新五郎　252

村井中漸　362, 504
村瀬義益　469, 476, 483
村田恒光　512
村松茂清　8, 104, 467, 495

毛利重能　3, 318, 414, **452**
持永豊次　479
百川治兵衛　453, 476
百川忠兵衛　456

ヤ　行

山口和（坎山）　**225**, **232**, 448
山路主住　126, **244**
山田安山子　515
山田正重　400, **464**, 479
山本賀前　185, 513

楊輝　202, **322**
吉田兼好　334
吉　田　光　由　4, 206, **320**, 333,
　414, 453, 457

ラ　行

劉徽　63

ワ　行

渡辺一　249

和田寧　145, **245**, 510

和算の事典

2009 年 11 月 15 日　初版第 1 刷
2011 年 7 月 25 日　　　第 3 刷

監修者	佐　藤　健　一
編集者	山　司　勝　紀
	西　田　知　己
発行者	朝　倉　邦　造
発行所	株式会社 朝倉書店

東京都新宿区新小川町6-29
郵便番号　162-8707
電　話　03（3260）0141
ＦＡＸ　03（3260）0180
http://www.asakura.co.jp

〈検印省略〉

Ⓒ 2009 〈無断複写・転載を禁ず〉　　中央印刷・渡辺製本

ISBN 978-4-254-11122-4　C 3541　　Printed in Japan

四日市大 小川 束・東海大 平野葉一著
講座 数学の考え方24

数学の歴史
―和算と西欧数学の発展―

11604-5 C3341　　　A5判 288頁 本体4800円

2部構成の，第1部は日本数学史に関する話題から，建部賢弘による円周率の計算や円弧長の無限級数への展開計算を中心に，第2部は数学という学問の思想的発展を概観することに重点を置き，西洋数学史を理解できるよう興味深く解説

J.-P.ドゥラエ著　京大畑 政義訳

π ― 魅惑の数

11086-9 C3041　　　B5判 208頁 本体4600円

「πの探求，それは宇宙の探検だ」古代から現代まで，人々を魅了してきた神秘の数の世界を探る。〔内容〕πとの出会い／πマニア／幾何の時代／解析の時代／手計算からコンピュータへ／πを計算しよう／πは超越的か／πは乱数列か／付録／他

前東工大 志賀浩二著

数学の流れ30講（上）
―16世紀まで―

11746-2 C3341　　　A5判 208頁 本体2900円

数学とはいったいどんな学問なのか，それはどのようにして育ってきたのか，その時代背景を考察しながら珠玉の文章で読者と共に旅する。〔内容〕水源は不明でも／エジプトの数学／アラビアの目覚め／中世イタリア都市の繁栄／大航海時代／他

前東工大 志賀浩二著

数学の流れ30講（中）
―17世紀から19世紀まで―

11747-9 C3341　　　A5判 240頁 本体3400円

微積分はまったく新しい数学の世界を生んだ。本書は巨人ニュートン，ライプニッツ以降の200年間の大河の流れを旅する。〔内容〕ネピアと対数／微積分の誕生／オイラーの数学／フーリエとコーシーの関数／アーベル，ガロアからリーマンへ

前東工大 志賀浩二著

数学の流れ30講（下）
―20世紀数学の広がり―

11748-6 C3341　　　A5判 224頁 本体3200円

20世紀数学の大変貌を示す読者必読の書。〔内容〕20世紀数学の源泉（ヒルベルト，カントル，他）／新しい波（ハウスドルフ，他）／ユダヤ数学（ハンガリー，ポーランド）／ワイル／ノイマン／ブルバキ／トポロジーの登場／抽象数学の総合化

前カリフォルニア大 佐武一郎著

現代数学の源流（上）
―複素関数論と複素整数論―

11117-0 C3041　　　A5判 232頁 本体4600円

現代数学に多大な影響を与えた19世紀後半～20世紀前半の数学の歴史を，複素数を手がかりに概観する。〔内容〕複素数前史／複素関数論／解析的延長：ガンマ関数とゼータ関数／代数的整数論への道／付記：ベルヌーイ多項式，ディリクレ指標／他

前カリフォルニア大 佐武一郎著

現代数学の源流（下）
―抽象的曲面とリーマン面―

11121-7 C3041　　　A5判 244頁 本体4600円

曲面の幾何学的構造を中心に，複素数の幾何学的応用から代数関数論の導入部までを丁寧に解説。〔内容〕曲面の幾何学（多様体）／複素曲面（リーマン面）／代数関数論概説／付記：不連続群，閉リーマン面のホモロジー群／他

A.N.コルモゴロフ他編　三宅克哉監訳

19世紀の数学 I
―数理論理学・代数学・数論・確率論―

11741-7 C3341　　　A5判 352頁 本体6400円

〔内容〕数理論理学（ライプニッツの記号論理学／ブール代数他）／代数と代数的数論（代数学の進展／代数的数論と可換環論の始まり他）／数論（2次形式の数論／数の幾何学他）／確率論（ラプラスの確率論／ガウスの貢献／数理統計学の起源他）

A.N.コルモゴロフ他編　小林昭七監訳

19世紀の数学 II
―幾何学・解析関数論―

11742-4 C3341　　　A5判 368頁 本体6400円

〔内容〕解析幾何と微分幾何／射影幾何学／代数幾何と幾何代数／非ユークリッド幾何／多次元の幾何学／トポロジー／幾何学的変換／解析関数論／複素数／複素積分／コーシーの積分定理，留数／楕円関数／超幾何関数／モジュラー関数／他

A.N.コルモゴロフ他編　藤田 宏監訳

19世紀の数学 III
―チェビシェフの関数論～差分法―

11743-1 C3341　　　A5判 432頁 本体7200円

〔内容〕ゼロからのずれが最小の関数／連分数／18世紀の微分方程式／存在と一意性／求積法による方程式の積分／線形微分／微分の解析・定性的理論／19世紀前半・後半の変分法／補間／オイラー-マクローリンの求和公式／差分方程式／他

上記価格（税別）は2011年6月現在